高职高专计算机规划教材·案例教程系列

信息技术应用基础案例教程

（第二版）

沈大林　张　伦　主　编

王浩轩　王爱赪　郑淑晖　陶　宁　等编写

中国铁道出版社
CHINA RAILWAY PUBLISHING HOUSE

内容简介

微软公司开发的 Windows XP 是目前使用最广泛的计算机操作系统之一，根据用户的不同分为服务器版本和客户端版本。本书采用客户端版本来介绍 Windows XP。

Office 同样是由美国微软公司开发的一种功能强大的、应用广泛的办公室专用软件。本书采用 Office 2007 版本来介绍其主要功能。

全书以案例带动知识点学习的形式，将知识点分解成许多单元，通过大量实用、经典的编程实例，来介绍 Windows XP 和 Office 2007。每章有案例的操作方法和与案例有关的知识，将知识和案例放在同一节中，使读者可以快速掌握，并将所学的知识应用到工作和个人生活中。本书的优点是比较符合教与学的规律，有利于教师去分解知识点和进行案例教学。

本书适合作为高等院校非计算机专业的教材，也可以作为职高计算机专业的教材，还可以作为信息技术初学者的自学用书。

图书在版编目（CIP）数据

信息技术应用基础案例教程 / 沈大林，张伦主编
—2 版. —北京：中国铁道出版社，2012.6（2013.2重印）
高职高专计算机规划教材. 案例教程系列
ISBN 978-7-113-14094-6

Ⅰ. ①信… Ⅱ. ①沈… ②张… Ⅲ. ①电子计算机－高等职业教育－教材 Ⅳ. ①TP3

中国版本图书馆 CIP 数据核字（2011）第 278852 号

书　　名：信息技术应用基础案例教程（第二版）
作　　者：沈大林　张　伦　主编

策　　划：秦绪好　　　**读者热线**：400-668-0820
责任编辑：祁　云
编辑助理：何　佳
封面设计：付　巍
封面制作：淡晓库
责任印制：李　佳

出版发行：中国铁道出版社（100054，北京市西城区右安门西街 8 号）
网　　址：http://www.51eds.com
印　　刷：三河市华丰印刷厂
版　　次：2006 年 12 月第 1 版　　2012 年 6 月第 2 版　　2013 年 2 月第 5 次印刷
开　　本：787mm×1092mm　1/16　**印张**：22.5　**字数**：530 千
印　　数：10 601～13 600册
书　　号：ISBN 978-7-113-14094-6
定　　价：39.00 元

PREFACE

丛书序

1982 年大学毕业后，我开始从事职业教育工作。那是一个百废待兴的年代，是职业教育改革刚刚开始的时期。开始进行职业教育时，我们使用的是大学本科纯理论性教材。后来，联合国教科文组织派遣具有多年职业教育研究和实践经验的专家来北京传授电子技术教学经验。专家抛开了我们事先准备好的教学大纲，发给每位听课教师一个实验器，边做实验边讲课，理论完全融于实验的过程中。这种教学方法使我耳目一新并为之震动。后来，我看了一本美国麻省理工学院的教材，前言中有一句话的大意是："你是制作集成电路或设计电路的工程师吗？你不是！你是应用集成电路的工程师！那么你没有必要了解集成电路内部的工作原理，而只需要知道如何应用这些集成电路解决实际问题。"再后来，我学习了素有"万世师表"之称的陶行知先生"教学做合一"的教育思想，也了解这些思想源于他的老师——美国的教育家约翰·杜威的"从做中学"的教育思想。以后，我知道了美国哈佛大学也采用案例教学，中国台湾省的学者在讲演时也都采用案例教学……这些中外教育家的思想成为我不断探索职业教育教学方法和改革职业教育教材的思想基础，点点滴滴融入我编写的教材之中。现在我国职业教育又进入了一个高峰期，职业教育的又一个春天即将到来。

现在，职业教育类的大多数计算机教材应该是案例教程，这一点似乎已经没有太多的争议，但什么是真正的符合职业教育需求的案例教程呢？是不是有例子的教材就是案例教程呢？许多职业教育教材也有一些案例，但是这些案例与知识是分割的，仅是知识的一种解释。还有一些百例类丛书，虽然例子很多，但所涉及的知识和技能并不多，只是一些例子的无序堆积。

本丛书采用案例带动知识点的方法进行讲解，学生通过学习实例掌握软件的操作方法、操作技巧或程序设计方法。本丛书以每一节为一个单元，对知识点进行了细致的取舍和编排，按节细化知识点，并结合知识点介绍了相关的实例。本丛书的每节基本是由"案例描述"、"设计过程"、"相关知识"和"思考练习"4 部分组成。"案例描述"部分介绍了学习本案例的目的，包括案例效果、相关知识和技巧简介；"设计过程"部分介绍了实例的制作过程和技巧；"相关知识"部分介绍了与本案例有关的知识；"思考与练习"部分给出了与案例有关的拓展练习。读者可以边进行案例制作，边学习相关知识和技巧，轻松掌握软件的使用方法、使用技巧或程序设计方法。

本丛书的优点是符合教与学的规律，便于教学，不用教师去分解知识点和寻找案例，更像一个经过改革的课堂教学的详细教案。这种形式的教学有利于激发学生的学习兴趣，培养学生学习的主动性，并激发学生的创造性，能使学生在学习过程中充满成就感和富有探索精神，使学生更快地适应实际工作的需要。

本丛书还存在许多有待改进之处，可以使它更符合"能力本位"的基本原则，可以使知识的讲述更精要明了，使案例更精彩和更具有实用性，使案例带动的知识点和技巧更多，使案例与知识点的结合更完美，使习题更具趣味性……这些都是我们继续努力的方向，也诚恳地欢迎每一位读者，尤其是教师和学生参与进来，期待你们提出更多的意见和建议，提供更好的案例，成为本丛书的作者，成为我们中的一员。

沈大林

FOREWORD

第一版前言

Windows XP是微软公司推出的一款“革命性”的操作系统,它被微软公司称之为继Windows 95以后最大的变革。由于Windows XP采用了Windows 2000的源代码,所以它跟Windows 2000一样，具有很强的功能，且运行非常稳定。它还继承并发展了Windows Me的一些实用功能，包括系统恢复、Windows媒体播放器等。

Windows XP客户端主要有专业版和家庭版，其中家庭版适用于个人用户，是为原来使用Windows Me的用户设计的；而专业版则是为企业用户和原来Windows 2000专业版的用户而开发的，提供了企业所需要的各种功能。两种版本的Windows XP都增强了对数字媒体的支持。本书主要介绍客户端版本的Windows XP。

Office 2003是由美国微软公司开发的一种功能强大、应用广泛的办公软件，它包含Word、Excel、PowerPoint、Outlook、Pulisher、Access和InfoPath共7个组件。通过这些组件，用户可以进行文字编辑处理、数据处理、编辑演示文档、收发电子邮件、创建和使用数据库解决方案及应用Web服务等。本书详细介绍了Word、Excel和PowerPoint的使用方法。

本书采用案例带动知识点的方法进行讲解,使学生通过学习实例掌握Windows XP和Office 2003 等软件的操作方法和操作技巧。本书按节细化了知识点，并结合知识点介绍了相关的实例。除了绪论和第1章外，每节均由“学习目标”、“设计过程”和“相关知识”三部分组成。“学习目标”简要介绍了案例效果和该案例用到的相关知识；“设计过程”介绍了实例的制作方法和技巧；“相关知识”详细讲解了与该案例有关的知识。全书除了介绍大量的知识点外，还介绍了44个案例和近100个思考与练习题。实例有详细的讲解，通俗易懂、便于教学，学生可以边进行案例制作，边学习相关知识和技巧。

本书内容由浅入深、循序渐进，知识含量高，使读者在阅读学习时，不但知其然，还知其所以然；不但能够快速入门，还可以达到较高的水平。

本书可作为高等院校非计算机专业教材，也可作为高职高专院校计算机专业教材，还可作为初学者的自学用书。

由于技术的不断变化，书中难免有不足之处，恳请广大读者批评指正。

编　者

2006年11月

FOREWORD

第二版前言

Windows XP 是微软继 Windows 2000 后推出的一款操作系统，由于 Windows XP 采用了 Windows 2000 的源代码，所以它与 Windows 2000 一样，具有很强的性能，且运作起来非常稳定。Windows XP 一共分为两种版本，一种是服务器版本，另一种是客户端版本。Windows XP 客户端版本又分为专业版和家庭版，其中家庭版是面对个人用户，而专业版则是为企业用户和原来 Windows 2000 专业版的用户开发的。两种版本的 Windows XP 都增强了对数字媒体的支持。本书主要介绍客户端版本的 Windows XP。

中文版 Microsoft Office 2007 是微软公司于 2007 年底发布的一套功能强大的、应用广泛的办公自动化软件，它集文字处理、电子表格处理、演示文稿制作、数据库系统、网页制作、电子邮件管理于一体。

Microsoft Office 2007 软件采用了全新用户界面元素，在功能上有大量的改进，安全性和稳定性有所增强，工作效率更高，这更使它在办公自动化软件领域处于绝对的优势。Office 2007 包括了传统的文字处理软件 Word、电子表格软件 Excel、演示文档制作软件 PowerPoint 和数据库工具 Access 外，还有 Outlook、Publisher、OneNote、Groove、InfoPath 等 Office 组件。Microsoft Office 2007 窗口界面比 Office 2003 界面更美观大方、赏心悦目。Office 2007 有基础版、家庭教育版、标准版、专业版、小型商业版、专业增强版和企业版，不同版本包含的 Office 组件不同。本书将较详细地介绍 Word、Excel、PowerPoint 组件的使用方法。

本书采用案例带动知识点学习的方法进行讲解，通过学习实例掌握 Windows XP 和 Office 2007 软件的操作方法和操作技巧。本书按节细化了知识点，并结合知识点介绍了相关的实例。除了第 0 章外，每节均由“案例描述”、“设计过程”、“相关知识”和“思考练习”四部分组成。“学习目标”中介绍了案例效果和使用的相关知识，“操作方法”中介绍了实例的制作方法和技巧，“相关知识”中介绍了与本案例有关的知识，“思考练习”提供了相关的练习题。全书结合介绍 38 个案例的设计过程，还介绍了大量相关的知识点，还提供了近 50 个思考与练习题。实例有详细的讲解，通俗易懂、便于教学，读者可以边进行案例制作，边学习相关知识和技巧。

本书内容由浅入深、循序渐进，注重使读者在阅读学习时，不但知其然，还要知其所以然，不但能够快速入门，而且可以达到较高的水平。在本书编写中，编者努力遵从教学规律，注意知识结构与实用技巧相结合，注意学生的认知特点，注意提高学生的学习兴趣和创造能力的培养，注意将重要的制作技巧融于实例当中。

本书由沈大林、张伦担任主编，王浩轩、王爱赪、郑淑晖、陶宁等编写。对本书的编写工作提供了帮助的有：沈昕、肖柠朴、曾昊、郑瑜、郭政、于建海、张士元、郑原、丰金兰、关山、孟凤梅、魏雪英、郑鹤、朱海跃、毕凌云等，在此一并表示感谢。

本书适应社会、企业、人才和学校的需求，可以作为高职高专的教材和大专院校非计算机专业的教材以及培训学校的培训教材，还可以作为信息技术爱好者的自学用书。

由于技术的不断变化以及操作过程中的疏漏，书中难免有不妥之处，恳请广大读者批评指正。

2012 年 3 月
编 者

CONTENTS

目录

第 0 章　绪　　论

本章介绍 Windows XP 的界面和基本操作，为全书的学习奠定基础。还将介绍 Microsoft Office 2007 软件基本功能，以及 Microsoft Office Word 2007 界面和基本操作，为学习 Microsoft Office 2007 的其他组件也打下一定的基础。

0.1　Windows XP 简介

Windows XP 是目前最普及的操作系统之一，它是微软公司继 Windows 2000 和 Windows Me 后推出的一款具有“革命性”的操作系统。它具有很强的功能，运行起来非常稳定。Windows XP 有家庭版、专业版和 64 位版 3 种版本。

0.1.1　Windows XP 的组成

1. Windows XP 的界面

启动计算机并进入 Windows XP 操作系统后，显示器中的画面即为 Windows XP 的界面。该界面是由桌面、图标和任务栏 3 大部分组成的，分别介绍如下：

（1）桌面：在 Windows XP 的桌面上，放置了“回收站”图标和用户自定义的快捷方式图标、任务栏和“开始”按钮等基本内容。实际上，桌面是 Windows XP 中一个图形化的文件夹，即 Documents and Settings 文件夹下的“桌面”子文件夹。

（2）图标：Windows XP 桌面的每一个图标代表着不同的文件夹、程序或文件，双击图标，可以打开相应的文件夹或文件，或者运行相应的程序。右击图标，调出它的快捷菜单，选择该菜单中的“打开”菜单命令，也可以完成相同任务。例如：双击“我的文档”图标，可打开“我的文档”窗口，如图 0-1-1 所示。右击该图标，调出它的快捷菜单，选择该菜单中的“打开”菜单命令，如图 0-1-2 所示，也可以打开“我的文档”窗口。

（3）任务栏：任务栏位于整个桌面的最下方，它分为四个区域，从左至右依次为“开始”按钮、已经打开程序按钮分布区域、语言栏和通知区域，如图 0-1-3 所示。

◎ “开始”按钮：单击此按钮，可调出“开始”菜单。该菜单分为左、右两部分，左边主要存放最近访问最多的程序，右边存放的是经常用到的文件夹和常用 Windows XP 设置窗口。

◎ 已经打开的文件夹和运行的程序按钮分布区域：在该区域中，每一个已经启动的应用程序或打开的文件夹都有相应的按钮。只要单击按钮就可将该文件夹或程序窗口放置到桌面的最上层，方便地实现多个文件夹和应用程序窗口之间的快速切换。

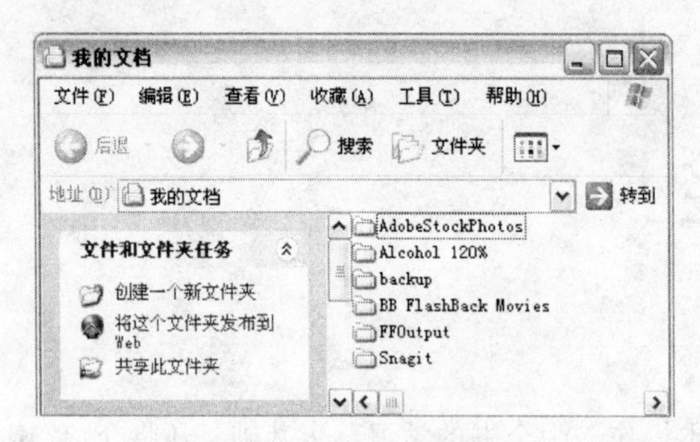

图 0-1-1 “我的文档”窗口

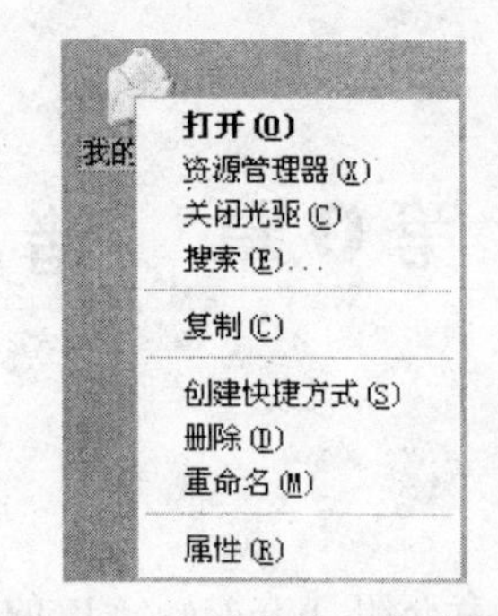

图 0-1-2 “我的文档”的快捷菜单

◎ 语言栏：显示用户当前所使用的输入法。图 0-1-3 所示为英文输入状态，单击其键盘按钮，可以调出菜单，利用该菜单可以选择载入各种中文输入法。

◎ 通知区域：在此区域中显示计算机上各种设备、系统运行时常驻内存的应用程序状态以及系统时间。单击“显示隐藏的图标”按钮，可以显示此区域中的所有图标。

0-1-3 任务栏

2. Windows XP 的窗口

下面以“我的文档”文件夹为例介绍组成 Windows XP 窗口的主要元素。选择“开始”→“我的文档”菜单命令，打开“我的文档”文件夹，如图 0-1-4 所示。

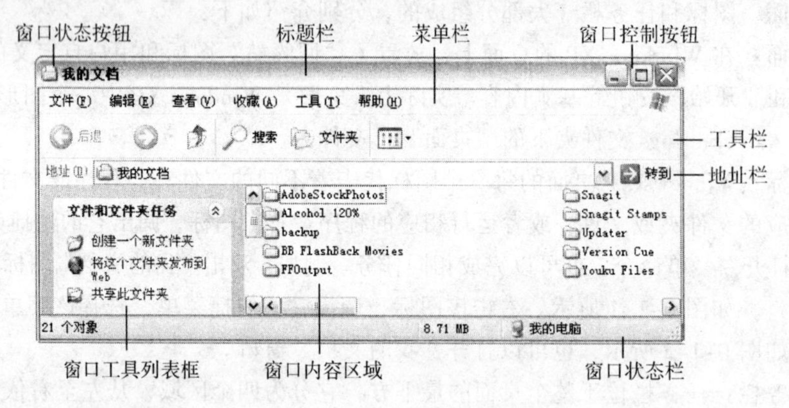

图 0-1-4 “我的文档”文件夹

（1）标题栏：标题栏位于窗口的最上方，主要是显示当前窗口的名字，其最右边是窗口状态按钮，最左边则是窗口控制按钮。单击它可以调出窗口菜单，单击其中的菜单命令，可以实现窗口的“还原”、“移动”、“最小化”、“最大化”和“关闭”等不同控制。

（2）窗口状态按钮：因为不同的文件夹或者应用程序有不同的图标，所以窗口状态按钮会显示程序对应的图标，双击该按钮可以关闭窗口。单击该按钮，可调出窗口控制菜单

（3）窗口控制按钮：窗口控制按钮位于标题栏的右边，从左到右分别为“最小化”按钮、“最大化”按钮和“关闭”按钮。单击最小化按钮，窗口会缩小成为 Windows 任务栏上的

一个按钮；单击最大化按钮，窗口会放大到整个屏幕，此时按钮也会变成形状；单击该按钮，窗口会变回原来的大小，此时按钮也会变成“最大化”按钮；单击“关闭”按钮，窗口会被关闭。

（4）菜单栏：标题栏的下面是菜单栏，菜单栏中的每一个菜单项称为其相应的主菜单，单击每一个菜单项，都能调出一个菜单，它包含了与菜单项名称相关功能的所有菜单命令。

（5）工具栏：不同的文件夹或者应用程序有不同的工具栏，主要是常用的功能和命令。

（6）地址栏：地址栏并不是所有的窗口都有，“我的文档”和“我的电脑”窗口与 IE 窗口中有地址栏。它为用户提供了下拉菜单，在“我的文档”窗口和“我的电脑”窗口中则可以快速访问其他的驱动器或者文件夹，在 IE 中可以找到过去输入过的网址。

（7）窗口工具列表框：在窗口的左边，列表框中包括了这个程序最常用的操作、与该文件夹相链接的其他窗口和该文件夹或者被选中文件的详细资料。

（8）窗口内容区域：显示当前窗口中的内容。

（9）窗口状态栏：位于窗口的最下方，主要用于显示当前窗口的状态或者选中文件夹或应用程序的简单信息。

3. Windows XP 窗口的类型

在 Windows XP 中，根据窗口组成的元素和用途一般可以分为以下 3 类。

（1）对话框窗口：它是 Windows 应用程序给用户提供设定选项的窗口。这种窗口的大小是固定的，不能自行调整其大小；通常其内均有“确定”和“取消”按钮。一些对话框内还有多个选项卡，单击标签，即可在各选项卡之间切换。例如，右击桌面，调出它的快捷菜单，选择该菜单内的“属性”菜单命令，调出“显示 属性”对话框，如图 0-1-5 所示。

（2）应用程序窗口：它是启动应用程序后打开的窗口。打开的程序不同，其相对应的窗口也不同。例如，“录音机”程序窗口如图 0-1-6 所示。

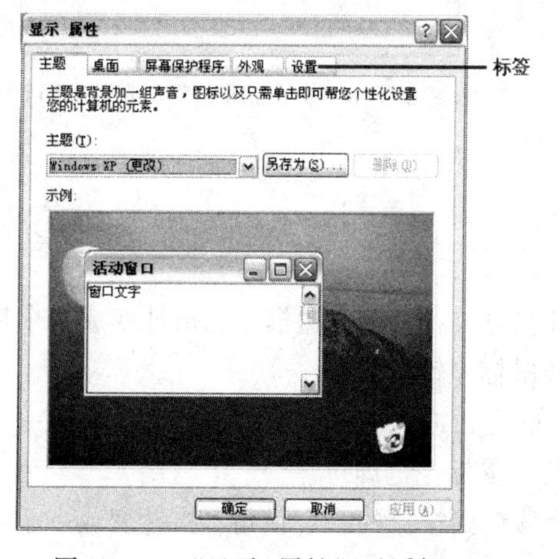

图 0-1-5　“显示 属性”对话框

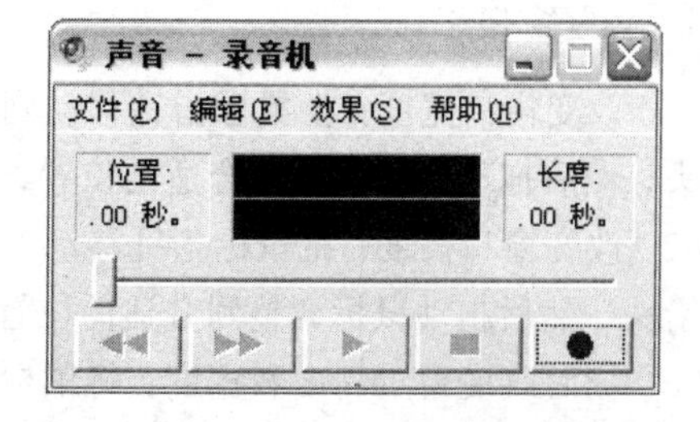

图 0-1-6　“录音机”程序的窗口

（3）文件夹窗口：显示文件夹中所包含的子文件夹和文件，如图 0-1-4 所示。

4. 自定义桌面

Windows 桌面通常有“我的电脑”、“我的文档”、“网络邻居”和“Internet Explorer”四个图标。可以在桌面上显示和删除这四个图标。下面介绍两种方法。

（1）使用对话框：右击桌面空白处，调出其快捷菜单，选择该菜单内的“属性”菜单命令，调出“显示 属性”对话框，如图 0-1-5 所示；单击“桌面”标签，切换到“桌面”选项卡，如图 0-1-7 所示。单击“自定义桌面”按钮，调出“桌面项目”对话框，再切换到“常规”选项卡，如图 0-1-8 所示。在“桌面图标”栏中，选择没有选中的“我的电脑”、“我的文档”、“网络邻居”和“Internet Explorer”四个复选框。单击“确定”按钮，返回“显示 属性”对话框。再单击“确定”按钮，相应的图标即可显示在桌面上。

（2）使用快捷菜单：单击“开始”按钮，调出它的菜单，右击“我的电脑”图标，调出它的快捷菜单。单击其中的“在桌面上显示”菜单选项，使该菜单选项左边出现✔，“我的电脑”图标会显示在桌面上。用同样的方法，可创建“我的文档”图标。

如果再单击上述菜单选项，取消菜单选项左边的✔，则可以删除桌面上的相应图标。

图 0-1-7 “显示 属性”（桌面）对话框

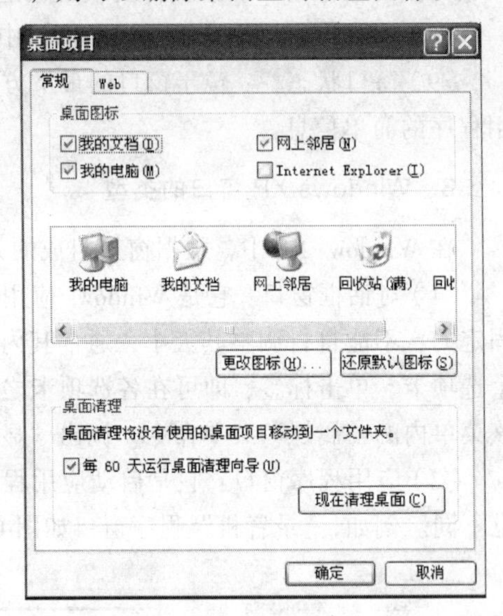

图 0-1-8 “桌面项目”（常规）对话框

0.1.2 窗口的基本操作

1. 调整窗口

（1）改变窗口宽度：把鼠标指针移动到窗口左边或者右边的边框上，指针变成一个横向的双箭头，然后拖动鼠标调整到合适的位置，松开鼠标左键即可。

（2）改变窗口高度：把鼠标指针移动到窗口的上边或者下边的边框上，指针变成一个纵向的双箭头，然后拖动鼠标调整到合适的位置，松开鼠标左键即可。

（3）同时改变窗口高度和宽度：将鼠标指针移动到窗口的一个顶角，指针变成一个斜向的双箭头，然后拖动鼠标调整到合适的位置，松开鼠标左键即可。

（4）移动窗口：将鼠标指针移动到窗口标题栏内，拖动即可移动窗口。

2. 排列窗口

因为 Windows XP 是多任务操作系统，所以在 Windows XP 中可以同时运行多个应用程序。

如果通过调整窗口大小和位置来排列窗口，则非常烦琐。下述方法可以快速排列窗口。

右击任务栏空白处，调出它的快捷菜单。选择该菜单内的“层叠窗口”菜单命令，可以将所有打开的窗口重叠放置；选择“横向平铺窗口”或“纵向平铺窗口”菜单命令，可将所有打开的窗口等宽度地平铺放置在桌面，或等高度地平铺在桌面上，并充满整个桌面。

3．多窗口切换

当打开多个窗口的时候，除了当前用户正在编辑的窗口标题栏是蓝色，其他窗口的标题栏都是浅蓝色的。当前编辑的窗口称当前窗口，它是活动窗口，而标题栏是浅蓝色的窗口称非活动窗口。活动窗口只有一个，可采用以下 3 种方法在多个窗口之间切换。

（1）在任务栏中，单击要编辑的文件夹或应用程序按钮，可以切换为当前编辑窗口。

（2）使用【Alt+Tab】快捷键，此时屏幕上出现一个对话框，显示出所有正在运行的程序图标，如图 0-1-9 所示。图中有蓝色框线的图标为当前选中的图标，在对话框底部会显示该图标的程序名称。按住【Alt】键，多次按【Tab】键，蓝色框线可在所有图标中移动。选中所需图标后，松开按键即可打开选中窗口。

（3）当窗口在桌面中可见时，单击所需窗口的任意位置，即可使它成为当前窗口。

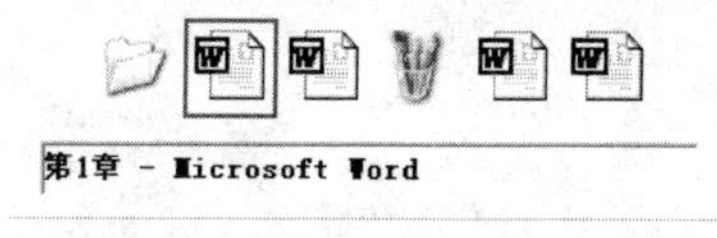

图 0-1-9　窗口切换

4．设置活动窗口外观

下面以“我的文档”窗口为例，介绍设置活动窗口外观的方法。

（1）调出“我的文档”窗口，选择该窗口菜单栏中的“查看”菜单命令，调出其下拉菜单，如图 0-1-10 所示。“查看”菜单最上面一组的“工具栏”等菜单命令都是直接对窗口外观进行改变的选项。

（2）“工具栏”菜单的子菜单中的菜单选项会根据用户所安装的软件不同而出现不同的菜单选项。一般来说，在 Windows XP 安装完毕后，系统默认的选项有 5 个，被分隔符分为两部分，第一部分是工具的选项，如果单击某一选项，则该选项的左边就会出现一个对勾符号“√”，表示该选项内容已经在窗口中显示。第二部分是设置工具栏，如果选中“锁定工具栏”菜单选项，则所有工具栏的位置将固定，不能拖动移动。如果选择“自定义”菜单命令，则会调出“自定义工具栏”对话框，如图 0-1-11 所示，利用该对话框可以设置需要显示的工具栏按钮。

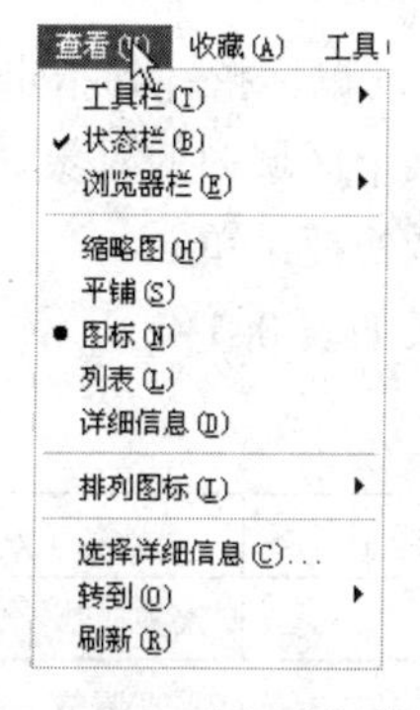

图 0-1-10　“查看”菜单

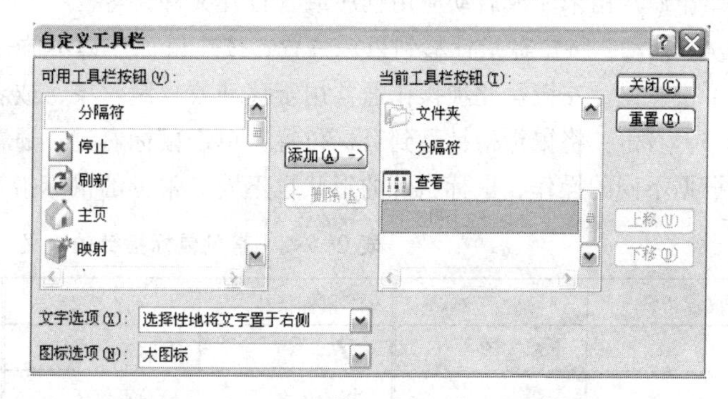

图 0-1-11　“自定义工具栏”对话框

（3）在“查看”菜单中第 2 栏内有“缩略图”、“平铺”、“图标”、“列表”和“详细信息”

5个菜单选项，用来设置活动窗口内容的显示方式，只能选择其中一种方式。例如，单击选中“详细信息”菜单选项后，活动窗口内容的显示效果如图 0-1-12 所示。

（4）“查看”→“排列图标”菜单内的菜单选项包括两部分，用来设置窗口内容的排列方式。用户可以按程序的名称、大小、类型和修改时间顺序来排列窗口内的文件。

（5）在“查看”菜单的最底部，还有3个菜单命令。选择“选择详细信息”菜单命令，调出“选择详细信息”对话框，如图 0-1-13 所示，可在其中选择要显示当前窗口中文件的详细信息。选择“转到”→“XXX”命令，可切换到相应窗口。选择“刷新”菜单命令，可刷新窗口中的内容。

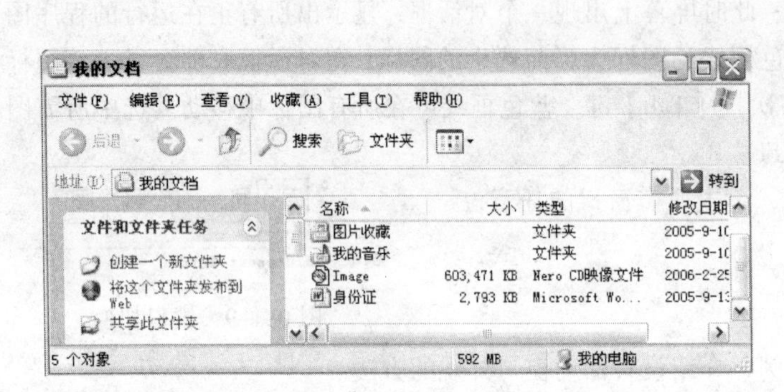

图 0-1-12 选中“详细信息”菜单选项的效果

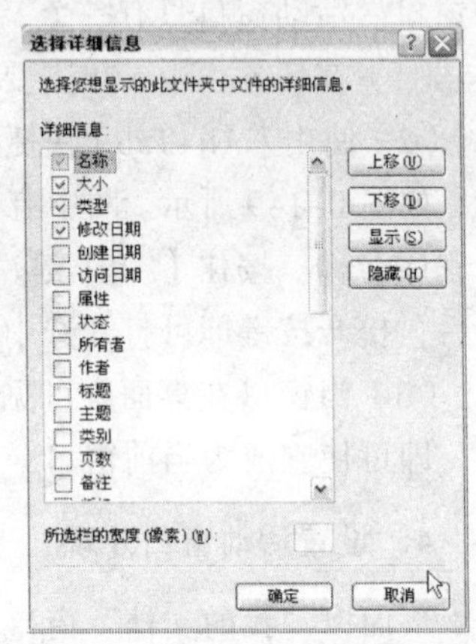

图 0-1-13 “选择详细信息”对话框

0.1.3 鼠标和键盘的基本操作

1. 鼠标的基本操作

在 Windows XP 中，鼠标的基本操作包括以下5种方式。

（1）移动：拖动鼠标，使鼠标指针移动到屏幕上的指定位置。

（2）单击：将鼠标指针移到目标位置，单击鼠标左键，简称为单击“×××”。

（3）双击：将鼠标指针移到目标位置，连续快速按鼠标左键两次，简称为双击“×××”。双击操作通常用来完成启动应用程序或者打开文件夹等。

（4）拖动：将鼠标指针移到目标位置，按住鼠标左键不放，同时移动鼠标指针到指定的位置，再松开鼠标左键。此项操作通常用于移动或复制对象，或者选定某个区域内的对象。

（5）右击：将鼠标指针移到目标位置，单击鼠标右键。通常用来调快捷菜单。

根据不同的操作，鼠标指针的形状也不同。常见的鼠标指针的含义如表 0-1-1 所示。

表 0-1-1 常见鼠标指针的含义

鼠标指针	含　义	鼠标指针	含　义	鼠标指针	含　义
	正常选择		求助		水平调整
	等待		精确定位		垂直调整
	手写输入		不能使用		选定文字
	后台运行	或	沿对角线调整		移动对象

2. 键盘的基本操作

在 Windows XP 中，所有的操作都可以使用键盘来实现。虽然使用鼠标更加方便，但是在鼠标失灵时，使用键盘可以完成同样操作，而且键盘的文字输入功能更是鼠标无法代替的。Windows XP 给大多数常用的菜单命令都设定了快捷键，用户只要使用键盘就可以快速完成许多操作。常用快捷键的功能如表 0-1-2 所示。

表 0-1-2 常用快捷键的功能

快 捷 键	功 能
Alt+F4	关闭当前窗口或者退出当前应用程序
Alt+Tab	切换到最近一次使用过的窗口
Alt+菜单命令中带下画线的字母	执行菜单上相应的命令
Alt+减号	显示应用程序的系统菜单
Alt+空格	显示当前窗口或者应用程序的系统菜单
Ctrl+Alt+Delete	调出“Windows 任务管理器”对话框
Ctrl+X	将选定的文件或者文件夹移动到剪贴板中
Ctrl+C	将选定的文件或者文件夹复制到剪贴板中
Ctrl+V	将剪贴板中的文件或者文件夹复制到窗口中
Ctrl+Z	撤销上一个操作
Ctrl+Esc	显示“开始”菜单
Ctrl+F4	关闭当前程序
Delete	删除选定的文件或者文件夹
F1	显示选定对话框的帮助内容
F10	激活程序中的菜单栏
Shift+F10	显示选定对象的快捷菜单
按住 Alt 键并重复按下 Tab 键	切换到不同的窗口

0.1.4 注销和关机

在 Windows XP 中，当用户结束所有操作之后，为了确保所有的工作都保存起来，必须正确地关闭 Windows XP。结束计算机工作可以分为注销和关闭两种操作，下面进行介绍。

1. 注销

当多人共用一台计算机的时候，只有当前一个用户注销之后，计算机将保持在运行的状态下，其他人才可以重新登录进入 Windows XP。用户之间是独立的，Windows XP 会根据登录的用户来自动恢复用户上一次登出之前的设置。注销的操作方法如下：

（1）单击“开始”按钮，调出“开始”菜单，单击其最底部的“注销”按钮，调出“注销 Windows”对话框，如图 0-1-14 所示。

（2）单击“注销 Windows”对话框中的“注销”按钮，回到 Windows 的启动画面，下一个用户只需单击自己的用户名即可登录。

（3）如果只需要换一位用户继续使用计算机，可单击“切换用户”按钮，再单击用户名即可。

2. 关机

如果要关闭计算机，则可以单击“开始”按钮，调出“开始”菜单，单击“关闭计算机”按钮，调出“关闭电脑”对话框，如图 0-1-15 所示。单击“待机”按钮，计算机将会进入休眠状态，处于最小功耗状态，并且所有正在运行的程序都会被保留；单击“关闭”按钮，Windows 将会结束并关闭所有正在运行的程序，然后关掉计算机；单击“重新启动”按钮，Windows 会结束并关闭所有正在运行中的程序，然后重新启动计算机。

图 0-1-14 “注销 Windows”对话框

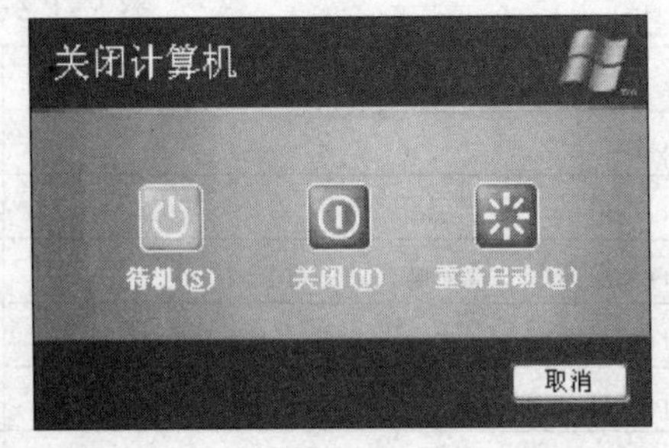

图 0-1-15 “关闭计算机”对话框

0.2 菜单、任务栏和对话框

0.2.1 菜单

1. 菜单命令形式和约定

菜单命令的形式与遵循的约定如下。

（1）菜单中的菜单项名称是深色时，表示当前可使用；是浅灰色时，表示当前某些条件没有得到满足的情况下不能使用。当条件得到满足后，会自动变回黑色文字，即变回可操作菜单命令。例如：在用户没有选中任何文件时，单击“我的文档”窗口中的“编辑”菜单，调出下拉菜单，其中的“复制”和“剪切”菜单命令为灰色，是不可操作菜单命令，如图 0-2-1 所示。当用户选中某个文件后，再单击“编辑”菜单，调出下拉菜单，其中的“复制”和“剪切”菜单命令恢复为黑色，成为可操作菜单命令。

（2）在一些菜单命令比较多的菜单中，会有一条或多条浅灰色的细线（称为分隔符）把菜单命令分成若干个功能相近的菜单命令组，如图 0-2-1 所示。

（3）如果菜单命令右边有一个带有下画线的字母，则直接键入键盘中的该字母键，即可执行该菜单命令。例如，在图 0-2-1 中，按“A”键，即可执行“全部选定”菜单命令。

（4）如果菜单名右边有组合按键名称，则表示是该菜单命令的快捷键（也叫组合键），可以在不打开菜单的情况下直接按快捷键来执行相应的菜单命令，加快了操作的速度。例如图 0-2-1 所示菜单中的“全部选定”菜单命令的快捷键为【Ctrl+A】，按【Ctrl+A】组合键，可以在不打开“编辑”菜单的情况下直接执行“全部选定”菜单命令。

（5）如果菜单名左边有选择标记“√”，则表示该菜单选项已选定，如果要删除标记（不选定该项），可再单击该菜单选项。一般来说标记√多出现在一组菜单命令内，表示这一组菜单命令是复选菜单命令，可以同时设置多个有效状态。例如：在“我的文档”窗口中，选择“查看”→“工具栏”菜单命令，调出“工具栏”菜单，如图 0-2-2 所示。其中的“标准按钮”、“地址栏”和“链接”菜单命令为一组复选菜单命令。

（6）如果菜单名左边有选择标记“●”，则表示该菜单选项已选定，而且这一组菜单选项只可以选中其中一个。如果要删除标记，可再单击该菜单选项。例如：“我的文档”窗口中的“查看”菜单，如图 0-2-3 所示。其中的“缩略图”、“平铺”、“图标”、“列表”和“详细信息”菜单命令为一组单选菜单命令，用来控制窗口内容的显示方式。

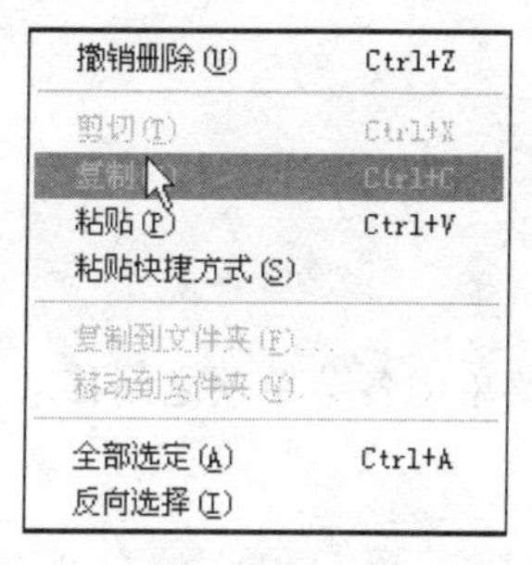

图 0-2-1　不可操作的菜单命令

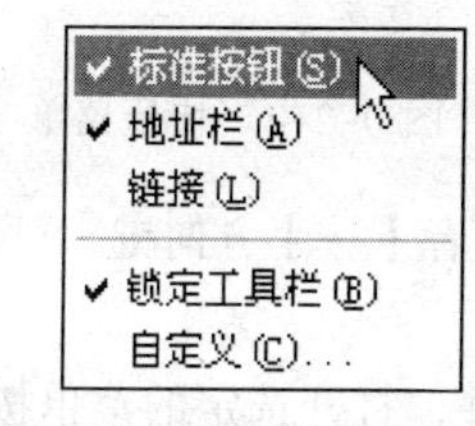

图 0-2-2　“工具栏”菜单

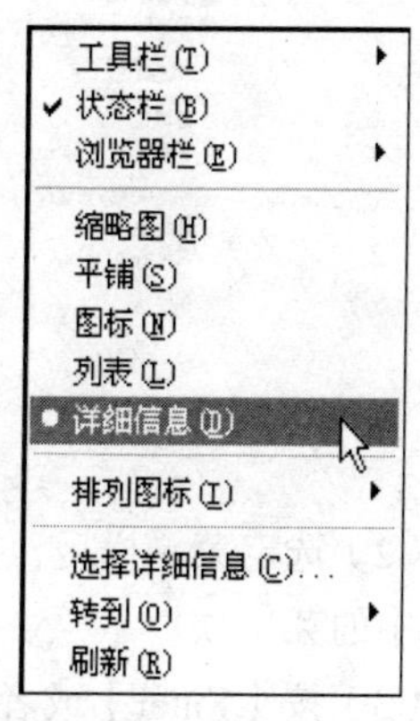

图 0-2-3　“查看”菜单

（7）如果菜单名右边没有任何符号，则单击该菜单命令，可以完成一个相应的操作，例如：“查看”主菜单中的“刷新”菜单命令，可以刷新窗口内的内容。

（8）如果菜单名右边有省略号“…”，则表示单击该菜单命令可调出一个对话框。例如，选择“编辑”→“移动到文件夹”菜单命令，可调出“移动项目”对话框。

（9）如果菜单名后边有黑三角符号“▸”，则表示该菜单项有下一级级联菜单。例如，选择“查看”→“工具栏”菜单命令，可以调出“工具栏”级联菜单。

2．菜单的种类

菜单根据功能的不同一般可以分为“下拉菜单”和“快捷菜单”两类。

（1）下拉菜单：在窗口或大部分对话框内都有一个菜单栏。单击其中的菜单项，都会有一个对应的下拉菜单。例如：在“我的文档”窗口的菜单栏有“文件”、“编辑”、“查看”、“收藏”、“工具”和“帮助”菜单项，每一个菜单项都有其对应下拉菜单。

（2）快捷菜单：右击某个特定位置或者图标，会调出相应的快捷菜单。例如：在“我的文档”窗口中，右击一个文件夹图标，会调出它的快捷菜单。该快捷菜单包括了可以对选中文件夹执行的打开、复制、删除等一些相关的命令，如图 0-2-4（a）所示。右击的文件类型不同，其快捷菜单的内容也不同，右击 Word 类型文件调出的快捷菜单如图 0-2-4（b）所示。此外快捷菜单的内容也会因计算机安装的软件不同而改变。

3．键盘操作菜单的方法

使用键盘操作菜单的方法除了前面介绍的使用菜单命令中带有下画线的字母和使用菜单命令的快捷键外，还可以使用方向键和【Enter】键，操作方法如下。

（1）在窗口中，按【Alt】或【F10】键选定菜单栏。此时菜单栏中的第 1 个菜单按钮的底色会变成蓝色。如果再次按【Alt】、【F10】键或者按【Esc】键，则可以取消选定菜单栏。

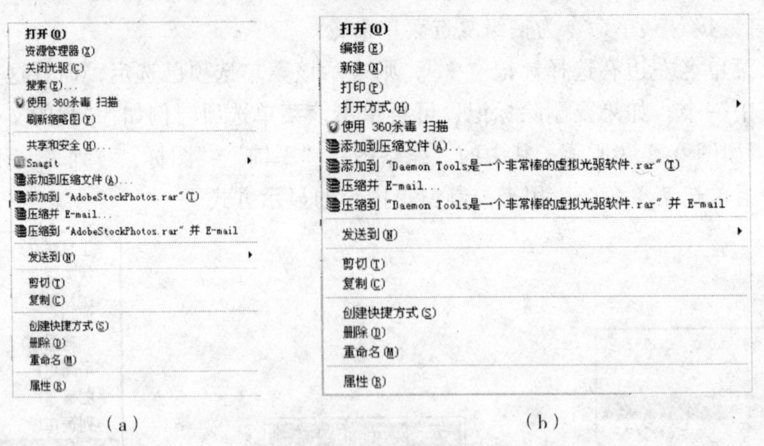

（a）　　　　（b）

图 0-2-4　快捷菜单

（2）选定菜单栏后，按【←】或者【→】方向键，可以在主菜单的各菜单项之间移动，改变选中的菜单项。

（3）按【Enter】或者【↓】按键，打开选定的菜单按钮。

（4）使用【↑】、【↓】键在菜单中移动，选定所需的菜单命令，按【Enter】键执行该菜单命令。

一般情况下，使用鼠标操作菜单要比使用键盘操作菜单简单、快捷。用户只需移动鼠标指针到菜单栏中的菜单按钮上，单击即可打开菜单。再移动鼠标指针到所需要的菜单命令上，单击即可执行该菜单命令。

0.2.2　任务栏

有关任务栏的所有设置都是在任务栏对话框中完成的。右击任务栏空白处，调出它的快捷菜单，如图 0-2-5 所示。选择该菜单内的“工具栏”→“桌面”菜单命令，可以在任务栏创建一个桌面栏，其内有桌面的所有图标名称。选择“工具栏”菜单内的其他菜单命令，可以在任务栏创建相应的工具栏。选择该菜单内的“属性”菜单命令，调出“任务栏和「开始」菜单属性”对话框的“任务栏”选项卡，如图 0-2-6 所示。

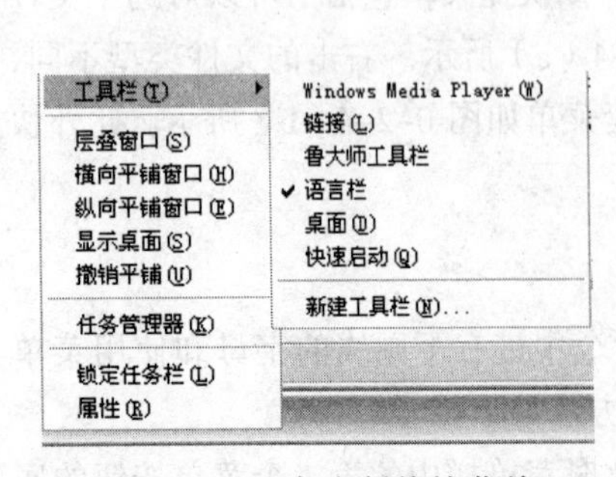

图 0-2-5　任务栏快捷菜单

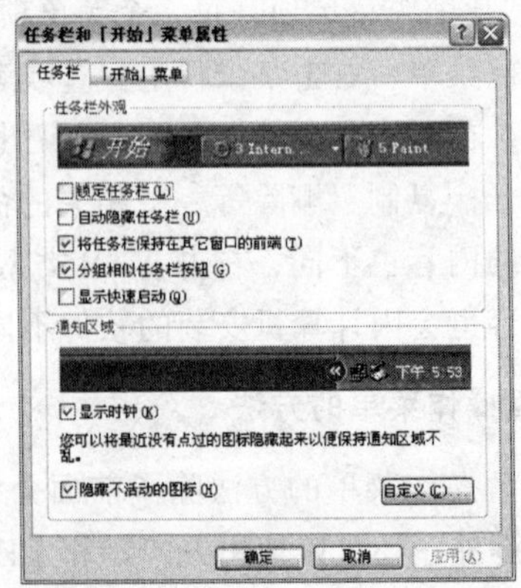

图 0-2-6　“任务栏和「开始」菜单属性”对话框

1．设置任务栏外观

（1）在“任务栏外观”栏中，如果选中“锁定任务栏”复选框，则将任务栏锁定在其桌面上的当前位置，这样任务栏就不会被移动到新的位置上，同时还锁定显示在任务栏上的任意工具栏的大小和位置，这样工具栏也不会被更改。如果没有选中“锁定任务栏”复选框，则用户可以拖动任务栏改变其位置或者拖动任务栏边框改变其大小。图 0-2-7 所示为位于桌面右边的垂直任务栏，可以看到该任务栏的宽度也被改变了。

（2）如果选中“自动隐藏任务栏”复选框，则系统会自动隐藏任务栏。要再次显示任务栏，则鼠标指针移动到任务栏在屏幕上的原有位置区域。如果要确保能立即显示，可以选中“将任务栏保持在其他窗口的前端”复选框。例如：正在全屏运行 Word 程序时，鼠标指针移动到屏幕最下面，任务栏就会显示，不会被 Word 窗口挡住。

图 0-2-7　任务栏调整

（3）如果选中“分组相似任务栏按钮”复选框，则当任务栏中按钮太拥挤时，会将同一程序的按钮折叠为一个按钮。单击此按钮，调出菜单，可以打开所需的文档。右击此按钮，调出菜单。在其中选择“关闭组”菜单命令，可以关闭所需的全部文档。

（4）如果选中“显示快速启动”复选框，则在任务栏中会显示“快速启动”栏，如图 0-2-8 所示。“快速启动”栏是一个可以自定义的工具栏，它使用户能够显示 Windows 桌面或者通过单击图标启动程序。用户可以添加自己所需的启动程序按钮。

（5）用户可以随时通过“任务栏外观”栏中的图示，来查看任务栏的设置效果。

2．设置通知区域

（1）在“通知区域”栏中，如果选中“显示时钟”复选框，则在任务栏上显示数字时钟。将鼠标指针移动到时钟上可以显示日期。双击时钟可以调出“日期和时钟 属性”对话框，可以在其中调整时间和日期。

（2）如果选中“隐藏不活动的图标”复选框，则可以避免任务栏的通知区域显示不使用的图标。单击“自定义”按钮，调出“自定义通知”对话框，如图 0-2-9 所示。在列表中，单击要设置的项目名称，在其后的“行为”下拉列表框中，选择该项目的通知行为。

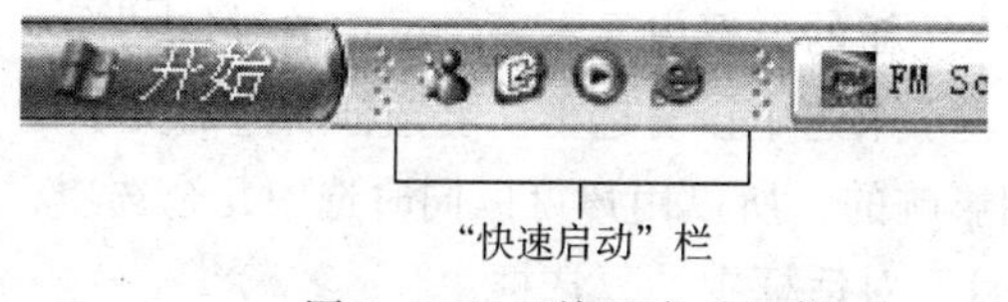

图 0-2-8　“快速启动”栏

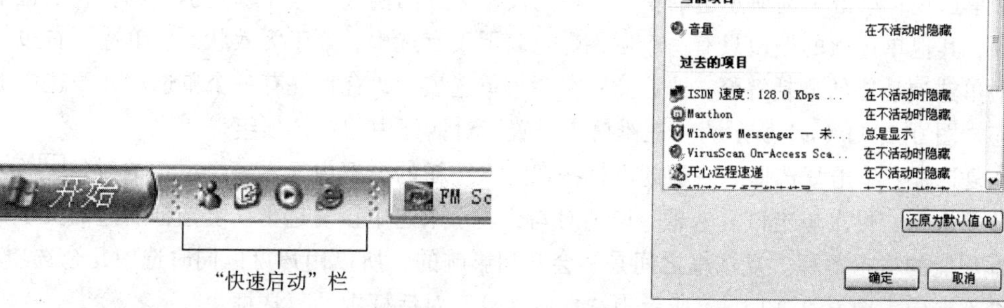

图 0-2-9　“自定义通知”对话框

（3）单击“确定”按钮，返回“任务栏和「开始」菜单属性”对话框。完成所有的设置后，单击“任务栏和「开始」菜单属性”对话框内的“确定”按钮，更新任务栏。

0.2.3 对话框

下面以图 0-1-5 所示“显示 属性”对话框为例，介绍对话框的组成和操作方法。

1. 标题栏

标题栏位于对话框的最上方，主要作用是显示当前对话框的名称。其最左边是对话框的名称，最右边有两个按钮，一个是“帮助”按钮，一个是“关闭”按钮。如果用户不知道对话框中的某个选项的功能，可以单击“帮助”按钮，鼠标指针旁边就会多出一个问号，把鼠标指针移动到想要查询的选项上，然后单击，Windows XP 就会显示这个选项的功能帮助信息。例如，单击“显示快速启动”复选框后，显示的帮助信息如图 0-2-10 所示。单击“关闭”按钮，可关闭对话框。拖动标题栏，可移动对话框到任何位置。

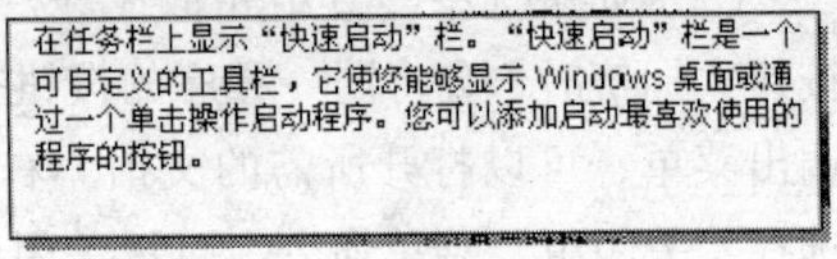

在任务栏上显示“快速启动”栏。“快速启动”栏是一个可自定义的工具栏，它使您能够显示 Windows 桌面或通过一个单击操作启动程序。您可以添加启动最喜欢使用的程序的按钮。

图 0-2-10　帮助信息

2. 标签

标题栏的下面是标签。每个对话框中所拥有的标签数目是不固定的。例如：“显示 属性”对话框有 5 个标签，分别是“主题”、“桌面”、“屏幕保护程序”、“外观”和“设置”。每一个标签都对应一个选项卡，单击标签可以切换到相应的选项卡。

3. 选项卡

选项卡是整个对话框的主体部分。因为对话框的大小有限，所以所有的选项卡都是重叠的，单击标签，可以切换到相应的选项卡。在一个选项卡里，最常见的有以下 6 种选项。

（1）列表框：把所有的选项排列在一个框内显示。例如：“显示 属性”对话框的“桌面”选项卡中的“背景”列表框，如图 0-2-11（a）所示。如果列表右边有滚动条，则表示列表中还有内容没有显示，用户只需要单击滚动条的上下箭头按钮或者拖动滚动条滑块，即可查看到所有的选项，然后只要单击选中该选项即可。

（2）下拉列表框：下拉列表框右边有一个下拉按钮，单击该按钮，会调出一个列表框，单击选中其中的选项，列表框就会消失，而选中的选项会在下拉列表框的文本框中显示。图 0-2-11（b）所示为“显示 属性”对话框的“主题”选项卡中的“主题”下拉列表框。

（3）单选项：单击单选项左边的单选按钮，按钮的圆圈内显示一个绿色的点⊙，表示选中该单选项，其他单选项的按钮只有一个圆圈○，表示没有选中，处于无效状态。单选项右边的文字是对单选项功能的概括解释。要注意：在一组单选项中，有且只有一个单选项处于选中的有效状态。图 0-2-11（c）所示为“三维管道设置”对话框中的单选项组。

（4）复选框：单击复选框的左边的方框按钮□，按钮的方框内显示一个绿色的对勾☑，表示选中该复选框。再次单击该复选框，取消对勾，表示未选中该复选框。复选框右边的文字是对复选框功能的概括解释。复选框之间是不会互相影响的，所以用户可以同时选中几个选项，也可以全部选中。图 0-2-12（a）所示为“桌面项目”对话框中的复选框。

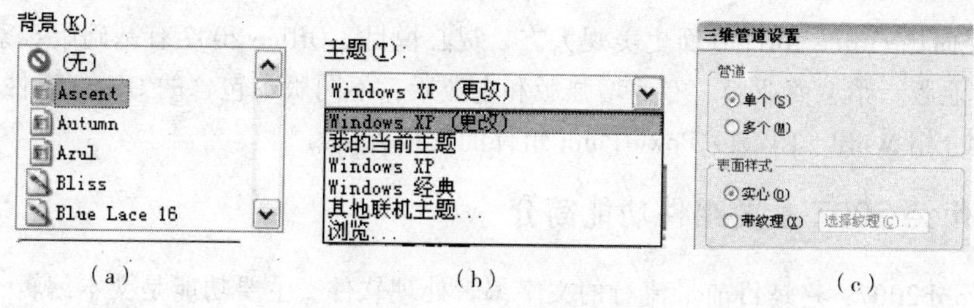

（a）　（b）　（c）

图 0-2-11　常见选项种类 1

（5）滑动条：用户只需要单击滑动条上的相应位置，就可以移动滑块同时改变设置数值，或者鼠标拖动滑块，移动到所需的数值处，再松开鼠标。图 0-2-12（b）所示为“显示 属性”对话框的“设置”选项卡中的“屏幕分辨率”滑动条。

（6）数值框：用户只可在其中输入数值。单击数值框，将光标移动到其内，可输入数值。或者单击其右边的上箭头按钮，可以增大数值框中的数值；单击下箭头按钮，可减小数值框中的数值。图 0-2-12（c）所示为“显示 属性”对话框的“屏幕保护程序”选项卡中的“等待”数值框。

此外还有在程序的对话框中经常见到的文本框。用户可以在文本框中输入文字信息。

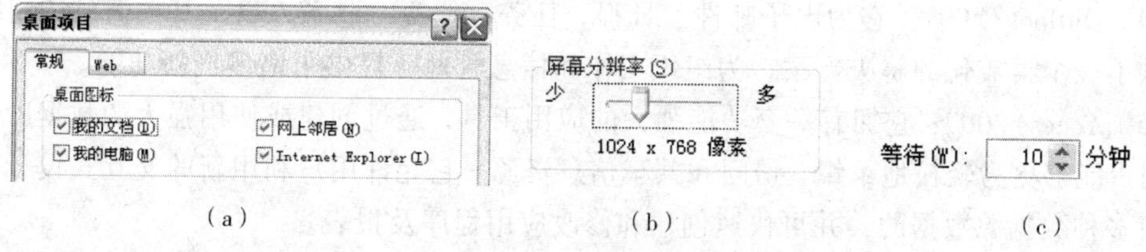

（a）　（b）　（c）

图 0-2-12　常见选项种类 2

4．按钮

对话框内一般都有“确定”和“取消”按钮，其他按钮还有“应用”和“默认”按钮等。

（1）“确认”按钮：如果需要关闭对话框并且保留所做的修改，则单击“确定”按钮。

（2）“取消”按钮：如果不想保留所做的修改并且要关闭对话框，则单击“取消”按钮。

（3）“应用”按钮：当用户改变了某些设置之后，如果需要保留所做的修改，则单击“应用”按钮。单击“应用”按钮不会关闭对话框。在一般情况下，如果用户没有改变对话框中的任何设置时，“应用”按钮上的文字会显示为灰色，也就是不可操作状态。只有当用户改变了某些设置的时候，文字才会变为黑色，成为可应用按钮。

（4）“默认”按钮：单击“默认”按钮，可将设置全部恢复成系统默认设置。

此外，对话框中还有许多具有特定功能的按钮，单击按钮可以调出相应的对话框，用户可以在对话框中进行更多的设置。

0.3　Office 2007 简介

Microsoft Office 2007 软件于 2007 年年底发布，它采用全新用户界面元素，在功能上有大量的改进，安全性和稳定性有所增强，工作效率更高，这更使它在办公自动化软件领域处于绝对的优势。Office 2007 包括 Word、Excel、PowerPoint、Access、Outlook 等组件。Microsoft Office

2007 窗口界面比 Office 2003 界面更美观大方、赏心悦目。Office 2007 有基础版、家庭教育版、标准版、专业版、小型商业版、专业增强版和企业版，不同版本包含的 Office 组件不同。本书将较详细地介绍 Word、Excel、PowerPoint 组件的使用方法。

0.3.1 Office 2007 主要组件功能简介

（1）Word 2007：它是目前最流行的文字编辑处理软件。主要功能是文本编辑、文字处理、文档排版、图片处理、制作表格、发送电子邮件以及建立网页等。它可以审阅、批注和比较文档，高级的数据集成可确保文档与重要的业务信息源时刻相连。

（2）Excel 2007：它最主要的功能是处理数据，它能够帮助用户将杂乱的数据组织成有用的信息，然后进行各种数据分析、交流和共享所得到的结果。它具有丰富的条件格式、轻松编写公式、共享图表、易于使用的数据透视表、快速连接到外部数据、新文件格式、共享工作新方法、快速访问更多模板、可以使用扩展标记语言（XML）连接到业务程序等新功能。

（3）PowerPoint 2007：它用来创建、编辑演示文稿。通过使用 PowerPoint 2007，用户可以轻松地创建出引人注目的演示文稿，并且可以与他人共享。PowerPoint 2007 主要新增了创建并播放动态演示文稿、有效地共享信息、保护并管理信息等功能。

（4）Outlook 2007：它为电子邮件、日程、任务、便笺、联系人以及其他信息的组织和管理提供了一个集成化的解决方案，为组织工作和信息管理等提供了诸多创新功能。

（5）Access 2007：它拥有一套功能强大的应用工具，通过创建或使用强大的数据库解决方案，用户能够更为轻松地组织、访问和共享信息资源。它允许用户利用新的交互式设计功能处理来自多种数据源数据的，并可快速创建和修改应用程序及报表。

（6）Publisher 2007：它是一种商务排版程序，可帮助用户快速有效地创建、设计和发布专业营销材料。可指导用户完成从最初概念到最终的内部交付整个过程的操作，而不要求具备专业知识。它可以使用基于任务的直观环境来创建用于印刷品、电子邮件和网站的材料。

0.3.2 启动和退出 Word 2007

本节介绍的启动和退出 Word 2007 的方法，基本也适用于 Excel 2007 和 PowerPoint 2007 等 Office 软件。

1. 启动 Word 2007

启动 Word 2007 的常用方法有以下 3 种，介绍如下。

（1）通过“开始”菜单启动：选择“开始”→“所有程序”→Microsoft Office→Microsoft Office Word 2007 菜单命令。

（2）通过桌面快捷方式启动：快捷方式是在 Windows 桌面上建立的一个图标，鼠标双击该图标就可以启动相应的程序。创建快捷方式图标的方法是，右击单击“开始”→“所有程序”→Microsoft Office 菜单命令，调出它的菜单，右击 Microsoft Office Word 2007 菜单命令，调出它的快捷菜单，选择“发送到”→“桌面快捷方式”菜单命令，即可在桌面上建立一个 Word 2007 的快捷方式图标，如图 0-3-1 所示。

（3）通过已有的 Word 2007 文档启动：首先通过“我的电脑”、“我的文档”或“Windows

资源管理器”等程序，找到要打开的已保存 Word 2007 文档，然后双击这个 Word 文档的图标，即可启动 Word 2007 并同时打开被双击的 Word 文档。

2．退出 Word 2007

（1）单击 Word 2007 窗口右上角的“关闭”按钮 ×。

（2）右击标题栏，调出它的快捷菜单，选择该菜单内的“关闭”菜单命令。

（3）双击窗口中 Office 按钮。

（4）单击 Office 按钮，调出它的菜单，选择该菜单内的“关闭”菜单命令。

如果对文档进行了修改并且尚未保存，则在退出 Word 2007 时，系统会调出一个“Microsoft Office Word”对话框，提示用户是否保存当前修改后的文档，如图 0-3-2 所示。单击“是”按钮，保存修改后的文档并退出 Word 2007。单击“否”按钮，不保存修改后的文档并退出 Word 2007。单击“取消”按钮，返回该文档不退出 Word 2007。

图 0-3-1　快捷方式图标

图 0-3-2　“Microsoft Office Word”对话框

0.3.3　Word 2007 界面简介

启动 Word 2007 后，它的工作界面如图 0-3-3 所示。Word 2007 的操作界面主要由 Office 按钮、快速访问工具栏、功能区、标题栏、状态栏及文档编辑区等部分组成。

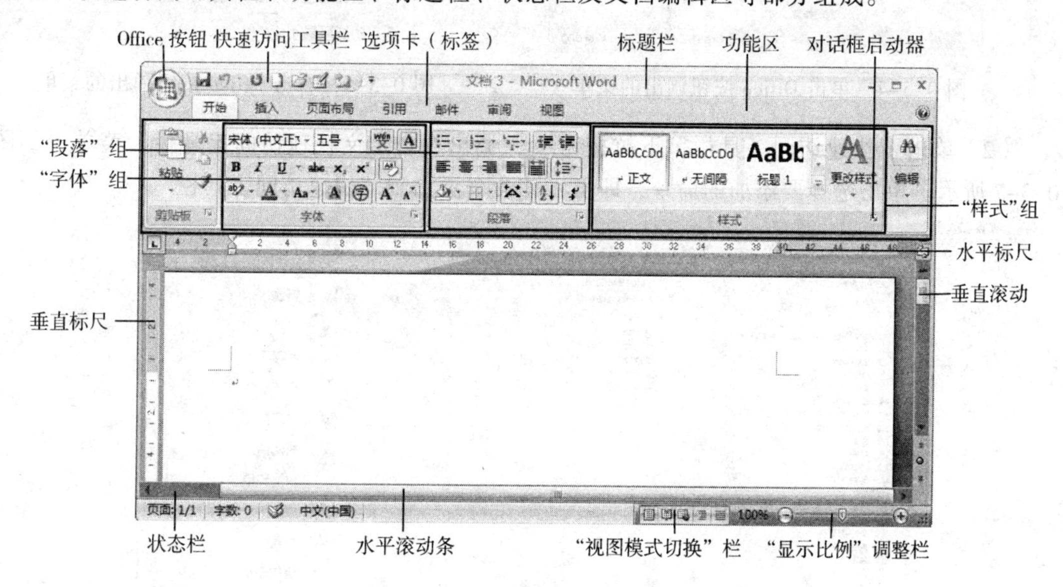

图 0-3-3　Word 2007 的工作界面

1．Office 按钮

Office 按钮是 Word 2007 新增的功能按钮，位于界面左上角，类似于 Windows 系统的“开始”按钮。单击 Office 按钮，可以调出 Office 菜单，如图 0-3-4 所示。Word 2007 的 Office 菜单中包含了一些常见的命令，例如新建、打开、保存、打印和发布等。

2. 快速访问工具栏

“快速访问工具栏”包含一组独立于当前所显示的选项卡的命令，即最常用操作的快捷按钮。在默认状态中，“快速访问工具栏”中包含 3 个快捷按钮，分别为“保存”、“撤销”按钮、“恢复”按钮。可以向“快速访问工具栏”添加命令按钮，方法有以下 3 种。

（1）右击 Office 按钮，调出它的菜单，如图 0-3-5 所示。选择该菜单内的“自定义快速访问工具栏”菜单命令，调出“Word 选项”对话框，如图 0-3-6 所示。利用该对话框可以给“快速访问工具栏”添加或删除相应的命令，然后单击“确定”按钮。

图 0-3-4 单击 Office 按钮调出的菜单

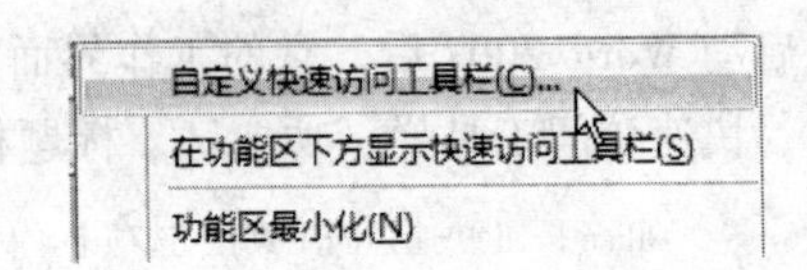

图 0-3-5 右击 Office 按钮弹出的菜单

（2）单击“快速访问工具栏”下拉按钮，调出“自定义快速访问工具栏”菜单，如图 0-3-7 所示。单击选择要添加的命令，即可将该命令添加到“快速访问工具栏”。

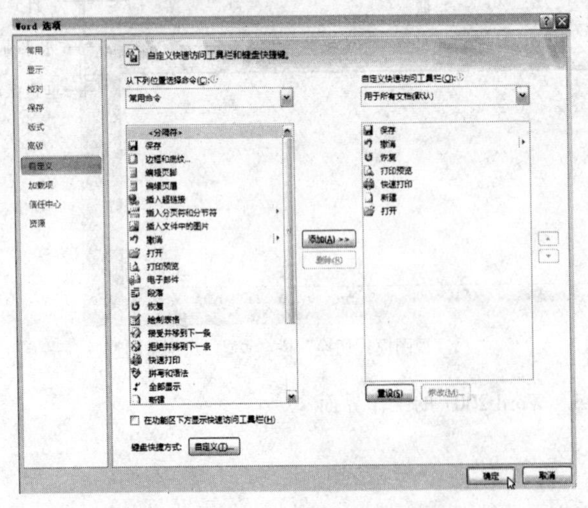

图 0-3-6 “Word 选项”对话框

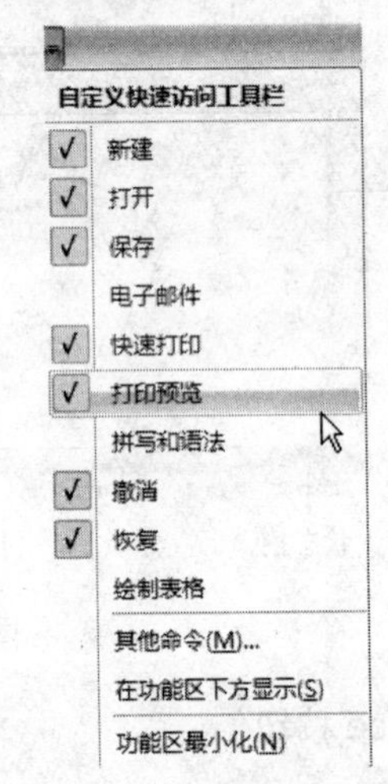

图 0-3-7 自定义快速访问工具栏

（3）在功能区中，单击相应的选项卡或组，以显示要添加到快速访问工具栏的命令，再右击该命令，调出它的菜单，选择该菜单内的“添加到快速访问工具栏”菜单命令，即可将该命令添加到“快速访问工具栏”。

3．功能区

在 Word 2007 中，Word 2003 中原有的“菜单栏”和“工具栏”被设计为一个包含各种按钮和命令的带形区域，称为“功能区”，将最常用的命令集中在“功能区”，单击顶部的选项卡，就可以看到“功能区”中各任务的常用命令。Microsoft 推出这样经过重大改进的界面是为了满足 Office 用户的需求，能帮助用户快速找到完成某一任务所需的命令，这些命令被组织在“组”中，“组”集中在“选项卡”。相关名词介绍如下。

（1）选项卡：在功能区的顶部，每个选项卡都与一种类型的活动相关，都代表着在特定的程序中执行的一组核心任务。单击选项卡的标签，可以切换选项卡。

（2）组：显示在选项卡上，是相关命令的集合。

（3）命令：按组来排列，可以是按钮、菜单或者是可供输入信息的框。

（4）对话框启动器：即某些组中右下方按钮，单击该按钮，可以调出相关的对话框或任务窗格，提供与该组相关的更多选项。

（5）功能区主要包含“开始”、“插入”、“页面布局”、“引用”、“邮件”、“审阅”、“视图”和“加载项”8 个基本选项卡。“开始”等选项卡分别如图 0-3-8～图 0-3-14 所示。

在功能区内，有的命令按钮右侧有一个下拉箭头，单击它可以看到相似功能的下拉菜单，当用户将鼠标指针移到某按钮或命令之上时，会显示相应的提示说明，包括快捷键。

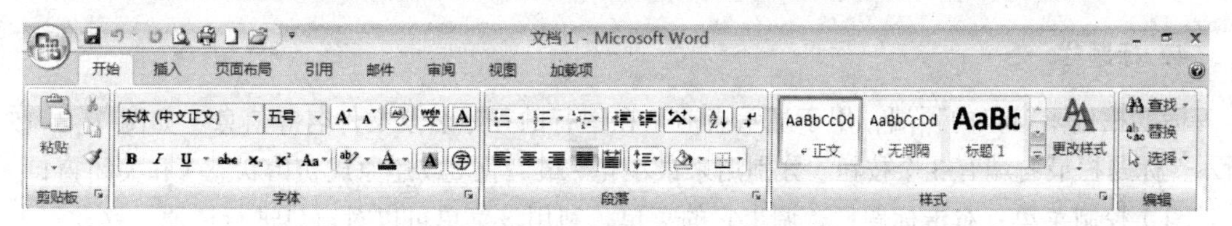

图 0-3-8　功能区的“开始”选项卡

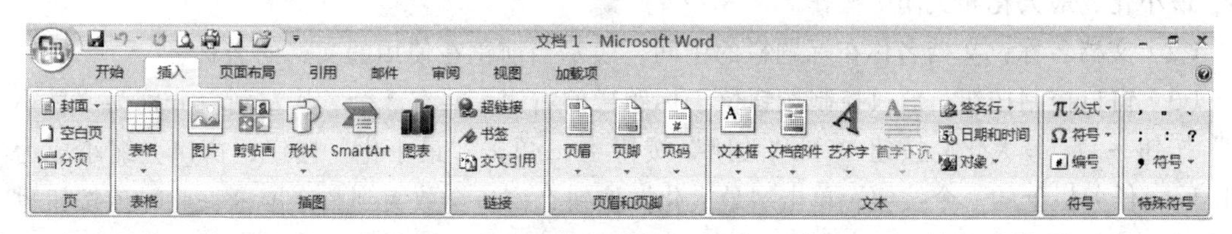

图 0-3-9　功能区的“插入”选项卡

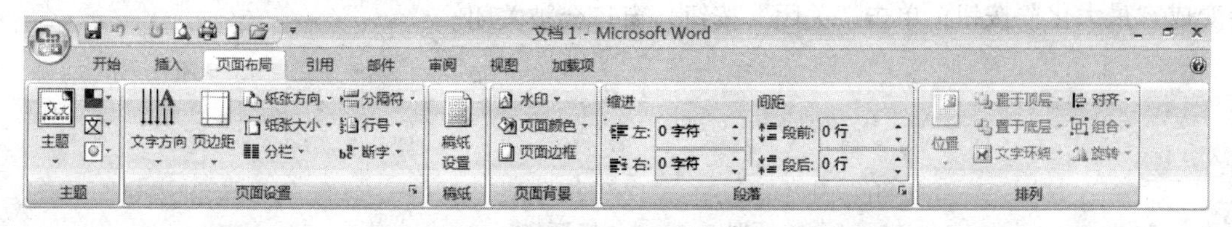

图 0-3-10　功能区的“页面布局”选项卡

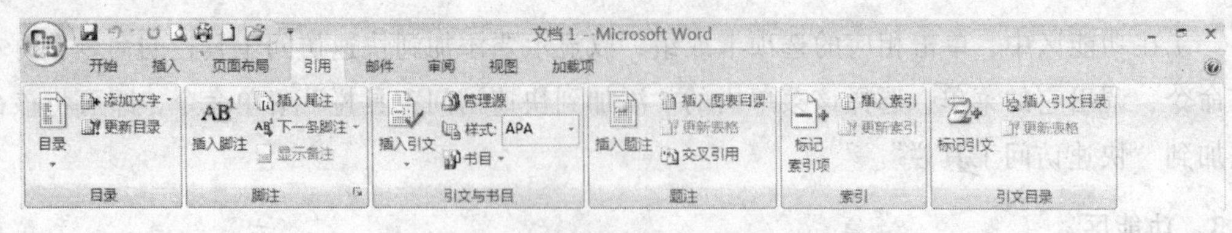

图 0-3-11　功能区的“引用”选项卡

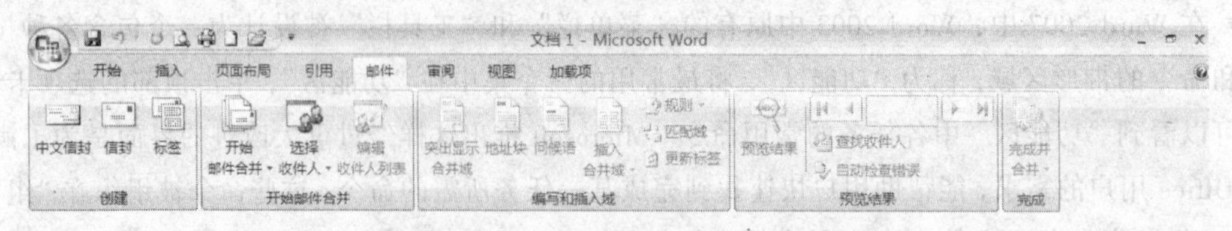

图 0-3-12　功能区的“邮件”选项卡

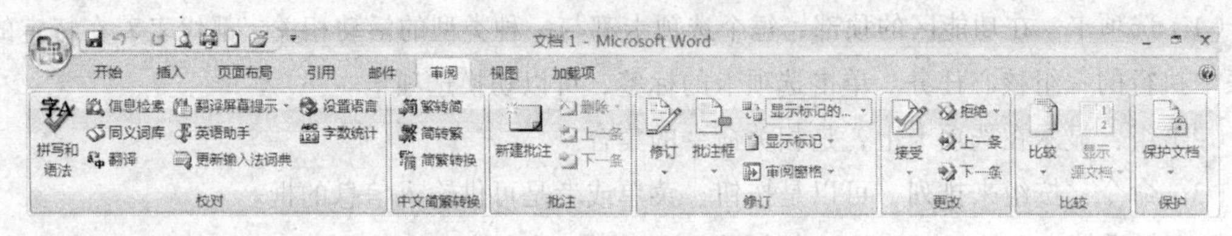

图 0-3-13　功能区的“审阅”选项卡

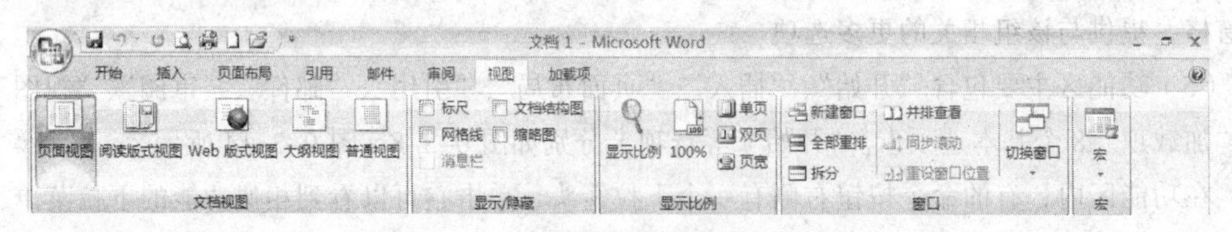

图 0-3-14　功能区的“视图”选项卡

4．标题栏

标题栏位于窗口的顶端，用于显示当前正在运行的程序名及文件名等信息，如图 0-3-15 所示。标题栏最右端有 3 个按钮，分别用来最小化、最大化（或还原成初始状态）和关闭窗口。

（1）控制菜单：右击标题栏，调出它的菜单，利用该菜单可以对窗口进行还原、移动、大小、最小化、最大化和关闭等操作。

（2）文档名称：文档名称在标题栏的中间，表示当前正在使用的文档的名称。

（3）窗口控制按钮：窗口控制按钮位于标题栏的右边，共有 3 个，从左到右分别为“最小化”按钮 -、“最大化”按钮 ▭ 和“关闭”按钮 ×。单击“最小化”按钮，窗口会缩小成为 Windows 任务栏上的一个按钮；单击“最大化”按钮，窗口会放大到整个屏幕，此时该按钮也会变成“向下还原”按钮 ⧉；单击“向下还原”按钮，窗口会变回原来的大小，此时按钮也会变成“最大化”按钮；单击“关闭”按钮，窗口会被关闭。

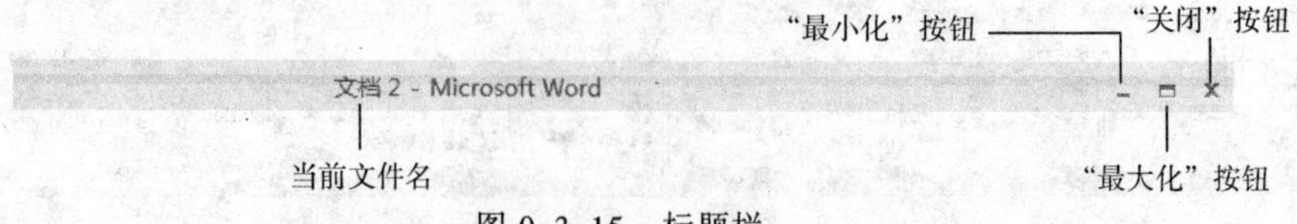

图 0-3-15　标题栏

（4）双击标题栏也可以在“最大化”和“向下还原”之间切换，调整窗口的大小。

5．状态栏

状态栏位于 Word 窗口的底部，显示了当前文档的信息，如当前显示的文档是第几页、第几节和当前文档的字数等，如图 0-3-16 所示。右击状态栏，调出它的快捷菜单，即自定义状态栏，如图 0-3-17 所示，利用该菜单可以设定状态栏的内容，自定义状态栏的工作状态。

拖动状态栏内右边的“显示比例滑杆”中的滑块，可以直观地改变文档编辑区的大小。

图 0-3-16　状态栏

在状态栏右侧有“视图快捷方式”如图 0-3-18 所示，它包括“普通视图”、“Web 版式视图”、“页面视图”、“大纲视图”和“阅读版式视图”按钮。单击按下某个按钮就会使文档切换到相应的视图状态。文档常用的视图是“页面”视图。

自定义状态栏

√	格式页的页码(F)	8
√	节(E)	1
√	页码(P)	8/33
√	垂直页位置(V)	9.4厘米
√	行号(B)	12
√	列(C)	1
√	字数统计(W)	19,028
	拼写和语法检查(S)	错误
√	语言(L)	英语(美国)
	签名(G)	关
√	信息管理策略(I)	关
	权限(P)	关
√	修订(T)	关闭
	大写(K)	关
√	改写(O)	插入
	选定模式(D)	
	宏录制(M)	未录制
√	视图快捷方式(V)	
√	显示比例(Z)	100%
√	缩放滑块(Z)	

图 0-3-17　自定义状态栏

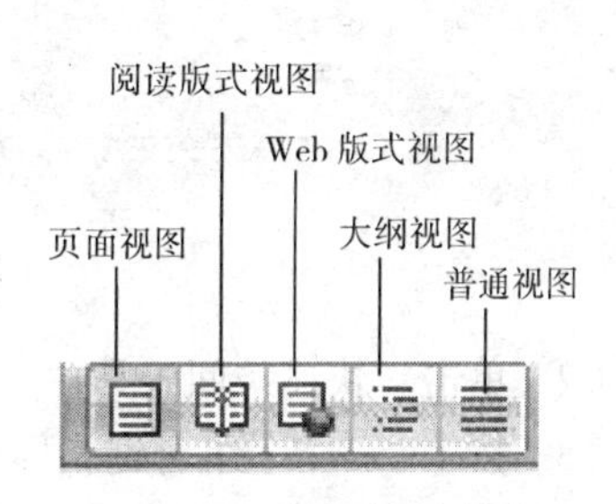

图 0-3-18　视图快捷方式

6．文档编辑区

文档编辑区是 Word 2007 的编辑窗口，可以在此进行文档的输入、编辑、修改、排版、浏览等操作。文档编辑区由滚动条、标尺、视图按钮和文本组成。

（1）滚动条：滚动条有位于文本区下方的“水平滚动条”和位于文本区右边的“垂直滚动条”两种。使用滚动条可以使文本内容在窗口中滚动，以便显示区域外被挡住的文本内容。

（2）标尺：标尺位于文本区的上方和左边，上方的标尺称为“水平标尺”，左边的标尺称为“垂直标尺”。使用标尺可以定位文本中的文本、段落、表格和图片等内容。

（3）文本：区域中的文本、表格和图片等内容。打开文档后，文档内容就显示在文本区内，用户对文档进行的各种编辑操作都在其中进行。

此外，文档中的段落标记不仅标记着一段内容的结束，而且它还保存这个段落样式的所有内容，包括文本的所有格式设置。

0.3.4 创建和打开文档

1. 创建新文档

（1）启动 Word 2007 后，工作界面内会自动创建一个名为“文档 1”的空白文档。

（2）选择“Office 按钮”→“新建”菜单命令，调出“新建文档”对话框，如图 0-3-19 所示。单击“模板”选项中的“空白文档和最近使用的文档”，选中“空白文档”，单击“创建”按钮，即可新建一个空白文档。

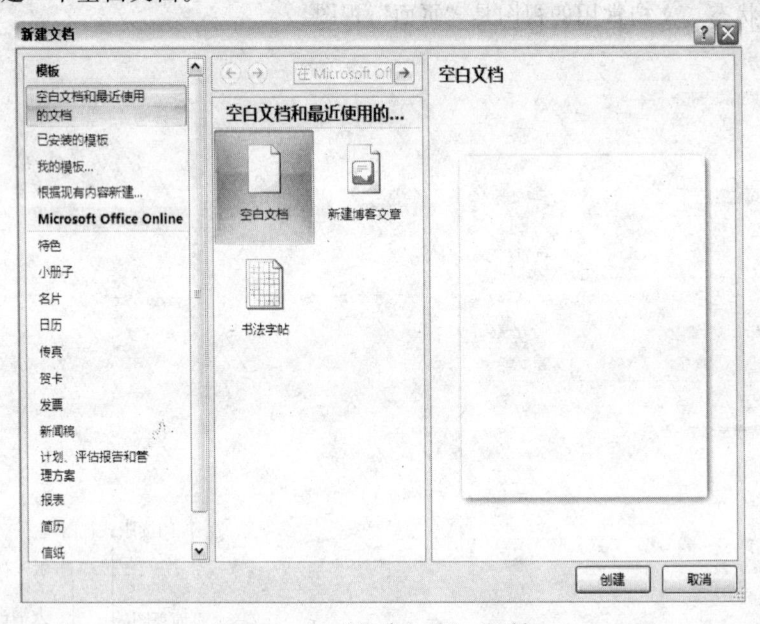

图 0-3-19 “新建文档”对话框

（2）单击“快速访问工具栏”内的“新建空白文档”按钮，新建一个空白文档。

（3）按【Ctrl+N】组合键，即可新建一个空白文档。

（4）选择“Office 按钮”→“新建”菜单命令，调出“新建文档”对话框。选择“模板”选项中的“根据现有内容新建…”选项，调出“根据现有文档新建”对话框，如图 0-3-20 所示。选中一个文档，单击“创建”按钮，即可新建一个以此文档为模板的文档。

不论使用以上哪种方法新建的文档，其名称均为“文档××”（其中“××”为序号）。

2. 打开文档

打开已经保存的文档有多种方法，下面介绍常用的 5 种方法。

（1）在硬盘或者软盘中找到要打开的 Word 文档，双击该文档的图标，即可打开文档。如果 Word 2007 没有启动，系统会自动启动 Word 2007 并打开文档。

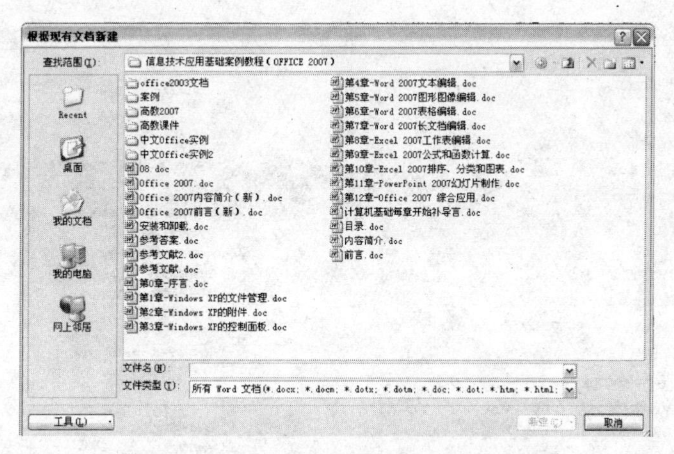

图 0-3-20　“根据现有文档新建”对话框

（2）在 Word 2007 中，选择“Office 按钮”→“打开”菜单命令或单击“快速访问工具栏”中的“打开”按钮，都可以调出“打开”对话框，如图 0-3-21 所示。在“打开”对话框的“查找范围”下拉列表框中，选择要打开文档所在的文件夹。在列表中选中要打开的文档，或者在“文件名”文本框中输入文档的名称。单击“打开”按钮，打开所选的文档。

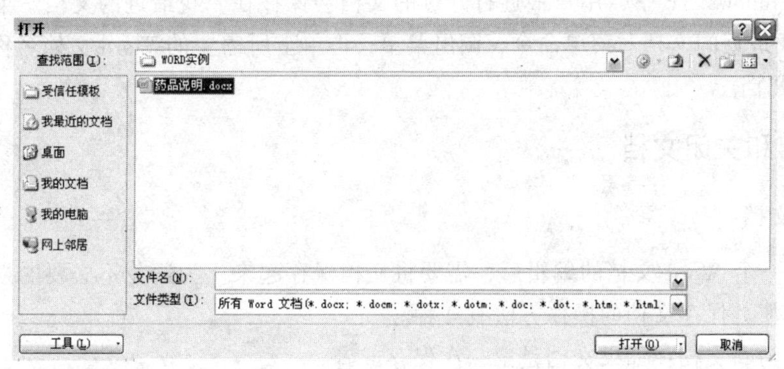

图 0-3-21　“打开”对话框

（3）如果要打开多个连续的文档，可以在“打开”对话框的列表中，单击第一个要打开的文档名，然后按住【Shift】键，再单击最后一个文档名，选中这两个文档以及它们之间的所有文档；如果要打开多个不连续的文档，可以按住【Ctrl】键，然后依次单击要打开的文档名，选中这些文档。按住【Ctrl】键，单击已选中的文档名，可取消该文档的选中。最后单击“打开”按钮，即可打开选中的多个文档。

（4）在 Word 2007 中，用户最近打开过的 Word 文档名称会保存在“Office 按钮”菜单中。选择“Office 按钮”菜单命令，调出“最近使用文档”菜单，单击所需文档的名称，就可以打开相应的 Word 文档，如图 0-3-22 所示。Word 2007 默认设置是显示最近打开过的 17 个文档的名称，如果需要增加或减少显示的文档数量，可以单击“Office 按钮”→“Word 选项”按钮，调出“Word 选项”对话框，选中“高级”选项卡，如图 0-3-23 所示。在“显示”栏内“显示此数目的‘最近使用的文档’”数值框中，输入要显示文档的数量，再单击“确定”按钮。

图 0-3-22 “文件”下拉菜单　　图 0-3-23 “Word 选项”（高级）对话框

（5）在 Windows XP 中，用户最近打开过的文档会保存在“我最近的文档”菜单中。选择“开始”→“我最近的文档”菜单命令，调出菜单，再单击所需要的 Word 文档名称，即可打开选中的 Word 文档。

0.3.5 保存和关闭文档

1. 保存文档

当完成对一个 Word 文档的编辑后，需要将文档保存起来。为避免不必要的损失，要养成经常保存的习惯。保存文档的操作方法有 4 种。

（1）保存为新文档：如果文档是第一次保存或者另存为一个内容完全相同但是名称或者保存位置不同的文档，可以将鼠标指针移到“Office 按钮”→“另存为”菜单命令之上，在一旁会显示“保存文档副本”菜单，如图 0-3-24 所示，用来选择保存的文件类型。如果选择“Word 文档”选项，则以 Word 2007 格式保存，扩展名为“.docx”；如果选择“Word 97-2003 文档”选项，则以 Word 97 和 Word 2003 格式保存，扩展名为“.doc”。选择 “Word 97-2003 文档”选项后，调出“另存为”对话框，在“保存位置”下拉列表框中选择要保存文档所在文件夹的位置，在“文件名”文本框中输入文档的名称，如图 0-3-25 所示。单击“保存”按钮，即可将文档保存。

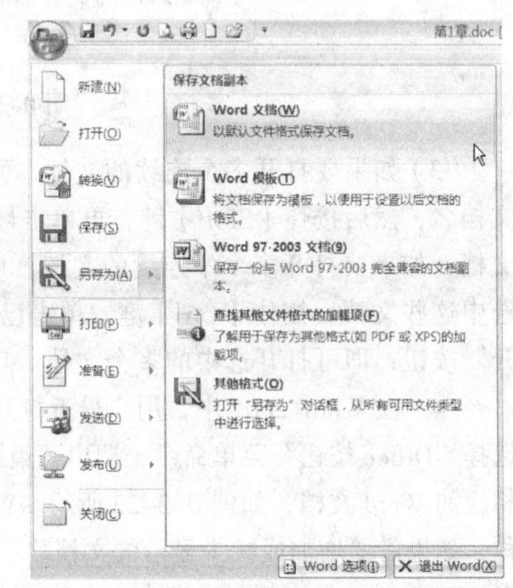

图 0-3-24 “保存文档副本”菜单

（2）保存已经保存过的文档：已保存过的文档进行修改后，需要再次保存，修改的内容才会被计算机保存并覆盖原有内容。选择“Office 按钮”→“保存”菜单命令、单击“快速访问工具栏”中的“保存”按钮或者使用【Ctrl+S】组合键，都可以将修改后的文档保存。如果文档是第一次保存，则会调出“另存为”对话框，接着的操作与上边介绍的一样。

（3）一次性保存所有文档：当打开多个文档时，可以按住【Shift】键的同时选择“文件”→“全部保存”菜单命令，一次性保存所有打开的文档。

2. 关闭文档

（1）选择“Office 按钮”→“关闭”菜单命令，关闭当前文档。

（2）单击 Word 2007 标题栏中的“关闭”按钮，关闭当前文档。

（3）使用【Alt+F4】组合键，关闭当前文档。

（4）单击“Office 按钮”→“退出 Word”按钮，关闭当前文档，退出 Word 2007。

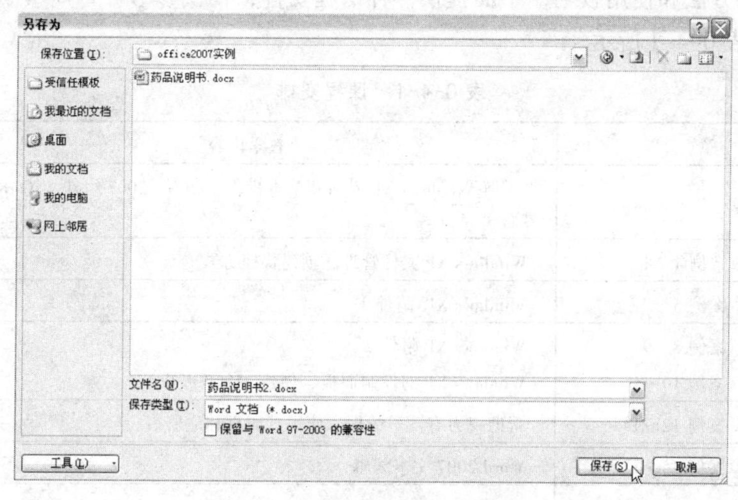

图 0-3-25　“另存为”对话框

0.4　教学方法和课程安排

“计算机基础”是高等职业教育的一门文化基础课程，它的主要任务是使学生了解和掌握计算机的基础知识，掌握使用计算机的基本技能，提高学生的科学文化素质，为利用计算机学习其他课程打下基础。本课程适合学生初次接触计算机时使用，学生可以在没有任何计算机专业知识的基础上通过本课程的学习以及相应的课余训练，使学生的操作能力达到熟练使用 Windows XP，掌握 Word 2007、Excel 2007、PowerPoint 2007 的使用，并能进行 Internet 的一般应用。因为本课程的操作性很强，因此在教学内容的学时安排中，实践教学学时应占总学时的 50%以上。

本书采用以案例带动知识点学习的方法进行讲解，通过学习实例掌握软件的操作方法、操作技巧，以及程序设计方法和设计技巧。本书以一节（相当于 1 课时～4 课时）为一个单元，对知识点进行了细致地取舍和编排，按节细化了知识点，并结合知识点介绍相关实例，知识和实例相结合。除了个别小节外，每节均由“案例描述”、“设计过程”、“相关知识”和“思考练习”四部分组成。“案例描述”介绍了学习本案例的目的，包括案例效果和使用的相关知识和技巧；“设计过程”介绍了制作实例的操作方法和操作技巧；“相关知识”介绍了与本案例有关的知识。读者可以边进行案例制作，边学习相关知识和技巧，轻松掌握中文 Windows XP 和中文 Office 2007 的基本使用方法和使用技巧。

在每一章后面均有思考与练习，包括选择题、填空题和操作题 3 种题型，其中选择题和填空题可以用于对知识掌握程度的检查，而操作题可以用于课堂训练的补充。读者可以边进行案例制作，边学习相关知识和技巧，轻松掌握操作系统、办公软件以及 Internet 的使用方法和使用技巧。

本书第 1 章介绍 Windows XP 软件的基本知识、工作环境、基本操作，其目的是进行软件使用的漫游，使学生对该软件有一个总体的了解，规范基本操作的叙述方法，掌握基本操作的方法，这样可以使以后操作步骤的介绍更加简洁明了。以后各章均通过一个个案例来介绍知识点和软件的使用方法和使用技巧。下面提供一种课程安排，仅供参考。每周 4 课时，17 周共计 68 课时，如表 0-4-1 所示。

表 0-4-1 课程安排

周序号	章 节	教学内容	课时
1	第 0 章	了解 Windows XP 界面和基本操作、Office 2007 组件、Word 2007 界面	4
2	第 1 章案例 1～4	Windows XP 文件管理，创建快捷方式	4
3	第 2 章案例 5～7	Windows XP 附件 1	4
4	第 2 章案例 8～9 第 3 章案例 10～11	Windows XP 附件 2 Windows XP 的控制面板、创建一个新账户	4
5	第 3 章案例 12～14	帮助视力有障碍的用户使用打印机和注册表	4
6	第 4 章案例 15～17	Word 2007 文本编辑	4
7	第 5 章案例 18～20	Word 2007 表格	4
8		期中考试，制作几个 Office 作品	4
9	第 6 章案例 21～23	Word 2007 图形图像编辑	
10	第 7 章案例 24～25	Word 2007 长文档编辑	
11	第 8 章案例 26～28	创建 Excel 工作簿，输入数据，工作表的基本操作，编辑工作表的内容，格式化工作表	4
12	第 9 章案例 29～31	创建公式，在公式中使用函数	4
13	第 10 章案例 32～34	Excel 2007 排序、分类，创建与编辑数据图表	4
14	第 11 章案例 35～36	PowerPoint 2007 幻灯片制作，创建演示文稿，编辑幻灯片，应用模板，编辑母版	4
15	第 11 章案例 37～38	设置演示文稿播放的动画，以及演示文稿打印和发布	
16		复习、综合练习	4
17		期末上机考试，制作几个 Office 作品	4

第 1 章　Windows XP 文件管理

本章主要介绍文件命名、存储、搜索、查找和创建快捷方式等操作。各种文件都可以创建其快捷方式，双击快捷方式图标，即可打开文件夹，启动文件和应用程序。

1.1 【案例 1】创建路径结构

案例描述

在 F 盘的根目录下建立“信息技术应用基础”文件夹，在该文件夹内再创建“案例”和“素材”两个文件夹，在“案例”文件夹中创建“Word 案例”、“Excel 案例”和“PowerPoint 案例”文件夹，分别用来保存 Word、Excel 和 PowerPoint 案例。在“素材”文件夹中创建 Flash、“图像”和“声音”文件夹。文件夹结构如图 1-1-1 所示。

建立文件夹的目的是为了便于文件管理，通常将不同类型的文件存放在不同的文件夹中。也可以根据工作需要，按文件的作用，在磁盘上建立其他文件结构，对文件进行分类管理。

Windows XP 提供了两套对计算机资源进行管理的方式，一个是使用“Windows 资源管理器”，另一个是使用“我的电脑”窗口。建立文件夹可以在“我的电脑”或者在“资源管理器”中进行，本案例介绍使用“Windows 资源管理器”来建立路径结构。通过该案例的学习，可以了解文件夹的树形结构，掌握资源管理器的使用方法。

图 1-1-1　文件夹结构

设计过程

1. 打开“资源管理器”

可以使用以下 3 种方法启动 Windows 资源管理器。

（1）右击“开始”按钮，调出它的快捷菜单。选择该菜单中的“资源管理器”菜单命令。

（2）选择“开始”→“所有程序”→“附件”→“Windows 资源管理器”菜单命令。

（3）按住键盘中的 Windows 按钮，然后再按【E】键。

2. 创建路径结构

（1）在资源管理器的“文件夹”列表框中，单击选中“F:”选项，如图 1-1-2 所示。

（2）选择“文件”→“新建”→“文件夹”菜单命令。在资源管理器的右窗口内会出现一个新的文件夹图标和一个文本框，默认的文件夹名称为“新建文件夹”，如图 1-1-3 所示。

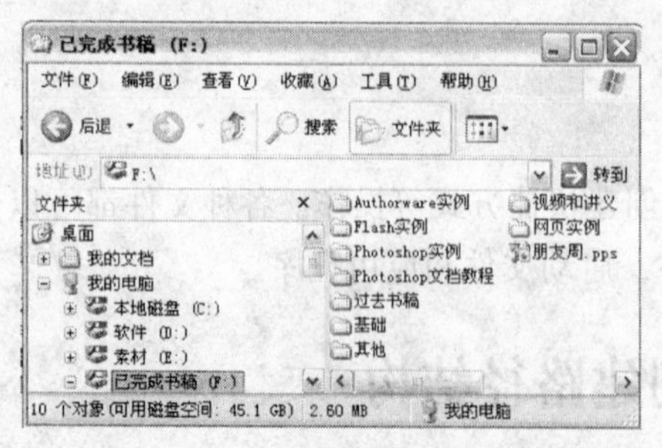

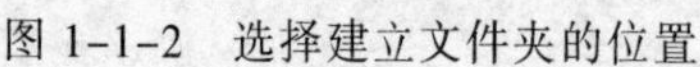
图 1-1-2 选择建立文件夹的位置

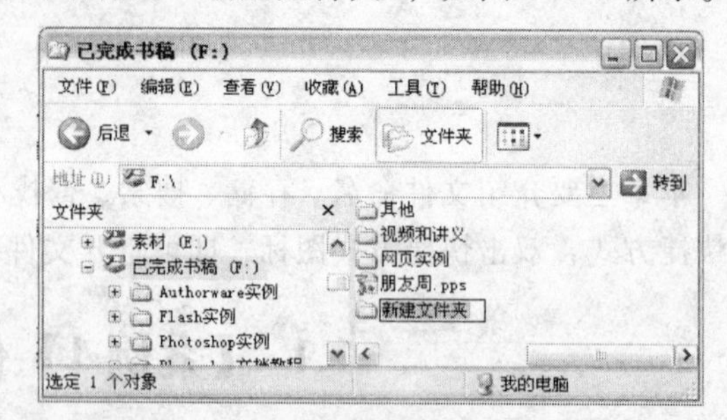

图 1-1-3 默认文件夹名称为“新建文件夹”

（3）在文本框中输入文件夹名称为“信息技术应用基础”，再按【Enter】键确定。

（4）双击“信息技术应用基础”文件夹打开它，即进入“信息技术应用基础”文件夹窗口，新建一个文件夹，将该文件夹更名为“案例”。

（5）再在“信息技术应用基础”文件夹窗口内新建一个名字为“素材”的文件夹。

（6）打开“案例”文件夹，并在其中创建“Word 案例”、“Excel 案例”和“PowerPoint 案例”。

（7）单击“案例”文件夹窗口内“向上”按钮，回到上一层的“信息技术应用基础”文件夹窗口。双击“素材”文件夹或单击“文件夹”列表框中的“素材”文件夹选项，进入“素材”文件夹窗口。

（8）按照上述方法，在“素材”文件夹窗口内创建三个文件夹，将它们的名称分别改为 Flash、“图像”和“声音”。在“文件夹”列表中，可以通过单击文件夹选项名称左边的加号或减号图标来展开或收缩其包含的子文件夹。在 Windows XP 中，文件夹图标为，打开的文件夹的图标为。

相关知识

1. 文件命名规则

为了区分文件，每个文件都有自己的文件名。通常文件名是由主文件名和扩展名构成的，两部分之间用英文句号“.”隔开，例如，“Word.exe”、“第 1 章.doc”等。扩展名代表文件的类型，不同的扩展名代表不同的文件类型，例如，exe 是可执行文件、doc 是 Word 文档等。在系统默认的状态下，文件的扩展名不显示。在 Windows XP 中，文件的命名有以下一些规则。

（1）主文件名可以由 1～255 个半角字符组成，扩展名可以由 0～4 个字符组成。

（2）主文件名可以使用英文字母、中文汉字、数字以及一些符号。例如，空格、横线“-”、加号“+”、方括号“[”和“]”、等号“=”、分号“;”和逗号“,”。

（3）“*”代表任意一串字符，“？”代表任何一个字符。“*”和“？”只能作通配符。

（4）文件名不区分大小写字母。例如，“a1.exe”和“A1.EXE”视为同一个文件。

（5）文件名不能使用“？”、“\”、“*”、“<”、“>”和“|”。

（6）可以使用多个句号间隔符。例如，“中国.北京.01”为有效文件名。

文件夹的命名规则与文件的命名规则相同，但是没有扩展名。

2．文件夹的树形结构

文件夹是用来存放各种不同类型的文件，文件夹中可以包含下一级子文件夹，如图 1-1-4 所示。它不仅可以包含文件、文件夹、应用程序等软件资源，还可以包含系统的其他硬件资源，例如，控制面板、打印机、数码相机等。文件夹的树形结构可简称为“文件夹树”，相对于 MS-DOS 操作系统的“目录树”，它更便于用户分级管理系统资源。

3．资源管理器的组成

（1）标题栏：“Windows 资源管理器”标题栏中的标题栏名称会跟随用户查看的文件夹的改变而改变。例如，当用户查看文件夹“我的电脑”时，标题栏上就会显示为“我的电脑”文字，如图 1-1-5 所示。在标题栏最左边是窗口状态按钮，单击该按钮，可以调出窗口控制菜单；双击该图标可以关闭“Windows 资源管理器”窗口。

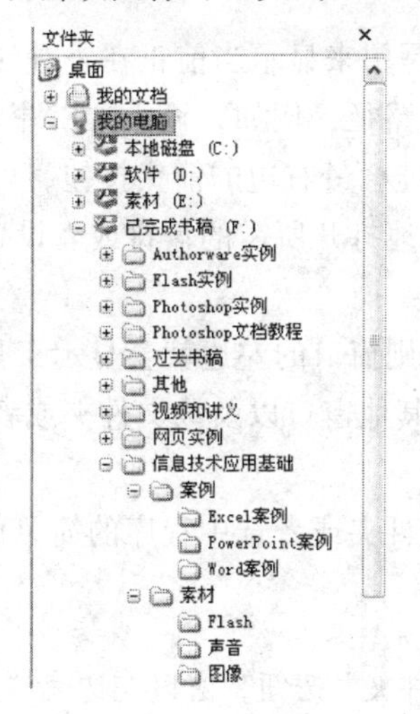

图 1-1-4　文件夹树

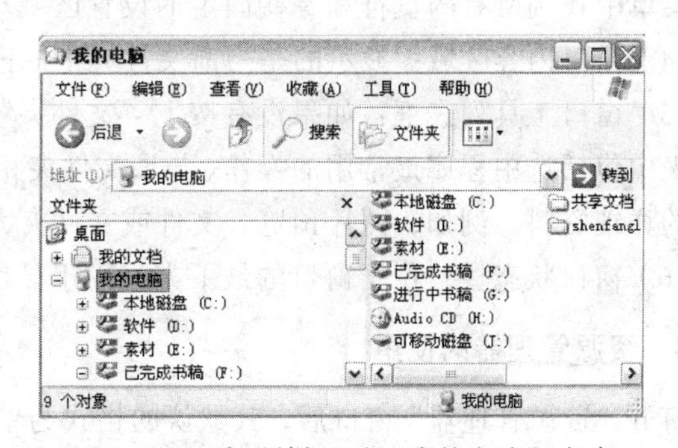

图 1-1-5　标题栏显示“我的电脑”文字

（2）工具栏：“Windows 资源管理器”中的工具栏包括以下几个按钮。

“后退”按钮 后退：单击该按钮，可按照用户浏览文件夹的顺序返回到上一次打开的文件夹。单击其下拉按钮，可调出其菜单，选择其菜单命令，可返回以前打开过的某个文件夹内。

“前进”按钮：单击该按钮，会按照用户浏览文件夹的顺序，前进到以前浏览过的在当前文件夹之后打开的文件夹。单击其下拉按钮，调出它的菜单，选择其中的菜单命令，可以前进到某个文件夹内。

“向上”按钮：单击该按钮，会打开所在文件夹的上一级文件夹。例如：如果在“Word 案例”文件夹窗口状态，单击“向上”按钮，则会回到“案例”文件夹窗口。

“搜索”按钮 搜索：单击该按钮，会在窗口的左边出现“搜索助理”列表框，如图 1-1-6 所示。用户只需要根据提示，设置搜索类型、关键词、搜索范围等内容，然后单击“搜索”按钮，Windows XP 就会把所有符合要求的文件或者文件夹列出来。

“文件夹”按钮 文件夹：单击该按钮，窗口左边会出现“文件夹”列表框，其内是“文件夹树”。只要在文件夹树中单击选中要查看的文件夹，右边窗格会显示该文件夹中的内容。

“查看”按钮：单击该按钮，调出它的“查看”菜单，如图 1-1-7 所示。可以在该菜单中选择一种文件显示方式。如果文件夹内有图像文件，则“查看菜单中会增加“幻灯片”选项。例如，选中“幻灯片”选项后的文件夹显示效果如图 1-1-8 所示。

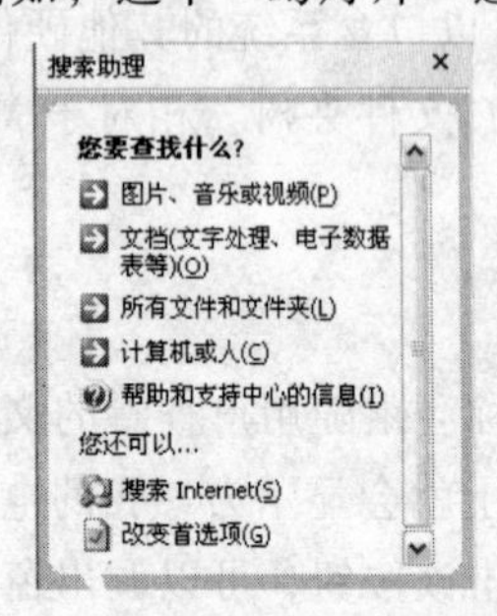

图 1-1-6 “搜索助理”列表框

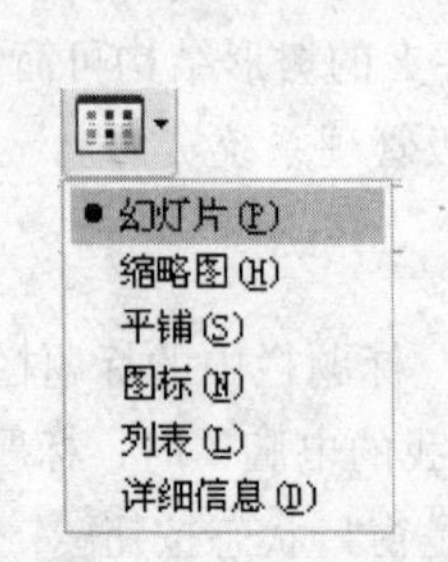

图 1-1-7 “查看”菜单

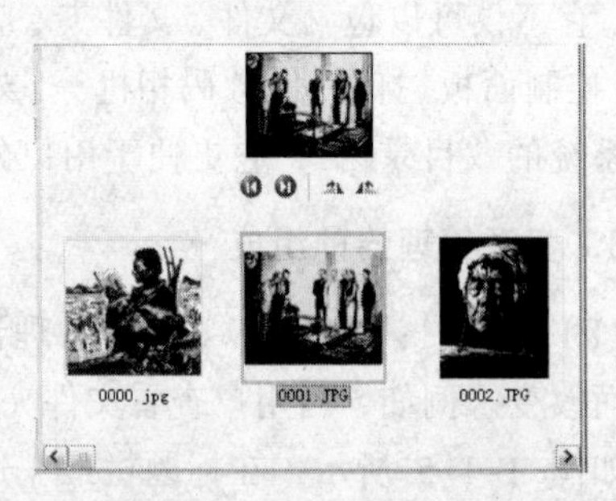

图 1-1-8 选中“幻灯片”选项的效果

（3）地址栏：“Windows 资源管理器”窗口中的地址栏是用来显示当前正在查看的文件夹的具体路径的。用户可以在地址栏中输入想要查看的文件夹路径，例如，输入“E:\书稿\Word 文档”，窗口就会直接跳转到“Word 文档”文件夹。单击地址栏最右边的箭头按钮，可以在调出的菜单中找到所有的盘符和一些固定的设置区域。可快速地打开所需的盘符或者设置区域。

（4）窗口内容区域：显示的是当前文件夹中的内容。

（5）窗口工具列表框：如果没有按下“文件夹”按钮，则窗口的左边就会显示工具列表，在列表中包括选中程序最常用的操作、与该文件夹相链接的其他窗口以及该文件夹或者被选中文件的详细资料。例如，图片预览、文件或文件夹大小等。

（6）窗口状态栏：位于窗口的最下方，用于显示当前文件夹或者选中程序的简单信息等。

4．资源管理器的使用

打开“资源管理器”窗口后，其默认的格式为单击“文件夹”按钮，窗口左边是“文件夹”列表，窗口右边显示选中文件夹中的内容。在窗口左边进行展开和折叠操作时，不会改变窗口右边的内容。在窗口左边的“文件夹树”中，有符号⊞和⊟，其功能介绍如下。

（1）前面既没有加号⊞，也没有减号⊟的文件夹：表示该文件夹没有子文件夹，单击该文件夹，在右窗口显示该文件夹内的所有文件。

（2）前面有加号⊞的文件夹：表示该文件夹内还有文件夹，单击加号可以展开该文件夹，同时窗口左边会以树形文件夹结构显示该文件夹所包含的子文件夹。

（3）前面有减号⊟的文件夹：表示该文件夹已经展开，单击减号可折叠该文件夹。

思考练习 1-1

（1）利用资源管理器，在 D 盘根目录下建立“word”文件夹，在该文件夹内再创建“案例”和“文档”两个文件夹，在“案例”文件夹中创建 “第 1 章案例”～“第 8 章案例”和“素材”文件夹。在“素材”文件夹中创建“动画”、“图像”和“声音”文件夹。在“动画”文件夹中创建“SWF”和“GIF”文件夹。

（2）双击桌面上的“我的电脑”图标，调出“我的电脑”窗口，利用该窗口在 E 盘的根目录下建立“SUCAI”文件夹，在该文件夹内再创建“SWF”、“JPG”、“GIF”和“AVI”四个文件夹，在“JPG”和“GIF”文件夹中分别创建 “MAX”和“MIN”两个文件夹。

1.2 【案例 2】编辑路径结构

案例描述

将案例 1 中建立的 F 盘内的“信息技术应用基础”文件夹的名字和结构由图 1-2-1（a）所示结构编辑修改为图 1-2-1（b）所示结构。

设计过程

1. 文件夹重命名

（1）选择“开始”→“所有程序”→“我的电脑”菜单命令，或者双击桌面内的“我的电脑”图标，打开“我的电脑”窗口。单击“文件夹”按钮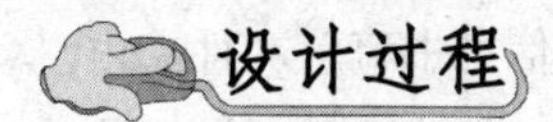，使窗口左边会出现“文件夹”列表框。

（2）单击“文件夹”列表框内的“F:”盘符，或者双击“F:”盘符，打开 F 盘窗口。

（3）在 F 盘窗口中，单击选中“信息技术应用基础”文件夹，如图 1-2-2（a）所示。右击该文件夹，调出它的快捷菜单，选择该菜单内的“重命名”菜单命令，使文件夹的名称处于编辑状态（名称四周有一个矩形框）如图 1-2-2（b）所示，单击文件夹的名字，也可以使文件夹的名称处于编辑状态。

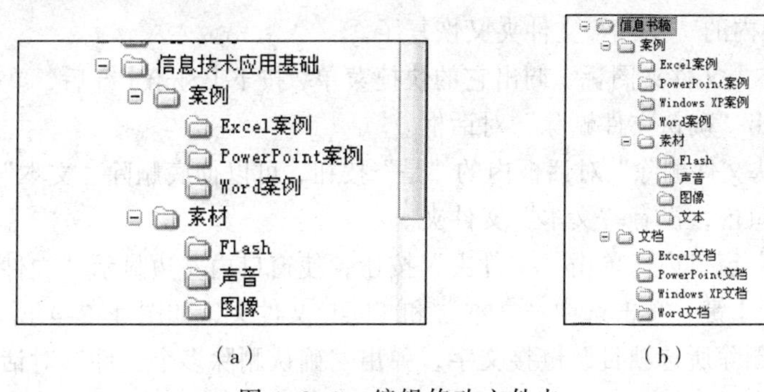

（a）　（b）

图 1-2-1　编辑修改文件夹

（4）在文件名所在的文本框中，输入“信息书稿”，再按【Enter】键确定。

（5）另外，可以再单击文件夹的名字，使光标出现在文件夹名字的右边，如图 1-2-2（c）所示。多次按【Backspace】键，删除“技术应用基础”文字，如图 1-2-2（d）所示。再输入“书稿”文字，如图 1-2-2（e）所示。

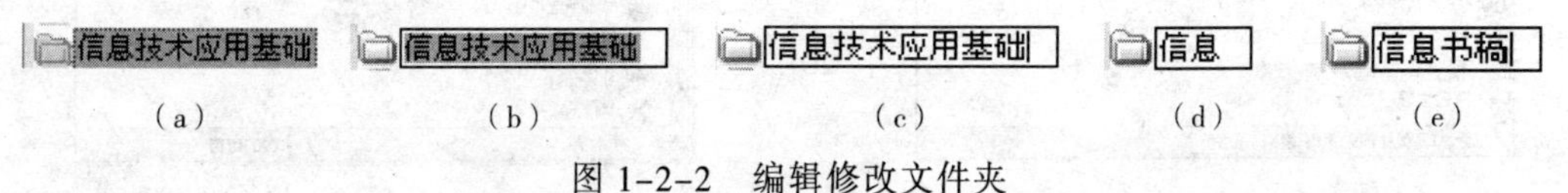

（a）　（b）　（c）　（d）　（e）

图 1-2-2　编辑修改文件夹

2. 文件夹复制和移动

（1）双击“信息书稿”图标，打开其窗口，右击“案例”文件夹，调出它的快捷菜单，选择该菜单内的“复制”菜单命令，将“案例”文件夹复制到剪贴板内。

（2）右击文件夹窗口内的空白处，调出它的快捷菜单，选择该菜单内的“粘贴”菜单命令，或者按【Ctrl+V】组合键，将剪贴板内的文件夹粘贴到“信息书稿”文件夹窗口内，名称为“复件 案例”。然后，将粘贴的文件夹名称改为“文档”。

（3）“文档”文件夹图标，打开“文档”文件夹，将其中的“Word 案例”、“Excel 案例”和“PowerPoint 案例”文件夹分别更名为“Word 文档”、“Excel 文档”和“PowerPoint 文档”。然后复制粘贴一个“Word 文档”文件夹，再将它的名称改为“Windows XP 文档”。

（4）单击工具栏内“向上”按钮，回到“信息书稿”文件夹窗口。拖动“素材”文件夹到“案例”文件夹之上，松开鼠标左键，即可将“素材”文件夹移到“信息书稿”文件夹内。

（5）按住【Ctrl】健，同时拖动“Word 案例”文件夹，松开鼠标左键后，即可复制一个“Word 案例”文件夹，再将它的名称改为“Windows XP 案例”。

（6）双击“素材”图标，打开其窗口，按住【Ctrl】健，同时拖动 Flash 文件夹，松开鼠标左键后，即可复制一个 Flash 文件夹，再将其名称改为“文本”。

3. 文件夹删除和还原

（1）右击“文本”文件夹，调出它的快捷菜单，选择该菜单内的“删除”菜单命令，调出“确认文件夹删除”对话框，要求用户确认是否真的删除，单击“是”按钮，即可将“文本”文件夹删除到“回收站”中。

（2）双击“回收站”图标，打开“回收站”窗口，选中“文本”文件夹，单击“还原此项目”链接文字，如图 1-2-3 所示。在“回收站”窗口中的“文本”文件夹会消失。同时可以看到，“素材”文件夹内的“文本”文件夹又恢复了。

（3）右击“文本”文件夹图标，调出它的快捷菜单，按下【Shift】键后，单击菜单中的“删除”菜单命令，调出“确认文件删除”对话框。

（4）单击“确认文件删除”对话框内的“是”按钮，可以彻底删除“文本”文件夹。此时，观察“回收站”窗口内，没有“文本”文件夹。

（5）在“素材”窗口内，单击“文件夹”按钮，使窗口内左边显示“文件和文件夹任务”列表框。按住【Ctrl】键，单击选中“文本”和 Flash 文件夹，如图 1-2-4 所示。然后，单击左边列表框内的“删除所选项目”链接文字，弹出“确认删除多个文件”对话框，单击“是”按钮，即可将“文本”和 Flash 文件夹删除，放入“回收站”中。

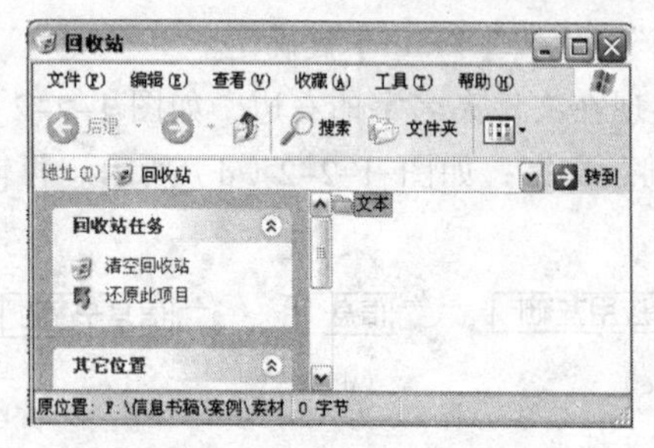

图 1-2-3 “回收站”窗口

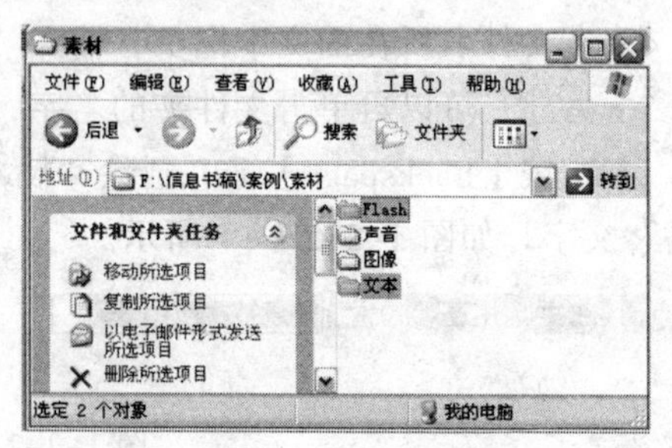

图 1-2-4 选中两个文件夹

（6）按住【Ctrl】键，同时单击选中“回收站”窗口内的“文本”和 Flash 文件夹，单击“还原此项目”链接文字，即可将“文本”和 Flash 文件夹恢复。

相关知识

1. 文件的创建与命名

（1）打开需要创建文件的文件夹。在菜单栏中，选择“文件”→“新建”菜单命令，调出“新建”菜单，其内列出了一些类型文件的菜单选项，单击它们，可以在窗口内容区域创建相应的文件。

另外，右击窗口内空白处，调出它的快捷菜单，选择其中的“新建”→“XXX”菜单命令，可创建一个相应文件。例如，选择“文件”→“新建”→“文本文档”菜单命令，可在窗口内创建一个名称为“新建 文本文档.txt”的文本文件，如图 1-2-5 所示。

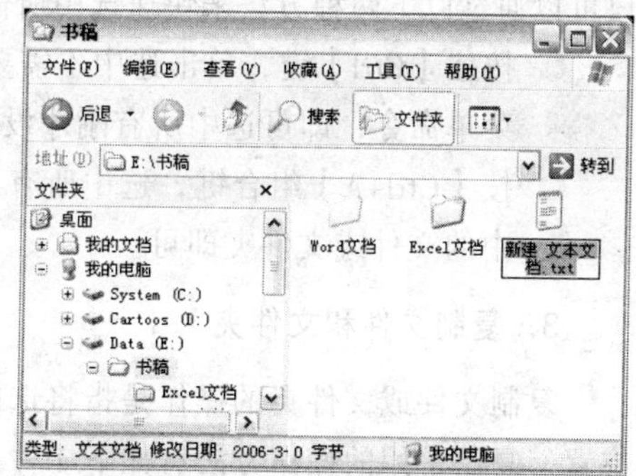

图 1-2-5　“新建 文本文档.txt”文件

（2）输入需要的文件名称。单击窗口内空白处，或按【Enter】键，即可完成文件更名。

“新建”菜单中有“文本文档”、“Microsoft Word 文档”和“Microsoft Excel 表格”等菜单选项。菜单选项的多少由用户安装的程序多少来决定。但“文件夹”和“快捷方式”两个菜单选项是不变的。

2. 选中文件和文件夹

（1）选中单个文件或文件夹可以有多种方法。其中常用的方法如下。

◎ 鼠标操作方法：打开“我的电脑”窗口，打开要选中的文件或者文件夹所在的文件夹。在窗口内容区域中，单击文件或者文件夹图标，即可选中该文件或者文件夹。

◎ 键盘操作方法：按【Tab】键或【Shift+Tab】组合键，调整选中对象为窗口内容区域中的任意文件或文件夹，再按方向键，选中所需的文件或者文件夹。其他键盘操作见表 1-2-1。

表 1-2-1　键盘的选中文件或者文件夹功能

按　键	功　能
Home	移动光标选中窗口内容区域中全部内容的第一个文件或文件夹
End	移动光标选中窗口内容区域中全部内容的最后一个文件或文件夹
PgUp	移动光标选中窗口内容区域中当前显示内容的第一个文件或文件夹
PgDn	移动光标选中窗口内容区域中当前显示内容的最后一个文件或文件夹
字符	移动光标选中窗口内容区域中全部内容中的以键入字母开头的一组文件或文件夹名称的第一个文件或文件夹
Shift+字符	移动光标选中窗口内容区域中全部内容中的以键入字母开头的一组文件或文件夹名称

（2）选中所有文件或文件夹：在当前文件夹窗口内，拖动鼠标，形成一个矩形，选中所有文件和文件夹，如图 1-2-6 所示。然后松开鼠标左键。

还可以选择菜单栏中的“编辑”→“全部选中”菜单命令或者按【Ctrl+A】组合键。

（3）选中一组连续的文件和文件夹：单击选中第一个文件或文件夹，再按住【Shift】键，同时单击这一组最后一个要选中的文件或文件夹。

（4）选中不连续的文件和文件夹：先按住【Ctrl】键，再依次单击想要选中的文件和文件夹即可。

（5）取消个别文件和文件夹的选中：如果在一组文件或文件夹中，只有个别文件或文件夹不需要选中时，按照上述方法逐个选中文件或者文件夹会太过烦琐。用户可以通过以下两种方法来快速选中所需的文件或者文件夹。

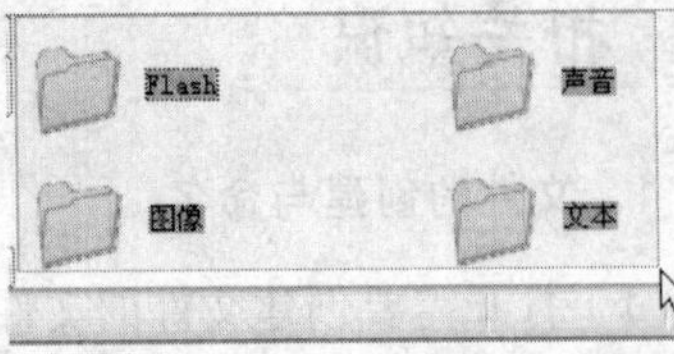

图 1-2-6 “新建 文本文档.txt”文件

◎ 按住【Ctrl】键，单击选中不需要的文件或文件夹，然后选择“编辑”→“反向选择”菜单命令，即可选中所有刚才没有选中的文件和文件夹。

◎ 按【Ctrl+A】组合键，选中所有文件和文件夹，然后按住【Ctrl】键，再单击不需要选中的文件或文件夹即可。

3．复制文件和文件夹

复制文件或文件夹的操作是指将选中的文件或文件夹，从原来的位置复制到另外一个新的位置。复制常用的操作方法有如下 4 种。

（1）使用菜单栏：选中要复制的文件或文件夹。在窗口菜单栏中，选择“编辑”→“复制”菜单命令，将选中的文件或文件夹复制到系统的剪贴板中。打开目标文件夹窗口，在该窗口内，选择菜单栏中的“编辑”→“粘贴”菜单命令。

（2）使用快捷菜单或快捷键：右击要复制的文件或文件夹图标，调出它的快捷菜单，选择该菜单内的“复制”菜单命令，或者按【Ctrl+C】组合键，将选中的文件或文件夹复制到剪贴板中。打开目标文件夹窗口，右击该窗口内容区域的空白处，调出它的快捷菜单，选择该菜单内的“粘贴”菜单命令，或者按【Ctrl+V】组合键。

（3）使用鼠标：打开 Windows“资源管理器”，选中要复制的文件或文件夹。按住【Ctrl】键，拖动文件或文件夹到目标窗口内或文件夹的图标上，松开鼠标左键即可。

4．移动文件和文件夹

移动文件或文件夹的操作，是指将选中的文件或文件夹，从原来的位置移动到另外一个新的位置。被移动到新位置的文件或文件夹从原位置上消失。移动的操作方法和复制的操作方法类似，只是“复制”菜单命令改为“剪切”菜单命令，【Ctrl+C】组合键改为【Ctrl+X】组合键，拖动文件或文件夹时不用按【Ctrl】键。

5．删除文件或文件夹

删除文件或文件夹的方法可以分为临时删除和彻底删除两种。临时删除是指被删除的文件或文件夹移动到“回收站”内，如果用户发现全部文件或其中部分文件不该被删除时，还可以将它们还原到原来的位置。彻底删除是指被删除的文件或文件夹不在“回收站”里出现，也无法还原。常用的临时删除操作方法有 3 种。

（1）选中要删除的文件或文件夹，然后按【Delete】键，调出“确认文件删除”或“确认文件夹删除”对话框，单击“是”按钮，即可删除选中的文件或文件夹。

（2）选中要删除的文件或文件夹，选择“文件”→“删除”菜单命令，调出“确认文件删除”或“确认文件夹删除”对话框，单击“是”按钮，即可删除选中的文件或文件夹。

（3）选中要删除的文件或文件夹右击，调出它的快捷菜单，单击该菜单中的“删除”菜单命令，也可以删除文件或者文件夹。

使用以上这几种方法删除的文件或文件夹都会移动到“回收站”中。在“回收站”中，单击“清空回收站”链接文字，则可以彻底删除所有的文件或文件夹。文件和文件夹也可以直接彻底删除，不需要经过“回收站”。按住【Shift】键，同时使用上述任意一种方法即可。

6. 恢复删除的文件或文件夹

（1）选中回收站内的文件或文件夹，选择“文件”→“还原”菜单命令。

（2）右击回收站内的文件或文件夹，调出其快捷菜单，选择其中的“还原”菜单命令。

（3）不选中回收站内的任何文件或文件夹，单击“还原所有项目”链接文字，可以将“回收站”中所有的文件和文件夹还原。

（4）撤销临时删除操作：在刚刚完成对象的复制、移动和临时删除的操作时，选择文件夹窗口菜单栏中的“编辑”→“撤销”菜单命令。

思考练习 1-2

（1）修改编辑思考练习 1-1 中第（1）题中创建的文件夹结构。

（2）在一个文件夹窗口内创建 3 个不同类型的文件，再用几种不同的方法删除它们。

1.3 【案例 3】搜索符合条件的文档

案例描述

使用 Windows XP 的搜索功能，在 G 盘中查找 1 星期内保存过的、内容有“第 1 章”文字、文档大小在 1MB 以内、扩展名为“.doc”的 Word 文档。“搜索结果”窗口如图 1-3-1 所示。

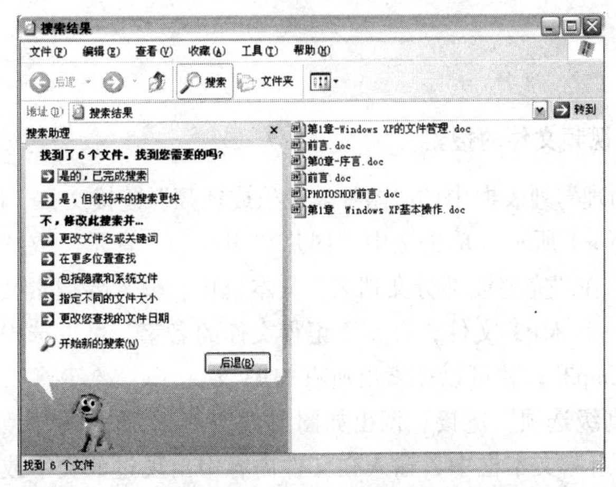

图 1-3-1 “搜索结果”窗口

可以使用“搜索结果”窗口全面、精确地搜索文件或者文件夹。“搜索结果”窗口内左边是“搜索助理”列表框。通过它可以设置搜索条件，例如，文件的名称、大小、类型，保存的位置和时间，文档内包含的文字等。右边窗格用来显示搜索到的所有符合条件的文件夹和文件。通过该案例的学习，可以掌握搜索文件和文件夹的基本操作方法。

设计过程

（1）选择“开始”按钮→“搜索”菜单命令，调出“搜索结果”窗口。其中“搜索助理”列表框如图 1-3-2（a）所示。

（2）在“搜索助理”列表框中，单击“文档（文字处理、电子数据表等）”链接文字，调出新的“搜索助理”列表框，选中“上个星期内”单选按钮，在“完整或部分文档名”文本框中输入“*.doc”，如图 1-3-2（b）所示。

（3）单击“更多高级选项”链接，在“文档中的一个字或词组”文本框中输入“第 1 章”，在“在这里寻找”下拉列表框中，选中“G:”盘，如图 1-3-2（c）所示。

（4）单击“大小是？”链接，调出新的“搜索助理”列表框，选中“中（小于 1MB）”单选按钮，如图 1-3-2（d）所示。

（5）单击“搜索”按钮，开始搜索。最终的搜索结果如图 1-3-1 所示。

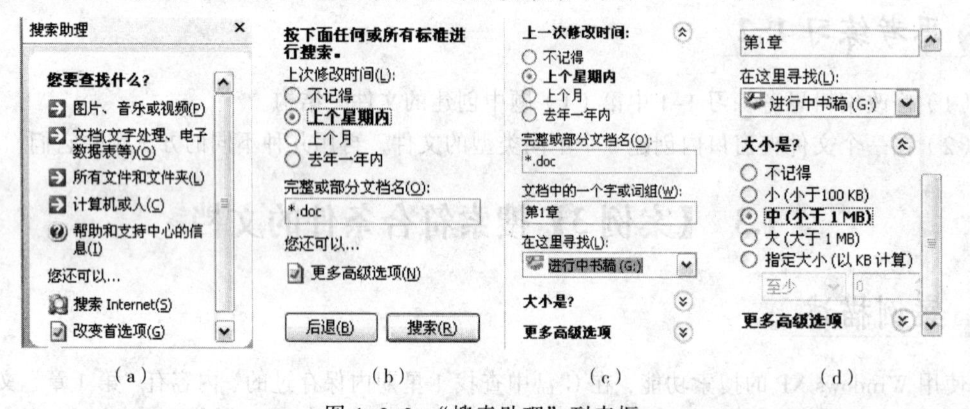

图 1-3-2 “搜索助理”列表框

相关知识

1. 图片、音乐或视频文件的搜索

（1）单击“搜索助理”列表框中的“图片、音乐或视频”链接文字，调出新的“搜索助理”列表框，如图 1-3-3（a）所示。单击选中“图片和相片”、“音乐”或“视频”复选框，来选择要搜索的文件类型。在“完整或部分文档名”文本框中，输入要搜索文件的名称或者部分名称。例如，想要搜索一个 MP3 文件，可是不记得文件的名字，可以选中“音乐”复选框，然后在文本框中输入“*.mp3”，就可以搜索出所有 MP3 文件。

（2）单击“更多高级选项”链接，调出如图 1-3-3（b）所示的“搜索助理”列表框。在“文件中的一个字或词组”文本框中，输入在文件内容中出现过的文字或者词组，通常不输入任何内容。在“在这里寻找”下拉列表框中选择要搜索的硬盘。

（3）分别单击“什么时候修改的？”、“大小是？”和“更多高级选项”链接，可以调出相应的扩展选项，更精确、更详细地设置搜索标准，如图1-3-3（c）所示。

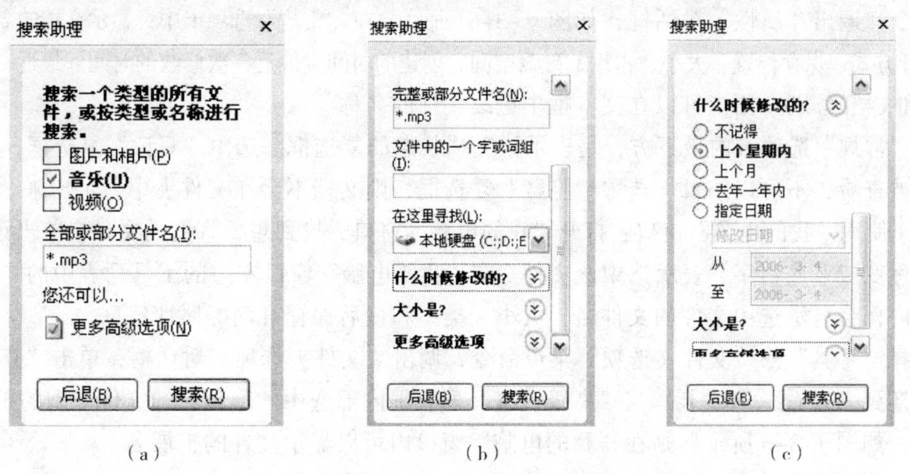

图1-3-3　搜索图片、音乐或视频文件

（4）完成搜索条件的设置后，单击“搜索”按钮，开始搜索。系统每找到一个符合条件的文件，就会显示在“搜索结果”窗口的右边栏内。单击“停止”按钮，可终止搜索。

2．搜索所有文件和文件夹

（1）在“搜索助理”列表框中，单击“所有文件和文件夹”链接，调出新的“搜索助理”列表框，如图1-3-3（b）所示。在“完整或部分文档名”文本框中，输入要搜索文件的名称或者部分名称。在“文档中的一个字或词组”文本框中，输入在文件内容中出现过的文字或者词组。在“在这里寻找”下拉列表框中，选择搜索的硬盘。

（2）分别单击“什么时候修改的？”、“大小是？”和“更多高级选项”链接，可以调出相应的扩展选项，更精确，更详细地设置搜索标准。然后，单击“搜索”按钮。

3．搜索计算机或人

（1）在“搜索助理”列表框中，单击“计算机或人”链接，调出新的“搜索助理”列表框，如图1-3-4（a）所示。

（2）单击“网络上的一个计算机”链接，则调出如图1-3-4（b）所示的对话框。在该对话框中，用户可以查找局域网中的其他计算机。在“计算机名”文本框中输入要查找的计算机名称，单击“搜索”按钮。

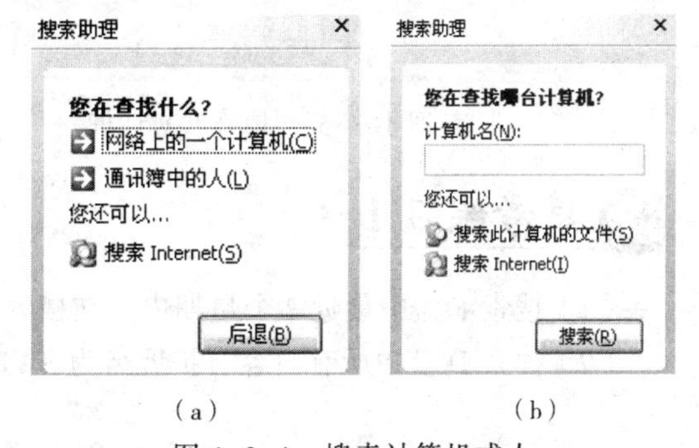

图1-3-4　搜索计算机或人

（3）如果单击“通讯簿中的人”链接，则调出“查找用户”对话框。在该对话框中，用户可以查找通讯簿中的联系人信息。

4．查看文件的属性

查看文件的属性一般包括查看文件的类型、大小、创建的时间和最近一次修改的时间等属性。下面以查看一个 Word 文档的属性为例，来介绍两种查看文件属性的方式。

（1）使用“属性”对话框：右击要查看的文件图标，调出其快捷菜单。选择其中的“属性”菜单命令，调出“属性”对话框，如图 1-3-5 所示。在“常规”选项卡中，显示文档的名称、类型、打开方式、保存位置、大小、占用的磁盘空间、创建的时间、最近一次修改的时间、最近一次访问的时间和文档的属性。用户可以在文本框中更改文件的名称。

在“常规”选项卡内最下方，是表示该文档状态的复选框。选中“只读”复选框，则文档只可以被查看，不可以编辑。选中“隐藏”复选框，则文档不会在文件夹中显示出来。

（2）使用“我的电脑”窗口：打开“我的电脑”窗口，找到想要查看的文件。单击该文件，文件名称变成蓝底白字，表示选中该文件。在“我的电脑”窗口左边的工具列表中的“详细信息”栏内，会显示选中文件的文件名、大小、类型和最后保存日期等属性信息。

选择“工具”→“文件夹选项”菜单命令，调出“文件夹选项”对话框，单击“查看”标签，切换到“查看”选项卡，在“高级设置”列表框内部选中“隐藏已知文件类型的扩展名”复选框，如图 1-3-6 所示。则在“我的电脑”窗口内可以显示文件的扩展名。

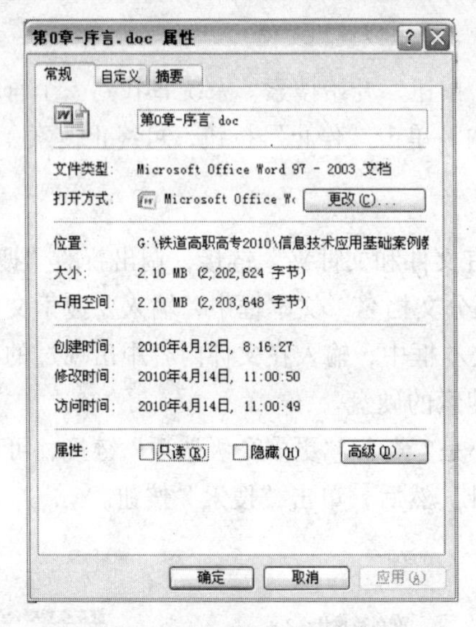

图 1-3-5 “属性”对话框

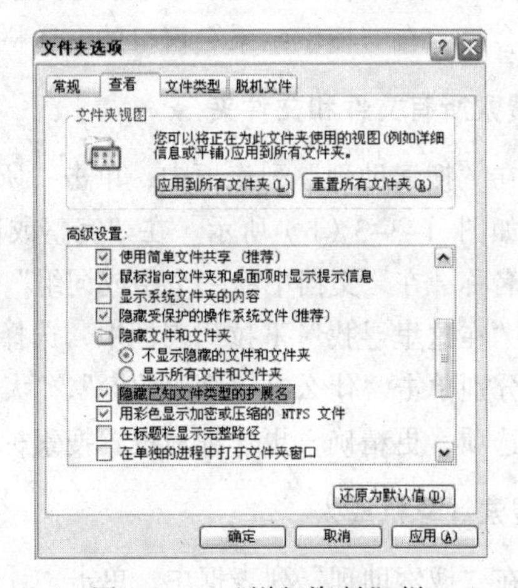

图 1-3-6 “详细资料”栏

思考练习 1-3

（1）搜索 F 盘中最近 2 个星期内、文档大小至少 1MB、扩展名为.MP3 的音乐文件。

（2）搜索 D 盘中所有内容有扩展名为.SWF 的任意大小的 Flash 文档。

1.4 【案例 4】创建快捷方式

案例描述

在桌面上，给“信息书稿”文件夹建立一个快捷方式，并命名为“信息书稿”，再在桌面上创及一个可以启动 Office Word 2007 的快捷方式，并命名为“Word 2007”，如图 1-4-1 所示。

再用快捷方式打开“书稿”文件夹，然后将“信息书稿”快捷方式删除掉。

通常桌面上的大部分图标都是一些应用程序的快捷方式。双击程序的快捷方式图标，就可以快速、便捷地打开该程序。不仅程序可以创建快捷方式，而且所有的文件和文件夹也可以创建快捷方式。创建快捷方式并没有移动程序、文件或文件夹本身的安装或者保存位置，只是创建一个链接，使用户快速地打开程序、文件或文件夹。快捷方式可以出现在任何文件夹中，不一定必须是在桌面上，但是在桌面上设置快捷方式，是最常用的操作。

图 1-4-1　2 种快捷方式图标

通过该案例的学习，可以掌握创建和删除文件夹与文件的快捷方式的方法。

设计过程

（1）右击桌面上的空白处，调出它的快捷菜单，选择该菜单中的“新建”→“快捷方式”菜单命令，调出的“创建快捷方式”对话框，如图 1-4-2 所示。

（2）在“创建快捷方式”对话框内的“请键入项目的位置”文本框中输入要创建快捷方式的程序、文件或文件夹所在的完整路径。不知道完整路径时可以单击“浏览”按钮，调出“浏览文件夹”对话框，在其列表中选中 F 盘下的“信息书稿”文件夹，如图 1-4-3 所示。

图 1-4-2　“创建快捷方式”对话框

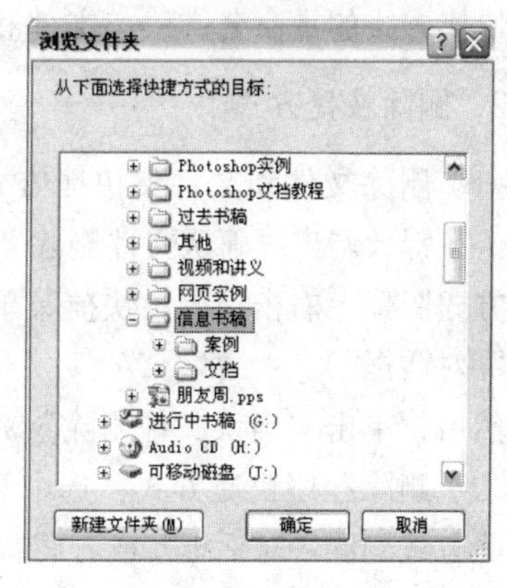

图 1-4-3　“浏览文件夹”对话框

（3）单击“浏览文件夹”对话框中的“确定“按钮，关闭该对话框，返回“创建快捷方式”对话框。其“请键入项目的位置”文本框中会自动显示路径“F:\信息书稿”。

（4）单击“下一步“按钮，调出“选择程序标题”对话框。在该对话框中的“键入该快捷方式的名称”文本框中输入“信息书稿”作为新的快捷方式名称。如果不输入新的名称，则系统会使用原有程序、文件或文件夹的名字。

（5）单击“完成“按钮，在桌面上创建一个快捷方式。

相关知识

1. 其他创建快捷方式的方法

一个程序、文件或文件夹的快捷方式可以有多个，Windows XP 会在快捷方式的名称后边添加序号，来提示用户该程序、文件或文件夹共创建了几个快捷方式。如果没有序号，则表示只创建了一个快捷方式。常用的创建快捷方法的方法还有以下 4 种。

（1）使用“发送到”菜单命令：在“开始”→“所有程序”菜单、“我的电脑”窗口或者“资源管理器”窗口中，找到要创建快捷方式的程序、文件或文件夹。右击要创建快捷方式的程序、文件或文件夹，调出它的快捷菜单，选择该菜单中的“发送到”→“桌面快捷方式”菜单命令，即可以在桌面上创建一个相应的快捷方式。然后更改其名称。

（2）使用“创建快捷方式”菜单命令：右击要创建快捷方式的程序、文件或文件夹，调出它的快捷菜单，选择该菜单中的“创建快捷方式”菜单命令，即可以在桌面上创建一个相应的快捷方式。然后更改它的名称。然后移动快捷方式到桌面上。

（3）使用菜单栏：选中要创建快捷方式的程序、文件或文件夹，在窗口菜单栏中，如果选择“文件”→“发送到”→“桌面快捷方式”菜单命令，则将在桌面上创建一个相应的快捷方式；如果选择“文件”→“创建快捷方式”菜单命令，则在程序、文件或文件夹所在的文件夹中创建一个快捷方式，然后再移动快捷方式到桌面上。

（4）使用鼠标：找到要创建快捷方式的程序、文件或文件夹，单击选中要创建快捷方式的程序、文件或文件夹的图标，按住鼠标右键并拖动图标到桌面上，松开鼠标右键，调出一个快捷菜单，选择该菜单中的“在当前位置创建快捷方式”菜单命令。

快捷方式的重命名方法与文件和文件夹的重命名的方法一样，也有两种方法。

2. 删除快捷方式

（1）删除文件和文件夹快捷方式：单击选中想要删除的文件或文件夹快捷方式，然后按【Delete】键，调出“确认文件删除”对话框。或者将鼠标指针移动到想要删除的文件或文件夹快捷方式图标上右击，调出快捷菜单，在其中选择“删除”菜单命令，也可以调出“确认文件删除”对话框。

然后，单击“确认文件删除”对话框中的“是”按钮，即可删除选中的快捷方式。

（2）删除程序快捷方式：选中想要删除的程序快捷方式，然后按【Delete】键，调出“确认快捷方式删除”对话框。或者将鼠标指针移动到想要删除的程序快捷方式图标上右击，调出快捷菜单，在其中单击“删除”菜单命令，也可以调出“确认快捷方式删除”对话框。单击【删除快捷方式】按钮，删除选中的快捷方式。

3. 设置文件的打开方式

文件的打开方式就是双击文件图标后，用什么软件打开双击的文件。在 Windows XP 中，大部分文件的打开方式都是采用系统设置的打开方式。用户也可以为文件设置新的打开方式，或者是为系统找不到打开方式的文件设置打开方式。

（1）在“我的电脑”窗口或者“资源管理器”窗口中，找到没有打开方式的文件。右击要打开的文件图标，调出快捷菜单，选择该菜单内的“打开”菜单命令。如果系统找不到打开该文件的软件程序，则会调出 Windows 对话框，如图 1-4-4 所示。

（2）单击选中 Windows 对话框内的“从列表中选择程序”单选按钮，单击“确定”按钮，即可调出“打开方式”对话框，如图 1-4-5 所示。

（3）如果系统为某种类型的文件设置了打开文件的软件程序（即设置了打开方式），则右击要打开的文件图标，调出它的快捷菜单，该菜单内会添加“打开方式”菜单命令，单击 “打开方式”菜单命令，它的联级菜单如图 1-4-6 所示（安装不同软件后这个菜单会不一样）。单击其中的软件名称，即可以该软件打开选中的文件。

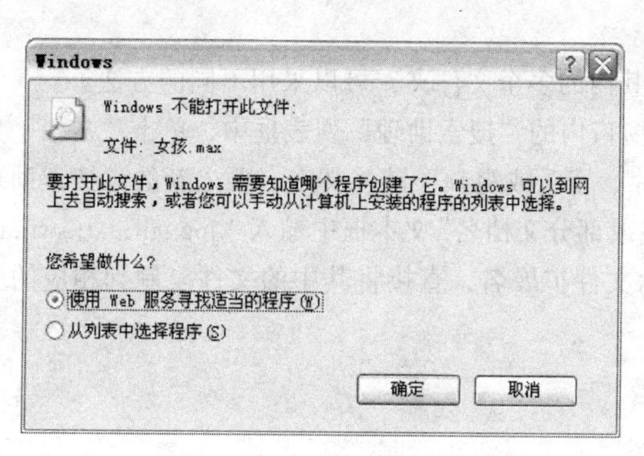

图 1-4-4　Windows 对话框

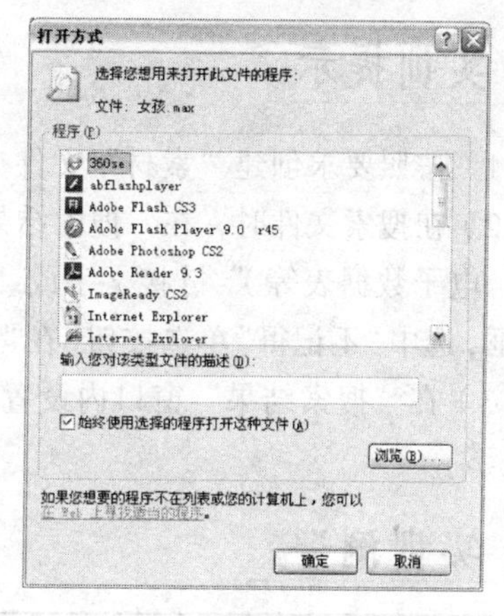

图 1-4-5　“打开方式”对话框

（4）选择“打开方式”→“选择程序”菜单命令，也可调出“打开方式”对话框。

（5）在“打开方式”对话框内的“程序”列表框中，单击选中可以打开该文件的程序名称。如果在列表框中没有找到所需的程序，可以单击“浏览”按钮，调出“打开方式”对话框，利用该对话框继续查找可以打开该文件的软件程序的可执行文件，单击“打开”按钮，选中该软件。然后，单击“打开方式”对话框内的“确定”按钮，完成该文件打开方式的设置。

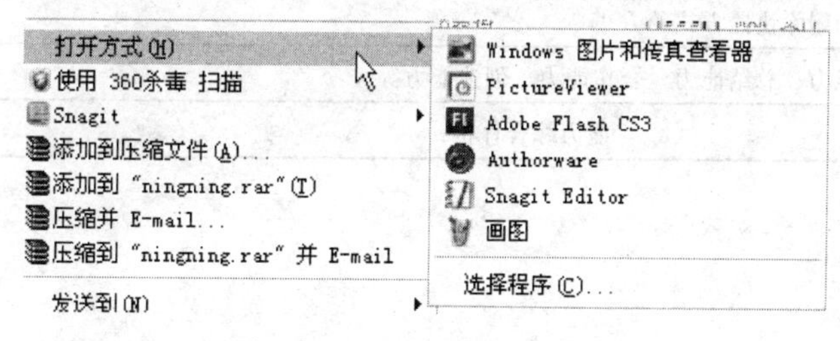

图 1-4-6　“打开方式”菜单

思考练习 1-4

（1）在桌面上给思考练习 1-1 中建立的文件夹创建一个快捷方式。

（2）在桌面上给 Windows XP 中的扑克牌游戏程序创建一个快捷方式。

1.5　综合实训 1——保存搜索的素材

实训效果

创建一个“素材”文件夹，再在其内创建“图像”、“文本”、“动画”和“视频”4 个文件夹。然后，在“E:”硬盘内搜索不大于 1MB 的、扩展名为“.jpg”、“.gif”、“.txt”、“.swf”和“.avi”的文件，再将扩展名为“.jpg”和“.gif”的 10 个文件复制到“图像”文件夹内，将扩展名为

“.txt”的 5 个文件复制到“文本”文件夹内，将扩展名为“.swf”的 5 个文件复制到“动画”文件夹内，将扩展名为“.avi”的 5 个文件复制到“视频”文件夹内。最后，在桌面生成一个“素材”文件夹的快捷方式，名字为“素材”。

实训提示

（1）按照要求创建“素材”文件夹和其内的多个文件夹，可以采用不同的方法。

（2）在搜索文件时，在“搜索结果”窗口内的“搜索助理”列表框中，单击“文档（文字处理、电子数据表等）”链接文字或“图片、音乐或视频”链接文字，调出新的“搜索助理”列表框，选中“不记得”单选按钮，在“完整或部分文档名”文本框中输入“.jpg;.gif;.txt;.swf;.avi”。

（3）在“搜索结果”窗口内设置显示文件扩展名，直接将其中的文件复制到相应的文件夹内。

实训测评

能力分类	能　　力	评　分
职业能力	利用“资源管理器”和“我的电脑”窗口创建文件夹和文件的使用方法	
	资源管理器的组成和使用方法	
	文件、文件夹和快捷方式的命名，更名方法	
	编辑文件夹的方法，搜索符合条件文档的方法	
	查看文件属性，回收站的使用方法	
	创建和删除快捷方式的方法	
通用能力	自学能力、总结能力、合作能力、创造能力等	
能力综合评价		

第 2 章 Windows XP 附件

本章主要介绍用户使用和管理计算机时，Windows XP 提供的一系列应用程序。这些应用程序可以帮助用户实现计算、绘图、文字处理、磁盘管理、系统恢复等功能。

2.1 【案例 5】学生成绩统计

案例描述

使用“计算器”附件，输入 10 个学生的考试成绩（80、75、65、95、65、70、90、75、85、95），计算平均分，如图 2-1-1 所示。再求考试成绩的总分。

在 Windows XP 中，完成计算功能的工具是“计算器”附件，计算器分为两种。一种是提供最普通的加、减、乘、除四则运算的计算器，称之为标准型计算器，如图 2-1-2 所示；另一种是科学型计算器，这种计算器窗口比较大，功能非常丰富，可以进行一些复杂的函数、统计等运算，如图 2-1-1 所示。通过本案例的学习，可以掌握“计算器”附件的基本使用方法。

图 2-1-1 “计算器”应用程序统计学生成绩

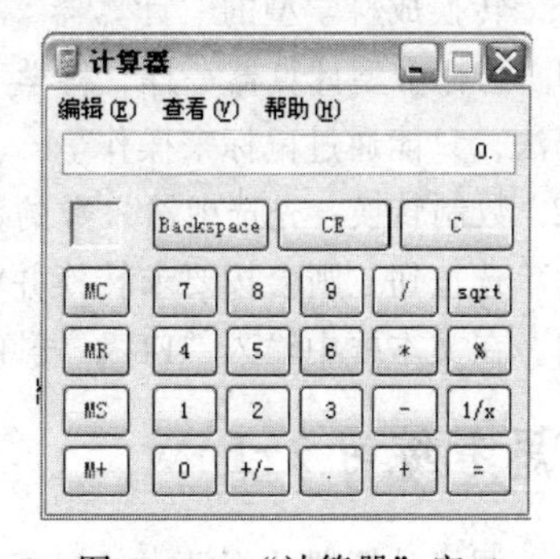

图 2-1-2 “计算器”窗口

设计过程

（1）选择“开始”→“所有程序”→“附件”→“计算器”菜单命令，调出“计算器”窗口，运行“计算器”应用程序，如图 2-1-2 所示。选择该窗口内“查看”→“科学型”菜单命令，将标准型“计算器”窗口转换成科学型“计算器”窗口，如图 2-1-1 所示。

（2）单击计算器最左边的 Sta 按钮，调出“统计框”对话框，如图 2-1-3 所示。此时，对话框中还没有显示任何数字，其内下边显示“n=0”。

（3）单击计算器窗口，输入第 1 个学生的成绩 80，再单击 Dat 按钮，在“统计框”对话框中保存该数值。

（4）依次输入其他学生的成绩，每次输入数字后，必须单击 Dat 按钮。输入完所有学生成绩后，“统计框”对话框如图 2-1-3 所示。单击 Sum 按钮，对输入的数据求和，并显示计算结果。

（5）单击 Ave 按钮，对输入数据求平均值，并显示在计算器窗口中，如图 2-1-1 所示。

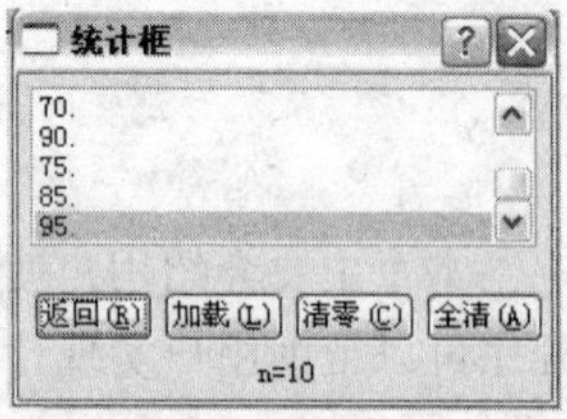

图 2-1-3 “统计框”对话框

相关知识

1. 标准型计算器

选择“开始”→“程序”→“附件”→“计算器”菜单命令，调出标准型“计算器”窗口，如图 2-1-2 所示。它与生活中的计算器区别不大，只是乘号和除号用“*”和“/”替代。“计算器”可使用鼠标键盘操作。

（1）使用鼠标：在“计算器”窗口中，单击要输入的数字和符号，然后单击“=”等于号按钮，即可输出计算的结果。

（2）使用键盘：在键盘最右边的数字键盘区域中，按数字键和运算符号键，就可以在标准型“计算器”窗口中显示相对应的数字。按【Enter】键或【=】键，即可输出计算结果。

2. 科学型计算器

调出系统默认的标准型“计算器”窗口，如图 2-1-2 所示。选择“查看”→“科学型”菜单命令，转换成科学型的“计算器”窗口，如图 2-1-1 所示。科学型计算器的使用方法如下。

（1）与标准型计算器一样，科学型计算器也可以通过鼠标和键盘来操作和使用，但是一些特殊算法，只能通过鼠标来操作。

（2）数制转换：先选中输入数的数制单选项，再在文本框中输入数字，然后单击要转换的数制的单选按钮，则会按要求转换并将计算结果显示在文本框中。例如：选中“十六进制”单选按钮，在文本框中输入“FF”，再单击“二进制”单选按钮，结果为“11111111”。

思考练习 2-1

（1）调出计算器的帮助，通过帮助了解计算器中每一个按钮的作用。使用科学型计算器，求 110、581、529、123、321、89、860、897、852、500 一组数据的总和与平均值。

（2）将十进制数 12345678 转换成十六进制数和二进制数。

（3）一个直角三角形的两个直角边的长度分别为 18 和 27，计算斜边的长度。

2.2 【案例 6】绘制“小火车”图像

案例描述

利用 Windows XP 的“画图”附件，绘制一幅“小火车”图像，如图 2-2-1 所示。“画图”软件是 Windows XP 附件中的一个绘图工具，它具备了画图软件最基本的功能。利用它创建的图形可以保存为 Windows 位图（扩展名为 bmp）、jpg 和 gif 图像格式，它们是大多数图形软件和网页所认可的图像格式。利用“画图”程序提供的绘图工具和菜单命令，可以绘制出丰富多彩的图像，还可以对图片文件进行简单的编辑，例如：旋转图片、裁剪图片等。

图 2-2-1 “小火车”图像

通过本案例的学习，可以掌握“画图”附件的基本使用方法。下面只介绍绘图过程中的关键步骤，留给读者一个想象、探索和发挥的空间。这比按书一步步进行操作更加有趣和有意义。

设计过程

1. 设置绘图区

（1）选择“开始”→“所有程序”→“附件”→“画图”菜单命令，启动“画图”程序，“画图”窗口如图 2-2-2 所示。如果读者的“画图”窗口与图 2-2-2 所示的有所不同，则需要选中“查看”菜单中的前三个选项（如果这三个选项的左边有“✔”，则表示该选项已被选中，否则单击选中）。

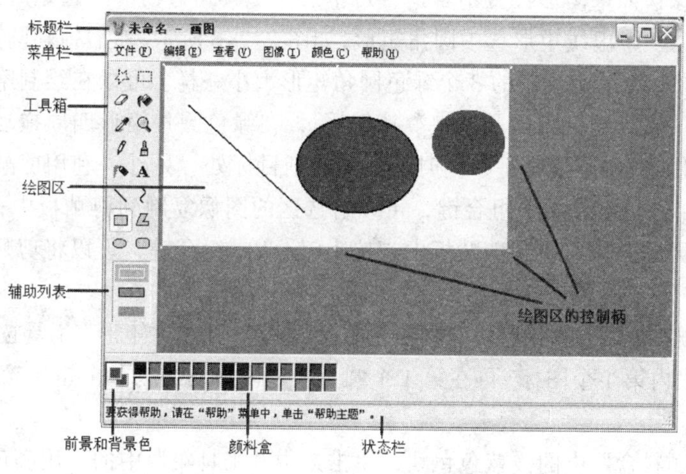

图 2-2-2 “画图”程序窗口

（2）选择“图像”→“属性”菜单命令，调出“属性”对话框，如图 2-2-3 所示。在“宽度”文本框中精确设置绘图区的宽为 700 像素，在“高度”文本框中设置绘图区的高为 300 像素。然后单击“确定”按钮。绘图区是用来绘制图像的。

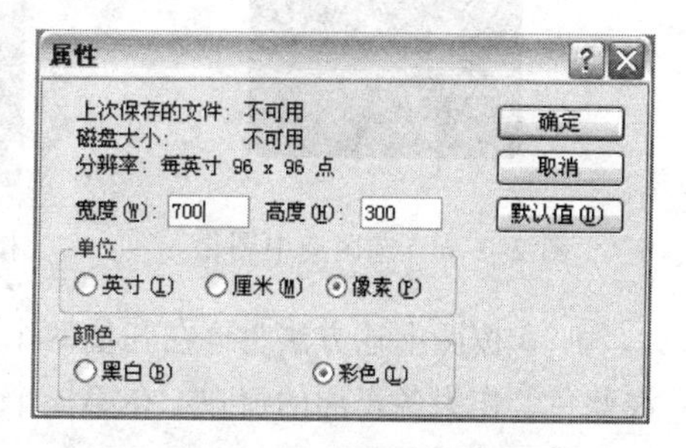

图 2-2-3 “属性”对话框

将鼠标指针移到绘图区右下角、底部和右侧的小蓝点控制柄处，当鼠标指针变为双箭头状时，拖动鼠标可以调整绘图区的大小。如果绘图区边缘没有在窗口内，则需要利用滚动条将绘图区的边缘调整出来。当绘图区较大超出窗口的显示区域时，会出现垂直与水平滚动条。利用滚动条可以调整屏幕显示的画布区域。

2. 绘制车厢

（1）单击“颜料盒”中的绿色色块，设置前景色为绿色，即设置绘图颜色为绿色。单击选中“工具箱”中的“圆角矩形”工具按钮，单击选中“工具箱”中辅助列表内的第 3 个图标，如图 2-2-4 所示。

（2）在画布上拖动，绘制一个绿色圆角矩形，然后在绿色圆角矩形的右边再绘制 2 个高度一样的绿色圆角矩形，如图 2-2-5 所示。在画图时，如果画错了，可选择“编辑”→“撤销”菜单命令，撤销刚刚进行的操作。也可以单击选中“工具箱”中的“橡皮/彩色橡皮擦”按钮，再在画错的图像处拖动鼠标，擦除图像。如果“撤销”操作错了，可以选择“编辑”→“重复”菜单命令，重复刚刚撤销的操作。

图 2-2-4 选中“圆角矩形”工具　　图 2-2-5 3 个绿色圆角矩形

（3）移动图像：如果图形位置不合适，可单击“工具箱”内的“选定”按钮，在绿色圆角矩形四周拖动一个虚线矩形选中圆角矩形，如图 2-2-6 所示。然后拖动圆角矩形到目标处。

（4）复制图像：为了使绘制的 3 个绿色圆角矩形大小一样。可以在绘制第 1 个绿色圆角矩形图像后，单击“工具箱”内的“选定”按钮，在绿色圆角矩形四周拖动一个选区选中圆角矩形，然后按住【Ctrl】组合键，同时拖动图像到目标处。另外，利用剪贴板可以移动和复制选区内的图像。按【Ctrl+C】组合键，可以将选区的图像复制到剪贴板中；按【Ctrl+X】组合键，可以将选区的图像剪切到剪贴板中；按【Ctrl+V】组合键，可以将剪贴板中的图像粘贴到绘图区内。

（5）单击“颜料盒”中的蓝色块，单击选中“工具箱”中的“矩形”工具按钮，单击“工具箱”中辅助列表内第 1 个图标。再在第 1 个圆角矩形内拖动绘制一个矩形轮廓线，如图 2-2-7 所示。

（6）单击“颜料盒”中的浅蓝色色块，单击选中“工具箱”中的“用颜色填充”工具按钮，再单击新画的矩形轮廓线内部，给该矩形轮廓线填充浅蓝色色，如图 2-2-8 所示。

图 2-2-6 选区选中图像

图 2-2-7 矩形轮廓线

图 2-2-8 填充浅蓝色

（7）按照上述方法，再在其他两个绿色圆角矩形内分别绘制 2 个蓝色矩形轮廓线，并填充浅蓝色，作为各车厢的窗户。在第 1 个绿色圆角矩形内绘制一个浅棕色轮廓、填充浅蓝色的矩形，作为车厢的门。

（8）单击“颜料盒”中的白色色块，单击选中“工具箱”中的“直线”工具按钮，单

击 “工具箱”中辅助列表内的第 1 个图标，在浅蓝色图像之上绘制一些白色直线或斜线。单击“颜料盒”中的灰色色块，单击选中“工具箱”中的“直线”工具按钮╲，单击“工具箱”中辅助列表内的第 2 个图标，按住【Shift】键，两次水平拖动，绘制 2 条灰色水平直线。最后效果如图 2-2-9 所示。

注意：*在设置绘图颜色时，如果“颜料盒”中没有所需的颜色，可以利用“编辑颜色”对话框设置颜色，具体方法参见本节“相关知识”中的介绍。*

图 2-2-9 绘制的火车车厢

3. 绘制车轮和烟筒

（1）单击选中“工具箱”中的“直线”工具按钮╲，单击“工具箱”中辅助列表内的第 4 个图标。单击“颜料盒”中的黑色色块，设置轮廓线颜色；右击“颜料盒”中的深灰色色块，设置填充颜色。单击选中“工具箱”中的“矩形”工具按钮⬭，单击选中“工具箱”中辅助列表内的第 2 个图标。按住【Shift】健，在第 1 节车厢图像下边拖动绘制一个深灰色轮廓线、填充黑色的圆形图像。

（2）按照上述方法，在不同位置再绘制 5 个相同的圆形图像，形成火车车轮。

（3）单击选中“工具箱”中的“直线”工具按钮╲，单击选中“工具箱”中辅助列表内的第 2 个图标。单击“颜料盒”中的深灰色色块，设置轮廓线颜色；右击“颜料盒”中的黑色色块，设置填充颜色。单击选中“工具箱”中的“椭圆”工具按钮▭，单击选中“工具箱”中辅助列表内的第 2 个图标。在第 1 节车厢图像上边拖动绘制一个黑色轮廓线、填充深灰色的矩形图像。最后效果如图 2-2-1 所示。

4. 图像存盘和退出

（1）选择“文件”→“保存”菜单命令，调出“保存为”对话框。

（2）单击“保存类型”列表框的右边的向下按钮，下拉出文件类型列表。单击选中其中一种文件类型，此处选择“24 位位图”选项。在“保存在”下拉列表框中选择存放文件的文件夹。在“文件名”文本框内输入文件名“小火车”。然后单击“保存”按钮。

（3）选择“文件”→“退出”菜单命令或单击“画图”对话框右上角的☒按钮，均可以关闭“画图”对话框，退出“画图”程序。

相关知识

1.“画图”窗口的组成

“画图”窗口如图 2-2-2 所示。“画图”窗口内各部分的作用如下。

（1）绘图区：用户在该区域内进行图形绘制，以及对图片进行编辑和修改。

（2）工具箱：在“画图”窗口的左侧的一组 16 个绘画工具，使用不同的工具可以对图形做不同效果的处理。用户可根据需要方便快捷地选择各种工具。

（3）辅助列表：在工具箱的下方是工具的辅助列表。当使用某些工具时，会在列表中出现一些单选按钮，通过选择可以确定该工具当前的形式及形状。

（4）前景和背景色：画图时使用前景颜色来画线和填充图形，用背景颜色来体现图形的背景。启动画图工具时，系统默认的前景色是黑色，背景色是白色。

（5）颜料盒：画图工具提供了包含 28 种颜色的颜料盒，可以从中选择或者调配的颜色作为前景色和背景色。单击色块，可改变前景色；右击色块，可改变背景色。

（6）状态条：状态条由 3 部分组成，第 1 部分是操作提示框，它会提示用户正在进行的操作；第 2 部分是光标位置框，它显示鼠标光标在绘图区所处的坐标，可以使用它来确定位置；第 3 部分是大小框，当放大或者缩小绘制区时，会显示绘图区最大的坐标值。

"画图"窗口中工具箱内各按钮的作用如表 2-2-1 所示。

表 2-2-1 "画图"窗口中工具箱内各按钮的作用

按　钮	名　　称	功　　能
	任意形状的裁剪	选取不规则形状的区域
	选定	选取矩形区域
	橡皮/彩色橡皮擦	擦过的区域变为当前背景色
	用颜色填充	在选定的区域内用当前的前景色填充
	取色	在图片上吸取一种色彩，该色彩成为前景色
	放大镜	将绘图区中的某一部分放大
	铅笔	画出一个像素线宽的任意形状的线条
	刷子	按选定的形状和大小使用刷子画图
	喷枪	按选定的斑点大小使用喷枪画图
A	文字	在图片中插入文字
	直线	用选定的线宽画直线
	曲线	用选定的线宽画曲线
	矩形	用选定的填充模式画矩形
	多边形	用选定的填充模式画多边形
	椭圆	用选定的填充模式画椭圆
	圆角矩形	用选定的填充模式画圆角矩形

2．自定义颜色

（1）在"颜料盒"中，单击选中要更改的颜色色块。

（2）选择"颜色"→"编辑颜色"菜单命令，调出"编辑颜色"对话框，如图 2-2-10 所示。双击要更改的颜色色块，也可以调出"编辑颜色"对话框。单击"规定自定义颜色"按钮，展开"编辑颜色"对话框，如图 2-2-11 所示。

（3）单击"编辑颜色"对话框内右边调色板内的颜色样本，然后拖动调整颜色梯度中的黑三角滑块，改变颜色的"亮度"。或者在"色调"（0～239 之间的数据）、"饱和度"（0～240 之间的数据）和"亮度"（0～240 之间的数据）文本框内输入数据，也可以在"红"、"绿"和"蓝"文本框内输入数据（0～255 之间的数据）。

（4）单击“添加到自定义颜色”按钮，即可将自定义颜色添加到左边的“添加颜色”栏内。然后，单击“确定”按钮，即可将自定义颜色替换“颜料盒”中原选中的色块，完成颜色的设置。

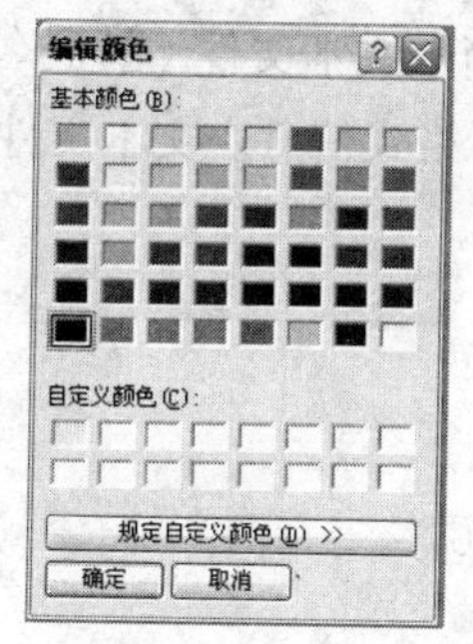

图 2-2-10　“编辑颜色”对话框

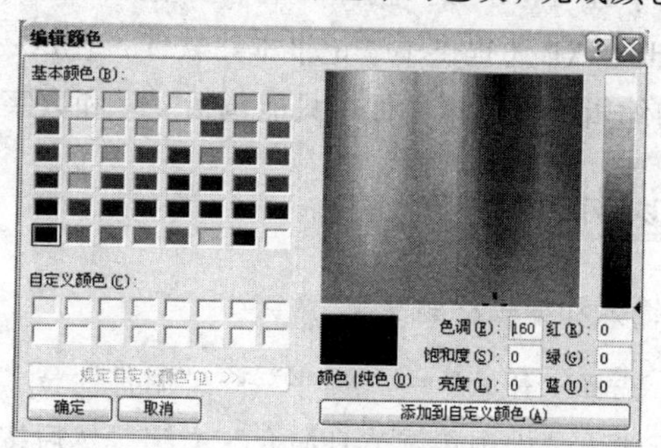

图 2-2-11　展开的“编辑颜色”对话框

3．输入文本

在“画图”窗口内，如果不是在常规视图状态下（在大尺寸或自定义视图状态下），是不能够输入文本的。只能在常规视图中才可以在绘图区内输入文本

（1）要显示常规视图，可以选择“查看”→“缩放”→“常规尺寸”菜单命令。

（2）单击工具箱内的“文本”工具按钮 **A**。如要创建文字框，可以沿对角线方向拖动一个所需尺寸的矩形文字框，同时调出“字体”面板，也叫文本工具栏，如图 2-2-12 所示。如果没有显示文本工具栏，则选择“查看”→“文本工具栏”菜单命令。可以将文本工具栏拖到任意位置。另外，单击绘图区内，也可以出现一个矩形文字框和调出“字体”面板。

图 2-2-12　“字体”面板

（3）在“字体”面板内可以设置文字的字体、字号和字型等，文本的颜色由前景颜色定义。然后输入文本，还可以粘贴文本到文本框，但不能粘贴图形和图像。

（4）选中“文本”工具后，其辅助列表内会显示和两个图标，要使文本的背景透明，可以单击图标。要使背景不透明并定义背景颜色，可以单击图标。

注意：在文本框中输入文本后，单击文本框外部，文本即被转换为图像，而且不能再激活。

思考练习 2-2

（1）绘制一幅田园草屋图像。

（2）绘制一幅机器猫图像或者其他卡通动物图像。

2.3 【案例 7】中国传统节日简介

案例描述

在“写字板”软件中，制作一个“中国传统节日”宣传单，效果如图 2-3-1 所示。在 Windows XP 中，“写字板”附件用来输入文字、进行文字编辑。除了输入文字和文字编辑外，还提供了设置段落格式、插入图片、插入表格、插入日期、字体上的特殊处理等功能。通过本案例的学习，可以掌握“写字板”软件的基本使用方法。

Windows XP 还提供了“记事本”软件，它是一个用来创建简单文本文件（扩展名为.txt 的文件）的编辑器。文本文件中只能包括文字和数字，而且不包括格式信息。文本文件都很小。

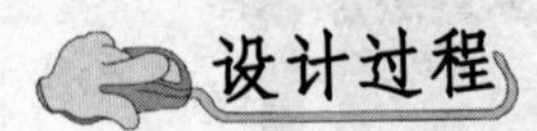

设计过程

1. 输入和编辑标题文字

（1）选择“开始”→“程序”→“附件”→“写字板”菜单命令，打开“写字板”软件。在第一行输入“中国传统节日简介”文字，然后按【Enter】键。

图 2-3-1 “中国传统节日”宣传单

（2）保存文件：选择“文件”→“另存为”菜单命令，调出“保存为”对话框，利用该对话框将文件以名称“中国传统节日.rtf”保存。

（3）选中第 1 行输入的文字，在“格式”工具栏的“字体”下拉列表框中选中“宋体”选项，在“格式”工具栏的“字体大小”下拉列表框中，选中“20”选项，再单击按下“粗体”按钮 **B**，然后单击“颜色”按钮，在调出的菜单中，选中“红色”选项，最后单击按下“居中”按钮，表示选中的文字位于居中位置，标题效果如图 2-3-2 所示。

图 2-3-2 标题效果

2．编辑正文文字

（1）输入 3 段正文文字，然后选中这 3 个段落。

（2）向右拖动标尺上的“首行缩进”滑块，设置每段落首行缩进量，如图 2-3-3 所示。

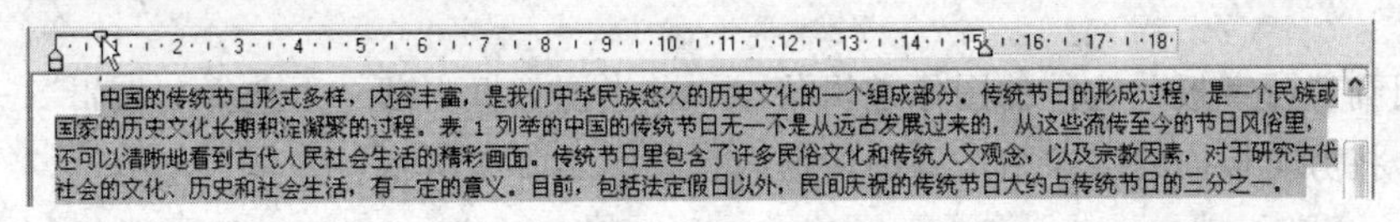

图 2-3-3　编辑正文文字

（3）设置段落格式：选择“格式”→“段落”菜单命令，调出“段落”对话框，如图 2-3-4 所示。在“左”文本框中，输入段落左边缘与页边距左边缘间距。在“右”文本框中，输入段落右边缘与页边距右边缘间距。在“首行”文本框中，输入段落首行缩进量。在“对齐方式”下拉列表框中，选择段落的对齐方式。完成设置后，单击“确定”按钮。

3．插入图像方法 1

（1）将光标移动到第 1 段文字的最后边，按【Enter】键，使光标移到下一行，即要插入图像的位置。单击按下“居中”按钮，使光标位于居中位置，表示插入的图像居中放置。

（2）选择“插入”→“对象”菜单命令，调出“插入对象”对话框，如图 2-3-5 所示。

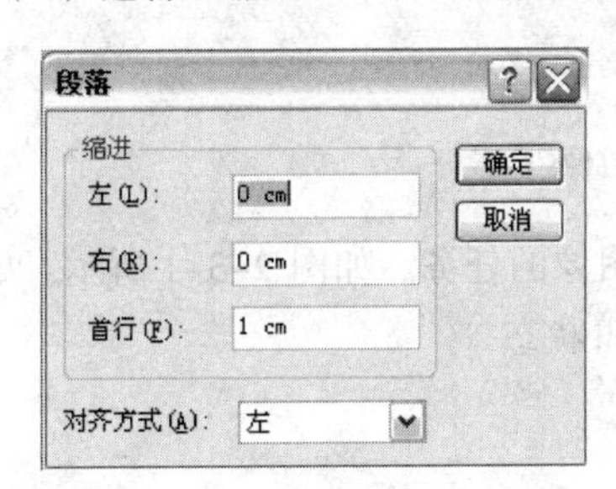

图 2-3-4　“段落”对话框

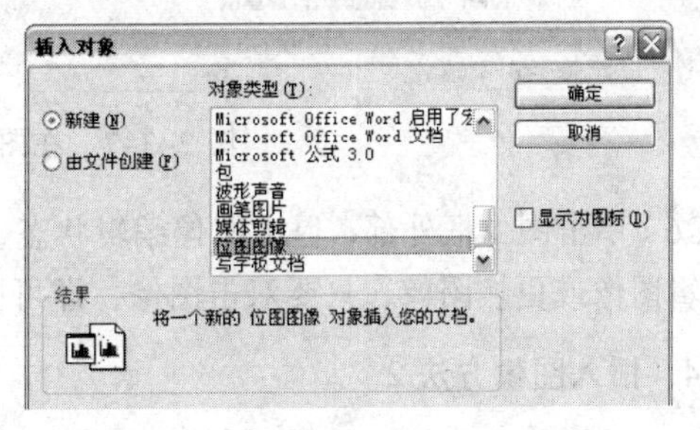

图 2-3-5　“插入对象”对话框

（3）在“对象类型”列表框中选中“位图图像”或“画笔图片”选项。单击“确定”按钮，进入“写字板”软件的图像编辑状态（实际是调用 Windows 自带的“画图”软件），并显示一个图像框，如图 2-3-6 所示。可以调整图像框的大小和其内白色绘图画布的大小。

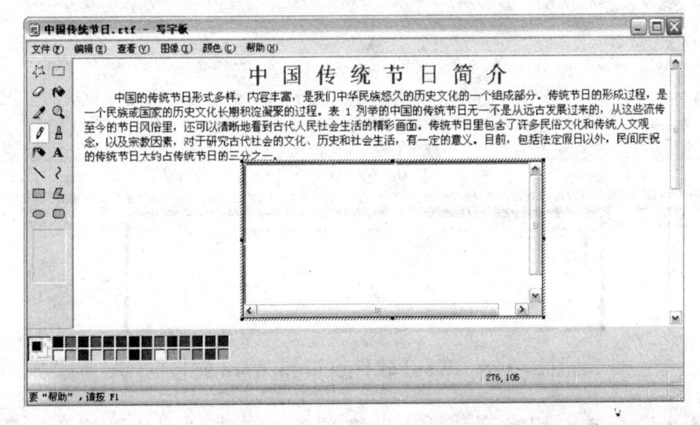

图 2-3-6　“写字板”软件的绘图和图像编辑状态

（4）选择“开始”→“程序”→“附件”→“写字板”菜单命令，打开 Windows“画图”软件。在该软件内打开一幅图像，加工后，创建选区选中图像的一部分，再单击“编辑”→“复制”菜单命令，将选区内的图像复制到剪贴板内。也可以利用其它图像处理软件将图像复制到剪贴板内。

（5）回到“写字板”软件的图像编辑状态，单击图像框内部，再选择“编辑”→“粘贴”菜单命令，将剪贴板内的图像粘贴到图像框内，如图 2-3-7 所示。

图 2-3-7　在图像框内粘贴图像

（6）单击图像框外部，退出图像编辑状态，完成插入图像的任务，如图 2-3-1 所示。如果要编辑图像或更换图像，只要双击图像，即可回到图像编辑状态。

4．插入图像方法 2

（1）按照“插入图像方法 1”所述第 1、2 步骤进行操作。

（2）在“对象类型”列表框中选中“Microsoft Office Word 文档”选项。单击“确定”按钮，调出计算机内安装的 Word（此处是 Word 2007）软件窗口，并显示一个 Word 文档框，如图 2-3-8 所示。实际是调用已经安装的 Microsoft Office Word 软件。

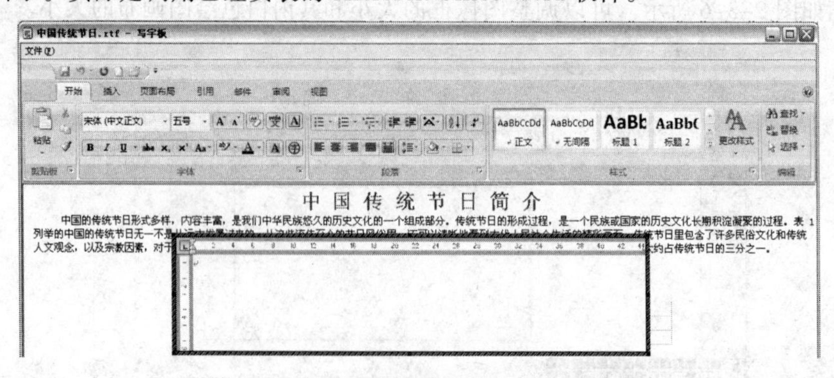

图 2-3-8　Word 软件窗口和 Word 文档框

（3）单击“插入”标签，切换到“插入”选项卡，单击“图片”按钮，调出“插入图片”

对话框。在该对话框中，选中要插入的图片文件，然后单击“插入”按钮，即可在 Word 文档框内插入选中的图像，如图 2-3-9 所示。

利用 Word 的图像编辑功能，还可以进行图像的编辑修改。单击 Word 文档框外部，返回“写字板”界面，图像已经被插入到文档中，如图 2-3-1 所示。

图 2-3-9　在 Word 文档框内插入图像

（4）在“格式”工具栏中，单击“居中”按钮，使图片位于文档中央，如图 2-3-1 所示。如果要编辑图像或更换图像，只要双击图像，即可回到绘图和图像编辑状态。

5. 插入图像方法 3

（1）在任意一个图像处理软件内打开一幅图像，并将该图像复制到剪贴板内。

（2）在“写字板”窗口中将光标定位在要插入图像处，选择“编辑”→“特殊”菜单命令，将剪贴板内的图像粘贴到光标处。双击图像，即可回到图 2-3-7 所示的绘图和图像编辑状态。编辑完图像后，单击图像框外部，即可回到“写字板”窗口。

（3）另外，在“写字板”窗口中，选择“编辑”→“特殊粘贴”菜单命令，可以调出“选择性粘贴”对话框，如图 2-3-10（a）所示。在“作为”列表框中，选择剪贴板中的内容以什么格式插入到写字板文档中。此处选择“位图图像”选项。

如果在 Word 等软件中将图像复制到剪贴板内，则使用“选择性粘贴”对话框，如图 2-3-10（b）所示。选中“粘贴链接”单选按钮，则将复制内容链接到文档中。对链接内容所做的修改会反映到原始文件中，同时在原始文件中所做的修改也会反映到该写字板文档中。

单击“确定”按钮，在光标处插入剪贴板中的内容。

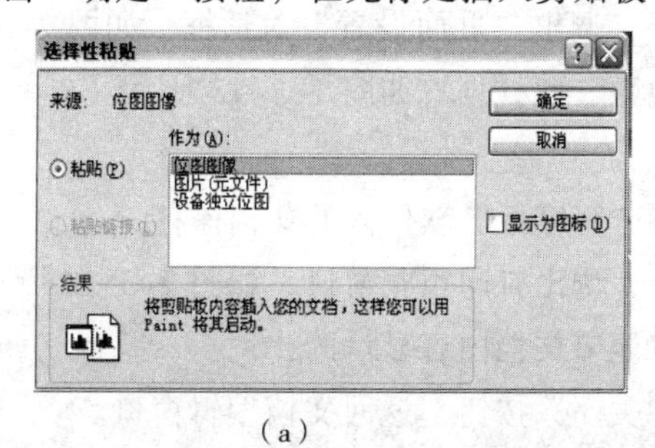

（a）

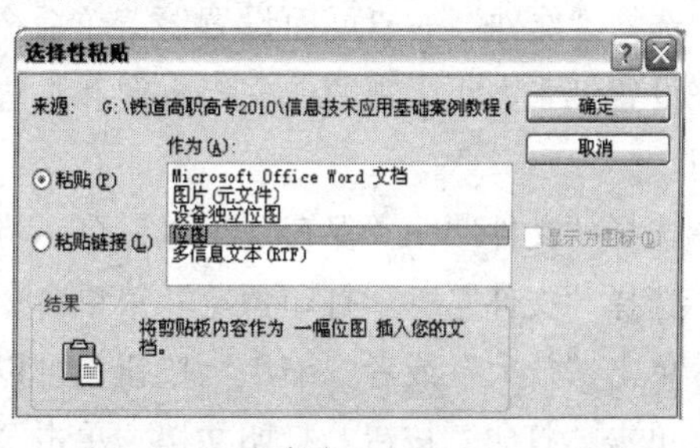

（b）

图 2-3-10　“选择性粘贴”对话框

6．插入日期

（1）将光标移动到第 1 段文字的最后边，按【Enter】键，使光标移到下一行。单击“格式”工具栏中的“右对齐”按钮，使光标位于文档的右边。

（2）选择“插入”→“日期和时间”菜单命令，调出“日期和时间”对话框，如图 2-3-11 所示。

（3）在“可用格式”对话框中选择需要的日期格式。单击“确定”按钮，将日期插入到文档中。

7．插入表格

（1）将光标移动到图像右边，按【Enter】键，使光标移到下一行。单击按下“居中”按钮，使光标位于居中位置。然后输入表格的标题文字，如图 2-3-1 所示

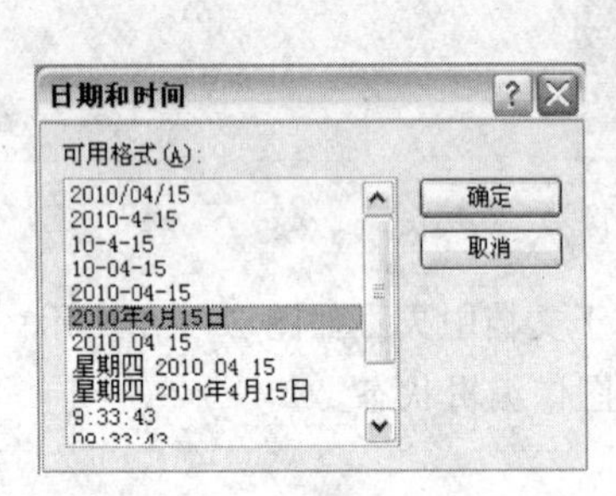

图 2-3-11 “日期和时间”对话框

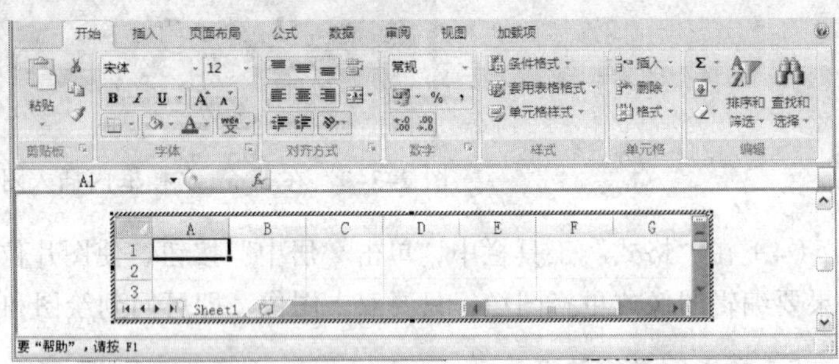

图 2-3-12 Word 软件窗口和表格框

（2）再将光标定位在下一行居中位置，即要插入表格的位置。

（3）选择“插入”→“对象”菜单命令，调出“插入对象”对话框，如图 2-3-5 所示。在“对象类型”列表框中选中“Microsoft Office Excel 工作表”选项。单击“确定”按钮，即可调出 Word 软件，并显示一个表格框，如图 2-3-12 所示。调整表格框的大小。

（4）单击表格框内的第 1 行第 A 列，输入“腊八节(腊月初八)”；单击表格框内的第 1 行第 A 列，输入“除夕(腊月的最后一天)”。以后继续输入其他单元格内的文字。

（5）单击表格框外部，返回“写字板”界面，表格已经被插入到文档中，如图 2-3-1 所示。如果要修改表格，可以双击表格框内部，进入 Word 软件的表格编辑状态。

8．页面设置和打印预览

（1）选择“文件”→“页面设置”菜单命令，调出“页面设置”对话框，如图 2-3-13 所示。用来设置纸张大小、来源，文档方向和页边距，此处设置如图 2-3-13 所示。再单击“确定”按钮。

（2）选择“文件”→“保存”菜单命令，将“写字板”软件内的文档保存。

（3）选择“文件”→“打印预览”菜单命令，调出打印预览窗口，如图 2-3-14 所示。

（4）单击“放大”或者“缩小”按钮，可以调节文档内容显示的比例。

（5）单击“打印”按钮，打印文档。单击“关闭”按钮，返回文档编辑窗口。

相关知识

1. 中文输入法简介

中文输入法让成千上万的汉字与计算机键盘上的按键建立了对应关系。通过按下不同的按键在计算机中输入不同的汉字。中文输入法按照编码方式主要可以分为 3 种。

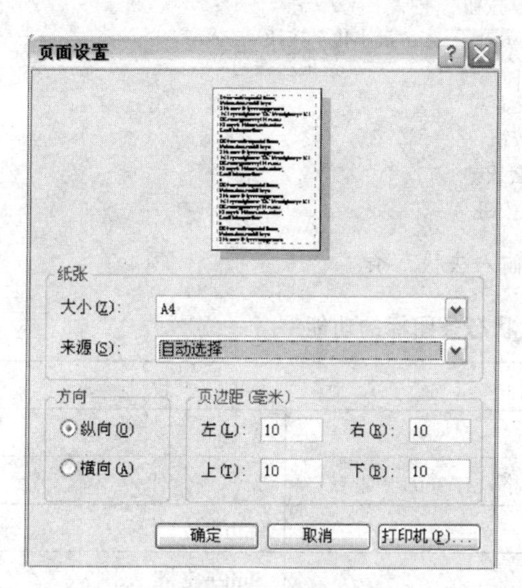

图 2-3-13 “页面设置”对话框

图 2-3-14 打印预览窗口

（1）音码：音码以汉语拼音为基准对汉字进行编码。其优点是简单、易学、基本上不需要记忆编码信息，缺点是重码率高，输入速度相对比较低。例如：全拼输入法、智能 ABC 输入法和微软拼音输入法等。这一类输入法比较适合一般的计算机使用者。

（2）形码：形码是根据汉字字形的特点，将一个汉字拆分为多个偏旁部首，再分别定义到键盘的按键上。其优点是重码率低、输入速度快，缺点是记忆量大、需经过大量练习才能掌握。例如：五笔字型输入法就是形码输入法。这种输入法适合专业的录入人员。

（3）音形码：音形码是把音码和形码结合起来的一种输入法，音码在前，形码在后。这种输入法的优缺点介于音码和形码之间。如果是形码在前，音码在后，则称为形音码。

在 Windows XP 中提供了微软拼音、智能 ABC、全拼和郑码输入法 4 种中文输入方法，可以删除不需要的输入法，安装其他输入法。单击语言栏中的键盘按钮，可调出输入法菜单，如图 2-3-15 所示。选择其内的菜单命令，可切换输入法，按【Ctrl+Shift】组合键，可以在各输入法之间切换。目前流行的中文输入法很多，大都是智能化的拼音输入法，例如微软拼音输入法、紫光拼音、搜狗拼音、Google 谷歌拼音和五笔字型输入法等。

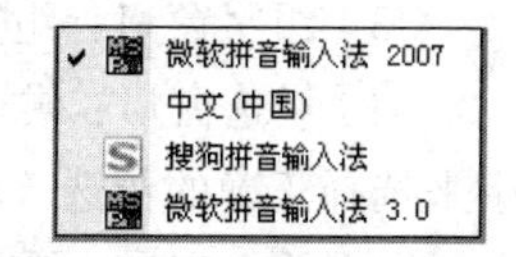

图 2-3-15 输入法菜单

微软拼音输入法有 2.0 版、2003 版和 2007 版等版本。2007 版在输入准确率和易用性方面都有明显的改进和加强。微软拼音输入法 2003 随 Office 2003 的安装自动安装，微软拼音输入法 2007 随 Office 2007 的安装自动安装。如果没有安装微软拼音输入法，可上网免费下载。微软拼音输入法 2003 与微软拼音输入法 2007 的使用方法基本一样，后者在前者的基础之上新增了一些功能。下面以 2007 版为例介绍微软拼音输入法。

2．了解微软拼音输入法界面

（1）状态条：微软拼音输入法 2007 的完整状态条如图 2-3-16 所示。单击状态条上的按钮，可以切换输入状态或者激活菜单，各图标的功能如表 2-3-1 所示。

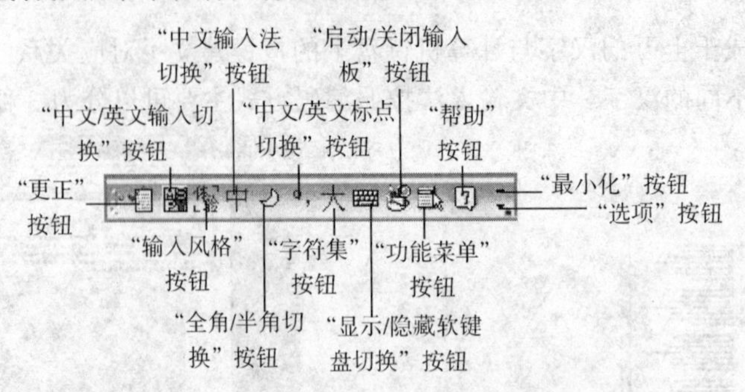

图 2-3-16　微软拼音输入法状态条

表 2-3-1　微软拼音输入法状态条图标的功能

按　钮	作　用	快 捷 键
	切换中文输入法	无
	切换输入风格，“传统”输入风格只有 2003 版本有	无
中　英	切换中文、英文输入模式	Shift
	切换全角、半角模式	Shift＋空格
。，　·，	切换中文、英文标点模式	Ctrl＋.
简　繁　大	切换字符集	无
	软键盘开关	无
	输入板开关	无
	激活功能菜单	无
	打开帮助文件	无

单击“选项”按钮，调出“选项”菜单，选择不同菜单选项，可以调整状态条内按钮的数量。

（2）拼音窗口：显示输入的拼音串。拼音窗口如图 2-3-17 所示。

（3）组字窗口：组字窗口显示转换后的汉字。拼音窗口如图 2-3-17 所示。

（4）候选窗口：候选窗口列出了具有相同读音的汉字或词组，可以通过按数字键或单击汉字来选择正确的候选。单击黑色箭头可以向前或向后翻转查看其他汉字。

（5）输入窗口：输入窗口包括拼音窗口和组字窗口。它用来显示用户输入的拼音串以及转换后的汉字。实线下画线显示用户输入的拼音，虚线下画线标出了转换后的结果。输入法会自动完成拼音转汉字的过程，用户也可以按空格键强制转换。

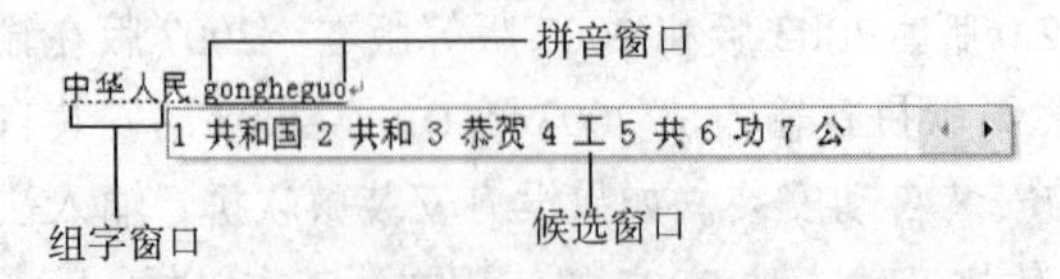

图 2-3-17　微软拼音输入法的输入窗口和候选窗口

3. 基本操作方法

微软拼音输入法的操作包括以下 4 个主要步骤。

（1）启动微软拼音输入法：单击语言栏上的键盘按钮，调出输入法菜单，单击该菜单内的“微软拼音输入法 2007”菜单命令，调出微软拼音输入法 2007 的状态条。

（2）键盘输入汉语拼音：在输入窗口中，虚线上的汉字是输入拼音的转换结果，下画实线上的字母是正在键入的拼音。用户可以按左右方向键定位光标来编辑拼音和汉字。在候选窗口中，1 号候选用蓝色显示，是对当前拼音串转换结果的推测，如图 2-3-17 所示。如果正确，用户可以按空格键或者数字键“1”来选择。其他候选列出了当前拼音可能对应的全部汉字或词组，用户可以按“=”号键和“-”减号键翻页查看更多的候选项。

（3）修改转换结果：按左右方向键将光标移到要修改汉字的前面。在候选窗口内出现 0 号拼音候选，如图 2-3-18 所示。它是光标右边汉字或词组的拼音。如果一开始键入错的拼音，现在可以按数字键“0”，恢复原输入的拼音，修改拼音或者重新选择其他候选汉字。

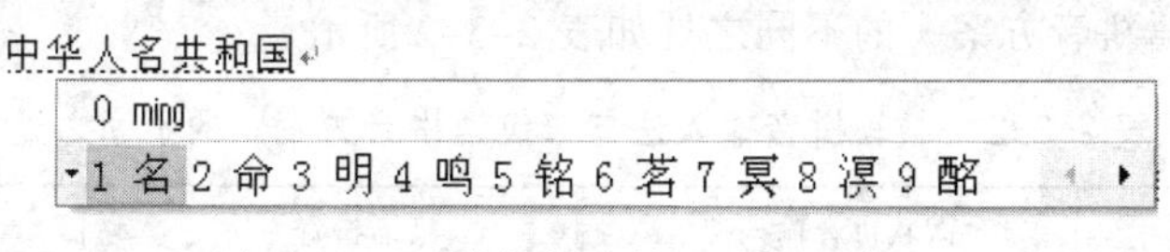

图 2-3-18　微软拼音输入法候选窗口

（4）确定输入：如果输入窗口中的转换内容全都正确，按空格键或者【Enter】键确认。

4. 微软拼音输入法风格

（1）“新体验”输入风格：使用该风格输入时，输入窗口中会同时存在多个未经转换的拼音音节。输入法自动掌握拼音转汉字的时机，以减少输入窗口的闪烁。不论是转换后的汉字还是未经转换的拼音，用户都可以使用左右方向键定位进行编辑。如果用户键入了大写字母或者非汉语拼音格式的字母，输入法则自动停止随后的汉字转换，直到用户确认输入为止。它还可以识别以“http:”、“ftp:”和“mailto:”开头的 IP 地址或者 E-mail 地址。

（2）“经典”输入风格：它在微软拼音输入法早期版本中使用。如果用户已经习惯了微软拼音输入法 2.0 及以前版本的操作，可以沿用这种风格。使用“经典”输入风格进行输入时，在键入一个标点符号并输入新的汉语拼音时，上一个拼音会自动转换成汉字。

（3）“ABC”输入风格：ABC 输入风格是一种基于词的输入模式，完全兼容智能 ABC 输入法。它具有与智能 ABC 输入法相同的功能和基本一样的操作方法。

（4）“传统手工转换”输入风格：在微软拼音输入法 2003 中才有。这一输入风格是传统的、基于词语转换的输入法采用的方式，在输入的时候，输入法不进行自动转换，用户必须从候选窗口中选择候选项。而且用户不需要专门确认输入，每次选择候选项后，输入法自动完成确认。

5. 微软拼音输入法技巧

（1）简拼输入：在简拼输入模式下，用户可以只用声母来输入汉字。例如，要输入“中国”只需要键入“zhg”，如图 2-3-19 所示；要输入“微软”只需键入“wr”，如图 2-3-20 所示。使用简拼输入可以减少击键次数，但通常候选项很多、转换准确率较低。当然，即使在“微软拼音输入法输入选项”对话框中的“常规”选项卡内，选中了“支持简拼”选项，用户还可以使用全拼进行汉字输入，以减少候选项、提高转换准确率。

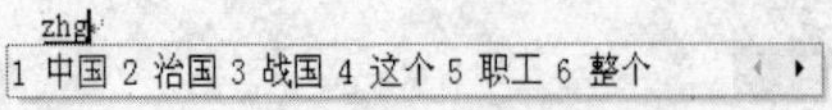

zhg
1 中国 2 治国 3 战国 4 这个 5 职工 6 整个

图 2-3-19　输入“中国”只需键入“zhg”

wr
1污染 2为人 3围绕 4无人 5微软 6文人

图 2-3-20　输入“微软”只需键入“wr”

（2）输入偏旁部首：偏旁是汉字的基本组成单位，有些偏旁本身也是独立的汉字，例如山、日等，这些偏旁的输入，按其实际读音即可。大部分偏旁部首本身不是单独的汉字，也没有读音，例如冫、纟等，对于这些字库中收录的，但又没有明确读音的汉字偏旁部首，微软拼音输入法以偏旁部首名称的首字读音作为其拼音。例如，“冫”称为两点水，就用“liang”输入；“纟”绞丝旁，就用“jiao”输入。大部分偏旁部首都可以在简体字符集下输入，有些繁体的偏旁部首要在繁体字符集下输入，但是两者都可以在大字符集下输入。

（3）特殊拼音的输入：虽然微软拼音输入法采用《汉语拼音方案》中的统一标准，但是为了让微软拼音输入法在所有普通的标准键盘上方便使用，微软拼音输入法做了一些调整。微软拼音输入法与《汉语拼音方案》的不同之处如表 2-3-2 所示。

表 2-3-2　微软拼音输入法与《汉语拼音方案》的不同之处

汉语拼音方案	微软拼音输入法	汉语拼音方案	微软拼音输入法
ü	v	哼 hng	heng
诶 ê	ea	呒 m	mu
噷 hm	hen	嗯 n、ng	en

微软拼音输入法支持带声调输入。在微软拼音输入法中，分别用 1，2，3，4 表示汉语的四个声调：阴平、阳平、上声、去声；5 表示轻声；用单引号“'”作为隔音符号，在音节界限发生混淆的时候，用以分割音节。此外，还可以使用空格或者声调来做音节切分。

（4）汉字转拼音：在任何输入风格下，先将光标移动到输入窗口中要反转的汉字右边，然后按【Shift+Backspace】组合键，将光标左边的一个汉字反转成音标。

6．输入法常规功能设置

（1）在微软拼音输入法的状态条中，单击“功能菜单”按钮，调出快捷菜单，如图 2-3-21 所示。再选择其中的“输入选项”菜单命令。调出“Microsoft Office 微软拼音输入法 2007 输入选项”对话框，选中“常规”选项卡，如图 2-3-22 所示。

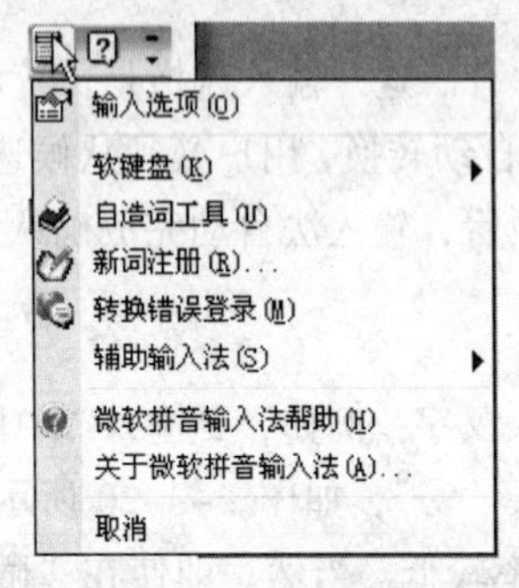

图 2-3-21　快捷菜单

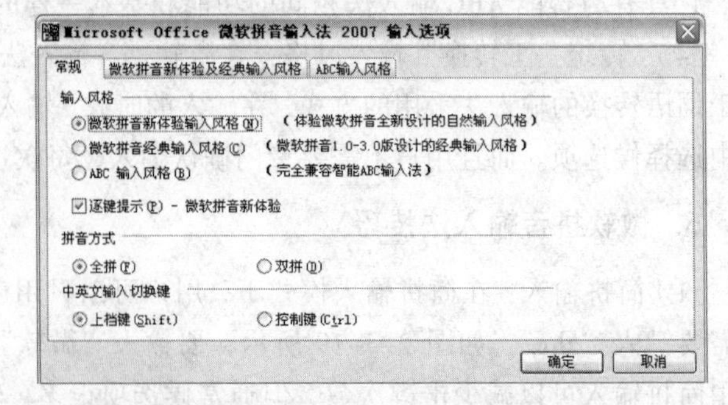

图 2-3-22　“微软拼音输入法输入选项”（常规）对话框

（2）在“输入风格”栏中，提供了 3 种输入风格。选中“逐键提示”复选框，则候选窗口在用户键入拼音时一直显示。

（3）在“拼音方式”栏中，选择所需的键入拼音的方法（全拼或双拼）。

（4）在“中英文输入切换”栏中，选择切换的快捷键（【Shift】键或【Ctrl】键）。

（5）切换到“微软拼音新体验及经典输入风格”选项卡，如图 2-3-23 所示。在此可以设置两种输入风格的默认状态。例如，在“字符集”栏中，选择合适的字符集。大字符集为简体和繁体字符集之和，覆盖了绝大多数汉字和符号。

（6）如果用户担心自己的口音会妨碍使用拼音进行输入，可以单击“模糊拼音设置”按钮，调出“模糊拼音设置”对话框，如图 2-3-24 所示。

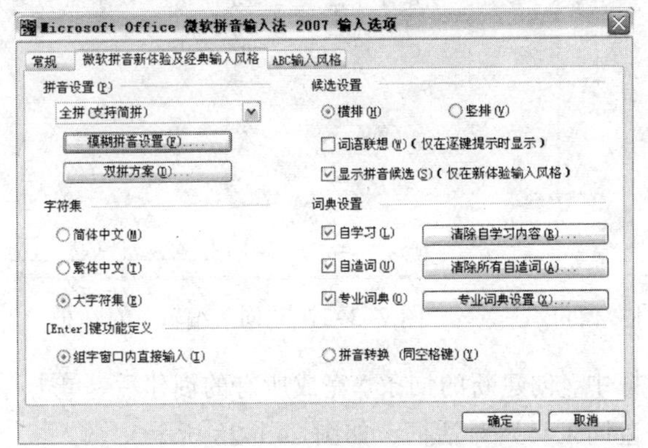

图 2-3-23 “微软拼音新体验及经典输入风格”选项卡

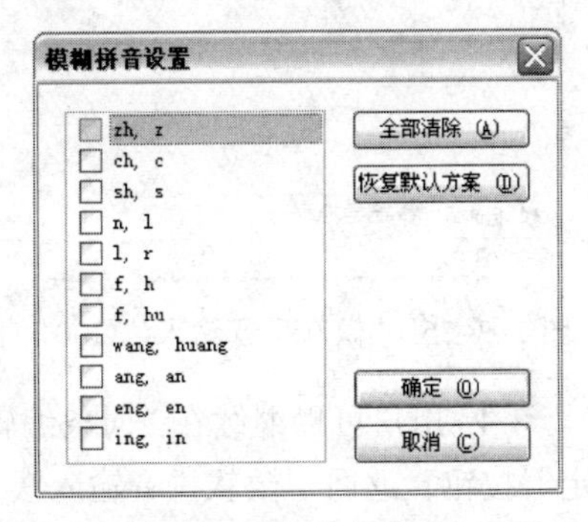

图 2-3-24 “模糊拼音设置”对话框

在其中的“模糊拼音对列表”列表中，选中用户易混淆的拼音对复选框。单击“确定”按钮，返回“微软拼音新体验及经典输入风格”标签。以后每当用户输入一个易混淆的拼音，和它相对的音也会出现在候选窗口中。例如：用户设置了“zh，z”模糊音对，当用户输入“za”的时候，“杂”和“砸”等都会出现，如图 2-3-25 所示。

图 2-3-25 输入“za”候选窗口

（7）单击“ABC 输入风格”标签，切换到“ABC 输入风格”选项卡，利用该选项卡可以设置 ABC 输入风格的一些默认参数。还可以设置用户自定义词。

（8）完成设置后，单击“确定”按钮。

7. 自造词的维护

自造词工具用于管理和维护自造词词典。用户可以创建词条、设置词条快捷键，或者将自造词词典导入或导出到文本文件中，操作方法如下。

（1）单击微软拼音输入法状态条中的“功能菜单”按钮，调出菜单。在其中选择“自造词工具”菜单命令，调出“微软拼音输入法 2007 自造词工具”窗口，如图 2-3-26 所示。

（2）选择“编辑”→“增加”菜单命令或者单击“增加一个空白词条”按钮，调出“词条编辑”对话框，如图 2-3-27 所示。

（3）在“自造词”文本框中，输入所需的词组或者短语。在“拼音”下拉列表框中，选择多音字的拼音。在“快捷键”文本框中，输入设定的字母，如图 2-3-27 所示。单击“确定”按钮，词条添加到“微软拼音输入法 2007 自造词工具”窗口的列表框中。

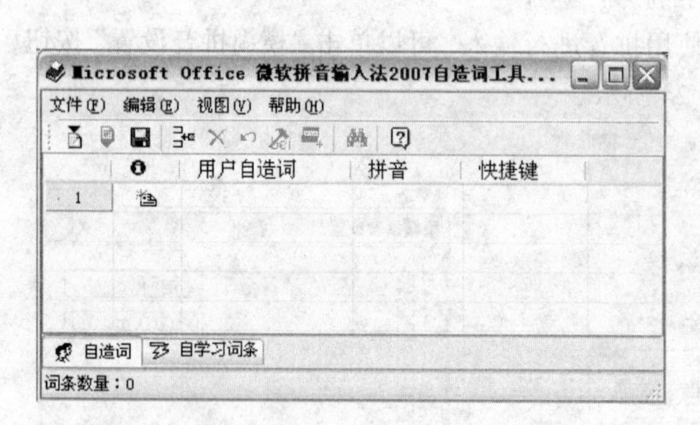

图 2-3-26 “微软拼音输入法 2007 自造词工具”窗口

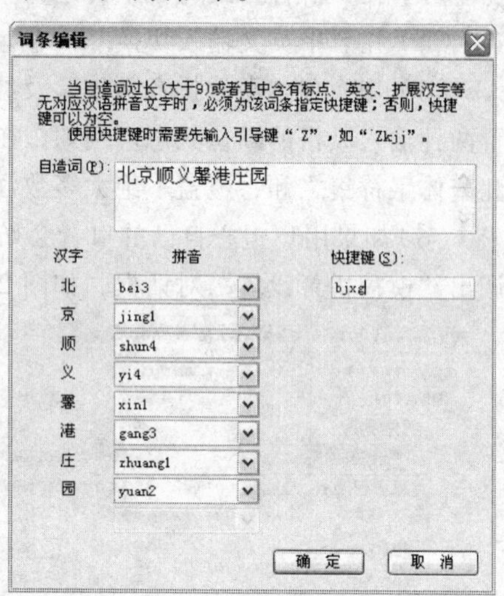

图 2-3-27 “词条编辑”对话框

（4）用户可以继续在“词条编辑”对话框中，创建新的词条。完成所有的创建后，单击“确定”按钮，返回“微软拼音输入法 2007 自造词工具”对话框，如图 2-3-28 所示。

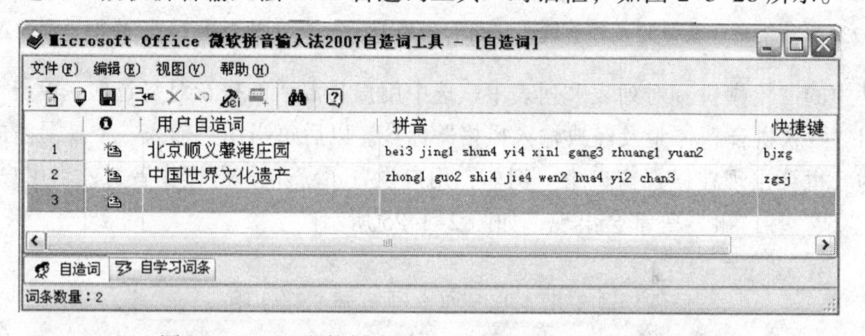

图 2-3-28 “微软拼音输入法 自造词工具”对话框

（5）如果需要编辑某个词条，只需在列表中双击该词条，进入“词条编辑”对话框，进行编辑。选择“文件”→“保存”菜单命令，保存创建的词条。选择“文件”→“退出”菜单命令，关闭“微软拼音输入法 2007 自造词工具”对话框。

（6）在需要输入自造词时，首先按重音符号“`”键（在键盘左上角），再键入其相应的快捷键，然后按空格键确认。例如：要输入“中国世界文化遗产”，只需要键入“`zgsj”，再按空格键即可；要输入“北京顺义馨港庄园”，只需要键入“`bjxg”，再按空格键即可。

8．手写输入和字典查询

过去输入文字只能使用键盘，手写输入只有在安装了类似手写板的外部仪器后才能使用。微软拼音 2007 中提供了手写识别功能，只需要拖动鼠标就可以轻松地完成简体中文、繁体中文、英语、日语和朝鲜语的文字输入。

有些人认为手写识别功能只对那些键盘输入文字很慢的用户有用，这种看法很片面。在日常生活和工作中，经常会遇到一些似曾相识却不知道其读音的汉字。这时，使用手写识别功能，可以很快地完成文字输入，操作如下。

（1）单击屏幕右下角语言栏中的按钮，调出菜单，选择“微软拼音输入法 2007”。

（2）单击状态条中的“开启/关闭输入板”按钮，调出“输入板 – 手写识别”对话框，如图 2-3-29 所示。在左边书写框中拖动写文字，右边列表中会显示出所有可能的文字。

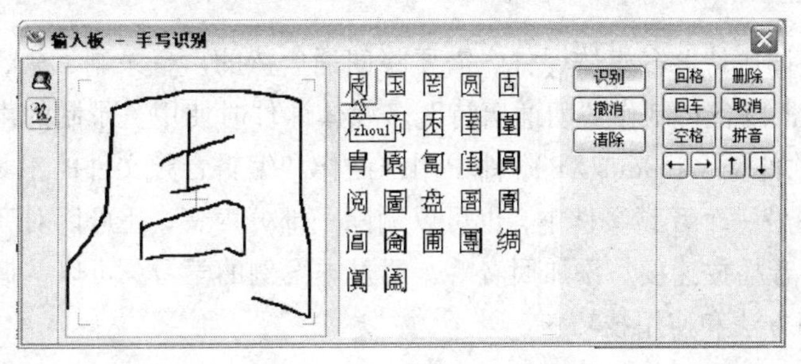

图 2-3-29　“输入板—手写识别”（手写检索）对话框

（3）将鼠标移到所需汉字上，会显示该字的汉语拼音并用数字 1～4 表示 4 种声调。单击所需要的汉字，即可在光标处插入此汉字。

（4）单击“撤销”按钮，刚刚绘制的笔画会被删除。

（5）单击“清除”按钮，书写框中的文字会被删除，用户可以重新书写新的汉字。

（6）“输入板—手写识别”对话框内右边的按键用来控制光标位置、删除光标左边或右边的文字或字符、进行回车操作等。

（7）书写完毕后，单击对话框右上角的“关闭”按钮。

（8）单击“输入板—手写识别”对话框内左边的“字典查询”按钮，调出“输入板—字典查询”（部首检字）对话框，如图 2-3-30 所示，利用它可以查询字，利用汉字的偏旁部首来查找文字和输入文字。在找到文字后，双击文字，即可在光标处输入该文字。

（9）单击“输入板—手写识别”对话框内的“字符”标签，会调出“输入板—字典查询”（字符）对话框，如图 2-3-31 所示，利用该对话框可输入标点符号、数学符号、希腊字母等特殊字符。

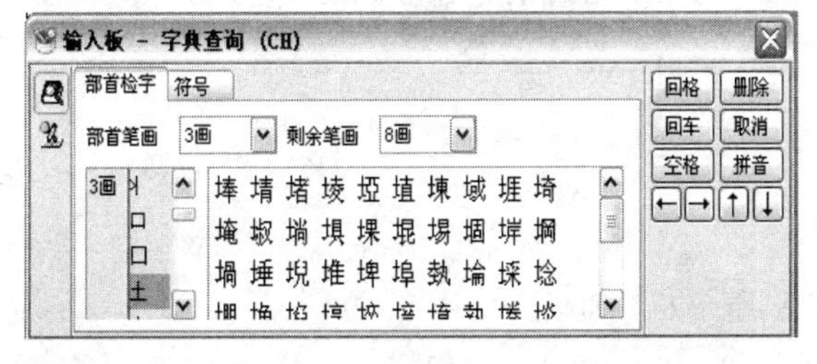

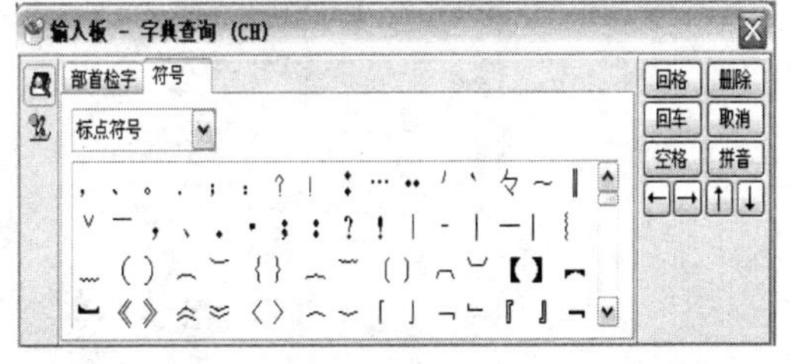

图 2-3-30　“输入板—字典查询”（部首检字）对话框　图 2-3-31　“输入板—字典查询”（符号）对话框

思考练习 2-3

（1）使用“写字板”软件制作一个介绍中国 60 周年国庆的文章，要求有文字、图像和表格，还有插入的日期和时间。

（2）使用“记事本”软件打开一个 TXT 格式的文本文件，然后进行修改和编辑文字的练习，查找替换文字的练习。

2.4 【案例 8】制作音频文件

案例描述

为了制作“朗诵唐诗”多媒体课件，需要将朗诵唐诗的声音录制下来，生成一个“朗诵唐诗.wav”声音文件，以备在制作“朗诵唐诗”多媒体课件时使用。录制的声音还可以添加背景音乐。“录音机”软件是 Windows XP 附件中用来制作和编辑音频文件的工具。利用它可以将一个音频文件插入到另一个音频文件中，也可以删除一部分声音，还可以对音频文件进行特效处理，例如：加速声音播放速度、添加回音等。通过本案例的学习，可以掌握 Windows 自带“录音机”软件的使用方法和使用技巧。

设计过程

1．录音的注意事项

进行录音时应注意以下事项。

（1）录音时，录音环境一定要安静，避免录进噪音。

（2）嘴离麦克风的间距要适当，太近会录下喷气声；太远会使录制的声音过小。

（3）麦克风与音响之间应保持一定距离，以免产生失真或啸叫声。

2．制作声音文件

（1）将麦克风接到计算机的声卡上，然后即可以按照下述步骤进行声音的录制。

（2）单击桌面中的“开始”按钮，再选择“程序”→“附件”→“娱乐”→“录音机”菜单命令，调出“声音-录音机”对话框，如图 2-4-1（a）所示。

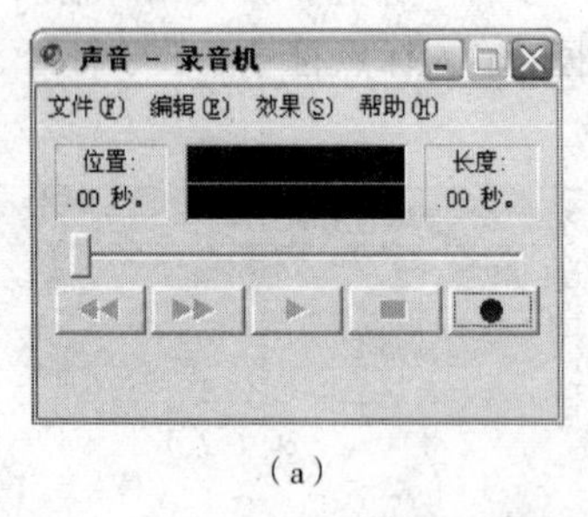

（a）

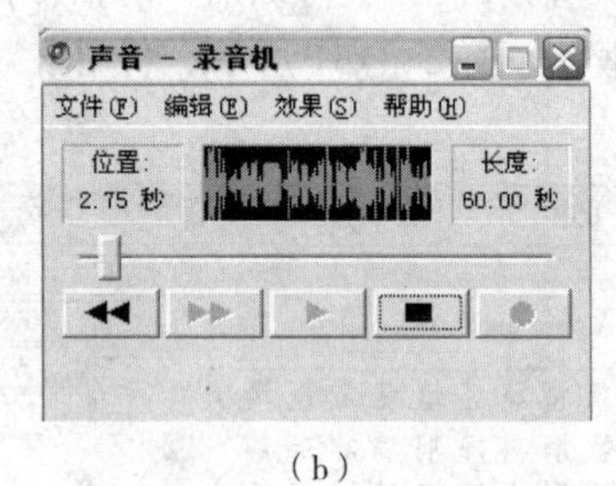

（b）

图 2-4-1 “声音-录音机”面板

（3）单击“声音-录音机”对话框中的“录音”按钮 ●，开始录音。此时，“声音-录音机”对话框中的显示框内会显示出录制声音的波形，如图 2-4-1（b）所示。滑槽上边的滑块会自动随着录音的进行而从左向右移动，“位置”显示框中会不断刷新录音的时间。

（4）录音完后，单击“停止”按钮 ■，结束录音。此时，播放头会自动移到滑槽的最右边，此时“录音”按钮 ● 变成有效状态。

（5）采用这种方法录制声音，最多可以录制 60 秒。再单击“录音”按钮 ● ，可以继续录音，这样可以录制很长时间的声音。

（6）单击“播放”按钮 ▶ ，即可播放刚刚录制的声音。单击“录音机”面板中的“移至首部”按钮 ◀◀ ，可以将播放头移到最左边；单击“移至尾部”按钮 ▶▶ ，可以将播放头移到最右边。

（7）选择“文件”→“另存为”菜单命令，调出“另存为”对话框。利用该对话框，将录音保存。此处以名称“朗诵唐诗.wav”名称保存。

3．插入声音文件

插入声音文件是指从一个声音文件的某一点处，插入一段新的声音文件，原插入点后的声音自动向后移动。可以采用这种方法将两个声音文件前后连接在一起。

（1）选择“声音-录音机”对话框内的“文件”→“打开”菜单命令，调出“打开”对话框。利用该对话框导入一个 WAV 声音文件（例如，“朗诵唐诗.wav”声音文件）。

（2）用鼠标将“声音-录音机”对话框中的滑块（播放头）拖动到插入点处。

（3）选择该对话框内的“编辑”→“插入文件”菜单命令，调出“插入文件”对话框。利用该对话框，选择要插入的声音文件（例如，“锄禾.wav”声音文件），再单击“打开”按钮，可将选中的声音文件插入到原有声音的插入点处，原插入点后的声音自动向后移动。

（4）选择“文件”→“另存为”菜单命令，调出“另存为”对话框。利用该对话框，将录音保存。此处以名称“插入声音.wav”名称保存。

注意：只能将某个声音文件插入到未压缩的声音文件中，如果在“声音-录音机”对话框中未发现绿线，说明该声音文件是压缩文件，必须先改变声音的属性，才能对其进行插入。改变声音属性可利用“声音的属性”对话框来完成，具体方法可参看本节相关知识。

关于声音文件的压缩，可参看“声音-录音机”对话框的有关帮助信息。

4．混入声音文件

混入声音文件是指从一个声音文件的某一点处，插入一段新的声音文件，与原声音文件混音。利用这一功能可以将声音与音乐混合，产生背景音乐效果。

（1）选择“声音-录音机”对话框内的“文件”→“打开”菜单命令，调出“打开”对话框。利用该对话框导入一个 WAV 声音文件（例如，“朗诵唐诗.wav”声音文件）。

（2）用鼠标将“声音-录音机”对话框中的滑块（播放头）拖动到插入点处。

（3）选择“声音-录音机”对话框内的“编辑”→“与文件混音”菜单命令，调出“混入文件”对话框。

（4）在“混入文件”对话框中，选择要混入的声音文件（例如，“清晨的声音.wav”声音文件），再单击“打开”按钮，即可将选中的声音文件混入到原有声音文件的插入点处。

（5）选择“文件”→“另存为”菜单命令，调出“另存为”对话框。利用该对话框，将录音保存。此处以名称“有背景声音的朗诵唐诗.wav”名称保存。

相关知识

1. 粘贴插入声音文件

粘贴插入声音文件是指从一个声音文件的某一点处，插入原声音文件，原插入点后的声音自动向后移动，操作方法如下。

（1）选择“声音-录音机”对话框内的“文件”→“打开”菜单命令，调出“打开”对话框。利用该对话框导入一个 WAV 声音文件。

（2）用鼠标将“声音-录音机”对话框中的滑块（播放头）拖动到插入点处。

（3）单击对话框内的“编辑”→“复制”菜单命令，将当前声音文件复制到剪贴板中。

（4）打开另外一个 WAV 声音文件。

（5）选择该对话框内的“编辑”→“粘贴插入”菜单命令，即可将剪贴板中的声音文件插入到当前声音文件的插入点处。

2. 粘贴混入声音文件

粘贴混入声音文件是指从一个声音文件的某一点处混入原声音文件，操作方法如下。

（1）打开一个 WAV 声音文件。

（2）用鼠标将“声音-录音机”对话框中的滑块（播放头）拖动到插入点处。

（3）选择对话框内的“编辑”→“复制”菜单命令，将当前声音文件复制到剪贴板中。

（4）打开另外一个 WAV 声音文件。

（5）选择该对话框内的“编辑”→“粘贴混入”菜单命令，将剪贴板中的声音文件内容粘贴到滑块（播放头）所在的插入点处，与原来的声音混音。

3. 删除部分声音

（1）打开一个 WAV 声音文件。

（2）用鼠标将“声音-录音机”对话框中的滑块拖动到要删除声音的交界点处。

（3）选择该对话框内的“编辑”→“删除当前位置之前的内容”菜单命令，即可将滑块（播放头）处之前的声音删除。

（4）选择该对话框内的“编辑”→“删除当前位置之后的内容”菜单命令，即可将滑块（播放头）处之后的声音删除。

4. 声音的特效处理

（1）加大音量：选择“效果”→“加大音量（按 25%）”菜单命令。

（2）降低音量：选择“效果”→“降低音量”菜单命令。

（3）加速声音播放速度：选择“效果”→“加速（100%）”菜单命令。

（4）减速声音播放速度：选择“效果”→“减速”菜单命令。

（5）添加回音：选择“效果”→“添加回音”菜单命令。通常应执行多次。

（6）翻转播放声音：选择“效果”→“反转”菜单命令。

5. 音量的调整与选择录音和播音设备

（1）选择 Windows 的“录音机”面板中的“编辑”→“音频属性”菜单命令，调出“声音属性”对话框，如图 2-4-2 所示。利用该对话框可以进行声音属性的设置。

（2）调整麦克风音量：单击“录音”栏内的“音量”按钮，调出“录音控制”对话框，如图 2-4-3 所示。拖动滑块可以调整各种音量和左右声道音量的均衡。

如果要调整其他音量，可以单击“声音属性”对话框内的其他栏中的“音量”按钮，调出“音量控制”对话框。利用该对话框，按照上述方法进行音量调整。

（3）选择录音和播音设备：在“声音属性”对话框内的各栏的“默认设备”列表框中，选择设备的名称。

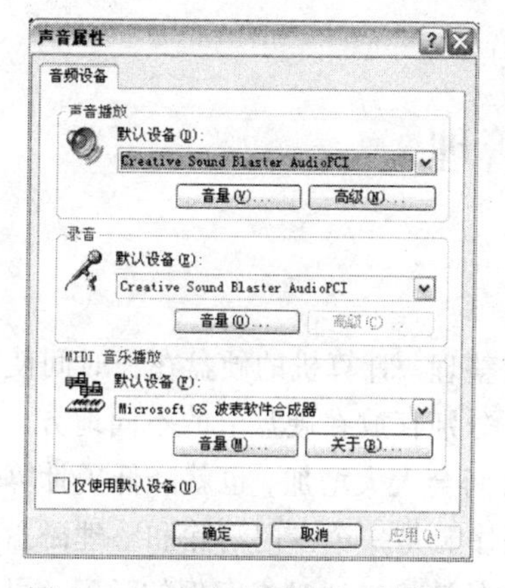

图 2-4-2 “声音属性”对话框

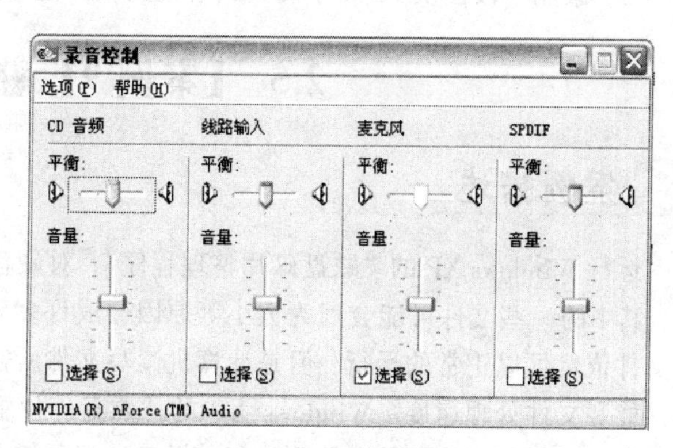

图 2-4-3 “录音控制”对话框

6. 选择声音属性

选择图 2-4-1 所示的“声音-录音机”对话框内的“文件”→“属性”菜单命令，调出“声音的属性”对话框。在该对话框的“选自”下拉列表框内选择声音的对象（录音格式、播放格式或全部格式）。单击“立即转换”按钮，调出“声音选定”对话框，如图 2-4-4 所示。依次在该对话框的“名称”、“格式”和“属性”下拉列表框内进行选择。再单击“另存为”按钮，调出“另存为”对话框，在该对话框的文本框内输入名称，单击“确定”按钮。如果要删除一种设置好的声音属性，可在“名称”列表框内选择这种设置的名称，再单击“删除”按钮。

7. 音量控制

（1）选择“开始”→“所有程序”→“附件”→“娱乐”→“音量控制”菜单命令，调出“音量控制”对话框，如图 2-4-5 所示。对话框中共有 5 栏，分管不同部分的左右声道的平衡、音量和静音。

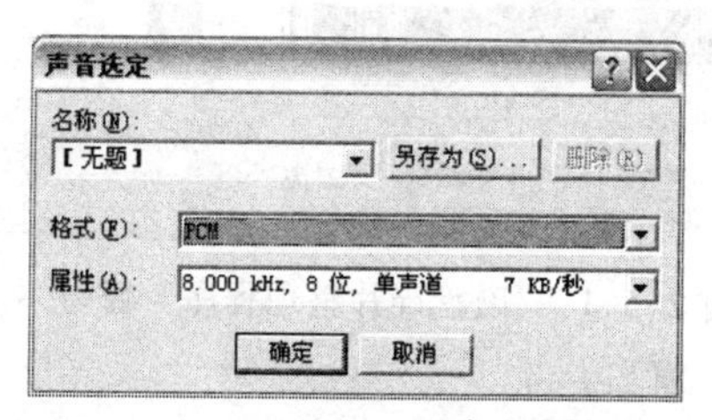

图 2-4-4 “声音选定”对话框

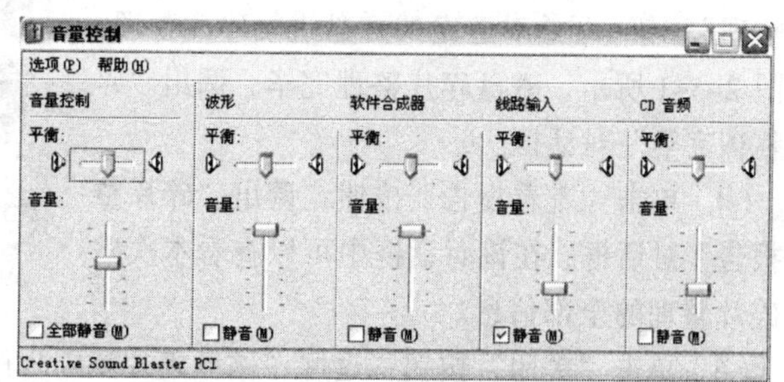

图 2-4-5 “音量控制”对话框

（2）在“平横”滑动条中，向左或向右拖动滑块可以改变左右声道输出音量的大小。在“音量”滑动条中，向上或向下拖动滑块可以改变音量的大小。

（3）如果选中“静音”复选框，则相应部分声音就会被屏蔽。如果选中“全部静音”复选框，则所有的声音都会被屏蔽。

思考练习 2-4

（1）录制一段毛主席诗词朗诵，并配有背景音乐。

（2）录制一段国庆 60 周年阅兵式解说词，并配有背景音乐。

2.5 【案例 9】磁盘管理

案例描述

运行 Windows XP 的“磁盘碎片整理程序”，对硬盘进行整理。计算机的硬盘在长时间使用后，其中的一些文件可能会因为大小等原因分成许多碎片，分别存放在硬盘上的不同地方。虽然文件依然可以正常的运行，但是计算机读写文件所需的时间会大大增加，也就降低了计算机的性能和文件处理速度。Windows XP 的“磁盘碎片整理程序”是一个专门清除和整理磁盘碎片的程序，它可以使文件存放到一起，提高访问和储存文件的速度。通过本案例的学习，可以掌握 Windows 自带的“磁盘碎片整理程序”的使用方法和使用技巧。

Windows XP 为用户提供了多个磁盘操作工具，主要作用都是保护磁盘内容、优化磁盘、节省磁盘空间和释放更多磁盘空间。此外，还可以通过“系统信息”工具查看计算机上软、硬件的状态信息；通过“任务计划”工具安排指定的应用程序在指定的时间进行操作。

设计过程

（1）选择“开始”→“程序”→“附件”→“系统工具”→“磁盘碎片整理程序”菜单命令，打开“磁盘碎片整理程序”程序。

（2）在列表中选中要清理的盘符，然后单击“分析”按钮，程序会对选定的磁盘进行分析。

（3）分析结束后，会调出一个对话框，提示这个分区是否需要“整理”。也可以直接单击“碎片整理”按钮，开始对选定的磁盘进行碎片整理，如图 2-5-1 所示。磁盘碎片整理完毕，调出“碎片整理完毕”对话框。

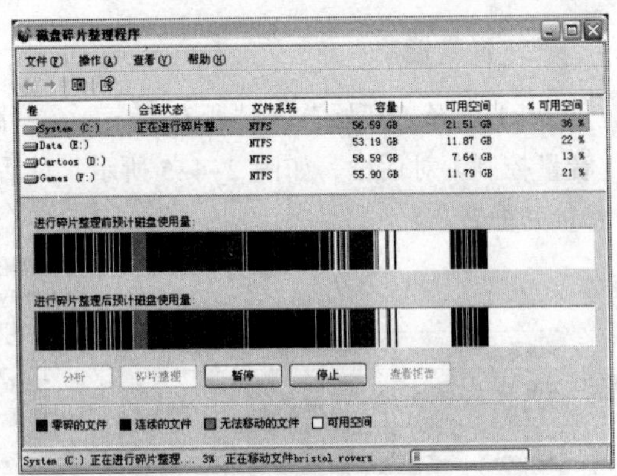

图 2-5-1 “磁盘碎片整理程序”窗口

（4）单击“查看报告”按钮，调出“碎片整理报告”对话框，在该对话框中可以查看本次磁盘碎片整理的全部信息。

（5）单击“关闭”按钮，返回“磁盘碎片整理程序”窗口。

（6）若要对其他磁盘进行碎片整理，只需选中想要整理的磁盘，然后重复上面的步骤即可。若要退出“磁盘碎片整理程序”，可以单击右上角的“关闭”按钮。

相关知识

1. 磁盘备份

为避免因计算机系统出错、硬盘损坏或因其它意外而造成数据丢失，可对一些重要文件进行备份。Windows 提供了一个备份文件程序，可简化备份的操作过程，操作方法如下。

（1）选择“开始”→“所有程序”→“附件”→“系统工具”→“备份”菜单命令，调出“备份工具”对话框，如图 2-5-2 所示。如果调出的是“备份或还原向导”对话框，则单击其中的“高级模式”链接文字，切换到“备份工具”对话框。

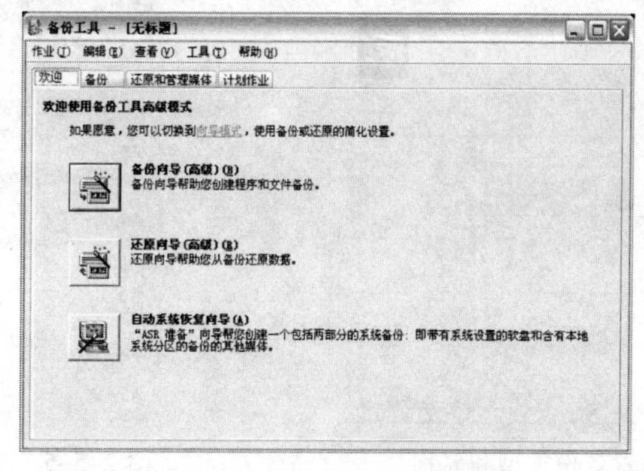

图 2-5-2 “备份工具”对话框

（2）单击“备份向导（高级）”按钮，调出“备份向导”对话框。单击“下一步”按钮，调出如图 2-5-3（a）所示的对话框，该对话框用于指定备份的项目。

（3）如果选中“备份这台计算机的所有项目”单选按钮，则备份计算机上的全部文件。如果选中“备份选定的文件、驱动器或网络数据”单选按钮，则备份用户选中的内容。如果选中“只备份系统状态数据”单选按钮，则只备份系统状态数据。选中“备份选定的文件、驱动器或网络数据”单选按钮，单击“下一步”按钮，对话框如图 2-5-3（b）所示。

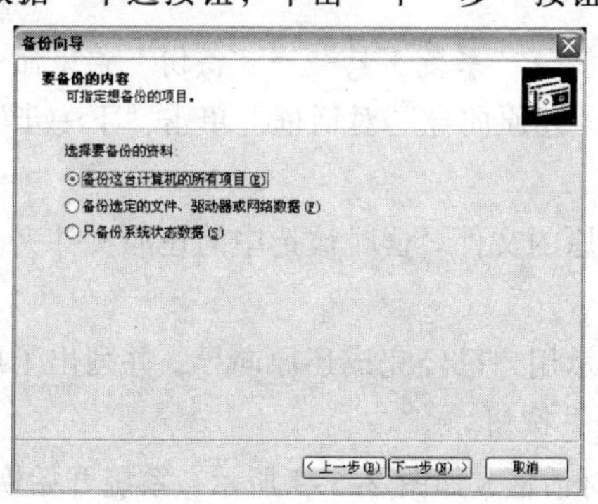

（a）

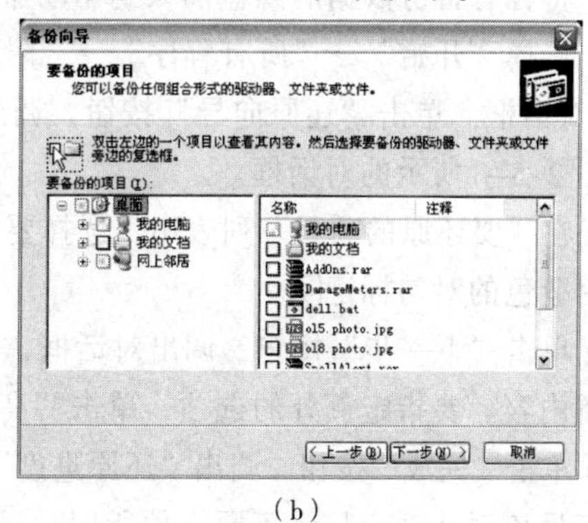

（b）

图 2-5-3 “备份向导”对话框

（4）在“要备份的项目”列表中，选择要备份文件所在的文件夹。在右边的列表中，选中要备份文件左边的复选框。此时，在“要备份的项目”列表中，包含要备份文件的文件夹和驱动器左边的复选框中有淡灰色的对勾标记。

（5）单击“下一步”按钮。调出如图 2-5-4 所示的对话框。在“选择保存备份的位置”下拉列表框中，选择备份文件的目标位置；在“键入这个备份的名称”文本框中，输入备份文件的名称。单击“浏览”按钮，可查找备份文件的目标位置。

（6）单击“下一步”按钮，调出对话框提示用户已经完成了备份向导，并列出用户对备份的设置内容。如果要指定额外的备份选项，单击“高级”按钮。

（7）单击“完成”按钮，调出“备份进度”对话框，如图 2-5-5 所示，系统开始备份文件。备份结束后，系统会显示备份文件所用的时间、状态及备份文件包含文件的个数及字节数。在 Windows XP 中备份文件的扩展名为 bkf。

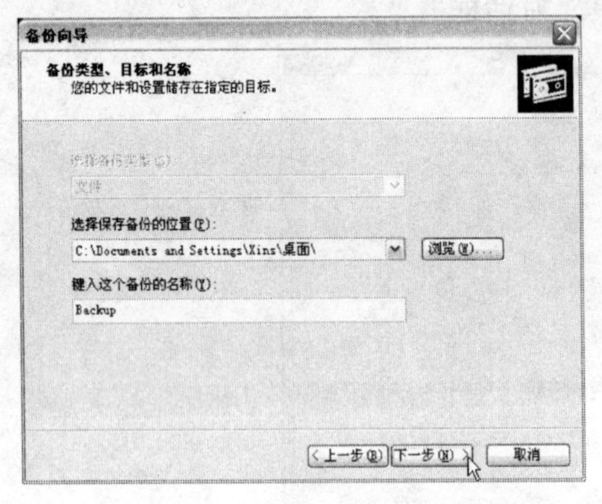

图 2-5-4 设置备份类型和名称

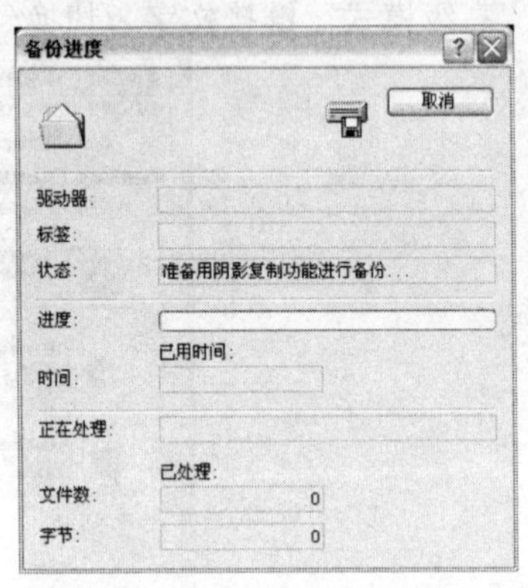

图 2-5-5 “备份进度”对话框

（8）单击“报告”按钮，可查看本次备份工作的各项指标及参数的统计结果。单击“关闭”按钮，完成备份。

2．磁盘还原

当文件的数据丢失或被删除后，用户可以用备份的文件将其恢复。只不过用 Windows XP 备份工具进行备份的数据，必须用该工具进行恢复，操作步骤如下。

（1）将含有备份数据的磁盘插入到驱动器中。

（2）选择“开始”→“所有程序”→“附件”→“系统工具”→“备份”菜单命令，调出“备份”对话框。单击“还原向导”按钮，调出“还原向导”对话框。单击“下一步”按钮，调出如图 2-5-6 所示的对话框。

（3）在“要还原的项目”列表中，选择要还原的文件。这时被选中的还原文件夹左边的复选框中有蓝色的对勾标记☑。

（4）单击“下一步”按钮，调出对话框，提示用户已经完成还原向导，并列出了用户对还原的设置内容。要指定额外的选项，单击“高级”按钮。

（5）单击“完成”按钮，调出“还原进度”对话框，如图 2-5-7 所示，系统开始恢复文件。恢复结束后该对话框会显示还原文件所用时间、状态和还原文件包含文件的个数及字节数。

3．磁盘清理

利用“磁盘清理”程序，不但可以清除磁盘上不需要的文件，还可以删除不再使用的可选 Windows 组件和安装程序，并可以通过删除所有还原点，释放更多磁盘空间，操作步骤如下。

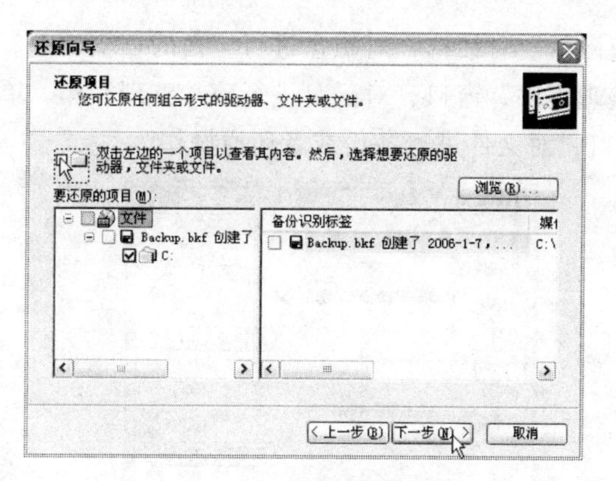

图 2-5-6 “还原向导”对话框

图 2-5-7 “还原进度”对话框

（1）选择“开始”→“程序”→“附件”→“系统工具”→“磁盘清理”菜单命令，调出“选择驱动器”对话框，如图 2-5-8 所示。

（2）在“驱动器”下拉列表框中，选择要清理的驱动器。单击“确定”按钮，系统会对选中的驱动器进行扫描，然后调出“磁盘清理”对话框的“磁盘清理”选项卡，如图 2-5-9 所示。

（3）在“要删除的文件”列表中，选中要删除文件左边的复选框。

（4）单击“查看文件”按钮，可查看要删除文件的名称、原位置等详细资料。

（5）单击“确定”按钮，调出一个对话框，单击“是”按钮，选定的文件被删除。

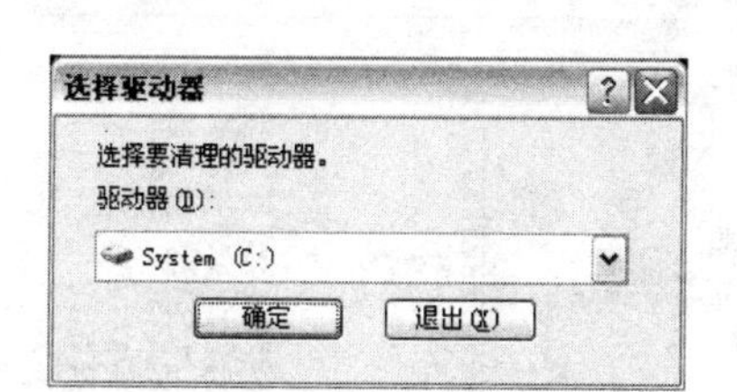

图 2-5-8 “选择驱动器”对话框

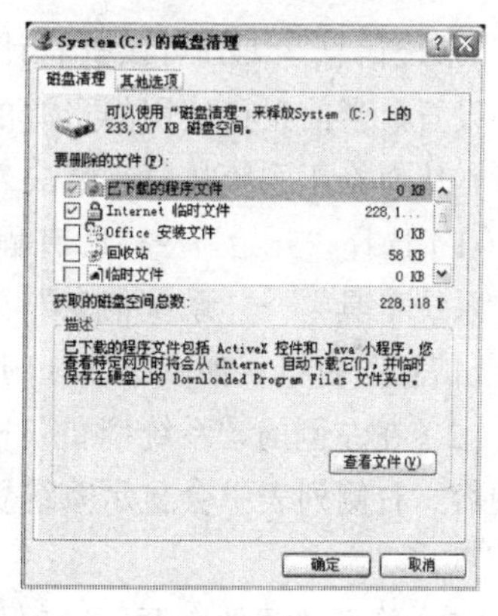

图 2-5-9 “磁盘清理”对话框

4．使用“属性”对话框中的磁盘操作工具

上面提到的磁盘程序都可以在驱动器的“属性”对话框中设置来完成，操作方法如下。

（1）双击“我的电脑”图标，打开“我的电脑”窗口。

（2）右击需要整理的驱动器图标，调出快捷菜单。在其中选择“属性”菜单命令，调出“属性”对话框的“常规”选项卡。图 2-5-10（a）所示为 C 盘的“属性”对话框。

（3）“常规”选项卡中，列出了所选磁盘的容量、使用的空间和剩余空间，用户还可以在此改变驱动器的卷标。单击“磁盘清理”按钮，可以调出“磁盘清理”对话框，对磁盘进行清理操作。

（4）在“属性”对话框中，选中“工具”选项卡，如图 2-5-10（b）所示。

（5）单击“开始检查”按钮，调出“检查磁盘”对话框，对磁盘进行全面的扫描检查。单击“开始整理”按钮，可以调出“磁盘碎片整理程序”窗口，对磁盘进行碎片整理操作。单击“开始备份”按钮，可以调出“备份工具”窗口，对文件进行备份或者还原操作。

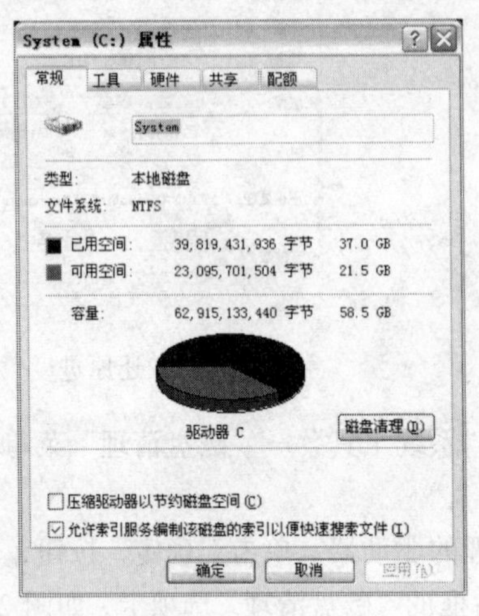

（a）

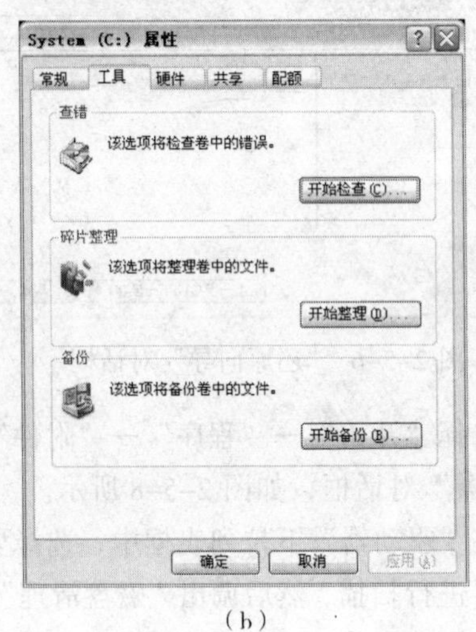

（b）

图 2-5-10　C 盘“属性”对话框

5．系统信息的查看

“系统信息”工具可以查看计算机上软、硬件的状态信息，包括了软、硬件的设置和驱动程序设置、当前正在使用的资源的状态等。有了这些信息，用户就可以清楚、直观地掌握系统故障，从而修正系统故障，解决软、硬件的配置冲突。“系统信息”工具的具体操作步骤如下。

（1）选择“开始”→“所有程序”→“附件”→“系统工具”→“系统信息”菜单命令，调出“系统信息”窗口，如图 2-5-11 所示。

（2）在左侧的“系统摘要”栏中选择要显示的内容，右侧列表中会显示系统资源和设备的摘要信息。

（3）单击“硬件资源”选项的子类别，右侧列表中显示系统硬件资源的信息，包括冲突/共享等信息。

图 2-5-11　“系统信息”窗口

（4）单击“组件”选项的子类别，右侧列表中显示关于系统组件的信息，包括多媒体、调制解调器、网络、有问题的设备等信息。

（5）单击“软件环境”选项的子类别，右侧列表中显示系统软件环境的信息，包括驱动程序、环境变量、网络连接、加载的模块、程序组等信息。

（6）单击菜单栏中的“工具”按钮，调出下拉菜单。在下拉菜单中的工具都是实用工具，如果在浏览系统信息时发现问题，可以启动这些工具程序检查并修复发现的问题。

（7）下拉菜单中的 Dr. Watson 选项，可以捕获应用软件出现的错误，并查出是哪一个软件引起的错误，同时也指出发生错误的原因。这个实用程序还能搜集在应用软件发生错误时系统状态的详细信息，并把这些信息以日志文件的形式保存在磁盘上。这样可通过查看日志文件来确定发生错误的原因。

（8）选择 Dr. Watson 菜单命令，调出 Dr. Watson for Windows 对话框，如图 2-5-12 所示。在“应用程序错误”列表中，会显示出现错误的应用程序。选中其中某个选项，再单击“查看”按钮，调出“日志文件查看器”对话框。该窗口显示了发生程序意外错误的应用程序名称、时间、错误代码等信息。

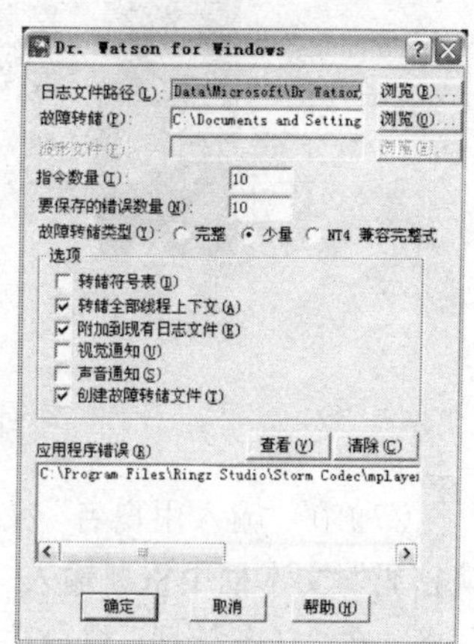

图 2-5-12　Dr. Watson for Windows 对话框

6. 创建任务计划

“任务计划”同样也是 Windows XP 提供的系统工具。这个程序可以安排指定的应用程序在指定的时间进行操作，安排好计划后，Windows 会记录下该计划，并按计划上的时间自动启动应用程序。操作方法如下。

（1）选择“开始”→“所有程序”→“附件”→“系统工具”→“任务计划”菜单命令，调出“任务计划”窗口。双击“添加任务计划”图标，调出“任务计划向导”对话框。

（2）单击“下一步”按钮，调出如图 2-5-13（a）所示的对话框。在列表中选择要使用的程序。如果要使用的应用程序不在列表中，则单击“浏览”按钮，调出“选择程序以进行计划”对话框，选中要使用的程序，单击“打开”按钮，返回“任务计划向导”对话框。

（3）选中要添加到任务计划中的应用程序，例如：选中“Internet Explorer”选项。

（4）单击“下一步”按钮，调出如图 2-5-13（b）所示的对话框。这个对话框是用于指定该计划任务执行的方式和选择该任务每次开始执行的时间和日期。

（5）如选中“每天”单选按钮，则每天运行选中的程序。如选中“每周”单选按钮，则每周运行选中的程序。如选中“一次性”单选按钮，则只运行一次选中的程序。如选中“计算机启动时”单选按钮，则每次计算机启动时都运行选中程序。如选中“登录时”单选按钮，则每次登录时运行选中的程序。

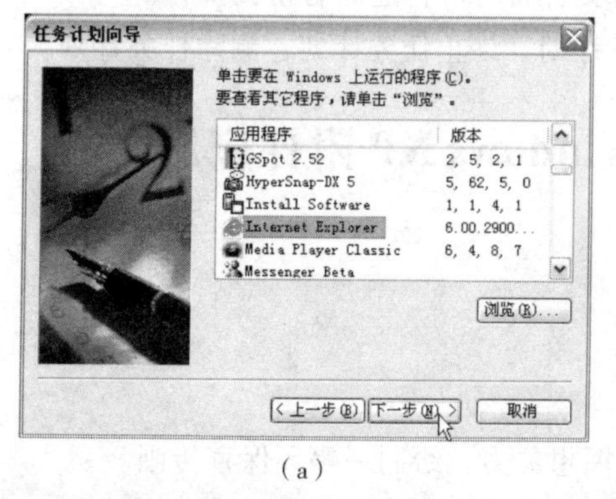

（a）

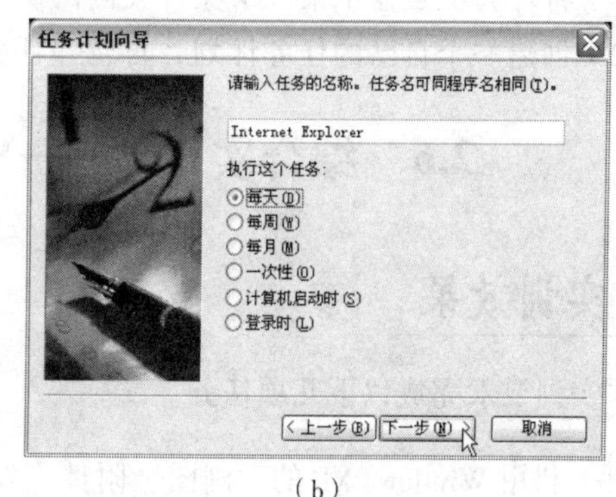

（b）

图 2-5-13　“任务计划向导”对话框之一

（6）选择不同的单选按钮，单击“下一步”按钮，调出不同的对话框。例如：选中“每天”单选项，调出的对话框如图 2-5-14（a）所示。设置好起始时间和日期后，单击“下一步”按钮，调出如图 2-5-14（b）所示的对话框。

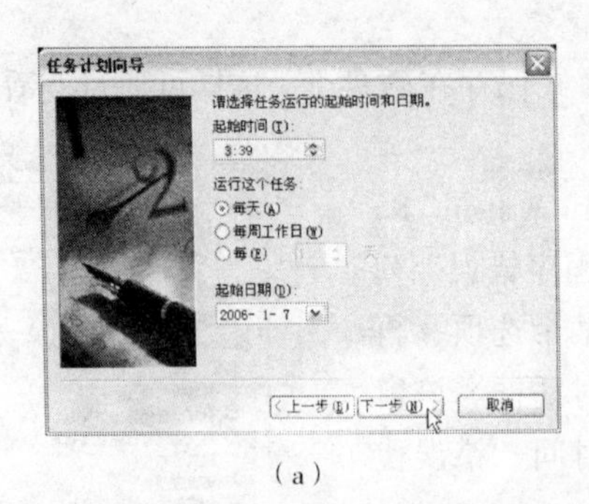

（a）

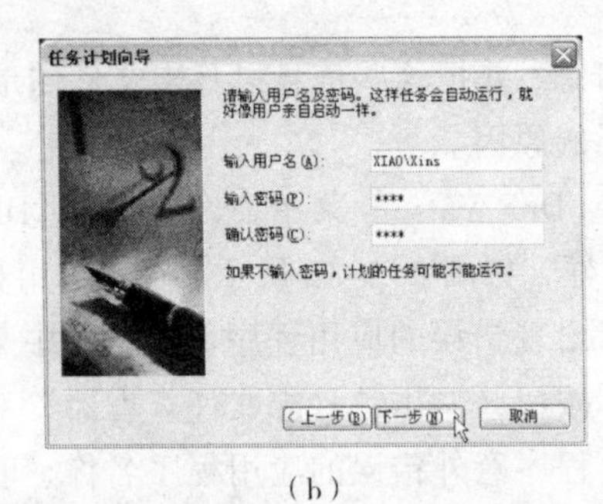

（b）

图 2-5-14 “任务计划向导”对话框之二

（7）在“输入用户名”文本框中输入用户名称。在“输入密码”文本框中输入密码。在“确认密码”文本框中重新输入一遍密码。单击“下一步”按钮，再单击“完成”按钮，添加计划任务。在“任务计划”窗口中出现刚添加的计划任务 Internet Explorer 图标，如图 2-5-15 所示。

7．暂停、删除或终止任务计划

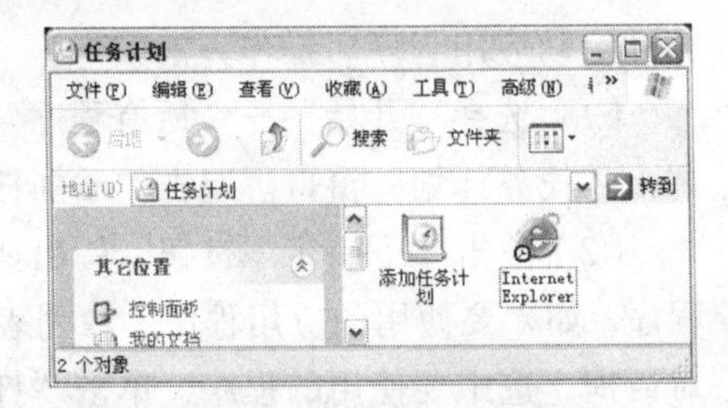

图 2-5-15 任务计划”窗口

（1）暂停任务计划：在“任务计划”窗口中，选定要暂停的计划任务，选择“高级”→“暂停任务计划程序”菜单命令，此时任务计划程序虽然启动但却处于终止运行状态。

（2）删除任务计划：在“任务计划”窗口中，选中要删除的计划任务，选择“文件”→“删除”菜单命令，调出“确认文件删除”对话框，单击“是”按钮，即可将该计划任务删除。

（3）终止任务计划：在“任务计划”窗口中，选定要终止的计划任务，选择“高级”→“停用任务计划程序”菜单命令，即可终止任务计划的执行。

思考练习 2-5

（1）将计算机磁盘中某一个文件夹内的所有文件备份。再还原备份的文件。

（2）创建一个自己的任务计划，再暂停任务计划，终止任务计划，删除任务计划。

2.6 综合实训 2——Windows XP 附件应用

实训效果

本实训要求完成以下几项任务。

（1）利用 Windows XP 的“画图”附件，发挥想象力，绘制一幅环保宣传画。

（2）利用 Windows XP 的“写字板”附件，制作一个宣传环保的图文并茂的文章，要求其中有表格、又插入的图像、有采用微软拼音输入法 2007 手写输入的文字和自造的词。

（3）学期结束，将平时成绩、期中成绩和期末成绩分别填入下面的表格中，计算学期成绩并填入表格中。计算的方法是：学期成绩=平时成绩 × 30%+期中成绩 × 30%+期末成绩 × 40% 。

学　号	姓　名	平时成绩	期中成绩	期末成绩	学期成绩
001	王美琪	89	78	80	
002	付晶莹	98	79	90	
003	张可	65	98	100	
004	施加立	88	86	88	
005	邢志兵	78	89	98	
006	李志勇	89	79	80	
007	付小平	96	80	70	
008	吴辞伊	92	90	69	
009	沈芳林	98	92	99	
010	封金茹	89	90	98	

（4）利用“录音机”附件将制作的宣传环保文章朗诵声音录制成声音文件，并有背景音乐。

（5）利用 Windows XP 附件中辅助工具内的“放大镜”和“屏幕键盘”功能，使计算机具有“放大镜”和“屏幕键盘”功能。

（6）掌握利用微软拼音输入法 2007 的软件盘输入特殊字符的方法。

实训提示

（1）前四项任务在本章均有详细的介绍，在技术方面没有特别的内容，只是要求学生能发挥想象力，使完成的任务更快、更好。

（2）调出“辅助工具”菜单。接着单击该菜单内的“放大镜”菜单命令，调出“放大镜设置”对话框，利用该对话框可以设置“放大镜”功能。

（3）选择“开始”→“程序”→“附件”→“辅助工具”→“屏幕键盘”菜单命令，调出屏幕键盘。

（4）微软拼音输入法 2007 的软键盘有许多类，切换软键盘类别的方法是单击状态条内的“功能菜单”按钮，调出功能菜单，单击“软键盘”菜单内的菜单选项即可切换软键盘类别。

实训测评

能力分类	能　　力	评　分
职业能力	Windows XP 的“计算器”附件的使用方法	
	Windows XP 的“画图”附件的使用方法	
	Windows XP 的“写字板”附件的使用方法	
	微软拼音输入法 2007 的使用方法	
	Windows XP 的“录音机”附件的使用方法	
	Windows XP 附件中的“系统工具”的使用方法	
通用能力	自学能力、总结能力、合作能力、创造能力等	
能力综合评价		

第 3 章　Windows XP 控制面板

本章主要介绍控制面板的使用，它的作用是将分散在系统中各处的功能集中起来，以利于检索。从控制面板出发，用户可以快速、准确地找到所需的工具程序。

3.1　【案例 10】改变 Windows XP 外观

案例描述

改变 Windows XP 外观包括改变主题、桌面背景、屏幕分辨率、对话框外观，以及屏幕保护设置。新的主题和桌面效果如图 3-1-1 所示。利用“显示 属性”对话框可以方便地设置计算机的显示风格、桌面背景、屏幕保护程序等系统外观属性。通过本案例的学习，可以掌握“显示 属性”对话框的使用方法，以及改变“开始”菜单外观、日期、时间、语言等的方法。

图 3-1-1　改变 Windows XP 外观

设计过程

1. 改变主题和外观

（1）选择“开始”→“控制面板”菜单命令，调出“控制面板”窗口，如图 3-1-2 所示。单击“显示”图标，调出“显示 属性”对话框。右击桌面，调出它的快捷菜单，选择该菜单内的“属性”菜单命令，也可以调出“显示 属性”对话框。

图 3-1-2 “控制面板”窗口

（2）单击“主题”标签，切换到“主题”选项卡。在“主题”下拉列表框中选中“Windows 经典”选项，使系统外观还原到 Windows XP 之前版本的设置。在“示例”栏中可预览新主题的效果，如图 3-1-3 所示

（3）单击“外观”标签，切换到“外观”选项卡。在“色彩方案”下拉列表框中，选中“银色”选项，如图 3-1-4 所示。

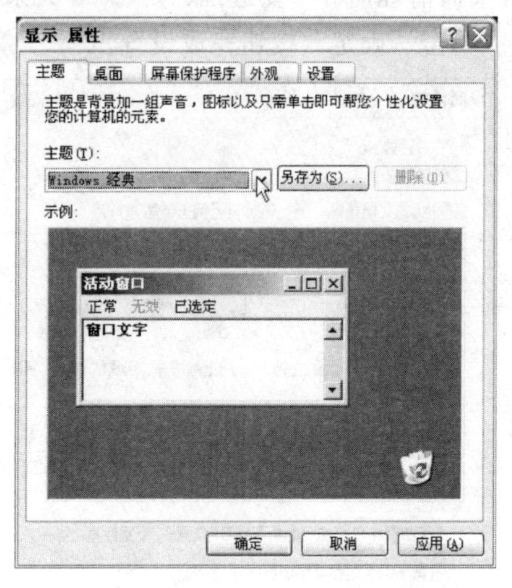

图 3-1-3 “显示 属性”（主题）对话框

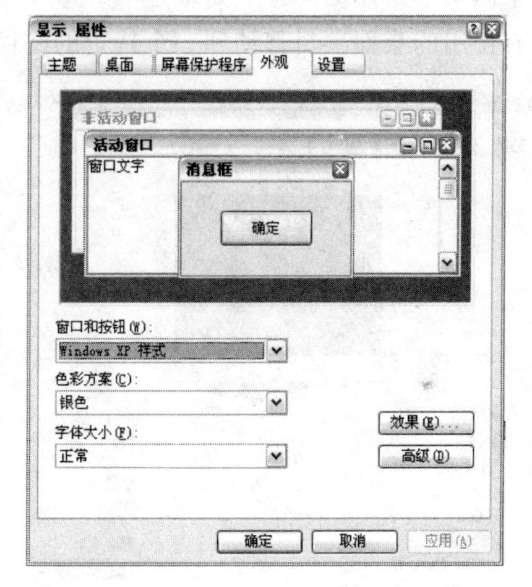

图 3-1-4 “显示 属性”（外观）对话框

（4）在“外观”选项卡中，单击“效果”按钮，可以调出“效果”对话框，如图 3-1-5 所示。利用该对话框可以给窗口、屏幕字体等项目设置特殊显示效果。任何设置都不会改变项目的功能，只是给用户一个更好的视觉效果。单击“确定”按钮完成设置。

2. 更改桌面背景

（1）单击“显示 属性”对话框的“桌面”标签，调出“桌面”选项卡，如图 3-1-6 所示。

（2）在“背景”列表中选中“Bliss”选项作为桌面的新背景。在“位置”下拉列表框中选中“居中”选项，表示图片位于桌面的中间位置。在“颜色”下拉列表框中选择桌面的颜色为灰色背景。通过对话框内显示屏的图示，可以很直观地查看设置的效果。用户也可以使用自己的图片文件作为桌面的背景。单击“浏览”按钮，调出“浏览”对话框，选择所需的图片文件即可。

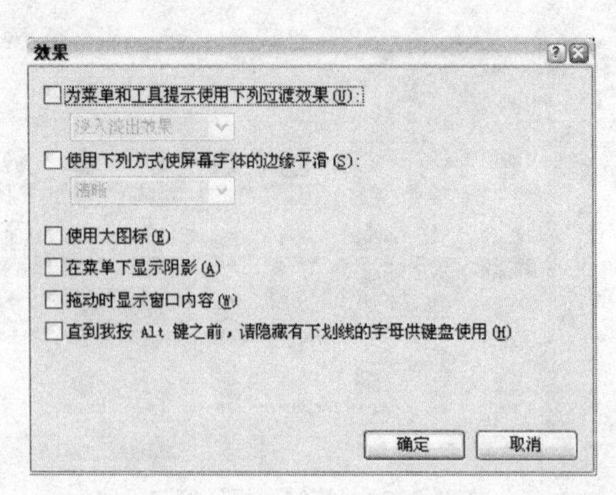

图 3-1-5 “效果”对话框

（3）单击“自定义桌面”按钮，调出“桌面项目”对话框的“常规”选项卡，如图 3-1-7 所示。在“桌面图标”栏中，选择是否在桌面上显示 Windows 最基本的 4 个图标。在列表中，选中一个图标，单击“更改图标”按钮，可以给该图标设置新的图案。

（4）单击“现在清理桌面”按钮，调出“清理桌面想到”对话框，利用该对话框可以清理目前桌面中不常用的图标。如果选中“每 60 天运行桌面清理向导”复选框，则每 60 天系统会将没有使用的桌面项目移动到一个特定的文件夹中。单击“确定”按钮完成设置。

图 3-1-6 “显示 属性”（桌面）对话框

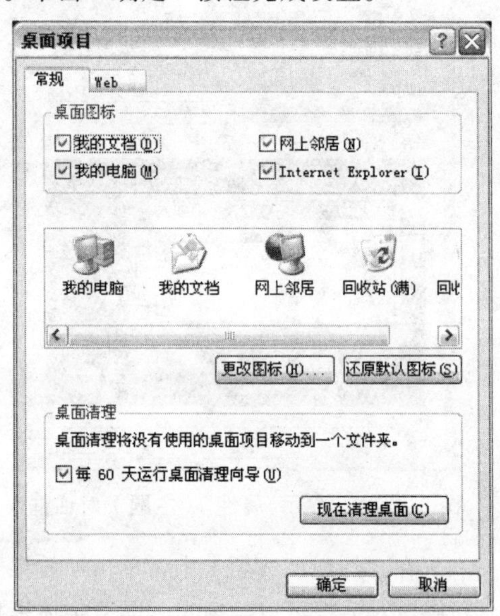

图 3-1-7 “桌面项目”（常规）对话框

3．设置屏幕保护

屏幕保护程序是指在一段指定的时间内用户没有使用鼠标或键盘时，在屏幕上出现的移动的图片或者动画。

（1）单击“显示 属性”对话框内的“屏幕保护程序”标签，切换到“屏幕保护程序”选项卡。在“屏幕保护程序”栏的下拉列表框中选中“三维花盒”选项作为屏幕保护程序。

（2）单击“设置”按钮，可以调出“三维花盒设置”对话框，设置与选中的屏幕保护程序相关的属性。单击“预览”按钮，可以观看所选屏幕保护程序的效果。在“等待”数字框中，输入启动屏幕保护程序的等待时间。选中“在恢复时使用密码保护”复选框，则当屏幕保护程序开始运行后，必须先输入密码才能恢复使用计算机。设置如图 3-1-8 所示。

（3）单击“电源”按钮，调出“电源选项 属性”对话框的“电源使用方案”选项卡，如图 3-1-9 所示。在“电源使用方案”下拉列表框中，选择相应的方案，一般选择“家用/办公桌”选项。

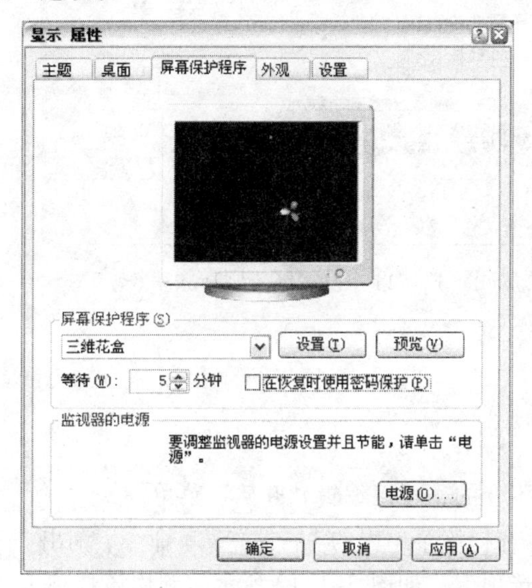

图 3-1-8　“显示 属性”（屏幕保护程序）对话框

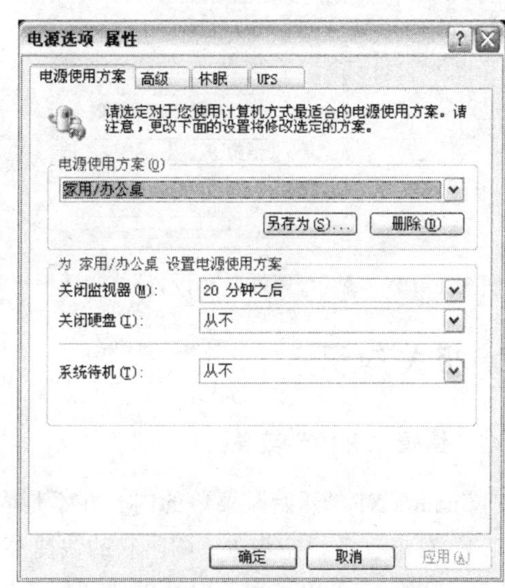

图 3-1-9　“电源选项 属性”对话框

（4）在“关闭监视器”下拉列表框中，选择在多长时间内用户没有使用鼠标或者键盘时，自动关闭监视器。在“关闭硬盘”下拉列表框中，选择在多长时间内用户没有使用鼠标或者键盘时，自动关闭硬盘。

（5）在“系统待机”下拉列表框中，选择在多长时间内用户没有使用鼠标或者键盘时，系统进入待机状态，减少电源消耗。

（6）单击“高级”标签，切换到“高级”选项卡，可以进行节能设置；单击“休眠”标签，切换到“休眠”选项卡，可以确定是否启动休眠；单击“UPS”标签，切换到“UPS”选项卡，在安装了 UPS 电源的情况下可以设置 UPS 电源。单击“确定”按钮完成设置。

4. 更改屏幕分辨率

（1）单击“设置”标签，调出“设置”选项卡，如图 3-1-10 所示。

（2）在“屏幕分辨率”栏中，拖动滑块，设置屏幕的分辨率。一般来说，15 寸的显示器使用 800×600 像素；使用 17 寸的显示器 1 024×768 像素；使用 19 寸的显示器使用 1 280×1 024 像素，使用 23 寸的宽屏 LCD 显示器使用 1 920×1 080 像素。

（3）在“颜色质量”栏中，选中“最高（32 位）”选项作为颜色质量。

（4）单击“高级”按钮，调出一个对话框，用来设置所显示器的属性。选中“监视器”选项卡，在“屏幕刷新频率”下拉列表框中，选择该显示器所能达到的最高频率，如图 3-1-11 所示。单击“确定”按钮完成设置。

图 3-1-10 “显示 属性”（“设置”）对话框

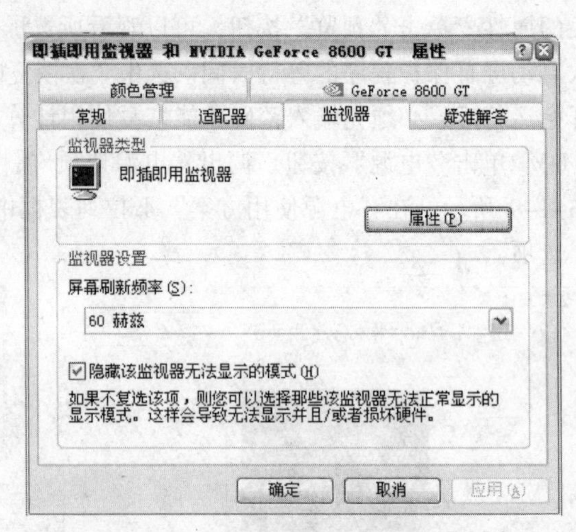

图 3-1-11 设置屏幕刷新频率

相关知识

1. 编辑“开始”菜单

Windows XP“开始”菜单的内容并不是固定不变的，可以编辑“开始”菜单。

（1）右击任务栏空白处，调出它的快捷菜单，选择该菜单内的“属性”菜单命令，调出“任务栏和「开始」菜单属性”对话框的“任务栏”选项卡，如图 3-1-12 所示。利用该选项卡，可以设置任务栏的一些属性。

（2）单击“「开始」菜单”标签，切换到“「开始」菜单”选项卡，如图 3-1-13 所示。选中“「开始」菜单”单选按钮，单击“自定义”按钮，调出“自定义「开始」菜单”对话框，选中“常规”选项卡，如图 3-1-14（a）所示。

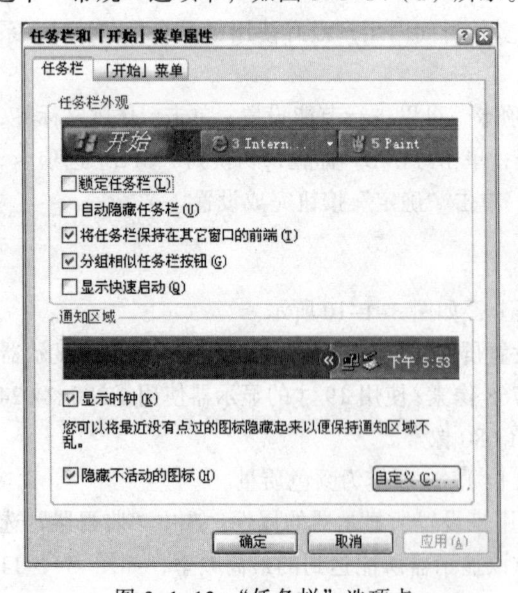

图 3-1-12 “任务栏”选项卡

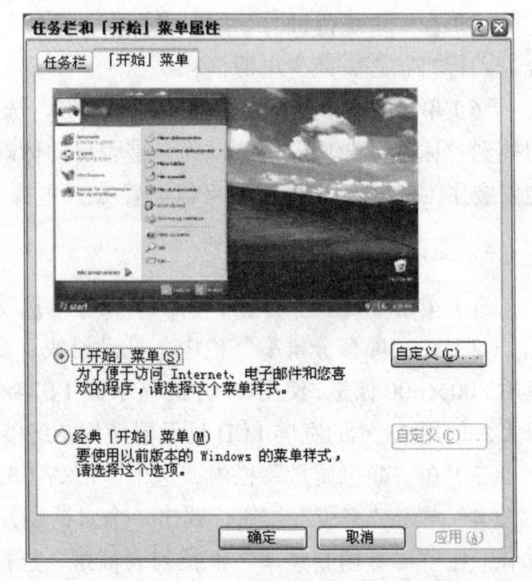

图 3-1-13 “「开始」菜单”选项卡

（3）在“为程序选择一个图标大小”栏中选择使用大图标还是小图标。在“程序”栏中设定“开始”菜单中所含的程序数目。在“在「开始」菜单上显示”栏中选择显示一种浏览器和一种电子邮件。单击“高级”标签，“切换到高级”选项卡，如图 3-1-14（b）所示。

（4）在“「开始」菜单项目”列表中，选择需要在“开始”菜单中显示的项目，以及显示的形式。在“最近使用的文档”栏中，设置是否显示用户最近使用的文档。

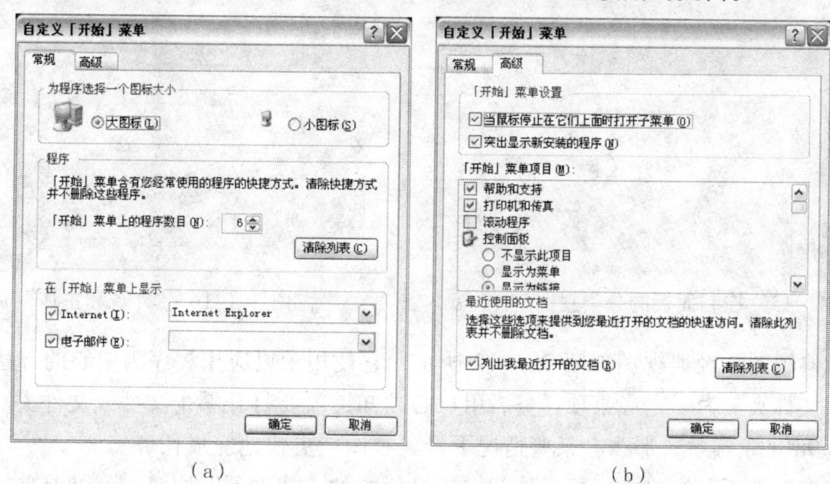

（a）　　　　　　　　　　（b）

图 3-1-14　“自定义「开始」菜单”对话框

（5）完成设置后，单击“确定”按钮。

2. 控制面板

从控制面板出发，用户可以快速、准确地找到所需的工具程序。这样可将 Windows XP 中可能尚不为人知的功能显示出来，从而提高效率。例如：用户可以直接从控制面板中进行备份操作，而不用搜索整个系统。管理员可以通过用户策略来维护对用户桌面外观的控制。例如，管理员可以设置策略来确保在所有桌面上都显示经典的控制面板，还可以通过设置策略禁用计算机设置来隐藏某些任务。

此外，在 Windows XP 控制面板布局中集成了帮助。帮助内容与用户正在查看的任务页面直接相关。用户不必去其他位置了解关于设置或排除故障的详细信息。在该用户界面和下一级帮助主题中，都提供了词汇表定义。

Windows XP 中的控制面板一共有两种视图：分类视图和经典视图。单击控制面板窗口左上方的“切换到经典视图”和“切换到分类视图”链接，可以在两种视图之间切换。

（1）分类视图：分类视图如图 3-1-15 所示，它使用了以任务为中心的方法，显示了 10 个顶级类别供用户选择，将鼠标指针移到任务名称文字之上，会显示该任务作用的提示信息。单击任务图标或链接文字，可以显示下一级别的页面，该页面含有多个任务链接文字，可以使用户能更容易地查找相关的任务，带领用户去完成相应的任务。单击窗口内左边的“其他控制面板选项”链接文字，会显示其他控制面板选项。

例如，单击“外观和主体”图标，显示下一级别的页面，即“外观和主体”页面，如图 3-1-16 所示。在该页面内，可以选择一个有关“外观和主体”的任务或一个控制面板的其他相关任务。

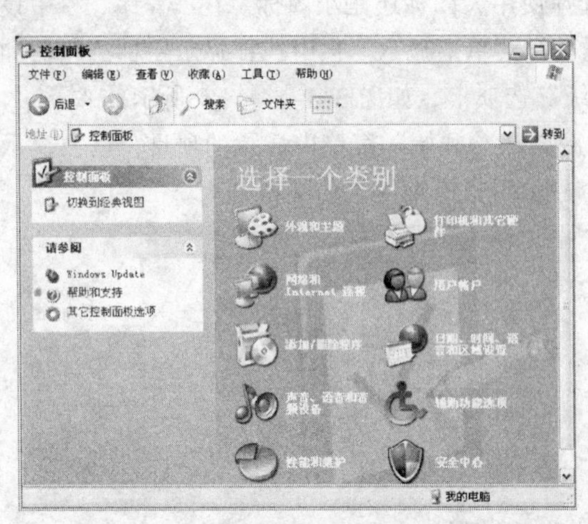

图 3-1-15　控制面板的分类视图

图 3-1-16　“外观和主体”页面

（2）经典视图：经典视图如图 3-1-12 所示，它使用了以应用程序为中心的方法，显示一系列文件和文件夹。为了完成某项任务，用户必须知道需要打开哪个文件或文件夹。如果用户对 Windows 98 比较熟悉，那么在某些情况下经典视图能更快地完成任务。

单击“控制面板”窗口内“标准按钮”工具栏内的“前进到”按钮，可以前进到下一级页面；单击“返回到”按钮，可以返回到上一级页面。

3. 改变日期和时间

在 Windows XP 的分类视图控制面板中，将系统的日期、时间、语言和区域设置合并到“日期、时间、语言和区域设置”任务中。在分类视图控制面板中，单击“日期、时间、语言和区域设置”图标，调出“日期、时间、语言和区域设置”页面窗口，如图 3-1-17 所示。下面将介绍该页面窗口中的相关任务。

（1）单击“更改日期和时间”链接，调出“日期和时间 属性”对话框的“日期和时间”选项卡，如图 3-1-18 所示。在“日期和时间”选项卡内的“日期”栏中，显示系统当前的日期，可以修改。在“时间”栏中，显示系统当前的时间，也可以进行修改。

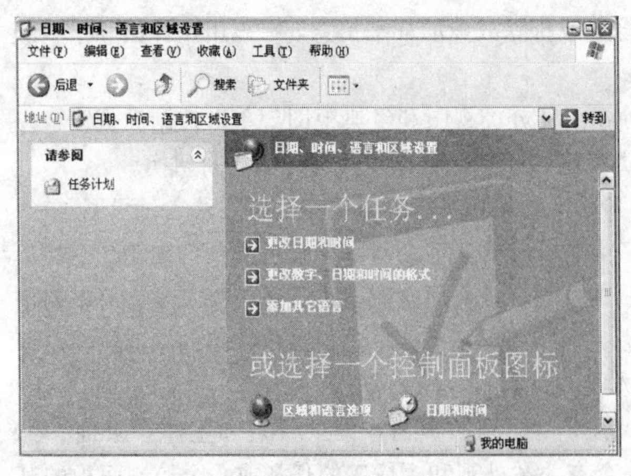

图 3-1-17　日期、时间、语言和区域设置

图 3-1-18　“日期和时间 属性”对话框

（2）选中“时区”选项卡，如图 3-1-19 所示。在其下拉列表中，选择用户所在地区的时区。如果该地区使用夏时制，则对话框底部会显示“根据夏时制自动调节时钟”复选框。选中该复选框，系统会在夏时制开始和结束时，自动调节时间。

（3）选中“Internet 时间”选项卡，如图 3-1-20 所示。在“服务器”下拉列表框中，选择提供校正时间的服务器。单击“立即更新”按钮，系统会与所选中的服务器连接，同步时间。当然计算机必须先与 Internet 连接，才能使用此项功能。完成设置后，单击“确定”按钮。

图 3-1-19 “时区”选项卡

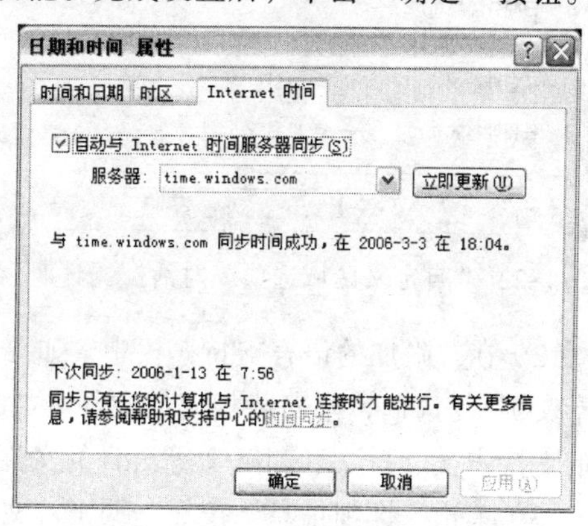

图 3-1-20 “Internet 时间”选项卡

4．改变数字、日期和时间的格式

（1）单击“日期、时间、语言和区域设置”窗口中的“更改数字、日期和时间的格式”图标，调出“区域和语言选项”对话框的“区域选项”选项卡，如图 3-1-21 所示。

（2）在下拉列表框中选择一种格式风格。在“示例”列表中会显示其数字、货币、时间、短日期和长日期的具体格式形式。在“位置”栏中的下拉列表框中选择所在的国家，为了便于提供当地信息，例如：新闻和天气等。

（3）单击“自定义”按钮，调出“自定义区域选项”对话框，利用该对话框可以设置数字、日期和时间的显示格式。选中“日期”选项卡，如图 3-1-22 所示，利用它可以设置日期格式。选中“数字”、“货币”、“时间”和“排序”选项卡，可以进行相应的设置。

（4）完成设置后，单击“确定”按钮。

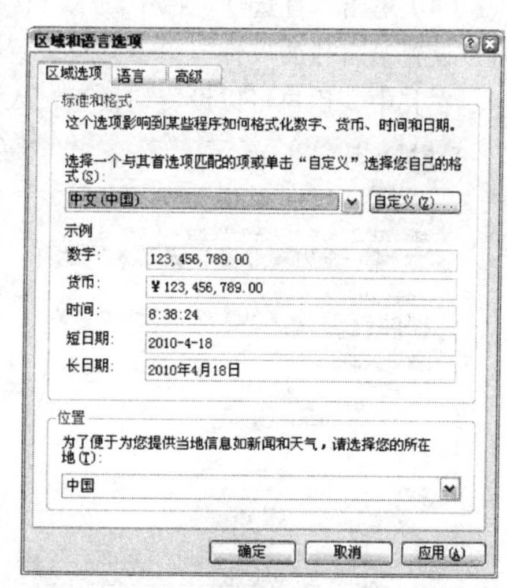

图 3-1-21 “区域和语言选项”对话框

5．添加其他语言

（1）单击“日期、时间、语言和区域设置”窗口中的“添加其他语言”链接或单击“区域和语言选项”对话框的“语言”标签，调出“区域和语言选项”对话框的“语言”选项卡，如图 3-1-23 所示。

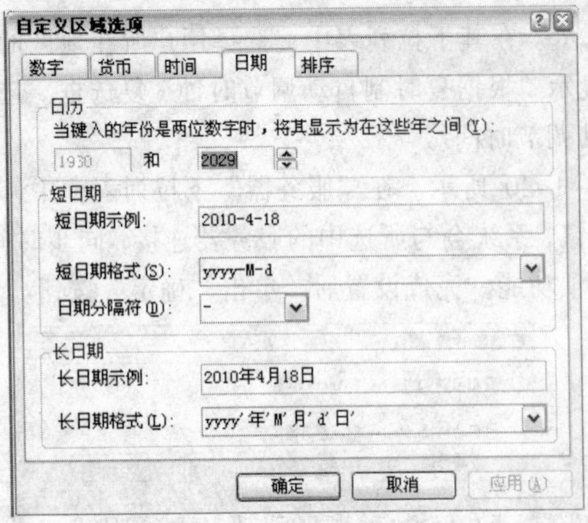

图 3-1-22 “自定义区域选项”对话框“日期”选项卡

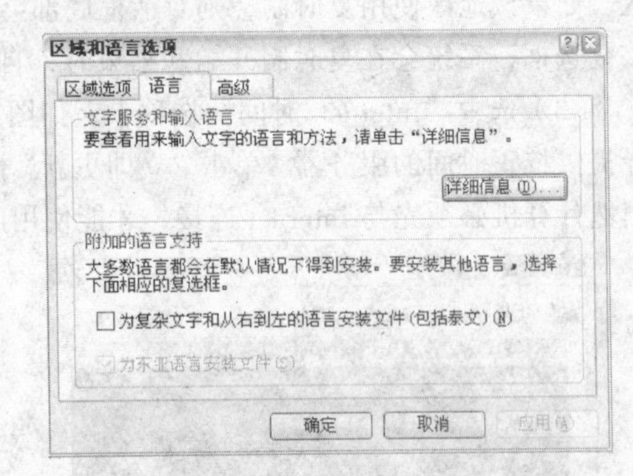

图 3-1-23 “区域和语言选项”对话框

（2）在“附加的语言支持”栏中，如果选中“为复杂文字和从右到左的语言安装文件（包括泰文）”复选框，则安装相应的文件。如果选中“为东亚语言安装文件”复选框，则安装相应的支持中文、日文和朝鲜文等语言的文件。

（3）单击“详细信息”按钮，调出“文字服务和输入语言”对话框的“设置”选项卡，如图 3-1-24 所示。在“默认输入语言”栏中，选择计算机启动时要使用的一个已安装的输入语言。在“已安装的服务”栏的列表中，显示已安装的输入法。单击“添加”按钮，调出“添加输入语言”对话框。在其中，用户可以选择要添加的输入语言和相应的输入法。

（4）单击“首选项”栏中的“语言栏”按钮，调出“语言栏设置”对话框。在其中，用户可以设置语言栏的属性；单击“键设置”按钮，调出“高级键设置”对话框，如图 3-1-25 所示。在其中，用户可以设置切换至输入法的快捷键。完成设置后，单击“确定”按钮。

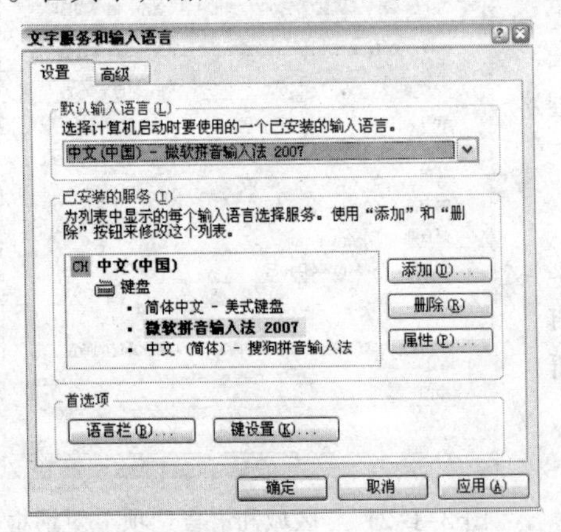

图 3-1-24 “文字服务和输入语言”对话框

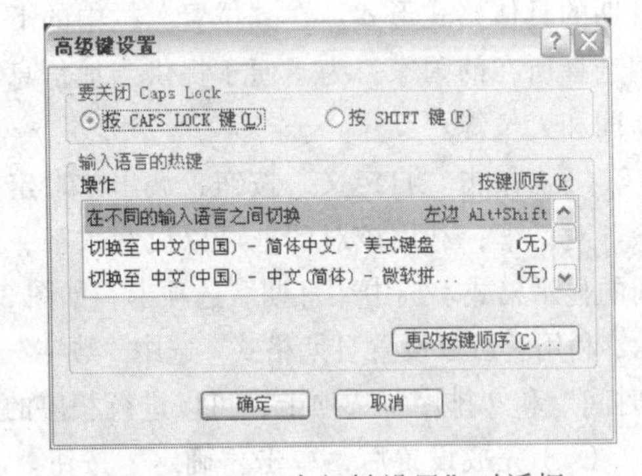

图 3-1-25 “高级键设置”对话框

思考练习 3-1

（1）参考【案例 10】所述方法，改变计算机的桌面背景、屏幕分辨率、颜色质量、对话框外观，不进行任何操作 5 分钟后进入屏幕保护状态。

（2）参考【案例 10】所述方法，设置计算机在不进行任何操作 10 分钟后进入休眠状态。

3.2 【案例 11】创建一个新账户

案例描述

在 Windows XP 中，创建一个名字为“崔玥”的“受限”账户，更改原账户的名字为 “沈芳林”，创建密码为“shendalin”。在“崔玥”账户下，用户能使用计算机更换自己的主题、桌面设置和更改账户，查看自己创建的文件等，但不能安装或卸载程序、更改系统、更改他人用户账户的设置。从而保存各自的不同的桌面和开始菜单的设置，这样多个用户可以使用同一台计算机上的 Windows XP，而且互相之间没有影响。通过本案例的学习，可以掌握创建、更改和删除计算机用户账户的方法。

设计过程

1. 新建账户

（1）调出“控制面板”窗口，进入分类视图状态。单击“用户账户”链接文字，调出“用户账户”窗口，如图 3-2-1 所示。

（2）单击“创建一个新账户”链接文字，调出“用户账户”页面窗口，如图 3-2-2 所示。在“为新账户键入一个名称”文本框中，输入“崔玥”。

（3）单击“下一步”按钮，调出如图 3-2-3 所示的对话框，用来设置账户的类型。如果选中“计算机管理员”单选按钮，则用户对该计算机具有完全的设置和管理权力，例如：安装程序和硬件、进行系统范围的更改等。如果选中“受限”单选按钮，则用户只能使用计算机更换自己的主题、桌面设置和更改自己的账户，查看自己创建的文件等，而不能安装或卸载应用程序、更改系统、更改他人用户账户的设置。

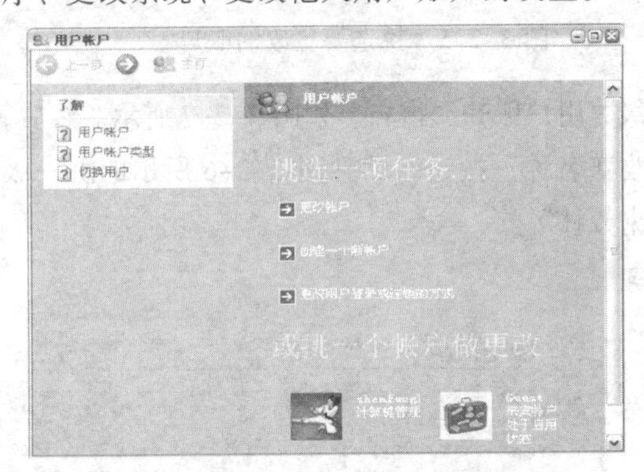

图 3-2-1 “用户账户”窗口

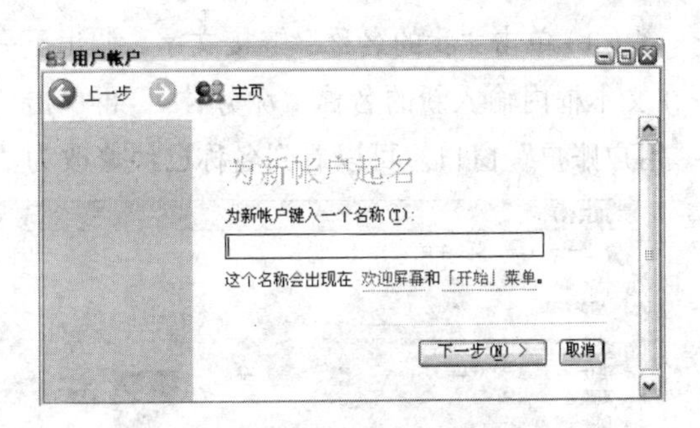

图 3-2-2 输入账户名称

（4）单击选中“受限”单选按钮。单击“创建账户”按钮，创建账户。新的账户会在“用户账户”窗口中显示。

2. 更改账户

（1）调出“控制面板”窗口，进入分类视图状态。单击“用户账户”链接文字，调出“用户账户”页面窗口，如图 3-2-4 所示。

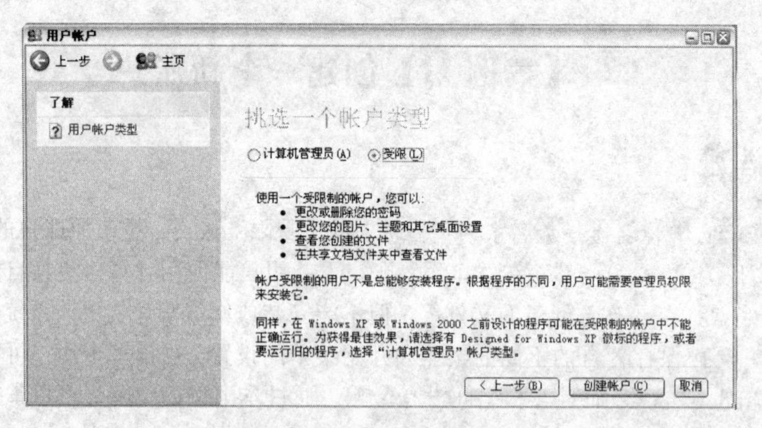

图 3-2-3　选择账户类型

（2）在“用户账户”页面窗口中，单击“更改账户”链接。再调出下一级“用户账户”页面窗口，如图 3-2-5 所示。单击要更改的用户账户图标，此处单击“shenfanglin”图标，调出如图 3-2-6 所示的“用户账户”页面窗口。用户可以选择要更改的内容。

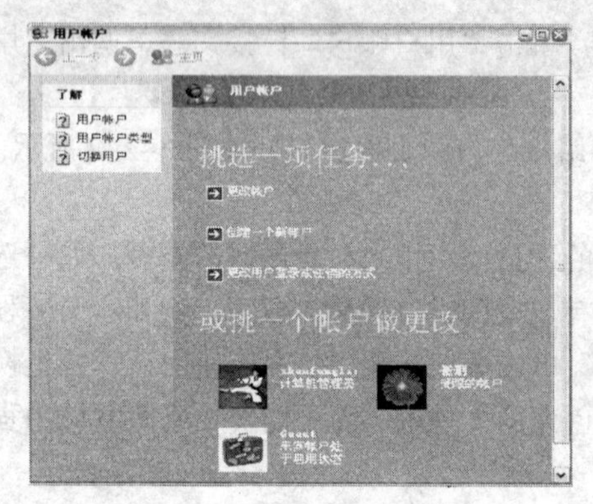

图 3-2-4　“用户账户”窗口

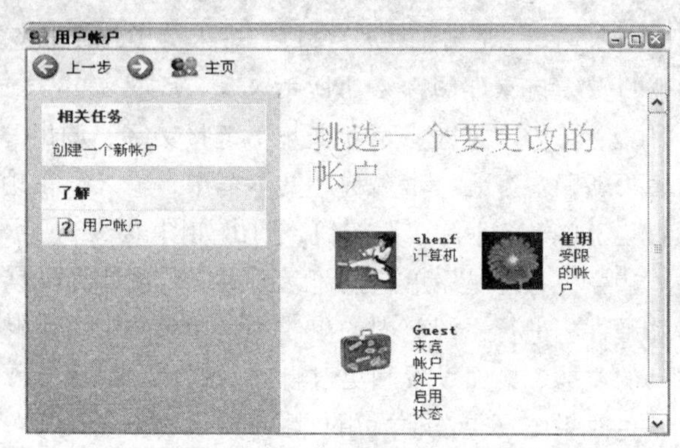

图 3-2-5　挑选要更改的账户

（3）单击“我的名称”链接文字，调出下一级“用户账户”窗口，如图 3-2-7 所示。然后，在文本框内输入新的名称“沈芳林”，再单击“改变名称”按钮，回到图 3-2-6 所示的上一级“用户账户”窗口。可以看到名称已经修改为“沈芳林”。

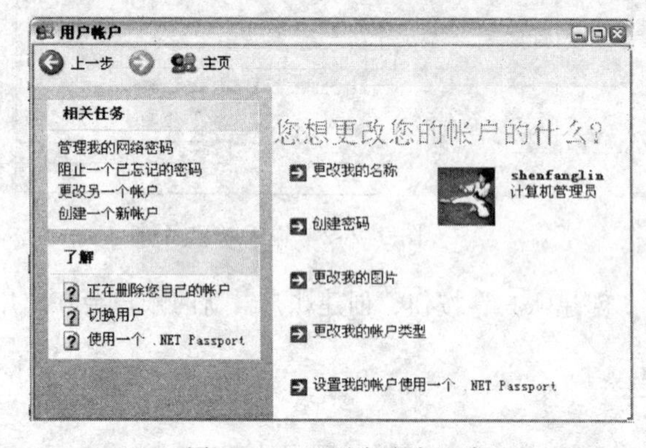

图 3-2-6　“用户账户”窗口

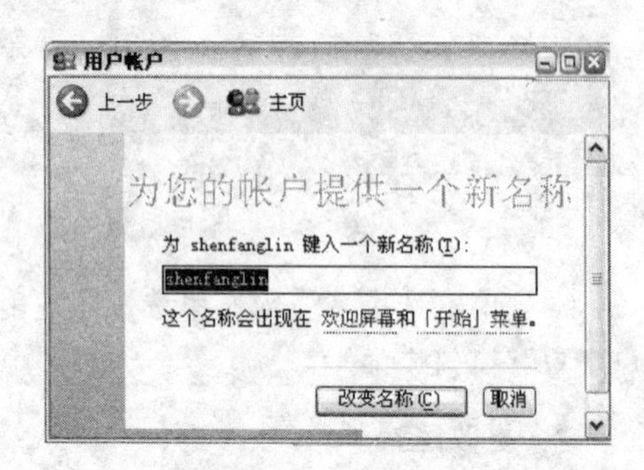

图 3-2-7　修改名称

（4）单击“创建密码”链接文字，调出下一级“用户账户”窗口，按照要求在文本框中输入账户密码和密码提示信息，如图 3-2-8 所示。单击“创建密码”按钮，设置密码，返回图 3-2-6 所示的上一级“用户账户”窗口。

（5）如果单击“更改图片”链接文字，调出下一级“用户账户”窗口，如图 3-2-9 所示的对话框。单击选中列表框内的图片；或者单击“浏览图片”链接，调出“打开”对话框，选择自己所喜欢的图片作为账户图像。单击“更改图片”按钮，更改账户图像，返回图 3-2-6 所示的上一级“用户账户”窗口。

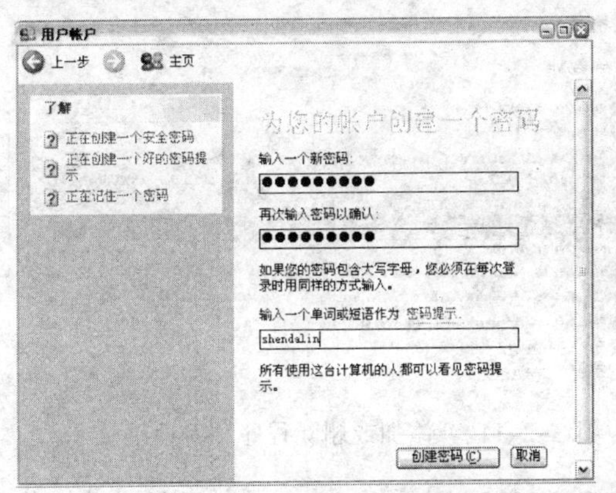

图 3-2-8　更改账户密码

图 3-2-9　更改账户图像

（6）如果要更改账户类型，可以单击“更改我的账户类型”链接文字，调出下一级“用户账户”窗口，如图 3-2-3 所示。只有新建的账户才可以更改账户类型。

相关知识

1. 删除账户

（1）在图 3-2-5 所示的“用户账户”窗口中，单击选中要删除的账号（例如，“崔玥”账号），调出下一级“用户账户”窗口，类似如图 3-2-6 所示。

（2）单击“删除账户”链接文字，调出如图 3-2-10 所示的“用户账户”窗口。如果单击“保留文件”按钮，则在删除此账户之前，Windows XP 会在桌面上自动创建一个以账户名称命名的文件夹，来保存此账户的桌面和“我的文档”文件夹中的内容。但是不保存此账户的电子邮件、Internet 收藏夹和其他设置。如果单击“删除文件”按钮，则删除此账户下的所有文件，然后删除此账户。

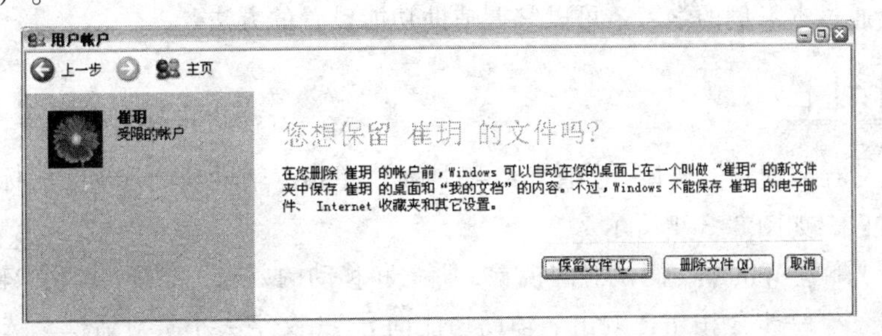

图 3-2-10　删除账户

2．卸载软件

目前，外部软件基本都有相应的安装程序和卸载程序。双击要安装软件的安装程序图标，即可开始安装，按照相应的提示进行操作，即可完成软件的安装。

利用控制面板来卸载软件，以卸载卸载程序 Office 2003 办公软件为例介绍。

（1）选择“开始”→“控制面板”菜单命令，打开“控制面板”窗口，如图 3-1-2 所示。双击“添加/删除程序”图标，调出“添加或删除程序”窗口，如图 3-2-11 所示。可以对系统内的程序以及 Windows 组件进行添加、更改和删除。

（2）在“更改或删除程序”窗口内，选中要删除的 Office 软件选项，单击右边的“删除”按钮，调出“添加或删除程序” 提示框，提示是否确认删除 Office 2003 软件。单击“是”按钮，确认删除该软件，进入“卸载 Office 2003”窗口。

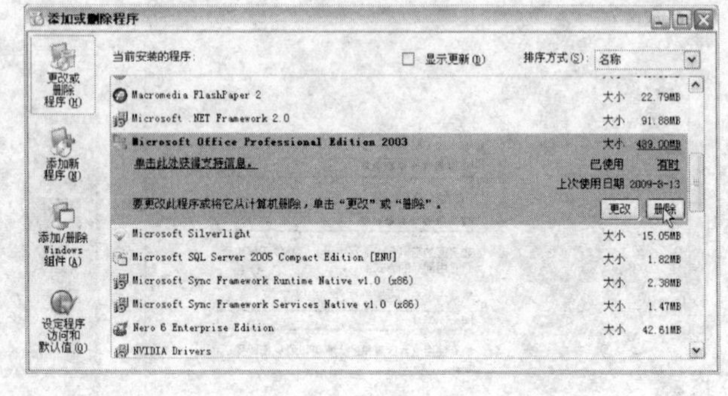

图 3-2-11 “添加或删除程序”对话框

（3）系统会自动查找 Office 2003 所安装的所有内容并删除，直到弹出“成功卸载 Office 2003”对话框，表示软件已经成功卸载。

思考练习 3-2

（1）在计算机内创建 2 个新账户，一个是“受限”账户，名称为“第 1 个”；一个是“计算机管理员”账户，名称为“第 2 个”。密码和图像自己确定。

（2）将创建的 2 个新账户更名，再将“第 2 个”账户的账户类型改为“受限”账户。然后，更改“第 2 个”账户的账户密码，删除“第 1 个”账户。

3.3 【案例 12】帮助有视力障碍的用户

案例描述

使用 Windows XP 的辅助功能，为有视力障碍的用户设置 Windows XP 的视觉辅助效果。带有辅助功能的计算机和软件程序，能帮助不同程度残疾的用户在工作、学习和娱乐中成功地使用这些功能。通过本案例的学习，可以掌握辅助功能设置的方法。

设计过程

（1）调出“控制面板”窗口，如图 3-1-2 所示。单击“辅助功能选项”图标，调出“辅助功能选项”窗口，如图 3-3-1 所示。

（2）单击“配置 Windows 满足您的视觉，听觉和移动的要求”链接，调出“辅助功能向导”对话框。单击“下一步”按钮，调出“辅助功能向导”（文字大小）对话框。选中“使用大的窗口标题和菜单”选项，单击“下一步”按钮。Windows XP 会自动调大所有窗口标题和菜单中的文字。并调出“辅助功能向导”（显示设置）对话框。

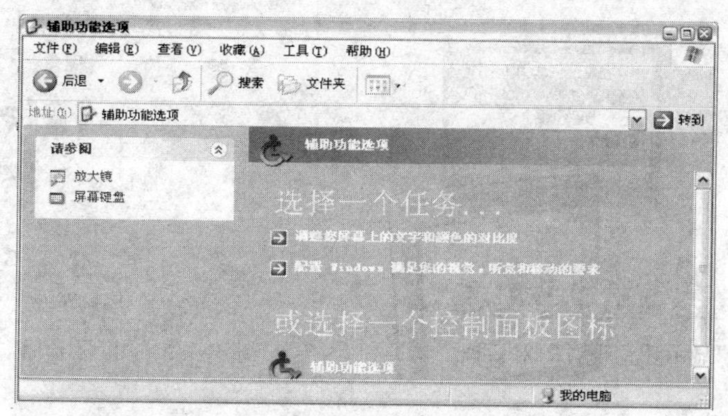

图 3-3-1　调大的图标和标题栏文字

（3）选中“更改字体大小”复选框。单击“下一步”按钮，调出下一个“设置向导选项”对话框。

（4）选中“我是有视力障碍的人”复选框，单击“下一步”按钮，调出如图 3-3-2 所示的“设置向导选项”对话框，可以进行滚动条和窗口边框大小的调整。

（5）选中最右边的选项作为滚动条和窗口边框的大小。单击“下一步”按钮，调出下一个“辅助功能向导”对话框，如图 3-3-3 所示，可以进行图标大小的调整。

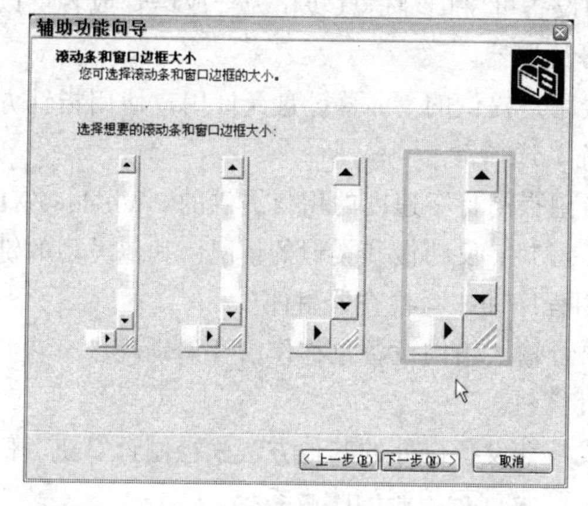

图 3-3-2　“滚动条和窗口边框大小”调整

图 3-3-3　“设置向导选项”（图标大小）对话框

（6）选中中间的“大”图标作为桌面图标的大小。单击“下一步”按钮，调出下一个“辅助功能向导”对话框，如图 3-3-4 所示，可以进行配色方案的调整。

（7）在“配色方案”列表框中，选择显示颜色的搭配方案。单击“下一步”按钮，调出下一个“辅助功能向导”对话框，如图 3-3-5 所示，可以进行鼠标指针的调整。

（8）选中“黑色”、“大”作为鼠标指针的颜色和大小。单击“下一步”按钮，调出下一个“辅助功能向导”对话框，可以进行光标的闪烁速度和显示宽度的调整。

（9）设置光标的闪烁速度和显示宽度，单击“下一步”按钮，调出下一个“辅助功能向导”对话框。再单击“完成”按钮，设置完毕。

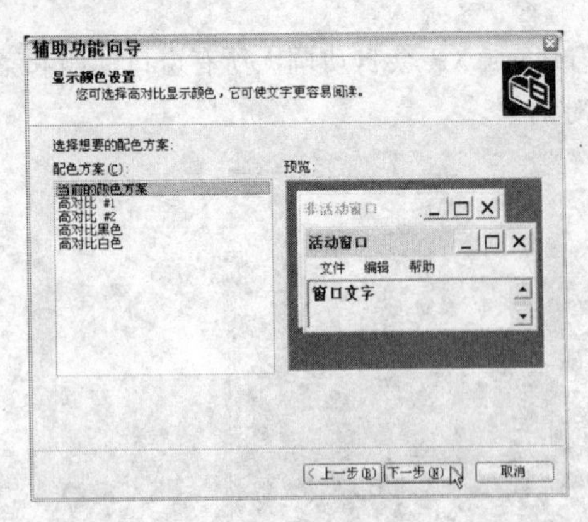

图 3-3-4 “显示颜色设置”对话框

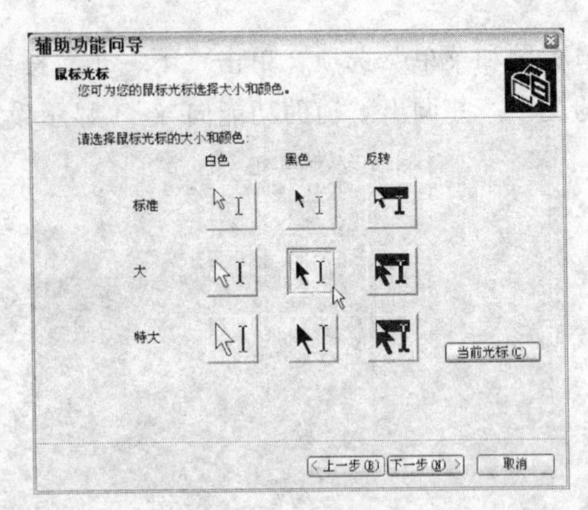

图 3-3-5 “鼠标光标”对话框

相关知识

1. 计算机辅助设备

辅助设备也称作辅助技术，将其添加到计算机中可便于用户使用计算机。一些常见的辅助设备介绍如下。

（1）屏幕放大器：可以帮助视力不好的用户建立屏幕放大镜。使用屏幕放大器的用户可以控制要放大计算机屏幕的哪些区域，也可移动焦点来查看屏幕的不同区域。

（2）屏幕说明器：是为盲人提供的。这些辅助设备可将屏幕信息转化为合成语音或者可以刷新的盲文显示，也称作盲人访问实用程序或屏幕读取器。

（3）屏幕键盘：是为无法使用标准键盘的肢残用户提供的。屏幕键盘允许用户使用指针方法（例如：指针设备、开关或莫尔斯电码输入系统）选择键。

（4）键盘增强实用程序：是为打字有困难或希望提高打字速度的用户提供的。Windows XP 中内置的筛选器可以在某种程度上补偿异常移动、颤抖、反映慢和类似的情况。其他类型的键盘筛选器包括键入辅助设备，例如：单词预测实用程序和拼写检查器附件。

（5）语音输入辅助设备：帮助行动不便者。语音输入辅助设备也称作语音识别程序，它们可使用户利用语言（而不是鼠标或键盘）来控制计算机。

（6）替换输入设备：允许用户通过标准键盘或指针设备以外的其他方法来控制计算机。例如：更小的或更大的键盘、目视指针设备以及利用呼吸进行控制的吹吸系统。

2. 粘滞键

对于许多 Windows XP 的用户来说，粘滞键还是一个比较陌生的功能，因为它是 Windows 操作系统为行动不便者所设置的一项辅助功能。不过，对于普通人来说，如果能够熟练的使用粘滞键的话，同样会带来极大的便利。

（1）在“辅助功能选项”窗口中，单击“辅助功能选项”链接字，调出“辅助功能选项”对话框。

（2）选中“键盘”选项卡，选中其中的“使用粘滞键”复选框，单击“确定”按钮，即可启动粘滞键功能。连续按五次【Shift】键，也可以启动粘滞键功能，如图 3-3-6 所示。

粘滞键功能主要是方便【Shift】、【Ctrl】、【Alt】和【Windows】键与其他键的组合使用。

要进行组合键操作时，只需按下每个组合键的主键（即【Shift】、【Ctrl】、【Alt】或【Windows】键），然后再按相应的副键即可，不需同时按下这些键。例如：在一篇文档中，需要复制一段文字，将其选中后，先按下【Ctrl】键，然后再按【C】键，即可完成复制，其他组合键的操作也是一样。同时，也可以按主键两次将该键锁定，然后用鼠标来完成某个组合操作。例如按两次【Ctrl】键后就可以直接用鼠标来选择不同的文件；按【Shift】键两次后就可以直接用鼠标右键彻底删除文件。

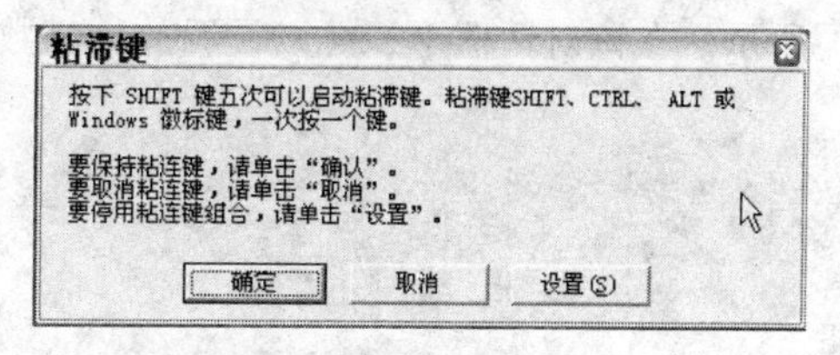

图 3-3-6 “粘滞键”对话框

在开启粘滞键的时候，任务栏工具条上的系统托盘区会出现【Shift】、【Ctrl】、【Alt】和【Windows】键的图标，单击相应的图标即可打开粘滞键。如果想关闭粘滞键，只需同时按下四个键中的某两个或者取消选中“使用粘滞键”复选框即可。

3. 设置听觉辅助功能

（1）在“辅助功能选项”窗口中，单击“辅助功能选项”链接，调出“辅助功能向导”对话框，选中“声音”选项卡，如图 3-3-7（a）所示。

（2）在“声音卫士”栏中，如果选中“使用‘声音卫士’”复选框，则 Windows XP 会在计算机内部扬声器发出声音时，闪烁屏幕的部分区域来提示听力不好的用户发生了系统事件。在“选择视觉警告”下拉列表框中，可以选择屏幕的哪个部分发生闪烁。

（3）如果选中“声音显示”栏中的“使用‘声音显示’”复选框，则 Windows XP 会在程序传送声音时提供可视化信息，例如：通过显示正文标题或信息图标来传送声音信息。

（4）选中“常规”选项卡，如图 3-3-7（b）所示。在“自动重置”栏中可以让计算机空闲时间达到指定时间后关闭“粘滞键”、“声音卫士”、“鼠标键”、“筛选键”和“高对比度”等功能。在“通知”栏中，可设置当用户进行某项误操作时，系统发出声音警告用户。

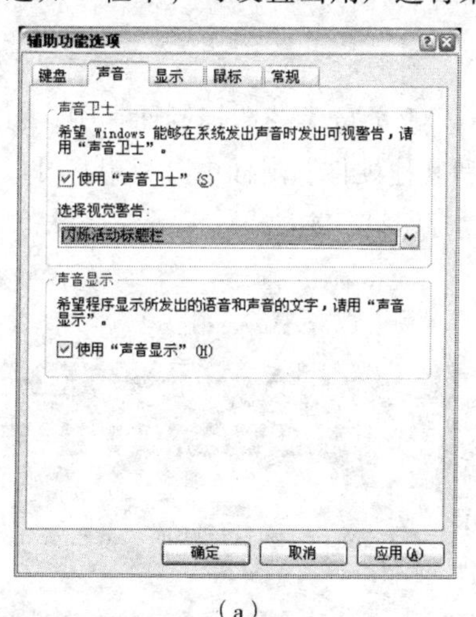

（a）

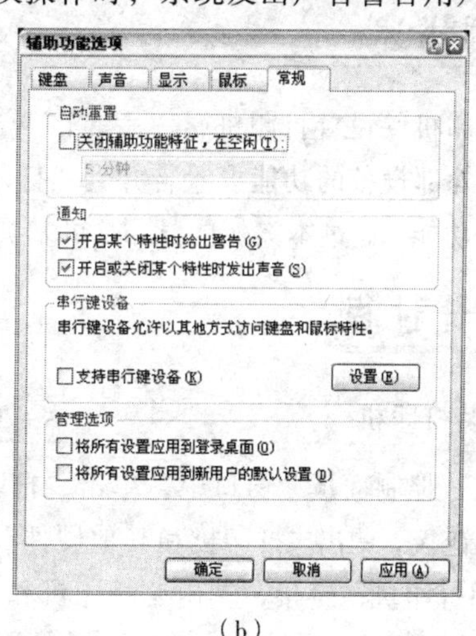

（b）

图 3-3-7 “辅助功能向导”对话框

4. 其他辅助功能

（1）放大镜：该功能为有轻度视觉障碍的用户放大当前浏览内容。单击“辅助功能选项”

窗口左边“请参阅”栏中的“放大镜”链接。系统会在屏幕上方打开一个新的窗口，用来放大显示鼠标所在区域的内容，如图 3-3-8 所示。并且调出“放大镜设置”对话框，如图 3-3-9 所示。在该对话框中，可以设置放大倍数、跟踪效果和外观等。

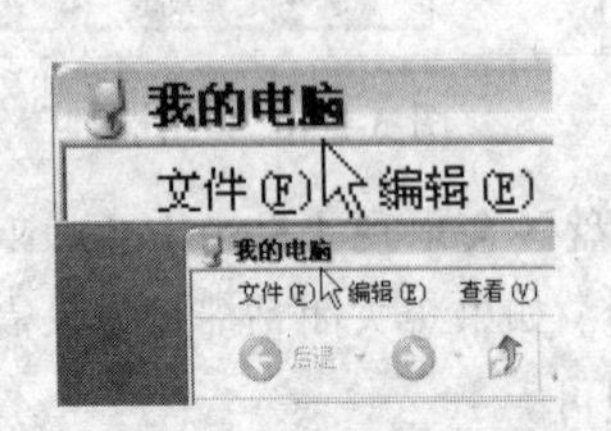

图 3-3-8　放大镜功能效果

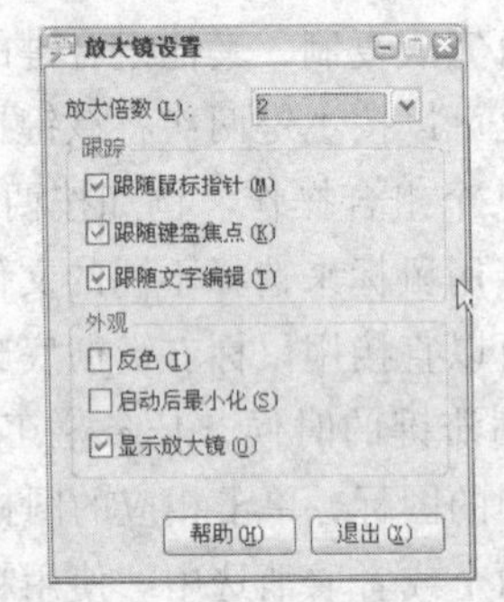

图 3-3-9　“放大镜设置”对话框

（2）屏幕键盘：该功能可以为行动有障碍的用户，提供一些帮助。通过单击“屏幕键盘”窗口中的按钮，可以进行相应的键盘操作和文字输入。单击“辅助功能选项”窗口左边“请参阅”栏中的“屏幕键盘”链接，调出屏幕键盘。

思考练习 3-3

（1）按照本节介绍的方法，进行帮助有视力和听力障碍用户的辅助功能设置。

（2）启动粘滞键功能，尝试使用粘滞键功能。再关闭粘滞键功能。

3.4 【案例 13】使用打印机

案例描述

安装打印机并设置打印机属性后，在 Windows XP 的分类视图控制面板中，将打印机、键盘、鼠标等外部设备的功能设置合并到“打印机和其他硬件”图标中。利用它可以设置计算机所有外设的功能。通过本案例的学习，可掌握设置打印机、键盘、鼠标等外部设备属性的方法。

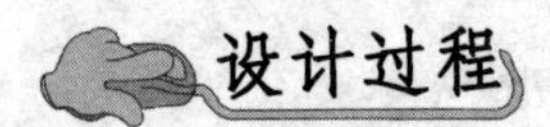

设计过程

1．安装打印机

（1）在“控制面板”窗口中，单击“打印机和其他硬件”链接，调出“打印机和其他硬件”窗口。单击“添加打印机”链接，调出“打印机和传真”窗口和“添加打印机向导”对话框。单击“下一步”按钮，调出下一个“添加打印机向导”对话框，如图 3-4-1 所示。

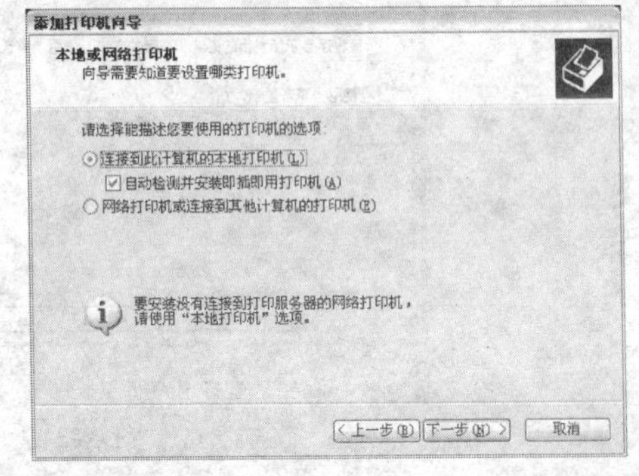

图 3-4-1　“添加打印机向导”对话框

（2）选中“连接到此计算机的本地打印机”单选按钮，表示打印机直接连接在计算机上。

如果选中“网络打印机，或连接到另一台计算机的打印机”单选按钮，则表示打印机连到另一台计算机或直接连接到网络上。

（3）因为Windows XP系统具有自动检测即插即用的功能，所以建议选中“自动检测并安装即插即用打印机”复选框。单击“下一步”按钮。稍等一会儿，调出“新打印机检测”对话框。选中“是”单选按钮，表示在安装完成后，测试打印机的打印效果。

（4）单击“下一步”按钮，调出的对话框中会提示用户安装已经完成，并显示刚刚安装的打印机型号。单击“完成”按钮，退出向导。在“打印机和传真”窗口中会显示刚添加的打印机图标。

2．设置打印机属性

（1）在“打印机和其他硬件”窗口中，单击“打印机和传真”链接文字，调出“打印机和传真”窗口，单击选中要设置属性的打印机图标，如图3-4-2所示。

（2）在窗口左边的“打印机任务”栏中，单击“设置打印机属性”链接文字，调出该打印机的“属性”对话框，选中“常规”选项卡，如图3-4-3所示。

图3-4-2 “打印机和传真”窗口

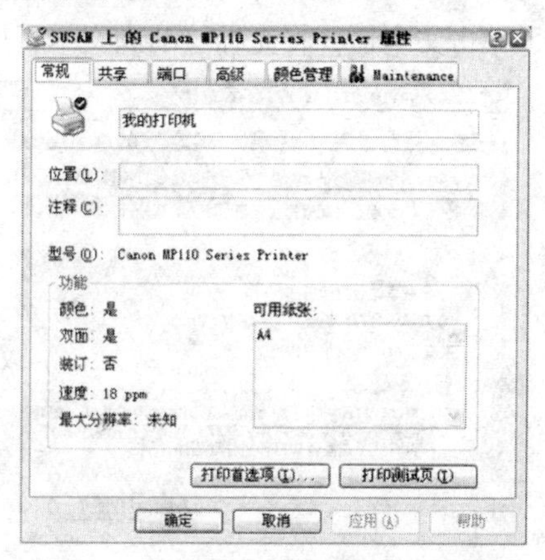

图3-4-3 “属性”（“常规”）对话框

（3）在打印机图标右边的文本框中，输入“我的打印机”作为该图标的名称。“功能”栏中显示该打印机的主要属性和当前设置。单击“打印首选项”按钮，调出“打印首选项”对话框，选中“布局”选项卡。在“方向”栏中，选择是按纸张的垂直方向打印，还是水平方向打印。在“页序”栏中，可以指定文档页面的打印顺序。完成设置后，单击“确定”按钮。

一般来说，系统都是采用后台打印的方式来打印文挡。所谓后台打印，就是先把文档存储在硬盘上，然后再将其发送给打印机的过程。文档一旦存储在磁盘上，就可以继续应用于其他程序。此外，不同的打印机具有不同的属性设置，但是其基本属性是一样。

相关知识

1．共享打印机

共享打印机就是将打印机连接到局域网中，局域网中的计算机共享该台打印机。要使局域网中的计算机可以共享局域网中的打印机，操作方法如下。

（1）在“打印机和其他硬件”窗口中，单击“打印机和传真”图标，调出“打印机和传真”窗口。选中要共享的打印机图标，在窗口左边的“打印机任务”栏中，单击“共享此打印机”链接，调出该打印机的“属性”对话框的“共享”选项卡，如图3-4-4所示。

（2）选中“共享这台打印机”单选按钮。在“共享名”文本框中，可以重新输入该台打印机在局域网中的名称。单击“确定”按钮。

在局域网其他计算机中，如要想使用该打印机，也需先运行“添加打印机向导”。不同的是，在如图3-4-1所示的对话框中，选中“网络打印机或连接到其他计算机的打印机”单选按钮。

2．键盘

（1）在“打印机和其他硬件”窗口中，单击“键盘”链接文字，调出“键盘 属性”对话框，选中“速度”选项卡，如图3-4-5所示。

（2）在“字符重复”栏中，拖动“重复延迟”滑块，可以设置在按住某个键后，字符开始重复显示所需要的等待时间。拖动“重复率”滑块，可以设置在按住某个键后，字符的重复速度。单击文本框，将光标移动到文本框中，按住一个键，可以测试重复率。

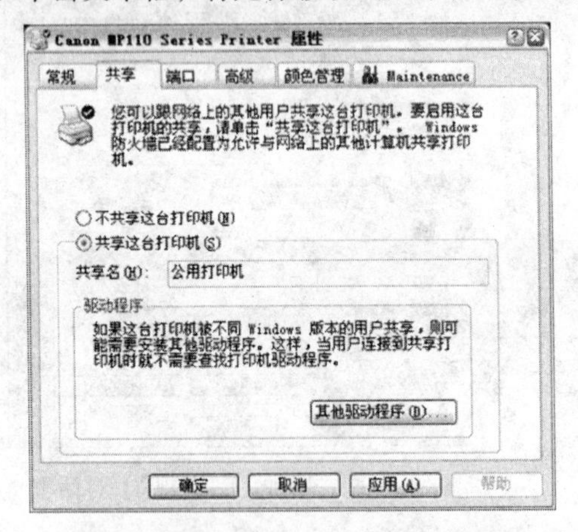

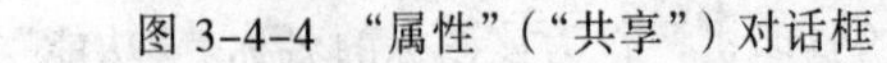

图3-4-4 “属性”（“共享”）对话框

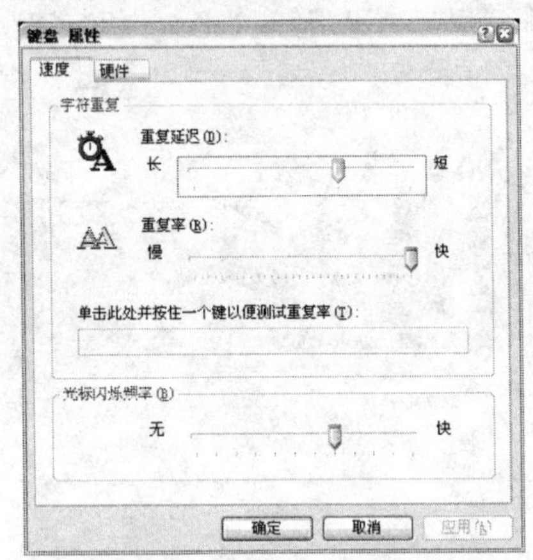

图3-4-5 “键盘 属性”（“速度”）对话框

（3）在“光标闪烁频率”栏中拖动滑块，改变光标的闪烁频率。

（4）选中“硬件”选项卡。在“设备”列表中，显示当前使用键盘的名称和型号。双击该键盘选项，会调出键盘的硬件设置对话框。

现在的键盘提供非常多的功能键，为了设置这些功能键，一般键盘都会带有一个设置的程序。这个程序是为了给键盘提供更好、更完善的支持。

3．鼠标

现在鼠标的功能越来越丰富，按钮也越来越多，所以对鼠标的设置也变得非常重要。鼠标一般都有两个按钮，外加一个滚轴。下面就来介绍鼠标按键的设置。

（1）在“打印机和其他硬件”窗口中，单击“鼠标”链接文字，调出“鼠标 属性”对话框，选中“鼠标键”选项卡，如图3-4-6所示。

（2）在“鼠标键配置”栏中，如果选中“切换主要和次要的按钮”复选框，则鼠标右按钮设置为用于主要性能，也就是对换鼠标左键和右键的功能。这个功能主要是为了方便那些惯用左手的用户，这样即使是左手，也可以轻松的使用鼠标。

（3）在“双击速度”栏中，拖动滑块可以调整鼠标双击速度。双击在滑动条右边的图标，可以测试当前的双击速度效果。

（4）在“单击锁定”栏中，如果选中“启用单击锁定”复选框，则在拖拽和突出显示时，用户不用一直按着鼠标按钮，可以松开鼠标按钮来操作。选中该复选框后，“设置”按钮会变成可操作按钮。单击这个按钮，就会调出“单击锁定的设置”这对话框，拖动其中的滑块，用于调整按下按钮与开始锁定的时间间隔。

（5）选中“指针”选项卡，这个选项卡主要是设置鼠标指针。在“方案”栏的下拉列表框中选择一套鼠标指针显示方案。这些方案是整套形式出现的，也就是说，改变方案会改变鼠标指针所有状态的显示图标。例如：选中“指挥家”选项的效果，如图 3-4-7 所示。

（6）选中“启动指针阴影”复选框，可以给鼠标指针添加一个阴影。

（7）在“自定义”列表中，显示了鼠标的各种状态时的图标。双击一个选项，调出“浏览”对话框，如图 3-4-8 所示。用户可以选择鼠标指针图标，再单击“打开”按钮即可。

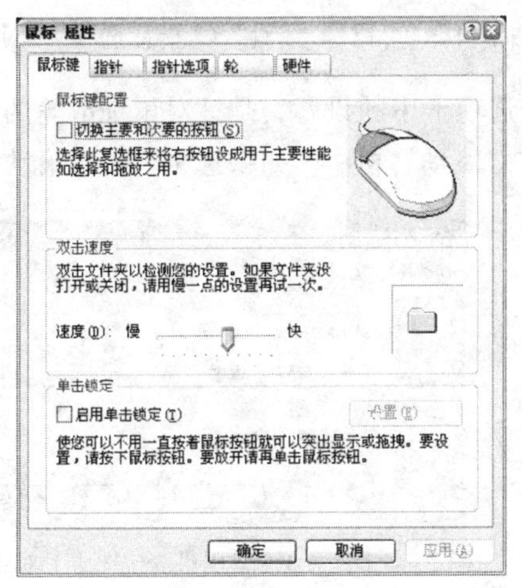

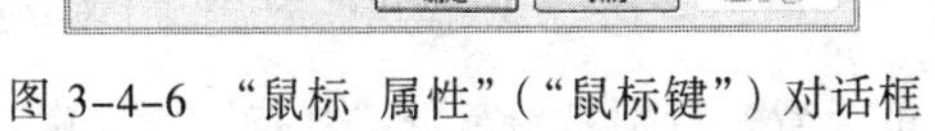
图 3-4-6 “鼠标 属性”（“鼠标键”）对话框

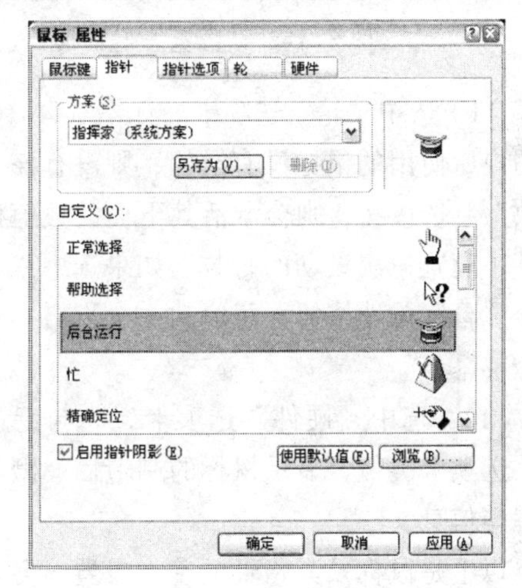

图 3-4-7 “鼠标 属性”（“指针”）对话框

（8）选中“指针选项”选项卡，如图 3-4-9 所示。在“移动”栏中，拖动“选择指针移动速度”滑动条上的滑块，可以调节鼠标指针移动的速度。如果选中“提高指针精确度”复选框，则可以提高鼠标指针指定位置的精确度。

（9）在“取默认按钮”栏中，如果选中其中的复选框，则在对话框中，鼠标指针会自动移动到该对话框的默认按钮上，例如：“确定”或者“应用”按钮。主要是为了方便用户直接进行单击操作，省去移动鼠标的时间。

（10）在“可见性”栏中，有 3 个复选框，它们的作用如下。

◎ “显示指针踪迹”复选框：如果选中该复选框，则会显示鼠标指针的轨迹，拖动滑块可以更改轨迹的长度。这项功能有助于在液晶显示器屏幕上分辨鼠标指针。

◎ “在打字时隐藏指针”复选框：如果选中该复选框，则在键入文字时隐藏鼠标指针。这是为了方便用户查看输入的文字。

◎“当按 CTRL 键时显示指针的位置”复选框：如果选中该复选框，则在屏幕画面混乱难于找到鼠标指针时，按【Ctrl】键系统会提示用户鼠标指针所在位置。

图 3-4-8 “浏览”对话框

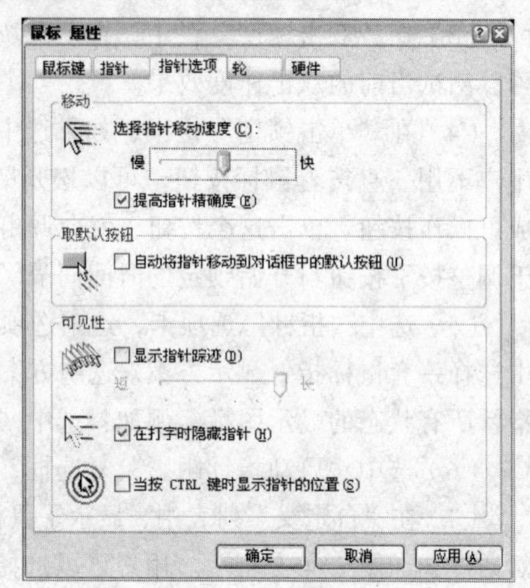

图 3-4-9 “鼠标 属性”（“指针选项”）对话框

（11）选中“轮”选项卡，如图 3-4-10 所示。该选项卡中的设置，是针对鼠标滑轮的。如果用户所使用的鼠标没有滑轮，则没有该选项卡。在“滚动”栏中，如果选中“一次滚动下列行数”单选按钮，则会激活其下面的数值框，然后在其中设置一次滚动的行数。如果选中“一次滚动一个屏幕”单选按钮，每滚动一个齿格，就会滚动一个屏幕。

（12）选中“硬件”选项卡，它与键盘的“硬件”选项卡类似，显示鼠标的制造商、型号、设备状态等信息。

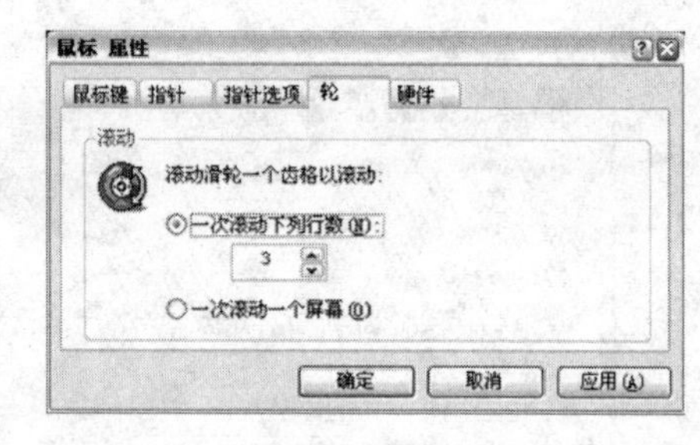

图 3-4-10 “鼠标 属性”（“轮”）对话框

以上是鼠标及其指针的基本设置，但是因为不同的鼠标带有不同的驱动程序，所以都会有其独立的设置。特别是新款的“罗技”、“微软”等知名厂商的鼠标，都会带有一个鼠标程序。这个程序提供了更加详细、全面地鼠标的设置，尤其是对某些特殊型号鼠标的一些特殊的支持。

思考练习 3-4

（1）在计算机中安装一台打印机，将该打印机设置成局域网的共享打印机。

（2）设置计算机的键盘和鼠标属性。

3.5 【案例 14】提高程序运行速度

案例描述

修改系统设置和 Windows XP 注册表的内容，改变当前计算机的内存和运行程序的设置，优化系统，提高程序的运行速度。注册表是 Windows XP 系统和应用程序配置信息的数据库，是系统的核心，它包含了全部硬件和软件设置、当前配置、动态状态及用户特定设置等内容。如果把一台计算机比作一个部门，那么注册表就是这个部门的档案中心，所有在计算机中出现过的软件和硬件都会在这里留下记录。在 Windows XP 运行中不断引用这些信息。通过本案例的学习，可以初步了解注册表，以及修改注册表的基本方法。

设计过程

1. 任务栏管理器

（1）右击任务栏的空白处，调出它的菜单，选择该菜单内的“任务栏管理器”菜单命令，调出“Windows 任务栏管理器”对话框，选中“应用程序”选项卡，如图 3-5-1（a）所示，或者按【Ctrl+Alt+Delete】组合键，也可以调出“Windows 任务栏管理器”对话框。

（2）列表中是用户正在运行的程序，选中某个程序，单击“结束任务”按钮，可以强制关闭该程序。

（3）选中“进程”选项卡，如图 3-5-1（b）所示。列表中显示当前正在运行的程序和进程的映像名称、使用者名称、占 CPU 的比例和所占内存的比例。

（4）通过该列表，用户可以清楚地看到每个程序和进程占用的内存空间多少。

（5）如果发现某个程序的速度下降，可在 Windows 中提高该程序的优先级，让系统为它分配更多资源。右击要调整优先级进程的映像名称，调出它快捷菜单，单击该菜单内的“设置优先级”菜单命令，在调出的菜单中，选择进程的优先级，如图 3-5-1（b）所示。

（6）选中“性能”选项卡。在其中用户可以清楚、直观地查看目前 CPU 的使用情况。当 CPU 使用率比较高时，表明系统被大量占用，此时其他程序所分配的 CPU 资源会减少，其运行将受到影响。如果刚开机，在未运行任何程序的情况下，这个比率为 10%以下，说明当前计算机系统的优化非常好，否则可能被一些后台垃圾程序占据使用空间。

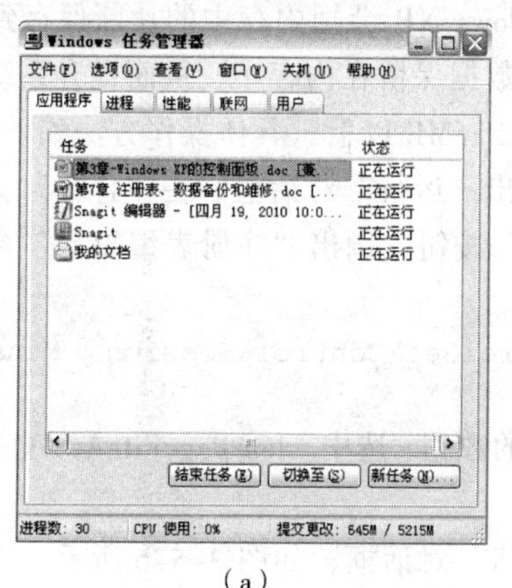

（a）

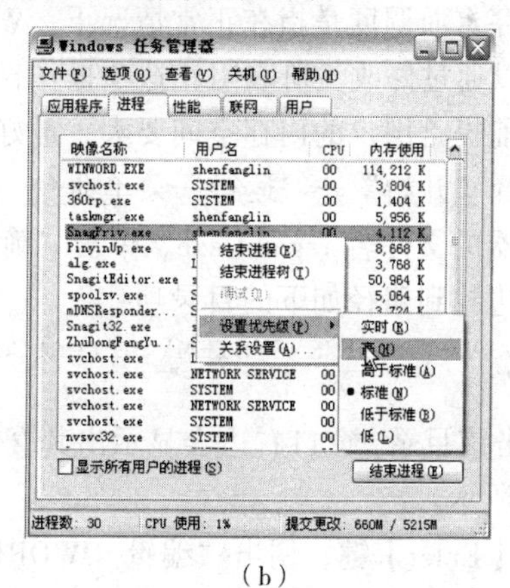

（b）

图 3-5-1　“Windows 任务栏管理器”对话框

2. 设置使用内存的空间

（1）选择“开始”→“控制面板”菜单命令，调出“控制面板”窗口，单击“性能和维护”

链接文字，调出“性能和维护”窗口。单击“系统”链接文字，调出“系统属性”对话框，选中“高级”选项卡，如图 3-5-2 所示。

（2）在“性能”栏中，单击“设置”按钮，调出“性能选项”对话框，选中“高级”选项卡，如图 3-5-3 所示。

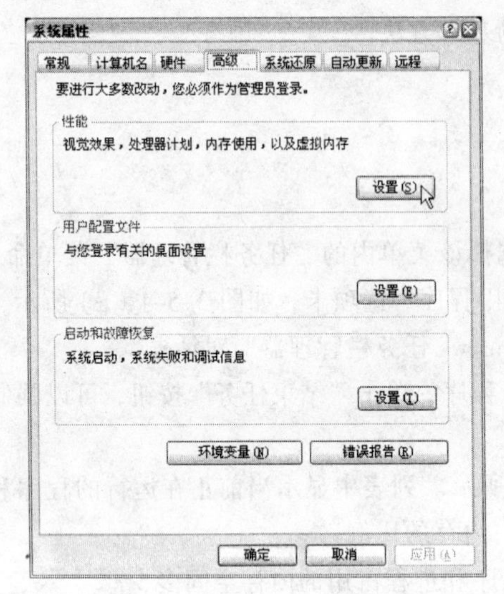

图 3-5-2 “系统属性”（高级）对话框

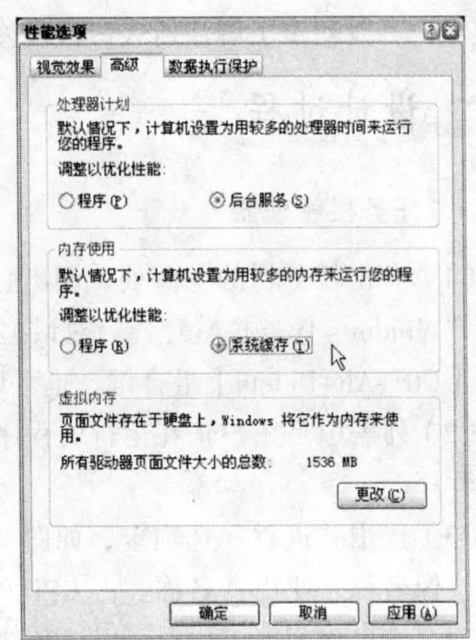

图 3-5-3 “性能选项”对话框

（3）在“处理器计划”栏中，如果选中“后台服务”单选按钮，则系统将用较多的处理器时间来运行后台程序。此功能适用于计算机要进行大量后台工作，例如：后台打印。

（4）单击“内存使用”栏中的“系统缓存”单选按钮，则系统将更多的内存用作缓存。此功能适用于对系统资源要求很高的应用程序，例如：图形处理程序或者视频编辑程序。

3．禁用内存页面调度

所谓内存页面调度是指在正常情况下，Windows XP 会把内存中的片断保存到硬盘上的操作。用户可以通过修改注册表阻止这项操作，让数据保留在内存中，从而提升系统性能。进行这项修改的前提是用户的内存空间要大，最好在 256MB 以上。具体操作方法如下。

（1）选择“开始”→“运行”菜单命令，调出“运行”对话框。在“打开”文本框中输入注册表编辑器的文件名 regedit.exe，单击“确定”按钮，调出“注册表编辑器”窗口。然后，在窗口的左边找到路径如下的目录项：

HKEY_LOCAL-MACHINE\SYSTEM\CurrentControlSet\Control\Session Manager\Memory Management

（2）单击该目录，窗口右边会显示出其含有的数据，选中 ClearPageFileAtShutdown 数据项，如图 3-5-4 所示。

（3）按【Enter】键，调出“编辑 DWORD 值”对话框，如图 3-5-5 所示。

（4）在“数值数据”文本框中，把数值从 0 改为 1，单击“确定”按钮，就可以禁止内存页面调度了。

4．提升系统缓存

（1）在如图 3-5-5 所示的“注册表编辑器”窗口的右边列表中选中 LargeSystemCache 数据

项。然后，按【Enter】键，调出“编辑 DWORD 值”对话框。

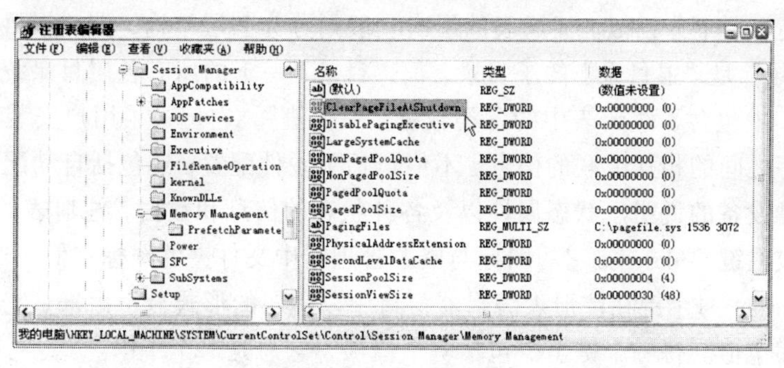

图 3-5-4　选中 ClearPageFileAtShutdown 数据项

（2）在“数值数据”文本框中，把数值从 0 改为 1，单击“确定”按钮。

（3）Windows XP 会把除了 4MB 之外的系统内存全部分配到文件系统缓存中，这意味着 Windows XP 的内部核心进程能在内存中运行，提高系统速度。剩下 4MB 内存是用来做磁盘缓存。一般来说，这项优化会使系统性能得到提升，但也有可能会使某些应用程序性能降低。

5. 加快共享查看

在局域网中，用户经常要等待很长时间，才能够打开其他计算机上的共享目录。这是因为在通常情况下，当 Windows XP 连接到其他计算机时，会先检查对方计算机上所有预定的任务而且还会让用户等待 30 秒钟。修改注册表可以很轻松的关闭这项操作，方法如下。

（1）调出“注册表编辑器”窗口，在窗口的左边找到路径如下的目录项。

HKEY_LOCAL_MACHINE\Software\Microsoft\Windows\CurrentVersion\Explorer\RemoteComputer\NameSpace

（2）该目录有两个子目录，单击{D6277990-4C6A-11CF-8D87-00AA0060F5BF}目录，如图 3-5-6 所示。

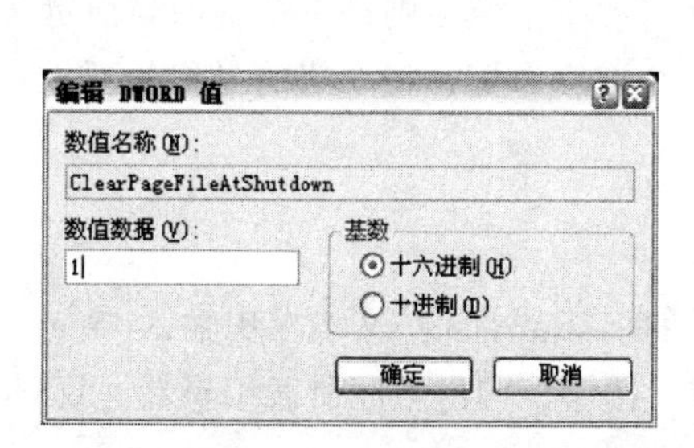

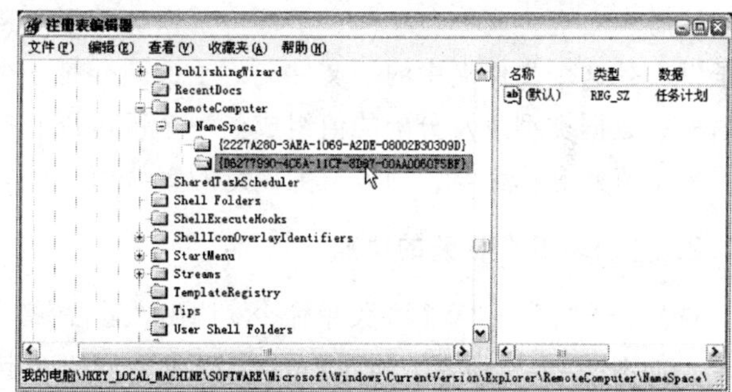

图 3-5-5　“编辑 DWORD 值”对话框　　图 3-5-6　{D6277990-4C6A-11CF-8D87-00AA0060F5BF}目录

（3）选择“编辑”→“删除”菜单命令，把该目录删除，重新启动计算机后，Windows 不再检查预定任务，访问速度明显提高。

相关知识

1. 注册表

既然注册表是 Windows 中硬件设备、应用程序得以正常运行，设置得以保存的核心，其必然是一个内容繁多但层次分明的数据库。实际上，注册表采用的是树状分层结构系统，与前面介绍的“文件夹树”十分相似。注册表的层次一般划分为三层结构，即“根目录”、“目录”和“子目录”。“目录”是“根目录”的子目录，而“目录”一下的所有各层目录统称为“子目录”。在各级“目录”中包含了注册表中的各类数据——“值”，它记录了用户安装在机器上的所有应用软件和程序之间的相互关联的信息，不但包括了硬件配置，还包括自动配置的即插即用设备和已有的各种设备的说明、状态属性以及各种状态的信息和数据。注册表的相关术语如下。

（1）根键或主键（hkey）：它的图标与资源管理器中文件夹的图标相似。

（2）键（key）：每个键在注册表编辑器窗口中以标题的形式显示出来，它包含了附加的文件夹和一个或多个值。每一个键至少包括一个值项，它总是一个字串。

（3）子键（subkey）：在某一个键（父键）下面出现的键（子键）。子键是不可以扩展的，故在编辑器窗口中，子键文件夹前无“+”号或“-”号。

（4）分支（branch）：代表一个特定的子键及其所包含的一切。一个分支可以从每个注册表的顶端开始，但通常用以说明一个键和其所有内容。

（5）子树（subtree）：在注册表编辑器窗口中，键被组织或分解成子树，每个子树又包含其他子树或子键，键就被组织成具有层次结构的目录树。子树本身如果具有与之相关联的值，也可视为一个子键。

（6）值项（value entry）：带有一个名称和一个值的有序值。每个键都可以包含任何数量的值项，值项均由“名称”、“数据类型”和“数据”三部分组成，如图 3-5-7 所示。每个注册表项或子键都可以包含成为值项的数据。有些值项存储每个用户的特殊信息，而其他值项则存储应用于计算机所有用户的信息。

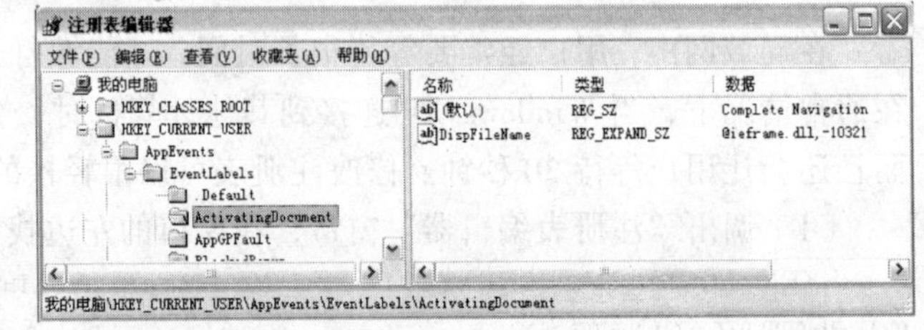

图 3-5-7 “注册表编辑器”窗口内数据的结构

注册表由键（或称“项”）、子键（子项）和值项构成。一个键就是分支中的一个文件夹，而子键就是这个文件夹中的子文件夹，子键同样是一个键。一个值项则是一个键的当前定义，由名称、数据类型以及分配的值组成。一个键可以有一个或多个值，每个值的名称各不相同，如果一个值的名称为空，则该值为该键的默认值。

2. 注册表 5 个根键的功能

选择“开始”→“运行”菜单命令，调出“运行”对话框，在“打开”文本框中输入“regedit”命令，如图 3-5-8 所示。按【Enter】键或单击“确定”按钮，调出“注册表编辑器”窗口，如图 3-5-9 所示。

注册表编辑器是用来查看和更改注册表设置的工具。其中 5 个根键的功能如下。

（1）HKEY_CLASSES_ROOT，包含了所有已装载的应用程序、OLE 或 DDE 信息，以及所有文件类型信息。资源管理器使用该信息来选择图标、对双击做出反应、显示菜单。

（2）HKEY_CURENT_USER：包含当前登录用户的配置信息，用户文件夹、屏幕颜色和“控制面板”设置，该信息被称为用户配置文件。

（3）HKEY_CURRENT_CONFIG：包含本地计算机在系统启动时所用硬件配置文件信息。

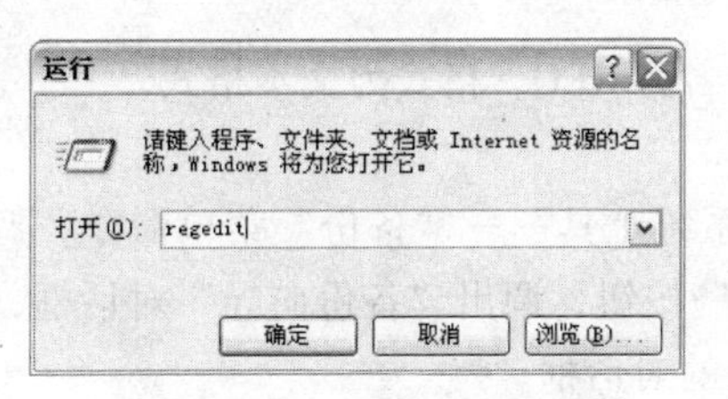

图 3-5-8 “运行”对话框

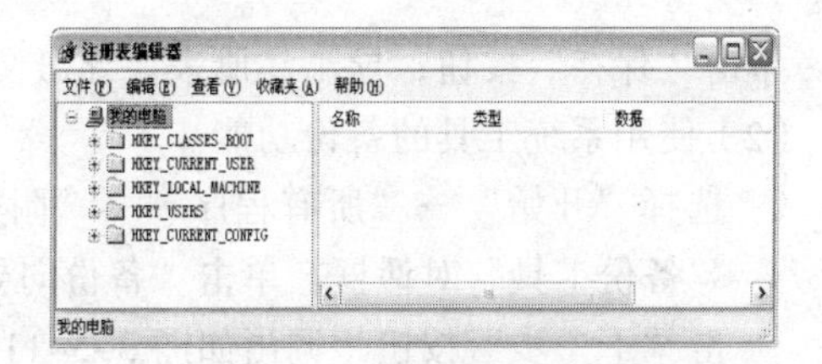

图 3-5-9 “注册表编辑器”窗口

（4）HKEY_LOCAL_MACHINE：包含针对计算机（对任何用户）的配置信息。其中 SYSTEM 子目录是设备驱动程序和服务参数的集合；SOFTWARE 子目录是应用程序的专用设置。

（5）HKEY_USERS：包含计算机上所有用户的配置文件的根目录，所有登录用户信息。

其实在 Windows 启动时真正用到的只有 HKEY_LOCAL_MACHINE 与 HKEY_USERS 这两大根目录，其他各项均由这两项衍生或是动态生成。对于单用户的系统，注册表文件的清理工作集中在这两项即可。

3．注册表的数据类型

注册表中的所有信息是以各种形式的目录值数据保存的。数据可分为 4 种类型：

（1）字符串（REG_SZ）：在注册表中，字符串值一般用来表示文件的描述、硬件的标识等，用引号括起来。通常它由字母和数字组成，最大长度不能超过 255 个字符。

（2）多字符串（REG_MULTI_SZ）：含有多个文本值的字符串。

（3）二进制（REG_BINARY）：任意字节长度的二进制数值，以十六进制方式显示。

（4）双字（REG_DWORD）：双字节值。由 1～8 个十六进制数组成，例如，DAC234567 。可以用以十六进制或十进制的方式来编辑。

4．注册表备份

由于注册表编辑器没有“撤销”功能，退出程序时也不会询问用户是否“存盘”，所以如果在改动过程中出现了错误，将造成难以挽救的后果。这是注册表编辑器最大的缺点，内容的安全性完全得不到保障。因此，在进行编辑操作之前，应先将将注册表的全部或某部分数据导出到一个文件中，即进行注册表备份。常用的方法有两种，介绍如下。

（1）使用注册表编辑器的导出功能。

◎ 在“注册表编辑器”窗口的左侧，单击选中要导出的某一目录。如果要导出整个注册表，则单击“我的电脑”选项。

◎ 选择“文件”→“导出”菜单命令，调出“导出注册表文件”对话框，如图 3-5-10 所示。选择保存文件的文件夹，输入备份文件的名称。

图 3-5-10 “导出注册表文件”对话框

◎ 在“导出范围”栏中，选中“全部”单选按钮，可导出全部的注册表文件；选中“所选分支”单选按钮，可只导出所选的分支。例如：在其下方的文本框中，输入“HKEY_CLASSES_ROOT”，表示只导出 HKEY_CLASSES_ROOT 目录中的内容。

单击“保存”按钮，导出注册表。导出文件的扩展名为 REG，格式为文本格式。

（2）使用系统工具的备份功能。

◎ 选择“开始”→“所有程序”→“附件”→“系统工具”→“备份”菜单命令，调出“备份工具”对话框。单击“备份向导（高级）”按钮，调出“备份向导”对话框，单击“下一步”按钮，调出如图 3-5-11（a）所示的对话框。

◎ 选中“只备份系统状态数据”单选按钮，单击“下一步”按钮，调出如图 3-5-11（b）所示的对话框。

◎ 在“选择保存备份的位置”文本框中，输入备份文件的保存位置。或者单击“浏览”按钮，选择备份目标文件夹。在“键入这个备份的名称”文本框中，输入备份文件名称。单击“下一步”按钮，调出对话框，再单击“完成”按钮，开始备份。

对于该备份操作来说，需要相当大的存储介质来保存备份文件，因为保存系统状态信息可能需要上百兆的磁盘空间。

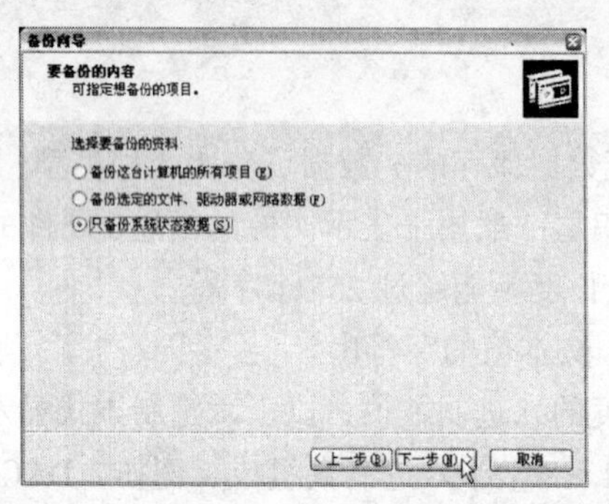

（a）

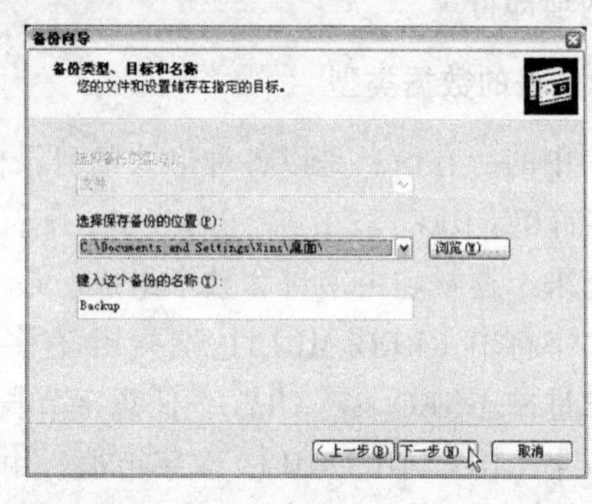

（b）

图 3-5-11 “备份向导”对话框

5. 注册表恢复

编辑或更新了一个 REG 文件后，可以将其导入注册表中，具体操作方法如下。

（1）在“注册表编辑器”窗口的左边，单击选中要导入的位置。如果要导入整个注册表，则单击“我的电脑”选项。

（2）选择“文件”→“导入”菜单命令，调出“导入注册表文件”对话框。在“查找范围”下拉列表框中，选择要导入文件所在的文件夹。在列表中选中要导入的文件。

（3）单击“打开”按钮，导入文件。

双击备份的注册表文件，调出“注册表编辑器”对话框，单击“是”按钮，可将注册表恢复。

6. 注册表编辑和查找目录

（1）注册表编辑：可以用任何文本编辑器对其进行编辑，例如：Word、写字板等。另外，还可以在注册表编辑器（regedit.exe）中直接修改。注册表编辑器的编辑功能比较强大，界面和操作方式与资源管理器也十分相似。注册表编辑器的特点如下。

◎ 展开或收缩目录：单击各目录名旁边的“+”按钮或“－”按钮，可以展开或收缩一个目录。

◎ 查看目录数据：单击目录名，该目录完整的路径显示在窗口的底部状态栏中。目录中的数据显示在窗口的右边。

◎ 引用目录路径：有时候因为层次太多，目录的路径名很长，用户在编辑时容易键入错误。用户可以使用注册表编辑器提供的“复制项名称”功能来解决这个问题。

在窗口中选中要输入路径的目录，单击“编辑”→“复制项名称”菜单命令，然后在文档中需要输入目录路径的位置，按【Ctrl+V】组合键即可。

◎ 使用快捷菜单：右击要编辑的对象，调出它的快捷菜单。利用该菜单，可以方便地新建、删除、修改各个项、值名和值。不能创建没有名称的值，不能删除或重命名。

◎ 新增的值：新增的值名如果不为 Windows 认识，那么其将被忽略，不会产生任何效果。如果值名为 Windows 所认识，并且其取值又不正确，则很可能会产生错误，严重的将导致系统崩溃。所以新增值和修改值时，一定要谨慎。

（2）注册表查找目录：虽然注册表中的内容繁多，但是使用注册表编辑器强大的搜索功能，可以搜索目录项、值名、数据或这三者的任意组合，具体操作方法如下。

◎ 在“注册表编辑器”窗口中，选择“编辑”→“查找”菜单命令，调出“查找”对话框，如图 3-5-12 所示。在“查找目标”文本框中输入需要查找的对象。在“查看”栏中选择查找的类型。如果选中“全字匹配”复选框，则只搜索整个字符串，而不是搜索较长字符串中的相同文字。

◎ 单击“查找下一个”按钮，即可开始查找，并选中找到的第一个符合条件的项目。

◎ 按【Enter】键，可调出“编辑字符串”对话框，来编辑该项目的数据值，如图 3-5-13 所示。在文本框中输入新的值名，单击“确定”按钮，返回“注册表编辑器”窗口。

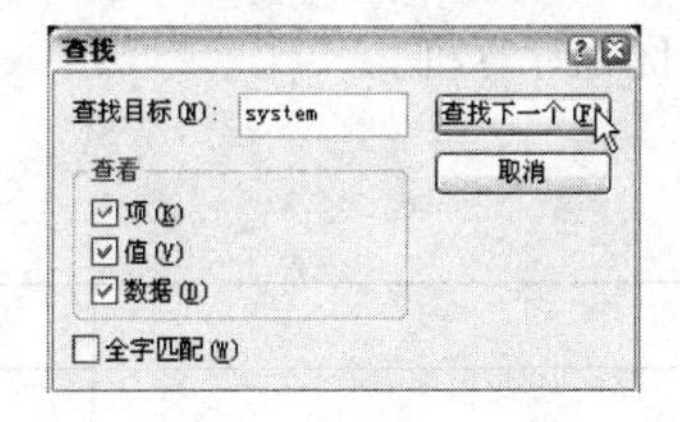

图 3-5-12 “查找”对话框

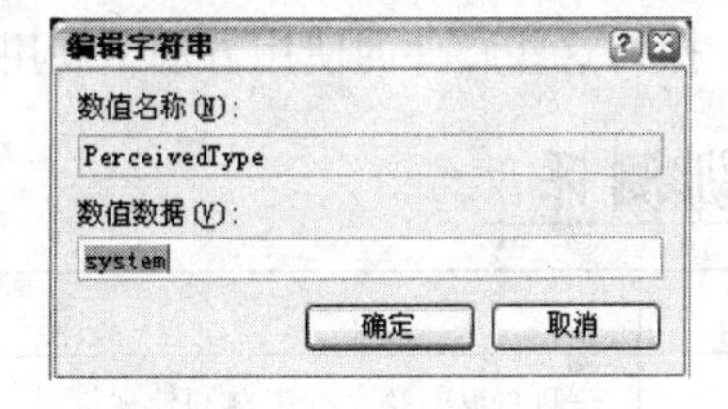

图 3-5-13 “编辑字符串”对话框

◎ 按【F3】键可以继续查找下一个符合条件的项目。

因为注册表编辑器的搜索只能从当前位置向下搜索，而不会由当前位置向上查找。所以在开始搜索之前，一定要选择好起点位置。

思考练习 3-5

（1）根据本节介绍的方法进行设置，提高计算机的运行速度。

（2）调整桌面图标大小。方法是：进入注册表的“HKEY_CURRENT_USER\Control Panel\Desktop\WindowMetrics”子键，修改“Shell Icon Size”的值。

（3）加快菜单显示速度。方法是：进入注册表的“HKEY_CURRENT_USER\Control Panel\Desktop”子键，修改“MenuShowDelay”的值。这个值的范围为 1～10 000，单位是 ms。数值越大，延迟的时间越长。

（4）加快窗口显示速度。进入注册表“HKEY_CURRENT_USER\Control Panel\Desktop\WindowMetrics”子键，修改“MinAniMate”项的值，1 是动画显示，0 是禁止动画显示。

3.6 综合实训 3——Windows XP 控制面板使用训练

实训效果

本实训要求利用 Windows XP 控制面板来完成以下几项任务。

（1）改变计算机桌面背景、屏幕分辨率、对话框外观，以及屏幕保护等。要求桌面背景图像是外部图像。

（2）在计算机内再创建 3 个新账户，2 个是“受限”账户，名称分别为“第 1 个”和“第 2 个”；一个是“计算机管理员”账户，名称为“第 3 个”。密码和图像自己确定。然后再将创建的 3 个新账户更名，将“第 3 个”账户的账户类型改为“受限”账户，删除“第 2 个”账户。

（3）进行帮助有视力和听力障碍用户的辅助功能设置。

（4）在计算机中安装一台打印机，将该打印机设置成局域网的共享打印机。

（5）优化计算机，提高计算机的运行速度。

实训提示

（1）建议在网上搜寻一些图像设置为桌面背景；搜寻屏幕保护文件，安装后作为计算机屏幕保护；搜寻 Windows 7 界面仿真器软件来使 Windows XP 外观具有 Windows 7 外观特点。

（2）可以从网上下载 Windows 优化大师、超级兔子、鲁大师和 360 安全卫士等计算机优化检测软件。探讨这些软件的使用方法，利用这些软件来优化计算机。

实训测评

能力分类	能　　力	评　分
职业能力	控制面板的特点，主题和外观设置	
	创建、更改和和删除账号，卸载软件	
	辅助功能选项的设置	
	打印机、键盘和鼠标硬件的设置	
	Windows 任务栏管理器的使用	
	系统属性设置	
	注册表的作用，注册表的编辑、备份和恢复	
通用能力	自学能力、总结能力、合作能力、创造能力等	
	能力综合评价	

第 4 章　Word 2007 文本编辑

本章通过创建和编辑“梅花简介”文档，介绍了 Word 2007 新建文档和页面设置的方法，Word 2007 的基本操作，首字下沉的方法，添加边框、底纹和项目符号的方法，文字的查找与替换方法，字体设置和段落设置方法，以及标尺的缩进标记和制表符的设置与使用等。

4.1 【案例 15】编辑“梅花简介”文档

案例描述

使用 Word 2007 应用程序创建一个名为“梅花简介”的 Word 文档。在其中输入文本（包括英文、汉字、标点符号和特殊字符等），组成一篇介绍梅花的纯文字文章，其中包括梅花的英文名称、简介、科属分类、形态特征、品种分类、养殖等内容，如图 4-1-1 所示。最后将该文档以名称“【案例 15】梅花简介.doc”保存到硬盘中。Word 2007 最基本也是最重要的功能就是文字编辑。通过本案例，可以掌握输入、编辑、保存和删除文字的方法。

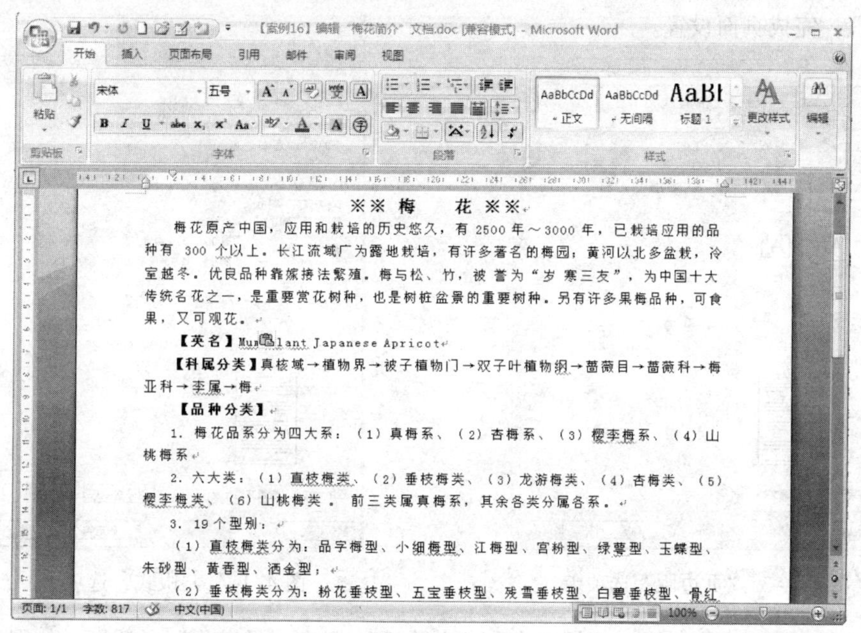

图 4-1-1 “【案例 15】梅花简介”文档

设计过程

1. 新建文档

（1）双击桌面的 Word 2007 快捷方式图标，启动 Word 2007。工作界面内会自动创建一个名为“文档 1”的空白文档。单击“页面布局”标签，切换到“页面布局”选项卡。

（2）单击“页面设置”组内右下角的按钮 （“页面设置”组按钮，也是“页面设置”组对话框启动器），调出“页面设置”对话框，单击选中“纸张”标签，切换到“纸张”选项卡，如图 4-1-2 所示。在“纸张大小”下拉列表框内选择“A4”选项，设置 Word 文档大小为“A4”纸大小。

（3）切换到“页边距”选项卡，如图 4-1-2 所示。在“上”、“下”、“左”和“右”数值框内输入“2 厘米”，在“装订线”数值框内输入“0 厘米”，在“装订线位置”下拉列表框中选择“左”选项，如图 4-1-3 所示。

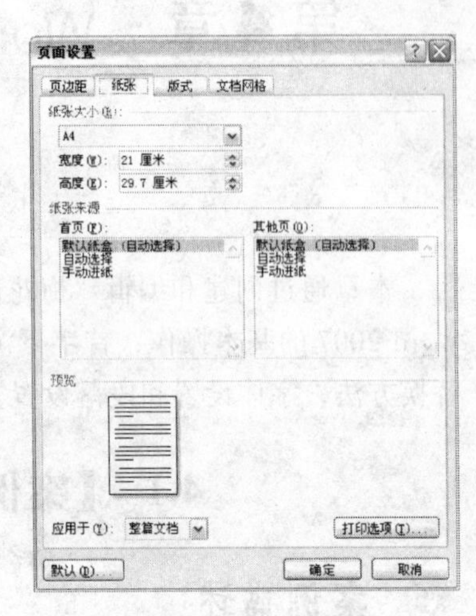

图 4-1-2 “页面设置”对话框“纸张”选项卡

（4）切换到“版式”选项卡，如图 4-1-4 所示。在“页眉”和“页脚”数值框内分别输入 1. 5 厘米和 1. 75 厘米，如图 4-1-4 所示。切换到“文档网格”选项卡，如图 4-1-5 所示，选中“指定行和字符网格”单选按钮，在“每行”和“每页”数值框内输入 40，其他设置如图 4-1-5 所示。然后，单击“确定”按钮，关闭“页面设置”对话框，完成页面设置。

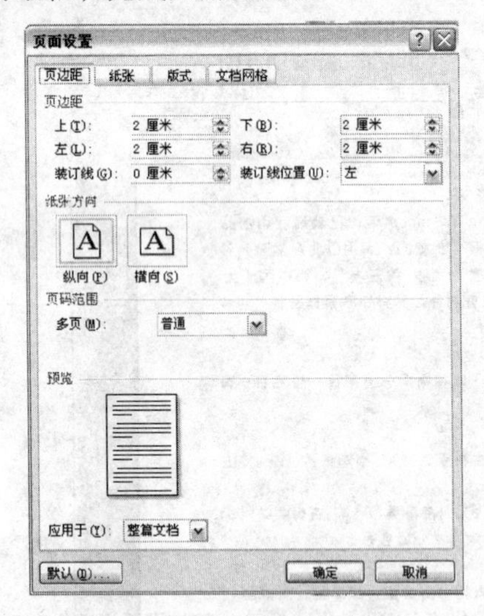

图 4-1-3 “页边距”选项卡

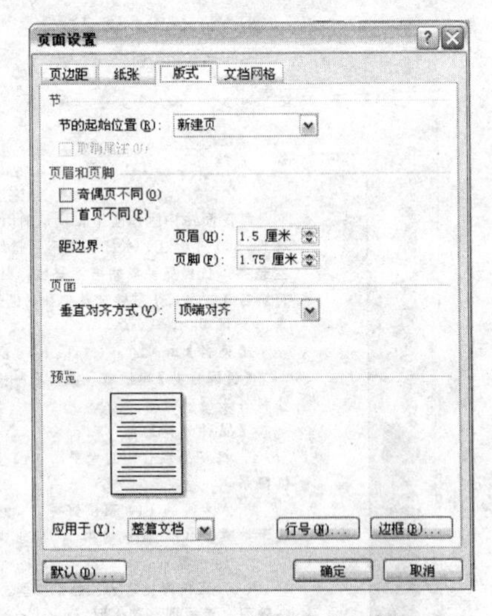

图 4-1-4 “版式”选项卡

（5）选择“Office 按钮”→“另存为”菜单命令，调出“另存为”对话框，如图 4-1-6 所示。在“保存位置”下拉列表框中选择“案例”文件夹，在“文件名”文本框中输入“【案例 15】梅花简介”文字，如图 4-1-6 所示。单击“确定”按钮，关闭“另存为”对话框，将 Word 文档以名称“【案例 15】梅花简介.doc”保存在“案例”文件夹内。

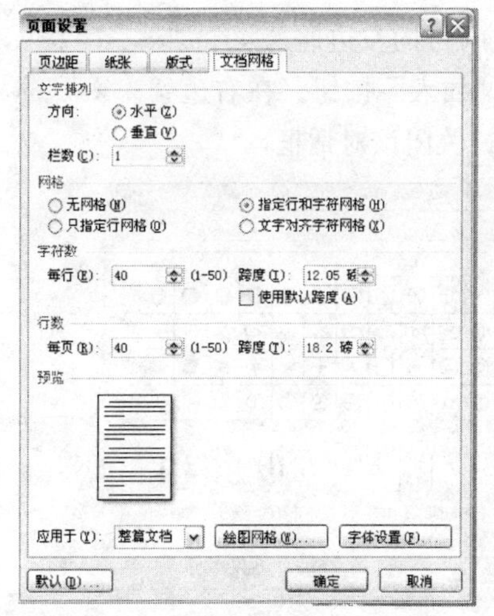

图 4-1-5 “文档网格”选项卡

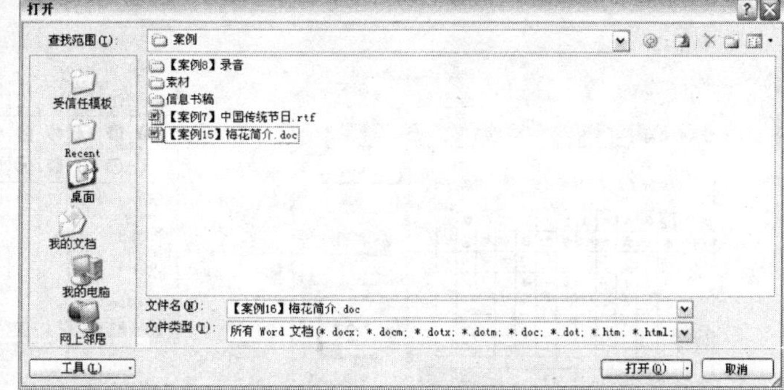

图 4-1-6 “另存为”对话框

2．设置标题格式

（1）切换到“开始”选项卡。在光标处输入作文题目“梅　花”，再拖动选中“梅　花”文字，在“字体”组内的“字体”下拉列表框中选择“华文行楷”选项，设置字体为华文行楷；再在“字号”下拉列表框中选择“二号”选项，设置字号为二号；单击按下“字体”组内的“加粗”按钮**B**，设置文字加粗；单击“段落”组内的“居中”按钮☰，使选中的文字居中，如图4-1-7 所示。

（2）单击“梅　花”文字的左边，将光标移动到“梅　花”文字的左边，单击“插入”标签，切换到“插入”选项卡。单击“特殊符号”组内的“符号”按钮，调出它的面板，单击该面板内的“更多”按钮，调出“插入特殊符号”对话框，单击“特殊符号”标签，切换到“特殊符号”选项卡，如图 4-1-8 所示。单击其中的“※”符号，单击“确定”按钮，在“梅　花”文字左边插入一个“※”符号。

（3）连按两次空格键，在“※”符号与“梅　花”文字之间插入 2 个空格。按住【Ctrl】键，拖动选中的“※”符号，将“※”符号复制一份，再在“梅　花”文字右边复制两个空格和两个“※”符号。

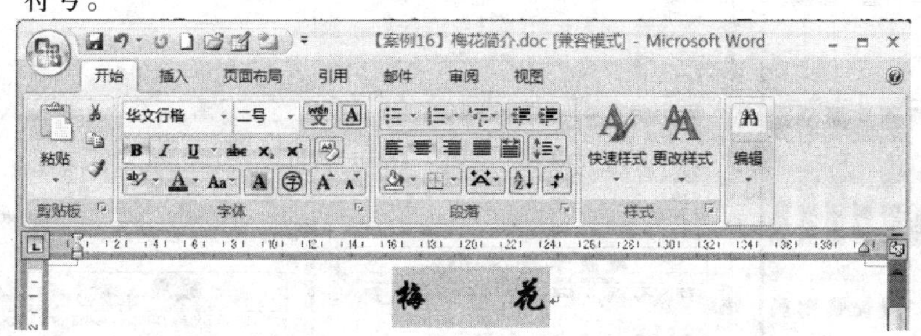

图 4-1-7 设置“梅花”文字的字体和字号等

（4）将光标移动到“※※”符号的左边，单击“插入”选项卡中“符号”组内的“符号”按钮，调出它的面板，单击该面板内的“其他符号”按钮，调出“符号”对话框，单击“符号”标签，切换到“符号”选项卡。在“字体”下拉列表框中选择“Wingdings”选项，单击选中“❧”

字符，如图 4-1-9 所示。4 次单击“插入”按钮，在“※※”符号的左边插入 4 个“❧”字符。

（5）将光标移动到右边“※※”符号的右边，4 次单击“插入”按钮，在右边“※※”符号的右边插入 4 个“❧”字符。然后，单击“取消”对话框，关闭该对话框。

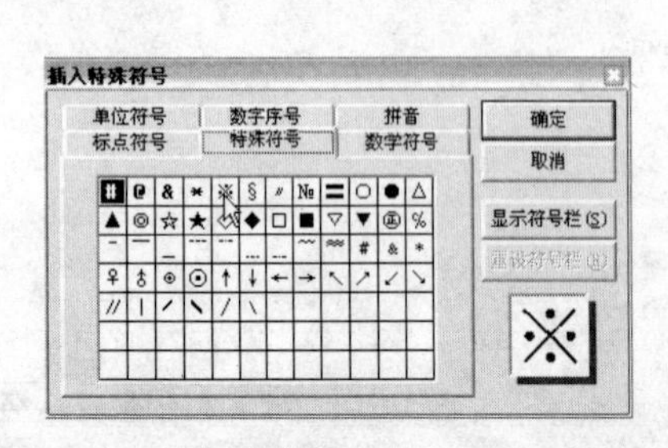

图 4-1-8 “插入特殊符号”（特殊符号）对话框

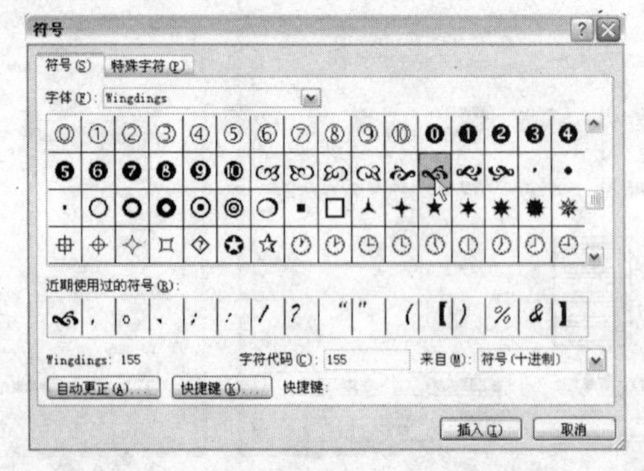

图 4-1-9 “符号”（符号）对话框

（6）拖动选中第 1 行的所有字符和文字，切换到“开始”选项卡。单击“字体颜色”下拉按钮，调出它的面板，如图 4-1-10 所示。单击面板内的蓝色块，设置选中的字符和文字为蓝色。

（7）单击“字体”按钮，调出“字体”对话框，选中“字体”选项卡，如图 4-1-11 所示。单击“字体颜色”下拉列表框按钮，也可以调出图 4-1-10 所示的“字体颜色”面板，来设置选中字符和文字的颜色；在“下画线类型”下拉列表框中选择“双下画线”选项；单击“下画线颜色”下拉列表框按钮，调出“下画线颜色”面板，设置双下画线的颜色为红色；单击选中“效果”栏内的“阴影”复选框，设置第 1 行所有字符和文字为阴影效果；在“着重号”下拉列表框内选择“无”选项，如图 4-1-11 所示。

（8）单击选中“字符间距”选项卡，如图 4-1-12 所示。利用该对话框可以调整文字宽度、字间距、文字的上下位置等，此处采用默认设置。单击“确定”按钮，关闭“字体”对话框，第 1 行标题文字效果如图 4-1-13 所示。

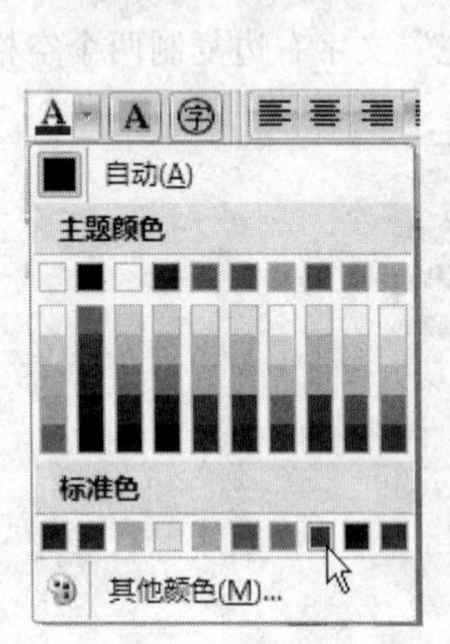

图 4-1-10 “字体颜色”面板

图 4-1-11 “字体”选项卡

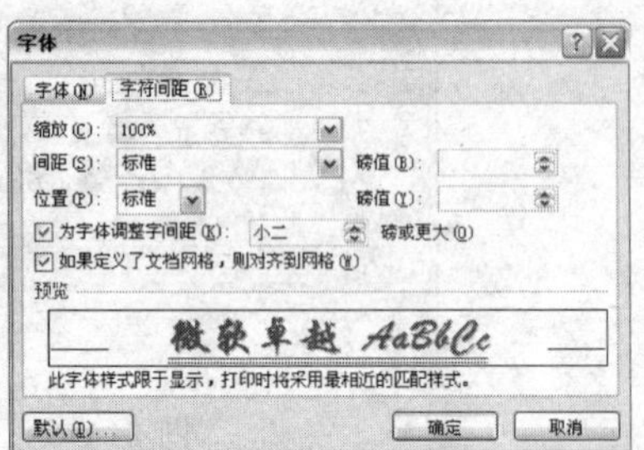

图 4-1-12 “字符间距”选项卡

❧❧❧❧※※ 梅 花 ※※❧❧❧❧

图 4-1-13 标题文字效果

3. 输入段落文字

（1）单击第 1 行标题文字的最右边，将光标定位在第 1 行标题文字的最右边，按【Enter】键，使光标移到下一行居中的位置。输入关于梅花的第 1 段文字。不需要设置任何文本格式，使用默认值即可。注意："【"和"】"字符可以通过图 4-1-9 所示的"符号"对话框的"标点符号"选项卡来输入，也可以通过中文输入法的软键盘（特殊符号）来输入。

当输入的文本超过一行的长度时，这些文本就会自动换行。如果按【Enter】键，会另起一段，并产生段落标记。文档中的段落标记不仅标记一段内容的结束，而且它还保存这个段落样式的所有内容，包括文本和段落的所有设置。

（2）将光标定位在输入的段落文字的起始位置。在"开始"选项卡内"字体"组中的"字体"下拉列表框内选择"宋体"选项，在"字号"下拉列表框内选择"五号"选项，设置以后输入的文字的字号为宋体、五号字。单击按下"段落"组中的"左对齐"按钮。

（3）单击选中"视图"选项卡中"显示/隐藏"组内的"标尺"复选框，显示标尺。使光标定位在第 2 行最左边位置。再拖动水平标尺左上角的滑块，使它移到"2"处。按住【Alt】键同时拖动滑块可以细微调整滑块的位置，如图 4-1-14 所示。

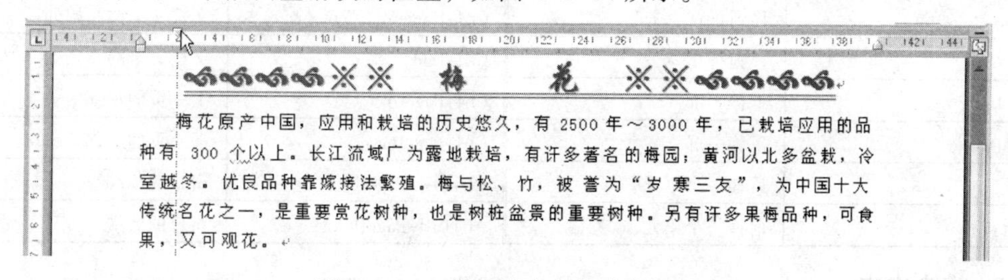

图 4-1-14　第 1 段文字格式的调整

（4）再输入以下各段文字，每输入完一段文字，按一次【Enter】键，开始输入新的一段内容。这些文字的字体为宋体、字号为五号字、颜色为黑色。

（5）如果在上述文档编辑过程中，出现错误操作，可以单击"快速访问工具栏"中的"撤销"按钮，撤销前一次的操作。如果想恢复刚才的"撤销"操作，可单击"恢复"按钮。

（6）在输入文字时，对于相同的文字可以进行复制，以加快输入速度。方法是：按住【Ctrl】键，拖动选中要复制的文字，将选中的文字拖动复制到目标处。

（7）选择"Office 按钮"→"保存"菜单命令，将新输入的内容保存。

相关知识

1. 光标定位

光标是指在文本区中，一个黑色闪烁的竖线，用来指示当前输入文本的位置，也就是新文本的显示位置。定位光标的方法很多，常用的有以下 3 种。

（1）鼠标定位光标：移动鼠标指针，单击文档中需要定位光标的位置。

如果文本内容较长，只能在文本区内显示部分内容，可以借助滚动条的帮助将需要显示的文本移动到当前文本区内。单击垂直滚动条顶部或底部的箭头可以上移或下移一行文本；单击垂直滚动条的滑槽可以上移或下移一屏文本；拖动垂直滚动条的滑块可以快速上移或下移文本；操作水平滚动条，可使文本左移或右移。

注意：使用滚动条只能使文本移动，文本移动后，还需单击定位处，使光标移至所需处。

（2）键盘定位光标：通过按上、下、左、右方向键可以在文档内移动光标。常用的使用键盘按键和快捷键移动光标的方法如表 4-1-1 所示。

（3）返回文档的前一个光标位置：Word 2007 可以记录当前光标位置和之前的 3 个光标位置。连续按【Shift+F5】组合键，可以依次返回前 3 个光标位置。第 4 次按【Shift+F5】组合键，会返回光标当前最新位置。如果刚刚打开一个文档，则按【Shift+F5】组合键，可将光标移至上次保存该文档时光标所在的位置。

表 4-1-1 键盘定位光标

按键	功能	按键	功能
←	左移一个字符	Ctrl+←	左移一个单词
→	右移一个字符	Ctrl+→	右移一个单词
↑	上移一行	Ctrl+↑	上移一个段落
↓	下移一行	Ctrl+↓	下移一个段落
Home	移到行首	Ctrl+Home	文档文本的起始处
End	移到行尾	Ctrl+End	文档文本的结尾处
PageUp	上移一屏	Ctrl+PageUp	上一页的顶部
PageDown	下移一屏	Ctrl+PageDown	下一页的底部
Tab	后移一个单元	Alt+Ctrl+PageUp	窗口的顶端
Shift+Tab	前移一个单元	Alt+Ctrl+PageDown	窗口的底端

2. 选中文本

用户在进行复制、删除、移动或剪切等文本编辑操作之前，都必须先选中文本。所谓选中文本就是将需要编辑的文本反白显示与其他文本区分开来，选中文本的操作方法有两种。

（1）使用鼠标选中文本：将鼠标指针移动到要选中的文本的首端，然后拖动鼠标到要选中的文本的末端，即可选中所需的文本。

如果要选中一行文本，可以将鼠标指针移动到选中区，所谓选中区是指正文文本右边的空白区。在该区域中，鼠标指针变成↗形状。此时单击鼠标左键可以选中当前行、双击鼠标左键可以选中当前段，三击鼠标左键可以选中当前整个文档文本。

鼠标选中文本的常用操作方法如表 4-1-2 所示。

表 4-1-2 鼠标选中文本的常用操作方法

选中对象	操作	选中对象	操作
任意字符	拖动要选中的字符	字或单词	双击该字或单词
一行字符	单击该行左侧的选中区	多行字符	在字符左侧的选中区中拖动
句子	按住【Ctrl】键，并单击句子中的任何位置	段落	双击段落左侧的选择区或者三次单击段落中的任何位置
多个段落	在选中区中拖动鼠标	整个文档	三次单击选择区
连续字符	在字符的开始处单击，然后按住【Shift】键单击结束位置	矩形区域	按住【Alt】键并拖动鼠标

（2）使用键盘选中文本：将光标移动到要选中文本的左边，然后按【Shift+→】键就可以向右选中一个字符，按住【Shift】键连续按【→】键可以选中多个字符。表 4-1-3 列出了用键盘选中文本的常用操作。注意：所有选中文本的起始端都是光标所在位置。

一般来说，当要选中的文本内容比较多或者位置固定时最好使用键盘。例如，选中整个文档或者选中从光标处到文档开始处的所有文本等。其他情况下，可使用鼠标选中文本。

表 4-1-3　键盘选中文本的常用操作

按　键	功　能	按　键	功　能
【Shift+→】	向右选中一个字符	【Ctrl+Shift+→】	选中到单词结尾
【Shift+←】	向左选中一个字符	【Ctrl+Shift+←】	选中到单词开始
【Shift+↓】	向下选中一行字符	【Ctrl+Shift+↓】	选中到段落结尾
【Shift+↑】	向上选中一行字符	【Ctrl+Shift+↑】	选中到段落开始
【Shift+Home】	选中到行首	【Ctrl+Shift+Home】	选中到文档开始
【Shift+End】	选中到行尾	【Ctrl+Shift+End】	选中到文档结尾
【Shift+PageUp】	选中到屏首	【Ctrl+A】	选中整个文档
【Shift+PageDown】	选中到屏尾	【F8+（↑↓←→）】键	选中到文档的指定位置

3. 复制和移动文本

在编辑文本内容时，常需要将文本复制或移动到其他位置，常用的方法有以下 4 种。

（1）使用鼠标：选中要复制的文本，按住 Ctrl 键，同时拖动选中的文本到目标位置，图 4-1-15（a）所示鼠标指针上的加号标志表示复制。松开鼠标左键，选中的内容就复制到新的位置，如图 4-1-15（b）所示。

如果拖动选中的文本时不按【Ctrl】键，即可移动选中的文本。

（2）使用命令：选中要复制（或移动）的文本，单击“开始”选项卡“剪贴板”组中的“复制”按钮（或“剪切”按钮），将选中的文本复制（或剪切）到剪贴板上，再将光标文本移动到要复制（或剪切）的位置处，单击“剪贴板”组中的“粘贴”按钮，将剪贴板上的文本粘贴到新的位置，即可实现复制（或移动）文本效果。

（3）使用快捷键：选中要复制（或移动）的文本，按【Ctrl+C】（或按【Ctrl+X】）组合键，将选中的文本复制（或剪切）到剪贴板上。再将光标文本移动到要复制（或剪切）的位置处，按【Ctrl+V】组合键，将剪贴板上的文本粘贴到新的位置。

（4）使用快捷菜单：选中要复制（或移动）的文本，将鼠标指针移到选中文本上，按下鼠标右键同时拖动到目标位置，松开右键后会调出一个快捷菜单，如图 4-1-16 所示。单击该菜单内的“复制到此位置”（或“移动到此位置”）菜单命令，即可复制（或移动）选中文本。

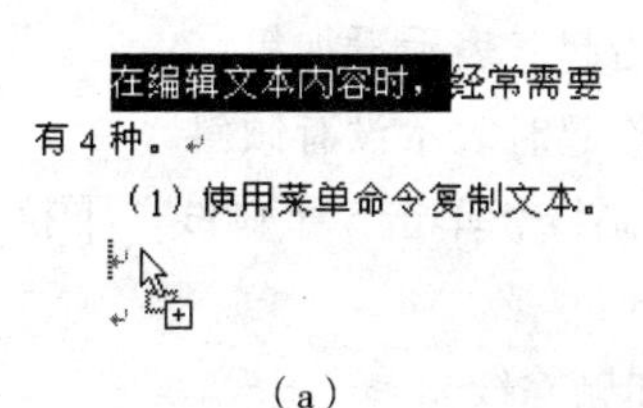

（a）

在编辑文本内容时，经常需要
有 4 种。
（1）使用菜单命令复制文本。
在编辑文本内容时，

（b）

图 4-1-15　鼠标拖动复制文本

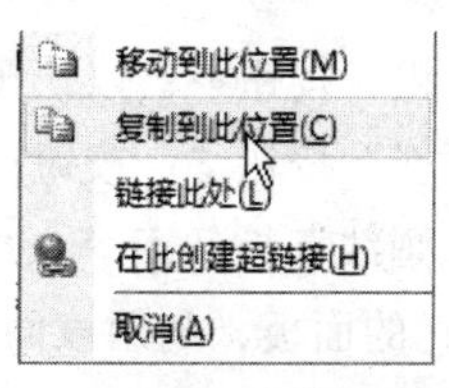

图 4-1-16　快捷菜单复制或移动文本

4．删除文本

在编辑文本的过程中，需要删除一些已键入的文本时，可以先将光标移动到要删除的文本处。如果需要删除光标左边的文本，则按【Backspace】键；如果要删除光标右边的文本，则按【Delete】键；如果要删除光标左边一个单词，则按【Ctrl+Backspace】组合键；如果要删除光标右边一个单词，则按【Ctrl+Delete】组合键。如果要删除的文本比较多，可以先选中要删除的文本，然后按【Backspace】键或【Delete】键，都可以一次全部删除。

5．撤销与恢复

在文档编辑过程中，难免会出现错误操作，例如，删除不应该删除的文本等。如果遇到这种情况，Word 可以帮助撤销错误的操作，将文档还原到执行该操作之前的状态，方法如下。

（1）撤销或恢复一项错误操作：单击“快速访问工具栏”内的“撤销”命令，撤销前一次的操作。如果要恢复撤销的操作，单击“快速访问工具栏”内的“恢复”命令。除了使用“撤销”按钮和“恢复”按钮之外，使用相应的快捷键【Ctrl＋Z】和【Ctrl＋Y】也可以执行撤销和恢复操作。

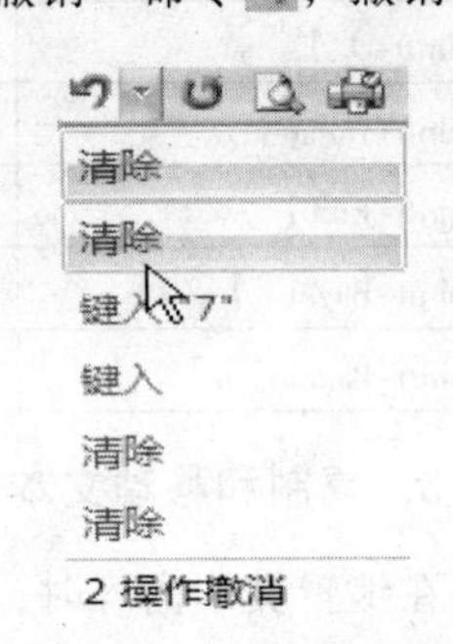

图 4-1-17　撤销多项错误操作

（2）撤销或恢复多项错误操作：单击“快速访问工具栏”中“撤销”下拉按钮右边的箭头按钮，调出一个列表，可以看到此前的每一次操作，最新的操作排列在最上边。移动鼠标选中要撤销的多个连续操作，单击鼠标即可，如图 4-1-17 所示。如果要恢复撤销的多个操作，则多次单击“恢复”按钮即可。

在没有执行过撤销操作的文档中，“快速访问工具栏”中不显示“恢复”按钮，而是显示“重复”按钮，单击该按钮可重复上一操作。

6．设置字体

设置文字的格式，可使用“字体”对话框，如图 4-1-11 所示；或使用“开始”选项卡中“字体”组的命令，如图 4-1-18 所示。后者具有最常用的文字格式设置，且操作简便。下面介绍“字体”组的命令的功能，同时也介绍了“字体”对话框重大部分选项的功能。

（1）“字体”下拉列表框：用来选择所需的字体。“字体”下拉列表框的功能相当于“字体”对话框中的“中文字体”下拉列表框和“西文字体”下拉列表框的总功能。

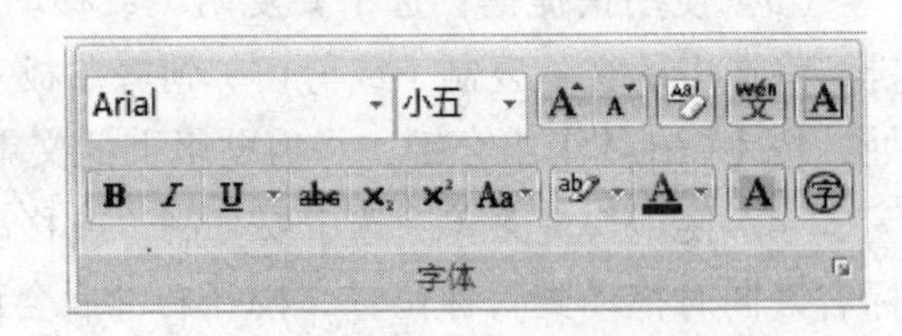

图 4-1-18　“开始”选项卡中“字体”组的命令

（2）“字号”下拉列表框：用来选择所需文字的大小。

（3）“加粗”按钮 B：按钮按下时表示选中文字被加粗，按钮抬起时表示没加粗。

（4）“倾斜”按钮 I：按钮按下时表示选中文字被倾斜，按钮抬起时表示没有倾斜。

（5）“下画线”按钮 U：按钮按下时表示选中文字被添加下画线，单击“下画线”下拉按钮，调出它的面板，利用该面板可以设置下画线的形状和颜色。

（6）“删除线”按钮 abc：按钮按下时表示选中文字上面会添加删除线。

（7）“下标”按钮 $\times_2$：按钮按下时表示选中的文字会在文字基线下方变成小字符。

（8）“上标”按钮 $\times^2$：按钮按下时表示选中的文字会在文字基线上方变成小字符。

（9）“更改大小写”按钮 Aa：单击该按钮，调出它的菜单，选择该菜单内的菜单命令，可以将选中的英文字母更改为全部大写、全部小写、或者其他常见的大小写形式等。

（10）“突出显示”按钮：单击该按钮，可以改变选中文字的背景颜色。

（11）“字体颜色”按钮 A。单击该按钮，可以改变选中文字的颜色。

（12）“字符底纹”按钮 A：单击该按钮，可以给选中的文字被添加底纹。

（13）“带圈字符”按钮㊫：单击该按钮，会调出“带圈字符”对话框，如图 4-1-19 所示。选中一种样式、圈号和文字，单击“确定”按钮，即可以选中的文字添加圆圈或边框。

（14）“拼音指南”按钮：单击该按钮，可以调出“拼音指南”对话框，如图 4-1-20 所示，显示所选文字的拼音。

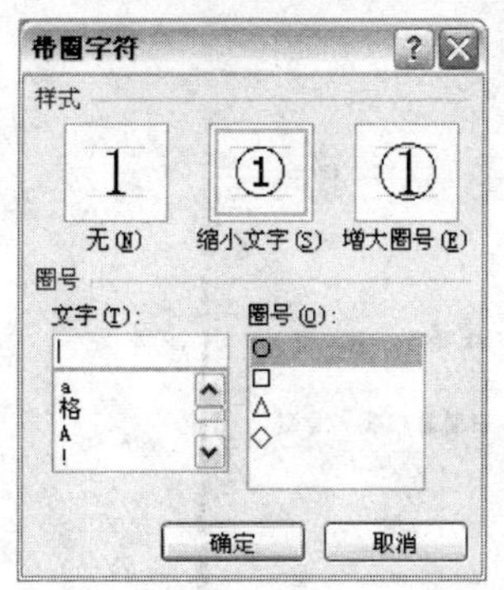

图 4-1-19　“带圈字符”对话框

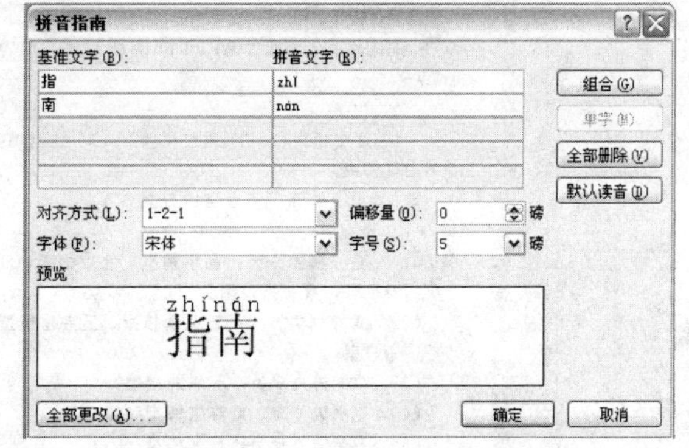

图 4-1-20　“拼音指南”对话框

（15）“增大字体”按钮 A 和“缩小字体”按钮 A：单击“增大字体”按钮 A 按钮后，会增大文字字号；单击“缩小字体”按钮 A 后，可以缩小选中的文字字号。

（16）“清除格式”按钮：单击该按钮，可以清除所选文字的所有格式。

（17）“字符边框”按钮 A：单击按下该按钮，可以给选中文字添加边框。

思考练习 4-1

（1）编写一篇关于“头孢克洛分散片”药品说明文档。标题内容如下。

❖❖❖★　头孢克洛分散片　★❖❖❖

（2）编写一篇关于“牡丹花简介”的文档。

4.2　【案例 16】美化“梅花简介”文档 1

案例描述

为了使“梅花简介”文档更美观，本案例对上一节“梅花简介”文档进行美化，给一些文字添加边框、底纹，给一些文字添加项目符号，制作首字下沉，效果如图 4-2-1 所示。通过本案例，可以掌握利用“边框和底纹”对话框给页面、段落和文字添加边框和底纹的方法，添加项目符号的方法，制作首字下沉的方法，以及查找和替换文字的方法等。

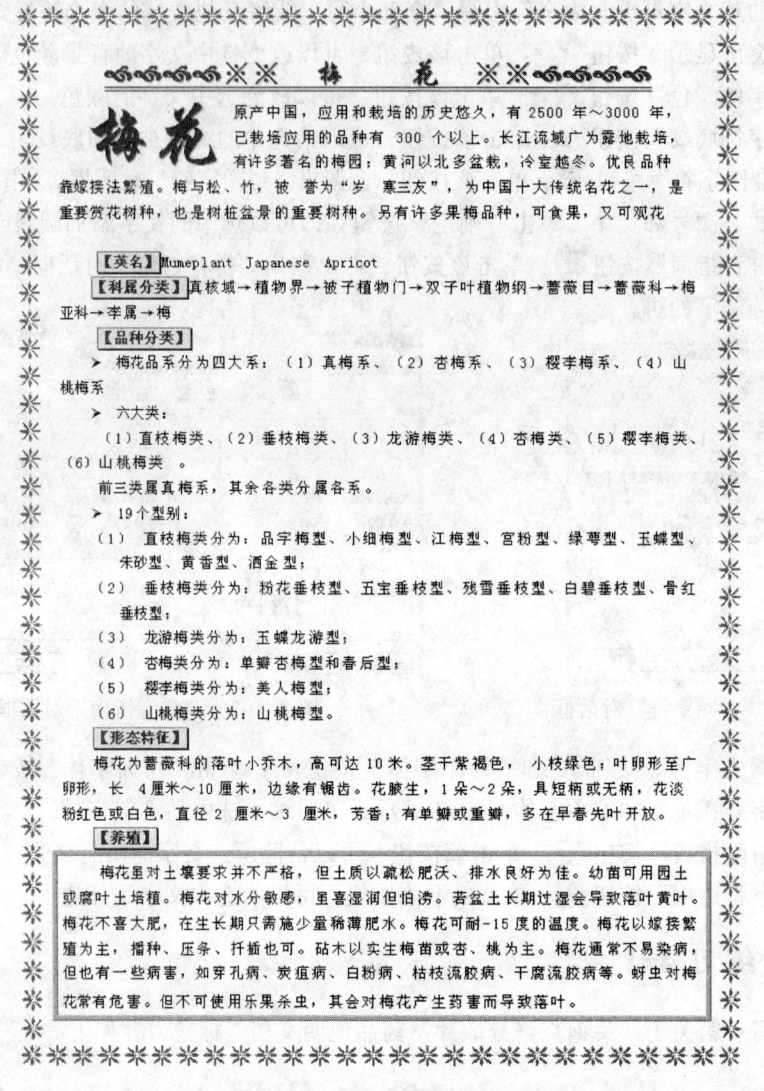

※※ 梅　　花 ※※

梅花原产中国，应用和栽培的历史悠久，有2500 年～3000 年，已栽培应用的品种有 300 个以上。长江流域广为露地栽培，有许多著名的梅园；黄河以北多盆栽，冷室越冬。优良品种靠嫁接法繁殖。梅与松、竹，被 誉为“岁 寒三友”，为中国十大传统名花之一，是重要赏花树种，也是树桩盆景的重要树种。另有许多果梅品种，可食果，又可观花

【英名】Mumeplant Japanese Apricot

【科属分类】真核域→植物界→被子植物门→双子叶植物纲→蔷薇目→蔷薇科→梅亚科→李属→梅

【品种分类】

➢ 梅花品系分为四大系：（1）真梅系、（2）杏梅系、（3）樱李梅系、（4）山桃梅系

➢ 六大类：

（1）直枝梅类、（2）垂枝梅类、（3）龙游梅类、（4）杏梅类、（5）樱李梅类、（6）山桃梅类 。

前三类属真梅系，其余各类分属各系。

➢ 19个型别：

（1） 直枝梅类分为：品字梅型、小细梅型、江梅型、宫粉型、绿萼型、玉蝶型、朱砂型、黄香型、洒金型；

（2） 垂枝梅类分为：粉花垂枝型、五宝垂枝型、残雪垂枝型、白碧垂枝型、骨红垂枝型；

（3） 龙游梅类分为：玉蝶龙游型；

（4） 杏梅类分为：单瓣杏梅型和春后型；

（5） 樱李梅类分为：美人梅型；

（6） 山桃梅类分为：山桃梅型。

【形态特征】

梅花为蔷薇科的落叶小乔木，高可达10米。茎干紫褐色，小枝绿色；叶卵形至广卵形，长 4厘米～10厘米，边缘有锯齿。花腋生，1朵～2朵，具短柄或无柄，花淡粉红色或白色，直径 2 厘米～3 厘米，芳香；有单瓣或重瓣，多在早春先叶开放。

【养殖】

梅花虽对土壤要求并不严格，但土质以疏松肥沃、排水良好为佳。幼苗可用园土或腐叶土培植。梅花对水分敏感，虽喜湿润但怕涝。若盆土长期过湿会导致落叶黄叶。梅花不喜大肥，在生长期只需施少量稀薄肥水。梅花可耐-15度的温度。梅花以嫁接繁殖为主，播种、压条、扦插也可。砧木以实生梅苗或杏、桃为主。梅花通常不易染病，但也有一些病害，如穿孔病、炭疽病、白粉病、枯枝流胶病、干腐流胶病等。蚜虫对梅花常有危害。但不可使用乐果杀虫，其会对梅花产生药害而导致落叶。

图 4-2-1　美化的“梅花简介”文档

设计过程

1. 首字下沉

（1）单击“Office ”按钮，选择“打开”菜单命令，调出“打开”对话框，选中“【案例15】梅花简介.doc”文档，单击“打开”按钮，打开该文档。再以名称“【案例 16】梅花简介1.doc”保存。

（2）拖动选中第1段起始文字“梅花”，切换到“插入”选项卡，单击“文本”组中的“首字下沉”按钮，调出“首字下沉”列表框，如图 4-2-2 所示。单击该列表框中的“下沉”首字

下沉方式，即可产生“首字下沉”效果，如图 4-2-3 所示。

（3）单击“首字下沉”列表框内的“首字下沉选项”选项，调出“首字下沉”对话框，如图 4-2-4 所示，利用该对话框可以调整首字下沉的效果。

（4）在“首字下沉”对话框内，在“位置”选项栏中选中“下沉”方式；在“选项”栏中的“字体”下拉列表框中选择首字字体为“华文行楷”；在“下沉行数”文本框中输入首字所占的行数 3。在“距正文”文本框中输入首字与正文间距 2。单击“确定”按钮，效果如图 4-2-5 所示。

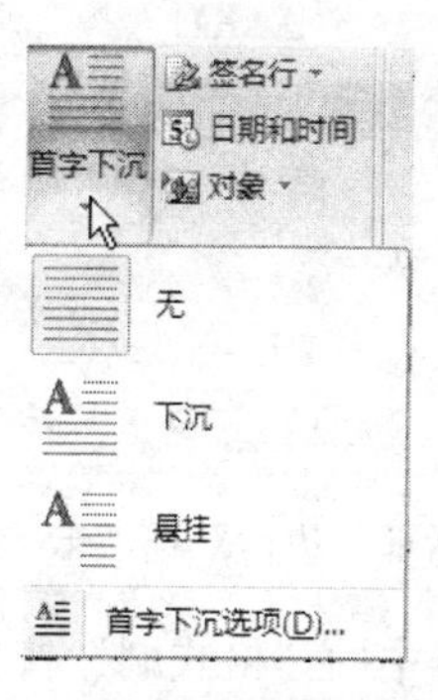

图 4-2-2 “首字下沉”列表框

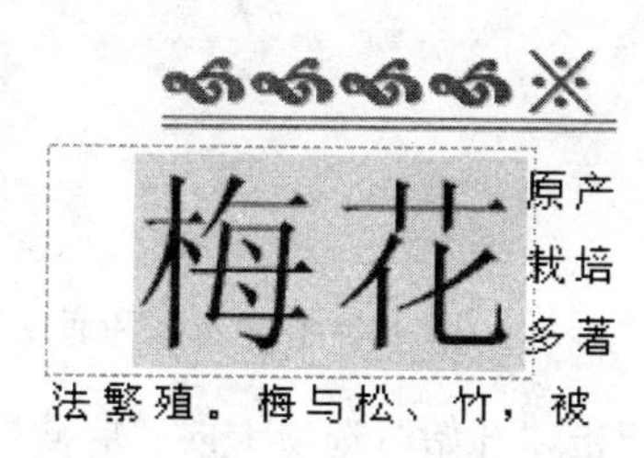

图 4-2-3 “首字下沉”效果

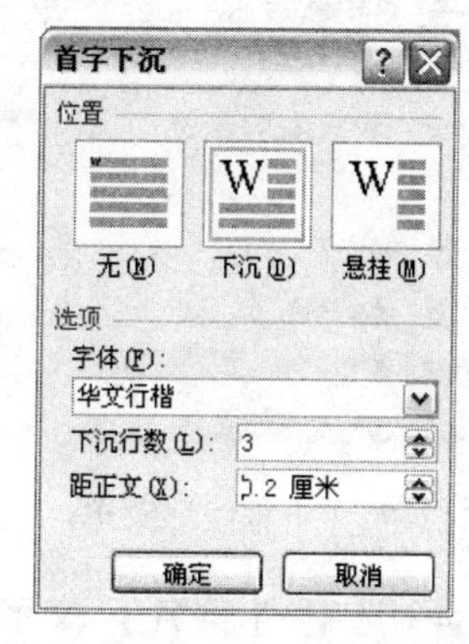

图 4-2-4 “首字下沉”对话框

（5）切换到“开始”选项卡，单击“字体”按钮，调出“字体”对话框，选中“字体”选项卡，如图 4-1-11 所示。单击“字体颜色”下拉按钮，调出“字体颜色”面板，设置选中文字的颜色为红色；单击选中“效果”栏内的“阳文”复选框，如图 4-1-6 所示。

（6）将光标定位在第 1 段最后，按 Enter 键，在第 1、2 段文字之间插入一个空行。

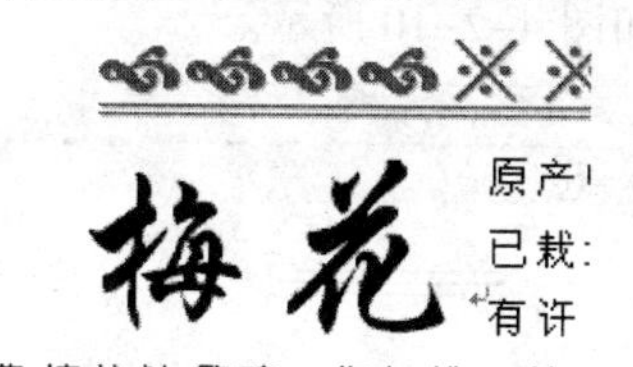

图 4-2-5 “首字下沉”调整效果

图 4-2-6 “字体”调整效果

2. 添加边框、底纹和项目符号

（1）选中“【英名】”文字。单击“开始”选项卡内“段落”组中的“下框线”下拉列表按钮，调出“下框线”菜单，如图 4-2-7 所示。单击该菜单内最下边的“边框和底纹”菜单命令，调出“边框和底纹”对话框，选中“边框”选项卡，在“设置”栏中，单击选中“阴影”边框；在“样式”列表框内选中“实线”选项；在“颜色”下拉列表框内选中“绿色”选项；在“宽度”下拉列表框中选中“0.5 磅”选项，如图 4-2-8 所示。

（2）选中“边框和底纹”对话框的“底纹”选项卡，如图 4-2-9 所示，在“填充”栏中，单击选中“黄色”色块；在“样式”下拉列表框中，选中“纯色 100%”；在“颜色”下拉列表框中，选中“黄色”色块；在“应用于”下拉列表框内选中“文字”选项。

（3）单击“确定”按钮，选中的“【英名】”文字加工完毕。

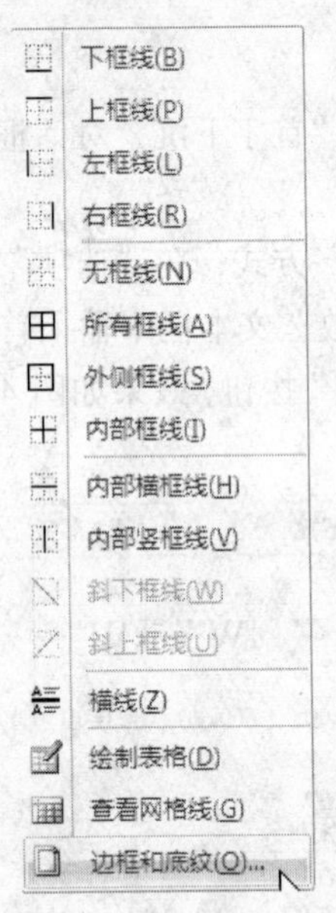

图 4-2-7 “下框线”菜单

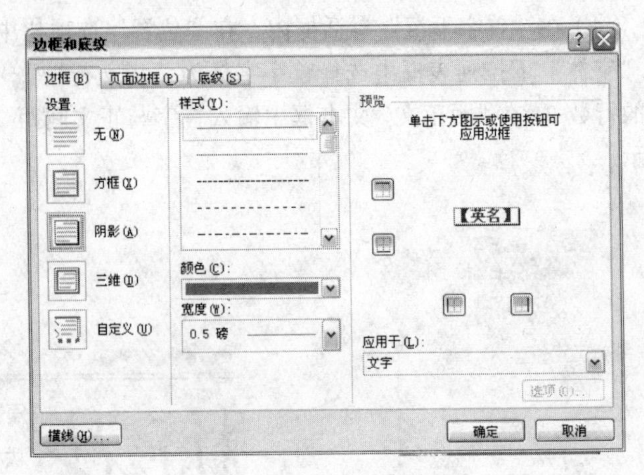

图 4-2-8 “边框和底纹”对话框“边框”选项卡

（4）选中“【英名】”文字，双击“开始”选项卡内“剪贴板”组中的“格式刷”按钮，鼠标指针变为一个刷子形状，拖动要更改格式的由“【 】”括起来的文字，则其他由“【 】”括起来的文字的格式会被“【英名】”源文字的格式取代。

（5）选中“【养殖】”下面的一段文字，调出“边框和底纹”对话框，选中“边框”选项卡，在“设置”栏中，单击选中“三维”边框；在“样式”列表框内选中“ ”选项；在“宽度”下拉列表框中选中“3.0 磅”选项；在“应用于”下拉列表框内选中“段落”选项。“边框和底纹”对话框“边框”选项卡设置如图 4-2-10 所示。

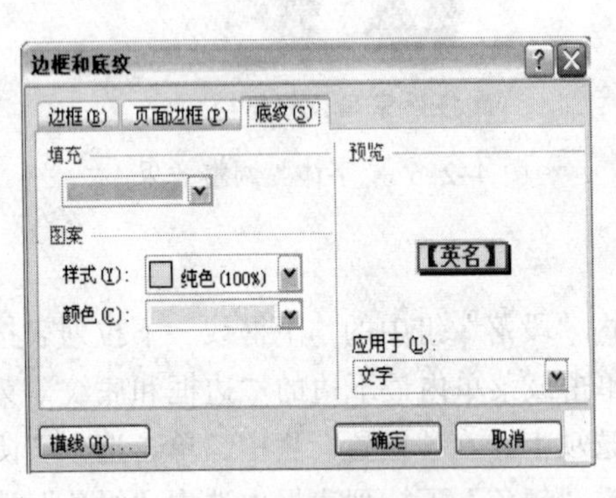

图 4-2-9 “底纹”选项卡

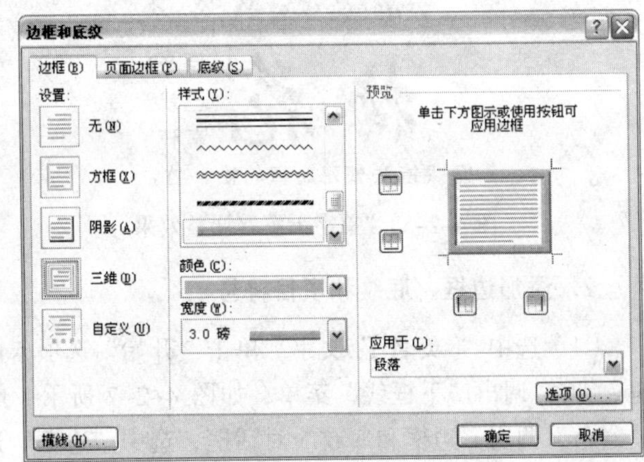

图 4-2-10 “边框和底纹”对话框“边框”选项卡

（6）选中“【品种分类】”下面的“1.”一段文字，单击“开始”选项卡内“段落”组中的“项目符号”下拉列表按钮，调出“项目符号库”列表框，如图 4-2-11 所示，单击其内的图标➢，在该段文字左边显示项目符号➢。

按照上述方法，再给“2.”和“3.”两段文字开始处添加显示项目符号➢。然后删除“1.”、“2.”和“3.”文字。

（7）选中“19 个型别：”下面的几段文字，单击“开始”选项卡内“段落”组中的“编号”下拉列表按钮，调出“最近使用过的编号格式”列表框，单击该列表框中的“文档编号格式”栏内的第 2 个选项，如图 4-2-12 所示。

图 4-2-11　“项目符号库”列表框

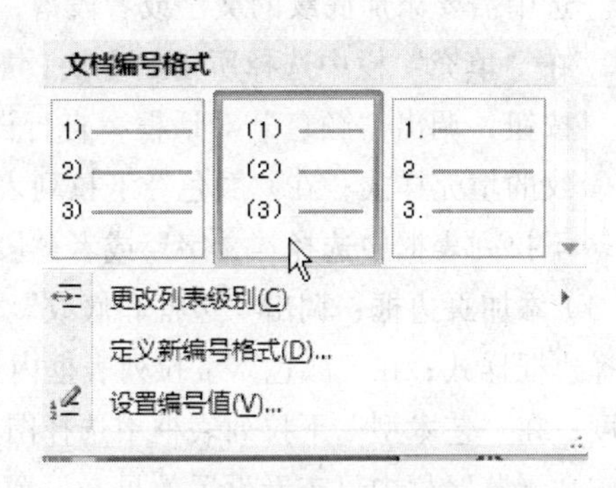

图 4-2-12　“文档编号格式”栏内的第 2 个选项

（8）调出“边框和底纹”对话框，选中“页面边框”选项卡，单击选中“设置”栏中的“方框”边框；在“颜色”下拉列表框内选中“绿色”选项；在“宽度”下拉列表框中选中“20 磅”选项；在“艺术型”下拉列表框中选中花朵选项；在“应用于”下拉列表框中选中“整篇文档”选项，如图 4-2-13 所示。单击“确定”按钮，给整页四周添加一圈小花图案。

图 4-2-13　“边框和底纹”对话框“页面边框”选项卡

相关知识

1．添加边框和底纹

“边框和底纹”对话框可以为选中的文字、段落和页添加边框，为选中的文字和段落添加底纹，以达到美化文章的作用。“边框和底纹”对话框的“边框”选项卡如图 4-2-10 所示，“底纹”选项卡如图 4-2-9 所示，“页面边框”选项卡如图 4-2-13 所示。

（1）添加边框：给文字、段落添加边框的操作方法如下。

◎ 选中需要添加边框的文字或段落，选中“边框和底纹”对话框的“边框”选项卡。

◎ 在“设置”栏中，选择边框样式；在“线型”列表中选择边框线的线型；在“颜色”

下拉列表框中选择边框线的颜色；在“宽度”下拉列表框中选择边框线的宽度；在“应用于”下拉列表框中选择“文字”或者“段落”。

（2）添加底纹：给文字、段落添加底纹的操作方法如下。

◎ 选中需要添加底纹的文字或者段落，选中“边框和底纹”对话框的“底纹”选项卡。

◎ 在“填充”栏中选择所需的色块，如果没有合适的颜色，用户可以单击“其他颜色”按钮，调出“颜色”对话框，自行设置所需的颜色；在“样式”下拉列表框中选择底纹的填充样式；在“颜色”下拉列表框中选择底纹图案中线和点的颜色；在“应用于”下拉列表框中选择“文字”或者“段落”。

（3）添加页边框：调出“边框和底纹”对话框，选中“页面边框”选项卡，在“设置”栏中选择边框样式；在“颜色”下拉列表框内选择边框颜色；在“宽度”下拉列表框中选择边框线宽度；在“艺术型”下拉列表框中选择图案类型。

在“预览”栏中可查看设置效果。设置完成后，单击“确定”按钮。

2．添加项目符号和编号

在编写文章的过程中，经常需要给某些段落编号或添加特殊的符号，以便于他人阅读和理解。因此，Word 2007 为用户提供了项目符号和编号功能。

（1）键盘添加项目符号和编号：可以使用键盘创建项目符号和编号，操作方法如下。

◎ 在第 1 个要添加项目符号或者编号的位置上，输入所需的符号或者起始编号，例如，(1)、%、1. 等。再按一次空格键，继续键入该段的文字。

◎ 在“开始”选项卡内“段落”组中，如果输入的是数字编号，则单击按下“编号”下拉列表按钮；如果输入的是项目符号，则单击按下“项目符号”下拉列表按钮。

◎ 按【Enter】键，Word 2007 会按照键入的符号或者起始编号自动对新产生的段落添加相应的符号或者编号。编号的数字会自动增加。

如果不需要给新段落添加符号或者编号，可以按【Backspace】键删除新段落的项目符号或编号，使其成为普通段落。

（2）使用命令按钮添加项目符号和编号：创建项目符号最快捷的方法是使用“开始”选项卡中“段落”组的相关命令按钮，操作方法如下。

◎ 拖动选中要使用项目符号或者编号的段落，或者将光标定位在它们的左边。

◎ 如果单击“段落”组中的“编号”按钮，则可以给选中的段落添加编号；如果单击“项目符号”按钮，则可以给选中的段落添加特殊的符号。

◎ 再次单击“编号”按钮或者“项目符号”按钮，可以删除被选中段落的编号或者项目符号，使其成为普通段落。

（3）使用对话框定义项目符号：使用“定义新项目符号”对话框，可以精确创建项目符号，还可以自己定义更多形式的项目符号，操作方法如下。

◎ 将光标移至要创建项目符号的位置，或者选中要添加项目符号的段落。

◎ 单击“段落”组中“项目符号”下拉按钮，调出“项目符号”列表框，选择“定义新项目符号”选项，调出“定义新项目符号”对话框，如图 4-2-14 所示。

◎ 单击“字符”按钮，调出“符号”对话框，如图 4-2-15 所示。在列表中选择所需的符号，单击“确定”按钮，返回“定义新项目符号”对话框。选中的项目符号会代替原有的项目符号显示在“项目符号字符”栏中。

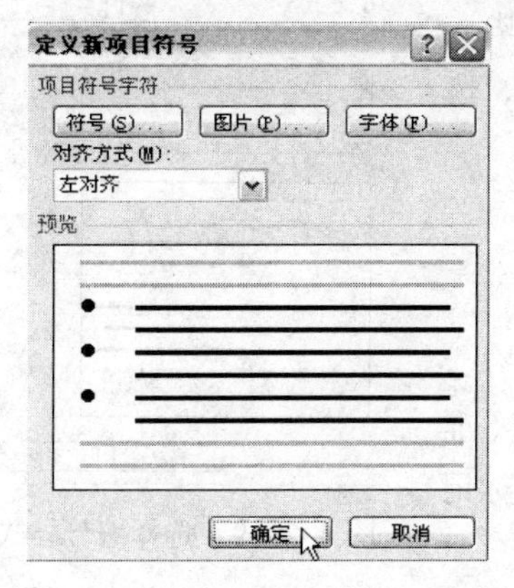

图 4-2-14 “定义新项目符号”对话框

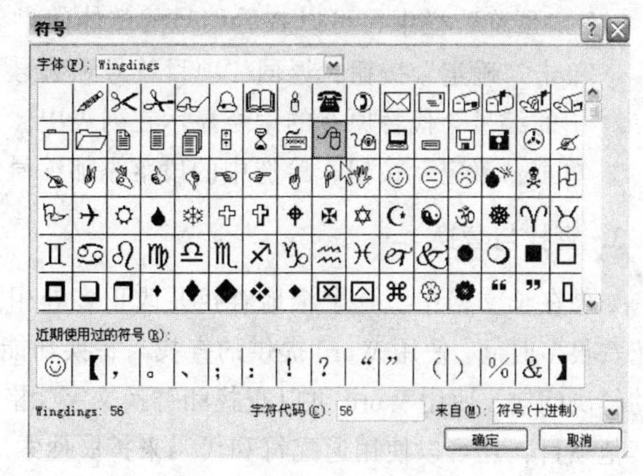

图 4-2-15 “符号”对话框

◎ 单击“图片”按钮，调出“图片项目符号”对话框，如图 4-2-16 所示。在列表中选择所需的图片作为符号，或者单击“导入”按钮，导入其他图片作为符号。单击“确定”按钮，返回“定义新项目符号”对话框。选中的图片项目符号会代替原项目符号。

◎ 单击“字体”按钮，调出“字体”对话框，可以设置项目符号大小、颜色等属性。

◎ 在“对齐方式”下拉列表框中选择所需的对齐方式，在“预览”栏中，可以查看项目符号的整体效果，如图 4-2-17 所示。

◎ 单击“确定”按钮，则选中的段落会添加上新定义的项目符号。

（4）使用对话框创建编号：使用“定义新编号格式”对话框，用户可以精确创建编号，定义更多形式的编号，操作方法如下。

◎ 将光标移至要创建编号的位置，或者选中要添加编号的段落。

◎ 单击“段落”组中“编号”的下拉按钮，调出“编号”列表框，单击“定义新编号格式”选项，调出“定义新编号格式”对话框，如图 4-2-18 所示。

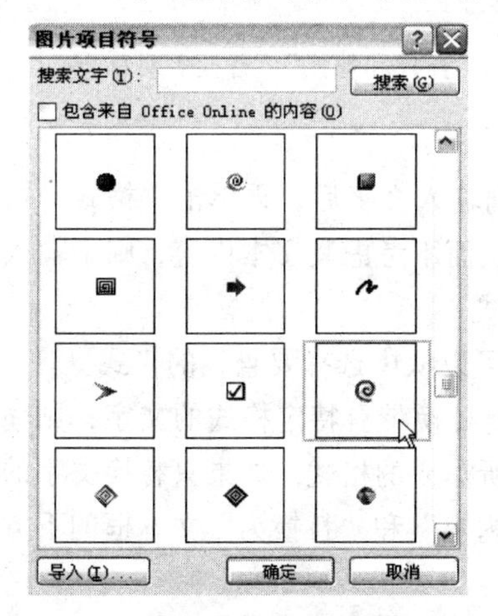

图 4-2-16 “图片项目符号”对话框

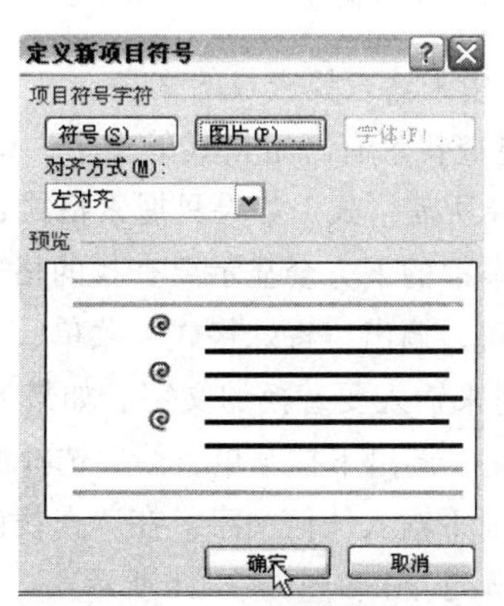

图 4-2-17 “定义新项目符号”对话框

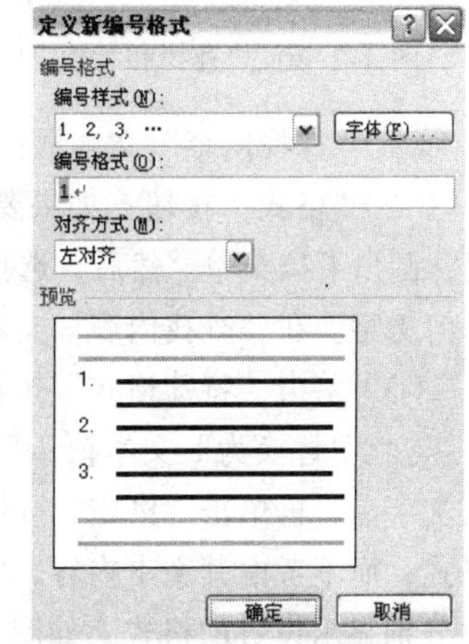

图 4-2-18 “定义新编号格式”对话框

◎ 单击“编号样式”下拉列表框中，可以选择所需编号的格式，如图 4-2-19 所示。

◎ 单击“字体”按钮，调出“字体”对话框，可自行设置编号的大小、颜色等属性。

◎在“预览”栏中，可以查看编号的整体效果。设置完毕，单击“确定”按钮，返回“项目符号和编号”对话框，选中的编号会代替原有的编号显示在列表中。

◎ 单击“确定”按钮，给选中的段落添加编号。

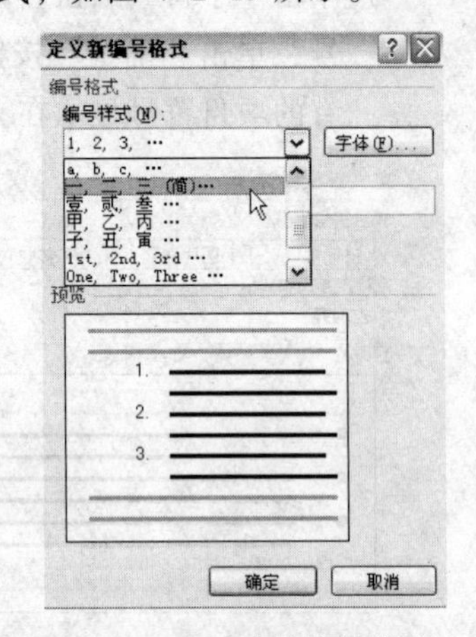

图 4-2-19 选择编号样式

3. 查找与替换

如果在长文档中，一个个地查找并改正多处相同错误内容，会花费很多时间。使用 Word 提供的查找与替换功能可以快速、准确的解决问题。使用 Word 可以查找和替换文字、格式、段落标记和其他项目，还可以使用通配符和代码来扩展搜索。

单击“开始”选项卡内“编辑”组中的“查换”命令按钮，调出“查找和替换”对话框的“查找”选项卡，单击“更多”按钮，展开“查找”选项卡，如图 4-2-20 所示。再切换到“替换”选项卡，如图 4-2-21 示。这两个选项卡内各选项的作用如下。

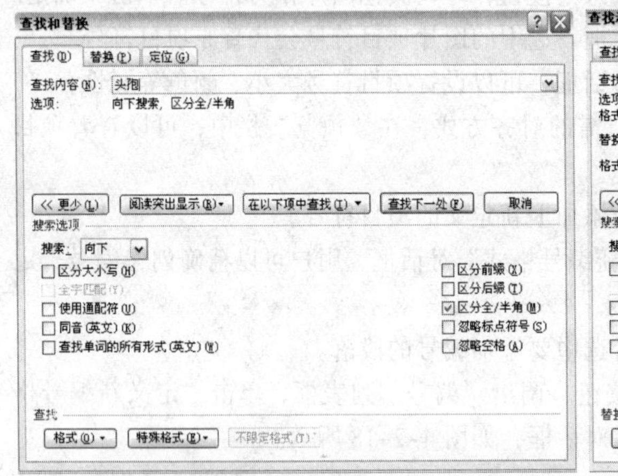

图 4-2-20 “查找和替换”（查找）对话框

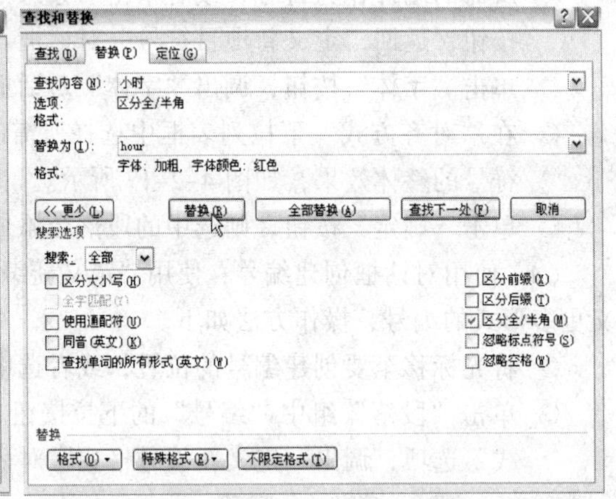

图 4-2-21 “查找和替换”（替换）对话框

（1）“查找内容”文本框：用来输入要查找的文字。

（2）“格式”按钮：如果要查找带有特定格式的文字，则输入文字后，再单击“格式”按钮，调出下拉菜单。然后，选择所需格式。如果只搜索格式，而不考虑其文本内容，则不输入任何文字。在“查找内容”文本框的下方会显示要查找的格式。

（3）单击“特殊格式”按钮，调出“特殊格式”菜单，可以从中选择要查找的格式。

（4）“替换为”文本框：用来输入要替换的文字。如果要替换带有特定格式的文字，则输入文字后，再单击“格式”按钮，调出下拉菜单，然后选择所需要的格式。如果只替换文字的格式，而不考虑其文本内容，则不输入任何文字。在“查找内容”和“替换为”文本框的下方会分别显示设置的格式，如图 4-2-20 和图 4-2-21 所示。

（5）“搜索”下拉列表框：用来选择查找范围，有“全部”、“向上”和“向下”3 个选项。

（6）几个复选框的作用如下。

◎"区分大小写"复选框：选中后，在查找时可以区分英文字母的大小写。

◎"全字匹配"复选框：选中后，只查找与查找内容匹配的单词，否则查找包含该内容的文本。

◎"使用通配符"复选框：选中后，在查找文本时可以使用通配符。

◎"同音英文"复选框：选中后，可以查找与输入单词同音的所有单词。

◎"区分全/半角"复选框：选中它后，在查找时可以区分全角和半角字符。

◎ "查找单词的所有形式（英文）"复选框：选中后，可以查找输入单词的所有形式。

（7）"查找下一处"按钮：单击该按钮后，Word 会自动在文档中查找，如果找到一样的内容后，会反白显示查找到的内容。再次单击"查找下一处"按钮，Word 会自动在文档中继续查找下一个同样的内容。如果没有相同的内容，会提示用户查找完毕。

（8）"替换"按钮：单击该按钮后，Word 会自动在文档中查找，如果找到一样的内容，则将该内容替换为设置的内容，并反白显示。

（9）"全部替换"按钮：单击该按钮后，Word 会自动替换文档中所有符合设置的文本。

（10）通配符：Word 的查找功能不但支持像"*"和"?"这样的常见通配符，还支持"[]"、"@"等不常见的通配符，操作方法如下。

将光标移动到"查找内容"文本框中，单击"特殊格式"按钮，调出下拉菜单，单击所需的通配符，如图 4-2-23 所示，然后在"查找内容"框键入要查找的其他文字。或者在"查找内容"文本框中直接输入通配符。通配符及其作用如表 4-2-1 所示。

表 4-2-1　常用通配符及其作用

通配符	作　用	举　　例
?	代表任意单个字符	"?经理"可以代表"总经理"或者"副经理"等
*	代表一串字符	"*经理"可以代表"总经理"或者"部门经理"等
[]	代表指定字符之一	"[总副]经理"只可以代表"总经理"或者"副经理"
@	代表一个以上的前一个字符	"Zo@m"可以代表"Zoom"或者"Zooom"等
<	代表单词的开头	"<(inter)" 可以代表"intersection"或者"interruppt"等，但是不能代表"splintered"
>	代表单词的结尾	"(in)>"可以代表"in"或者"within"等，但是不能代表"interesting"

如果要替换为其他的内容，则选中"替换"选项卡，在"查找内容"文本框中输入通配符，然后在"替换为"中输入要替换的内容。此外，使用括号对通配符和文字进行分组，以指明处理次序，例如，可以通过输入"<(pre)*(ed)>"来查找"presorted"或者"prevented"等单词。

思考练习 4-2

（1）将思考练习 4-1 中的"头孢克洛分散片"药品说明文档进行美化。

（2）将思考练习 4-1 中的"牡丹花简介"文档进行美化。

4.3 【案例 17】美化“梅花简介”文档 2

案例描述

对上一节的“梅花简介”文档进一步美化，进行段落格式的设置，部分段落两栏显示，将美化分类名称通过制表符对齐，如图 4-3-1 所示。通过本案例，可以掌握利用“段落”对话框和“段落”组进行段落格式设置，使用水平标尺和“制表符”对话框调整段落、制作和应用制表符等。

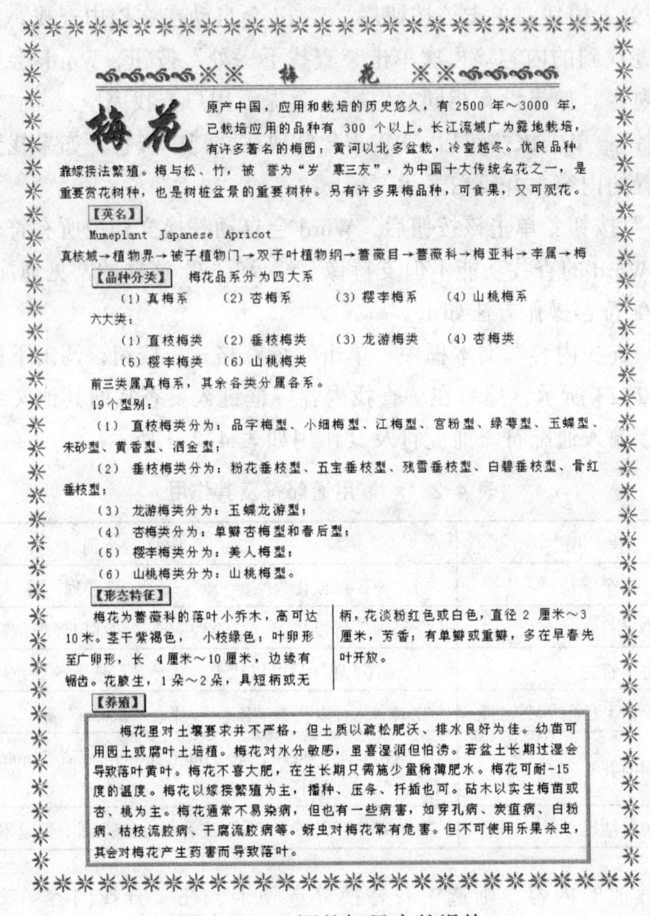

梅 花

梅花原产中国，应用和栽培的历史悠久，有 2500 年～3000 年，已栽培应用的品种有 300 个以上。长江流域广为露地栽培，有许多著名的梅园；黄河以北多盆栽，冷室越冬。优良品种靠嫁接法繁殖。梅与松、竹，被 誉为“岁 寒三友”，为中国十大传统名花之一，是重要赏花树种，也是树桩盆景的重要树种。另有许多果梅品种，可食果，又可观花。

【英名】

Mumeplant Japanese Apricot

真核域→植物界→被子植物门→双子叶植物纲→蔷薇目→蔷薇科→梅亚科→李属→梅

【品种分类】 梅花品系分为四大系

(1) 真梅系　(2) 杏梅系　(3) 樱李梅系　(4) 山桃梅系

六大类：

(1) 直枝梅类　(2) 垂枝梅类　(3) 龙游梅类　(4) 杏梅类

(5) 樱李梅类　(6) 山桃梅类

前三类属真梅系，其余各类分属各系。

19 个型别：

(1) 直枝梅类分为：品字梅型、小细梅型、江梅型、宫粉型、绿萼型、玉蝶型、朱砂型、黄香型、酒金型；

(2) 垂枝梅类分为：粉花垂枝型、五宝垂枝型、残雪垂枝型、白碧垂枝型、骨红垂枝型；

(3) 龙游梅类分为：玉蝶龙游型；

(4) 杏梅类分为：单瓣杏梅型和春后型；

(5) 樱李梅类分为：美人梅型；

(6) 山桃梅类分为：山桃梅型。

【形态特征】

梅花为蔷薇科的落叶小乔木，高可达 10 米。茎干紫褐色， 小枝绿色；叶卵形至广卵形，长 4 厘米～10 厘米，边缘有锯齿。花腋生，1 朵～2 朵，具短柄或无柄，花淡粉红色或白色，直径 2 厘米～3 厘米，芳香；有单瓣或重瓣，多在早春先叶开放。

【养殖】

梅花虽对土壤要求并不严格，但土质以疏松肥沃、排水良好为佳。幼苗可用园土或腐叶土培植。梅花对水分敏感，虽喜湿润但怕涝。若盆土长期过湿会导致落叶黄叶。梅花不喜大肥，在生长期只需施少量稀薄肥水。梅花可耐-15 度的温度。梅花以嫁接繁殖为主，播种、压条、扦插也可。砧木以实生梅苗或杏、桃为主。梅花通常不易染病，但也有一些病害，如穿孔病、炭疽病、白粉病、枯枝流胶病、干腐流胶病等。蚜虫对梅花常有危害。但不可使用乐果杀虫，其会对梅花产生药害而导致落叶。

图 4-3-1 调整标尺中的滑块

设计过程

1. 段落格式设置

（1）打开“【案例 16】梅花简介 1.doc”文档，以名称“【案例 17】梅花简介 2.doc”另存。单击选中“视图”选项卡中“显示/隐藏”组内的“标尺”复选框，显示标尺。

（2）拖动选中最后一个段落，拖动调整水平标尺左上角的“悬挂缩进”滑块，使它移到“2”处；拖动调整水平标尺左上角的“首行缩进”滑块，使它移到“4”处；拖动调整水平标尺右上角的“右缩进”滑块，使它移到“38”处。按住 Alt 键同时拖动滑块可微调滑块位置，如图 4-3-2 所示。

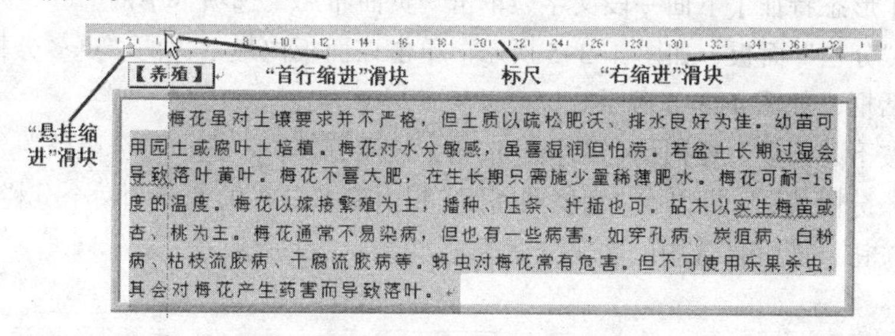

图 4-3-2　调整标尺中的滑块

（3）单击“开始”选项卡中“段落”组对话框启动器按钮，调出“段落”对话框，切换到“缩进和间距”选项卡，如图 4-3-2 所示。在“特殊格式”下拉列表框中，选中“首行缩进”选项；在“磅值”数值框中输入“2 字符”；在“左侧”数值框内输入 2 字符；在“右侧”数值框内输入 0.75 厘米；在“行距”下拉列表框内选择“固定值”选项，在“设定值”数值框内输入 17 磅；在“段前”和“段后”数值框内分别输入 0。其他设置如图 4-3-3 所示。

（4）单击“换行和分页”标签，切换到“换行和分页”选项卡，设置如图 4-3-4 所示。

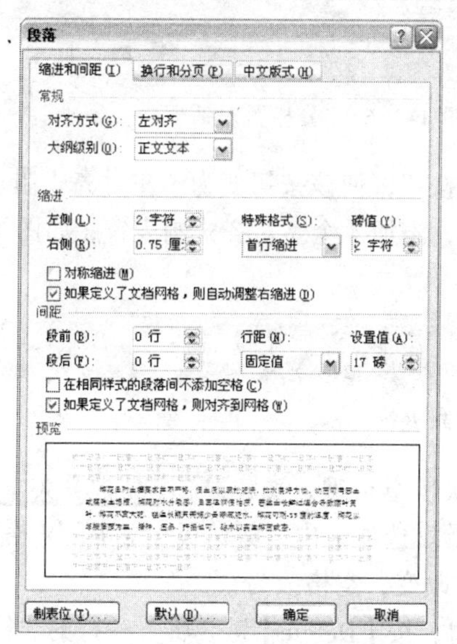

图 4-3-3　“缩进和间距”选项卡

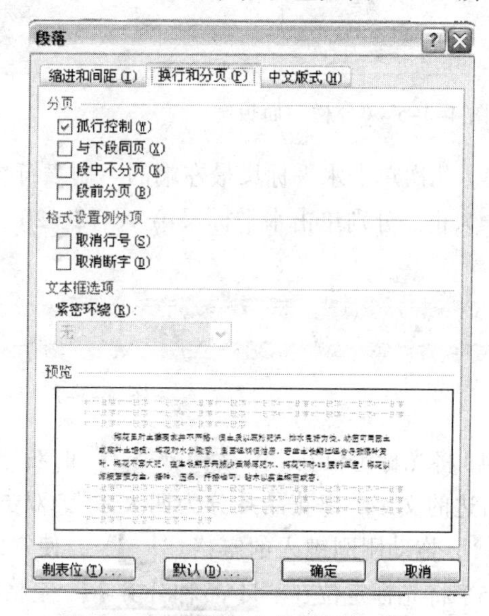

图 4-3-4　“换行和分页”选项卡

（5）选中【品种分类】下面的几段文字，调出“段落”对话框，切换到“缩进和间距”选项卡，在“特殊格式”下拉列表框中，选中“悬挂缩进”选项；在“磅值”数值框中输入“2 字符”；在“左侧”和“右侧”数值框内输入 0；在“行距”下拉列表框内选择“单倍行距”选项，在“设定值”、“段前”和“段后”数值框内分别输入 0。

（6）按照上述方法，继续调整各段的段落格式，名段的“特殊格式”下拉列表框内均选中“首行缩进”选项；在“磅值”数值框中输入“2 字符”；在“行距”下拉列表框内均选择“单倍行距”选项。将第 1 段落下面的空行删除。

2．分栏和制表符对齐

（1）选中【形态特征】下面一段文字，单击“页面布局”选项卡中的“分栏”下拉列表按钮，调出它的“分栏”面板，如图 4-3-5 所示。单击该面板内最下边的“更多分栏”选项，调出“分栏”对话框，如图 4-3-6 所示。

（2）单击按下“预设”栏内的“两栏”按钮，表示分两栏；选中“分隔线”复选框，在分栏之间添加一条分隔线；还可以在“宽度和间距”栏内调整分栏的宽度和两个分栏之间的距离。单击“确定”按钮，即可将选中的文字分两栏，如图 4-3-1 所示。

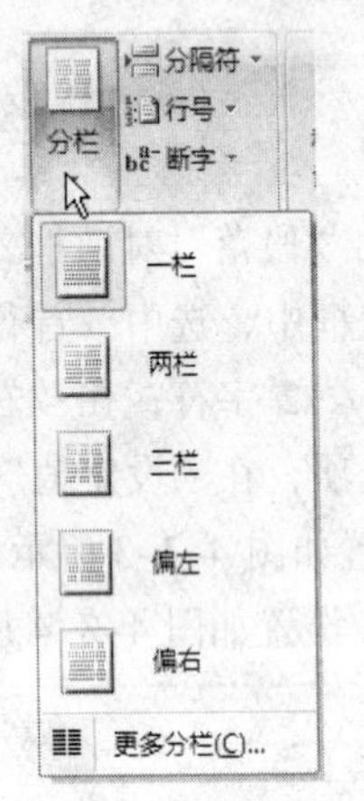

图 4-3-5 “分栏”面板

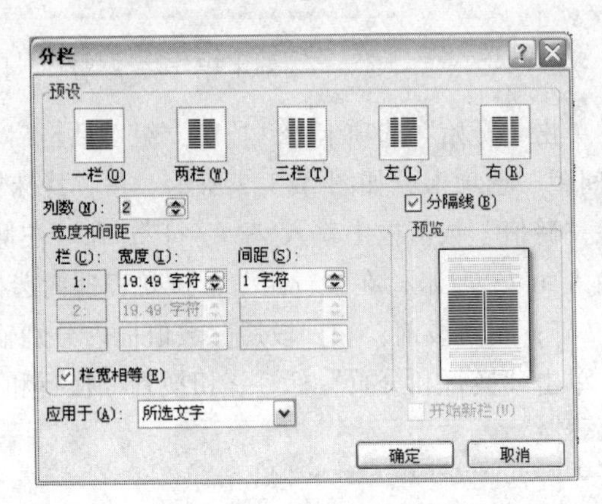

图 4-3-6 “分栏”对话框

（3）几次单击水平标尺最左端的“制表符类型”按钮，使该按钮变为“左对齐式制表符”按钮为止。分别单击水平标尺第 4、12、20、28 处，添加 4 个左对齐式制表符，如图 4-3-7 所示。

图 4-3-7 标尺上的制表符

（4）将光标定位在“【品种分类】”的右边，两次按空格键，效果为“【品种分类】 ”，选中后边的文字“梅花品系分为四大系”，双击“开始”选项卡内“剪贴板”组中的“格式刷”按钮，拖动刚刚键入的空格“ ”，使它的格式改变，空格改为“ ”。

（5）将光标定位在“【品种分类】”空格的右边，按【Delete】键，将下一行的“梅花品系分为四大系”文字移到“【品种分类】”的右边，同时删除其下一行。

（6）将鼠标指针定位在“梅花品系分为四大系”文字下边文字中“（1）”的左边，按【Tab】键，使这行文字自动移动到第 1 个制表符标示的位置处；再将鼠标指针定位在“（2）杏梅系”左边，再次按【Tab】键，使“（2）杏梅系”文字移到下一个制表符标示的位置处。重复上面的操作，将该段文字设置成如图 4-3-8 所示的效果。

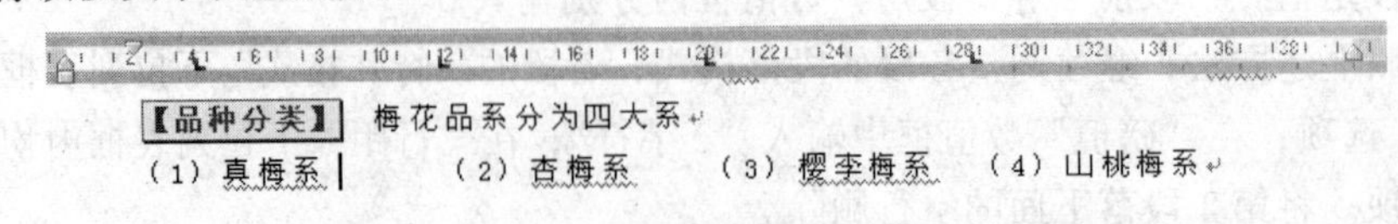

图 4-3-8 文字定位到制表符标示的位置处

（7）将光标定位到“（4）杏梅类”文字的右边，按【Enter】键，使后边的文字另起一段。然后，按照上述方法，在水平标尺第 4、12、20、28 处设置 4 个制表符，再将两段文字定位到不同的制表符标示的位置处，如图 4-3-1 所示。

（8）文档的最终效果如图 4-3-1 所示。单击“保存”按钮，将修改后的文档保存。

相关知识

将一个段落作为编辑对象进行处理时，段落可以看成两个段落标记之间的内容。设置段落格式的方法有“段落”组命令、“段落”对话框和水平标尺 3 种，分别介绍如下。

1.“段落”组命令

单击“开始”选项卡“段落”组中的与设置段落格式相关的“段落”组命令按钮，可以简单地设置段落格式，各命令按钮的功能如下。

（1）“左对齐”按钮：使选中段落的各行文字的左边缘对齐。

（2）“居中”按钮：使选中段落的各行文字在其所在行居中对齐。

（3）“右对齐”按钮：使选中段落的各行文字的右边缘对齐。

（4）“两端对齐”按钮：同时将选中的文字左右两端对齐，并根据需要增加字间距，使页面左右两侧形成整齐的外观。

（5）“分散对齐”按钮：调整选中段落的各行文字的水平间距，使其均匀分布在行内。

（6）“行距”按钮：可以按当前的行距调整选中段落各行间距，可设置当前行距。

（7）“减少缩进量”按钮：光标所在段落或者选中行所在段落的所有行，包括没有选中的行，都向左移动一个固定数值的缩进量。

（8）“增加缩进量”按钮：光标所在段落或者选中行所在段落的所有行，包括没有选中的行，都向右移动一个固定数值的缩进量。

2.“段落”对话框

利用该对话框可以全面、精确地设置段落的格式。将光标移动到要设置格式的段落，或者选中要设置格式的多个段落，然后单击“开始”选项卡中的“段落”组按钮，调出“段落”对话框的“缩进和间距”选项卡，如图 4-3-3 所示。该对话框内各选项的作用如下。

（1）“对齐方式”下拉列表框：可以设置段落的对齐方式。

（2）“大纲级别”下拉列表框：可以选择段落所对应的大纲级别。

（3）“缩进”栏：“左侧”和“右侧”数值框用来输入段落与左右页边距的缩进量；“特殊格式”下拉列表框有“无”、“首行缩进”和“悬挂缩进”选项，用来设置段落格式。如果选中后两者中的一项，则可以在“度量值”数值框中输入缩进值。

（4）“间距”栏：“段前”和“段后”数值框用来设置段落与其前后段落之间的间距；“行距”下拉列表框用来设置行间距；选中“固定值”项，可在“设置值”数值框中设定距离值。

（5）“预览”区：用来查看设置的效果。

3. 使用标尺的缩进标记

分别拖动水平标尺上的 4 个标记（如图 4-3-2 所示）可以直接调整段落左边或者右边的缩

进量。按住 Alt 键拖动标记可以进行微调。4 个标记的作用如下。

（1）“首行缩进”标记：设置光标所在段落首行的左缩进量。

（2）“悬挂缩进”标记：设置光标所在段落除首行外所有文本行的左缩进量。

（3）“左缩进”标记：设置光标所在段落所有文本行的左缩进量。

（4）“右缩进”标记：设置光标所在段落所有文本行的右缩进量。

4. 使用水平标尺设置制表符

制表符主要用于段落格式的排版，如缩进、对齐文本等。制表符可以在水平标尺内设置，也可以使用“制表符”对话框精确设置制表符。

在设置制表符之前，必须要先选中制表符的类型。在水平标尺的最左边有一个按钮，此按钮称为“制表符类型”按钮。Word 默认的制表符是“左对齐式制表符”按钮。每单击该按钮一次，其制表符就会按照“居中式制表符”┻、“右对齐式制表符”┛、“小数点对齐式制表符”┻、“竖线对齐式制表符”┃和“左对齐式制表符”按钮┗的顺序循环改变。

（1）在水平标尺内设置制表符，方法如下。

◎ 在水平标尺上想要添加制表符的位置单击，制表符标记就出现在标尺上。

◎ 在调整某个制表符时，拖动鼠标的同时可以按住【Alt】键，进行较精确的微调。

◎ 完成制表符后，在当前行中输入文本，再按【Tab】键，光标会自动移动到下一个制表符标示的位置处。

◎ 如果需要删除某个制表符，可以将该制表符拖动出标尺即可。

（2）使用“制表符”对话框设置制表符，方法如下。

◎ 双击任意“制表符”，调出“制表位”对话框。

◎ 在“制表符位置”文本框中输入要添加制表符的位置数值。

◎ 在“对齐方式”栏中选中所需的对齐方式单选按钮。在“前导符”栏中选择一种制表符前导符。所谓前导符就是填充制表符前空白位置的符号。

◎ 单击“设置”按钮，即可在指定位置添加指定的制表符。

◎ 重复上面的步骤，可以设置多个制表符。完成设置后，单击“确定”按钮。

5. 分栏

所谓分栏就是将一段文字分成并排的几栏，文字内容只有当填满第一栏后才移到下一栏。分栏广泛应用于报纸、杂志等内容的排版中，操作方法如下。

（1）因为只有“页面视图”和“阅读版式视图”方式下才能真实地显示分栏效果，所以在分栏前要单击按下“视图”选项卡内的“页面视图”按钮，切换到“页面视图”方式。

（2）选中要进行分栏的文字内容，否则 Word 默认将整个文档内容进行分栏。

（3）在“页面布局”选项卡内“页面设置”组中，单击“分栏”按钮，调出它的“分栏”面板，如图 4-3-5 所示，可选择预设的分栏格式，进行简易的等宽栏分栏操作。单击“更多分栏”选项，可调出“分栏”对话框，如图 4-3-6 所示，对选中文字进行精确分栏。

（4）在“分栏”对话框内的“预设”栏中，选择分栏的方式，共有 5 种形式。如果选中“一栏”选项，则表示取消原有的分栏效果，恢复到普通的段落格式。

在“列数”数值框中选择要分的栏数。如果选中“栏宽相等”复选框，则 Word 会根据页面的宽度自行设定平均分配栏的宽度。如果不选中“栏宽相等”复选框，可以在“宽度和间距”栏中自行设置每栏的宽度和栏与栏之间的距离。选中“分隔线”复选框，可以在栏与栏之间添加线段。

（5）在“预览”栏中，可以查看设置的效果。在“应用范围”下拉列表框中，可以选择“整篇文档”、“插入点之后”或者“本节”选项。如果在打开对话框之前已选中了文档内容，此操作可省略。

（6）设置完成后，单击“确定”按钮，即可完成分栏任务。

思考练习 4-3

（1）制作一个“新闻稿”文档，要求设置段落格式、使用项目符号或编号。

（2）制作一个文档，介绍个人的兴趣和爱好，要求使用制表符、编号和分栏功能。

4.4　综合实训 4——荷花简介

实训效果

本实训要求制作一个名称为“荷花简介”的文档。具体要求如下。

（1）介绍荷花的生物学分类、品种分类、荷花分布、荷花养护和荷的起源等内容。

（2）文档中应有特殊字符、首字下沉、项目符号、文字边框、页边框、底纹、制表符对齐、分栏等技术内容。

实训提示

（1）首先上网搜索和下载有关荷花的文字介绍，然后重新编辑“荷花简介”文字。

（2）在“荷花简介”文字基础之上按照本案例的技术要求加工编辑文字。

实训测评

能力分类	能　　　力	评　分
职业能力	光标定位，选中、移动、复制、删除文本，撤销与恢复操作	
	设置字体，首字下沉，查找与替换	
	添加边框、底纹和项目符号	
	段落格式设置，标尺的缩进标记，水平标尺设置制表符，分栏	
通用能力	自学能力、总结能力、合作能力、创造能力等	
能力综合评价		

第 5 章　Word 2007 表格编辑

本章通过创建和编辑几个含有表格的文档，介绍了几种创建和编辑表格的方法，给表格添加边框和底纹的方法，表格内数据的计算和排序的方法，创建图标的方法等。

5.1 【案例 18】课程表

案例描述

本案例将使用 Word 2007 制作一个“课程表”文档，如图 5-1-1 所示。制作该文档需要先创建一个 6 行、6 列的表格，再在表格内输入文字，然后给表格添加边框和底纹。

表格的使用在于把文档某些部分的内容加以分类，使内容表达更准确、清楚和有条理。在 Word 2007 中，表格的创建可以使用“插入”选项卡的“表格”组内的“插入表格”工具和“插入表格”对话框和应用“表格库”的方法。创建后的表格还可以根据自己的需要添加或删除。表格中的行、列和单元格也可以添加或删除。表格中的文本编辑与普通文本编辑一样，也可以改变文本的字号、字体、颜色和位置等等。通过本案例，可以掌握创建表格的方法和一些表格编辑的方法。

课　程　表

	星期一	星期二	星期三	星期四	星期五
第 1 节	数学	语文	外语	外语	数学
第 2 节	数学	语文	外语	外语	数学
第 3 节	外语	物理	数学	语文	物理
第 4 节	外语	化学	数学	语文	化学
第 5 节	政治	体育	政治	自习	体育

图 5-1-1　“课程表”文档

设计过程

1. 创建表格

（1）新建一个空白文档。单击“页面布局”标签，切换到“页面布局”选项卡。单击“页面设置”组内右下角的按钮，调出“页面设置”对话框，进行页面设置。然后，再以名称“【案例 18】课程表.doc”保存在“案例”文件夹内。

（2）在第 1 行居中的位置输入“课　　程　　表”文字，选中文字。再调出“字体”对话框，利用该对话框设置文字颜色为红色、华文楷体、加粗和“阴影”效果。

（3）使用“表格”菜单创建表格：可以快速创建高度和宽度为固定值的表格，方法如下。

◎ 将光标移动到要插入表格的位置。单击“插入”选项卡中的“表格”组按钮，调出“表格”菜单，其中有一个 10×8 的网格和一些菜单命令。

◎ 在网格中向右下方拖动，深色的方格表示要创建表格的行、列数 6×6 的网格，如图 5-1-2 所示。松开鼠标左键，即可在光标处创建 6×6 的表格，如图 5-1-3 所示。

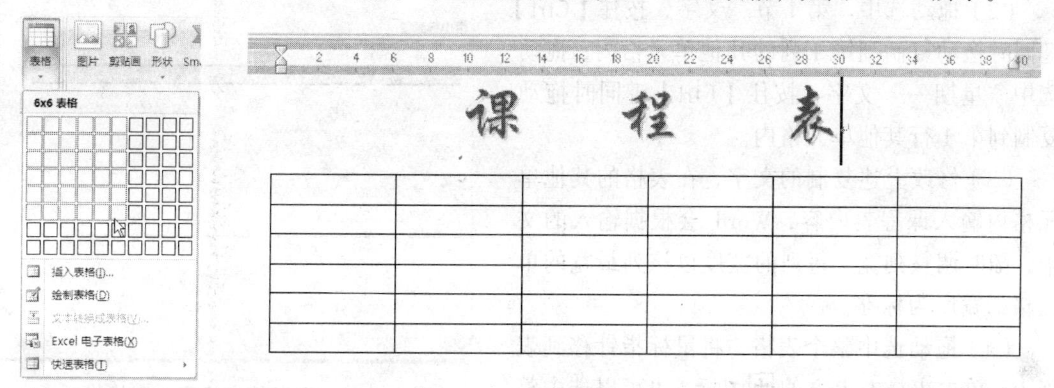

图 5-1-2　“表格”菜单　　　　图 5-1-3　6×6 的表格

（4）使用“插入表格”对话框创建表格：可以创建宽度可以设置的表格。方法如下。

◎ 将光标移动到要插入表格的位置。单击“插入”选项卡中的“表格”组按钮，调出“表格”菜单，如图 5-1-2 所示。选择其内的“插入表格”菜单命令，调出“插入表格”对话框，如图 5-1-4 所示。

◎ 在“表格尺寸”栏中的“列数”和“行数”数值框中分别输入表格的列数 6 和行数 6。

◎ 在“‘自动调整’操作”栏中，如果选中“固定列宽”单选按钮，可以在其右边的数值选择框中，输入所需的列宽值；如果选中“根据内容调整表格”单选按钮，Word 将会根据单元格输入文字的数量，随时调整列宽；如果选中“根据窗口调整表格”单选按钮，Word 将自动调整表格大小，以便能置于窗口中。如果窗口的大小发生了变化，则表格的大小可根据变化后的窗口自动调整。如果选中“为新表格记忆此尺寸”复选框，则之后新建的表格将使用当前设置的尺寸。完成设置后，单击“确定”按钮，即可创建表格。

图 5-1-4　“插入表格”对话框

（5）使用“表格模板”对话框创建表格：使用表格模板可以插入基于一组预先设好格式的表格，包含示例数据，并同时设置表格的外观。方法如下。

将光标移动到要插入表格的位置。单击“插入”选项卡中的“表格”组按钮，调出“表格”菜单，如图 5-1-2 所示。将鼠标指针移到“快速表格”菜单命令之上，即可显示内置的表格库，即表格模板，如图 5-1-5 所示。单击选中一种表格，即可在光标处创建一个选中样式的表格。然后，可以输入所需的表格数据，替换模板中的数据。

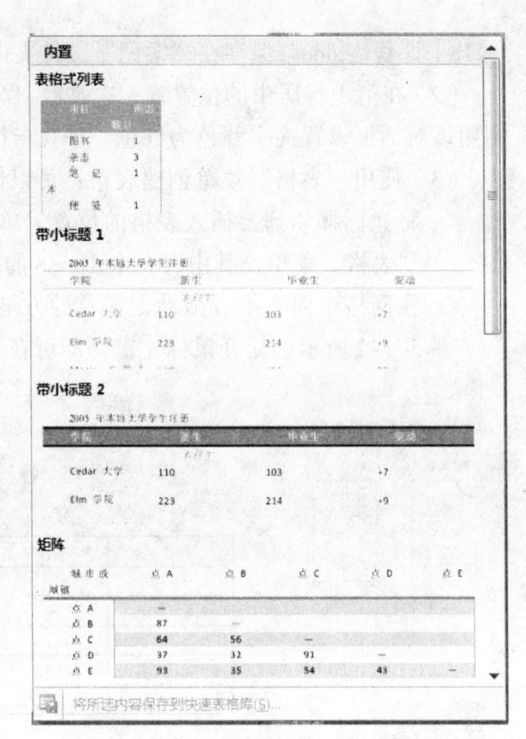

图 5-1-5　内置的表格库（表格模板）

2. 在表格内输入文字

（1）单击表格第 2 行第 1 列单元格内，使光标定位在该单元格内，输入“第 1 节”。单击表格第 1 行第 2 列单元格内，使光标定位在该单元格内，输入“星期一”。

（2）拖动选中“第 1 节”文字，按住【Ctrl】键同时拖动复制到第 1 列的其他单元格内；拖动选中“星期一”文字，按住【Ctrl】键同时拖动复制到第 1 行其他单元格内。

（3）修改上述复制的文字，在表格的其他单元格内输入课程表内容，Word 会根据输入的文本，随时调整列宽。每列的宽度以该列最宽的单元格的宽度为标准。

（4）拖动选中整个表格，将鼠标指针移到表格上，单击表格左上方的⊞图标，也可以选中整个表格，如图 5-1-6 所示。

（5）右击选中的表格，调出它的“表格”快捷菜单。选择该菜单内的“自动调整”→“根据窗口调整表格菜单”菜单命令，如图 5-1-7 所示。Word 会根据页面的大小按比例自动调整表格的列宽。选择“表格”快捷菜单中的“单元格对齐方式”→“水平居中”图标，如图 5-1-8 所示，使表格内各单元格中的文字相对于单元格水平居中。

	星期一	星期二	星期三	星期四	星期五
第 1 节	数学	语文	外语	外语	数学
第 2 节	数学	语文	外语	外语	数学
第 3 节	外语	物理	数学	语文	物理
第 4 节	外语	化学	数学	语文	化学
第 5 节	政治	体育	政治	自习	体育

图 5-1-6　调整表格列宽

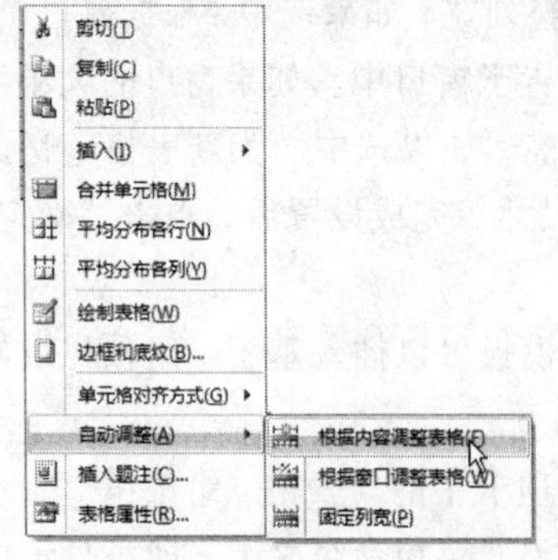

图 5-1-7　“表格”快捷菜单

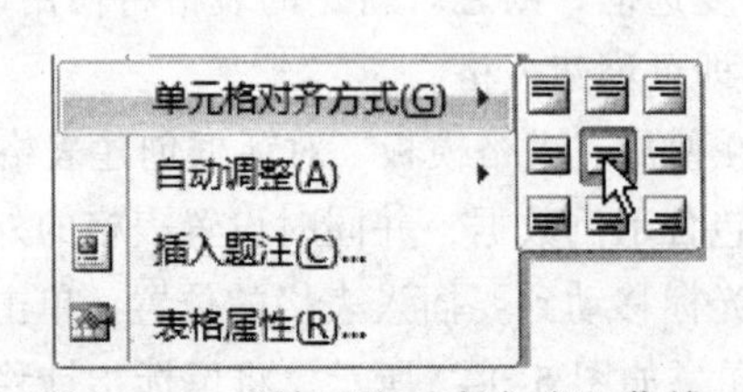

图 5-1-8　“单元格对齐方式”菜单

（6）将鼠标指针移到表格首行左边的空白上，鼠标指针变成↗形状后，单击选中该行。改变该行文字的字体为“楷体_GB2312”、字号为“小四”、加粗和字体颜色为蓝色，如图 5-1-9 所示。

	星期一	星期二	星期三	星期四	星期五
第 1 节	数学	语文	外语	外语	数学

图 5-1-9　选中表格首行并调整字体

（7）将鼠标移到表格第 1 列上方，鼠标指针变成⬇形状后，单击鼠标选中该列。改变该列文字的字体为“楷体_GB2312”、字号为“五号”、加粗和颜色为蓝色，如图 5-1-10 所示。

（8）将鼠标指针移到第 2 行第 2 列单元格内偏左的位置，鼠标指针变成↗形状后，拖动鼠标选中除首行首列以外的所有单元格。改变文字的字体为“宋体”、字号为“五号”，如图 5-1-11 所示。最后加工完的效果如图 5-1-1 所示。

第 1 节
第 2 节
第 3 节
第 4 节
第 5 节

图 5-1-10　选中表格第 1 列

星期一	星期二	星期三	星期四	星期五
数学	语文	外语	外语	数学
数学	语文	外语	外语	数学
外语	物理	数学	语文	物理
外语	化学	数学	语文	化学
政治	体育	政治	自习	体育

图 5-1-11　选中表格的部分单元格并调整字体

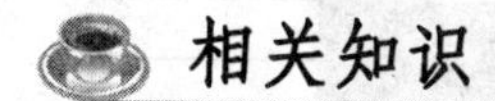

相关知识

1. 表格中移动光标和选中表格

（1）在表格中移动光标：最简单的方法是使用鼠标移动光标，只要将鼠标指针置于所需的位置，再单击鼠标即可。当然也可以使用键盘来移动光标。表 5-1-1 列举了一些常用按键及其功能。

表 5-1-1　常用按键及其功能

按键或组合键	功　　能
Tab	移动到下一个单元格内
Shift+Tab	移动到上一个单元格内
Alt+Home	移动到本行的第一个单元格内
Alt+End	移动到本行的最后一个单元格内
Alt+Page Up	移动到本列的第一个单元格内
Alt+Page Down	移动到本列的最后一个单元格内

（2）在表格中选中文字：可以像在文档中选中文字那样，拖动选中文字。

（3）选中表格：将鼠标指针移动到表格上，表格左上方会显示移动控点⊞，单击该控点可以选中整个表格。或者将光标移动到要选中行中的任意单元格内，然后单击“表格工具”按钮，选中“布局”选项卡，单击“表”组中的“选择”按钮，调出“选择”菜单，如图 5-1-12 所示，选择该菜单内的“选择表格”菜单命令，Word 会自动选中光标所在的整个表格。

（4）选中行：将鼠标移动到要选中行左边的空白选中区上，当鼠标指针变成↗形状时，单击选中该行，如图 5-1-13 所示。垂直拖动鼠标可以选中多个行。或者将光标移动到要选中行中的任意单元格内，选择图 5-1-12 所示的“选择”菜单内的“选择行”菜单命令，Word 会自动选中光标所在的行。

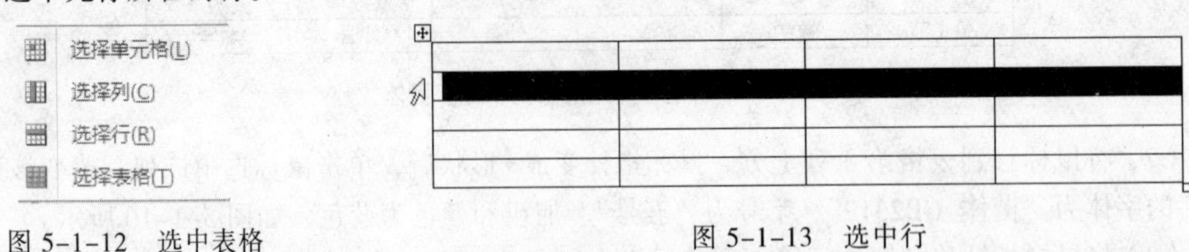

图 5-1-12　选中表格　　　　图 5-1-13　选中行

（5）选中列：将鼠标指针移到要选中列的上方，当鼠标指针变成⬇形状时，单击选中该列，如图 5-1-14 所示。水平拖动鼠标可以选中多个列。或者将光标移动到要选中行中的任意单元格内，选择如图 5-1-12 所示的“选择”菜单内的“选择列”菜单命令，会自动选中光标所在的列。

（6）选中单元格：将鼠标指针移动到要选中单元格内偏左的位置，当鼠标指针变成⬈形状时，单击鼠标选中该单元格，拖动鼠标可以选中多个单元格，如图 5-1-15 所示。或者将光标移动到要选中行中的任意单元格内，选择如图 5-1-12 所示的“选择”菜单内的“选择单元格”菜单命令，Word 会自动选中光标所在的单元格。

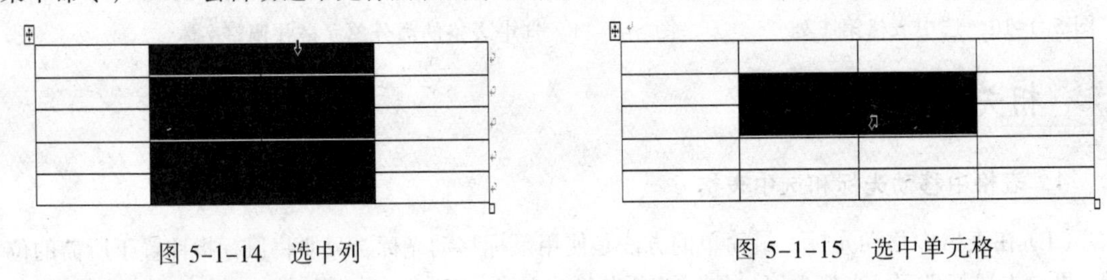

图 5-1-14　选中列　　　　图 5-1-15　选中单元格

2. 插入行、列和单元格

用户可以在表格中添加任意多个行或列，插入行和列的操作方法有多种，介绍如下。

（1）使用工具按钮：选中要插入行的下方，单击“表格工具”按钮，选中“布局”选项卡，单击“行和列”组中的“在上方插入”按钮，就可以在选中行的上方插入一空白行。或者选中要插入行的上方，单击“在下方插入”按钮，就可以在选中行的下方插入一空白行。

（2）使用右键菜单：右击选中的行，调出它的快捷菜单，如图 5-1-7 所示。选择该菜单中的“插入”菜单命令，调出它的“插入”菜单，如图 5-1-16 所示，选择“插入”→“在下方插入行”菜单命令，即可在选中行的下方插入一空白行。

（3）使用对话框：选中要插入行的下方，单击“表格工具”按钮，选中“布局”选项卡，单击“行和列”对话框启动按钮，调出“插入单元格”对话框，如图 5-1-17 所示。选中“整行插入”单选按钮，单击“确定”按钮，即可在选中行的上边插入一个空行。

（4）一次插入多个空白行：选中同等数量的行，再按照步骤（1）、（2）或（3）操作。

（5）插入空白列：在表格中选中一列或多个列，其他操作与插入行的操作基本一样，只是选择的不是插入行菜单命令或单选按钮，而是插入列菜单命令、按钮或单选按钮。

（6）插入单元格：在表格中选中一个或多个单元格，其他操作与插入行的操作基本一样，只是选择的不是插入行菜单命令或单选按钮，而是如图 5-1-15 所示“插入”菜单中的“插入单元格”菜单命令，或者是如图 5-1-16 所示“插入单元格”对话框中的“活动单元格下移”单选按钮（在选中单元格的上方插入一空白单元格，空白单元格右侧的单元格依次右移）或“活动单元格下移”单选按钮（在选中单元格的上方插入一空白单元格，空白单元格下方的单元格依次下移）。

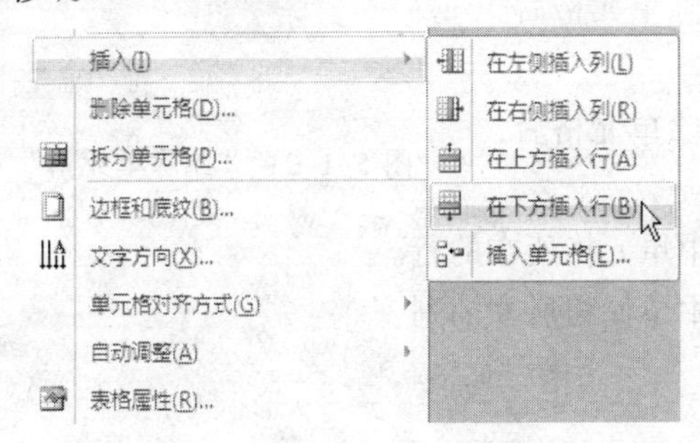

图 5-1-16 “插入”菜单

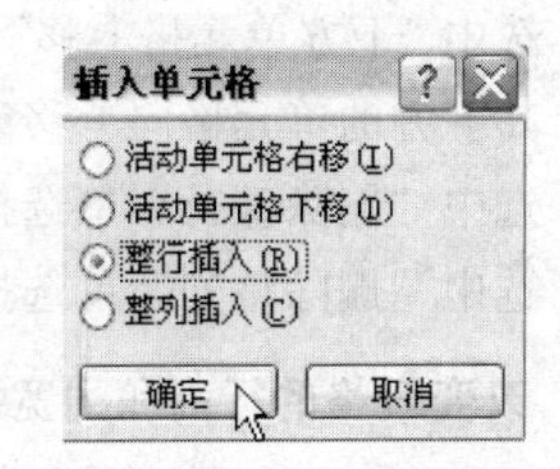

图 5-1-17 “插入单元格”对话框

3．删除表格、行和列

用户可以任意删除表格以及其中的行和列，操作方法如下。

（1）使用工具按钮：选中要删除的表格或将光标移动到表格内，选中“布局”选项卡，单击“行和列”组中的“删除”按钮，调出它的“删除”菜单，如图 5-1-18 所示。然后进行以下操作。

◎ 如果需要删除整个表格，则选择“删除表格”菜单命令。

◎ 如果需要删除行，则选择“删除行”菜单命令。

◎ 如果需要删除列，则选择“删除列”菜单命令。

◎ 如果需要删除单元格，则选中“删除单元格”菜单命令。

（2）使用右键菜单：

◎ 选中要删除的一行或多行，在选中的行上右击，调出它的快捷菜单，选择“删除行”菜单命令，如图 5-1-19 所示。

◎ 选中要删除的一列或多列，在选中的列上右击，调出它的快捷菜单，选择“删除列”菜单命令，如图 5-1-20 所示。

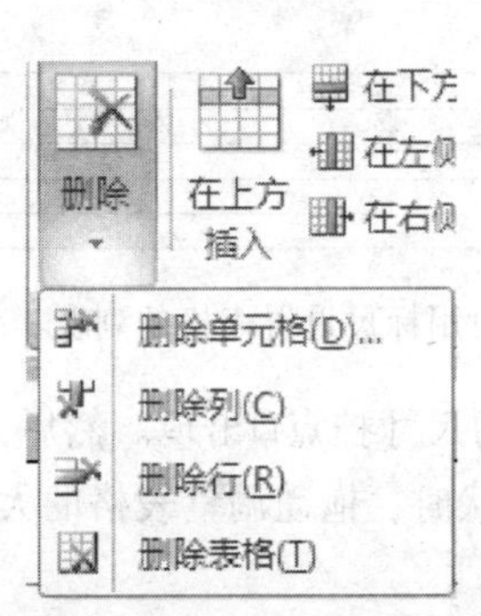

图 5-1-18 “删除”菜单

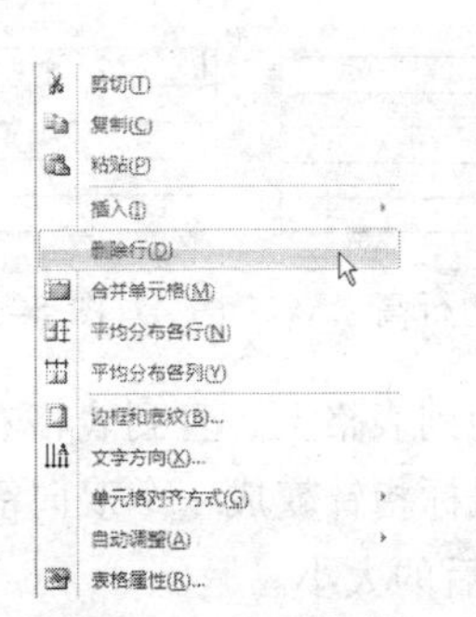

图 5-1-19 删除行

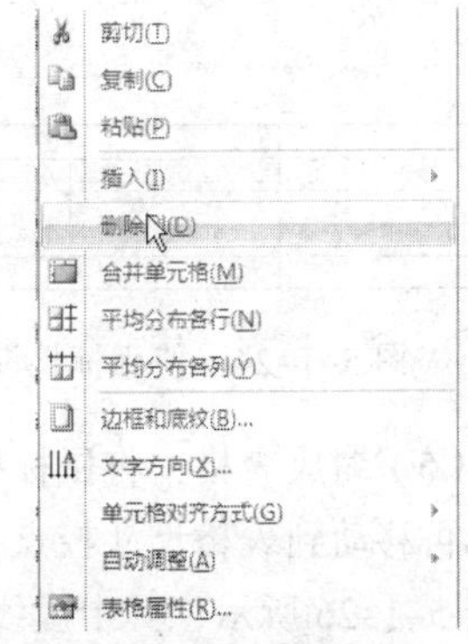

图 5-1-20 删除列

4. 删除单元格

选中要删除的一个或多个单元格，单击“表格工具”按钮，切换到“布局”选项卡，单击“行和列”组中的“删除”按钮，调出它的“删除”菜单，如图 5-1-17 所示。选择“删除单元格”菜单命令，调出“删除单元格”对话框，如图 5-1-21 所示。

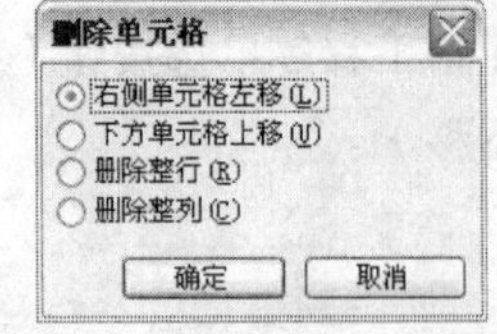

图 5-1-21 “删除单元格”对话框

◎ 选中“右侧单元格左移”单选按钮，删除单元格后，其右边的单元格向左移动填补空位。

◎ 选中“下方单元格上移”单选按钮，删除单元格后，其下方的单元格向上移动填补空位。

◎ 选中“删除整行”单选按钮，删除选中单元格所在的行。

◎ 选中“删除整列”单选按钮，删除选中单元格所在的列。

5. 改变表格的行高和列宽及缩放表格

表格中的行高和列宽可以自由地调整，其方法各有 2 种，操作方法分别叙述如下。操作前应将视图切换到“页面”视图。

（1）使用鼠标调整表格的行高：将鼠标指针移到要改变高度行的横线上，拖动调整行高度，虚线表示调整后的宽度，如图 5-1-22 所示。松开鼠标，该行的高度改变。

（2）使用鼠标调整表格的列宽：将鼠标移动要改变宽度的列的竖线上，拖动鼠标调整宽度，虚线表示调整后的宽度，如图 5-1-23 所示。松开鼠标，该列的宽度改变。

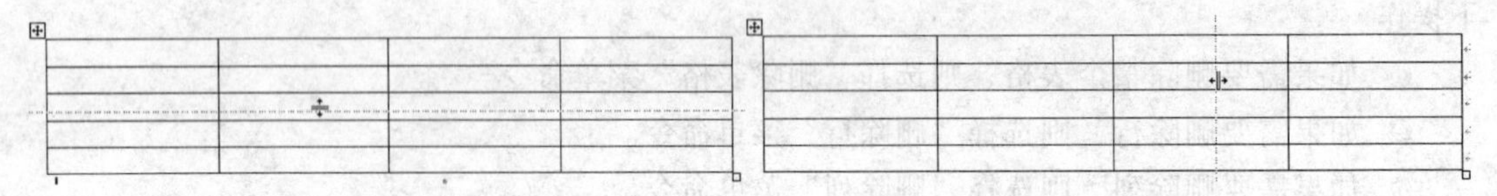

图 5-1-22 使用鼠标设置表格的行高　　图 5-1-23 使用鼠标设置表格的列宽

（3）使用标尺设置表格的行高：将光标移动到表格内，把鼠标指针移至垂直表尺的行标记上，上下拖动，可以改变行高，如图 5-1-24 所示。

（4）使用标尺设置表格的列宽：将光标移动到表格内，把鼠标指针移至水平标尺的列标记上，左右拖动，可以改变列宽，如图 5-1-25 所示。

此外，按住 Alt 键，再拖动鼠标可以精确调节移动的位置。

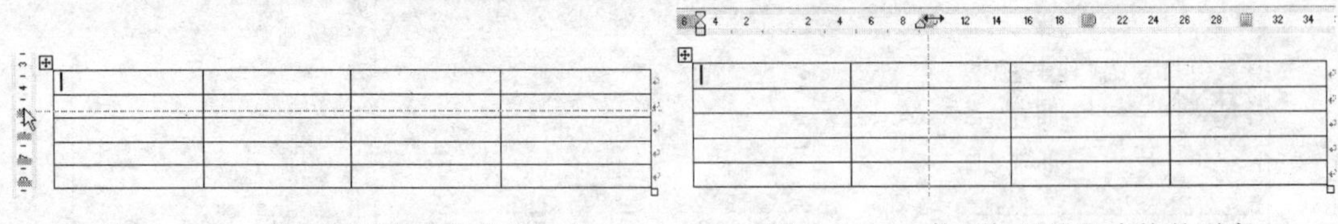

图 5-1-24 使用标尺设置表格的行高　　图 5-1-25 使用标尺设置表格的列宽

（5）缩放表格：将鼠标指针移动到表格上，直到表格右下角的尺寸控点□出现。然后，将鼠标再移动到表格尺寸控点上，当鼠标指针变成一个双向箭头↘状时，拖动调整表格的大小，如图 5-1-26 所示，其中虚线为调整后的大小。

	星期一	星期二	星期三	星期四	星期五
第 1 节	数学	语文	外语	外语	数学
第 2 节	数学	语文	外语	外语	数学
第 3 节	外语	物理	数学	语文	物理
第 4 节	外语	化学	数学	语文	化学
第 5 节	政治	体育	政治	自习	体育

图 5-1-26　缩放表格

思考练习 5-1

（1）制作一个“通讯录”表格。

（2）制作一个“工资报表”表格。

5.2　【案例 19】应聘人员登记表

案例描述

本案例制作一个“应聘人员登记表”表格，如图 5-2-1 所示。在 Word 2007 中，也可以使用“表格工具”来绘制复杂的表格，给表格添加底纹和边框。另外，可以通过使用合并和拆分单元格的方法来修改简单表格，使它成为复杂表格。通过本案例的学习，读者可以掌握“表格工具”来绘制复杂的表格的方法，给表格添加底纹和边框的方法，以及合并和拆分单元格的方法等。

应聘人员登记表

姓　名		性别		照　片
学　历		婚否		
毕业学校				
专　业				
身份证号码		联系电话		
联系地址				
现在工作单位				
离职原因				
简历	单位 / 起止时间	单位或学校	职务	

图 5-2-1　“应聘人员登记表”表格

设计过程

1. 使用“绘图边框”组工具创建复杂表格

（1）创建一个新文档，在第 1 行居中的位置输入“应聘人员登记表”文字，设置文字颜色为红色、华文楷体、加粗和“阴影”效果。

（2）单击“表格工具”按钮，选项卡，选中“设计”选项卡，在“绘图边框”组中的“笔样式”下拉列表框内选择实线样式，在“笔粗细”下拉列表框内选择1.0磅，在“笔颜色”下拉列表框内选择一种线颜色，例如红色。然后，单击按下“绘图边框”组中的“绘制表格”按钮，如图5-2-2所示。此时鼠标指针变成✎形状。

（3）绘制矩形表格框：拖动鼠标画出表格的外围边框，图5-2-3所示虚线为表格的大小。松开鼠标，创建表格的边框线。

（4）绘制一行水平表格线：从表格的左边框向右边拖动笔形指针画出虚线，如图5-2-4所示。松开鼠标后，就给表格添加一条水平表格线。按照上述方法，重复上述操作，再绘制12条水平表格线。

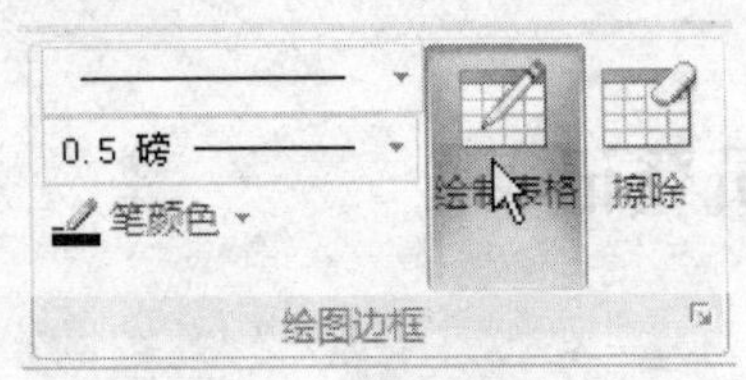

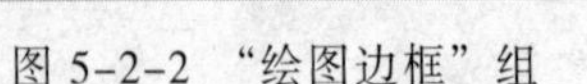

图5-2-2 “绘图边框”组

图5-2-3 绘制表格边框线

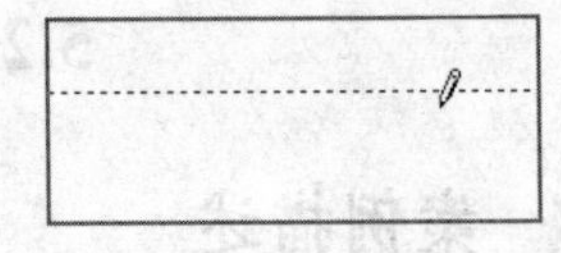

图5-2-4 绘制表格的行

（5）绘制一列垂直表格线：从表格的上边框向下边框拖动笔形指针画出虚线，如图5-2-5所示。松开鼠标后，就给表格添加了一列垂直表格线。按照上述方法，重复上述操作，再绘制多列垂直表格线列。

（6）绘制斜表格线：从单元格的左上角向右下角拖动笔形指针画出虚线，如图5-2-6所示。松开鼠标后，就给单元格添加了斜线。最后绘制的表格如图5-2-7所示。

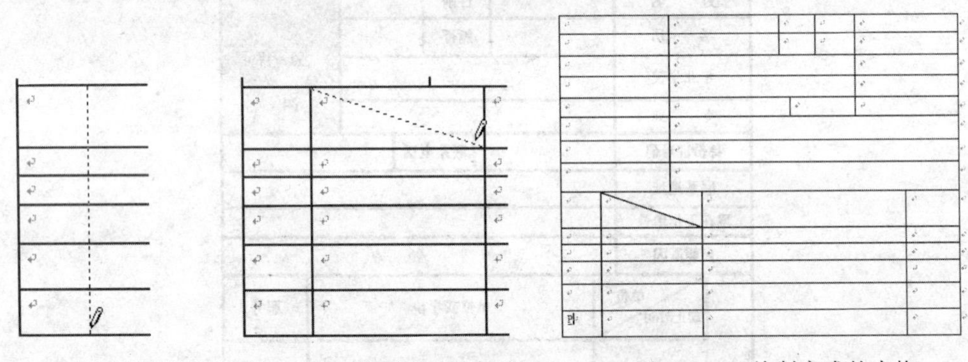

图5-2-5 绘制表格的列　图5-2-6 绘制表格的斜线　图5-2-7 绘制完成的表格

（7）如果需要擦除表格的某些线段，则单击按下“绘图边框”组中的“擦除”按钮，鼠标指针变成橡皮擦形状。拖动要擦除的线段，即可擦掉线段，线段左右的单元格会自动合并成一个。

（8）如果擦的线段不是单元格间的完全分隔线或表格边框线，则擦的线段会以虚线显示并且单元格不合并。例如，擦除表格边框线的效果如图5-2-8所示。如果没有显示虚线，可切换到“表格工具”的“布局”选项卡，单击按下“表”组中 “查看网格线”按钮▦，如图5-2-9所示。

2．合并和拆分单元格

（1）合并单元格：用户可以合并表格中的多个单元格使其成为一个单元格。首先选中要合并的多个单元格，此处是选中图 5-2-7 所示右上角最后一列的 4 行单元格，再切换到“表格工具”的“布局”选项卡，单击按下“合并”组中的“合并单元格”按钮，即可将选中的 4 个单元格合并为一个单元格。再将左下角第 1 列的 5 行单元格合并。

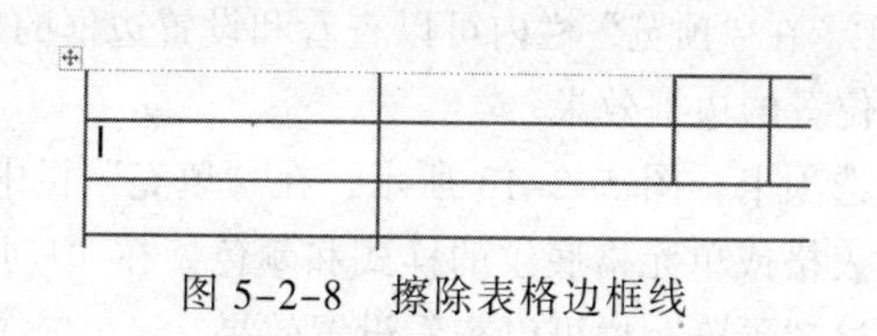

图 5-2-8 擦除表格边框线

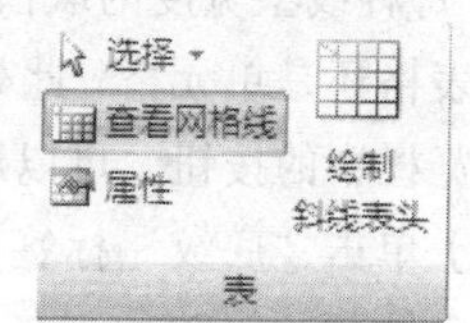

图 5-2-9 单击“查看网格线”按钮

（2）拆分单元格：用户可以拆分表格中的一个或多个单元格。首先选中要拆分的一个或多个单元格，此处选中第 5 行第 2～4 列的三个单元格，如图 5-2-10（a）所示，再切换到“表格工具”的“布局”选项卡，单击按下“合并”组中的 “拆分单元格”按钮，调出“拆分单元格”对话框，如图 5-2-11 所示。在“列数”文本框中设置要拆分的列数 3，在“行数”文本框中设置要拆分的行数 1，选中“拆分前合并单元格”复选框。单击该对话框内的“确定”按钮，即可将图 5-2-10（a）所示选中的单元格拆分为 1 行 3 列等宽度的单元格，如图 5-2-10（b）所示。虽然还是 1 行 3 列单元格，但是此时再调整单元格的宽度，不会影响上边与之连接的单元格宽度。

当要拆分的单元格为多个单元格时，如果选中“拆分前合并单元格”复选框，则先合并选中的多个单元格，再按设置的列数和行数拆分单元格；如果不选中“拆分前合并单元格”复选框，则按照设置的列数分别拆分被选中的每个单元格。

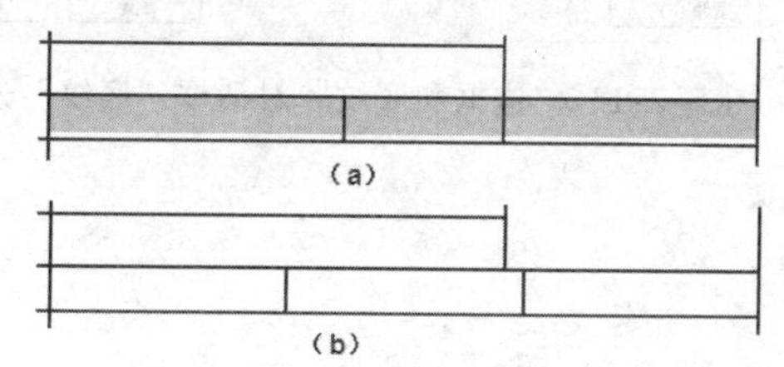

图 5-2-10 拆分为 2 行 2 列的单元格

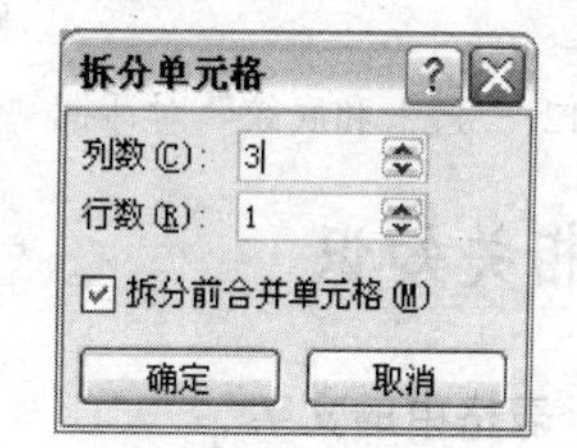

图 5-2-11 “拆分单元格”对话框

（3）输入文字：如果“绘制表格”按钮或“擦除”按钮处于按下状态，则需要单击“绘制表格”按钮或“擦除”按钮，使它们呈抬起状态，鼠标指针恢复 I 形，再单击单元格内，使光标在单元格内出现，即可输入文本。对于有表格斜线的单元格内，需要输入 2 行文字，在输入“单位”文字后，按【Enter】键，再输入第 2 行文字“起止时间”。

（4）拖动选中整个表格，右击选中的表格，调出它的快捷菜单。选择该菜单中的“单元格对齐方式”→“水平居中”图标，使表格内各单元格中的文字相对于单元格水平居中。

3. 设置表格的边框和底纹

使用“边框与底纹”对话框，不仅可以设置文字和段落的边框和底纹，还可以设置表格和单元格的边框和底纹，操作如下。

（1）选中表格或者单元格，此处选中整个表格。切换到“表格工具”的“设计”选项卡，单击“表样式”组中的“边框”下拉按钮，调出它的菜单，选择该菜单内的“边框和底纹”菜单命令，调出“边框与底纹”对话框，切换到“边框”选项卡，如图 5-2-12 所示。

（2）单击按下“设置”栏中的“全部”按钮；“样式”列表框中选择三维边框线形状；在“颜色”下拉列表框中选择边框的颜色为浅蓝色；在“宽度”下拉列表框中选择边框的宽度为1.5磅（每种线型宽度的取值范围不一定相同）；在“应用于”下拉列表框中选择所有的设置是应用于表格还是单元格，此处选择“表格”选项。在“预览”栏内可以查看和设置边框的效果，单击预览栏中的按钮，可以删除或者添加相应位置的边框效果。

（3）单击“底纹”标签，切换到“底纹”选项卡，图 5-2-13 所示，在“填充”栏中选择单元格底纹颜色为黄色。在“图案”栏中设置表格或单元格底纹的样式和颜色。在“应用于”下拉列表框中选择所有的设置应用于表格。通过“预览”栏可以查看设置效果。

（4）选中表格右上角照片所在的单元格，单击“表样式”组中的“底纹”按钮的箭头按钮，调出它的面板，单击选中粉红色色块，设置该单元格底纹颜色为粉红色，效果如图 5-2-1 所示。

图 5-2-12 “边框和底纹”对话框“边框”选项卡

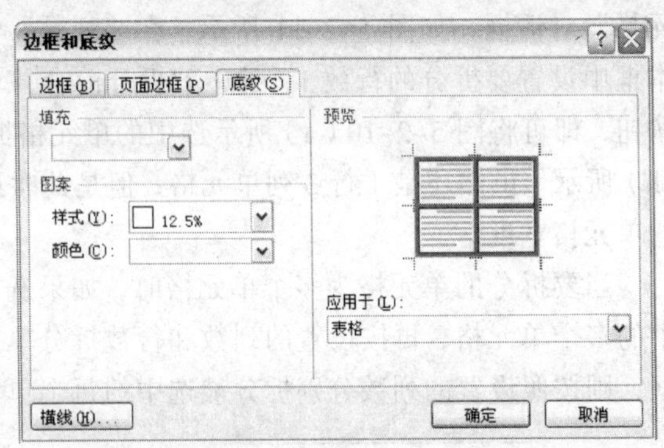

图 5-2-13 “边框和底纹”对话框“底纹”选项卡

相关知识

1. 表格中的文字

（1）改变文字方向：在 Word 2007 中，表格中的文字方向可以被改变。将光标移动到要改变文字方向的单元格，单击“表格工具”中的“布局”选项卡，在“对齐方式”组中选择“文字方向”命令。或者选择表格中的文字右击，在调出的右键菜单中，选择“文字方向”命令，调出“文字方向—表格单元格”对话框，如图 5-1-14 所示。在其中的“方向”栏中，单击选中所需的方向。在“预览”栏中，可以查看文字的显示效果。图 5-2-15 所示为一种文字方向效果。

（2）重复表格标题：有时候表格中的统计项目很多，表格过长可能会分在两页或者多页显示，然而从第 2 页开始表格就没有标题行。这种情况下，查看表格数据时很容易混淆。在 Word 中可以使用标题行重复来解决这个问题。选中表格的标题行，单击“表格工具”中的“布局”选项卡，在“数据”组中单击“重复标题行”按钮命令，如图 5-2-16 所示，则其他页中的表格首行就会重复表格标题行的内容。

2. 套用内置表格样式

套用 Word 2007 提供的样式，可以给表格添加上边框、颜色以及其他的特殊效果，使得表格具有非常专业化的外观。方法如下。

（1）将光标移到表格中，切换到“表格工具”的“设计”选项卡，在“表样式”组中，将指针停留在每个表格样式上，直至找到要使用的样式为止，如图 5-2-17 所示。

图 5-2-14 “文字方向-表格单元格”对话框

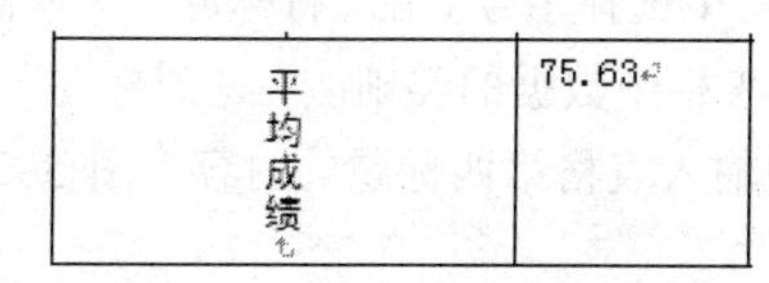

图 5-2-15 竖排文字

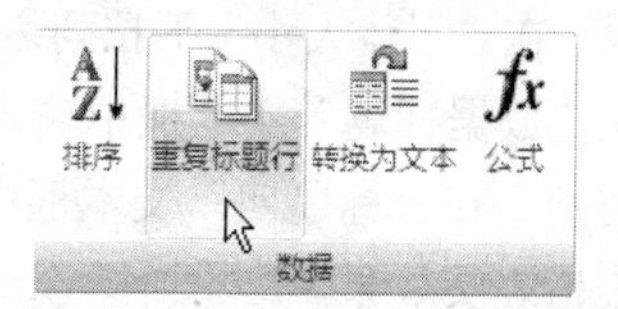

图 5-2-16 “重复标题行”按钮

（2）要查看更多样式，可以单击“表样式”组右下角的“其他”下拉按钮，可以展开样式列表。单击样式图案，就可以将所选择的样式应用到表格。

（3）在“表格样式选项”组中，选中或取消每个表格元素旁边的复选框，以应用或删除选中的样式，如图 5-2-18 所示。

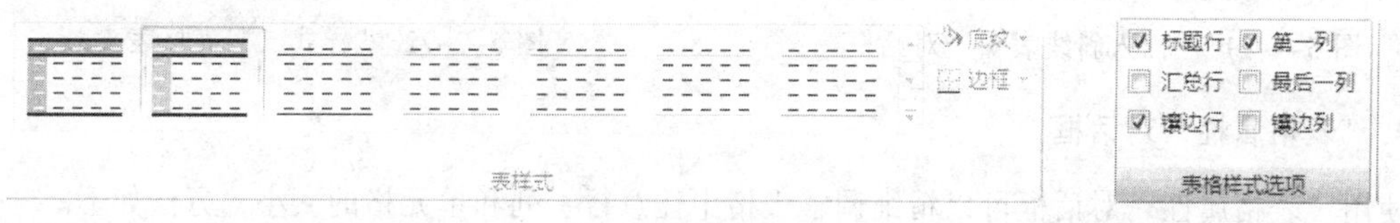

图 5-2-17 “表样式”组　　图 5-2-18 “表格样式选项”组

（4）选择展开的样式列表中的“新建表格样式”选项，调出“根据格式设置创建新样式”对话框，如图 5-2-19 所示，可新建一个表格样式；选择“修改表格样式”选项，调出“修改样式”对话框，可修改选中的表格样式，如图 5-2-20 所示；选择“清除”选项，可以删除选中的表格样式。

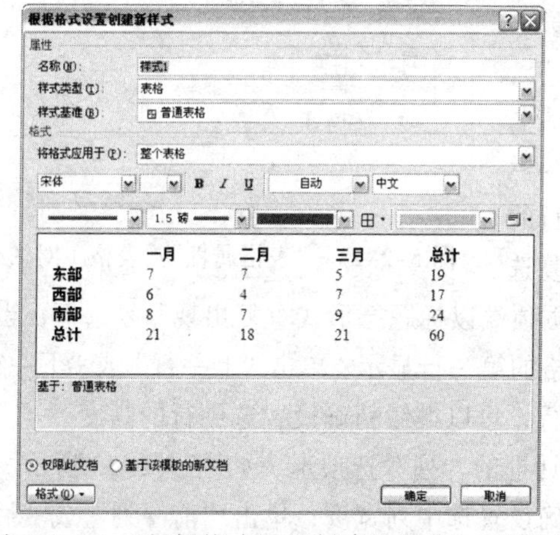

图 5-2-19 “根据格式设置创建新样式”对话框

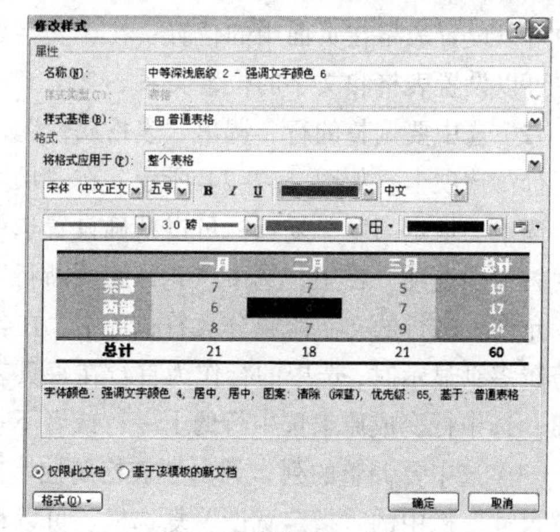

图 5-2-20 “修改样式”对话框

3. 绘制斜线表头

表头是表格中用来标记表格内容的分类，一般位于表格左上角的单元格中。绘制斜线表头的操作方法除了使用“表格和边框”工具栏，还可以使用“插入斜线表头”对话框，操作方法如下。

（1）将光标定位在该单元格，单击“表格工具”中的“布局”选项卡，单击“表”组中的“绘制斜线表头”按钮，调出“插入斜线表头”对话框，如图 5-2-21 所示。

（2）在“表头样式”下拉列表框中，选择所需的表头样式。在“预览”栏中，查看表头效果。在“字体大小”下拉列表框中选择字号。在“行标题”文本框中输入表格首行的内容类别。在“数据标题”文本框中输入表格中数据的类别。在“列标题”文本框中输入表格首列的内容类别。在“标题四”文本框中输入表格第四标题的内容。图 5-2-22 所示为一种“样式二”的表格表头效果。

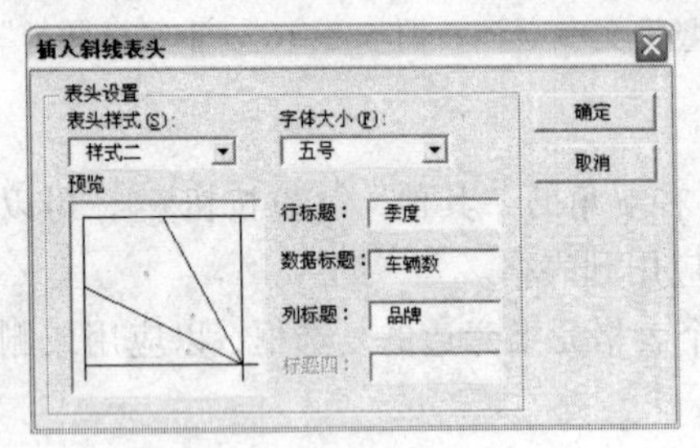

图 5-2-21 “插入斜线表头”对话框

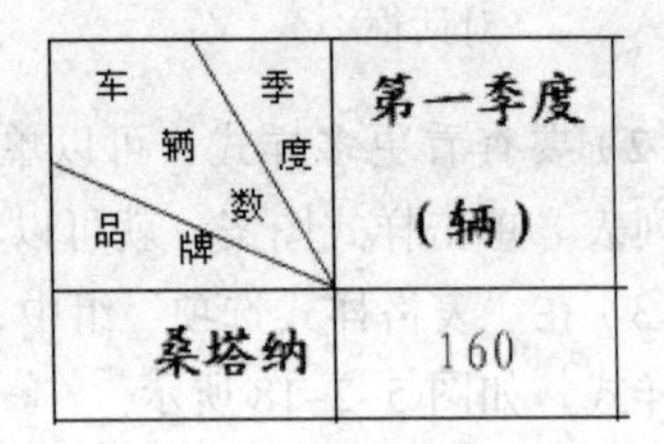

图 5-2-22 “样式二”表格表头

4.“表格属性”对话框

使用“表格属性”对话框可以精细调整表格中任意行、列和单元格的大小，方法如下。

（1）选中要调整的整个表格，切换到“表格工具”中的“布局”选项卡，单击“表”组中的“属性”按钮，调出“表格属性”对话框，选中“表格”选项卡，如图 5-2-23 所示。在“尺寸”栏中，选中“指定宽度”复选框，可以精确设置表格宽度；在“对齐方式”栏中可以设置表格在页面中的位置；在“文字环绕”栏中可以设置表格和文字的位置关系。

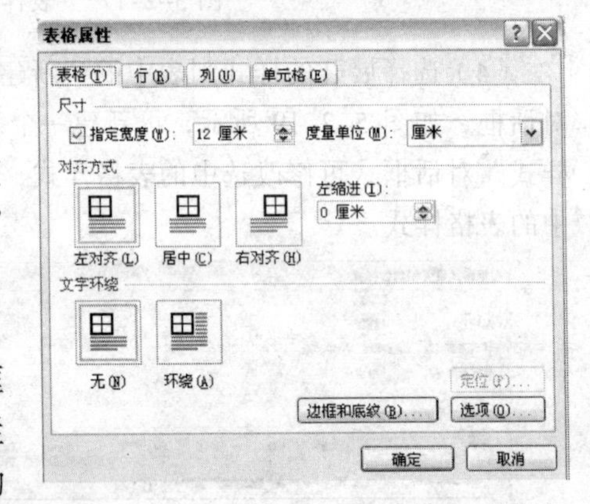

图 5-2-23 “表格属性”（表格）对话框

（2）选中要调整的行，调出“表格属性”对话框的“行”选项卡，如图 5-2-24 所示。在“尺寸”栏中，选中“指定高度”复选框可以精确设置选中行的高度；在“选项”栏中，选中“允许跨页断行”复选框，允许表格行的文字跨越分页符；选中“在各页顶端以标题行形式重复出现”复选框，当表格跨越多页显示时，选中的行作为首行在每页表格的第一行显示；单击“上一行”或“下一行”按钮，选中行变成原来选中行的上一行或者下一行，可以继续精确设置选中行的高度。

（3）选中要调整的列，调出“表格属性”对话框的“列”选项卡，如图 5-2-25 所示。选中“尺寸”栏中的“指定宽度”复选框，可以精确设置选中列宽度；单击“前一列”或“后一列”按钮，选中列变成原来选中列的前一列或后一列，可继续精确设置选中列的宽度。

（4）选中要调整的单元格，调出“表格属性”对话框的“单元格”选项卡，如图 5-2-26 所示。选中“大小”栏中的“指定宽度”复选框，可精确设置单元格宽度；在“垂直对齐方式”

栏中可设置单元格中文本位置；在“文字环绕”栏中可设置表格和文字的位置关系。

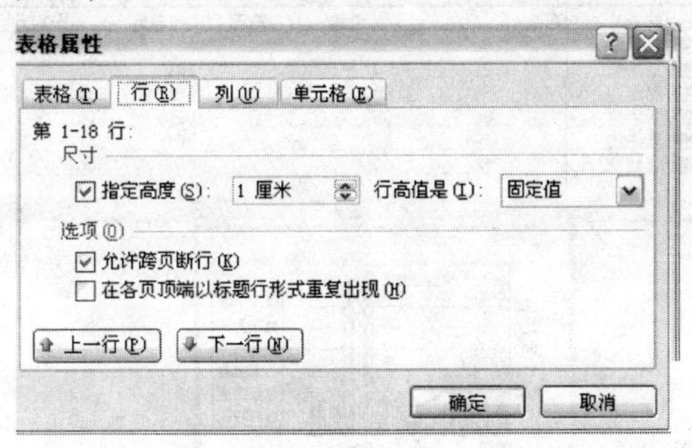

图 5-2-24　“表格属性”（行）对话框

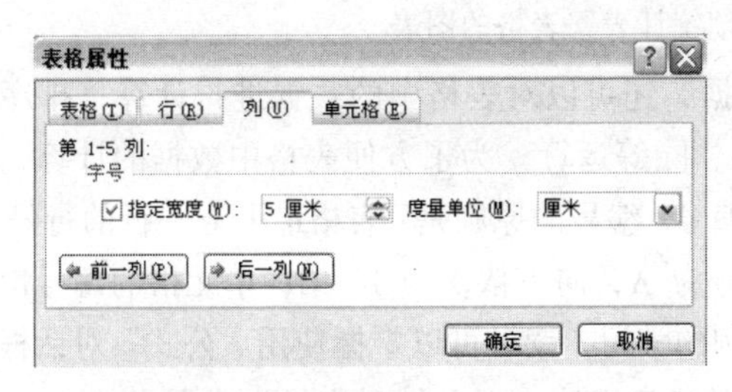

图 5-2-25　“表格属性”（列）对话框

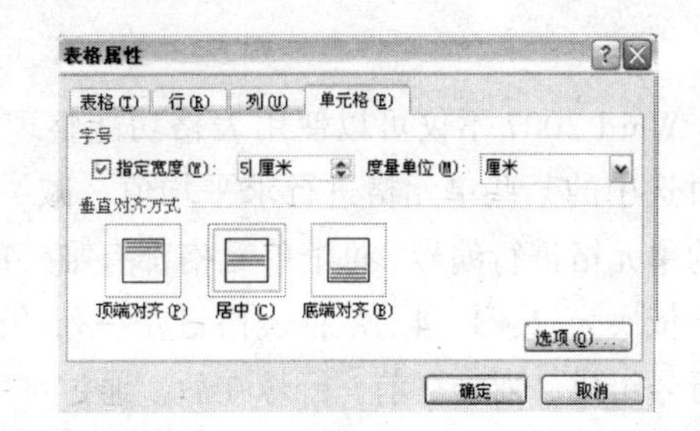

图 5-2-26　“表格属性”（单元格）对话框

思考练习 5-2

（1）参考【案例 19】所述方法，制作一个较复杂的课程表。

（2）将【案例 18】“课程表”文档中的表格添加边框和底色。

5.3　【案例 20】学生成绩统计表

案例描述

本案例首先制作一个“学生成绩统计表”表格，如图 5-3-1 所示。再计算每个学生的总分和平均分，计算每科的总分和平均分，填写到相应的位置，如图 5-3-2 所示。再将表格中 6 个学生的成绩按照数学、语文、语次序降序排序，生成相应的图表，如图 5-3-3 所示。

学 生 成 绩 统 计 表

学号	姓名	数学	语文	外语	物理	总分	平均分
0101	王美奇	90	70	80	85		
0102	张洪达	86	92	89	90		
0103	李志勇	86	95	66	69		
0104	邢志芳	88	89	80	78		
0105	赵赫花	70	60	90	80		
0106	沈芳麟	96	96	89	100		
	总分						
	平均分						

图 5-3-1　统计前的“学生成绩统计表”表格

学 生 成 绩 统 计 表

学号	姓名	数学	语文	外语	物理	总分	平均分
0101	王美奇	90	70	80	85	325	81.25
0102	张洪达	86	92	89	90	357	89.25
0103	李志勇	86	95	66	69	316	79
0104	邢志芳	88	89	80	78	335	83.75
0105	赵赫花	70	60	90	80	300	75
0106	沈芳麟	96	96	89	100	381	95.25
	总分	516	502	494	502	2014	503.5
	平均分	86	83.67	82.33	83.67	335.67	83.92

图 5-3-2　统计后的“学生成绩统计表”表格

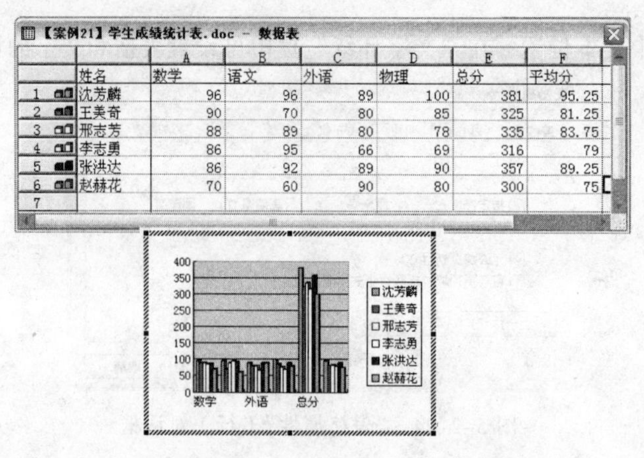

		A	B	C	D	E	F
	姓名	数学	语文	外语	物理	总分	平均分
1	沈芳麟	96	96	89	100	381	95.25
2	王美奇	90	70	80	85	325	81.25
3	邢志芳	88	89	80	78	335	83.75
4	李志勇	86	95	66	69	316	79
5	张洪达	86	92	89	90	357	89.25
6	赵赫花	70	60	90	80	300	75
7							

图 5-3-3 “学生成绩统计表”表格的图表

Word 2007 不仅可以使用表格功能整理数据，还可以对表格中的数据进行计算、排序，可以对选中的某些单元格进行求平均值、减、乘、除等运算。为了方便表格中数据的计算，对表格的单元格进行编号，每个单元格都有唯一的编号。编号的原则是：表格最上方一行的行号为 1，向下依次为 2、3、4……；表格最左一列的列号为 A，向下依次为 B、C；单元格的编号由列号和行号组成，列号在前，行号在后。通过本案例的学习，读者可以掌握使用“公式”对话框进行计算的方法，常用函数的应用方法，表格数据的排序方法，以及针对表格生成图表的方法。

设计过程

1. 使用“公式”对话框计算表格数据

（1）创建一个新文档，在第 1 行居中的位置输入“学生成绩统计表”文字，设置文字颜色为红色、华文楷体、加粗和“阴影”效果。然后，制作如图 5-3-1 所示的表格。

（2）将光标定位到要放置计算结果的单元格，一般为某行最右边的单元格或者某列最下边的单元格。此处，定位在第 2 行“总分”列的单元格内。

（3）切换到“表格工具”中的“布局”选项卡，单击“数据”组中的“公式”按钮 *fx*，调出“公式”对话框，如图 5-3-4 所示。在“公式”文本框中输入计算公式“=SUM(LEFT)”或者“=SUM(C2:F2)”。其中，SUM 是求和函数，LEFT 表示求光标所在单元格左边所有单元格内数字的和（遇到一个非数字单元格后终止计算）；C2 是王美奇的数学成绩所在单元格，F2 是王美奇的物理成绩所在单元格，求这两个单元格之间（包括这两个单元格）所有单元格（即 C2、D2、E2、F2 四个单元格）内数值的和。其中的符号“=”不可缺少。

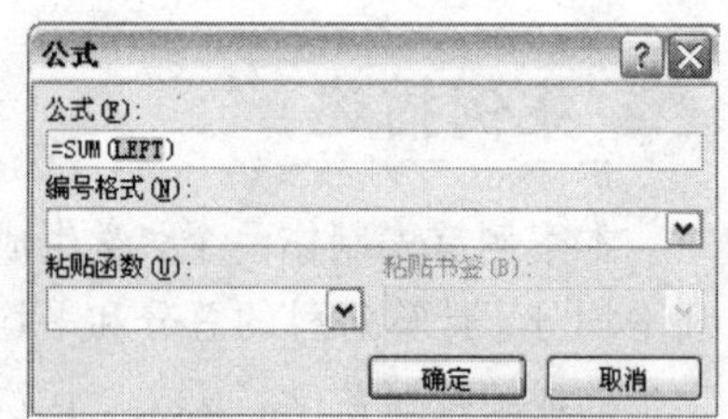

图 5-3-4 “公式”对话框

注意：指定的单元格若是独立的，则用逗号分隔其编号；若是一个范围，则输入其第一个和最后一个单元格的编码，两者之间用冒号分开。

（4）将光标定位在第 2 行“平均分”列的单元格内。单击“数据”组中的“公式”按钮 *fx*，调出“公式”对话框，如图 5-3-4 所示。在“公式”文本框中输入计算公式“=AVERAGE(C2:F2)”。

其中，AVERAGE 是求平均值函数，即求 C2、D2、E2、F2 三个单元格内数值的平均值。

“=AVERAGE(LEFT)” 表示对光标所在单元格左边的所有单元格内数值求平均值。

（5）在“编号格式”下拉列表框中选择输出结果的格式。在“粘贴函数”下拉列表框中选择所需的公式，输入到“公式”文本框中。

（6）设置好公式后，单击“确定”按钮，插入计算结果。如果单元格中显示的是大括号和代码，例如，{=AVERAGE(LEFT)}，而不是实际的计算结果，则表明 Word 正在显示域代码。要显示域代码的计算结果，按【Shift+F9】组合键即可。

事实上，Word 是以域的形式将计算结果插入到选中单元格内的。如果所引用的单元格数据值发生了更改，可以选中该域，然后按【F9】键，即可更新计算结果。

（7）将光标定位在第 3 列“总分”列的单元格内。单击“数据”组中的“公式”按钮 fx，调出“公式”对话框。在“公式”文本框中输入计算公式“=SUM(ABOVE)”或者“=SUM(C2:C7)”。

（8）将光标定位在第 3 列“平均分”列的单元格内。单击“数据”组中的“公式”按钮 fx，调出“公式”对话框。在“公式”文本框中输入计算公式“= AVERAGE (C2:C7)”。

（9）按照上述方法，计算每个学生的总分和平均分，每科的总分和平均分，以及每个学生平均分和总分的平均分和总分的。最后结果如图 5-3-2 所示。

2. 表格内数据排序

（1）选中表格要参与排序的单元格，如图 5-3-5 所示。切换到“表格工具”的“布局”选项卡，单击“排序”按钮，调出“排序”对话框，如图 5-3-6 所示。

学号	姓名	数学	语文	外语	物理	总分	平均分
0101	王美奇	90	70	80	85	325	81.25
0102	张洪达	86	92	89	90	357	89.25
0103	李志勇	86	95	66	69	316	79
0104	邢志芳	88	89	80	78	335	83.75
0105	赵赫花	70	60	90	80	300	75
0106	沈芳麟	96	96	89	100	381	95.25
	总分	516	502	494	502	2014	503.5
	平均分	86	83.67	82.33	83.67	335.67	83.92

图 5-3-5　选择排序区域

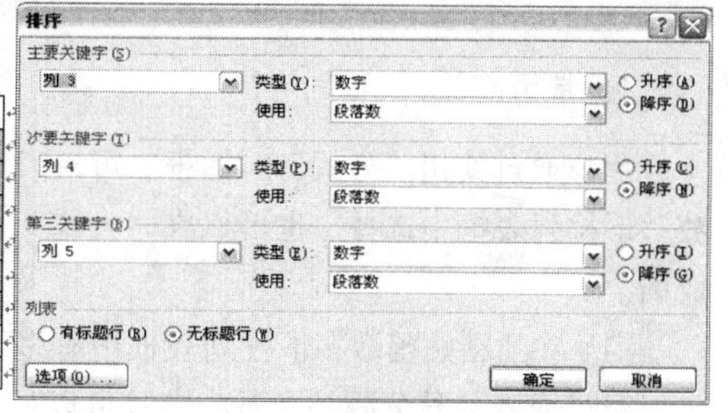

图 5-3-6　“排序”对话框

（2）在“主要关键字”栏中选择排序首先依据的“列 3”，在其右边的“类型”下拉列表框中选择数据类型，选中“降序”单选按钮，在“使用”下拉列表框中选择“段落数”选项。

（3）分别在“次要关键字”栏和“第三关键字”栏中选择排序次要和第三依据的列，分别是“列 4”和“列 5”。其他选择与“主要关键字”栏一样。

表示在列 3 数学成绩一样时按照语文成绩排序，语文成绩一样时按照外语成绩排序。

（4）在“列表”栏中，选中“有标题行”单选按钮，可以防止对表格中的标题行进行排序。如果没有标题行，则选中“无标题行”单选按钮。单击“确定”按钮，进行排序，如图 5-3-7 所示。

3. 生成图表

（1）　拖动选中表格要参与生成图表的单元格，如图 5-3-8 所示。

（2）切换到“插入”选项卡，单击其内“插图”组中的“图表”按钮，自动产生一个默认的数据表和图表，如图 5-3-3 所示。修改原表格中的中文字或者数据，图表也会自动作出相应的修改。

学 生 成 绩 统 计 表

学号	姓名	数学	语文	外语	物理	总分	平均分
0106	沈芳麟	96	96	89	100	381	95.25
0101	王美奇	90	70	80	85	325	81.25
0104	邢志芳	88	89	80	78	335	83.75
0103	李志勇	86	95	66	69	316	79
0102	张洪达	86	92	89	90	357	89.25
0105	赵赫花	70	60	90	80	300	75
	总分	516	502	494	502	2014	503.5
	平均分	86	83.67	82.33	83.67	335.67	83.92

图 5-3-7 排序结果

学号	姓名	数学	语文	外语	物理	总分	平均分
0106	沈芳麟	96	96	89	100	381	95.25
0101	王美奇	90	70	80	85	325	81.25
0104	邢志芳	88	89	80	78	335	83.75
0103	李志勇	86	95	66	69	316	79
0102	张洪达	86	92	89	90	357	89.25
0105	赵赫花	70	60	90	80	300	75
	总分	516	502	494	502	2014	503.5
	平均分	86	83.67	82.33	83.67	335.67	83.92

图 5-3-8 拖动选中表格要参与生成图表的单元格

相关知识

1. 常用函数

用户通过使用“公式”对话框，可对表格中的数值进行计算。计算公式既可以从“粘贴函数”下拉列表框中选择，也可以在“公式”文本框中输入。计算公式主要是由函数和操作符组成的。

（1）在“粘贴函数”下拉列表框中有多个计算函数，带一对小括号的函数可以接受任意多个以逗号或者分号分隔的参数。参数可以是数字、算术表达式或者书签名。部分常用函数的功能如表 5-3-1 所示。

表 5-3-1 部分常用函数的功能

函 数	功 能
ABS(x)	数字或者算式的绝对值（无论该值实际上是正还是负，均取正值）
AVERAGE( )	一组值的平均值
COUNT( )	一组值的个数
MIN( )	取一组数中的最小值
MAX( )	取一组数中的最大值
MOD(x,y)	x 被 y 整除后的余数
PRODUCT( )	一组值的乘积。例如，函数{=PRODUCT(2,6,10)}返回的值为 120
ROUND(x,y)	将数值 x 舍入到由 y 指定的小数位数。x 是数字或者算式的计算结果
SUM( )	一组数或者算式的总和

（2）用户可以使用操作符与表格中的数值任意组合，构成计算公式或者函数的参数。操作符包括一些算数运算符和关系运算符：加（+）、减（-）、乘（*）、除（/）、百分比（%）、乘方和开方（^）、等于（=）、小于（<）、小于等于（<=）、大于（>）、大于等于（>=）和不等于（<>）。例如：在“公式”文本框中键入“=C5/C1”，表示光标所在单元格的值是编号 C5 单元格中的值除以 C1 单元格中的值的商。在“公式”文本框中输入“=ABS(B2-A2)”，表示光标所在单元格的值是编号 B2 单元格中的值减去 A2 单元格中的值的绝对值，如图 5-3-9（a）所示。在“公式”文本框中输入“= A2*B2+C2”，表示光标所在单元格的值是编号 A2 单元格中的值与编号 B2 单元格中的值的乘积，再加上编号 C2 单元格中的值，如图 5-3-9（b）所示。

A	B	=绝对值（B-A）
100	200	100

（a）

A	B	C	=A*B+C
100	5	200	700

（b）

图 5-3-9　使用“公式”对话框进行复杂计算

2. 对表格中的数据进行排序

（1）排序原则：排序是指将一组无序的数字按从小到大或者从大到小的顺序排列。Word 2007 可以按照用户的要求快速、准确地将表格中的数据排序。用户可以将表格中的文本、数字或者其他类型的数据按照升序或者降序进行排序。排序的准则如下。

◎ 字母的升序按照从 A 到 Z 排列，字母的降序按照从 Z 到 A 排列。

◎ 数字的升序按照从小到大排列，数字的降序按照从大到小排列。

◎ 日期的升序按照从早到最晚顺序排列，日期的降序按照从晚到早排列。

◎ 如果有两项或者多项的开始字符相同，Word 将按上边的原则比较各项中的后续字符，以决定排列次序。

（2）使用“排序”对话框对选中表格中的单元格数据进行排序的方法前面已经介绍。

（3）对单一列排序：前面介绍的排序是以一整行进行排序的。如果只要对表格中单独一列排序，而不改变其他列的排列顺序，操作方法如下。

◎ 选中要单独排序的列，然后切换到“表格工具”中的“布局”选项卡，单击“数据”组中的“排序”按钮，调出“排序”对话框，如图 5-3-6 所示。

◎ 单击其中的“选项”按钮，调出“排序选项”对话框，如图 5-3-10 所示。

◎ 选中“仅对列排序”复选框。单击“确定”按钮，返回“排序”对话框。

◎ 单击“确定”按钮，完成排序。

3. 插入图表

使用图表，可以将表格内容用图表的形式表达，更直观地表示一些统计数字。

（1）虽然图表是和表格紧密联系的，但是用户也可以不创建表格直接产生图表。单击“插入”选项卡内“插图”组中的“图表”按钮，Word 会自动产生一个默认的数据表和相应的图表，如图 5-3-11 所示，在“数据表”中修改文字或者数据，图表也会自动更改。

（2）用户可以分别编辑图表区、背景墙、数据系列、分类轴、图例和数值轴主要网格线格式，设计出独具特色的图表。

（3）双击选中要编辑的图表，将鼠标移到图表中需要编辑的部分右击，调出相应的快捷菜单。再单击快捷菜单中所需的菜单命令，调出相应的对话框，修改图表的设置。最后，单击“确定”按钮，完成图表编辑。

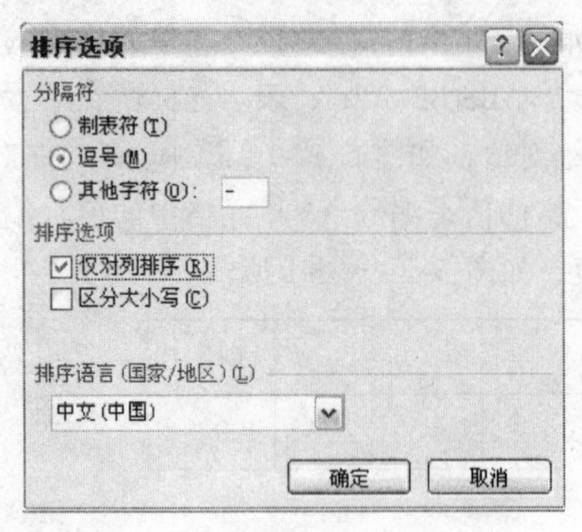

图 5-3-10 “排序选项”对话框

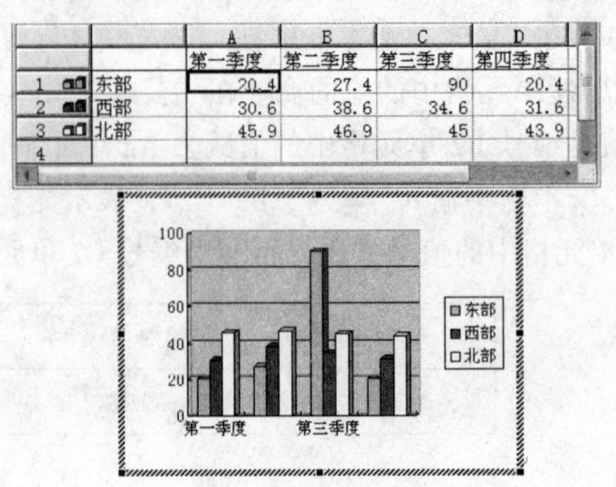

图 5-3-11 “数据表”和图表

思考练习 5-3

（1）修改“学生成绩统计表”表格中的学生成绩，重新进行统计计算。

（2）在“学生成绩统计表”表格中增加 4 个学生和“政治”与“体育”学科，重新进行统计计算。

5.4 综合实训 5——单位工资表

实训效果

本实训制作一个“单位工资表”表格，要求完成以下几项任务。

（1）“单位工资表”表格应有三维立体框架和底纹。

（2）表格中有“编号”、“姓名”、“基本工资”、“奖金”、“药费”、“会费”、“税金”和“实际金额”项，包括 10 个职工。其中，税金=基本工资*5%，实际金额=基本工资+奖金-药费-会费-税金。表格的最下面一行是各项目的“总计”。

（3）要求“税金”和“实际金额”列内各单元格中的数据是系统计算出来的。各项目的“总计”单元格内的数据也是系统计算出来的。

（4）表格按照“实际金额”数据升序排序，生成表格数据的 3 种不同形式的图表。

实训提示

（1）首先制作表格，再给表格添加三维立体框架和底纹。

（2）进行“税金”和“实际金额”单元格的计算和显示结果。

（3）进行表格内最下面一行的各项目的“总计”单元格的计算和显示结果。

（4）按照“实际金额”数据升序排序，再生成表格数据的图表，同时调出“图标”工具栏。

然后，利用如图 5-4-1 所示“图标”工具栏可以生成多种不同形式的图表。

图 5-4-1 “图标”工具栏

实训测评

能力分类	能　　力	评　分
职业能力	各种创建表格的方法，常用的表格编辑方法，表格输入文字	
	制作复杂表格，绘制和擦除表格线	
	合并和拆分单元格的方法，设置表格的边框和底纹的方法	
	表格计算，表格排序的方法，生成图表的方法	
	“表格工具”中的“设计”和“布局”组的使用方法	
通用能力	自学能力、总结能力、合作能力、创造能力等	
能力综合评价		

第 6 章　Word 2007 图形图像编辑

本章通过制作和编辑 3 幅有图片、艺术字和图形文档，介绍了插入和编辑图片和剪贴画的方法，建和编辑艺术字的方法，绘制和编辑图形的方法，创建、编辑和使用文本框，插入和编辑 SmartArt 图形的方法。对于插入图片和剪贴画、创建的艺术字和绘制的图形，它们的编辑方法很相似，有许多共同点，少数的不同点，在学习时可以举一反三，触类旁通。

6.1 【案例 21】宝宝照相馆

案例描述

本案例制作一个“宝宝照相馆”文档，如图 6-1-1 所示。该文档主要插入有图片、剪贴画和艺术字，图片和剪贴画具有不同的效果，艺术字具有三维立体效果。通过本案例的学习，读者可以掌握插入图片和剪贴画的方法，编辑图片和剪贴画的方法，创建和编辑艺术字的方法等。

图 6-1-1 “宝宝照相馆”文档

设计过程

1. 设置页面

（1）启动 Word 2007。工作界面内会自动创建一个名为“文档 1”的空白文档。

（2）单击“页面布局”标签，切换到“页面布局”选项卡。单击“页面设置”组内对话框

启动器按钮 ，调出“页面设置”对话框，选中“页边距”选项卡，在“方向”栏内可以选择页面的显示方向。单击按下“横向”按钮，在“上”、“下”、“左”和“右”数值框中均输入 1，其他设置如图 6-1-2 所示。

（3）切换到“纸张”选项卡，设置 Word 文档大小为“A4”纸大小，如图 6-1-3 所示。切换到“版式”选项卡，在“页眉”和“页脚”数值框中均输入 1.5 厘米。然后，单击“确定”按钮。

（4）单击“页面背景”组内的“页面颜色”按钮，调出颜色面板，单击该面板内的“水绿色”色块，设置页面背景为水绿色。

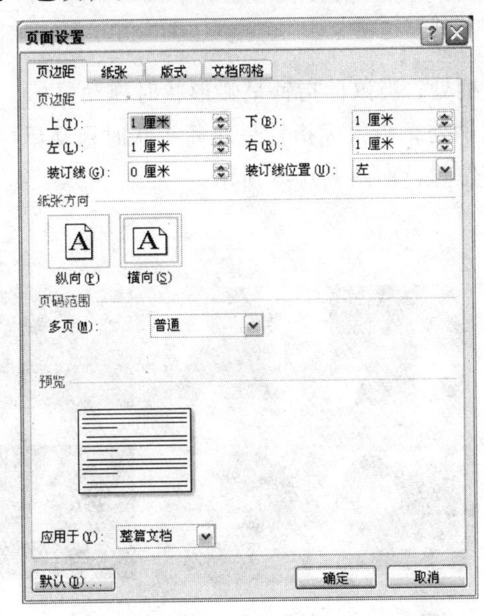

图 6-1-2　“页面设置”（页边距）对话框

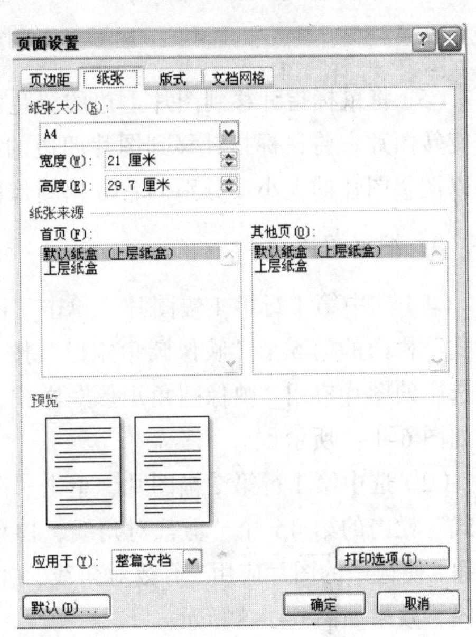

图 6-1-3　“页面设置”（纸张）对话框

2．插入图片

（1）将光标移到要插入图片文件的位置，切换到“插入”选项卡，单击“插图”组中的“图片”按钮，调出“插入图片”对话框，利用它可以将多种格式的图片文件插入到 Word 文档中。

（2）在“查找范围”下拉列表框中选择“素材”文件夹，单击选中列表框中的“宝宝 1.jpg”图像文件，按住【Shift】键，同时单击“宝宝 6.jpg”图像文件，选中 6 幅图像文件，如图 6-1-4 所示。

（3）单击“插入”按钮，在文档的光标位置依次插入选中的 6 幅图片。插入的图片变成了文档的一部分，即使原图片文件被删除，文档中的图片还会被保留。

图 6-1-4　“插入图片”对话框

（4）单击选中插入的一幅图片，图片四周会出现 9 个控制柄。单击“图片工具”按钮，切换到“图片工具”的“格式”选项卡，如图

6-1-5 所示，单击“排列”组内的“文字环绕”按钮，调出它的菜单，单击该菜单内的“浮于文字上方”菜单命令，将选中的图片设置为“浮于文字上方”方式，这样可以在整个文档内随意移动图片的位置。

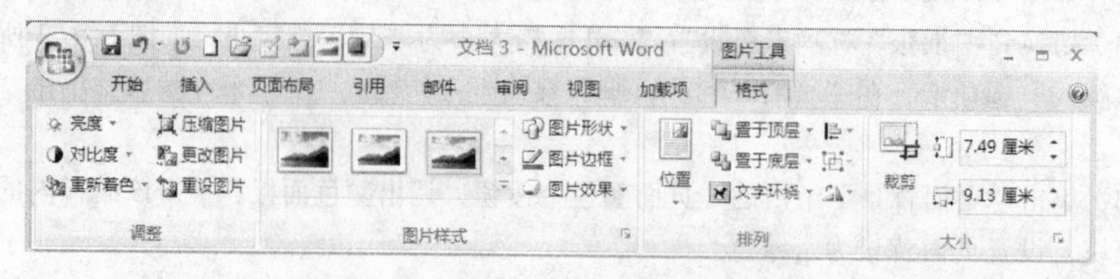

图 6-1-5　图片工具“格式”选项卡

（5）将鼠标指针移到图片上边的绿色圆形控制柄处，当鼠标指针呈弧形状时拖动鼠标，可以旋转图片；将鼠标指针移到图片四边的白色控制柄处，当鼠标指针呈双箭头状时拖动鼠标，可以调整图片的大小。分别调整 6 幅图像的大小和位置，如图 6-1-5 所示。

3．编辑图片

（1）选中第 1 行第 1 幅图片，单击“图片样式”栏内的第 5 个“映像圆角矩形”按钮，使选中的图片应用“映像圆角矩形”样式，效果如图 6-1-7 所示。

（2）选中第 1 行第 2 幅图片，单击“图片样式”栏内的第 15 个“剪裁对角线，白色”按钮，使选中的图片应用“剪裁对角线，白色”样式，效果如图 6-1-8 所示。

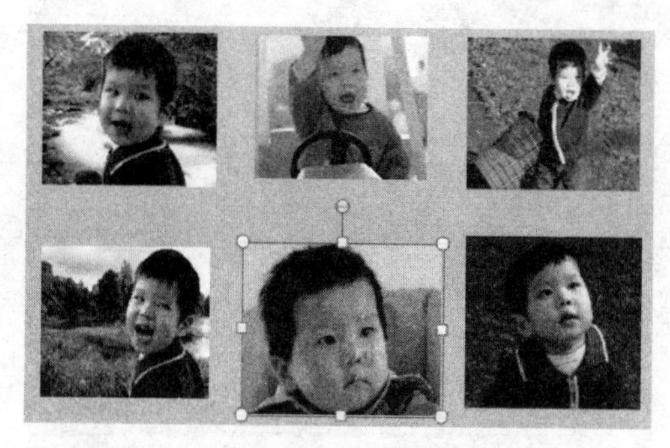

图 6-1-6　调整 6 幅图像的大小与位置

（3）单击“图片样式”栏内的“图片边框”按钮，调出“图片边框”面板，单击该面板内的绿色色块，设置图片边框的颜色为绿色，如图 6-1-9 所示。

图 6-1-7　“映像圆角矩形”样式

图 6-1-8　“剪裁对角线”样式

图 6-1-9　边框色为绿色

（4）单击选中第 1 行第 3 幅图片，单击“图片样式”栏内的倒数第 4 个“映像棱台”按钮，使选中的图片应用“映像棱台”样式。单击“图片样式”栏内的“图片边框”按钮，调出“图片边框”面板，单击该面板内的蓝色色块，设置边框颜色为蓝色，如图 6-1-10 所示。

（5）单击选中第 2 行第 1 幅图片，单击“图片样式”栏内的第 16 个“中等负载框架”按钮，使选中的图片应用“中等负载框架”样式。单击“图片样式”栏内的“图片边框”按钮，调出它的面板，设置图片边框的颜色为绿色，效果如图 6-1-11 所示。

（6）单击“图片样式”栏内的“图片效果”按钮，调出“图片效果”面板，选择该面板内的“三维旋转”→“三维旋转选项”菜单命令，调出“设置图片格式”对话框，利用它调整选中图片的边框填充色、粗细和线型、图片阴影、三维格式和三维旋转等，效果如图 6–1–12 所示。

图 6–1–10　应用“映像棱台”样式

图 6–1–11　边框色为绿色

图 6–1–12　设置图片格式效果

单击“设置图片格式”对话框内左边栏内的选项，可以切换到不同的选项卡，例如，单击“线条颜色”选项，可以切换到“线条颜色”选项卡，如图 6–1–13 所示。“阴影”、“三维格式”和“三维旋转”选项卡的调整如图 6–1–14～图 6–1–16 所示。

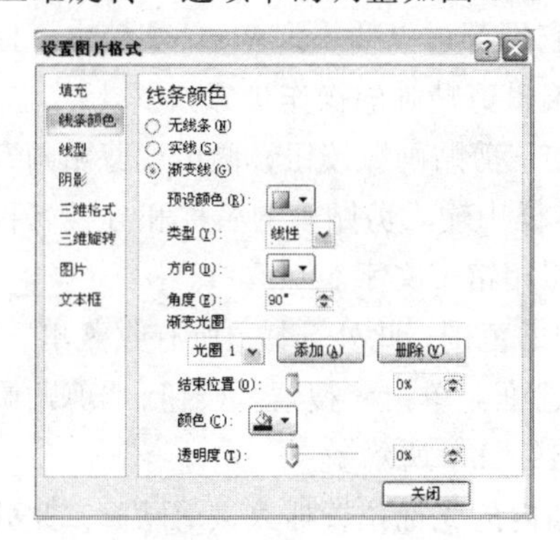

图 6–1–13　“设置图片格式”（线条颜色）对话框

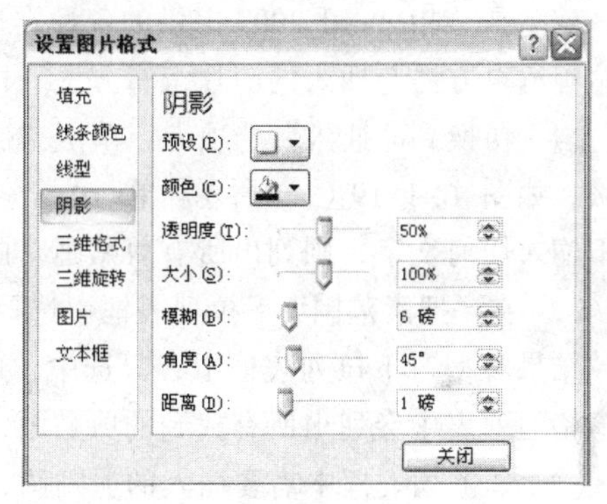

图 6–1–14　“设置图片格式”（阴影）对话框

图 6–1–15　“设置图片格式”（三维格式）对话框

图 6–1–16　“设置图片格式”（三维旋转）对话框

（7）读者参考上述方法，自行加工剩余的 2 幅图片，最后效果如图 6–1–17 所示。

注意：加工第 2 行第 2 列的图片时，单击“图片样式”栏内的“图片形状”按钮，调出它“图片形状”面板，单击该面板内“星与旗帜”栏中的“波形”图标，将选中图片的轮廓改为旗帜波形形状，如图 6-1-17 所示。

（8）选择“文件”→“另存为”菜单命令，调出“另存为”对话框，利用该对话框将文档以名称“【案例 22】宝宝照相馆.docx”保存。如果保存成“Word 97 2003 文档”类型的文档，则“图片工具”栏内“格式”选项卡中的“图片样式”组被“阴影效果”和“边框”选项卡所替代，如图 6-1-18 所示。这两个组集中了原来“图片样式”组内的部分工具。

图 6-1-17 图片加工效果

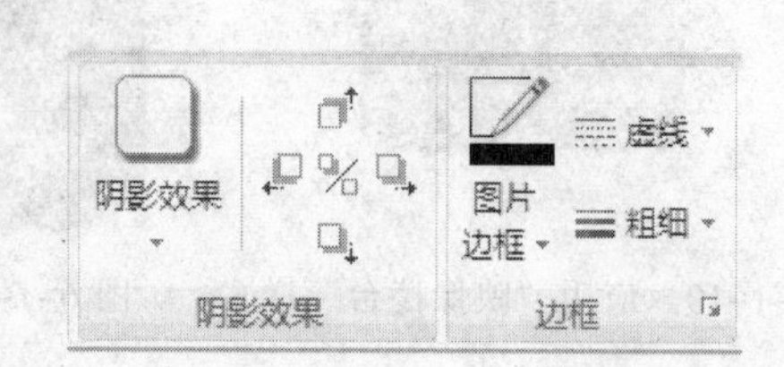

图 6-1-18 “阴影效果”和“边框”选项卡

4．插入和编辑剪贴画

剪贴画是指 Word 2007 提供的各种类型的图片，它们都可以插入到 Word 文档中，插入的剪贴画编辑方法与插入的图片编辑方法一样。插入和编辑剪贴画的操作步骤如下。

（1）切换到“插入”选项卡，单击“插图”组中的“剪贴画”按钮，调出“剪贴画”任务窗格，如图 6-1-19（a）所示。在 “搜索文字”文本框中输入剪贴画的名称和分类名称，如果不输入任何文字，则列出所有剪贴画。此处输入“照相馆”文字。

（2）在“搜索范围”下拉列表框中选择搜索剪贴画的范围，此处选择“所有收藏集”选项；在“结果类型”下拉列表框中，只选中“剪贴画”复选框。单击“搜索”按钮，“剪贴画”任务窗格的列表中会列出所有找到的剪贴画，如图 6-1-19（b）所示。

（3）单击列表框中需要插入的剪贴画，即可在文档内的光标位置插入该剪贴画。此处插入第 3 幅照相馆图片，如图 6-1-20 所示。

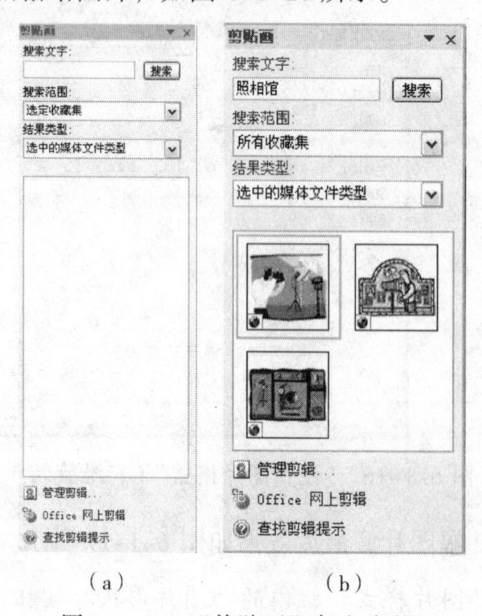

（a）（b）

图 6-1-19 “剪贴画”任务窗格

图 6-1-20 第 3 幅照相馆图片

（4）单击选中插入的剪贴画图片，切换到“图片工具”内的“格式”选项卡，单击“排列”

组内的“文字环绕”按钮，调出它的菜单，选择该菜单内的“浮于文字上方”菜单命令，将选中的图片设置为“浮于文字上方”方式。然后，调整剪贴画图片大小，移动剪贴画图片到下边中间处。

5. 插入艺术字

艺术字是指插入到文档中的装饰文字，可以创建带阴影的、扭曲的、旋转的和拉伸的文字，也可以按预定义的形状创建文字。具体操作方法如下。

（1）切换到“插入”选项卡，单击“艺术字”按钮，展开“艺术字样式”面板，选择该面板内的“艺术字样式 13”选项，如图 6-1-21 所示，调出“编辑艺术字文字”对话框，如图 6-1-20 所示。

（2）在“编辑艺术字文字”对话框内的“字体”下拉列表框中选择“华文行楷”字体，在“字号”下拉列表框中选择字号 36，在“文字”文本框内输入要插入的文字“宝宝照相馆”，如图 6-1-22 所示。单击“确定”按钮，即可在光标处插入艺术字，如图 6-1-23 所示。

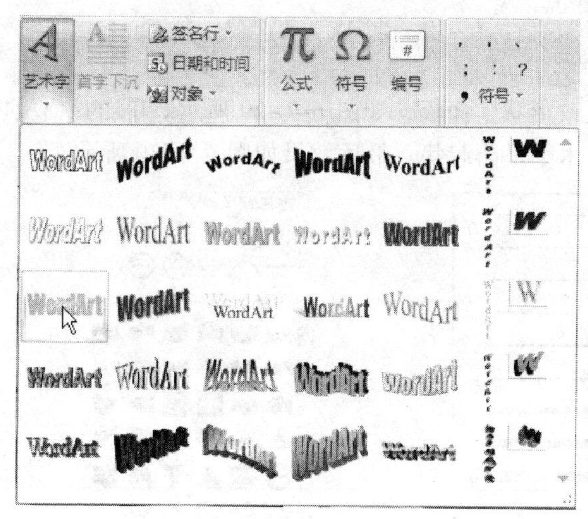

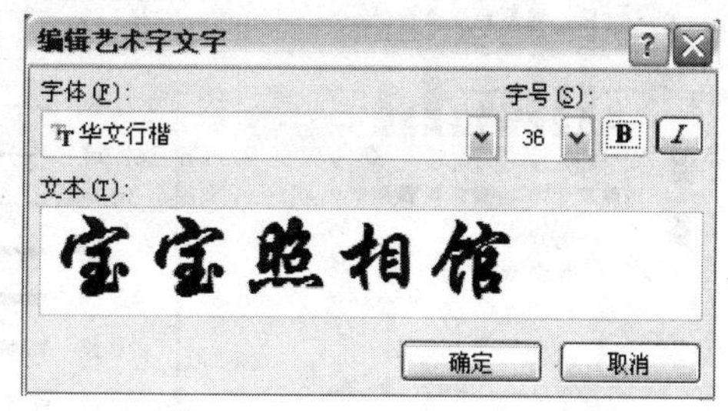

图 6-1-21　“艺术字样式”面板　　　图 6-1-22　“编辑艺术字文字”对话框

图 6-1-23　“宝宝照相馆”艺术字

（3）切换到“图片工具”的“格式”选项卡，单击“排列”组内的“文字环绕”按钮，调出它的菜单，选择该菜单内的“浮于文字上方”菜单命令，将选中的图片设置为“浮于文字上方”方式，这样可以在整个文档内随意移动剪贴画图片的位置。

（4）单击选中“宝宝照相馆”艺术字，调整它的大小和位置，切换到“艺术字工具”的“格式”选项卡，单击“形状填充”按钮，调出“形状填充”面板，如图 6-1-24 所示。选择该面板内的“纹理”菜单命令，调出“纹理”面板，如图 6-1-25 所示。单击该面板内左下角的图案，给艺术字添加选中的图案。

（5）选择“形状填充”面板内的“渐变”菜单命令，调出“渐变”面板，如图 6-1-26 所示。单击该面板内“深色变体”栏中第 2 行第 2 列图案，给艺术字添加渐变效果。

（6）单击“形状轮廓”按钮，调出“形状轮廓”面板，如图 6-1-27 所示。选择该面板内的“粗细”菜单命令，调出它的菜单，如图 6-1-28 所示，选择该菜单内的“1 磅”菜单命令，设置艺术字轮廓线粗 1 磅，单击该面板内的橙色色块，设置艺术字轮廓线的颜色为橙色。

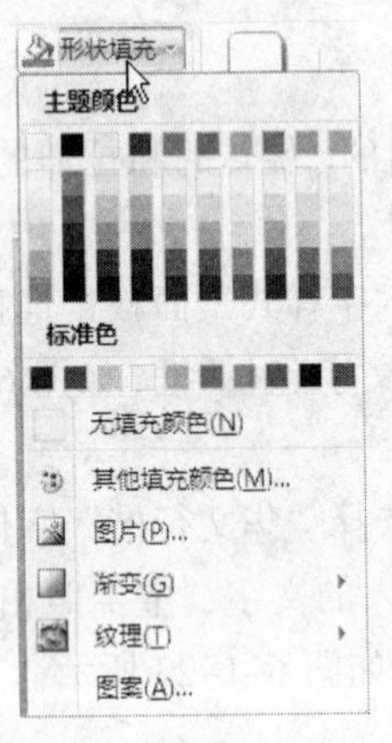

图 6-1-24 “形状填充”面板

图 6-1-25 “纹理”面板

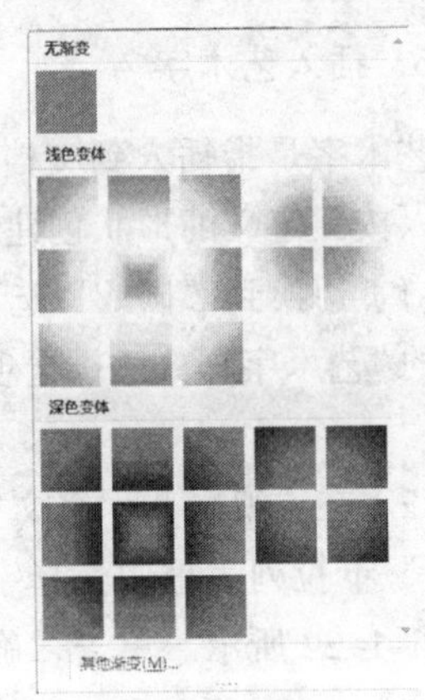

图 6-1-26 “渐变”面板

（7）单击“更改形状”按钮，调出“更改形状”面板，如图 6-1-29 所示。单击该面板内的“跟随路径”栏内的第 2 个图案，设置艺术字呈凸起状。最后效果如图 6-1-30 所示。

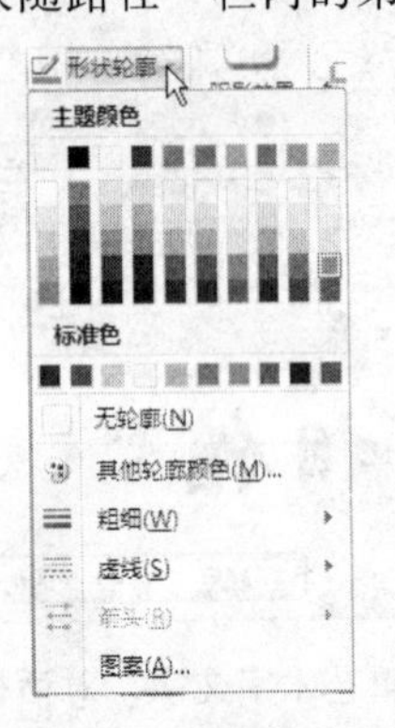

图 6-1-27 “形状轮廓”面板

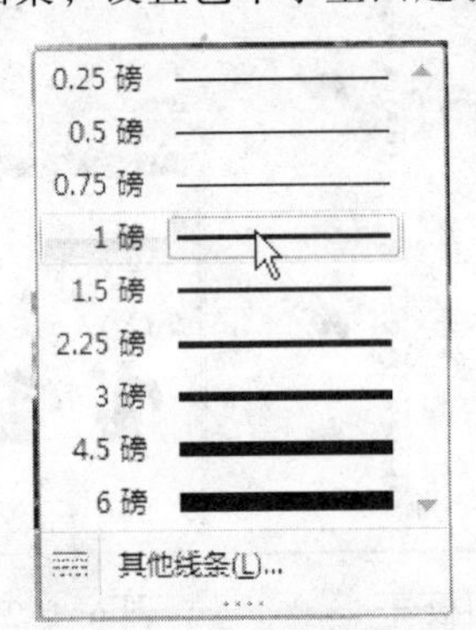

图 6-1-28 “粗细”菜单

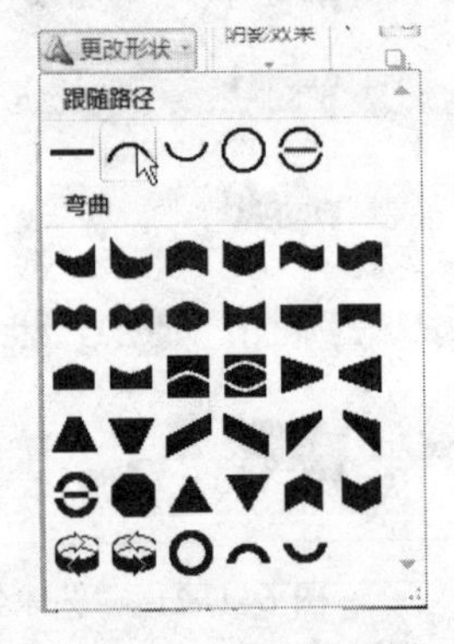

图 6-1-29 “更改形状”面板

图 6-1-30 艺术字编辑效果

（8）切换到“艺术字工具”的“格式”选项卡，单击“阴影效果”按钮，调出“阴影效果”面板，如图 6-1-31 所示。利用该面板可以给艺术字添加各种阴影。此处没有添加阴影。

（9）切换到“艺术字工具”的“格式”选项卡，单击“三维效果”按钮，调出“无三维效果”（应是“三维效果”）面板，如图 6-1-32 所示。单击其“透视”栏内第 2 个图案，设置艺术字呈三维立体状。

（10）将鼠标指针移动“三维效果”面板内的“三维颜色”菜单命令之上，会调出它的面板，利用该面板可以调整三维艺术字的颜色，此处选择橙色。

选择“三维效果”面板内“深度”→“72 磅”菜单命令，设置三维深度为 72 磅；选择“三维效果”面板内“方向”→“透视”菜单命令，设置三维方向为透视效果；选择“三维效果”面板内“照明”菜单命令，调出“照明”面板，设置如图 6-1-33 所示；选择“三维效果”面板内“表面效果”→“亚光效果”菜单命令，设置艺术字表面为亚光效果。

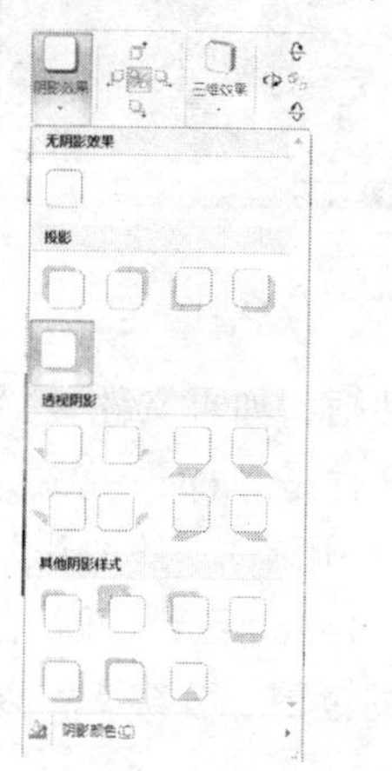

图 6-1-31 “阴影效果”面板

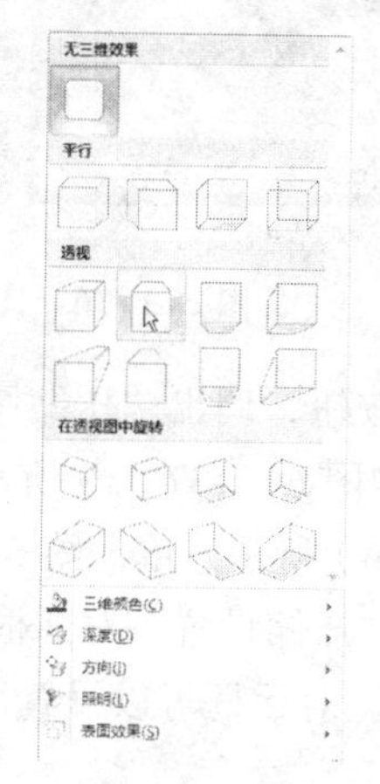

图 6-1-32 “三维效果”面板

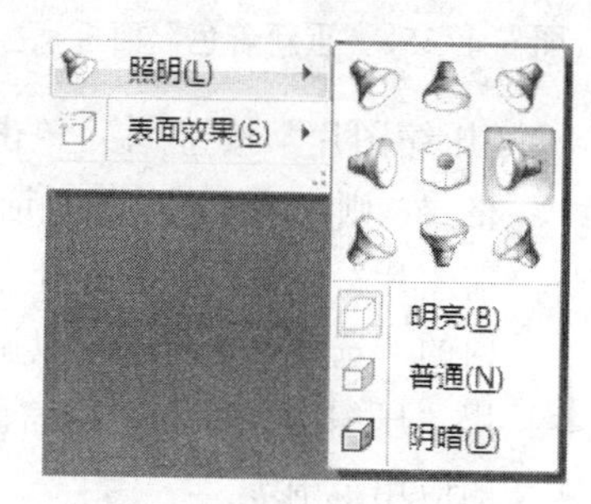

图 6-1-33 “照明”面板

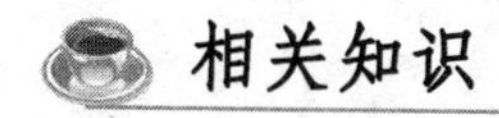

相关知识

1. 剪贴画和图片的格式设置

选中要编辑的图片，单击“图片工具”按钮，再单击“格式”标签，切换到“格式”选项卡，如图 6-1-5 所示。利用“图片工具”选项卡可以对剪贴画和图片进行一些复杂的操作。下面介绍“图片工具”选项卡的一些使用方法。

（1）调整图片：选中要编辑的图片，切换到“图片工具”的“格式”选项卡，其中，“调整”组如图 6-1-34 所示。利用组功能，可以改变图片的亮度、对比度和颜色效果。方法如下。

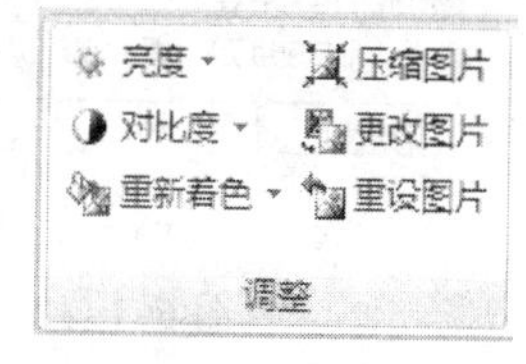

图 6-1-34 “调整”组

◎“重新着色”下拉列表框按钮：单击该按钮，调出它的面板，如图 6-1-35 所示。在该面板内可以选择不同的深色变体或浅色变体，以及其他变体，对图片重新着色。

单击“设置透明色”按钮，鼠标指针变成。单击选中的图片，可以使图片的背景白色透明。例如，在文档中插入一幅图片和一幅剪贴画图片，它们的背景均为白色，分别将它们设置为“浮于文字上方”方式，移动这两幅图像使它们重叠在一起，如图 6-1-36（a）所示。然后，单击按下“设置透明色”按钮，将鼠标指针移到上边图片的白色背景处，单击白色背景，即可使上边图片的白色背景透明，如图 6-1-36（b）所示。

◎“亮度”下拉列表框按钮：单击该按钮，调出它的面板，可以选择不同的亮度。

◎“对比度”下拉列表框按钮：单击该按钮，调出它的面板，在该面板内可以选择不同的对比度，对比度越高，图片颜色的饱和度和明暗度越高，颜色灰色越少；对比度越低，图片颜色的饱和度和明暗度会降低，颜色灰色越多。

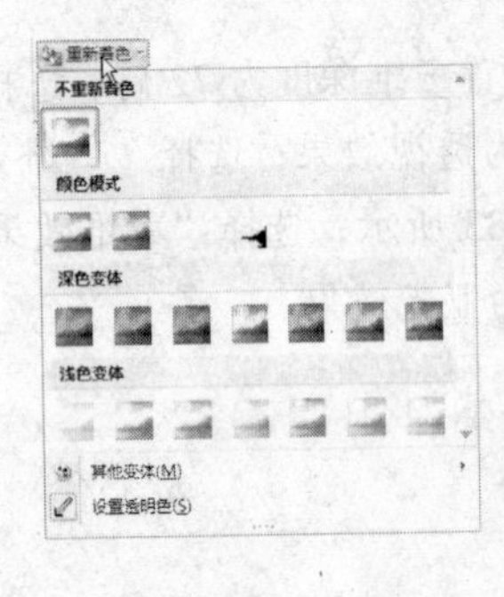

（a）

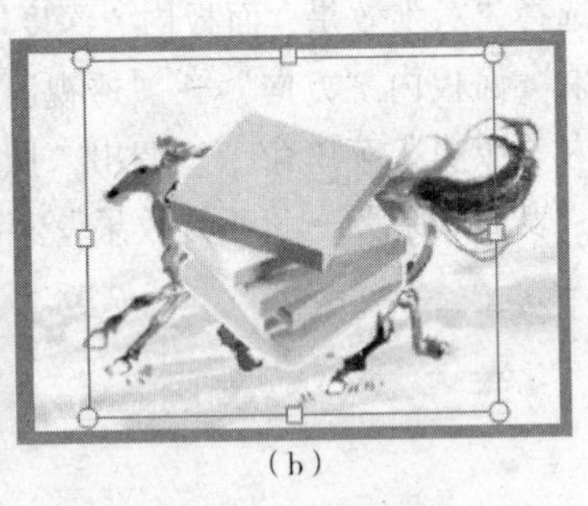

（b）

图 6-1-35 “重新着色”面板

图 6-1-36 图片的白色背景色透明

◎ “压缩图片”按钮：单击该按钮，调出“压缩图片”对话框，如果文件是“.docx”格式，则“压缩图片”对话框如图 6-1-37（a）所示；如果文件是“.doc”格式，则“压缩图片”对话框如图 6-1-37（b）所示。单击图 6-1-37（a）所示“压缩图片”对话框内的“选项”按钮，可以调出“压缩设置”对话框，如图 6-1-38 所示。可以看出，利用“压缩图片”和“压缩设置”对话框可以设置压缩图片的范围、分辨率，以及压缩的应用范围等。

◎ “重设图片”按钮：单击该按钮可以恢复图片插入时的位置、大小、颜色等属性。

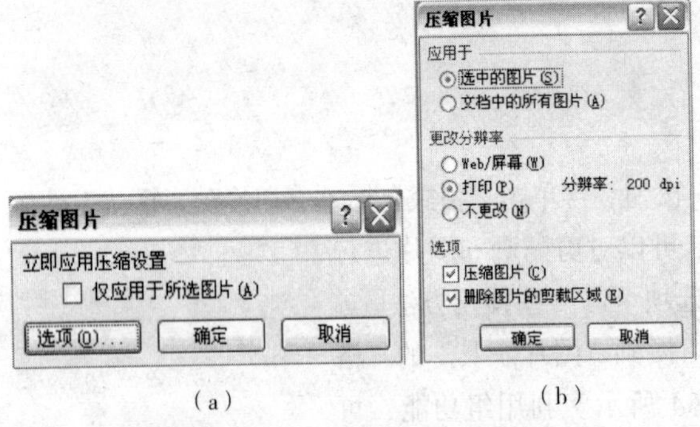

（a）　　（b）

图 6-1-37 “压缩图片”对话框

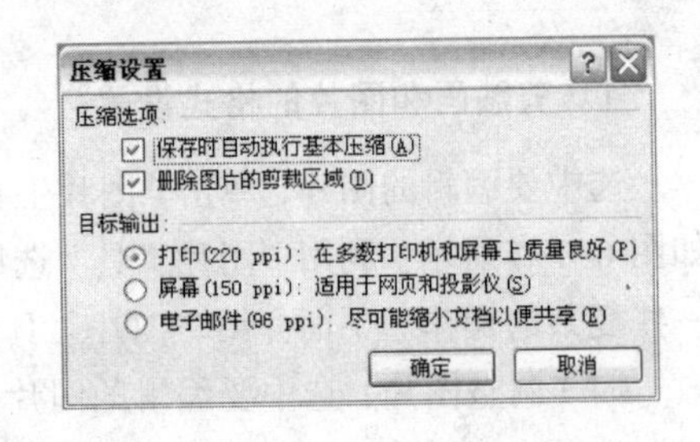

图 6-1-38 “压缩设置”对话框

（2）图片排列：图片排列主要是利用“排列”组内的工具来完成。介绍如下。

◎ 设置文字环绕效果：选中要编辑的图片，单击“格式”选项卡内“排列”组（见图 6-1-39）中的“文字环绕”按钮，调出“文字环绕”菜单，如图 6-1-40 所示。利用该菜单可以设置图片与文字之间的层次关系和位置关系。例如，图 6-1-41（a）所示为“衬于文字下方”效果，图 6-1-41（b）所示为“紧密型环绕”效果。

◎ “置于顶层”按钮：使所选图片置于其他所有对象前面；单击该按钮右边的按钮▾，调出它的菜单，选择“上移一层”菜单命令，可以使所选图片向上移一层。

◎ 置于底层按钮：使所选图片字置于其他所有对象后面；单击该按钮右边的按钮▾，调出它的菜单，选择“下移一层”菜单命令，可以使所选图片向下移一层。

◎ 对齐按钮：单击该按钮，可以调出“对齐”菜单，利用该菜单可以将选中的多个图片等对象的边缘对齐。选择不同的菜单命令，可以进行不同方式的对齐。

◎ 组合按钮：将所选的多个对象组合在一起，将其作为一个对象处理。

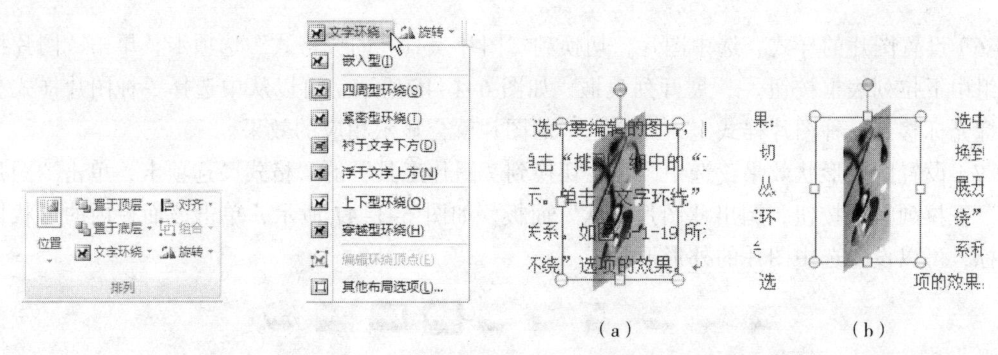

图 6-1-39　“排列”组　图 6-1-40　“文字环绕”菜单　　图 6-1-41　衬于文字下方和紧密型环绕

◎ 旋转按钮：单击该按钮，可以调出“旋转”菜单，利用该菜单可以将选中的图片或其他对象进行旋转或翻转。

（3）设置图片的尺寸：选中要编辑的图片，切换到“图片工具”的“格式”选项卡，在“大小”组中的“高度”和“宽度”文本框汇总分别输入图像的宽度和高度值，如图 6-1-42 所示，或者单击“大小”组中的对话框启动器按钮，调出“大小”对话框，如图 6-1-43 所示。利用该对话框可以改变图片的宽度和高度，以及旋转、裁切图片等。

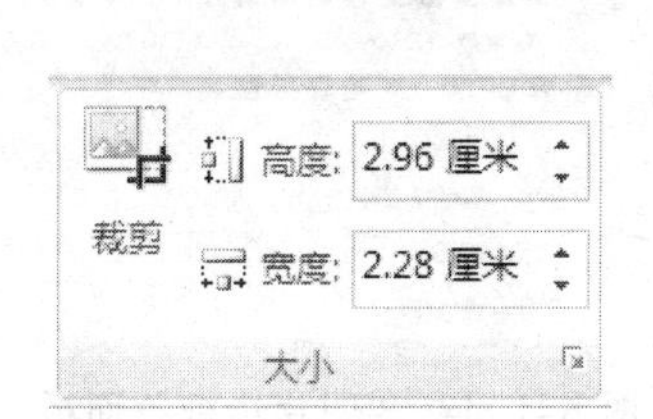

图 6-1-42　“大小”组

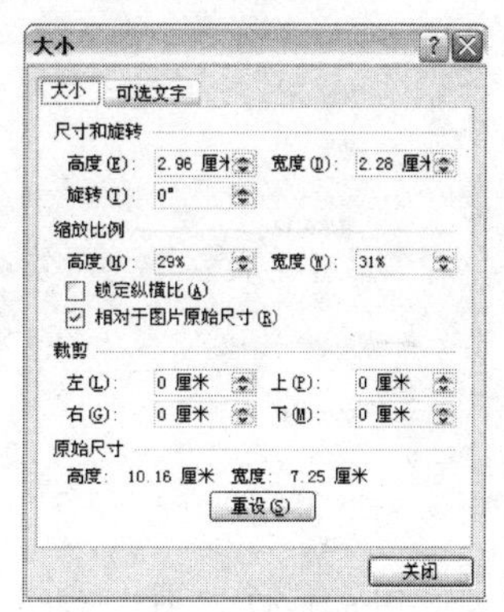

图 6-1-43　“大小”对话框

（4）裁剪图片：选中图片，切换到“图片工具”的“格式”选项卡，单击按下“大小”组中的“裁剪”按钮，鼠标指针变成状，将鼠标指针移动到选中图片的控点处，拖动鼠标，如图 6-1-44（a）所示。松开鼠标左键，即可将图片裁剪，如图 6-1-44（b）所示。

（5）旋转图片：选中要旋转的图片，然后将鼠标指针移到图片正上方的绿色控点处，当鼠标指针呈四个环形箭头状时，拖动鼠标，即可旋转图片，如图 6-1-45 所示。另外，利用图 6-1-43 所示的“大小”对话框也可以旋转图片。

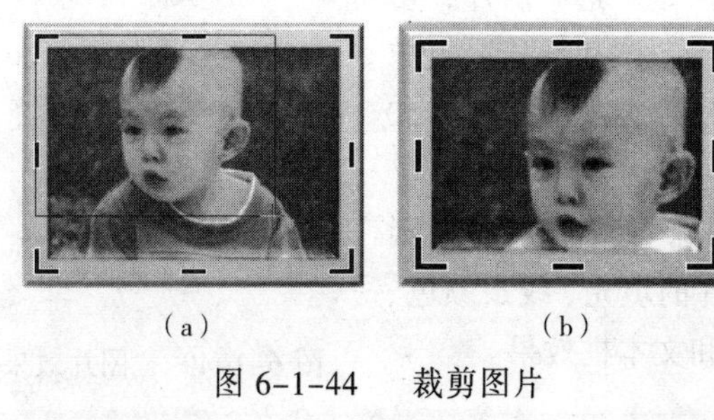

（a）　（b）

图 6-1-44　裁剪图片

图 6-1-45　旋转图片

（6）设置图片的样式：选中图片，切换到“图片工具”的“格式”选项卡，单击“图片样式”组中下拉列表框按钮 ，展开列表框，如图 6-1-46 所示，可以从中选择一种图片样式。将鼠标光标移到一种图片样式上，此时选中的图片就会显示相应的效果。

（7）设置图片形状效果：选中图片，切换到“图片工具”的“格式”选项卡，单击“图片形状”下拉列表框按钮，调出“图片形状”面板，如图 6-1-47 所示，单击该面板内的形状样式图标，可以设置选中图片的外形形状。

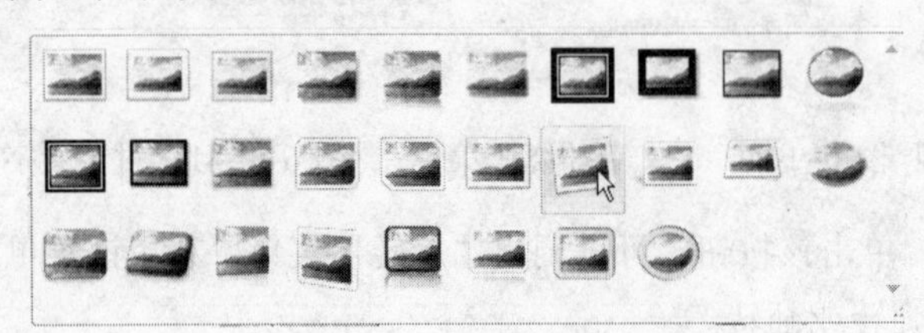

图 6-1-46 “图片样式”组中的“图片样式”下拉列表框

（8）设置图片边框效果：选中图片，切换到“图片工具”的“格式”选项卡，单击“图片边框”下拉列表框按钮，调出“图片边框”面板，如图 6-1-48 所示，用来设置图片边框的属性。

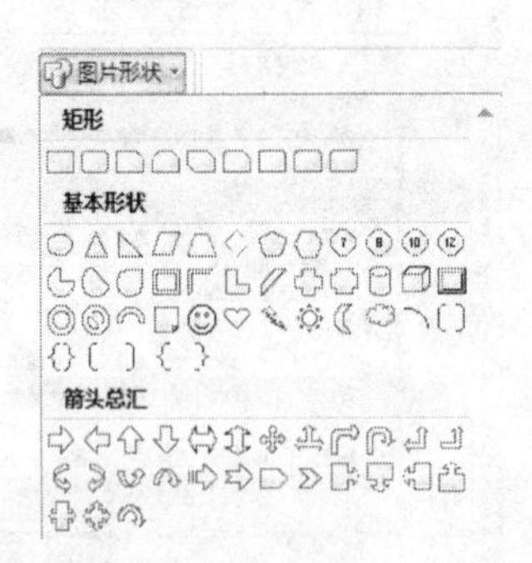

图 6-1-47 “图片形状”面板

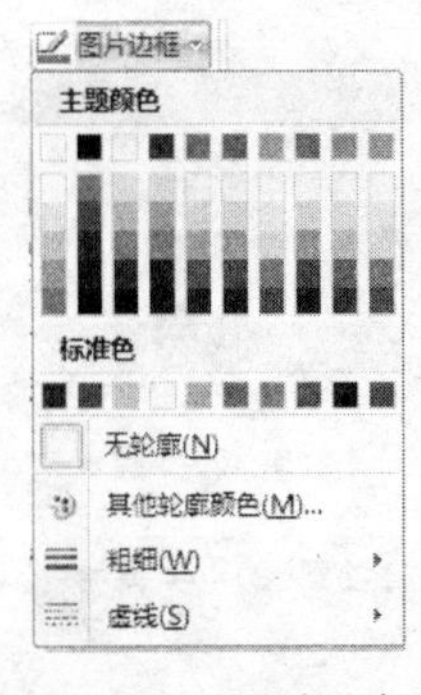

图 6-1-48 “图片边框”面板

（9）设置图片的效果：选中图片，切换到“图片工具”的“格式”选项卡，单击“图片效果”下拉列表框按钮，调出“图片效果”菜单，该菜单内提供了“阴影”、“映像”等 6 种类型的效果，如图 6-1-49 所示。每一类效果中又提供了多种不同的效果。将鼠标指针移到一种图片效果之上，选中的图片就会显示出该效果。

（10）设置图片格式：用户也可以不使用 Word 2007 自带的图片预设效果，自己设置图片的格式。方法是：选中图片，切换到“图片工具”的“格式”选项卡，单击“图片样式”组中的对话框启动器，调出“设置图片格式”对话框，如图 6-1-50 所示。

单击选中该对话框内左边栏中不同选项，其右边会切换到不同选项，利用该对话框可以设置选中图片的填充、线条颜色、线型、阴影、三维格式、三维旋转、图片和文本框效果。

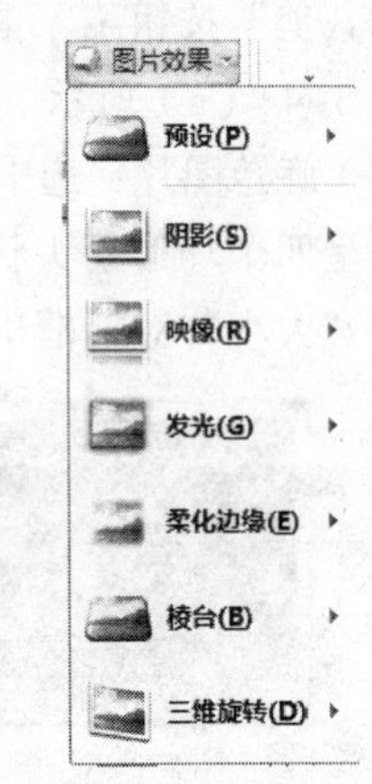

图 6-1-49 “图片效果”菜单

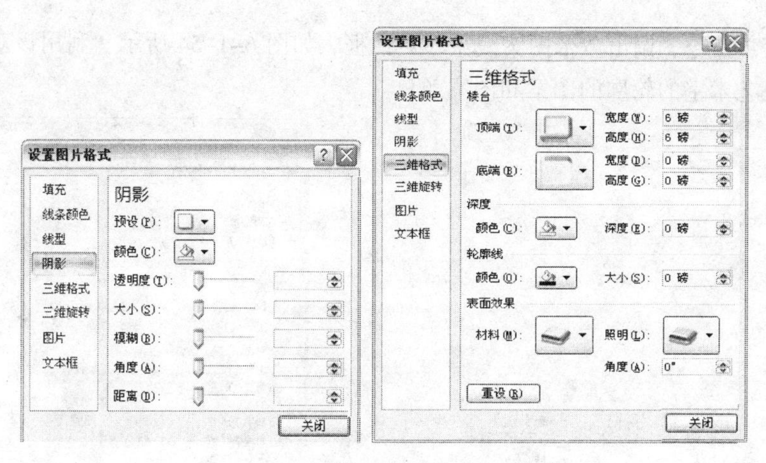

图 6-1-50 “设置图片格式”对话框

2. 设置艺术字格式

单击选中艺术字，切换到“艺术字工具”的“格式”选项卡，如图 6-1-51 所示。利用该选项卡可以设置艺术字的格式。介绍如下。

（1）艺术字样式设置：在“艺术字样式”组内列表框内可以单击选择一种艺术字样式，并将该艺术字样式应用于选中的文字。单击“艺术字样式”列表框内右下角的按钮，可以展开“艺术字样式”列表框，如图 6-1-19 所示。单击该面板内的一种艺术字样式图标，可以将该艺术字样式应用于选中的文字。将鼠标指针移到一种艺术字样式之上，此时选中的艺术字会显示出相应的效果。“艺术字样式”组内列表框右边 3 个按钮的作用如下。

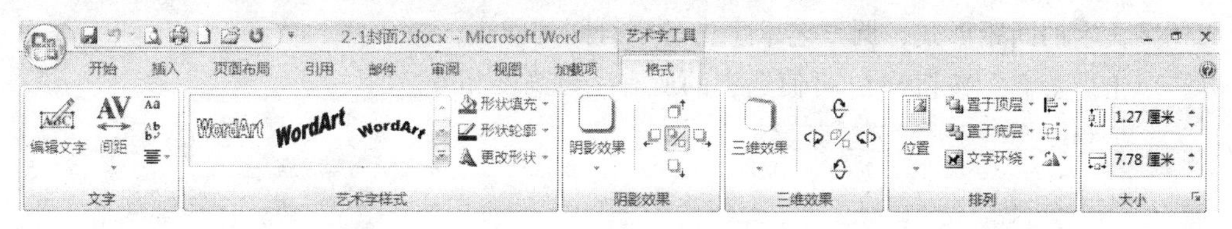

图 6-1-51 “格式”选项卡

◎“形状填充”按钮：单击该按钮可以调出“形状填充”面板，如图 6-1-24 所示，用来设置填充艺术字的渐变色、纹理、图案或图片。单击“主要颜色”或“标准色”栏内的色块，用来设置艺术字颜色；选择“其他填充颜色”菜单命令，可以调出“颜色”对话框，用来设置艺术字的填充颜色；选择“图片”菜单命令，可调出“选择图片”对话框，用来选择外部图像作为文艺术字的填充图片；将鼠标指针移到“渐变”菜单命令之上，可以调出“渐变”面板，如图 6-1-26 所示，用来设置艺术字的渐变效果；将鼠标指针移到“纹理”菜单命令之上，可以调出“纹理”面板，如图 6-1-25 所示，利用该面板可设置艺术字的纹理效果。

选择“图案”菜单命令，可以调出“填充效果”（图案）面板，如图 6-1-52 所示。单击标签，可以切换到不同的选项卡，例如，“填充效果”（渐变）面板如图 6-1-53 所示。利用该对话框可以设置填充艺术字的渐变色、纹理、图案或图片。

◎“形状轮廓” 按钮：单击该按钮，调出“形状轮廓”面板，如图 6-1-25 所示。利用该面板可以设置轮廓线的有无、颜色、粗细、类型和图案等。单击该面板内的“图案”菜单命令，调出“带图案线条”对话框，如图 6-1-54 所示。利用该对话框可以设置填充艺术字的轮廓的图案和图案颜色。

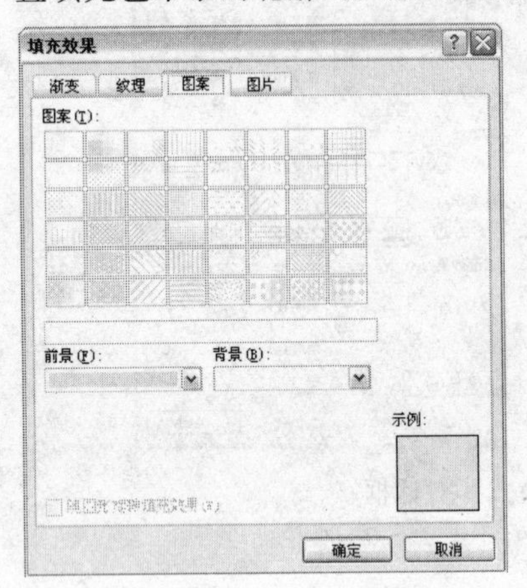

图 6-1-52 “填充效果”（图案）对话框

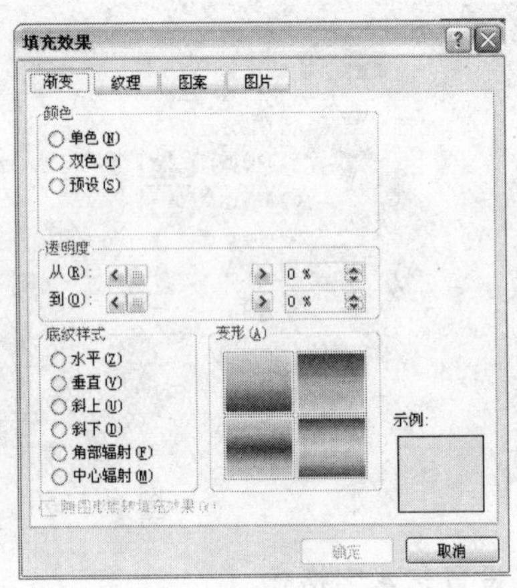

图 6-1-53 “填充效果”（渐变）对话框

◎ “更改形状” 按钮：单击该按钮，调出“更改形状”面板，如图 6-1-29 所示。利用该面板可以设置艺术字形状。

（2）编辑艺术字文字：利用“文字”组可以编辑艺术字文字，方法如下。

◎ 单击“编辑文字”按钮，调出“编辑艺术字文字”对话框，利用该对话框可以修改艺术字的内容、字体、字号等属性。

◎ 单击“间距”按钮，调出“间距”菜单，如图 6-1-55 所示。利用该菜单可以选择艺术字文字的间距形式，调整艺术字中各字符间的间距。

◎ 单击“等高”按钮 Aa：可使选中的所有字母高度相等。

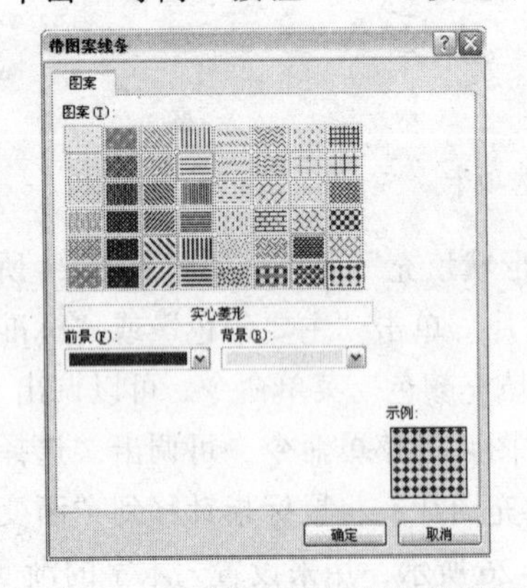

图 6-1-54 “带图案线条”对话框

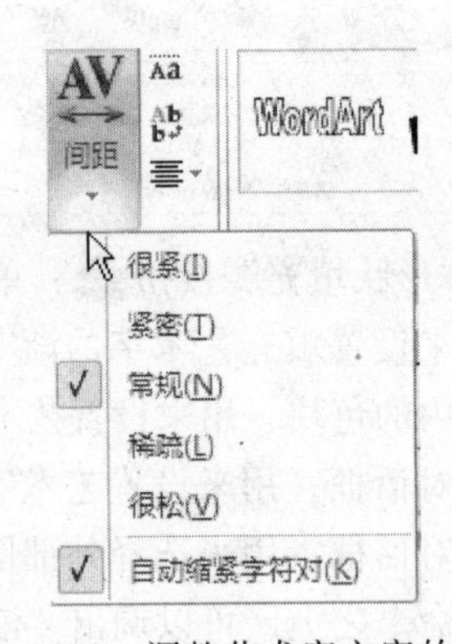

图 6-1-55 调整艺术字文字的间距

◎ 单击“艺术字竖排”按钮 ：可以使选中的横排艺术字变成垂直排列。

◎ 单击“文本对齐”按钮 ：调出它的菜单，利用该菜单可以使艺术字文字按照一种对齐方式进行对齐。

（3）艺术字阴影效果：单击“阴影效果”组内的“阴影效果”按钮，调出“阴影效果”面板，如图 6-1-31 所示。利用该面板可以给艺术字添加各种阴影。另外，可以通过单击“设置/取消阴影”等一组 5 个按钮，来调整阴影的有无和位置。

（4）艺术字三维效果：单击“三维效果”按钮，调出“三维效果”面板，如图 6-1-32 所示。利用该面板可以设置艺术字成三维立体状。另外，可以通过单击设置/取消三维效果”等一组 5 个按钮，调整艺术字三维的有无和上、下、左、右倾斜角度。

（5）文字排列效果：文字排列与图像排列形似，主要利用“排列”组内的工具来完成。

（6）设置艺术字大小和其他格式：在“大小”组中的文本框内输入宽度和高度的数值，可以改变选中艺术字的大小。

单击“大小”组中的对话框启动按钮，调出“设置艺术字格式”对话框的“大小”选项卡，如图 6-1-56 所示。可以设置艺术字的大小，设置艺术字的旋转角度，设置艺术字高度、宽度与原始尺寸的百分比。利用该对话框还可以改变艺术字的其他格式参数。

思考练习 6-1

（1）制作一个“宣传画”文档，如图 6-1-57 所示，该文档主要插入图片、剪贴画和艺术字，它们采用了不同的效果。

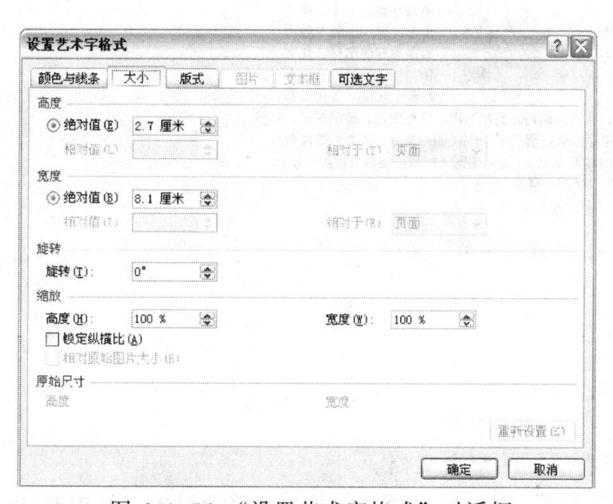

图 6-1-56 “设置艺术字格式”对话框

图 6-1-57 “宣传封面”文档

（2）修改本案例的“宝宝照相馆”文档，更换 2 幅图片，增加 2 幅图片，更改图片效果，更换剪贴画和剪贴画效果，修改艺术字的阴影和三维效果。

（3）制作一个“风景美如画”文档，该文档主要插入图片、剪贴画和艺术字，图片和剪贴画具有不同的效果，艺术字具有阴影和三维立体效果。

6.2 【案例 22】欢庆春节

案例描述

本案例制作一个“欢庆春节”文档，如图 6-2-1 所示。该文档有图片水印、绘制各种图形、创建文本框、文本框内输入文字、插入图片、图片四周有文字环绕等效果。通过本案例的学习，读者可进一步掌握插入图片和编辑图片的方法，设置文字环绕的方法，掌握绘制各种图形的方法等。

图 6-2-1 “欢庆春节”文档

设计过程

1. 设置页面图片水印

（1）创建一个名为“【案例 22】欢庆春节”的空白文档。

（2）单击“页面布局”标签，切换到“页面布局”选项卡。单击“页面设置”组内对话框启动器按钮，调出“页面设置”对话框“页边距”选项卡，单击按下“纵向”按钮，在“上”和“下”数值框中均输入 3，“左”和“右”数值框中均输入 3.3。

（3）单击“页面背景”组内的“水印”按钮，调出它的面板，如图 6-2-2 所示，选择该面板内的“自定义水印”菜单命令，调出“水印”对话框，选中“图片水印”单选按钮，单击“选择图片”按钮，调出“插入图片”对话框，选中图 6-2-3（a）所示的“春.jpg”图像，单击“插入”按钮，在页面内创建“春.jpg”图片水印，如图 6-2-3（b）所示。

2. 制作对联

（1）切换到“插入”选项卡，单击“插图”组中的“形状”按钮，调出“形状”面板，如图 6-2-4 所示。单击“星和旗帜”栏内的旗帜图标，再在页面内上边拖动，绘制一幅旗帜形状图形，如图 6-2-5 所示。

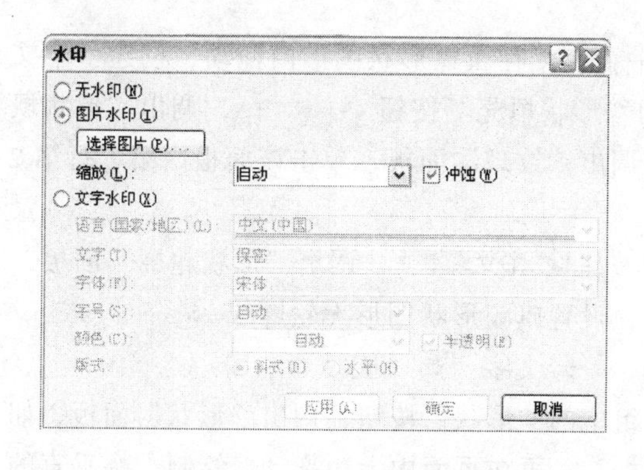

图 6-2-2　“水印”对话框

（a）　　（b）

图 6-2-3　“春.jpg”图像和页面水印

（2）拖动黄色菱形控制柄，改变旗帜形状图形的形状；拖动四边的蓝色正方形控制柄，改变旗帜形状图形的大小。

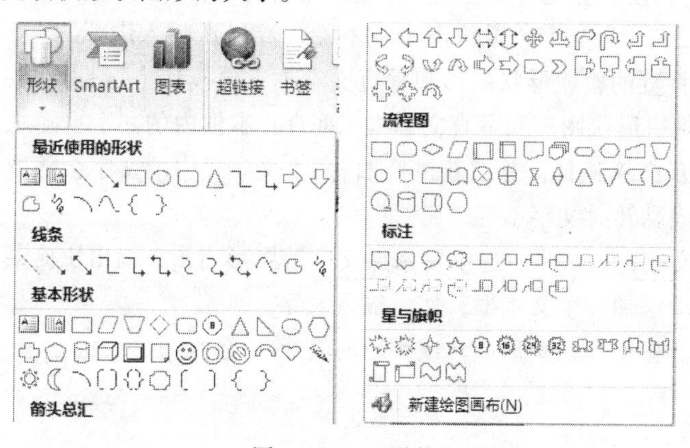

图 6-2-4　“形状”面板

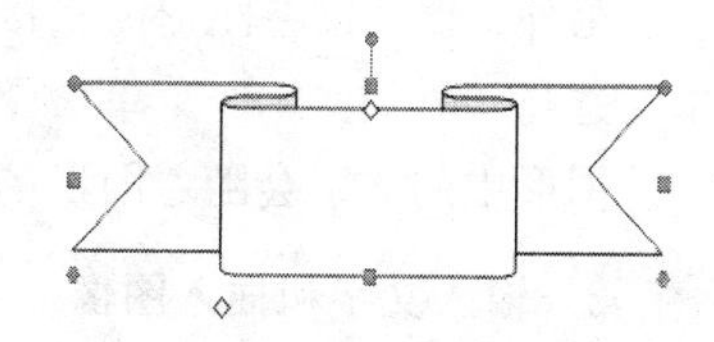

图 6-2-5　旗帜形状图形

（3）选中旗帜形状图形，单击“绘图工具”按钮，再单击“格式”标签，切换到“格式”选项卡，如图 6-2-6 所示。

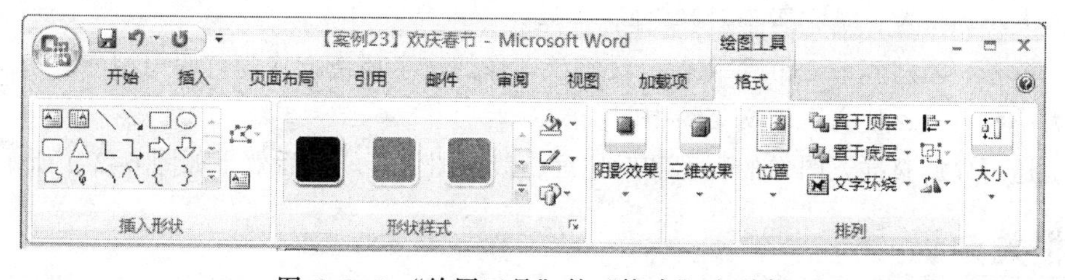

图 6-2-6　“绘图工具”的“格式”选项卡

（4）单击“形状样式”组内的“形状填充”按钮“形状填充”，调出“形状填充”面板，如图 6-1-22 所示。选择该面板内的“纹理”菜单命令，调出“纹理”面板，如图 6-1-23 所示。单击该面板内第 5 行第 2 列图案，给旗帜形状图形添加选中的图案。

（5）单击“形状样式”组内的“形状轮廓”按钮“形状轮廓”，调出“形状轮廓”面板，如图 6-1-25 所示。选择该面板内的“粗细”菜单命令，调出它的菜单，如图 6-1-26 所示，选择该菜单内的“3 磅”菜单命令，设置旗帜形状图形轮廓线粗 3 磅，单击该面板内的橙色色块，设置旗帜形状图形的轮廓线颜色为橙色。

（6）单击“插入形状”组内的“文本框”图标，在旗帜形状图形内拖动，创建一个文本框。选中该文本框，单击“形状样式”组内的“形状填充”按钮 形状填充，调出“形状填充”面板，选择该面板内的“纹理”菜单命令，调出“纹理”面板，单击该面板内第5行第2列图案，给旗帜形状图形添加选中的图案。

（7）单击“形状样式”组内的“形状轮廓”按钮 形状轮廓，调出“形状轮廓”面板，选择该面板内的“粗细”→“无轮廓”菜单命令，设置旗帜形状图形无轮廓线。

（8）在文本框内输入红色、粗体、华文楷体、一号文字“欢　庆　春　节”。

（9）切换到“插入”选项卡，单击“插图”组中的“形状”按钮，调出“形状”面板，如图6-2-4所示。单击“星和旗帜”栏内的旗帜图标，再在页面内上边拖动，绘制一幅垂直的旗帜形状图形。拖动控制柄，改变旗帜形状图形的形状和大小。

（10）按照上述方法，设置垂直旗帜图形的填充和轮廓。单击“插入形状”组内的“垂直文本框”图标，在垂直旗帜图形内拖动，创建一个垂直文本框。然后，设置它的填充和轮廓，再输入红色、粗体、楷体_GB2312、二号文字“爆竹声中一岁除，春风送暖入屠苏”。

（11）按住【Ctrl】键，单击选中垂直的旗帜形状图形和垂直文本框，再按住【Ctrl】键，同时水平向右拖动，复制一份垂直的旗帜形状图形和垂直文本框，垂直文本框内的文字也随之复制一份。然后，将文字改为“千门万户曈曈日，总把新桃换旧符”。文本框中的文字会随着文本框的移动而移动，在文本框旋转或翻转时文字不变。

另外，也可以在图形内直接输入文字。方法是：选中要添加文字的图形右击，调出快捷菜单，选择“添加文字”菜单命令，自动添加一个文本框，然后输入文字。

图形中的文字会随着图形的移动而移动，在图形旋转或翻转时文字不变。

3．输入文字和插入图像

（1）多次按【Enter】键，添加多个回车符。在对联的下边输入一段蓝色、宋体、加粗、小四号文字。

（2）插入一幅“春节1.jpg”图像，设置该图像的文字环绕方式为“浮于文字上方”，调整该图像的大小和位置，是它居于对联之间。

（3）插入一幅“春节2.jpg”图像，设置该图像的文字环绕方式为“四周型环绕”，调整该图像的大小和位置，使它居于文字的中间。

（4）还可以调整插入图像的亮度和对比度，裁剪图像等。最后效果如图6-2-1所示。

相关知识

1．绘制图形

切换到“插入”选项卡，单击“插图”组中的“形状”按钮，调出“形状”面板，如图6-2-4所示。单击其内的图形样式图标，此时鼠标指针变成十字形，再在页面内上边拖动，绘制一幅选中的图形样式的图形。按住【Shift】键并拖动，可以绘制出原大小比例的图形（例如：正方形、圆等）。

拖动黄色菱形控制柄，可改变图形的形状；拖动正方形控制柄，可改变图形的大小。

Word 2007将图形分为6大类，分别对应一组图形。6类图形的功能介绍如下。

（1）“线条”栏：可以绘制 6 种类型的线条和 6 种类型的连接线。例如，绘制的“右箭头”图形如图 6-2-7 所示；绘制的“肘形箭头连接符”图形如图 6-2-8 所示，拖动黄色菱形调整控点，可以调整折线中间线段的位置。

（2）“基本形状”栏：可以绘制 32 种图形。例如，绘制的“笑脸”图形如图 6-2-9 所示。拖动黄色菱形调整控点，可以调整笑脸图形内嘴巴的形状，使笑脸变成哭脸。

（3）“箭头总汇”栏：可以绘制 27 种箭头。例如，绘制“下弧形箭头”图形如图 6-2-10 所示。拖动黄色菱形调整控点，可以调整箭头的形状。

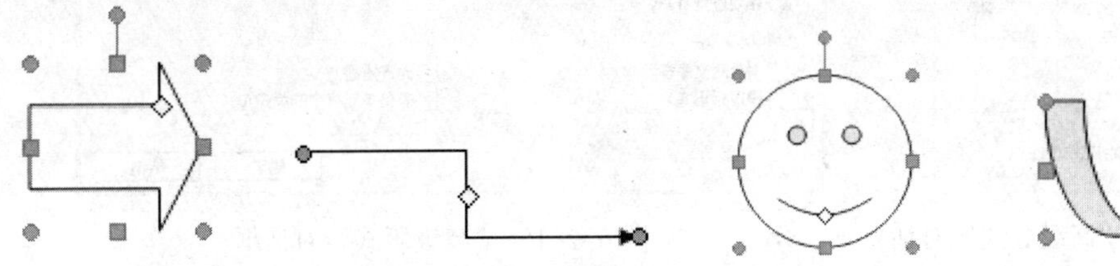

图 6-2-7　右箭头　图 6-2-8　肘形箭头连接符　图 6-2-9　笑脸　图 6-2-10　下弧形箭头

（4）“流程图”栏：可绘制 27 种流程图元素。例如“流程图：或者”图形如图 6-2-11 所示。

（5）“标注”栏：可绘制 20 种标注。例如，绘制的“云形标注”图形如图 6-2-12 所示。

（6）“星与旗帜”栏：可绘制 14 种图形。例如，绘制的“波形”图形如图 3-2-13 所示。

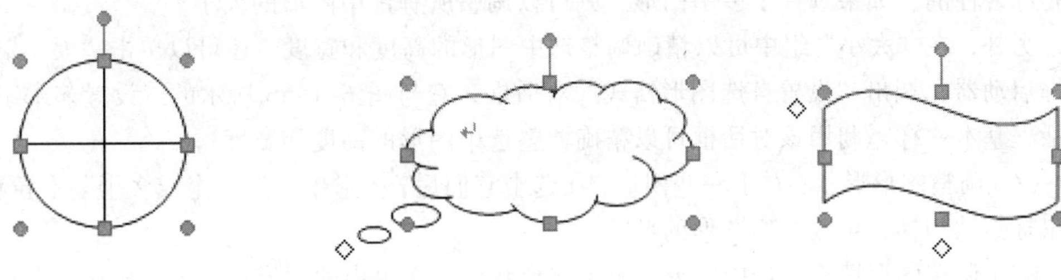

图 6-2-11　“流程图：或者”图形　图 6-2-12　“云形标注”图形　图 6-2-13　“波形”图形

2．编辑图形

（1）选择多个图形：可以按住【Shift】键，然后单击所需的各个图形。

（2）移动图形：将鼠标指针移至要移动的图形上，鼠标指针变为四个箭头形状，用鼠标拖动，即可将图形移动。如果按住【Shift】键的同时拖动图形，则可以限制图形只在水平或垂直方向移动。在选中要移动的图形后，还可以通过按光标移动键来移动图形，如果按住【Ctrl】键，同时按光标光标移动键，可以微量移动图形。

（3）复制图形：在拖动移动图形到达目标处后，按住【Ctrl】键，这时鼠标指针变为“+”形状，然后松开鼠标左键，再松开【Ctrl】键，即可在目标处复制一个图形。

（4）精确调整图形的位置：选中要移动的图形，切换到“绘图工具”的“格式”选项卡，如图 6-2-6 所示。单击“排列”组内的“位置”按钮，调出“位置”面板，如图 6-2-14 所示。选择该面板内的“其他布局选项”菜单命令，调出“高级版式”对话框，如图 6-2-15 所示。利用该对话框可以精确调整选中图形的位置。另外，利用该对话框还可以设置对齐方式和文字环绕方式等。

图 6-2-14 “高级版式”对话框

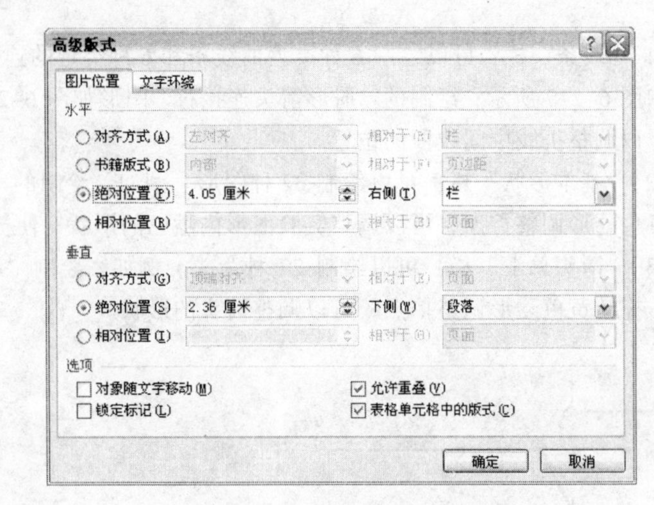

图 6-2-15 “高级版式”对话框

（5）调整图形的大小：将鼠标指针移至被选中图形的某一方形句柄处，鼠标指针会变为双向箭头形状，拖动鼠标即可在某一方向调整图形大小。如果按住【Alt】键，同时拖动鼠标，可以微调图形大小。如果按住【Shift】键的同时拖动鼠标，可以在保持原图形比例的情况下调整图形大小。如果按住【Ctrl】键的同时拖动鼠标，可以图形中心为基点调整图形大小。

【Alt】、【Shift】和【Ctrl】键还可以相互搭配，同时按住两个或三个键，再拖动鼠标，其功能是综合性的。如果选择了多个图形，则可以调整所有选中图形的大小。

另外，在“大小”组中可以精确调整选中图形的高度和宽度。还可以单击“大小”组的对话框启动器，调出“设置自选图形格式”对话框，它与图 6-1-56 所示的“设置艺术字格式”对话框基本一样。利用该对话框可以精确调整选中图形的高度和宽度。

（6）调整图形形状：对于一些图形，在选中它们后，图形中会有一个或多个菱形黄色句柄。用鼠标拖动句柄，可改变原图形的形状。

（7）调整图形填充：选中图形，单击“形状样式”组中的“形状填充”按钮，调出“形状填充”面板，如图 6-1-24 所示。利用该面板可以调整选中图形轮廓的颜色、宽度、线型。

（8）调整图形轮廓：选中图形，单击“形状样式”组中的“形状轮廓”按钮，调出“形状轮廓”面板，如图 6-1-27 所示。利用该面板可以改变选中图形轮廓的颜色、宽度、线型。

（9）改变图形的形状：单击“更改形状”按钮，调出“更改形状”面板，如图 6-1-29 所示。利用该面板可以改变选中图形的形状。

（10）排列图形：利用“排列”组内的工具可以组合、对齐和重排图形。具体操作方法与图片和艺术字的“排列”组工具的操作方法一样。

（11）立体化图形：给绘制的图形添加阴影或三维效果，可以使图形立体化，使图形更加生动自然，具体操作方法与给艺术字添加阴影和三维效果的方法基本一样。

3. 设置自选图片的填充和线条

单击“形状样式库”下拉列表框内的一种样式，可以给选中的图形同时设置预先设置好的填充和线条。单击“形状样式”组中的对话框启动器按钮，调出“设置自选图片格式”对话框，如图 6-2-16 所示，切换到“颜色和线条”选项卡，利用该选项卡可以设置选中图形的填充和线条的格式等。具体方法如下。

（1）在“填充”栏中可以设置填充的颜色（或渐变、纹理、图案或图片）和透明度；在“线条”栏中可以设置线条的类型、粗细、虚实和颜色等；在“箭头”栏（选中有线条图形后，该栏才有效）中可以设置线的箭头。单击“填充”栏中“填充效果”按钮，调出“填充效果”对话框，利用该对话框可以对图形内部的填充效果进行编辑。

（2）切换到“渐变”选项卡，如图 6-2-17 所示，可以对图形内部的填充颜色、透明度、底纹样式和变形方式进行编辑，可以使图形颜色具有层次感。

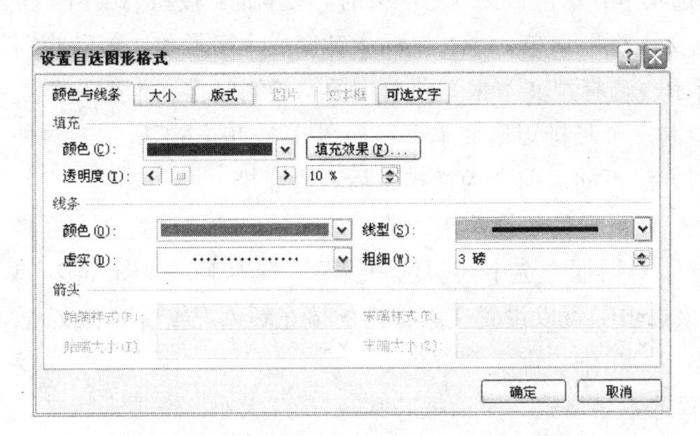

图 6-2-16 “设置自选图片格式”对话框

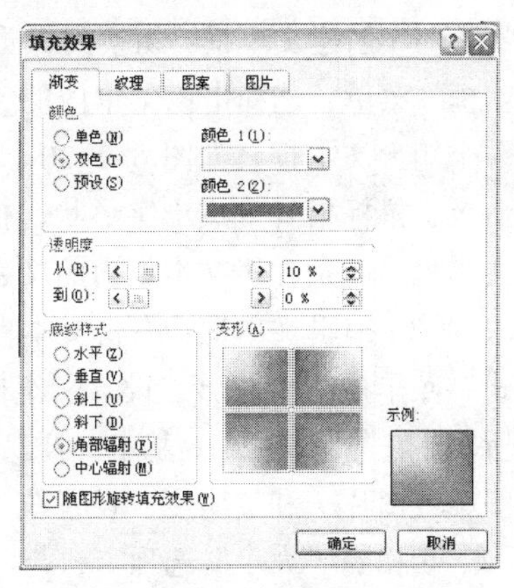

图 6-2-17 “渐变”选项卡

（3）切换到“纹理”选项卡，如图 6-2-18 所示，利用该选项卡，可以对图形内部的填充纹理，使图形的填充效果多样化。在“纹理”列表中选中所需的纹理，或者单击“其他纹理”按钮，调出“选择纹理”对话框，导入外部纹理图片。

（4）切换到“图案”选项卡，如图 6-2-19 所示，在“图案”列表框中选中所需的图案，在“前景”下拉列表框中选择图案线条的颜色，在“背景”下拉列表框中选择图案的背景颜色。单击“确定”按钮，可以给图形内部填充设置的图案。

（5）切换到“图片”选项卡，利用它可以给图形内部的填充图片。单击“选择图片”按钮，调出“选择图片”对话框，选中图像，单击“插入”按钮，返回“图片”选项卡，即可设置填充的图片。

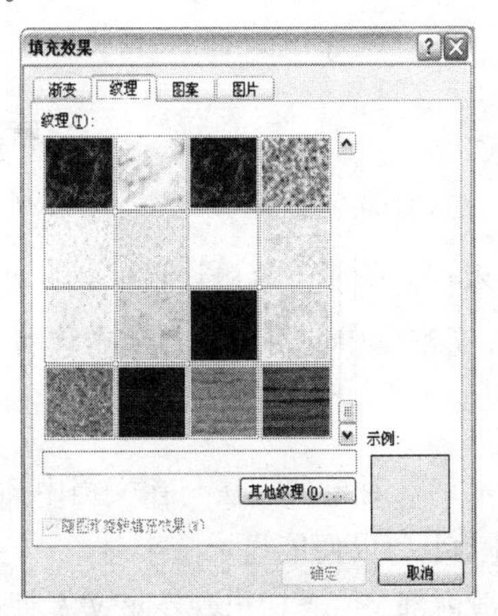

图 6-2-18 “纹理”选项卡

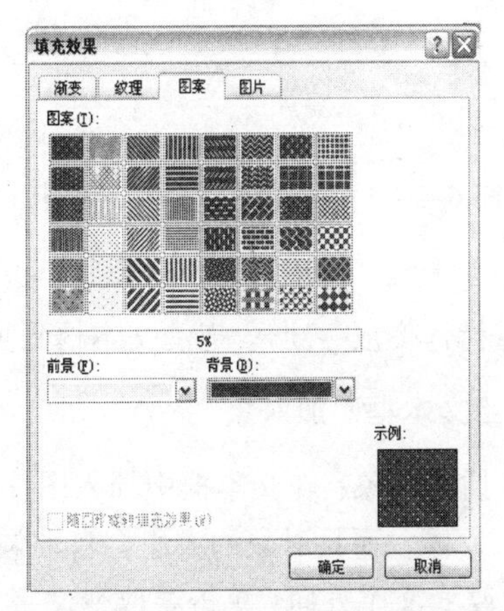

图 6-2-19 “图案”选项卡

4. 创建和编辑文本框

文本框是一个可以存放文字、图片和图形等对象的容器。文本框可以像编辑图形那样进行任意移动和调节大小，可以在文档的任意位置放置多个文字块，可以使文字按照与文档中其他文字不同的方向排列。创建和编辑文本框的方法如下。

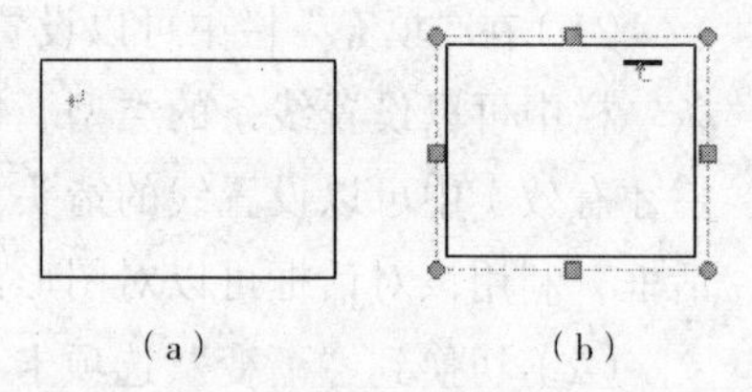

图 6-2-20　文本框和竖排文本框

（1）创建文本框：切换到“插入”选项卡，单击“文本”组中的“文本框”按钮，调出“文本框”菜单，选择击该菜单内的“绘制文本框”菜单命令，鼠标指针变成十字形状，拖动绘制一个矩形文本框，如图 6-2-20（a）所示。选择“文本框”菜单中的“绘制竖排文本框”菜单命令，鼠标指针变成十字形状，拖动绘制一个竖排矩形文本框，如图 6-2-20（b）所示。两种文本框的区别在于文本框内的文字排列方法不同，前者为横排，后者为竖排。

（2）编辑文本框：右击文本框边框，调出它的快捷菜单，选择该菜单内的“设置文本框格式”菜单命令，调出“设置文本框格式”对话框。选中“颜色和线条”选项卡，如图 6-2-21 所示，它与图 6-2-16 基本一样。利用该选项卡可以设置文本框内的填充颜色（或渐变、纹理、图案或图片）和透明度，设置线条的类型、粗细、虚实和颜色等。

切换到“大小”选项卡，与 “设置艺术字格式”对话框基本一样，“大小”选项卡用来设置文本框的大小；切换到“版式”选项卡，在“环绕方式”栏中，选择文本框与文档中其他文字的位置关系；在“水平对齐方式”栏中，选择文本框在文档中的水平位置。切换到“文本框”选项卡，如图 6-2-22 所示，在“内部边距”栏中，可以设置文本框中的内容与文本框边框的四周距离；在“垂直对齐方式”栏中，可以设置文本框中的内容对齐的方式。

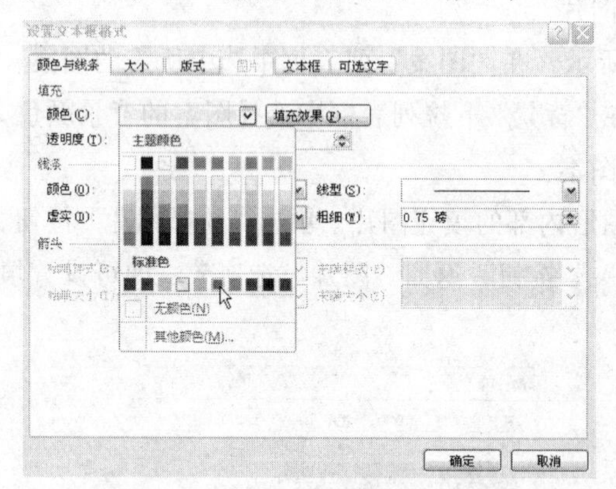

图 6-2-21 “颜色和线条”选项卡

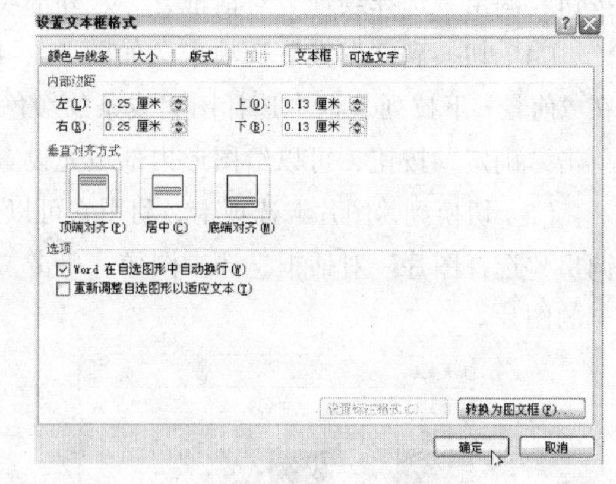

图 6-2-22 “文本框”选项卡

选中文本框，再拖动其尺寸控点，也可以改变文本框的大小。将鼠标指针移动到文本框的边框上，指针变成✥形，拖动文本框到页面任意处。文本框中的对象也会随之移动。

5. 给文本框添加对象

（1）插入对象：在文本框中插入图片、图形和艺术字等对象的方法与在文档中插入这些对象的方法一样，而且对象的大小会自动调整其本身的大小，以便能显示整个对象。

（2）改变文字方向：单击要改变文字方向的文本框内部，使光标出现在该文本框内，选择，调出它的快捷菜单，选择“文字方向”菜单命令，调出“文字方向-文本框”对话框，如图 6-2-23 所示。在其中的“方向”栏中选中所需的方向。在“预览”栏中，可以查看文字的显示效果。单击“确定”按钮文本框中的文字方向即可改变。

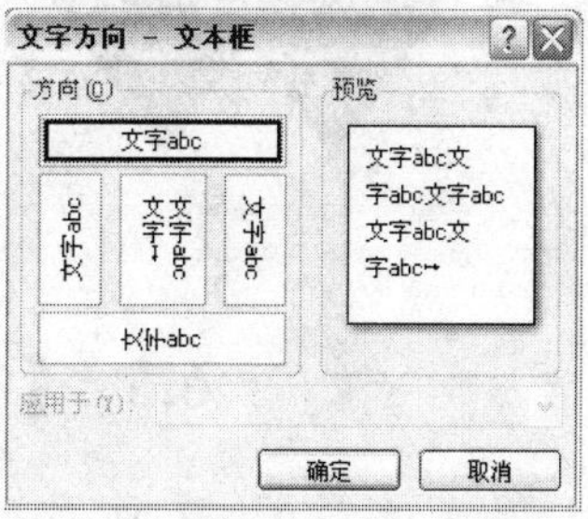

图 6-2-23 “文字方向 – 文本框”对话框

（3）链接文本框：可以使用文本框将文档中的内容以多个文字块的形式显示出来，这种效果是分栏功能所不能达到的。例如，文本从上边的文本框排到下边的文本框。操作方法如下。

◎ 在文档中绘制 3 个矩形文本框，选中左上角的文本框，如图 6-2-24 所示。

◎ 选中左上角的文本框，单击“文本框工具”的“格式”选项卡内“文本”组中的“创建链接”按钮，再将鼠标指针移动到左下角的文本框中，鼠标指针变成下倾杯形状，如图 6-2-25 所示，单击创建第 1 个链接。然后，选中左下角的文本框，单击“创建链接”按钮，再单击右上角的文本框，创建第 2 个链接。

◎ 在左上角的文本框中输入文本或者复制粘贴文本，当左上角的文本框被写满后，文本会自动排到左下角的文本框中；当左下角的文本框被写满后，文本会自动排到右上角的文本框中，如图 6-2-26 所示。

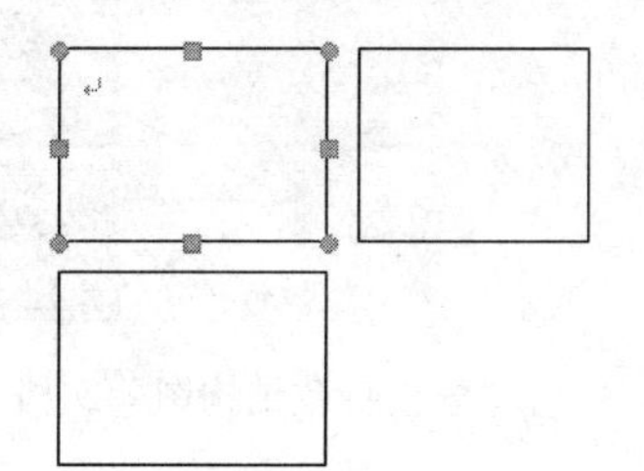

图 6-2-24 创建 3 个文本框

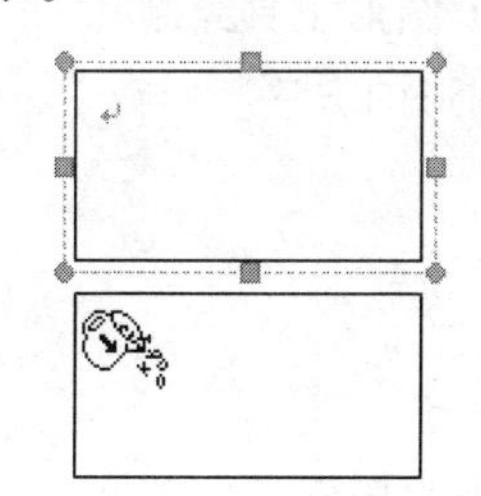

图 6-2-25 创建第 1 个链接

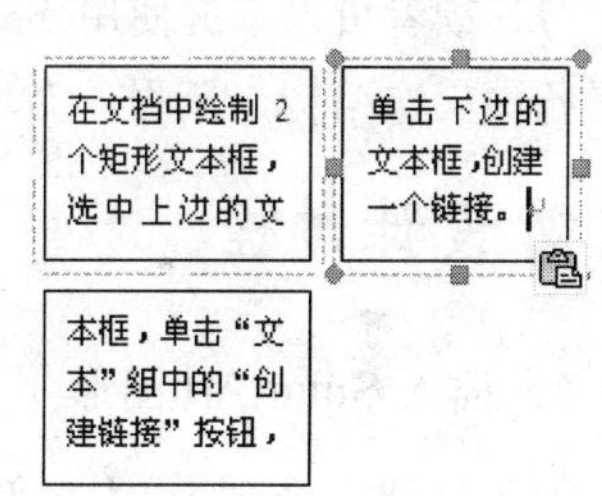

图 6-2-26 输入文字

◎ 断开链接：选中需断开链接的文本框，单击“断开链接”按钮，文字会截于该文本框，不再写入下面的文本框及其后所有链接文本框。一个链接断开为两个链接。一个文字部分最多可包含 31 个链接，也就是可连接 32 个文本框。如果文本在链接文本框中无法完整显示，可缩小文本或者放大文本框。

思考练习 6-2

（1）修改本案例，使文字内插入 2 个文本框，文本框内分别插入一幅图像。修改对联的旗帜图形的填充和轮廓线。

（2）制作一个“共庆国庆”文档，该文档内绘制有三维图形和有阴影的图形，创建立体艺术字，插入图片，图片环绕文字。

（3）制作一个“福”字文档，效果如图 6-2-27 所示。“福”字颜色为红色，有阴影，边框为金色。

图 6-2-27 “福”字

（4）绘图制如图 6-2-28 所示的 4 幅图形。注意图形的层次关系。

图 6-2-28　4 幅图形

6.3 【案例 23】学校行政结构图

案例描述

本案例制作一个“学校行政结构图”文档，如图 6-3-1 所示。该文档页面使用横向纸型，使用了 SmartArt 图形来制作结构图，同时还插入了艺术字和图片等。然后将“学校行政结构图”文档打印出来。Word 2007 提供了 SmartArt 图形的功能，它包括列表、流程、循环、层次结构、关系、矩阵和棱锥图等。通过本案例的学习，读者可以掌握使用 SmartArt 图形工具绘制和编辑各种层次结构、流程、循环等图形的方法。

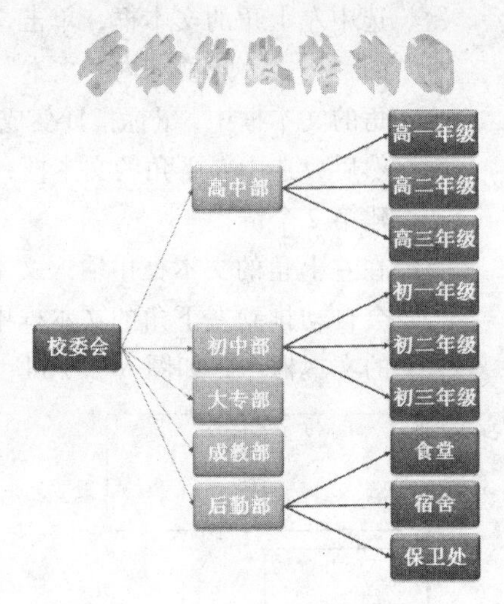

图 6-3-1 “学校行政结构图”文档

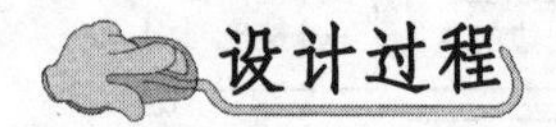

设计过程

1. 插入 SmartArt 图形

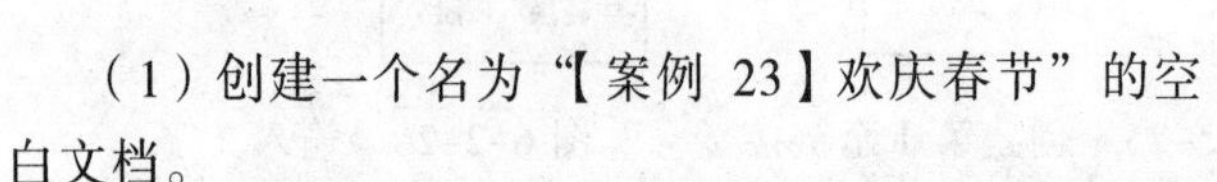

（1）创建一个名为“【案例 23】欢庆春节”的空白文档。

（2）切换到“页面布局”选项卡，单击“页面设置”组内对话框启动器按钮，调出“页面设置”对话框“页边距”选项卡，单击按下“横向”按钮，在“上”、“下”、“左”和“右”数值框中均输入 2。单击“确定”按钮，完成页面设置。

（3）切换到“插入”选项卡，单击“插图”组中的 SmartArt 按钮，调出“选择 SmartArt 图形”对话框。单击左边列表内的“层次结构”选项，选择“层次结构”类型，单击选中中间列表框内第 2 行第 1 个布局类型图案，如图 6-3-2 所示。

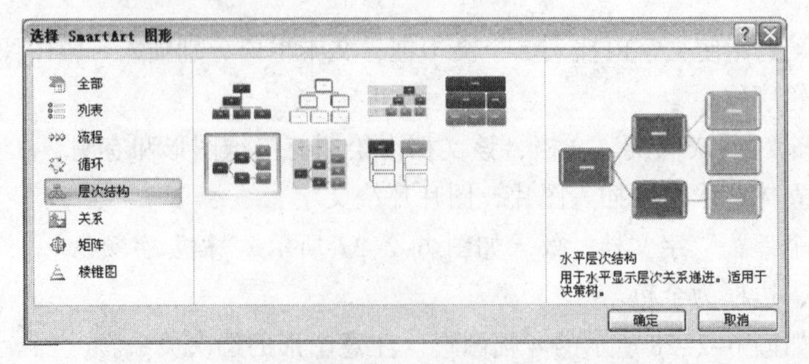

图 6-3-2 “选择 SmartArt 图形”对话框

（4）单击“确定”按钮，关闭“选择 SmartArt 图形”对话框，此时选择的 SmartArt 图形已经插到文档中，其左边是“文本”窗格，如图 6-3-3 所示。

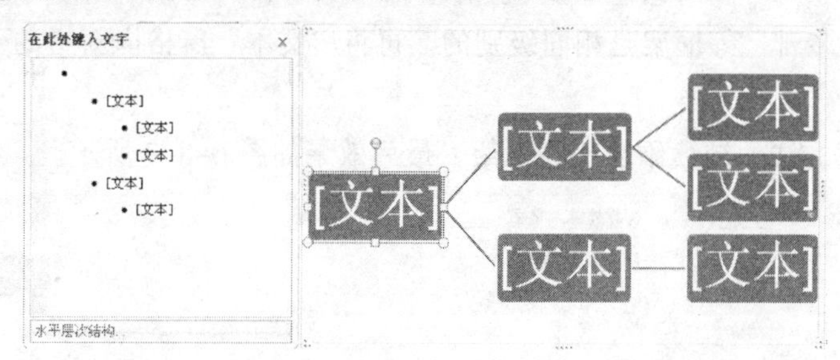

图 6-3-3　插入 SmartArt 图形和“文本”窗格

（5）在左侧“文本”窗格内第 1 行，输入“校委会”文字；再单击第 2 行，输入“高中部”文字；接着输入其他各行文字，此时 SmartArt 图形内原“文本”文字改为相应的文字，如图 6-3-4 所示。

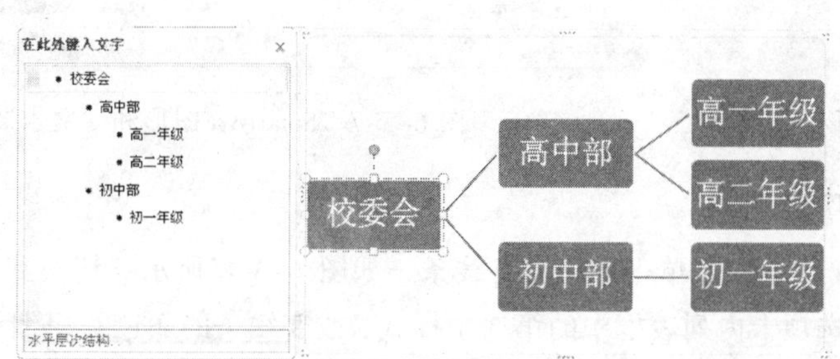

图 6-3-4　修改“文本”窗格内的和 SmartArt 图形中的文字

2．添加 SmartArt 图形的形状

（1）单击选中“文本”窗格内第 1 行“校委会”文字，单击“SmartArt 图形工具”内的“设计”标签，切换到“设计”选项卡，如图 6-3-5 所示。

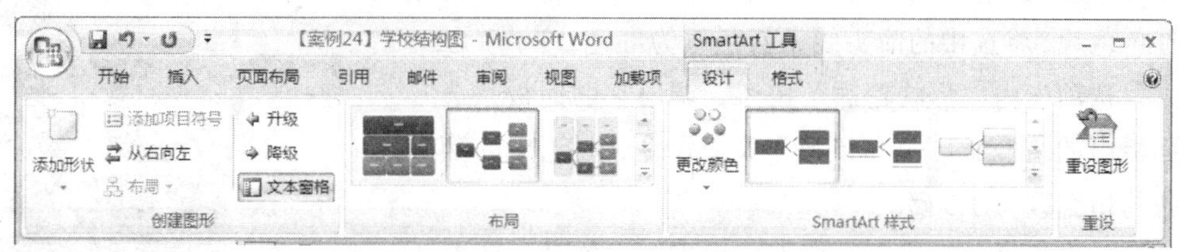

图 6-3-5　“SmartArt 图形工具”内的“设计”选项卡

（2）单击“SmartArt 工具”选项卡内“创建图形”组中的“添加形状”按钮，调出它的“添加形状”菜单，选择该菜单内的“在下方添加形状”菜单命令，如图 6-3-6 所示，即可在“校委会”框架的下边添加一个新框架，它与“高中部”和“初中部”框架是相同级别的。然后，将“文本”窗格内新增的一行文本的文字改为“后勤部”。

（3）单击选中“文本”窗格内“后勤部”文字，单击“添加形状”按钮，调出“添加形状”菜单，选择该菜单内的“在前面添加形状”菜单命令，即可在“后勤部”框架的上边添加一个新框架，它与“后勤部”等框架是相同级别的。然后，将“文本”窗格内新增的一行文本的文字改为“大专部”。

（4）单击选中“文本”窗格内“大专部”文字，单击“添加形状”按钮，调出“添加形状”菜单，选择该菜单内的“在后面添加形状”菜单命令，即可在“大专部”框架的下边添加一个新框架，它与“大专部”等框架是相同级别的。再将“文本”窗格内新增的一行文本的文字改为“成教部”。

（5）按照上述方法，继续添加一些框架，最后效果如图 6-3-7 所示。

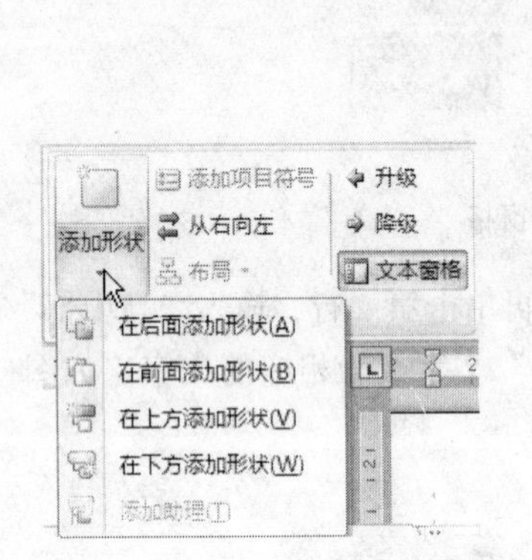

图 6-3-6 “添加形状”菜单

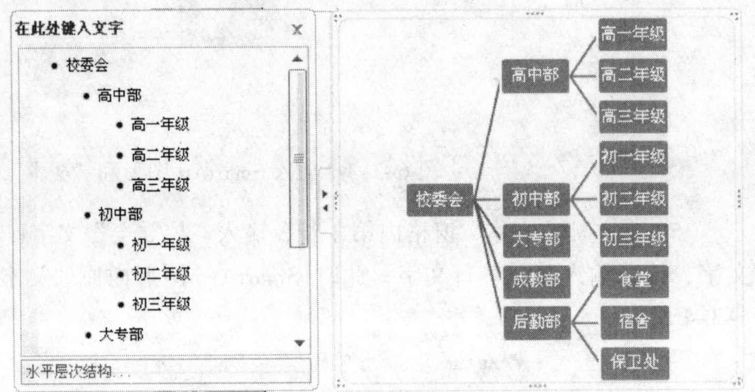

图 6-3-7 SmartArt 图形和“文本”窗格

3. 美化 SmartArt 图形

（1）按住 Shift 键，同时单击选中所有线条，如图 6-3-8 所示。切换到“格式”选项卡，单击“形状样式”选项卡内列表框中的第 3 个样式，改变线条的颜色和粗细；单击“形状样式”选项卡内“形状轮廓”按钮，调出它的面板，选择该面板内的“箭头”菜单命令，调出它的面板，单击该面板内右箭头图案，使选中的线条改为指向右边的箭头线条。

（2）重新选中右边一列的箭头线条，单击“形状样式”选项卡内“形状轮廓”按钮，调出它的面板，单击该面板内的红色色块，将选中的箭头线条颜色改为红色；单击“形状样式”选项卡内“形状轮廓”按钮，调出它的面板，选择该面板内的“粗细”→“1.5 磅”菜单命令，将选中的箭头线条的粗细改为 1.5 磅。

（3）单击选中“校委会”框架，水平向左拖动，使左边一列的箭头线条变长；按住 Shift 键，同时单击选中第 3 级框架，水平向右拖动，使右边一列的箭头线条变长。此时的 SmartArt 图形如图 6-3-9 所示。

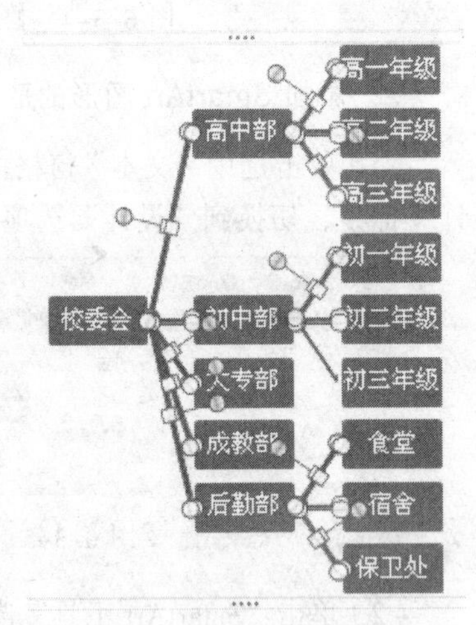

图 6-3-8 选中所有线条

（4）单击“SmartArt 样式”组的“更改颜色”按钮，调出“更改颜色”列表框，如图 6-3-10 所示，单击该列表框中“彩色”栏内的第 5 个图案，设置图形内框架的填充色。

（5）单击“SmartArt 样式”组内右下角的按钮 ，展开“SmartArt 样式”列表框，如图 6-3-11 所示，单击该列表框中“三维”栏内的第 3 个图案，设置图形内框架为立体状。

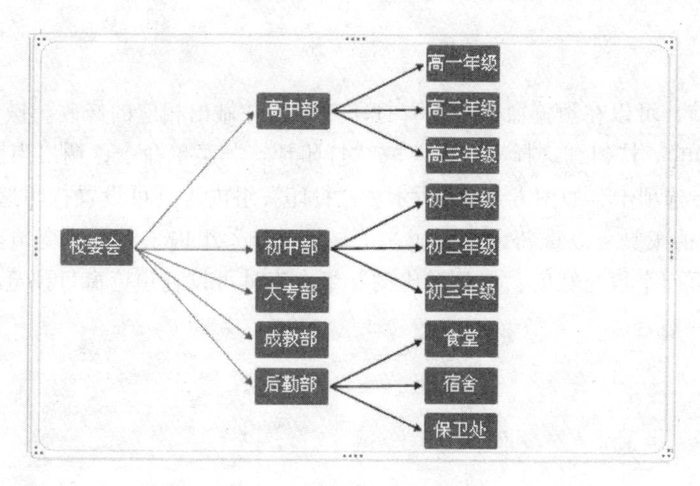

图 6-3-9　SmartArt 图形

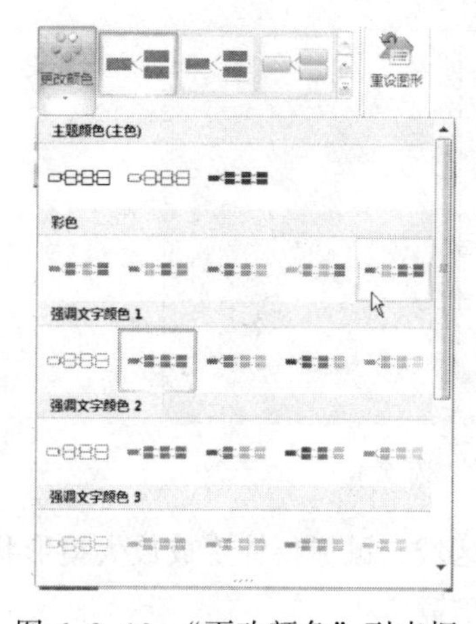

图 6-3-10　“更改颜色”列表框

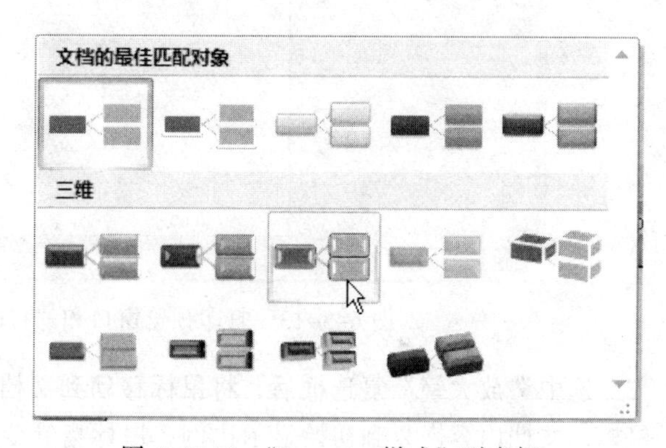

图 6-3-11　“SmartArt 样式”列表框

（6）单击选中整个 SmartArt 图形，切换到“开始”选项卡，单击按下“加粗”按钮，使 SmartArt 图形中的文字加粗。还可以设置文字的字体、大小和颜色等文字属性。

（7）连续按几次 Enter 键，添加一些空行。插入“学校行政结构图”艺术字，按照前面介绍过的方法，分别设置艺术字和整个 SmartArt 图形的文字环绕方式为“浮于文字上方”，再将它们移到居中位置。最后效果如图 6-3-1 所示。

（8）按住 Shift 键，同时单击选中整个 SmartArt 图形内的所有框架，单击“SmartArt 图形工具”内的“格式”标签，切换到“格式”选项卡，如图 6-3-12 所示。

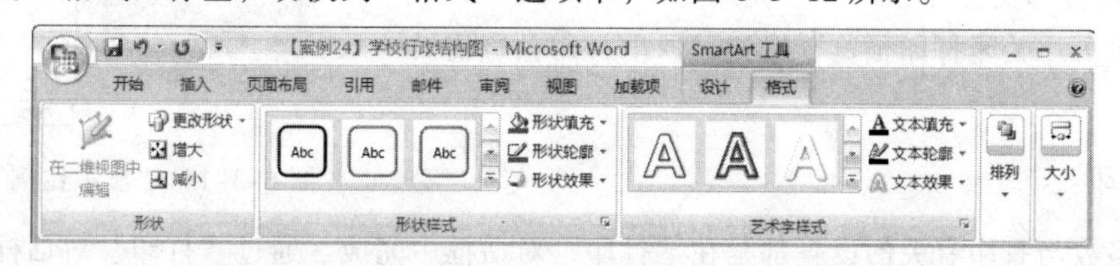

图 6-3-12　“SmartArt 图形工具”内的“格式”选项卡

单击“形状”组内的“增大”按钮，可以增大选中的所有框架的宽度；单击“形状”组内的“减小”按钮，可以减小选中的所有框架的宽度。

4．打印预览

在打印文档前，可以在预览窗口中查看打印效果，并做出相应的修改。操作方法如下。

（1）单击“Office 按钮，选择“打印”→“打印预览”菜单命令，调出当前文档的预览窗口和“打印预览”选项卡，如图 6-3-13 所示。“打印”组内工具可设置打印选项和打印文档；“页面设置”组内的工具可以重新设置页面；“显示比例”组内工具可改变预览窗口内显示页面的比例大小和页面个数与宽度；“显示比例”组内工具可设置预览窗口预览特点。

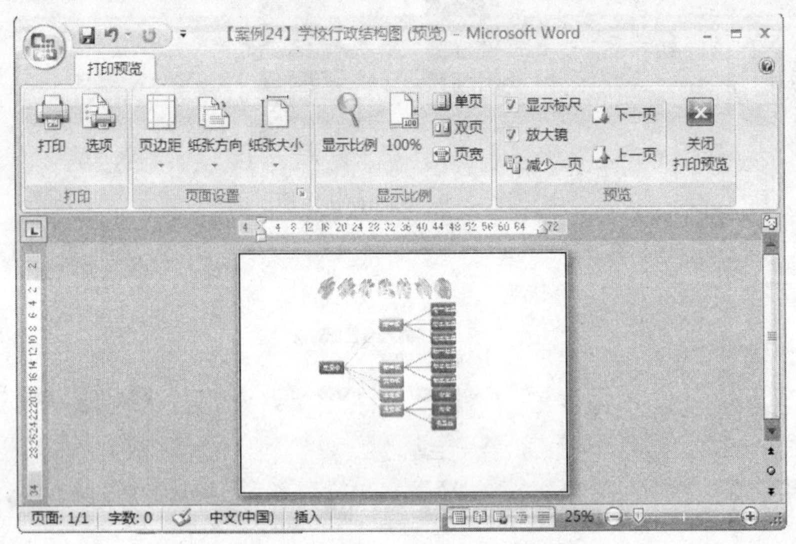

图 6-3-13　打印预览窗口和“打印预览”选项卡

（2）选中“放大镜”复选框后，将鼠标移动到文档编辑区域，鼠标指针变成放大镜形状。单击鼠标，文档内容恢复到初始显示比例，鼠标指针变成缩小镜形状。

（3）单击“单页”按钮，窗口内只显示一个页面的内容。移动“垂直滚动条”可以逐一查看文档各个页面的内容。单击“打印预览”选项卡中的“双页”按钮，窗口可以显示两个页面，观察文档左右页面效果。

（4）单击“打印预览”选项卡中的“显示比例”按钮，调出“显示比例”对话框，如图 6-3-14 所示，利用该对话框可以设置显示比例，可以进行“多页”预览。

（5）单击“打印预览”工具栏中的“打印”按钮，Word 将开始打印文档。

（6）单击“关闭打印预览”按钮，退出打印预览窗口返回文档。

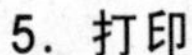

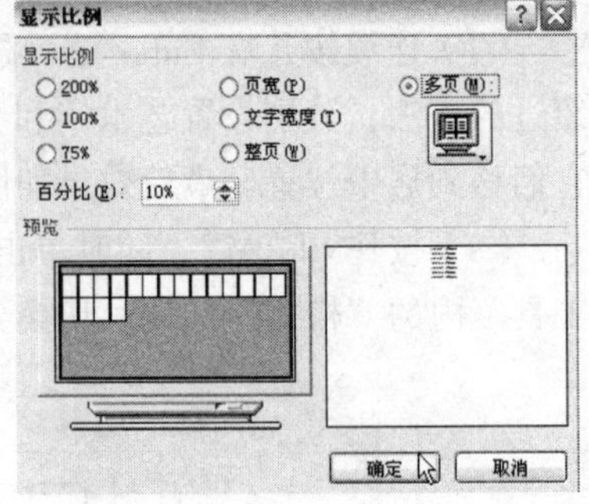

图 6-3-14　“显示比例”对话框

5．打印

绝大多数与打印有关的设置都是在“打印”对话框中完成。通过“打印”对话框的帮助，不仅可以打印文档内容，还可以打印文档属性、快捷键和样式等信息。此外，还可以实现一些特殊的打印效果，例如，逆序打印、一纸多页等。单击“Office”按钮，选择“打印”→“打印”菜单命令，调出“打印”对话框，如图 6-3-15 所示。其中一些选项的作用如下。

（1）“页面范围”栏：用户可以设定文档打印的范围。选中“全部”单选按钮，打印文档的全部内容；选中“当前页”单选按钮，只打印光标所在页的内容；选中“页码范围”单选按钮，用户可以在其文本框中设定的页码范围。如果输入的是非连续页码，则输入页码以逗号相隔；对于某个范围的连续页码，可以输入该范围的起始页码和终止页码，并以连字符相连。例如，如果需要打印第 2、3、4、5、9 和第 13 页，则输入“2-5,9,13”。

（2）“副本”栏：在“份数”数值框中设置打印的份数；选中“逐份打印”复选框，表示打印完一份完整的文档后，再打印下一份；不选中“逐份打印”复选框，则表示每一页打印完设定的份数后，再打印下一页。

（3）“打印内容”下拉列表框：选择要打印的内容，例如，文档的文本、属性或者快捷键指定方案等。

（4）“打印”下拉列表框：用来选择是打印所有的页面、奇数页，还是偶数页。

（5）“缩放”栏：在“每页的版数”下拉列表框中，选择每页要打印的页面数量；在“按纸张大小缩放”下拉列表框中，选择打印纸张的类型。如果确定实际打印纸张与页面设置的纸张一致，不需要缩小或放大，则选择“无缩放”选项。

（6）“选项”按钮：单击该按钮，可以调出“Word 选项”（显示）对话框，其中“打印”栏如图 6-3-16 所示。其中常用复选框的功能介绍如下。

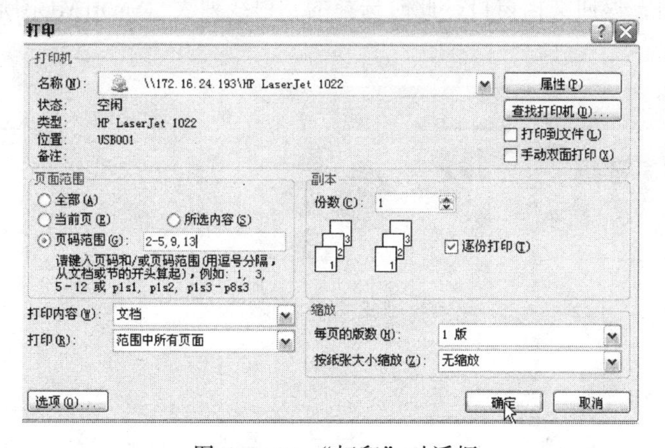

图 6-3-15 “打印”对话框

打印选项

打印在 Word 中创建的图形(R)

打印背景色和图像(B)

打印文档属性(P)

打印隐藏文字(X)

打印前更新域(F)

打印前更新链接数据(K)

图 6-3-16 “打印”栏

◎“打印在 Word 中创建的图形”复选框：在打印文档的同时，打印创建的图形。

◎“打印前更新域”复选框：在打印前更新文档中所有 Word 域的值。

◎“打印前更新链接数据”复选框：在打印前更新文档中所有的链接信息。

◎“打印文档属性”复选框：可以设置每次打印文档时都打印文档属性。文档的属性信息保存在“属性”对话框的“摘要”选项卡中。

相关知识

1. 插入 SmartArt 图形

（1）切换到“插入”选项卡，单击“插图”组内的“SmartArt”按钮，调出“选择 SmartArt 图形”对话框，如图 6-3-2 所示，左边列表内是 SmartArt 图形类型，例如“列表”、“流程”、和“循环”等；每种类型包含几个不同的布局，中间列表给出了相应的布局；在选择 SmartArt 图形的布局时，首先要清楚需要传达什么信息或者信息以某种特定方式显示，右边列表内会显示选中布局的特点。表 6-3-1 给出了各种类型的 SmartArt 图形的特点。

表 6-3-1 不同类型的 SmartArt 图形的特点

类型	模板数	要执行的操作	布局类型
列表	23 套	显示无序信息	蛇形、图片、垂直、流程、层次等
流程	31 套	在流程或时间线中显示步骤	水平流程、列表、垂直、蛇形、箭头、公式等
循环	14 套	显示连续的流程	图表、齿轮、射线等
层次结构	7 套	创建组织结构图	组织结构等
关系	30 套	对连接进行图解	漏斗、齿轮、箭头、棱锥、层次、目标列表、列表流程、公式、射线、循环等
矩阵	2 套	显示各部分与整体关联	以象限的方式显示整体与局部的关系
棱锥图	4 套	显示与顶部或底部最大一部分之间的比例关系	用于显示包含、互连或层级关系

（2）如果在左边列表中选择“关系”类型，在中间列表中选择“射线列表”布局类型，如图 6-3-17 所示。单击“确定”按钮，返回文档窗口，此时选择的“射线列表”SmartArt 图形已经插入到文档中，如图 6-3-18 所示。

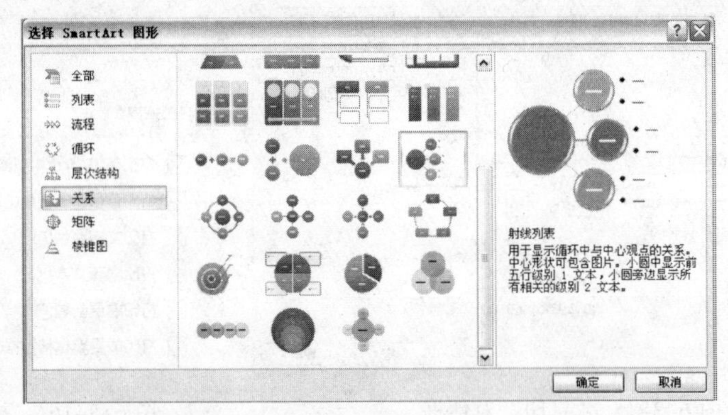

图 6-3-17 “选择 SmartArt 图形”对话框

（3）创建 SmartArt 图形时，“文本”窗格显示在 SmartArt 图形的左侧，在“文本”窗格内可以输入和编辑在 SmartArt 图形中显示的文字。“文本”窗格的工作方式类似于大纲或项目符号列表，该窗格将信息直接映射到 SmartArt 图形，在“文本”窗格内每一行对应 SmartArt 图形中的一个框架，该行的文字就是框架内的文字。

（4）框架级别的调整：利用“SmartArt 工具”内“设计”选项卡中“创建图形”组内的工具，可以调整 SmartArt 图形内各框架的级别，方法如下。

◎ 框架降级：选择要降级的框架或“文本”窗格内相应的行，单击“创建图形”组中的“降级”按钮，选中的框架即可降一级，同时“文本”窗格中对应的行缩进一级。

◎ 框架升级：选择要升级的框架或“文本”窗格内相应的行，单击“创建图形”组中的“升级”按钮，选中的框架即可升一级，同时“文本”窗格中对应的行也升一级。

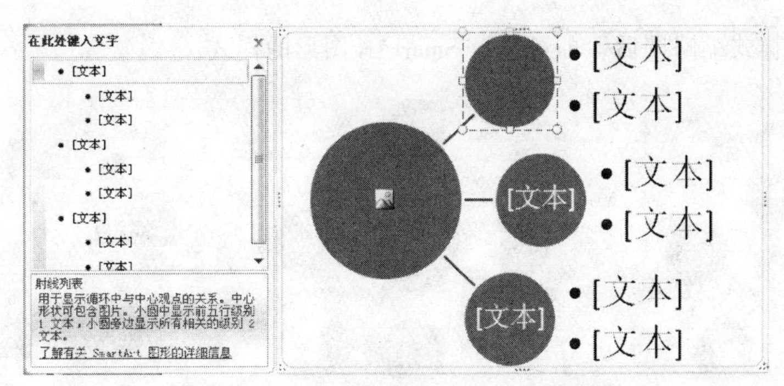

图 6-3-18 “射线列表”SmartArt 图形

在“文本”窗格中，选中要调整的行，按【Tab】键可以降级；按【Shift+Tab】组合键，可以升级。如果没有显示“文本”窗格，可以单击按下“创建图形”组内的“文本窗格”按钮。

注意：不能将框架降下多级，也不能对顶层框架进行降级。

（5）SmartArt 图形内添加和删除框架：操作方法如下。

◎ 添加同级的框架：选中一个框架或“文本”窗格内相应的行，单击“SmartArt 工具”选项卡内“创建图形”组中的“添加形状”按钮，调出它的“添加形状”菜单，选择该菜单内的“在后面添加形状”菜单命令，即可在选中框架的下边添加一个同级的新框架，按【Enter】键，也可以在选中框架的下面添加一个同级的新框架；选择“添加形状”菜单内的“在前面添加形状”菜单命令，即可在选中框架的上边添加一个同级的新框架。

◎ 添加不同级的框架：选中一个框架或“文本”窗格内相应的行，选择“添加形状”菜单内的“在上方添加形状”菜单命令，即可在选中框架的上边添加一个高一级的新框架；选择“在下方添加形状”菜单命令，即可在选中框架的下边添加一个低一级的新框架。

（6）添加项目符号：选中可以添加项目符号的框架、框架项目符号或“文本”窗格内相应的行，单击“SmartArt 工具”选项卡内“创建图形”组中的“添加项目符号”按钮。

（7）改变方向：选中 SmartArt 图形，单击“创建图形”组中的“从右向左”按钮。

2. SmartArt 图形的布局、样式、颜色

（1）切换 SmartArt 图形布局：可以快速轻松地切换 SmartArt 图形布局，尝试不同类型的不同布局，直至找到一个最适合对信息进行图解的布局为止。当切换布局后，大部分文字和其他内容、颜色、样式、效果和文本格式会自动带入新布局中。操作方法如下。

选中要改变布局的 SmartArt 图形，单击“设计”选项卡内“布局”组中列表框内的一种布局图案，可修改选中图形的布局。例如，图 6-3-19（a）所示图形切换为“基本射线图”布局后的效果如图 6-3-19（b）所示，切换为“连续循环”布局后的效果如图 6-3-19（c）所示。

（2）更换 SmartArt 样式：SmartArt 样式包括形状填充、边距、阴影、线条样式、渐变和三维透视。选中整个 SmartArt 图形后，可以更换整个 SmartArt 图形的样式；选中 SmartArt 图形内的一个或多个框架形状，可以对单独的框架形状进行样式的更换。方法如下。

选中整个 SmartArt 图形或一个或多个框架形状，切换到“SmartArt 工具”中的“设计”选项卡，单击“SmartArt 样式”组内右下角的按钮，调出“SmartArt 样式”列表框，将鼠标指针停留在其中任意一个缩略图上时，即可看到相应 SmartArt 样式对 SmartArt 图形产生的影响。

单击该 SmartArt 样式缩略图后，即可更换 SmartArt 图形的样式。

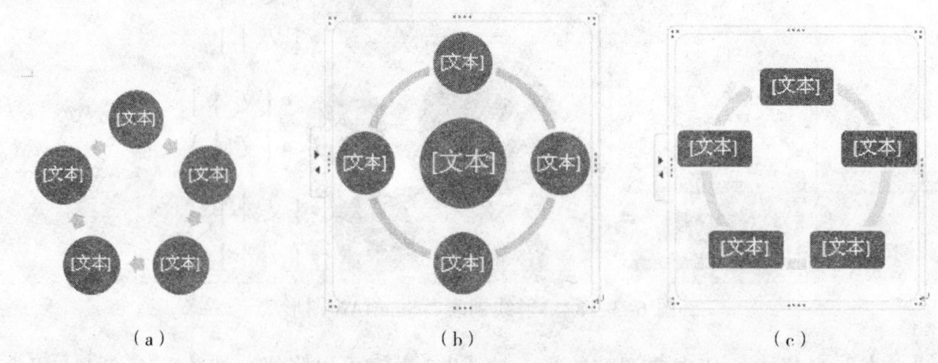

图 6-3-19 切换布局后的效果

（3）更改 SmartArt 图形颜色：选中整个 SmartArt 图形或一个或多个框架形状，单击“设计”选项卡内“SmartArt 样式”组中的“更改颜色”按钮，调出“更改颜色”列表框，如图 6-3-20 所示。该列表框内提供了各种不同的颜色选项，均可以应用于 SmartArt 图形中的形状。

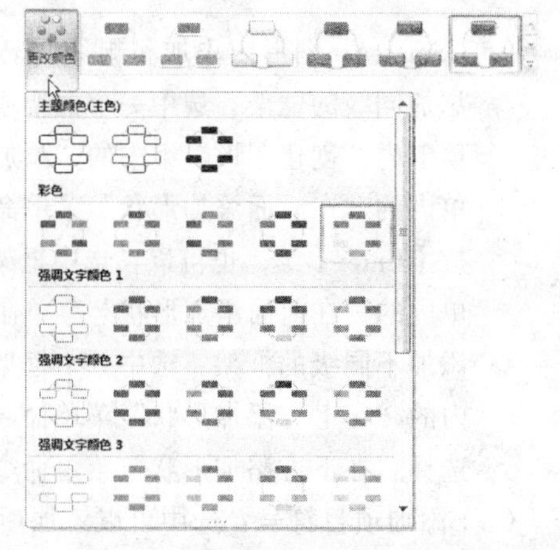

图 6-3-20 “更改颜色”列表框

（4）自定义 SmartArt 样式：如果“SmartArt 样式”列表框没有理想的填充、线条和效果组合，“更改颜色”列表框内没有理想的颜色，则可以自己来自定义形状。

切换到“SmartArt 工具”内的“格式”选项卡上，如图 6-3-12 所示。

利用“形状”组内的工具可以改变形状的大小和形状的类型；利用“形状样式”组内的工具可以改变形状的填充、轮廓、阴影和三维效果的；利用“艺术字样式”组内的工具可以改变 SmartArt 图形内文字的填充、轮廓、阴影和三维效果等，将文字修改为艺术字效果；利用“排列”组内的工具可以调整形状的排列；在“大小”组内的数值框中可以调整形状的大小。

在修改 SmartArt 图形之后，仍可以更改为其他布局，同时将保留多数自定义设置。可以单击“设计”选项卡上的“重设图形”按钮，删除所有格式更改，重新设置。右击 SmartArt 图形内选中的形状，调出它的快捷菜单，选择该菜单内的“剪切”菜单命令，可以删除选中的形状。

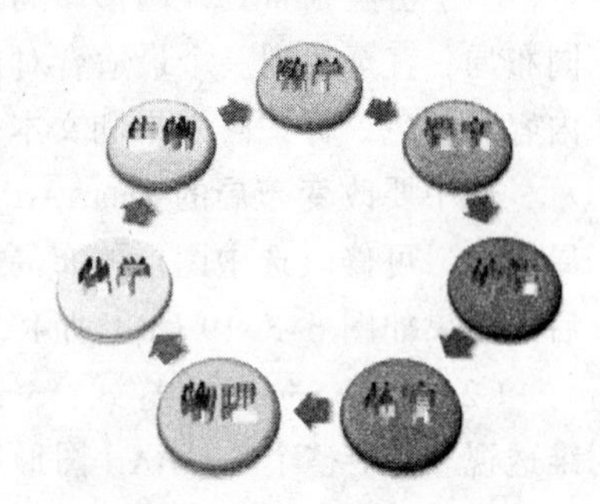

图 6-3-21 “教学学科”文档

思考练习 6-3

（1）参考本案例“学校行政结构图”文档的制作方法，制作一个“教学结构图”文档。

（2）制作一个“公司结构图”文档。

（3）制作一个“教学学科”文档，如图 6-3-21 所示。

6.4　综合实训 4——诚邀加盟

实训效果

“诚约加盟”文档如图 6-4-1 所示。可以看到，文档内有三个不同风格的艺术字，插入有图片，两个相互链接的文本框，文本框内有文字，还有立体流程图。

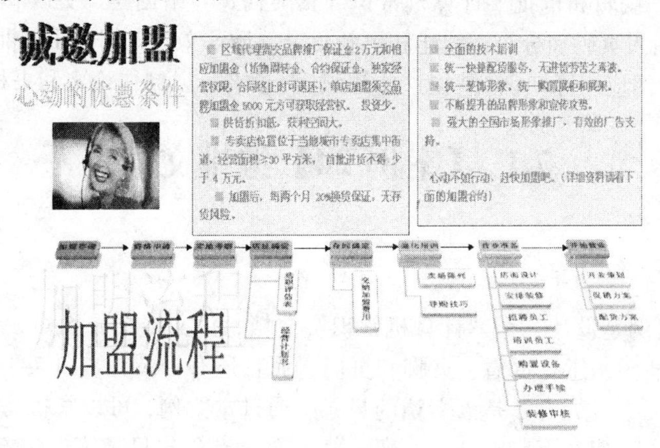

图 6-4-1　“诚邀加盟”文档

实训提示

（1）依次制作三个不同格式和文字的艺术字，插入图像，插入多个空行。

（2）创建两个文本框，建立两个文本框间的链接，在文本框内输入文字。

（3）单击“插图”组中“SmartArt”按钮，调出“选 SmartArt 图形”对话框，单击“层次结构”类别中的“层次结构列表”类型图案，在文档中创建 SmartArt 图形。

（4）分别在 SmartArt 图形后面和前面添加若干形状，更改文本内容。

（5）绘制箭头直线，将各独立的 SmartArt 图形连接在一起。美化 SmartArt 图形。

实训测评

能力分类	能　　力	评　分
职业能力	设置页面，插入和编辑图片与剪贴画，插入和编辑艺术字	
	绘制和编辑图形，创建和编辑文本框，文本框内添加对象，文本框链接	
	插入和编辑 SmartArt 图形	
	打印预览和打印	
通用能力	自学能力、总结能力、合作能力、创造能力等	

第 7 章　Word 2007 长文档编辑

本章通过制作、编辑和审批“计算机常识”长文档，介绍创建、更改和应用样式，创建和编辑页眉与页脚，插入页码和分页，创建和更新目录，显示文档大纲，插入批注和修订，插入脚注和尾注，文档结构图应用等知识。掌握这些知识后，读者可以制作论文和书稿等类型的长文档。

7.1 【案例 24】编排文章

案例描述

“编排文章”案例是设计一个“计算机常识”文档，该文档共分 5 章，有 3 节标题，文档内有文字、表格和插图，还有页眉、页脚和页码，而且还有目录等。图 7-1-1 所示为“计算机常识”文档中的一页，图 7-1-2 是该文档的目录。通过本案例，可以掌握将样式应用于各级标题、更改样式、插入页眉和页脚、插入页码、插入分页和创建目录等操作方法。

计算机常识

计算机常识

电子计算机系统是能够自动地、快速地、准确地进行信息处理的电子工具，纵观计算机 60 多年的发展历程，由于电子元器件的飞速发展，电子计算机性能得到了极大提高，其体积大大缩小，应用越来越普及，渗透到社会的各个领域。无论电子计算机怎样变化，就其基本工作原理而言，都是存储程序控制的原理，其基本结构属于冯·诺依曼型计算机，即电子计算机至少应由运算器、控制器、存储器、输入设备和输出设备五部分组成。本课主要介绍和复习关于微型计算机的一些基本常识和基本概念。

第 1 章　微型计算机的发展阶段

1.1　计算机的发展阶段

1946 年，世界上出现了第一台由电子管构成的数字式电子计算机 ENIAC（全称叫“电子数值积分和计算机”）问世美国宾西法尼亚大学，如图 1-1 所示，ENIAC 电子计算机由 18000 多个电子管组成，占地 170m2，总重量为 30 吨，耗电 140KW，运算速度达到每秒能进行 5000 次加法、300 次乘法，是计算机发展历史上的一个里程碑。

随着组成电子计算机的电子元器件的不断发展，电子计算机也不断发展，电子计算机的体积越来越小，功能越来越强，价格越来越低，应用越来越广泛，电子计算机的发展经历了四个阶段，即电子管阶段、晶体管阶段、中、小规模集成电路（IC）阶段和大规模和超大规模集成电路（VLSI）阶段。

从 70 年代末期开始，电子计算机的核心元件采用了用超大规模集成电路制作的微处理器，开始了电子计算机发展的第 4 阶段，也开始了微型计算机的发展，微处理器的出现开辟了计算机的新纪元，世界第一台微型计算机 Apple II 如图 1-2 所示，伴随超大规模集成电路集成度的不断提高，微处理器不断发展，微型计算机也随之迅速发展，电子计算机四个阶段的特点如表 1-1 所示。

图 1-1　第一台数字式电子计算机 ENIAC　　图 1-2　第一台微型计算机 Apple II

未来的计算机将以超大规模集成电路为基础，向巨型化、微型化、网络化与智能化的方向发展。智能化是计算机发展的一个重要方向，目前，正在研制第五代计算机，即智能计算机。智能计算机的系统结构将突破传统的冯·诺依曼机器的概念，实现高度的并行处理，它把

3 21

图 7-1-1 “计算机常识”文档一页

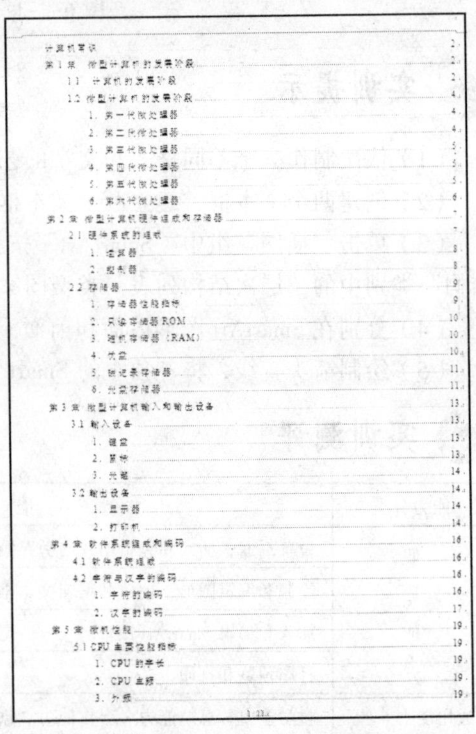

计算机常识 …… 2
第 1 章　微型计算机的发展阶段 …… 2
　1.1　计算机的发展阶段 …… 2
　1.2 微型计算机的发展阶段 …… 4
　　1. 第一代微处理器 …… 4
　　2. 第二代微处理器 …… 4
　　3. 第三代微处理器 …… 5
　　4. 第四代微处理器 …… 5
　　5. 第五代微处理器 …… 5
　　6. 第六代微处理器 …… 6
第 2 章 微型计算机硬件组成和存储器 …… 7
　2.1 硬件系统的组成 …… 7
　　1. 运算器 …… 8
　　2. 控制器 …… 8
　2.2 存储器 …… 9
　　1. 存储器性能指标 …… 9
　　2. 只读存储器 ROM …… 10
　　3. 随机存储器（RAM） …… 10
　　4. 优盘 …… 10
　　5. 微记录存储器 …… 11
　　6. 光盘存储器 …… 11
第 3 章 微型计算机输入和输出设备 …… 13
　3.1 输入设备 …… 13
　　1. 键盘 …… 13
　　2. 鼠标 …… 13
　　3. 光笔 …… 14
　3.2 输出设备 …… 14
　　1. 显示器 …… 14
　　2. 打印机 …… 14
第 4 章 软件系统组成和编码 …… 16
　4.1 软件系统组成 …… 16
　4.2 字符与汉字的编码 …… 16
　　1. 字符的编码 …… 16
　　2. 汉字的编码 …… 17
第 5 章 微机性能 …… 19
　5.1 CPU 主要性能指标 …… 19
　　1. CPU 的字长 …… 19
　　2. CPU 主频 …… 19
　　3. 外频 …… 19

1 21

图 7-1-2 “计算机常识”文档的目录

设计过程

1．设置文档的页面和输入文字

（1）创建一个空白文档，切换到“页面布局”选项卡，单击“页面设置”组内的“页面设置”对话框启动器，调出“页面设置”对话框。切换到“页边距”选项卡，在“上”、“下”、“左”和“右”文本框中输入“2 厘米”，如图 7–1–3（a）所示。

（2）切换到“纸张”选项卡，在“纸型”下拉列表框中选中“A4”选项。切换到“版式”选项卡，选中“奇偶页不同”和“首页不同”复选框，在“页眉”和“页脚”文本框中分别输入“1.5 厘米”和“1.75 厘米”，如图 7–1–3（b）所示。

（3）选中“文档网格”选项卡，选中“指定行和字符网格”单选按钮，在“每行”和“每页”文本框中分别输入“40”，如图 7–1–3（c）所示。单击“确定”按钮，完成页面设置。

（4）输入全部文字，没有设置格式，采用默认格式。

（5）单击“Office”按钮，选择“另存为”菜单命令，调出“另存为”对话框，利用该对话框将文档以名称“【案例 24】编排文章 1”保存。再以名称“【案例 24】编排文章 2”保存。

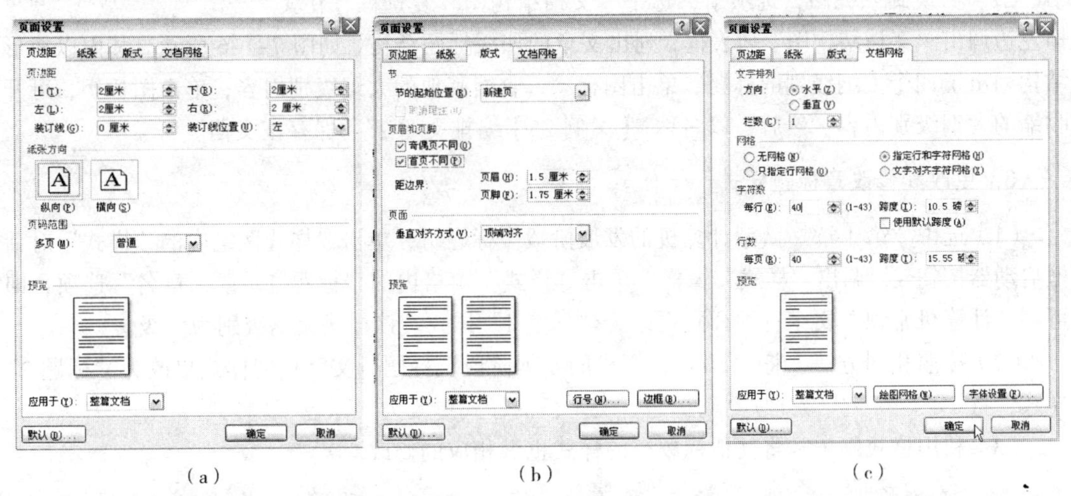

（a）　　　　　　　　（b）　　　　　　　　（c）

图 7–1–3　“页面设置”对话框的“页边距”、“版式”和“文档网格”选项卡

2．应用样式

（1）选中第 1 行文字“计算机常识”，切换到“开始”选项卡，单击“样式”组内“样式”列表框中的“标题”样式，如图 7–1–4 所示，给第 1 行文字“计算机常识”应用“标题”样式。

图 7–1–4　“开始”选项卡内的“样式”组

（2）单击“样式”组内的“样式”对话框启动器按钮，调出“样式”窗格，如图 7–1–5 所示。单击“样式”窗格内的“标题”选项，即可给选中的第 1 行文字“计算机常识”应用“标题”样式。将鼠标指针移到“标题”文字之上，可以显示关于“标题”样式的有关格式设置信息，以及大纲级别。

（3）选中“第 1 章　微型计算机的发展阶段”标题行，单击“样式”组内“样式”列表框中的“标题 5”样式，即可给选中行应用“标题 5”样式。选中“1.1　计算机的发展阶段”标题行，单击“样式”列表框中的“标题 6”样式，即可给选中行应用“标题 6”样式。选中“1. 第一代微处理器”标题行，单击“样式”列表框中的“标题 7”样式，即可给选中行应用“标题 7”样式。

（4）选中“第 1 章　微型计算机的发展阶段”标题行，双击“开始”选项卡“剪贴板”组内的“格式刷”按钮 格式刷，再单击其他章标题，将“标题”样式也应用于这些标题。然后，单击“格式刷”按钮 格式刷，取消格式刷的选取。

（5）选中“1.1　计算机的发展阶段”标题行，双击“格式刷”按钮 格式刷，再单击其他节标题，将“标题 5”样式也应用于这些标题。然后，单击“格式刷”按钮 格式刷，取消格式刷的选取。

（6）选中“1. 第一代微处理器”标题行，双击“格式刷”按钮 格式刷，再单击其他四级标题，将“标题 6”样式也应用于这些标题。然后，单击“格式刷”按钮 格式刷，取消格式刷的选取。

图 7-1-5 “样式”窗格

（7）切换到“视图”选项卡，选中“文档结构图”复选框，在文档左边调出“文档结构图”列表框，列出文章的四级标题结构，如图 7-1-6 所示。其内以树形结构列出了四个大纲级别的标题，单击图标 ⊟，收缩其他的大纲级别内容；单击图标 ⊞，可开收缩的大纲级别内容。然后，以名称“【案例 25】编排文章 2” 保存该文档。

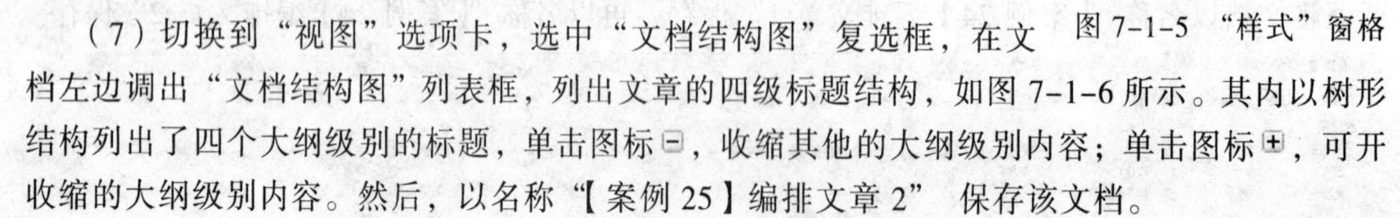

3. 更改和修改章标题样式

（1）选中“第 1 章　微型计算机的发展阶段”标题行，单击“样式”组内的“样式”对话框启动器按钮，调出“样式”窗格。单击“样式”窗格内的“标题 1，章，章名”选项，即可将“计算机常识”文字行的样式更改为“标题 1”样式。该样式大纲级别为一级。

（2）按照相同方法，将“1.1　计算机的发展阶段”标题行文字行的样式更改为“标题 2”样式；将“1. 第一代微处理器”标题行文字行的样式更改为“标题 3”样式。

（3）利用格式刷工具将其他标题行的样式也做相应的修改。

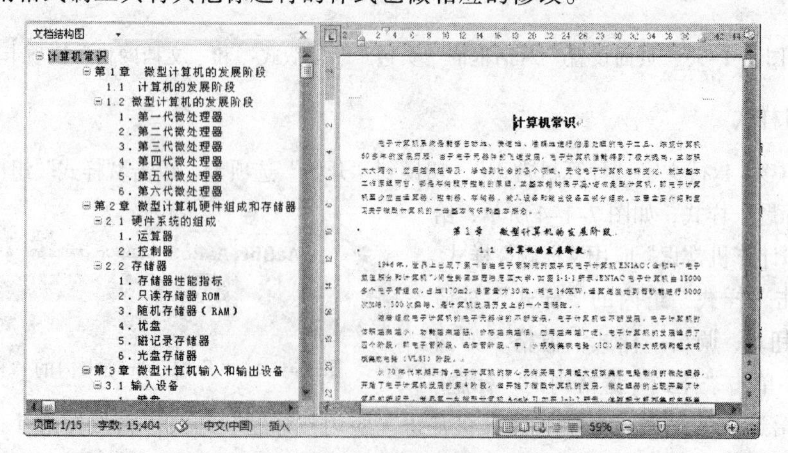

图 7-1-6 “文档结构图”列表框和文档

（4）更改“标题 1”样式：单击“样式”组内的“样式”对话框启动器按钮，调出“样式”窗格。右击该窗格内的“标题 1，章，章名”选项，调出它的快捷菜单，如图 7–1–7 所示，选择该菜单内的“修改”菜单命令，调出“修改样式”对话框。在“样式基于”下拉列表框中，选中“(无样式)”选项。在“后续段落样式”下拉列表框中，选中“正文”选项，表示 Word 会自动对下一个段落应用“正文”样式，如图 7–1–8 所示。

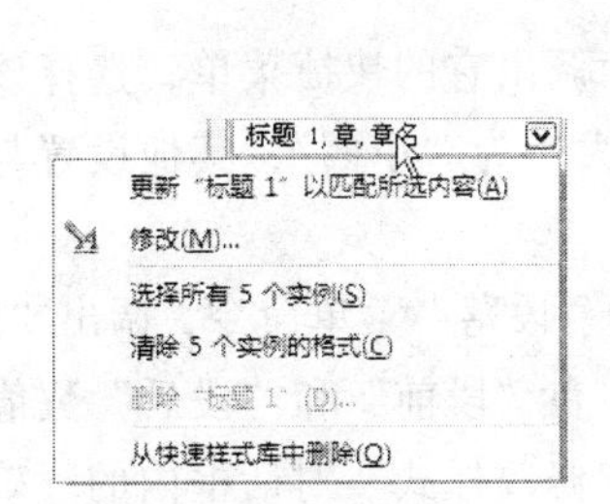

图 7–1–7　修改“标题 1”样式

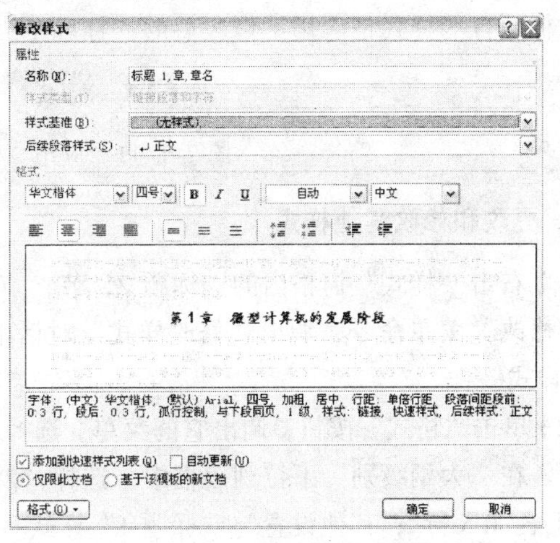

图 7–1–8　“修改样式”对话框

（5）单击“格式”按钮，调出它的菜单，选择该菜单内的“字体”菜单命令，调出“字体”对话框。在“中文字体”下拉列表框中，选中“华文楷体”选项。在“字号”列表中，选中“四号”选项，在“字形”列表中，选中“加粗”选项，如图 7–1–9 所示。单击“确定”按钮，样式的字体格式设置完成，返回“修改样式”对话框。

（6）单击“格式”按钮，调出它的菜单，选择该菜单内的“段落”菜单命令，调出“段落”对话框。在“对齐方式”下拉列表框中，选中“居中”选项。在“大纲级别”下拉列表框中，选中“1 级”选项。在“段前”和“段后”数值框中分别输入“0.3 行”，如图 7–1–10 所示。单击“确定”按钮，样式的段落格式设置完成，返回“修改样式”对话框。

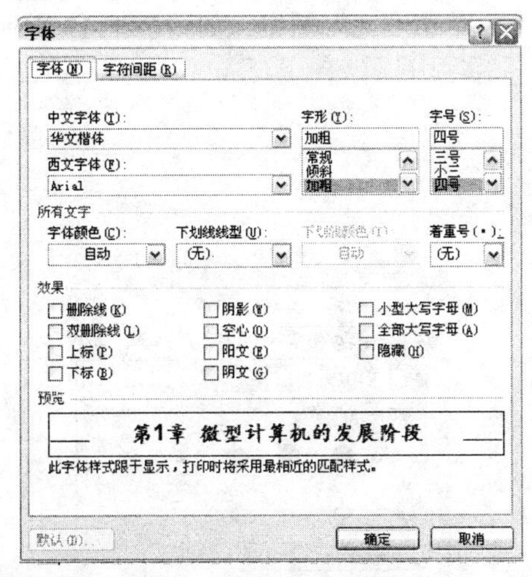

图 7–1–9　“字体”对话框

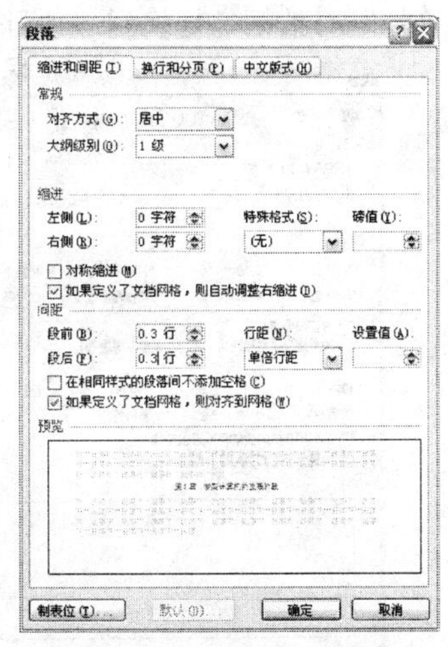

图 7–1–10　“段落”对话框

（7）单击“格式”按钮，调出它的菜单，选择该菜单内的“边框”菜单命令，调出“边框和底纹”对话框，选中“底纹”选项卡。单击“填充”按钮，调出它的面板，单击该面板内的“白色，背景 1，深度 15%”灰色色块，设置文字的背景色为灰色。单击“确定”按钮。

（8）完成所有设置后，单击“修改样式”对话框中的“确定”按钮。“第 1 章　微型计算机的发展阶段”标题行的效果如图 7-1-11 所示，它应用了修改后的“标题 1”样式。同时，其他章标题行的样式也应用了修改后的“标题 1”样式。

第 1 章　微型计算机的发展阶段

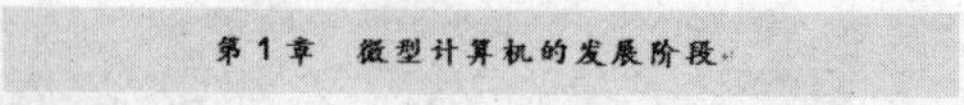

图 7-1-11　应用“标题 1”样式

4．更改和修改其他样式

（1）右击“样式”窗格内的“标题 2，节，节题”选项，调出它的快捷菜单，选择该菜单内的“修改”菜单命令，调出“修改样式”对话框。设置字大小为“小四”，其他设置与“标题 1”样式一样。

（2）单击“格式”按钮，调出它的菜单，选择该菜单内的“段落”菜单命令，调出“段落”对话框。在“大纲级别”下拉列表框中，选择“2 级”选项；在“段前”和“段后”数值框中分别输入“0.5 行”；其他设置与“标题 1”样式一样。单击“修改样式”对话框内的“确定”按钮，完成“标题 2”样式的修改，此时，各节标题的样式也随之更换。

（3）更改“标题 3”样式：右击“样式”窗格内的“标题 3,h3,小节,一,H3,目题,一 Char”选项，调出它的快捷菜单，选择该菜单内的“修改”菜单命令，调出“修改样式”对话框。设置字大小为“小四”，其他设置与“标题 1”样式一样。

（4）单击“格式”按钮，调出它的菜单，选择该菜单内的“段落”菜单命令，调出“段落”对话框。在“对齐方式”下拉列表框内选择“左对齐”选项，在“大纲级别”下拉列表框中选择“3 级”选项，在“段前”和“段后”数值框中分别输入“3 磅”，在“特殊格式”下拉列表框内选择“首行缩进”选项，在“磅值”数字框内输入“2 字符”，如图 7-1-12 所示。

（5）单击“格式”按钮，调出它的菜单，选择该菜单内的“编号”菜单命令，调出“编号和项目符号”对话框。切换到“项目符号”选项卡，单击“无”图案，如图 7-1-13 所示。

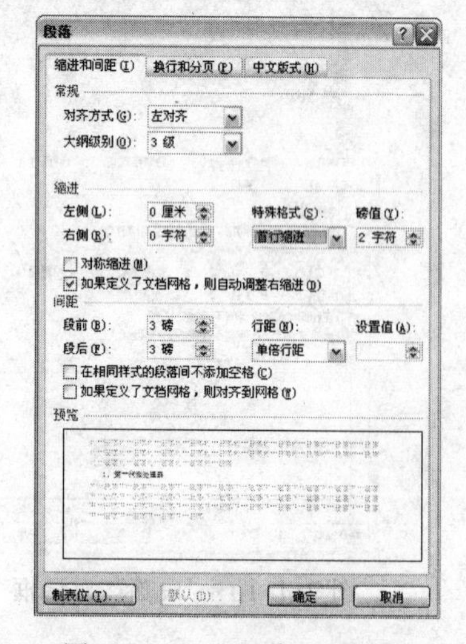

图 7-1-12　“段落”对话框

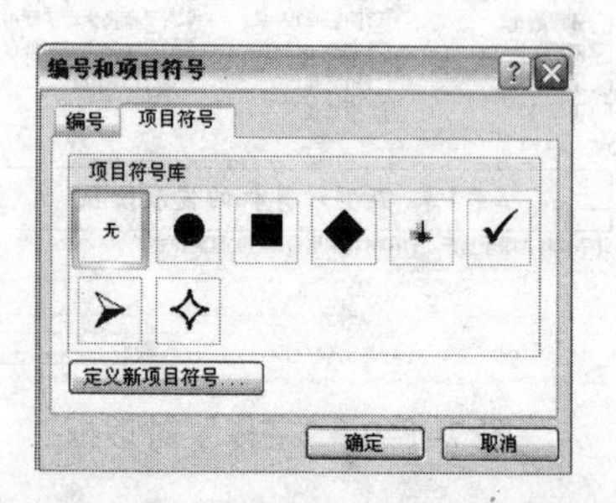

图 7-1-13　“编号和项目符号”对话框

（6）单击“编号和项目符号”对话框内的“确定”按钮，关闭该对话框。单击“修改样式”对话框内的“确定”按钮，完成“标题 3”样式的修改。此时，各三级标题的样式也随之更换。

（7）保存该文档，再将将文档以名称“【案例 24】编排文章”保存。

5. 插入页眉与页脚

（1）在需要的位置插入图像，调整图像的大小。制作表格 1-1。

（2）将光标移到文档第 2 页，切换到“插入”选项卡，单击“页眉和页脚”组内的“页眉”按钮，调出它的列表框，单击其内的“编辑页眉”菜单命令，即可进入页眉的编辑状态，激活页眉和页脚区域，如图 7-1-14 所示。同时调出“页眉和页脚”选项卡，如图 7-1-15 所示。文档上方页边距内虚线显示为页眉区域，文档下方页边距内虚线显示为页脚区域。

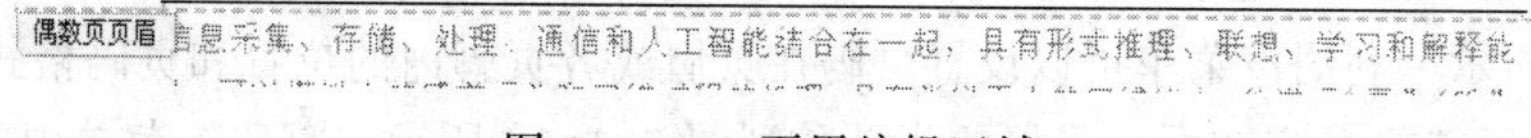

图 7-1-14　页眉编辑区域

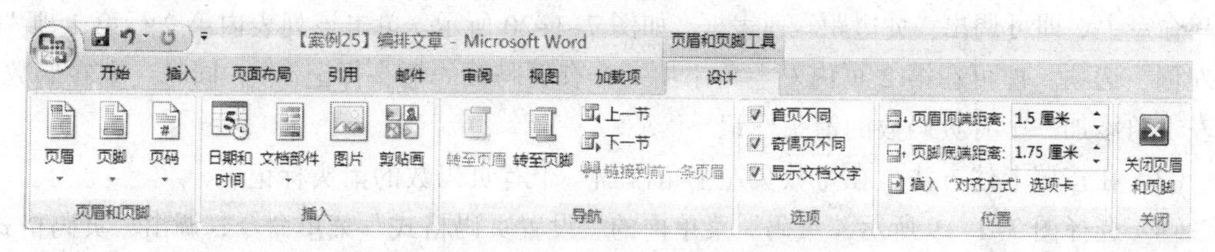

图 7-1-15　“页眉和页脚”选项卡

（3）将光标移到第 2 页的页眉内，切换到“插入”选项卡，单击“插图”组内的“图片”按钮，调出“插入图片”对话框，利用该对话框将“计算机.jpg”图像插入页眉内。调整该图片的大小。再切换到“开始”选项卡，单击“段落”组内的“文本左对齐”按钮，使插入的图像在页眉区域内的左边，如图 7-1-16 所示。

（4）设置图片的文字环绕模式为“浮于文字上方”，输入黑色、宋体、加粗、五号文字“计算机常识”，再在文字左边添加一些空格，使文字居中，如图 7-1-17 所示。完成偶数页页眉设置。

图 7-1-16　页眉区域内插入图片　　图 7-1-17　页眉区域内插入的图片和输入的文字

（5）单击“导航”组内的“转至页脚”按钮，将光标移到第 2 页的页脚区域内。切换到“插入”选项卡，单击“页眉和页脚”组内的“页码”按钮，调出它的菜单。将鼠标指针移到该菜单内的“页面底端”菜单命令之上，即可显示它的列表框。选择该列表框中的“加粗显示的数字 2”选项，即可在第 2 页页脚插入“2/19”页码。其中，19 表示一共有 19 页，2 表示当前页的编号。

（6）单击“导航”组内的“下一节”按钮，切换到第 3 页的页脚区域内，此时按照上述方法在页脚区域插入页码，完成奇数页页脚的设置。单击“导航”组内的“转至页眉”按钮，将光标移到第 3 页的页眉区域内，按照前面所述方法，在页眉区域输入“计算机常识”文字，居中显示，不插入图片，完成第 3 页的页眉设置，也完成奇数页页眉的设置。

（7）切换到“开始”选项卡，单击“居中”按钮，使插入的页码居中显示。切换到“设计”选项卡，单击“关闭”组的“关闭页眉和页脚”按钮，即可给文档中奇数页的页脚添加页码，如图 7-1-18 所示

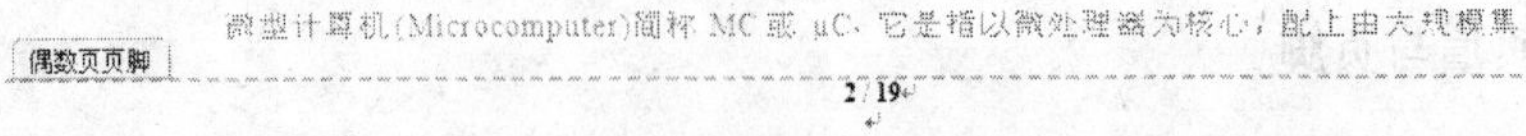

微型计算机(Microcomputer)简称 MC 或 μC，它是指以微处理器为核心，配上由大规模集
偶数页页脚
2/19

图 7-1-18　插入页码的页脚区域

6．插入页码

前面已经简单介绍了在页眉或页脚的编辑状态下插入页码的一般方法，下面继续介绍插入页码的其他方法。

（1）切换到“插入”选项卡，单击“页眉和页脚”组的“页码”按钮，调出“页码”菜单，如图 7-1-19 所示。利用该菜单可以设置页码在页眉或者页脚内的位置和页码格式。

（2）将光标定位在第 2 页，将鼠标指针移到图 7-1-19 所示“页码”菜单内的“页边距”菜单命令上，即可调出“页边距”列表框，如图 7-1-20 所示。单击该列表内第 2 行第 1 项“箭头左侧”选项，即可在第 2 页内左上角添加一个有页码数的箭头标记。同时，也在偶数页内左上角添加一个有页码数的箭头标记。

（3）在按照上述方法，在奇数页左上角添加一个有页码数的箭头标记。

（4）选择图 7-1-19 所示“页码”菜单内的“设置页码格式”菜单命令，调出“页码格式”对话框，如图 7-1-21 所示。在“数字格式”下拉列表框中，选择数字的显示格式；在“页码编排”栏中，单击选中“起始页码”单选按钮，在其右边的数值框中输入文档的起始页码值 1，即首页的页码，Word 会自动调整其他页的页码。不选中“包含章节号”复选框。设置完成后，单击“确定”按钮。

如果选中“续前节”单选按钮，则遵循前一节的页码顺序继续编排页码。如果选中“包含章节号”复选框，则将与页码一起显示文档的章节号。在“章节起始样式”列表框中，可以选择文档中标题所用的样式。在“使用分隔符”列表框中，可以选择所需的章节号与页码之间的分隔符。

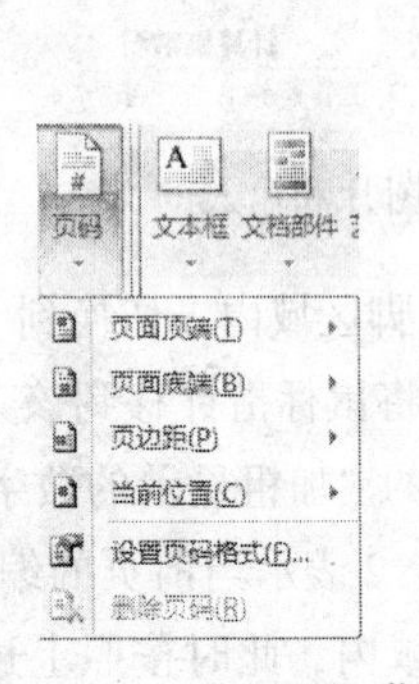

图 7-1-19　“页码”菜单

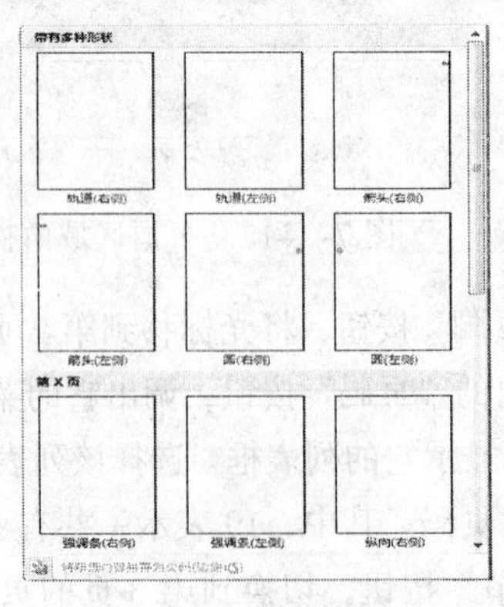
图 7-1-20　“页边距”列表框

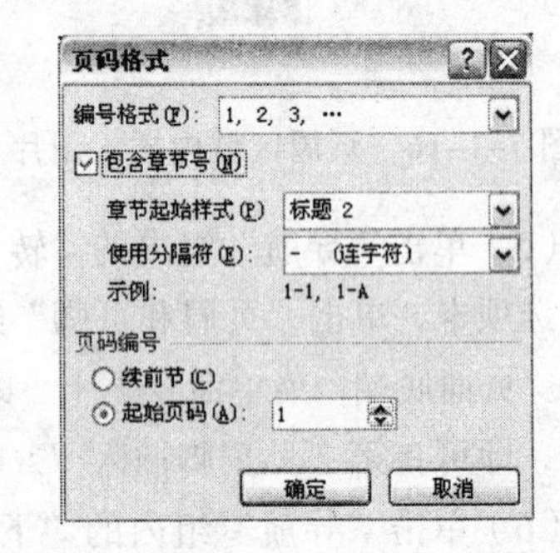

图 7-1-21　“页码格式”对话框

（5）如果要在页面顶端显示页码，可以将鼠标指针移到图 7-1-19 所示“页码”菜单内的“页边距”菜单命令上，调出“页边距”列表框，用来设置页面顶端显示页码。如果要在当前

位置显示页码，可以将鼠标指针移到“页码”菜单内的“当前位置”菜单命令上，调出“当前位置”列表框，用来设置页面当前位置的页码。选择“页码”菜单内的“删除页码”菜单命令，可以删除页码。

7. 创建目录

目录是文档中标题的列表，在“页面”视图中显示文档时，目录中将包括标题和相应的页码。当切换到“Web 版式”视图时，标题将显示为链接，用户可以单击链接跳转到某个标题。文档中的标题必须使用样式，才可以创建目录。创建目录的操作方法如下。

（1）切换到“视图”选项卡，单击按下“页面视图”按钮，切换到“页面”视图，单击文档中第 1 行文字的左边，确定在文档的一开始处插入目录。

（2）切换到“引用”选项卡，单击“目录”组内的“目录”按钮，调出它的列表框，选择该列表框内的“插入目录”菜单命令，调出“目录”对话框，如图 7-1-22 所示。

（3）只选中“显示页码”和“页码右对齐”复选框，在“显示级别”下拉列表框中选择“4”选项。单击“选项”按钮，可以调出“目录选项”对话框，如图 7-1-23 所示，利用该对话框可以查看和修改目录级别；单击“修改”按钮，可以调出“样式”对话框，利用该对话框可以修改样式。单击“确定”按钮，即可在文档开始处创建目录。

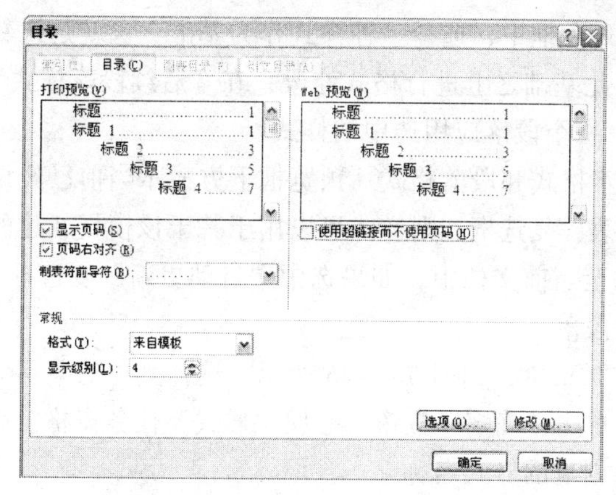

图 7-1-22 “目录”对话框

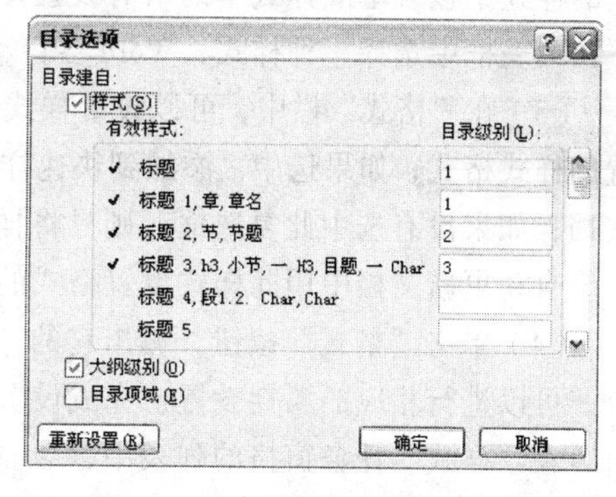

图 7-1-23 “目录选项”对话框

如果选中“使用超链接而不使用页码”复选框，则目录采用链接形式，不显示页码。

8. 插入分页和目录修改

（1）为了使每一章的文字都从新的一页开始，可以在每章的结尾处插入分页。方法是，将光标定位在目录的结尾处，切换到“插入”选项卡，单击“页”组内的“分页”按钮，即可在目录之后插入分页。按照上述方法，分别在各章之后插入分页。

（2）如果文档内容发生了变化，则需要更新目录。单击“更新目录”按钮，调出“更新目录”对话框，如图 7-1-24 所示。如果文档只有页码发生了变化，则选中“只更新页码”单选按钮来更新目录中的页码；如果文档的标题发生了变化，则选中“更新整个目录”单选按钮。此处，因为只是页码发

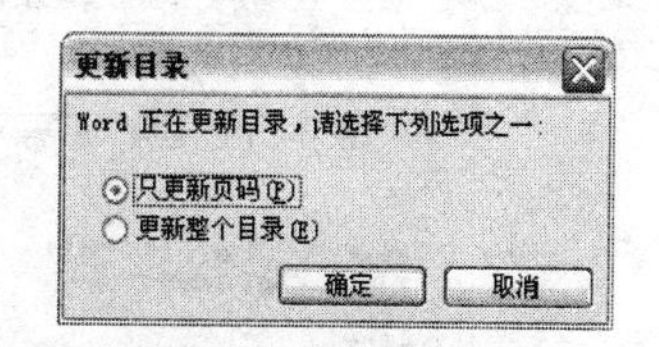

图 7-1-24 “更新目录”对话框

生了变化，则选中“只更新页码”单选按钮。然后，单击“确定”按钮，即可自动更新目录。

（3）事实上，生成的目录并不是普通文本，而是一个 Word 域结果，因此它可以随时更新。单击选中要转换的目录，按【Shift+Ctrl+F9】组合键，就可以将 Word 域目录转换成普通的文本，如图 7-1-25 所示。此时，如果需要更新信息，则必须重新插入目录。

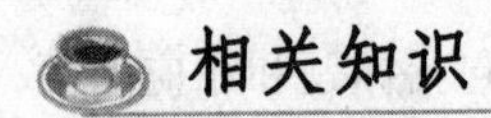

相关知识

1. 创建样式

样式是一个由字体和段落等格式设置特性组合而成的、并被命名和存储的集合，利用它可以快速改变文本的格式。例如，要设置一段文字字体为“宋体”、“五号”字、“居中”分布，不必分三步设置格式，只需应用一种事先设置好的样式即可。可以使用内置样式，也可以创建新样式。

（1）切换到“开始”选项卡，单击“样式”组内的对话框启动器，调出如图 7-1-5 所示的“样式”窗格。单击“新建样式”按钮，调出“根据格式设置创建新样式”对话框，如图 7-1-25 所示。

（2）在“属性”栏的“名称”文本框内，输入新建样式的名称；在“样式类型”下拉列表框中，选择样式的类型；在“样式基于”下拉列表框中，选择一种样式作为基准，也就是说新建的样式中包含基准样式中的所有设置，并在此基础之上进行格式修改；在“后续段落样式”下拉列表框中选择一种样式，Word 会自动对下一个段落应用选中的样式。

（3）在“格式”栏中，可以设置样式的文字格式和段落格式。预览框下方显示当前已经设置的样式格式；如果选中“添加到快速样式列表”复选框，则样式可以用于基于该模板新建的文档；如果没有选中此复选框，则只将样式添至当前文档中；如果选中“自动更新”复选框，则会自动更新文档中用此样式设置格式的所有段落。

（4）单击“格式”按钮，调出它的“格式”菜单，如图 7-1-26 所示。选择其中的菜单命令，可以进行相应的属性设置。完成设置后，单击“确定”按钮，返回“样式”任务窗格。此时，在“样式”任务窗格的列表中，会显示新创建的样式名称。

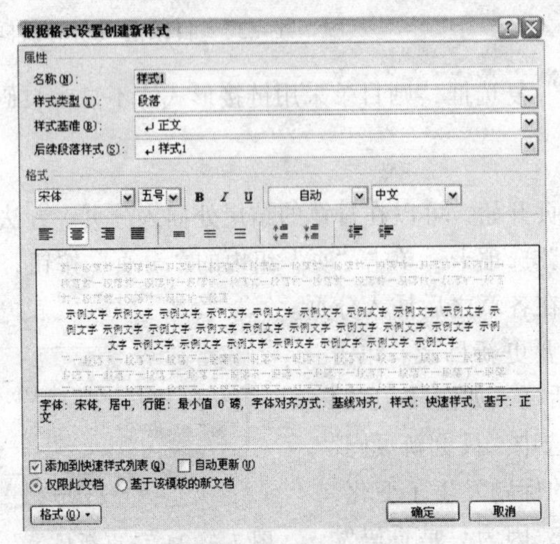

图 7-1-25 “根据格式设置创建新样式”对话框

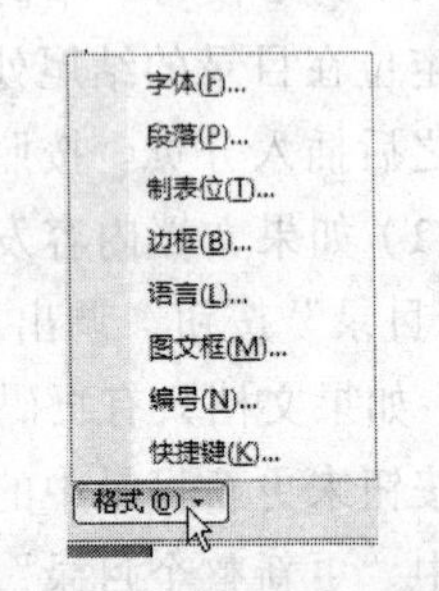

图 7-1-26 “格式”菜单

2. 大纲视图

在“大纲”视图下，Word 简化了文本格式的设置，使用户将精力集中在文档结构上，用户可以清楚地了解文档的整体结果和层次关系。使用“大纲工具”组内的工具，可以轻松地调整标题及其文本在文档中的位置，标题的级别和相应的样式。具体操作方法如下。

（1）切换到“视图”选项卡，单击“文档视图”组内的“大纲视图”按钮，切换到“大纲”视图状态，并调出“大纲”选项卡，如图 7-1-27 所示。

（2）单击“大纲工具”组中的“显示级别”下拉按钮，调出它的下拉列表，在其内选中要显示的级别，Word 会自动调整文档只显示选中级别和级别小于它的文本。文本的级别是用户在创建和应用样式时设置的。一般来说，“标题 1”样式对应大纲 1 级，“标题 2”样式对应大纲 2 级……其他样式对应大纲的正文文本。选中“显示级别 3”选项的效果如图 7-1-28 所示。

（3）单击标题行前的标志✥，选中该标题以及其所有内容。再单击“大纲工具”组内的“上移”按钮，可将选中标题及其内容上移一行，即将选中的标题及其内容与上一个标题及其内容位置互换。单击“大纲工具”组内的“下移”按钮，可将选中的标题以及其所有内容下移一行。

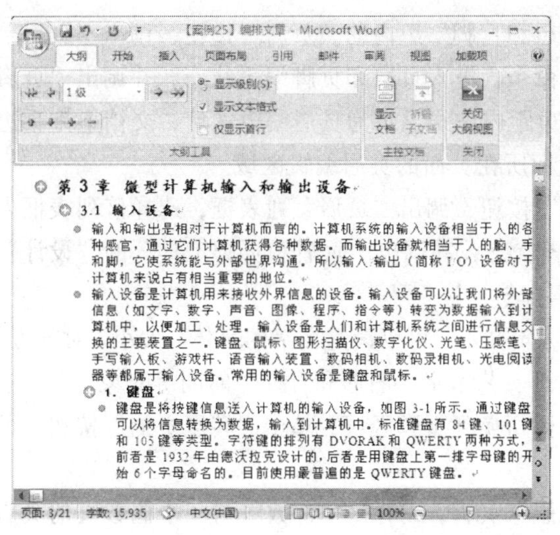

图 7-1-27 “大纲”视图下的文档

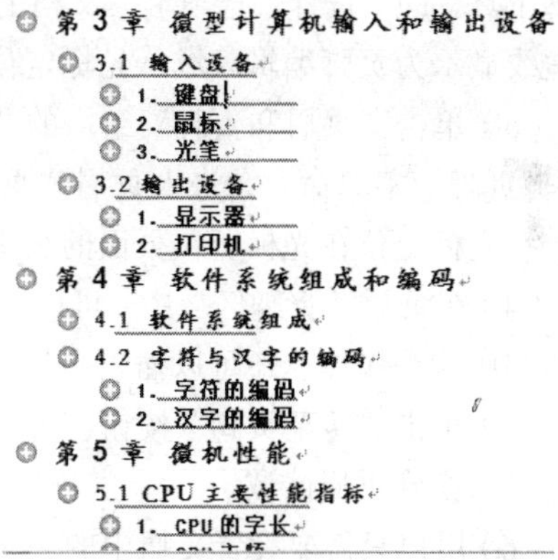

第 3 章　微型计算机输入和输出设备
3.1 输入设备
1. 键盘
2. 鼠标
3. 光笔
3.2 输出设备
1. 显示器
2. 打印机
第 4 章　软件系统组成和编码
4.1 软件系统组成
4.2 字符与汉字的编码
1. 字符的编码
2. 汉字的编码
第 5 章　微机性能
5.1 CPU 主要性能指标
1. CPU 的字长

图 7-1-28 “显示级别”为 3 级的效果

（4）将光标移动到需要展开的标题之上，单击“大纲工具”组中的“展开”按钮，可以显示该标题的所有内容；单击“大纲工具”组中的“折叠”按钮，可以将该标题的所有内容折叠。

（5）调整标题和文字的大纲级别：利用“大纲工具”组中的 2级 工具，可以改变选中的标题及其内容的大纲级别。各工具的作用如下。

◎“大纲级别”下拉列表框 3 级 ：显示当前光标所在标题或者正文的级别，如果要改变文本级别，则单击其下拉按钮，选择所需的级别，样式也相应改变。

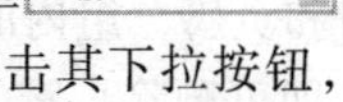

◎“提升至标题 1”按钮：将光标所在标题或者正文的大纲级别变成第 1 级，样式也相应改变为“标题 1”所应用的样式。

◎“提升”按钮：将光标所在标题或者正文的大纲级别提升1级，样式也相应改变。

◎“降低”按钮：将光标所在标题或者正文的大纲级别降低1级，样式也相应改变。

◎“降级为正文”按钮：将光标所在标题或正文的大纲级别降为“正文”，样式也相应改变。

（6）“显示文本格式”复选框：选中该复选框后，则使用纯文本显示大纲。

（7）“仅显示首行”复选框：选中该复选框后，只显示每个段落的首行内容。

3. 创建页眉和页脚

在每页顶端均显示的内容是页眉，在每页底端均显示的内容是页脚。页眉和页脚经常包括页码、章节标题、日期和作者姓名。双击“页眉”或“页脚”区域，均可以进入页眉或页脚的编辑状态。编辑完页眉和页脚后，切换到“页眉和页脚工具”中“设计”选项卡，单击“关闭”组中的“关闭”按钮，可以退出页眉和页脚编辑状态。创建页眉和页脚方法如下。

（1）切换到“页面布局”选项卡，单击“页面设置”对话框启动器按钮，调出“页面设置”对话框，选中“版式”选项卡。在“页眉和页脚”栏中，选中“奇偶页不同”复选框，设置奇数和偶数页的页眉和页脚。选中“首页不同”复选框，可单独设置首页页眉和页脚。设置完成后，单击“确定”按钮。

（2）切换到“插入”选项卡，单击“页眉和页脚”组内的“页眉”按钮，调出“页眉”列表框，选择该列表框内的“编辑页眉”菜单命令，进入页眉和页脚编辑状态，并调出“页眉和页脚工具”的“设计”选项卡。文档上方页边距内虚线显示为页眉编辑区域，文档下方页边距内虚线显示为页脚编辑区域。光标定位在光标所在页面的页眉编辑区域。

（3）单击“页眉和页脚”组内的“页脚”按钮，调出“页眉”列表框，选择该列表框内的“编辑页脚”菜单命令，进入页眉和页脚编辑状态，并调出“页眉和页脚工具”的“设计”选项卡。光标定位在光标所在页面的页脚编辑区域。

（4）在页眉和页脚区域中，可以输入和编辑文本，可以设置文字的字体、大小、对齐方式、边框和底纹等属性。还可以插入图片、剪贴画、艺术字、图形和日期与时间等对象。

（5）单击“转至页脚”按钮，可以将光标切换到页脚区域；单击“转至页眉”按钮，可以将光标切换到页眉区域。

（6）用户只需要设置文档中的一页的页眉与页脚，或者一个奇数页与一个偶数页的页眉与页脚，Word会自动更新所有页的页眉与页脚，使每一页的页眉和页脚均与设置相同。

（7）完成设置后，单击“关闭”组内的“关闭页眉和页脚”按钮，返回文档。

4. 删除和调整页眉和页脚

（1）删除页眉和页脚：双击页眉或页脚区域，进入页眉和页脚编辑状态，并调出“页眉和页脚工具”的“设计”选项卡。或者切换到“插入”选项卡。

（2）单击“页眉和页脚”组内的“页眉”按钮，调出它的列表框，选择该列表框内的“删除页眉”菜单命令，即可删除页眉。单击“页眉和页脚”组内的“页脚”按钮，调出它的列表框，选择该列表框内的“删除页脚”菜单命令，即可删除页脚。

（3）或者将光标移动到要删除的页眉或者页脚内，选定要删除的内容，再按【Delete】键。Word 2007会自动删除文档中与该页眉或者页脚内容设置一致的所有页眉或者页脚。

（4）调整页眉和页脚的垂直位置：单击“页面布局”选项卡中的“页面设置”按钮，调出“页面设置”对话框，选中“版式”选项卡。在“页眉”数值框中，输入从纸张顶部边缘到页眉顶部的距离。在“页脚”数值框中，输入从纸张底部边缘到页脚底部的距离。

也可以在“页眉和页脚工具”内“设计”选项卡内，分别在“页眉顶端距离”和“页脚底端距离”数值框中输入从纸张顶部边缘到页眉顶部的距离和从纸张底部边缘到页脚底部的距离。

（5）调整页眉和页脚的高度：进入页眉和页脚的编辑状态，垂直标尺上的空白部分表示页眉或者页脚的高度。将鼠标移动到灰白两部分的交界处拖动，可以改变页眉或者页脚的高度。

5. 文档结构图

如果文档标题的格式是应用 Word 的标题样式，则可以通过“文档结构图”显示文档的结构，在长文档中快速找到某个特定的标题。文档结构图按照大纲视图的形式显示在一个单独的窗格里，通过单击，就可以跳转到相应的标题。

（1）选中“视图”选项卡内的“文档结构图”复选按钮，调出“文档结构图”窗口，如图 7-1-6 所示。将鼠标移动到某个标题上，就可以显示出完整的标题。

（2）若要显示特定级别和级别小于其的所有标题，可在“文档结构图”窗口中右击一个标题，调出快捷菜单，如图 7-1-29 所示，再单击要显示的级别。图 7-1-30 所示为单击“显示至标题 2”菜单命令的文档结构图。

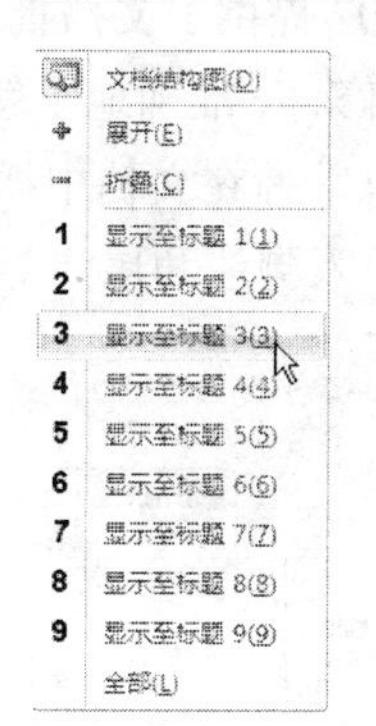

图 7-1-29　快捷菜单

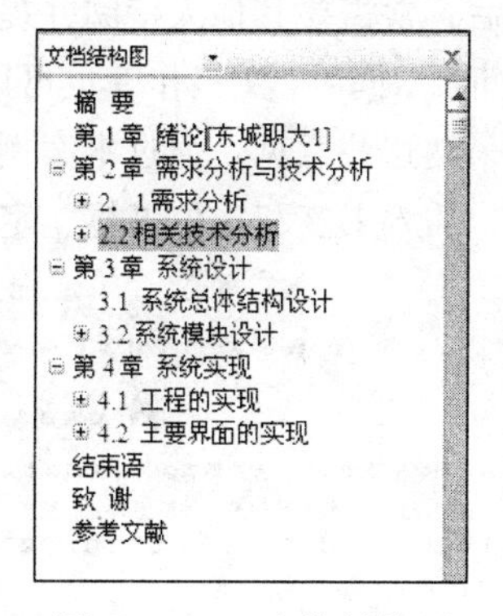

图 7-1-30　文档结构图

（3）单击标题左边的减号图标⊟，可以把不需要查看的内容隐藏起来；要看到更多的标题，可以单击标题左边的加号图标⊞。

（4）在“文档结构图”窗格中单击一个要浏览的标题，例如，“三、文档结构图”。文档中的插入点将会移动到选中的标题，如图 7-1-31 所示。

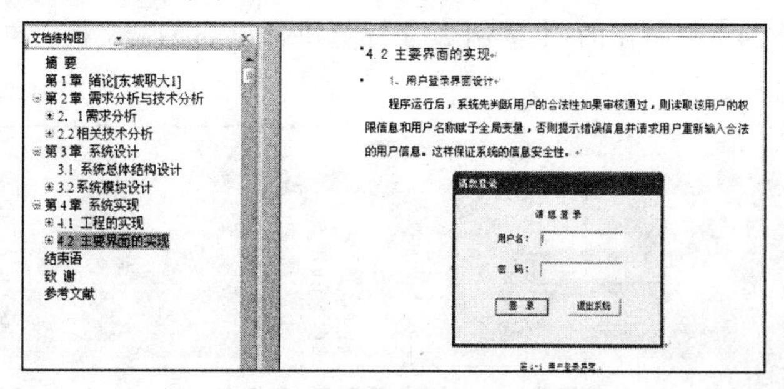

图 7-1-31　移动光标位置

（5）完成浏览后，单击常用工具栏中的“文档结构图”按钮，关闭“文档结构图”窗口。

思考练习 7-1

（1）修改本案例“计算机常识”文档中的样式，将“标题 1”样式的字体改为“黑体”，字号改为“小三”，颜色改为蓝色；将“标题 2”样式的字体改为“宋体”，字号改为“三号”；将“标题 3”样式的字体改为“楷体”，字号改为“小四”。

（2）修改本案例“计算机常识”文档中的页眉和页脚，使奇数页的页眉与偶数页的页眉内容互换，页脚的页码为中文数字。

（3）修改本案例“计算机常识”文档中的页眉和页脚，使奇数页页眉显示“计算机常识”艺术字和绘制的图形，偶数页页眉显示作者姓名和写作时间。

7.2 【案例 25】审批文章

案例描述

给“计算机常识”文档插入批注和修订等，其中一部分文字的批注和修订效果如图 7-2-1 所示。文档完成后，常需要其他人审阅并提出意见。Word 2007 提供了文档批注和修订功能，可以帮助审稿人审阅，同时，文档作者也可以通过查看批注和修订，准确地了解审稿人的意见，并最终决定是否采纳这些意见。通过本案例的学习，读者可以掌握在文档中插入批注和修订，审阅批注和修订，插入书签和定位书签，定位到特殊位置，插入脚注和尾注等操作方法。

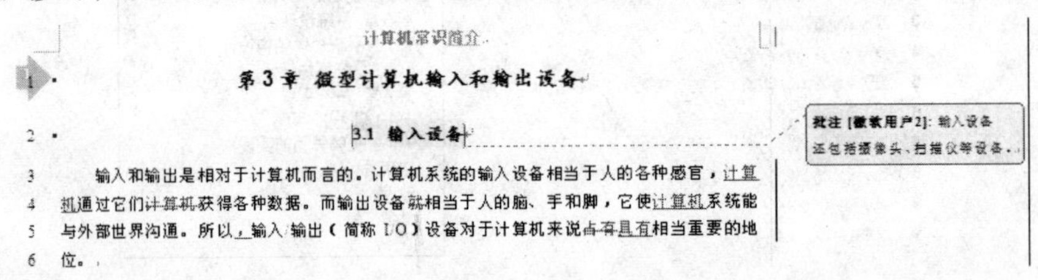

图 7-2-1 文档的“批注”和“修订”

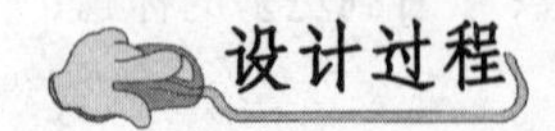

设计过程

1. 插入批注

（1）打开【案例 24】中制作的“【案例 24】计算机常识.docx”文档，再以名称“【案例 25】审批文章.docx”保存。

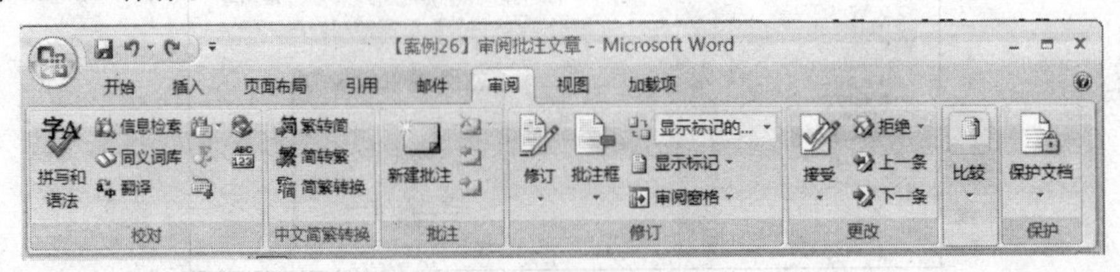

图 7-2-2 “审阅”选项卡内

（2）选中“表 1–1　计算机发展的四个阶段”文本，切换到“审阅”选项卡，如图 7–2–2 所示。单击“批注”组中的“新建批注”按钮，进入选中文本的批注状态，选中文字的背景变为红色，其右边有一个红色的“批注”文本框，并用红线与选中的文字相连接，其左边或下方有一个“审阅”窗格，如图 7–2–3 所示。如果没有“审阅”窗格，单击“审阅窗格”按钮，可调出“审阅”窗格。

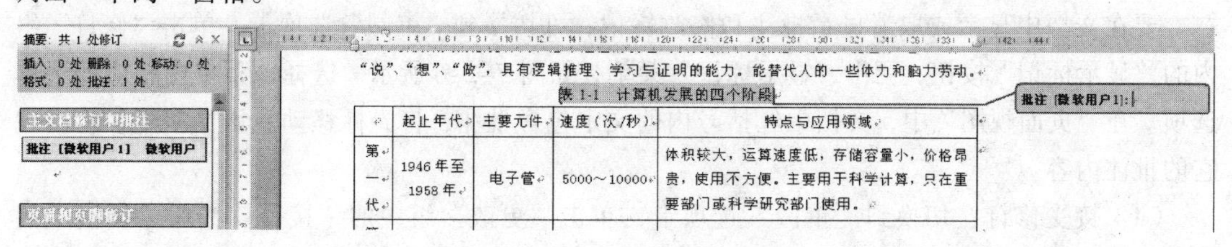

图 7–2–3　“审阅”窗格和“表 1–1　计算机发展的四个阶段”文本的批注状态

（3）在“批注”文本框内输入批注内容：“将表格标题文字的字体改为楷体，将表格内文字大小改为小五号”文字，同时在“审阅”窗格内会显示同样的文字，如图 7–2–4 所示。

（4）按照相同的方法，对其他文字进行批注。

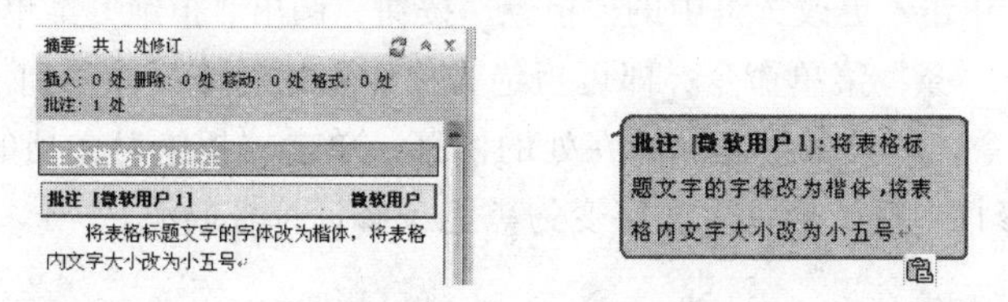

图 7–2–4　“审阅”窗格和“批注”文本框内的批注文字

2．插入修订

（1）切换到“审阅”选项卡，单击“修订”组内的单击“修订”按钮，调出它的菜单，选择该菜单内的“修订”菜单命令，启用修订功能，在窗口底部的状态栏中会显示“修订 打开”文字。如果状态栏没有显示，可右击状态栏，调出它的快捷菜单，选择该菜单内的“修订”选项。

（2）将有关打印机的文字进行修改，Word 会记录修订的所有操作，并一一标记显示在文档中，如图 7–2–5 所示。

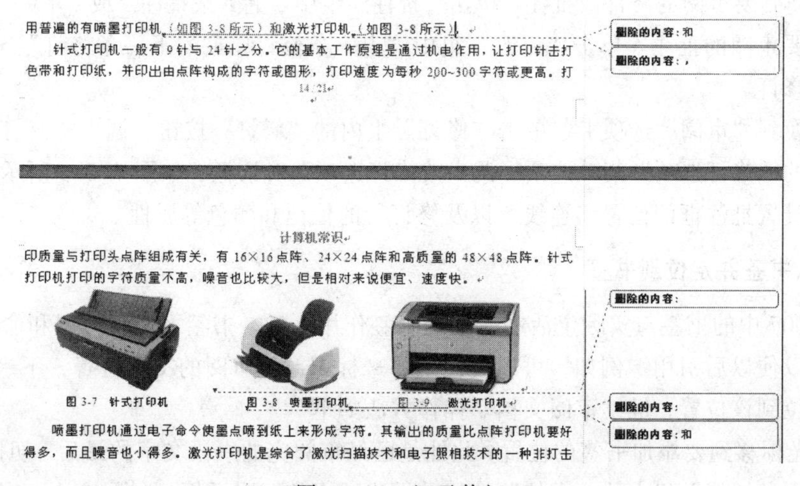

图 7–2–5　记录修订

（3）按照上述方法，修改页眉等，将页眉的文字改为“计算机常识简介”。

（4）再次单击“审阅”工具栏中的“修订”按钮，可关闭修订功能，状态栏显示：“修订关闭”。

3．审阅批注和修改

要在文档中显示或取消显示批注和修改标记，可切换到“审阅”选项卡，单击“修订”组内的“显示标记”按钮，调出“显示标记”菜单，如图 7-2-6 所示。选择该菜单内相应的菜单选项。在“页面视图”中，文档中红括号内的文字包含批注，将光标移动到该文字上，将出现它的批注内容。

（1）接受修订：切换到“审阅”选项卡，单击“更改”组中的“接受”按钮，调出“接受”菜单，如图 7-2-7 所示。选择“接受并移到下一条”菜单命令，即可接受光标所在处的修订并移到下一个修订处；选择“接受修订”菜单命令，即可接受光标所在处的修订；选择“接收对文档的所有修订”菜单命令，即可接受所有修订。接受修订后文字变为红色，修订符号取消。

（2）拒绝修订：单击“更改”组中的“拒绝”按钮，调出“拒绝”菜单，如图 7-2-8 所示。单击“拒绝并移到下一条”菜单命令，即可拒绝光标所在处的修订并移到下一个修订处；单击“拒绝修订”菜单命令，即可拒绝光标所在处的修订；单击“拒绝对文档的所有修订”菜单命令，即可拒绝所有修订。接受修订后文字变为黑色，修订符号取消。

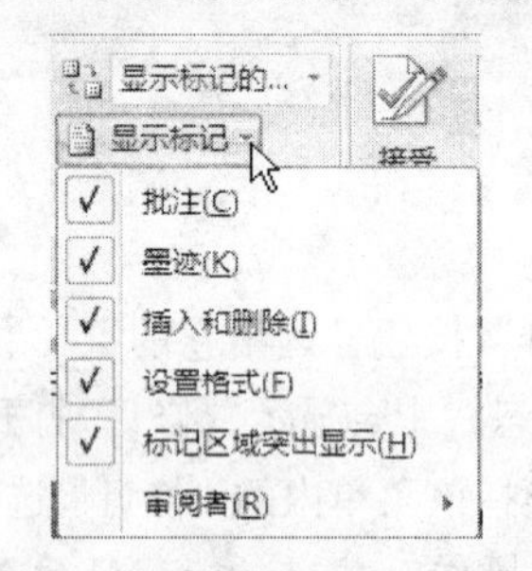

图 7-2-6 “显示标记”菜单

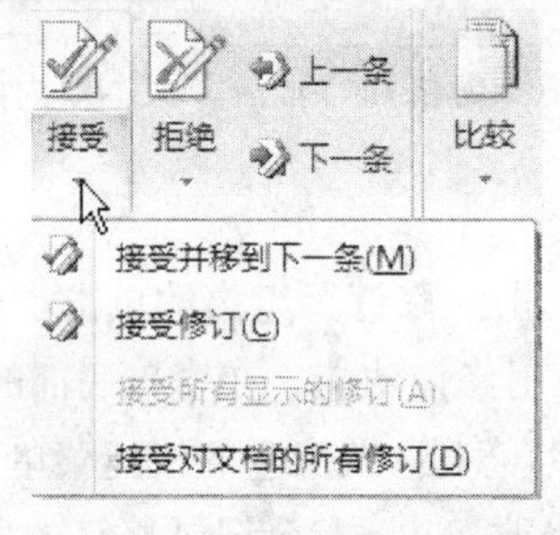

图 7-2-7 “接受”菜单

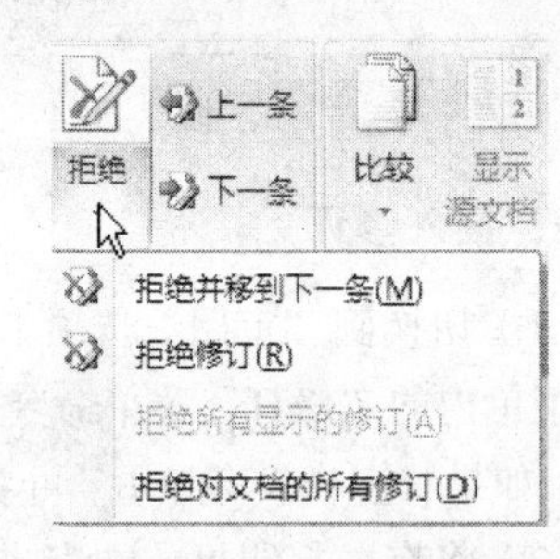

图 7-2-8 “拒绝”菜单

（3）移动到要审阅的修订或批注：单击“批注”组中“上一条批注”或“下一条批注” 按钮，可移到要审阅的批注。单击“更改”组中“上一条修订”或“下一条修订” 按钮，可移到要审阅的修订。

（4）切换到“审阅”选项卡，单击“修订”组内的“修订”按钮，调出“修订”菜单，选择该菜单内的“修订选项”菜单选项，调出“修订选项”对话框，如图 7-2-9 所示。在该对话框中，可以设置批注框的位置和连线，以及修订行的标记和颜色等属性。

4．插入书签并定位到书签

Word 2007 中的书签与实际生活中使用的书签作用一样，书签可加以标识和命名位置或选中的文本，以便以后引用。例如，可以使用书签来标识已经审阅的文本位置，下一次审阅时，可以直接定位到该位置，继续审阅文档。操作方法如下。

（1）将光标移到要添加书签的位置，此处是已经审阅完的一段文字的最后。切换到“插入”选项卡，单击“链接”组内的“书签”按钮，调出“书签”对话框，如图 7-2-10 所示。

（2）在“书签名”列表框中输入书签名称“审稿人”，单击“添加”按钮，添加书签。然后，单击“取消”按钮。

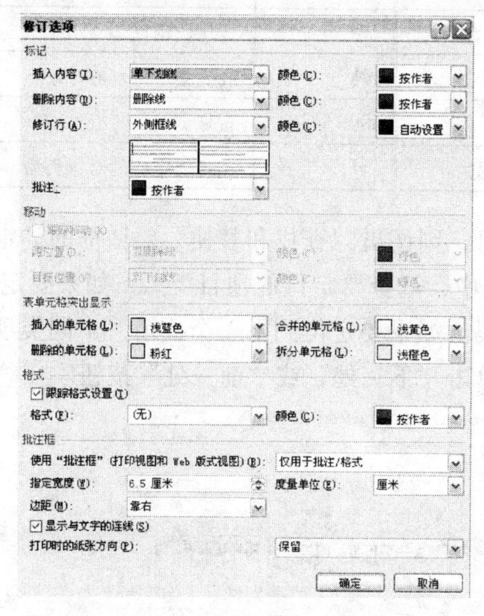

图 7-2-9　“修订选项”对话框

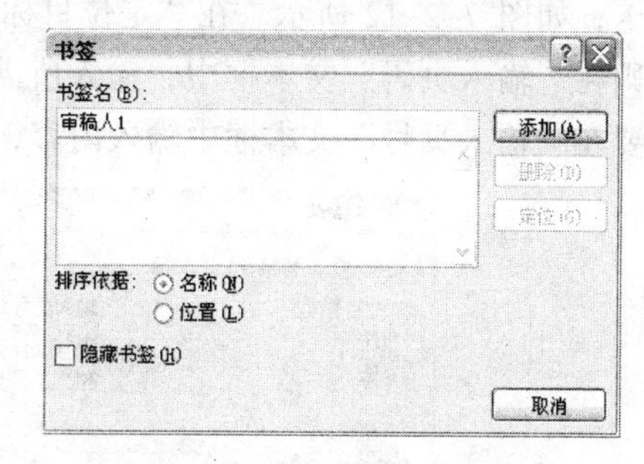

图 7-2-10　“书签”对话框

（3）单击“链接”组内的“书签”按钮，调出“书签”对话框，单击选中“书签名”列表中的一个标签名称，例如，“审稿人”选项，再单击“定位”按钮，Word 会自动将光标移动到插入该书签的位置，“取消”按钮变为“关闭”按钮。单击“关闭”按钮。

5. 定位到特定位置

在检查文档时，通常是分类别进行的。例如，先检查表格，然后再检查图片等。使用 Word 2007 选择浏览对象的功能，可以方便、快速地分类检查整个文档。操作步骤如下。

（1）单击窗口右侧垂直滚动条上的“选择浏览对象”按钮，调出它的菜单，如图 7-2-11 所示。单击“按图形浏览”按钮，Word 会自动定位到光标位置以下的第 1 个图像处，同时“选择浏览对象”按钮上方的按钮和下方的按钮变成蓝色。

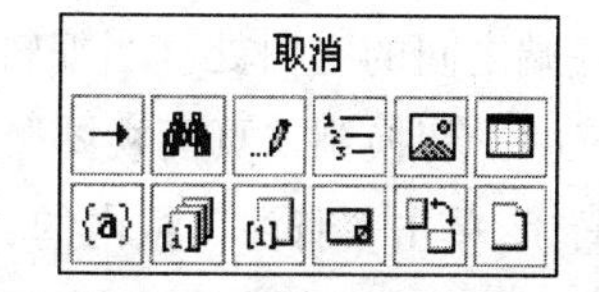

图 7-2-11　“选择浏览对象”菜单

（2）单击“下一张图形”按钮，浏览下一图形，光标移动到下一图形所在的位置。再次单击“下一张图形”按钮，可以继续向下浏览图形。单击“上一张图形”按钮，浏览上一图形，光标移动到上一图形所在的位置。再单击“上一张图形”按钮，可继续向上浏览图形。

（3）单击“选择浏览对象”按钮，调出它的菜单，单击选择其他浏览项目，可以浏览相应的内容。如果浏览完成，则单击默认选项“按页浏览”按钮，Word 会自动定位到光标位置以下的第 1 页首行，同时“上一张图形”按钮和“下一张图形”按钮和恢复成黑色。

各个选择浏览对象的图标及其功能如表 7-2-1 所示。

表 7-2-1　选择浏览对象图标及其功能

图标	功　能	图标	功　能	图标	功　能
	按页浏览		按表格浏览		按尾注浏览
	按节浏览		按图形浏览		找到某个特定的对象
	按批注浏览		按标题浏览	{a}	按域浏览
	按脚注浏览		按编辑位置浏览	→	选择要定位的对象类型

如果需要定位到特定的页、表格或者其他项目，则调出“查找和替换”对话框的“定位”选项卡，如图 7-2-12 所示。在“定位目标”列表中，选择要定位的项目类型。如果要定位某页，则在“输入页码”文本框中，输入所需的页码。如果要定位到下一个或前一个同类项目，则不要在“输入页号”文本框中输入内容，直接单击“下一处”或“前一处”按钮。

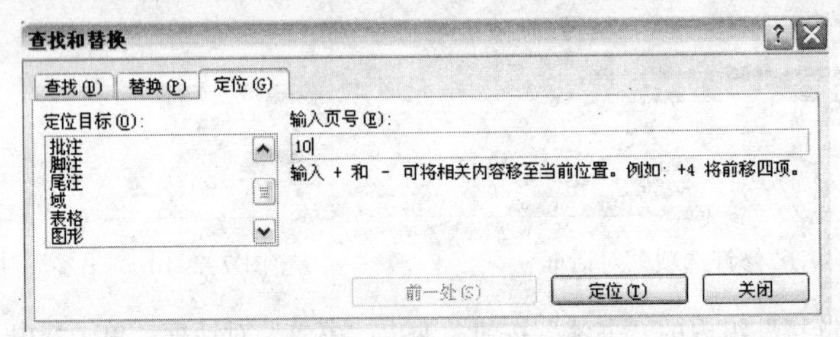

图 7-2-12　“查找和替换”对话框（“定位”选项卡）

Word 2007 可以记录输入或编辑文字的最后三个位置。按【Shift+F5】组合键，可以移动到上一个编辑位置。即使在保存了文档之后，仍然可以使用此功能回到以前进行编辑的位置。

6．插入脚注和尾注

在文档中，脚注是为文本提供解释或相关的参考资料。一般来说，脚注位于页面末行与页面底端之间的空白处。当编辑书稿时，经常使用脚注功能实现对文档内容的注释说明。

（1）切换到“页面视图”视图，再将光标移到要插入脚注的位置（第 1 章最后一页的起始位置）。单击“脚注”组内的“插入脚注”按钮，即可在本页左下角插入“1”“脚注”窗格，光标定位在“1”的右边，“1”是脚注的序号，可以输入脚注内容。同时，在光标处自动生成一个脚注引用标记“1”。

（2）在“脚注”窗格中，输入脚注文字“第 1 章结束”。

（3）单击“脚注”组内的“插入尾注”按钮，即可在本文档末尾左下角插入尾注。

（4）单击“脚注”组内的“下一条脚注”按钮，调出它的菜单，选择该菜单内的菜单命令，可以切换到下一个或上一个脚注所在页；或者切换到下一个或上一个尾注所在页。

Word 2007 用一条短的水平线将文档正文与脚注分隔开，这条线称为注释分隔符。如果注释延续到下页，Word 2007 将打印出一条称为注释延续分隔符的长线。

如果需要查看脚注内容，则将鼠标指针移动到脚注引用标记上，脚注文本将以屏幕提示的方式出现在脚注引用标记之上 第5章结束。 。

相关知识

1. 插入脚注和尾注

脚注由脚注引用标记和脚注文本两个互相链接的部分组成。尾注也是用于为文本提供解释或相关的参考资料。尾注与脚注的区别是在文档中所处的位置不同，在默认情况下，脚注文本放在每页的底端，而尾注居于文档的结尾处。尾注一般用于列出参考文件等，它与脚注很相似。

将光标移动到要插入脚注的位置。切换到“引用”选项卡，单击“脚注”组内的“脚注”对话框启动器，调出“脚注和尾注”对话框，如图 7-2-13 所示。该对话框内各选项的作用如下。

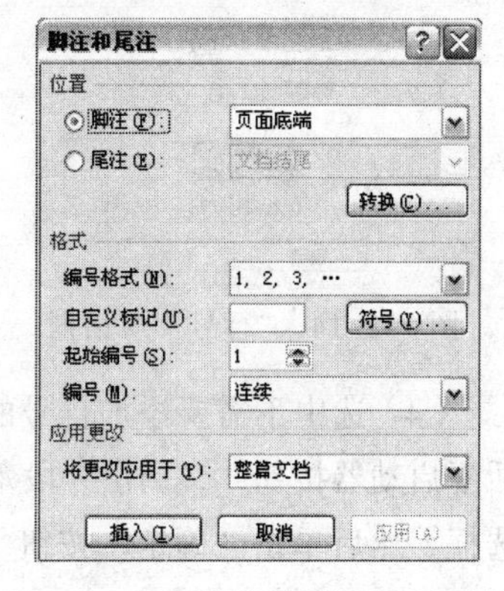

图 7-2-13 “脚注和尾注”对话框

（1）“位置”栏：选中“脚注”单选按钮，在其右边的下拉列表框用来设置脚注的位置，它有“页面底端”和“文字下方”两个选项。选中“尾注”单选按钮，在其右边的下拉列表框用来设置尾注的位置，它有“节的结尾”和“文档结尾”两个选项。

在有尾注又有脚注时“转换”按钮有效，单击该按钮，可以将“尾注转换成脚注”、“脚注转换成尾注”或“尾注与脚注呼唤”。

（2）“格式”栏：“编号格式”下拉列表框用来选择脚注引用标记的编号格式。如果要自定义引用标记，则在“自定义标记”文本框中输入标记，或者单击“符号”按钮，调出“符号”对话框，插入符号。在“起始编号”文本框中，可以输入编号的起始号码。在“编号方式”下拉列表框中，可以选择重新编号的形式，通常选中“连续”选项。

（3）在“应用更改”栏的“将更改应用于”下拉列表框中，选择脚注设置的应用范围。然后选中“本节”选项，则脚注设置只在当前节内有效；如果选中“整篇文档”选项，则脚注设置在当前整篇文档内有效。

（4）“插入”按钮：单击该按钮，即可按照设置插入脚注或尾注。

2. 插入行号

为了可以准确了解审稿人表述的内容，可以给文档添加行号。当讨论文档时，能够很容易地查阅各个部分。操作方法如下。

（1）切换到“页面布局”选项卡，单击“页面设置”对话框启动器按钮，调出“页面设置”对话框，切换到“版式”选项卡。单击“行号”按钮，调出“行号”对话框，选中“添加行号”复选框。此时的“行号”对话框如图 7-3-14 所示。

（2）在“起始编号”文本框中输入行号的开始号码“1”；在“距正文”文本框中输入行号与正文之间的距离为“自动”；在“行号间隔”文本框中输入行号的增量值“1”；在“编号”栏中，选中“每页重新编号”单选按钮。

（3）单击“行号”对话框中的“确定”按钮，返回“页面设置”对话框，再单击“确定”按钮，完成行号设置，效果如图 7-2-15 所示。

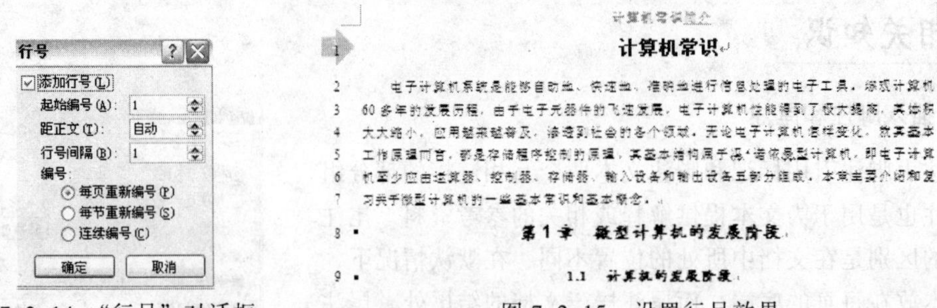

图 7-2-14 “行号”对话框　　　　图 7-2-15 设置行号效果

（4）选中不需要添加行号的文档首行章的标题，切换到“开始”选项卡，单击“段落”对话框启动器按钮，调出“段落”对话框，选中“换行与分页”选项卡。选中“取消行号”复选框，然后单击“确定”按钮。这时原来第1行的行号被取消，而第2行的行号变成了1，以下的行号依次往下减1。

（5）选中不需要添加行号的文本行或者段落，调出“段落”对话框的“换行与分页”选项卡。选中“取消行号”复选框，单击“确定”按钮。这时选定文本行号取消，以下的行号依次顺延。

3. 自动浏览

在日常工作中，有时需要阅读大量的 Word 文件，例如，审阅书稿。如果使用鼠标拖动滑块来阅读，很难控制好内容移动的速度，要么太快，要么太慢。最好的解决方法是买一个“滚轮鼠标”，不过如果客观条件不允许，可以使用 Word 2007 提供的自动滚动功能。它可以使用户很容易找到一个适合的滚屏速度来阅读文章，而且不需要拖动滑块。此外，滚屏速度可以随时改变，移动方向也可以随心所欲地控制，操作如下。解决问题的另一个方法就是买一个“智能鼠标”，其中的滚轮可以很方便地控制窗口的滚动

（1）单击 Word 2007 工作界面内左上角的“快速访问工具栏”按钮，调出它的快捷菜单，选择该菜单内的“其他命令”菜单命令，调出“Word 选项”对话框，如图 7-2-16 所示。“Word 选项”对话框可以用来完成各种默认设置，其中“自定义”类别用来用来设置“快速访问工具栏”内的工具。

（2）在左边“类别”列表框中选中“自定义”选项，在“从下列位置选择命令”下拉列表框内选择“不在功能区中的命令”选项，在它下边的列表框中选择“自动滚动”命令选项，单击“添加”按钮，将“自动滚动”命令添加到右边的列表框内。单击“确定”按钮，即可将“自动滚动”命令添加到“快速访问工具栏”中，该栏内增加图标。

（3）在需要滚动文档时，单击“自动滚动”按钮，文档中央会出现一个“自动滚动”标记。如果要向下滚动文档，则把鼠标指针移动到该标记的下方，此时鼠标指针变成倒三角形；如果要向上滚动文档，则把鼠标指针移动到中央标记的上方，此时鼠标指针变成三角形。指针离中央标记的距离越远，滚动速度越快。如果要暂时停止滚动文档，则把鼠标指针移动到与中央标记的水平的位置，此时鼠标指针变成和中央标记相同的形状。

（4）单击或者按键盘上的任意键，即可关闭自动翻页功能。

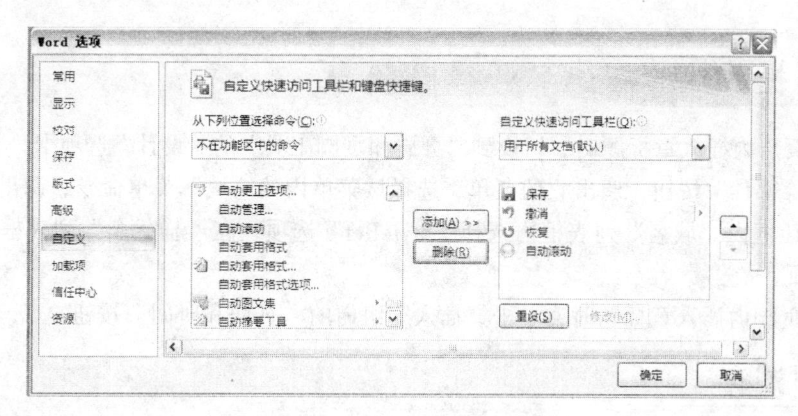

图 7-2-16 “Word 选项”对话框

思考练习 7-2

（1）继续给“计算机常识”文档插入批注、修订、脚注、尾注和书签等。

（2）给“计算机常识”文档添加书签，再通过书签在文档中将光标定位到上次阅读的位置。

（3）打开“计算机常识”文档，练习使用 Word 2007 中的定位到特定位置功能。

（4）给“计算机常识”文档添加行号，要求只给正文添加，不包括标题。

7.3 综合实训 7——编排和审批长文档

实训效果

本实训是将没有进行编排的“计算机网络基础知识”文档进行编排。具体要求如下。

（1）页面设置要求“页边距”的“上”和“下”为 2 厘米，“左”和“右”为 2.5 厘米，“纸型”为“16 开”，奇偶页相同同，首页不同，“页眉”和“页脚”均为 1 厘米，每页 38 行，每行 38 个字。

（2）进行三级大纲级别设置，章标题应用“新标题 1”样式，节标题应用“新标题 2”样式，三级标题应用“新标题 3”样式。总标题应用“新标题”样式。

（3）要求先创建“新标题 1”、“新标题 2”、“新标题 3”和“新标题”样式。“新标题 1”样式在“标题 1”样式的基础之上创建的，字体为“华文行楷”、红色、三号、加粗，段前 9 磅，段后 12 磅，行距 1.5 倍行距，背景色为灰色，字四周有 0.75 磅框架。“新标题 2”样式在“标题 2”样式的基础之上创建的，字体为“隶书”、蓝色、小三号、加粗，段前 6 磅，段后 6 磅，行距单倍行距。“新标题 3”样式在“标题 3”样式的基础之上创建的，字体为“黑体”、黑色、小四号、加粗，段前 0 磅，段后 0 磅，行距单倍行距。“新标题”样式在“标题”样式的基础之上创建的，字体为“华文琥珀”、黑色、小二号，段前 12 磅，段后 9 磅，行距 2 倍。

（4）插入页眉和页脚，页眉有章标题和图形，页脚居中处有页码和时间与日期。

（5）每章结束处插入分页。文档内插入批注、修订、书签、脚注和尾注。

（6）审阅批注和修订，定位到特定位置浏览，滚动浏览，插入行号。

实训提示

（1）在页眉内插入章标题时，切换到“页眉和页脚工具”的“设计”选项卡，单击“插入”组内的“文件部件”按钮，调出它的菜单，选择该菜单内的“域”菜单命令，调出“域”对话框，在该对话框内“域名”列表框内选择“StyleRef”选项，在“样式名”列表框内选择“新标题 1”选项。

（2）在页脚内插入章标题时，单击“插入”组内的“日期和时间”按钮。

实训测评

能力分类	能　　力	评　分
职业能力	应用样式，修改样式，创建样式	
	插入页眉和页脚，插入页码，插入分页，插入目录	
	删除页眉和页脚，应用文档结构图	
	插入批注，插入修订，审阅批注和修订	
	插入书签并定位到书签，定位到特定位置	
	插入脚注和尾注，插入行号，自动浏览	
通用能力	自学能力、总结能力、合作能力、创造能力等	
能力综合评价		

第 8 章　Excel 2007 工作表编辑

本章通过创建和编辑一个“员工档案”工作簿，介绍 Excel 2007 的工作界面、基本操作方法，单元格内输入数据的方法，格式化工作表的方法等。Excel 2007 的最主要功能是处理数据，一个工作簿由多个工作表组成，所有要处理的数据都存放在工作表内的单元格中。

8.1 【案例 26】建立一个员工档案

案例描述

本案例创建一个名为“职工档案”的 Excel 工作簿，在“职工档案”工作簿内还创建一个名为“章寒梅”的工作表，工作表内是职工章寒梅的姓名、出生日期、年龄、名族、政治面貌、学历、籍贯、联系电话、手机号码、出生地、职称、家庭地址等信息，以及从 2005 年开始到 2010 年的销售记录，如图 8-1-1 所示。然后，将文件以名称“【案例 26】建立一个员工档案.xlsx”保存。通过本案例的学习，读者可以掌握在单元格内输入数据的方法，合并单元格和取消单元格合并的方法，以及保存和关闭工作簿的方法等。

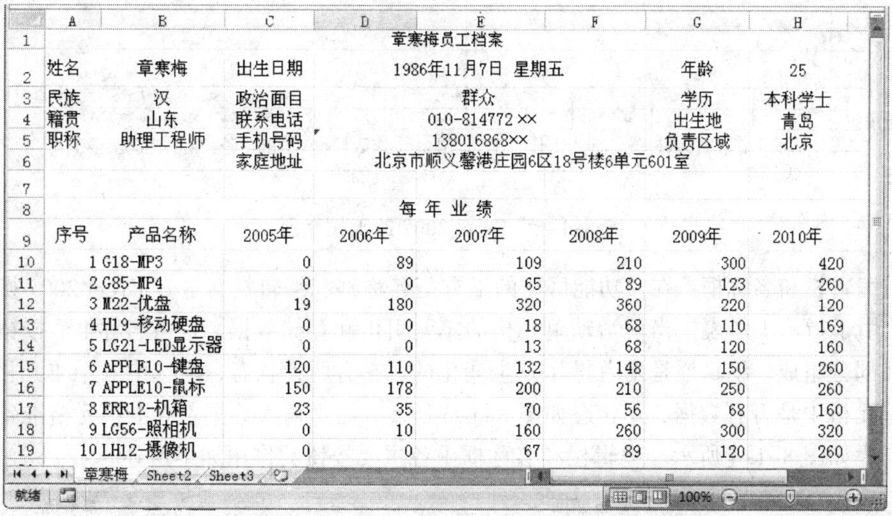

	A	B	C	D	E	F	G	H
1					章寒梅员工档案			
2	姓名	章寒梅	出生日期		1986年11月7日 星期五		年龄	25
3	民族	汉	政治面目		群众		学历	本科学士
4	籍贯	山东	联系电话		010-814772××		出生地	青岛
5	职称	助理工程师	手机号码		138016868××		负责区域	北京
6			家庭地址		北京市顺义馨港庄园6区18号楼6单元601室			
7								
8					每 年 业 绩			
9	序号	产品名称	2005年	2006年	2007年	2008年	2009年	2010年
10	1	G18-MP3	0	89	109	210	300	420
11	2	G85-MP4	0	0	65	89	123	260
12	3	M22-优盘	19	180	320	360	220	120
13	4	H19-移动硬盘	0	0	18	68	110	169
14	5	LG21-LED显示器	0	0	13	68	120	160
15	6	APPLE10-键盘	120	110	132	148	150	260
16	7	APPLE10-鼠标	150	178	200	210	250	260
17	8	ERR12-机箱	23	35	70	56	68	160
18	9	LG56-照相机	0	10	160	260	300	320
19	10	LH12-摄像机	0	0	67	89	120	260

章寒梅　Sheet2　Sheet3

就绪　100%

图 8-1-1　“职工档案”工作簿内的“章寒梅”的工作表

设计过程

1. Excel 2007 的启动和工作界面

单击 Windows 的“开始”按钮，调出它的“开始”菜单，选择该菜单内的“所有程序”→Microsoft Office→Microsoft Office Excel 2007 菜单命令，即可调出 Excel 2007 工作界面，如图 8-1-2 所示。可以看到，它与 Word 2007 的工作界面相似，它的工作界面主要由 Office 按钮、快速访问工具栏、选项卡、功能区、显示比例调整工具和工作表格区等元素组成。

（1）功能区：单击“开始”选项卡标签，切换到“开始”选项卡，如图 8-1-2 所示，在此功能区内集中了 Excel 常用的功能并进行分组，例如“剪贴板”组中包括“复制”、“剪切”、“粘贴”、“格式刷”等命令按钮，这些与 Word 2007 的“剪贴板”组完全一样。

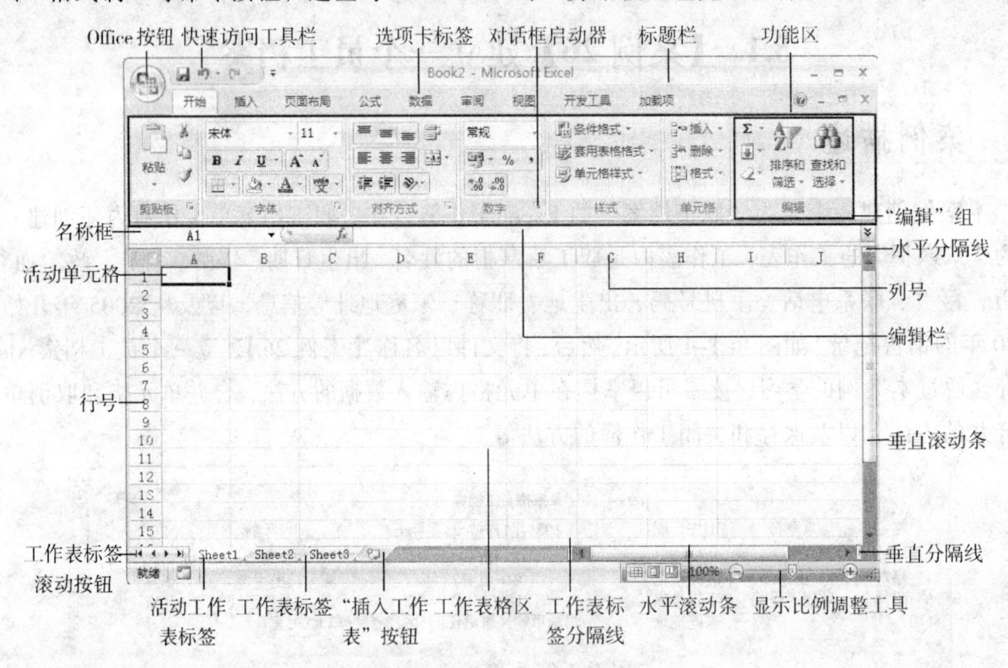

图 8-1-2　Excel 2007 的工作界面

（2）编辑栏和名称框：在“功能区”的下方是名称框和编辑栏，这是 Excel 2007 操作界面特有的，用于指示工作表中当前活动单元格的单元引用和存储数据。它由名称框、按钮工具和编辑栏几部分组成。编辑栏是随着操作发生变化的，它有两种状态，当选中一个单元格时，无论这个单元格中是否有数据，其状态如图 8-1-3 所示，而当输入数据、双击单元格准备进行编辑时编辑栏如图 8-1-4 所示。编辑栏和名称框中各主要按钮的作用如下所述。

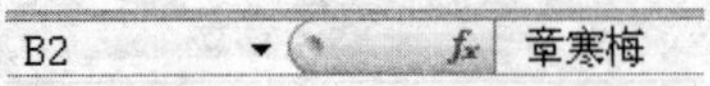

B2　fx　章寒梅

图 8-1-3　选中单元格时的编辑栏和名称框

B2　× ✓ fx　章寒梅

图 8-1-4　输入新的数据后的编辑栏和名称框

◎“名称框”下拉列表框 B2：用以显示活动单元格的单元引用，即单元格编号。

◎“取消”按钮 ×：单击此按钮，可以取消数据的输入或编辑工作。

◎“输入”按钮 ✓：单击此按钮，可结束数据的输入或编辑工作，并将数据保存。

◎ “插入函数”按钮 fx：单击此按钮，将引导用户输入一个函数。

◎ 编辑栏：在“插入函数”按钮右侧的文本框就是编辑栏，在编辑栏中可以输入或编辑数据，数据同时显示在当前活动单元格中，编辑栏中最多可以输入 32 000 个字符。

（3）工作表格区：它由若干行和若干列单元格组成，一个工作表最多有 16 384 列单元格（用大写英文字母表示为 A，B，…，Z，AA，AB，…，AZ，…，ZZ，AAA，AAB，…，ZZZ）；可以有 1 048 576 行（用阿拉伯数字 1～1 048 576 表示）。行和列的交叉处所构成的方格叫工作单元格，简称单元或单元格。一个工作表中最多可以有 16 384×1 048 576 个单元格。

单元格是按照单元格所在的行和列的位置来命名的，而这个命名也叫单元格地址。如 B17 表示第 17 行与 B 列交汇处所形成的单元格，一般将它称为行号是 17 列号是 B。

要表示一个单元格区域，可以用该区域左上角和右下角单元格来表示，中间用冒号“:”来分隔。如：F2:F11 表示 F 列中从行号为 2 到行号为 11 的单元格区域；C15:H15 表示在行号为 15 的行中，从 C 列到 H 列的 6 个单元格；B2:D8 表示从单元格 B2 到 D8 单元格区域。

（4）工作区：工作区就是一个工作簿窗口，如图 8-1-2 所示。工作区包括工作表格区、行号、列号、滚动条、工作表标签、工作表标签滚动按钮、窗口水平分隔线、窗口垂直分隔线等。下面介绍 Excel 中与其他 Office 软件不同的地方。

◎ 填充句柄：即活动单元格内右下角的句柄，拖动填充句柄可以快速填充单元格。

◎ 工作表标签：显示工作表的名称，单击某一工作表标签可以完成工作表的切换。

◎ 活动工作表标签：正在编辑的工作表的名称。

◎ 工作表标签滚动按钮：单击这些按钮，可以左右滚动工作表标签。

◎ 工作表标签分隔线：移动后可以增加或减少工作表标签在屏幕上的显示数目。

◎ 水平分隔线：移动此分隔线可以把工作簿窗口从竖直方向划分为两个窗口。

◎ 垂直分隔线：移动此分隔线可以把工作簿窗口从水平方向划分为两个窗口。

（5）状态栏：状态栏的功能是显示当前工作状态或提示进行的操作，如图 8-1-2 所示。它分为两个部分，前一部分显示工作状态（如“就绪”表示已经准备就绪，可以进行各种操作），与 Word 2007 相似，后一部分显示设置状态。

2. 选中单元格

要使一个单元格成为活动单元格，必须选中该单元格。根据不同的需要，有时要选择独立的单元格，有时需要选择多个单元格或一个单元格区域。下面介绍一些选中单元格的方法。

（1）选中部分单元格：选中的单元格称当前活动单元格或活动单元格，它可以输入和编辑文字与数字。一个工作簿中只有一个活动单元格。常用的选择单元格的方法有以下几种。

◎ 单击选中单元格：活动单元格被一个粗框包围，相应的行号上的数字和列号上的字母都会突出显示，名称框内显示该单元格的单元格地址，如图 8-1-5 所示。

◎ 在名称框内输入单元格名称：在名称框内输入单元格名称，按【Enter】键，即可选中相应的成单元格。也可以在名称框内输入单元格区域来选择单元格区域，如图 8-1-6 所示。

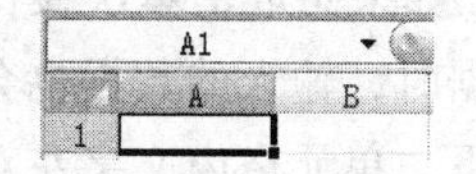

图 8-1-5　选中一个单元格

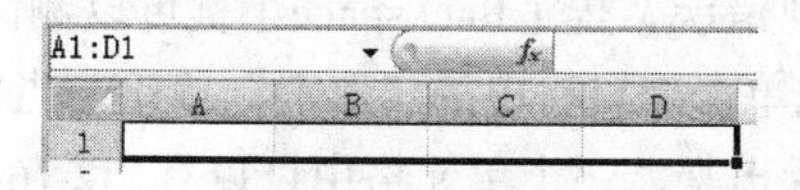

图 8-1-6　在名称框内输入单元格区域的名称

（2）选中整行单元格：单击工作表上某行的行号，就可以选中该行单元格。例如，要选择第 1 行，只需在第 1 行的行号上单击即可，选中后的结果如图 8-1-7 所示。

（3）选中整列单元格：单击工作表上某列的列号，就可以选中该列单元格。例如，要选择第 E 列，在第 E 列的列号上单击即可，选中后的结果如图 8-1-8 所示。

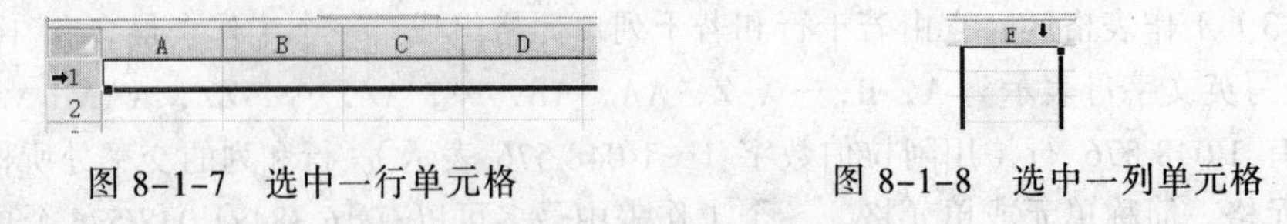

图 8-1-7 选中一行单元格　　　　图 8-1-8 选中一列单元格

（4）选中整个工作表：单击按下工作表内左上角都的“选中整个工作表”按钮，即可选中整个工作表。利用该功能可以改变整个工作表的文字格式等。

（5）选中连续的单元格区域：选择单元格区域有多种方法，下面介绍两种方法。

◎ 拖动选中一个区域：将鼠标指针指向该区域内左上角单元格处，沿着对角线拖动到该区域内右下角单元格处并松开鼠标键，即可选中该区域内的单元格，如图 8-1-9 所示。

选中的区域将反白显示，但该区域内鼠标单击的左上角单元格正常显示，表明该单元格是活动单元格。如果要取消选择，可单击工作表中的任一单元格，或按箭头按键。

◎ 用键盘选择连续的单元格区域：按箭头键，选中要选择区域内左上角单元格，然后按住【Shift】键，同时移动箭头“→ ←↑↓”来扩大选择范围。

（6）选中不连续的区域：使用鼠标和键盘操作都可以选中不连续的单元格，方法介绍如下。

◎ 用鼠标选中不连续的区域：先用前面介绍的方法选择第 1 个区域，按住【Ctrl】键，再拖动选中第 2 个区域，如图 8-1-10 所示。当选择多个不连续的区域时，选中的单元格呈反白显示，最后一个区域中的左上角的单元格是活动单元格。

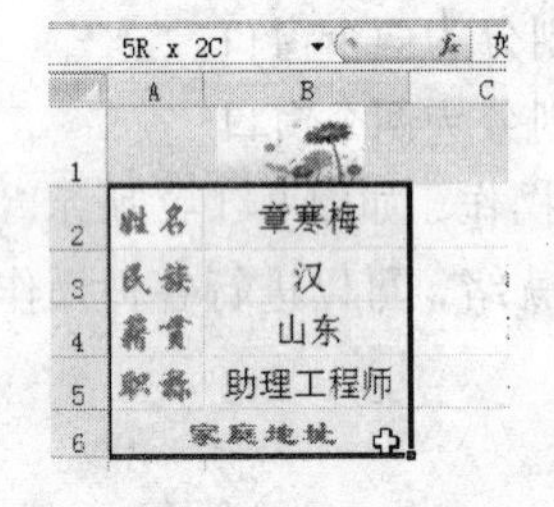

图 8-1-9 选中一个区域

9	序号	产品名称	2005年	2006年	2007年
10	1	G18-MP3	0	89	109
11	2	G85-MP4	0	0	65
12	3	M22-优盘	19	180	320
13	4	H19-移动硬盘	0	0	18

图 8-1-10 选中不连续的多个区域

◎ 用键盘选择不同的单元格区域：先用前面介绍的方法选中第 1 个单元格区域，按【Shift+F8】组合键，这时状态栏中出现“添加”字样，再用前面的方法选择下一个区域。此处，单击选中“A2”单元格，使它成为活动的单元格。

3．在单元格内输入数据

（1）选中“A1”单元格，直接输入文字“章寒梅员工档案”，按【Enter】键或单击编辑栏内的“输入”按钮☑。然后，在其他单元格输入相应的文字，如图 8-1-11 所示。输入过程中如果发现错误，按【Backspace】键可以删除插入点左侧的字符。如果想取消本次操作，可按 Esc 键或单击编辑栏中的“取消”按钮。当向活动单元格输入数据时，输入的数据也会在编辑栏里显示出来。一个单元格中可以有 32 767 个字符。默认情况下，单元格内文字左对齐。任何输入到单元格内的字符集，只要不被系统解释成数字、公式、日期、时间、逻辑值，则一律将其视为文本。

（2）选中“E4”单元格，输入联系电话“010-81477278”；选中“E5”单元格，输入手机号码“'13801686899”。对于全部由数字组成的字符串，例如邮政编码、电话号码、产品代号等这类字符串的输入，为了避免被 Excel 认为是数字型数据，要在这些输入的数字左边添加单引号“'”。

A1　章寒梅员工档案

	A	B	C	D	E	F	G	H
1	章寒梅员工档案							
2	姓名	章寒梅	出生日期				年龄	25
3	民族	汉	政治面目		群众		学历	本科学士
4	籍贯	山东	联系电话				出生地	青岛
5	职称	助理工程师	手机号码				负责区域	北京
6	家庭地址	北京市顺义馨港庄园6区18号楼6单元601室						
7								
8	年 业 绩							
9	序号	产品名称						
10		G18-MP3	0	89	109	210	300	420
11		G85-MP4	0	0	65	89	123	260
12		M22-优盘	19	180	320	360	220	120
13		H19-移动硬盘	0	0	18	68	110	169
14		LG21-LED显示器	0	0	13	68	120	160
15		APPLE10-键盘	120	110	132	148	150	260
16		APPLE10-鼠标	150	178	200	210	250	260
17		ERR12-机箱	23	35	70	56	68	160
18		LG56-照相机	0	10	160	260	300	320
19		LH12-摄像机	0	0	67	89	120	260

图 8-1-11　在各单元格输入文字

（3）将鼠标指针移到列号“B2”的右侧边缘处，当鼠标指针呈水平双箭头状时 B ，水平向右拖动，可以将“B2”单元格调宽，使其内的文字全部显示出来。采用相同方法，调整其他单元格的宽度。

（4）选中“E2”单元格，输入出生日期“1986-11-7”，如图 8-1-12 所示。

4. 在单元格中输入日期

（1）右击“E2”单元格，调出它的快捷菜单，单击该菜单内的“设置单元格格式”菜单命令，或单击“数字”组内的“数字”对话框启动器，都可以调出“设置单元格格式”对话框。

（2）在“设置单元格格式”对话框内，选择选中“分类”列表框中的“日期”选项，再在“类型”列表框中选中“*2001 年 3 月 14 日星期三”选项，如图 8-1-13 所示。

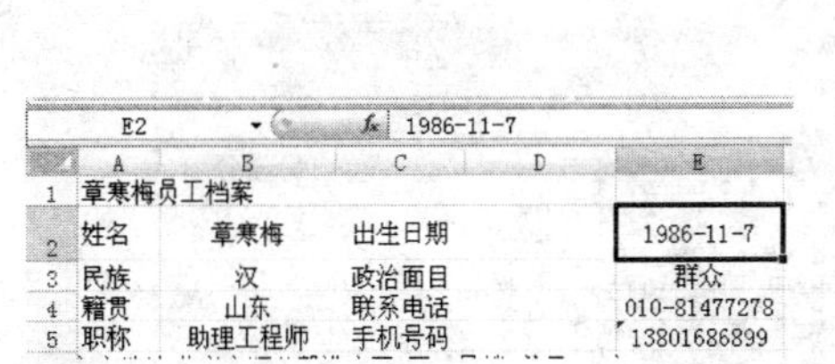

E2　1986-11-7

	A	B	C	D	E
1	章寒梅员工档案				
2	姓名	章寒梅	出生日期		1986-11-7
3	民族	汉	政治面目		群众
4	籍贯	山东	联系电话		010-81477278
5	职称	助理工程师	手机号码		13801686899

图 8-1-12　在“E2”单元格输入出生日期

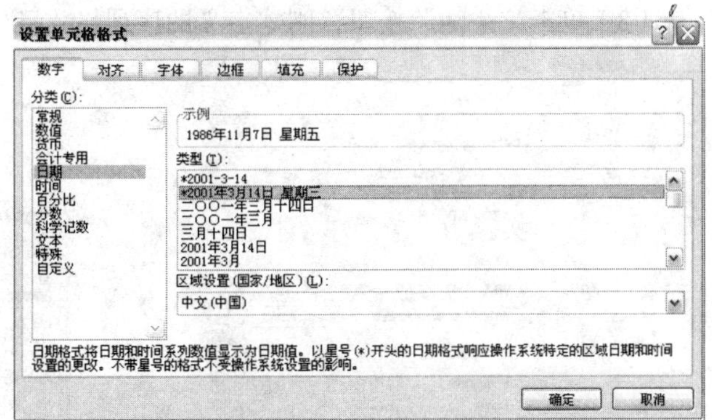

图 8-1-13　“设置单元格格式”（日期）对话框

输入日期时，先输入 1～12 数字作为月份（或输入月份的英文单词），再输入分隔符“/”或“-”，接着输入 1～31 的数字作为日，然后输入分隔号分隔符，最后输入年的数字，例如“5/12/2010”。如果省略年份，则以系统当前的年份作为默认值。输入了以上格式的日期后，日期在单元格中右对齐。如果要在单元格中插入当前日期，则可以按【Ctrl+;（分号）】组合键。

（3）单击“设置单元格格式”对话框内的“确定”按钮，完成日期格式的设置。当执行完上述操作后，输入的日期数据就采用了所设定的格式。

5．在单元格中填充数字序列

（1）选中“A10”单元格，输入序列填充的第一个数据“1”。

（2）将鼠标指针移到该单元格右下角的填充柄处，当指针变成十字光标后，沿着垂直方向拖动填充柄。拖动到 A19 单元格位置处松开鼠标左键，数据便填入拖动过的区域中，同时在填充柄的右下方出现“自动填充选项”图标按钮，如图 8-1-14 所示。

（3）单击“自动填充选项”图标按钮，调出它的下拉菜单，如图 8-1-15 所示，选中该菜单内的“填充序列”单选按钮，填充效果如图 8-1-16 所示。如果选中“仅填充格式”、“复制单元格”或“不带格式填充”单选按钮，则填充效果均如图 8-1-14 所示。

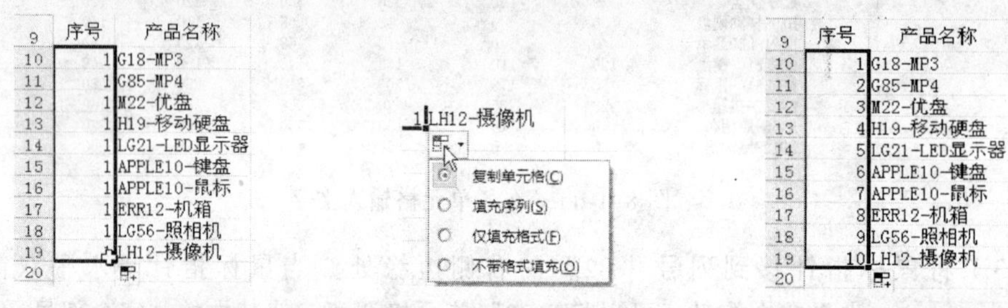

图 8-1-14 拖动过需要填充数据的区域　图 8-1-15 下拉菜单　图 8-1-16 填充序列效果

6．在单元格中填充自定义序列

（1）选中“C9”单元格，输入“2005 年”，单击“Office”按钮，调出它的菜单，单击该菜单内的“Excel 选项”按钮，调出“Excel 选项”对话框，如图 8-1-17 所示。

（2）单击“编辑自定义列表”按钮，调出“自定义序列”对话框，在“自定义序列”列表框内选择“新序列”选项，在“输入序列”列表框中输入“2005 年”，按【Enter】键；接着输入“2006 年”，按【Enter】键，重复操作，直至输入完所有的内容，如图 8-1-18 所示。

（3）单击“添加”按钮，刚才定义的序列格式已经出现在“自定义序列”列表框中了。

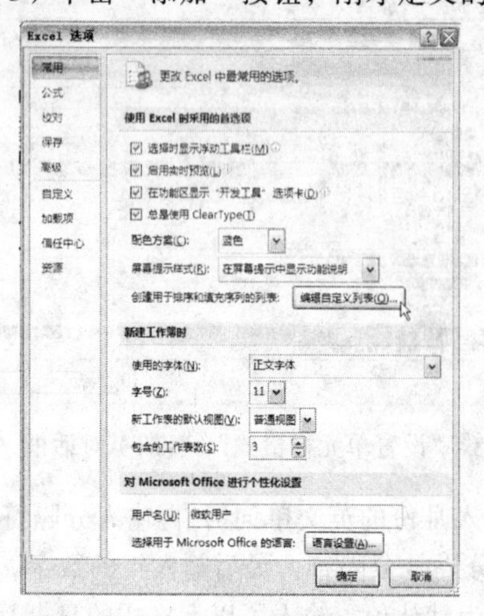

图 8-1-17 “Excel 选项”对话框

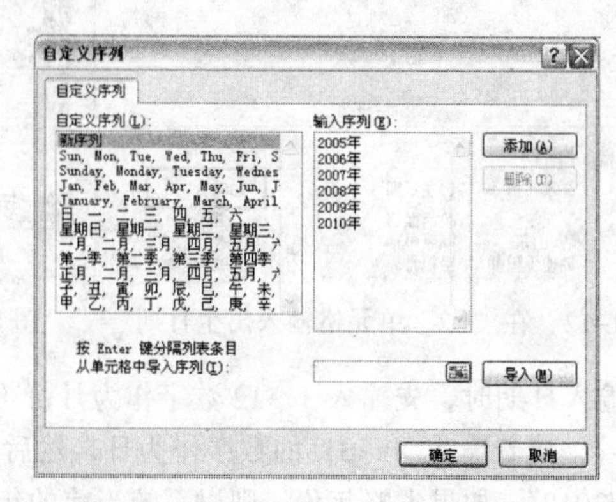

图 8-1-18 “自定义序列”对话框

（4）拖动选中“C9”到“H9”单元格，“2006 年”～“2010 年”便填入其内，如图 8-1-19 所示。

年 业 绩

序号	产品名称	2005年	2006年	2007年	2008年	2009年	2010年

图 8-1-19　填充自定义序列数据

7. 合并单元格

（1）单击选中“E2”单元格，因为单元格的宽度不够，所以其内显示“###############”，没有显示出日期。将鼠标指针移到列号“E”的右侧边缘处，当鼠标指针呈水平双箭头状时，水平向右拖动，可以将“E2”单元格调宽，使日期显示出来。但是，“E”列个单元格的宽度均会随之增加，影响了其他单元格的显示效果。因此不采用这种方法。

（2）拖动选中“E2”和“F2”单元格，切换到“开始”选项卡，单击“对齐方式”组内的“合并后居中”按钮，调出“合并单元格”菜单，如图 8-1-20 所示。选择该菜单内的“合并后居中”菜单命令，将“E2”和“F2”单元格合并为一个单元格，单元格大了，日期也就居中显示出来了。

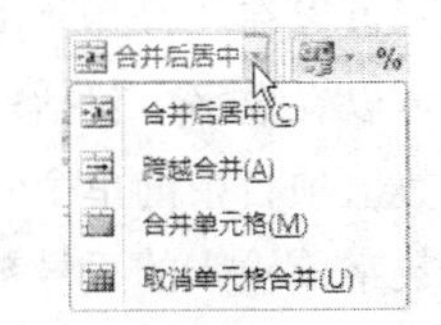

图 8-1-20　“合并居中”下拉菜单

将鼠标移到某按钮或命令之上时，会自动显示该命令或按钮的功能提示说明，包括快捷键。

（3）选中“A1”～“H1”之间的所有单元格，单击“对齐方式”组内的“合并后居中”按钮，将“A1”～“H1”之间的所有单元格合并为一个，文字“章寒梅员工档案”居中显示。

（4）选中“D3”和“F3”单元格，单击“对齐方式”组内的“合并后居中”按钮；拖动选中“D4”和“F4”单元格，单击“对齐方式”组内的“合并后居中”按钮；拖动选中“D5”和“F5”单元格，单击“对齐方式”组内的“合并后居中”按钮。

（5）选中“B6”～“E6”之间的 4 个单元格，将鼠标指针移到选中的单元格边框上，当鼠标指针四箭头状时，水平拖动到“D6”～“G6”单元格处，即可将“B6”单元格内输入的地址移到“D6”～“G6”单元格处。单击“对齐方式”组内的“合并后居中”按钮。

（6）选中“A6”单元格，将该单元格内的文字移到“C6”单元格处。

（7）选中“A8”～“H6”之间的所有单元格，单击“对齐方式”组内的“合并后居中”按钮，合并这些单元格，文字“每 年 业 绩”居中显示。

8. 工作表更名及保存和关闭工作簿

（1）右击 Excel 2007 工作界面内左下角的标签 Sheet1，调出它的快捷菜单，选择该菜单内的“重命名”菜单命令，进入工作表编辑状态，输入“章寒梅”，按【Enter】键，即可将“Sheetl”工作表的名称改为“章寒梅”。

（2）单击“Office”按钮，选择“另存为”→“Excel 工作簿”菜单命令，调出“另存为”对话框。在“保存位置”下拉列表框中选择保存文件的文件夹。

（3）在“文件名”文本框中输入“【案例 27】建立一个员工档案”，单击“确定”按钮，即可将工作簿以名称“【案例 27】建立一个员工档案.xlsx”保存。

（4）单击“Office”按钮，调出它的快捷菜单，选择该菜单内的“关闭”菜单命令，或者单击 Excel 2007 工作界面内右上角的按钮 ×，都可以关闭当前工作薄并退出 Excel。

相关知识

1. 单元格内输入数据

（1）在单元格内输入数字：在 Excel 2007 中输入数字的方法与输入文本的方法相同，默认情况下，数字右对齐。Excel 2007 中的数字只可以是 0~9、“+”、“-”、“(”、“)”、“,”、“/”、“$”、“%”、“.”、“E”和“e”字符或字符的合法组合。否则认为它是一个文本文字串，不作为数字处理。

在 Excel 2007 中输入的数据有以下一些规则。

◎ 不可以在“0~9”中间出现特殊字符或空格，例如，“X007”、“18 689”等。

◎ 可以在数字中包括一个逗号，如“1,123,456”。

◎ 数值项目中的单个句点作为小数点处理。

◎ 数字前输入的正号被忽略。

◎ 在负数前加上一个减号“-”或者用圆括号“( )”括起来。例如，输入-19 和输入（19），在确认输入后都可以在单元格中得到-19。

◎ 默认情况下输入数字时，单元格中数字靠右对齐，并按通用格式显示数字，即一般采用整数“12345678”、小数“12.345678”格式。

◎ 当数字的长度超过单元格的宽度时，Excel 2007 将自动使用科学计数法来表示输入的数字。例如输入“6176543219”时，Excel 2007 会在单元格中用“6.18E+09”来显示该数字，但在编辑栏中可以显示出全部数字。

当单元格的宽度发生变化时，科学计数法表示的有效位数会发生变化例如，在 B3、C4 和 E3 单元格中的数字是相同的，但这三个单元格的宽度不同，所以有效数字的位数发生了变化，以能够显示为限，但单元格存储值不变。

（2）在单元格内输入时间：设置时间显示格式和内输入时间的具体操作步骤如下所述。

◎ 选中要设定时间格式的单元格或单元格区域右击，调出它的快捷菜单，该菜单内的“设置单元格格式”菜单命令，调出“设置单元格格式”对话框，如图 8-1-21 所示。单击“数字”组内的“数字”对话框启动器，也可以调出“设置单元格格式”对话框。

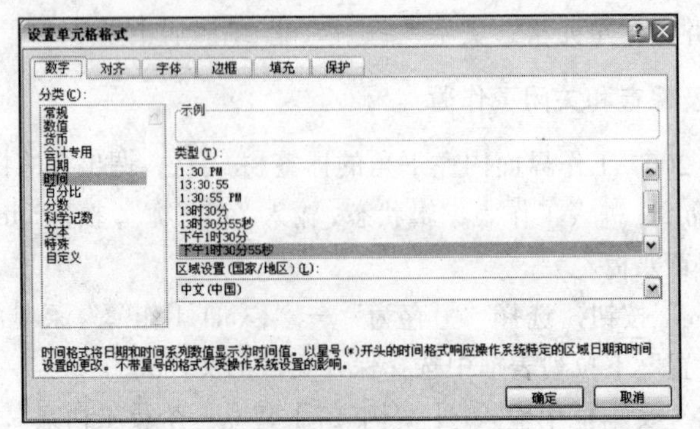

图 8-1-21 “设置单元格格式”（时间）对话框

◎ 在“分类”列表框中的单击选中“时间”选项，在“类型”列表框中选择所需要的时间格式。然后，单击“确定”按钮。

◎ 在单元格中输入可以识别的时间数据时，单元格的格式就会自动从“常规”格式转换为相应的“日期”或“时间”格式，不需要去设定该单元格为日期或时间格式。例如，将格式设置为“下午 1 时 30 分 55 秒”，当输入“18:35”时，时间会为显示“下午 6 时 35 分 00 秒”。

时间可以采用 12 小时制式或 24 小时制式进行表示，小时与分钟或秒之间用冒号进行分隔。如果按 12 小时制输入时间，Excel 2007 一般把插入的时间当作上午时间，例如输入“8:10:15”会被视为“8:10:15　AM”，如果要特别表示上午或下午，只需在时间后留一空格，并输入“AM”或“PM”（或“A”，或“P”），表示上午或下午。如果输入时间是 Excel 2007 不能识别的格式，Excel 2007 将认为输入的是文本字符串。如果要输入当前的时间，按【Ctrl+Shift+:（冒号）】组合键。

（3）同时对多个单元格输入相同内容：选中要输入相同内容的单元格区域，可以使是不连续的单元格，如图 8-1-22 所示。然后，在活动单元格中输入数据，例如“相同数据”。在输入完最后一个字符后，按下【Ctrl+Enter】组合键，则多个选中的单元格内会同时输入相同的内容，例如“相同数据”，如图 8-1-23 的所示。

图 8-1-22　同时选中多个单元格　　　图 8-1-23　在选中的单元格内输入相同数据

2．输入序列

如果要在工作表中输入从 1 到 30 的连续序列号或从星期一到星期五连续的时间，则 Excel 将这样的数据视为序列。序列就是一些有一定规律的数据。使用序列输入方法会简化输入过程，而且可以减少输入错误。Excel 可以根据规律计算出所要填充的数据，快速填充序列，而不用人工进行输入。在 Excel 2007 中，预先设置有很多序列，其中一部分如图 8-1-24 所示。

21	2000年	一月	正月	星期一	January	Jun	Sunday	2010-1-1	1月1日	子
22	2001年	二月	二月	星期二	February	Jul	Monday	2010-1-2	1月2日	丑
23	2002年	三月	三月	星期三	March	Aug	Tuesday	2010-1-3	1月3日	寅
24	2003年	四月	四月	星期四	April	Sep	Wednesday	2010-1-4	1月4日	卯
25	2004年	五月	五月	星期五	May	Oct	Thursday	2010-1-5	1月5日	辰
26	2005年	六月	六月	星期六	June	Nov	Friday	2010-1-6	1月6日	巳
27	2006年	七月	七月	星期日	July	Dec	Saturday	2010-1-7	1月7日	午
28	2007年	八月	八月	星期一	August	Jan	Sunday	2010-1-8	1月8日	未
29	2008年	九月	九月	星期二	September	Feb	Monday	2010-1-9	1月9日	申
30	2009年	十月	十月	星期三	October	Mar	Tuesday	2010-1-10	1月10日	酉
31	2010年	十一月	十一月	星期四	November	Apr	Wednesday	2010-1-11	1月11日	戌
32	2011年	十二月	腊月	星期五	December	May	Thursday	2010-1-12	1月12日	亥

图 8-1-24　几种序列填充

下面介绍其中几种序列的输入方法。

（1）鼠标拖动填充序列：可以直接填充序列号，操作方法如下。

◎ 选定一个单元格，输入序列填充的第 1 个数据。

◎ 将鼠标指针移到单元格填充柄，当指针变成十字光标后，沿着要填充的方向拖动。

◎ 拖动到适当位置时，数据便填入拖动过的区域中，同时在填充柄的右下方出现“自动填充选项”按钮。可以将填充柄向上、下、左、右四个方向拖动，以填入数据。

◎ 单击“自动填充选项”按钮，弹出下拉菜单，从中选择“填充序列”命令即可。

提示：用上面方法复制数字形字符、日期或自定义填充序列中的项目等时，则这些值在选定区域中递增，但如果期望是复制数据，则可以重新选定原始值，再按住【Ctrl】键并拖动填充柄。

（2）按【Ctrl】键同时鼠标拖动配合填充序列：可以直接填充序列号，操作方法如下。

◎ 选中一个单元格，输入序列填充的第 1 个数据。

◎ 将鼠标指针指向单元格填充柄，当指针变成十字光标后，按下【Ctrl】键，同时沿着要填充的方向拖动填充柄。这时就完成了序号的自动填充.

◎ 单击“自动填充选项”按钮，可以看到在选项中已经自动选择了“填充序列”选项。

（3）鼠标拖动填充不同差值的等差序列：用上面的方法进行的自动填充每一个相邻的单元格相差的数值只能是 1，要输入的序列差值是 2 或 2 以上，则要采用下面的方法。

◎ 输入前两个数据，然后拖动鼠标选中两个单元格，如图 8-1-25 所示，

◎ 将鼠标指针移到填充柄上，沿填充方向拖动鼠标，填充以后的效果如图 8-1-26 所示。如果单击“自动填充选项”按钮，可看到在选项中也已经自动选择了“填充序列”选项。

图 8-1-25　输入前两个数据　　　　图 8-1-26　填充了差值为 4 的等差序列

（4）鼠标拖动填充日期和时间序列：选定单元格输入第 1 个时间数据，向需要的方向拖动鼠标，如图 8-1-27 所示。单击“自动填充选项”按钮，选择一个选项，例如：“以工作日填充”如图 8-1-28 所示，填充的效果如图 8-1-29 所示。

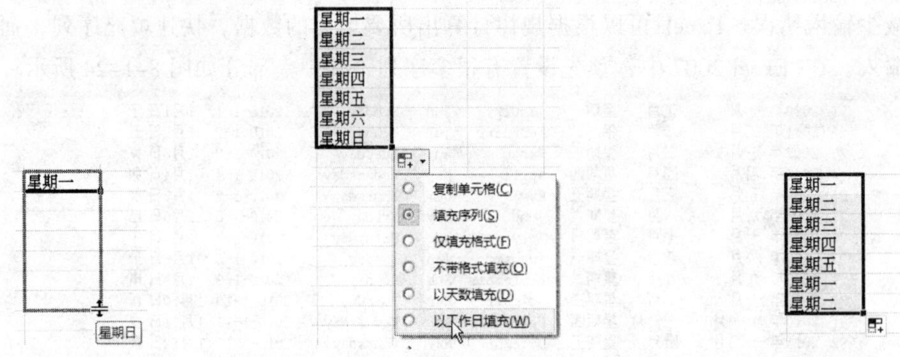

图 8-1-27　填充时间序列　图 8-1-28　选择“以工作日填充”选项　图 8-1-29　“以工作日填充”效果

（5）使用菜单命令输入序列：使用鼠标拖动的方法输入的序列范围比较小，而且只能输入固定的几种序列，如果要求输入的序列比较特殊，这时就要用到菜单进行填充，使用菜单命令填充序列的步骤如下所述。

◎ 在第 1 个单元格中输入一个起始值。

◎ 切换到“开始”选项卡，单击“编辑”组内的“填充”按钮，调出“填充”菜单，如图 8-1-30 所示，选择该菜单内的“系列”菜单命令，调出“序列”对话框，如图 8-1-31 所示。

◎ 在该对话框的“序列产生在”栏中指定数据序列是按“行”还是按“列”填充，此处选中“行”单选按钮；在“类型”框中选择序列类型，此处选中“等差序列”单选按钮；在“步长值”和“终止值”文本框内分别输入等差序列的步长值 2 和终止值 11。单击“确定”按钮，完成序列设置。

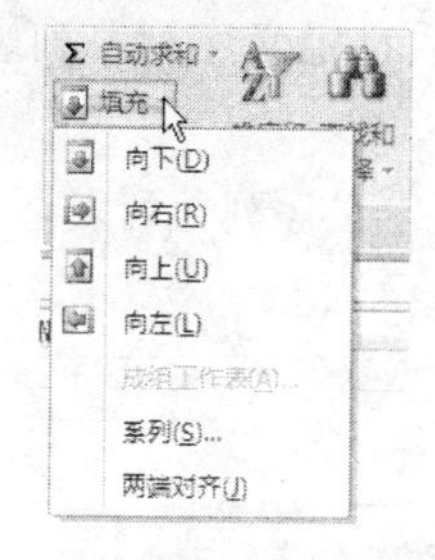

图 8-1-30　“填充”按钮的下拉列表

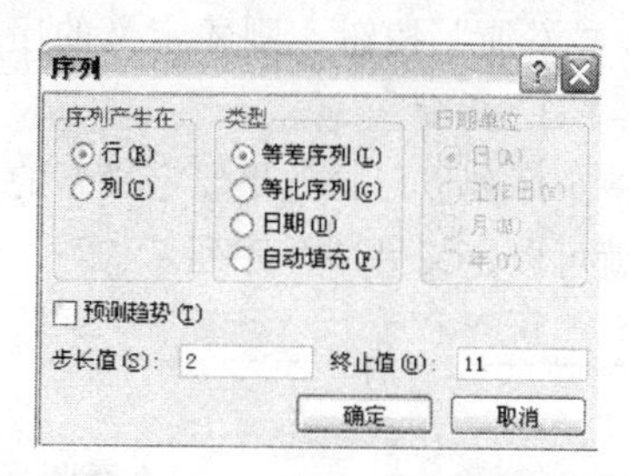

图 8-1-31　“序列”对话框

“序列”对话框中各个选项的功能如下所述。

◎ 等差序列：把“步长值”框内的数值依次加入到每一个单元格数值上来计算一个序列。

◎ 等比序列：把步长值框内的数值依次乘到每一个单元格数值上来计算一个序列。

◎ 日期：根据“日期单位”选定的选项计算一个日期序列。

◎ 自动填充：根据选定区域的数据自动建立序列填充。

◎ 日期单位：确定日期序列是否会以日、工作日、月或年来递增。

◎ 步长值：一个序列递增或递减的量。正数使序列递增，负数使序列递减。

◎ 终止值：如果选定区域在序列达到终止值之前已填满，则该序列就终止在那点上。

◎ 趋势预测：选中“趋势预测”复选框时，则忽略“步长值”框中的数值。使用选定区域顶端或左侧已有的数值来计算步长值，以便根据这些数值产生一条最佳拟合直线（对于等差序列），或一条最佳拟合指数曲线（对于等比序列）。若将一个或多个数字或日期的序列填充到选定的单元格区域中，在选定区域的每一行或每一列中，第一个或多个单元格的内容被用作序列的起始值。

3. 自定义序列

除了 Excel 2007 所提供的序列以外，还会用到一些特定的序列，例如一个文具店所要经常处理的有日记本、田格本、拼音本、生字本、英语本…；对这种情况可以定义成序列，这样使用“自动填充”功能时，就可以将数据自动输入到工作表中。

（1）将工作表中已经存在的序列导入定义成序列，具体操作步骤如下所述。

◎ 在工作表中输入要定义序列的数据，选定数据所在的单元格区域。例如，“A34:I34”。

◎ 单击“Office”按钮，调出它的菜单，选择该菜单内的“Excel 选项”按钮，调出“Excel 选项”对话框，单击该对话框内的“编辑自定义列表”按钮，调出“自定义序列”对话框，如图 8-1-32 所示。

◎ 在“从单元格中导入序列”文本框显示出数据所在的单元格地址为“$A$34:$I$34”，

单击“导入”按钮，即可在“自定义的序列”列表框内添加选中的序列，如图 8-1-33 所示。

◎ 单击“确定”按钮，序列定义成功。以后可以使用刚才自定义的序列进行填充操作。

（2）直接在“选项”对话框中输入自定义序列：具体操作步骤如下所述。

◎ 调出“自定义序列”对话框，自动选中“新序列”选项，如图 8-1-32 所示。

◎ 在“输入序列”列表框中输入“数学”，按【Enter】键；接着输入“语文”，按【Enter】键，重复输入操作步骤，直至输入完所有的内容。

◎ 单击“添加”按钮，刚才定义的序列格式已经出现在“自定义序列”列表框中，如图 8-1-33 所示。

定义完一个序列以后，如果要定义新的序列，单击选中“自定义序列”列表框中的“新序列”选项，就可以定义另一个序列。

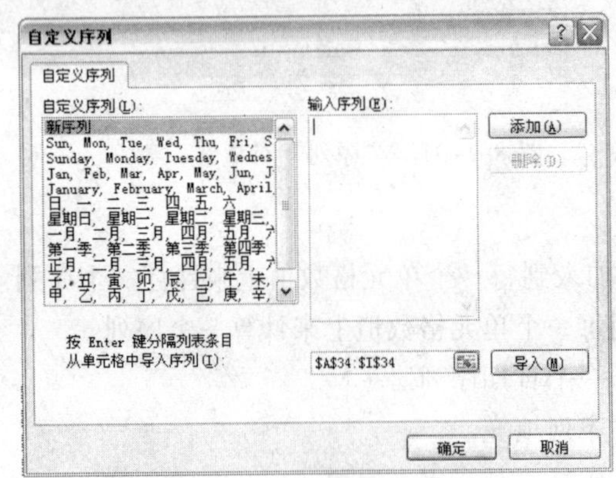

图 8-1-32 “自定义序列”对话框 1

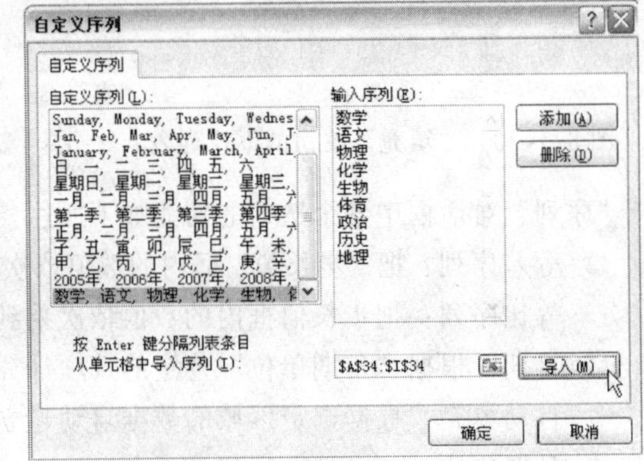

图 8-1-33 “自定义序列”对话框 2

（3）编辑或删除自定义序列：具体操作步骤如下所述。

◎ 调出“自定义序列”对话框，在“自定义序列”列表框中选定要编辑的自定义序列，在“输入序列”列表框中选中要编辑的序列项，即可进行编辑。

◎ 若要删除序列中的某一项，请按【Backspace】键。

◎ 若要删除一个完整的自定义序列，可以单击“删除”按钮，出现一个警告，提示用户“选定序列将永远删除”，单击“确定”按钮即可。

在编辑和删除序列时要注意，不能对系统内部的序列进行编辑或者删除操作。

4. 插入与删除单元格、行和列

（1）插入单元格：插入单元格的操作步骤如下。

◎ 单击选中要插入单元格位置处的单元格，例如选中“A21”单元格，如图 8-1-34 所示。

◎ 切换到“开始”选项卡，单击“单元格”组中的“插入”按钮，调出它的菜单，选择该菜单内的“插入单元格”菜单命令，调出“插入”对话框，如图 8-1-35 所示。

◎ 在该对话内选择其中一个单选按钮，例如，选中“活动单元格下移”单选按钮。

◎ 单击“确定”按钮，就会看到单元格“A21”中的内容向下移动到“A22”单元格中，如图 8-1-36 所示。如果选中“活动单元格右移”单选按钮，则插入单元格后，“A21”中的内容向右移动到“B21”单元格中；如果选中“整行”单选按钮，则插入单元格后，

"22"行中各单元格的内容向下移动到"23"行中；如果选中"整列"单选按钮，则插入单元格后，"A"列中各单元格的内容向右移动到"B"列中。

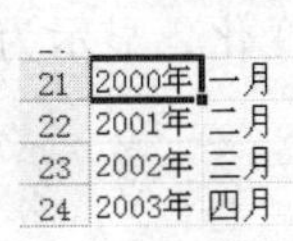

图 8-1-34 选择插入位置

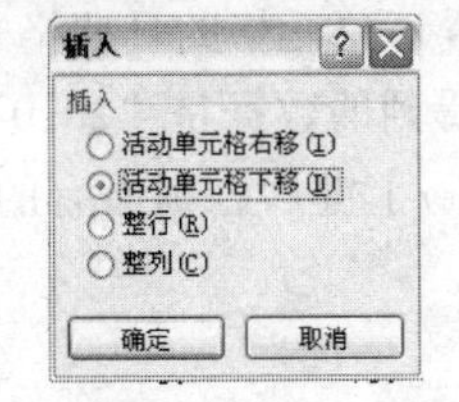

图 8-1-35 "插入"对话框

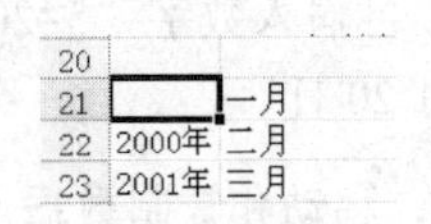

图 8-1-36 插入单元格

（2）删除单元格：删除单元格的操作和插入单元格的操作类似。

◎ 单击选中要删除的单元格。切换到"开始"选项卡，单击"单元格"组中的"删除"按钮，调出它的菜单，选择该菜单内的"删除单元格"菜单命令，调出"删除"对话框，它与如图 8-1-35 相似。

◎ 在该对话框的"删除"栏内选择所需要的选项。然后单击"确定"按钮。

（3）插入行和列：单击选中插入行的行号，切换到"开始"选项卡，单击"单元格"组中的"插入"按钮，调出它的菜单，选择该菜单内的"插入工作表行"菜单命令。

插入列和插入行的操作类似，选择菜单内的"插入工作表列"菜单命令即可。

插入行和列时，后面的行和列会自动向下或向右移动。

（4）删除行和列：选中要删除的行或列的编号，切换到"开始"选项卡，单击"单元格"组中的"删除"按钮，调出它的菜单，选择该菜单内的"删除工作表行"或"删除工作表列"菜单命令，即可将选中的行或列删除。删除行和列时，后面的行和列会自动向上或向左移动。

5. 修改和删除单元格中的数据

（1）修改单元格中的数据：选中该要修改数据的单元格，即可在编辑栏中修改其中的数据。另外，双击该单元格，即可直接在单元格中进行修改。修改完毕后，按【Enter】键或单击编辑栏中的"输入"按钮完成修改；要取消修改，按【Esc】键或单击编辑栏中的"取消"按钮✕。

（2）删除单元格内的数据：选中要删除数据的一个或多个单元格，再用下面的一种方法。

◎ 按【Delete】键。

◎ 切换到"开始"选项卡，单击"编辑"组中上的"清除"按钮，调出"清除"菜单，如图 8-1-37 所示。选择该菜单内的"全部清除"或"清除内容"菜单命令。

◎ 右击选中的单元格，调出它的快捷菜单，如图 8-1-38 所示。选择"单元格"快捷菜单内的"清除内容"菜单命令，即可清除选中的单元格内的数据。

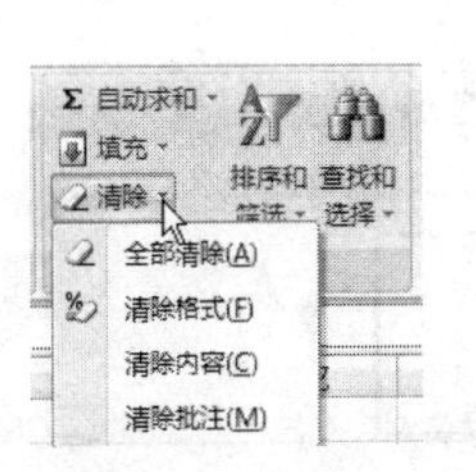

图 8-1-37 "清除"菜单

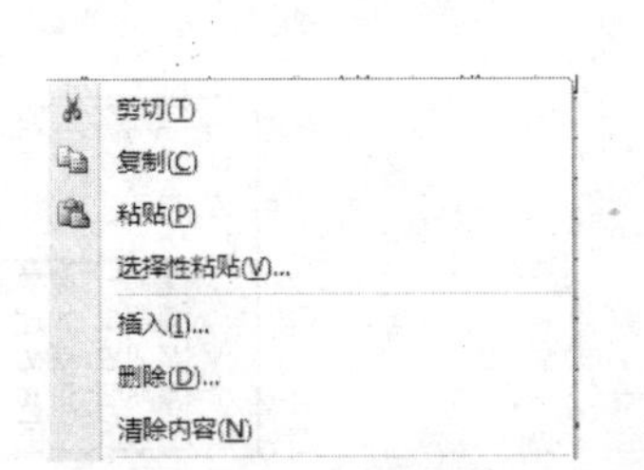

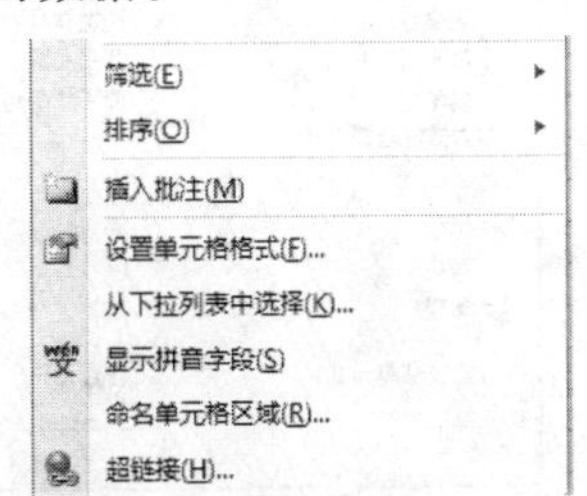

图 8-1-38 "单元格"快捷菜单

选择“单元格”快捷菜单内的“全部清除”菜单命令，不但删除内容，还删除单元格设置的格式。其他删除方法，只删除内容，不删除单元格设置的格式。例如，在“B22”单元格中输入“2010-5-12”，确认输入后，设置该单元格的日期格式为“2001 年 3 月 14 日”，则显示为“2010 年 5 月 12 日”，在编辑栏中看到的数据是“2010-5-12”。删除“B22”单元格中的内容后，再输入数字“5-20”并按【Enter】键后，则原有的日期格式没有变化，显示为“2010 年 5 月 20 日”。

6．移动和复制数据

可以将单元格的数据从一个位置移到同一个工作表上的其他位置，也可以移到其他工作表或另一个应用程序中。移动数据有两种方法：使用鼠标拖动和使用“剪贴板”。

（1）使用鼠标拖动移动数据：选中要移动数据的单元格，将鼠标指针移到边框上，当鼠标指针变为箭头形状时，拖动到目标位置，松开鼠标左键即可移动数据。

（2）使用鼠标拖动复制数据：当鼠标指针变为形状时，按下【Ctrl】键，同时拖动到目标处，松开鼠标左键，再松开【Ctrl】键，则可以将选中的数据复制到目标处。

（3）使用剪贴板移动和复制数据：选中要移动数据的单元格，单击“剪贴板”组中的“剪切”或“复制”按钮，将选中的数据剪切或复制到剪贴板中；选中目标单元格，单击“剪贴板”组中的“粘贴”按钮，即可完成单元格内数据的移动或复制。

（4）有选择地复制单元格数据：选中要复制数据的单元格，单击“剪贴板”组中的“复制”按钮，将选中的数据复制到剪贴板中；再选中目标单元格，单击“剪贴板”组中的“粘贴”按钮下边的按钮▼，调出“粘贴”菜单，选择该菜单内的“选择性粘贴”菜单命令，调出“选择性粘贴”对话框，如图 8-1-39 所示。“选择性粘贴”对话框内个选项的作用如下。

◎“粘贴”栏：用来选择粘贴内容的类型。

◎“运算”栏：用来选择运算类型，则复制的单元格中的公式或数值将会与粘贴单元格中的数值进行相应的运算。

◎“转置”复选框：选中该复选框后，当粘贴数据改变其位置时，复制区域顶端行的数据出现在粘贴区域左列处，左列数据则出现在粘贴区域的顶端行上，实现行列数据互换。

例如，将图 8-1-40 中第 35 行到第 37 行 5 列的单元格数据选中后，单击“剪贴板”组中的“复制”按钮，再单击选中“A39”单元格，调出“选择性粘贴”对话框，选中“转置”复选框，单击“确定”按钮，粘贴效果如图 8-1-40 所示。

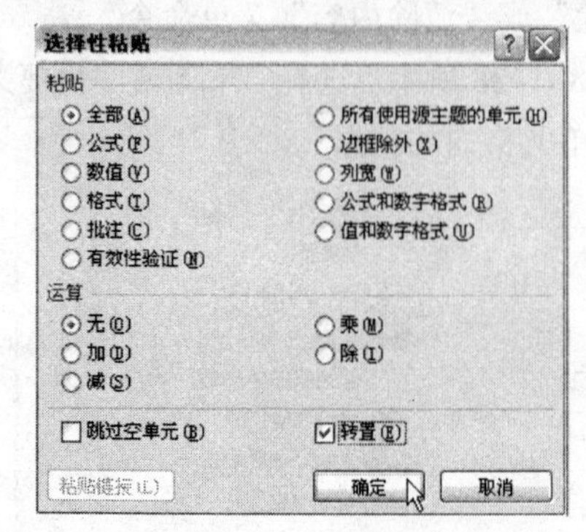

图 8-1-39 “选择性粘贴”对话框

35	星期一	星期二	星期三	星期四	星期五
36	数学	物理	语文	语文	外语
37	数学	物理	政治	生物	化学
38					
39	星期一	数学	数学		
40	星期二	物理	物理		
41	星期三	语文	政治		
42	星期四	语文	生物		
43	星期五	外语	化学		

图 8-1-40 “转置”粘贴效果

◎ “跳过空单元”复选框：选中该复选框后，在粘贴时可跳过空单元格，只粘贴有数据单元格数据。例如，将图 8-1-41 第 1 行 4 个单元格内的数据（第 2 个单元格内无数据）复制到剪贴板后，选中第 3 行第 1 个单元格，采用一般粘贴，效果如图 8-1-42 第 3 行所示；选中第 5 行第 1 个单元格，采用“跳过空单元”粘贴，效果如图 8-1-42 第 5 行所示。

注意：在使用“剪切”命令后，“选择性粘贴”命令无效，只能将用“复制”命令定义的数值、格式、公式或附注粘贴到当前区域的单元格中。在选择性粘贴时，粘贴区域可以是一个单元格、单元格区域或不相邻的选定区域。如果粘贴区域为一个单元格，则将此单元格用作粘贴区域的左上角，并将复制区域其余部分粘贴到此单元格下方和右方。如果粘贴区域是一个区域或不相邻的选定区域，则它必须能包含与复制区域有相同尺寸和形状的一个或多个长方形。

星期五		外语	化学
星期四	语文	生物	体育
星期四	语文	生物	体育

图 8-1-41　复制选中的单元格数据到剪贴板

星期五		外语	化学
星期五		外语	化学
星期五	语文	外语	化学

图 8-1-42　两种粘贴效果

思考练习 8-1

（1）参考本案例的制作方法和工作表特点，制作一个“学生档案”工作表。

（2）参考本案例的制作方法，制作一个“学生成绩”工作表，如图 8-1-43 所示。

	A	B	C	D	E	F	G	H	I	J	K	L
1	章寒梅2009年成绩统计											
2	班级	高1-1	学年	2009		学号	0001	姓名	章寒梅	性别	女	
3			第1学年期成绩						第2学年期成绩			
4	序号	学科	平时	期中	期末	学期	补考	平时	期中	期末	学期	补考
5	0001	数学	80	90	90			82	81	94		
6	0002	语文	85	95	80			95	82	89		
7	0003	外语	90	80	88			86	83	78		
8	0004	物理	95	85	78			78	84	90		
9	0005	化学	70	60	98			69	85	100		
10	0006	体育	75	65	76			86	86	86		
11	0007	生物	60	85	86			66	87	89		
12	0008	政治	65	90	80			88	88	90		
13		合计										
14		平均分										
15	平时系数		0.3		期中系数		0.3		期末系数		0.4	
16	学年成绩		0.0		学年评语							

图 8-1-43　格式化后的“章寒梅”工作表

8.2 【案例 27】美化“章寒梅”工作表

案例描述

打开上一节制作的“职工档案”工作簿内的“章寒梅”工作表，将其中一些单元格内的文字进行格式化设置，效果如图 8-2-1 所示。通过本案例的学习，读者可以掌握数据格式换方法。

章寒梅员工档案			
姓名	章寒梅	出生日期	1986年11月7日 星期五
民族	汉	政治面目	群众
年龄	25	联系电话	010-814772××
性别	女	手机号码	138016868××
籍贯	山东	E-mail	zhanghanmei@yahoo.com.cn
职称	助理工程师	Hotmail	zhanghanmei@hotmail.com
学历	本科学士	负责区域	北京、天津、唐山地区
家庭地址	北京市顺义馨港庄园6区18号楼6单元601室		

每年业绩							
序号	产品名称	2005年	2006年	2007年	2008年	2009年	2010年
1	G18-MP3	0	89	109	210	300	420
2	G85-MP4	0	0	65	89	123	260
3	M22-优盘	19	180	320	360	220	120
4	H19-移动硬盘	0	0	18	68	110	169
5	LG21-LED显示器	0	0	13	68	120	160
6	APPLE10-键盘	120	110	132	148	150	260
7	APPLE10-鼠标	150	178	200	210	250	260
8	ERR12-机箱	23	35	70	56	68	160
9	LG56-照相机	0	10	160	260	300	320
10	LH12-摄像机	0	0	67	89	120	260

图 8-2-1　格式化后的“章寒梅”工作表

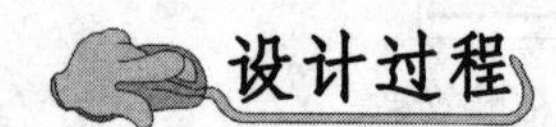

1. 设置字体格式

（1）打开“【案例 26】建立一个员工档案.xltx”工作簿。再以名称“【案例 28】美化章寒梅工作表.xltx”保存。选中文字“章寒梅员工档案”所在的合并后的单元格，切换到“开始”选项卡，单击“字体”组内的“字体颜色”按钮，调出“字体颜色”面板，如图 8-2-2 所示。单击该面板内的红色色块，设置单元格内的文字为红色。

（2）单击“填充颜色”按钮，调出“填充颜色”面板，它与图 8-2-2 所示基本一样。单击该面板内的黄色色块，设置单元格背景颜色为黄色。在“字体”下拉列表框内选择“华文楷体”，在“字号”下拉列表框内选择“20”，单击按下“加粗”按钮。

（3）选中“A2”单元格，设置该单元格内的文字颜色为蓝色、字体为“华文楷体”，字号为 14，加粗。单击按下“对齐方式”组内的“居中”按钮，使文字在单元格内居中。

（4）单击选中“B2”单元格，设置该单元格内的文字“章寒梅”的颜色为黑色、字体为“宋体”，字号为 12，使文字在单元格内居中。选中文字“章寒梅员工档案”所在的单元格，单击按下“剪贴板”内的“格式刷”按钮，再单击文字“每年业绩”所在的单元格，将文字“章寒梅员工档案”所在的单元格的格式复制到“每年业绩”所在的单元格。

（5）选中文字“姓名”所在的单元格，双击按下“剪贴板”内的“格式刷”按钮，再依次单击“民族”、“学历”、“籍贯”等文字所在的单元格，将文字“姓名”单元格的格式复制到这些单元格。

（6）选中文字“章寒梅”所在的单元格，双击按下“剪贴板”内的“格式刷”按钮，再依次单击“汉”、“25”、“女”等文字所在的单元格，将文字“章寒梅”所在的单元格的格式复制到这些单元格。设置字体格式后的效果如图 8-2-3 所示。

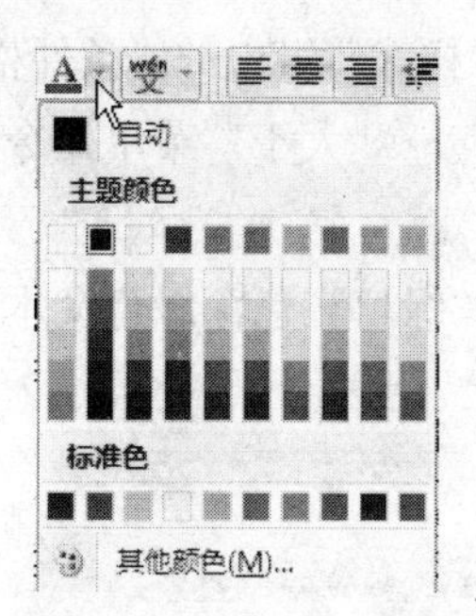

图 8-2-2　“字体颜色”面板

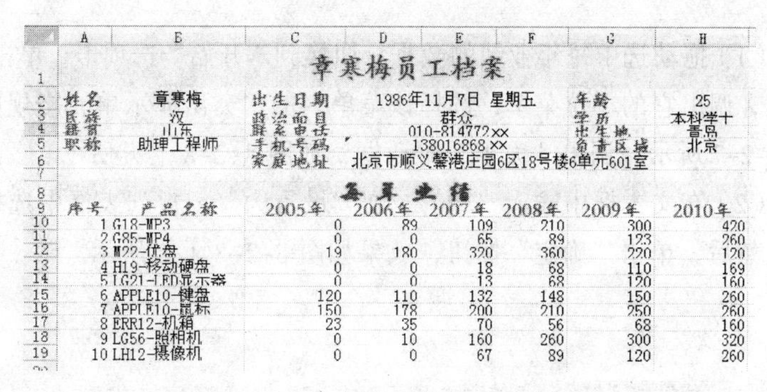

	A	B	C	D	E	F	G	H
1			章寒梅员工档案					
2	姓名	章寒梅	出生日期	1986年11月7日 星期五			年龄	25
3	民族	汉	政治面目	群众			学历	本科学士
4	籍贯	山东	联系电话	010-814772××			出生地	青岛
5	职称	助理工程师	手机号码	138016868××			负责区域	北京
6			家庭地址	北京市顺义馨港庄园6区18号楼6单元601室				
7								
8			每年业绩					
9	序号	产品名称	2005年	2006年	2007年	2008年	2009年	2010年
10	1	G18-MP3	0	89	109	210	300	420
11	2	G85-MP4	0	0	65	89	123	260
12	3	M22-优盘	19	180	320	360	220	120
13	4	H19-移动硬盘	0	0	18	68	110	169
14	5	LG21-LED显示器	0	0	13	68	120	160
15	6	APPLE10-键盘	120	110	132	148	150	260
16	7	APPLE10-鼠标	150	178	200	210	250	260
17	8	ERR12-机箱	23	35	70	56	68	160
18	9	LG56-照相机	0	10	160	260	300	320
19	10	LH12-摄像机	0	0	67	89	120	260

图 8-2-3　设置字体格式后的效果

2. 改变行高和列宽

在 Excel 2007 中，如果输入的文字超过了默认的单元格宽度时，则单元格中的内容就会溢出单元格。或者单元格的宽度太小，无法以规定的格式将数字显示出来时，单元格会用“#”号填满，此时只要将单元格的宽度加宽，就可使数字显示出来。单元格的行高一般会随着输入数据发生变化，不需要调整，但有些时候，如将文字倾斜了以后就需要调整行高。

改变选定区域的行高和列宽有两种方法：使用菜单命令或使用鼠标。

(1) 用菜单命令改变行高和列的方法：选中要改变行高（列宽）的单元格区域，切换到“开始”选项卡，单击“单元格”组内的“格式”按钮，调出它的菜单，该菜单内“单元格大小”部分如图 8-2-4 所示。选择“行高”菜单命令，可调出“行高”对话框，如图 8-2-5 所示，可以精确调整单元格的行高；选择“列宽”菜单命令，调出“列宽”对话框，如图 8-2-6 所示，可以精确调整单元格的列宽。然后，单击“确定”按钮。

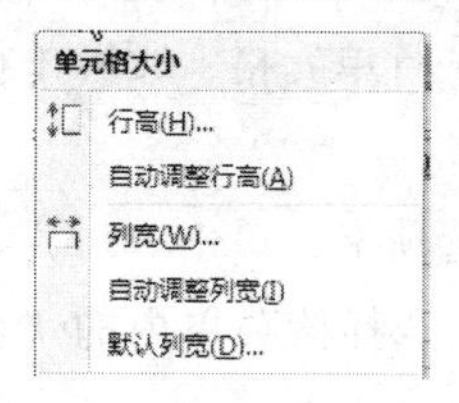

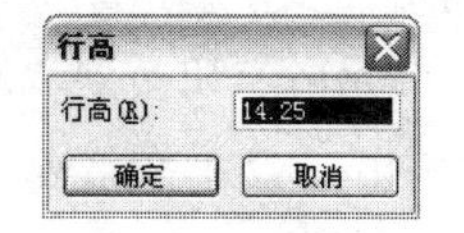

图 8-2-4　“格式”列表框　　图 8-2-5　“行高”对话框　　图 8-2-6　“列宽”对话框

注意：如果选择“格式”菜单中的“自动调整行高”或“自动调整列宽”菜单命令，则可将选定的行设置为最佳行高，将选定的列设置为最佳列宽，从而完全显示其中最大的字符。

(2) 使用鼠标改变行高和列宽：将鼠标指针移到要改变行高的工作表的行编号之间的格线上，当鼠标指针变成✛形状时，垂直拖动，将行高调整到需要的高度；双击行号底边框可以设置当前行的最佳行高，从而完全显示其中最大的字符。

将鼠标指针移到要改变列宽的工作表的列编号之间的格线上，当鼠标指针变成✛形状时，水平拖动，将列高调整到需要的宽度。双击列号右边框可以设置当前行的最佳列宽。

(3) 拖动选中所有输入内容的单元格，切换到“开始”选项卡，单击按下“对齐方式”组中的“居中”按钮☰，并单击按下“自动换行”按钮。

3. 条件格式化

利用条件格式化功能，可以将每年业绩中大于 290 的数据设置文字为深绿色，单元格填充色为浅绿色，是这些文字突出醒目。具体操作方法如下。

（1）拖动选中每年业绩的数据，切换到“开始”选项卡，单击“样式”组中的“条件格式”按钮，调出它的下拉菜单，选择该菜单内的“突出显示单元格规则”→“大于”菜单命令，如图 8-2-7 所示。调出“大于”对话框，如图 8-2-8 上方所示。

（2）在文本框中输入“290”，在“设置为”下拉列表框中选择“绿填充色深绿色文本”选项。然后，单击“确定”按钮，效果如图 8-2-8 下方所示。

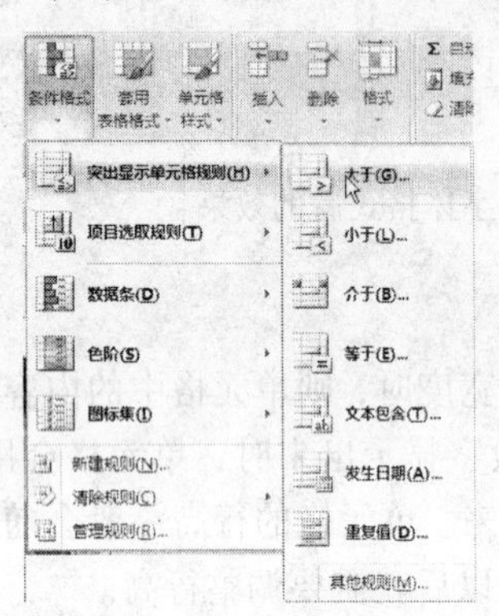

图 8-2-7 “突出显示单元格规则”菜单

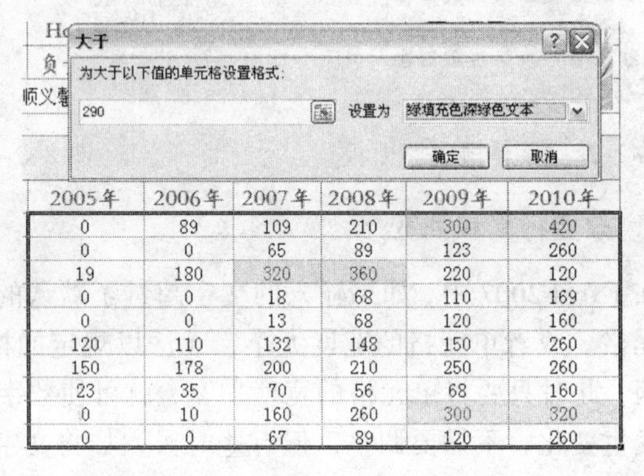

2005年	2006年	2007年	2008年	2009年	2010年
0	89	109	210	300	420
0	0	65	89	123	260
19	180	320	360	220	120
0	0	18	68	110	169
0	0	13	68	120	160
120	110	132	148	150	260
150	178	200	210	250	260
23	35	70	56	68	160
0	10	160	260	300	320
0	0	67	89	120	260

图 8-2-8 “大于”对话框和效果

4．编辑单元格数据

在档案信息中要补充性别、E-mail、Hotmail 和员工照片，因此需要将一些单元格中的数据移动位置，需要补充一些单元格数据。具体操作方法如下。

（1）选中第 1 行单元格，单击“单元格”组内的“插入”按钮，调出它的菜单，选择该菜单内的“插入工作表行”菜单命令，在原第 1 行单元格之上插入一行单元格，原第 1 行单元格变为第 2 行单元格，其他行的行号自动增加 1。

（2）选中第 1 行的“A1”到“I1”单元格，切换到“开始”选项卡，单击“对齐方式”组内的“合并后居中”按钮 合并后居中 ，调出“合并单元格”菜单，选择该菜单内的“合并后居中”菜单命令，将选中的单元格合并。

（3）选中第 7 行单元格，按照上述方法，在该行单元格之上增添 4 行单元格。

（4）选中第 1 列单元格，单击“单元格”组内的“插入”按钮，调出它的菜单，选择该菜单内的“插入工作表列”菜单命令，在原第 1 列单元格右边插入一列单元格，原第 1 列单元格变为第 2 列单元格，其他行的列号自动增加 1。

（5）选中第 1 列的“A1”到“A24”单元格，切换到“开始”选项卡，单击“对齐方式”组内的“合并后居中”按钮 合并后居中 ，调出“合并单元格”菜单，选择该菜单内的“合并后居中”菜单命令，将选中的单元格合并。

（6）拖动选中文字“籍贯”、“山东”、“职称”和“助理工程师”单元格，将鼠标指针移到边框上，当鼠标指针变为箭头形状时垂直向下拖动移动 2 行，即可将选中的文字垂直下移 2 行。

（7）按照上述方法，再移动文字“年龄”和“25”等数据。然后，再补充输入“性别”、“女”、“E-mail”和“Hotmail”等数据，如图 8-2-9 所示。

	A	B	C	D	E	F	G	H	I
1									
2		章寒梅员工档案							
3		姓名	章寒梅	出生日期	1986年11月7日 星期五				
4		民族	汉	政治面目	群众				
5		年龄	25	联系电话	010-81477278				
6		性别	女	手机号码	13801686899				
7		籍贯	山东	E-mail	zhanghanmei@yahoo.com.cn				
8		职称	助理工程师	Hotmail	zhanghanmei@hotmail.com				
9		学历	本科学士	负责区域	北京、天津、唐山地区				
10		家庭地址	北京市顺义馨港庄园6区18号楼6单元601室						

图 8-2-9　编辑单元格数据效果

（8）拖动选中“H2”单元格到“I10”单元格区域内的所有单元格，切换到“开始”选项卡，单击“对齐方式”组内的“合并后居中”按钮[合并后居中]，调出“合并单元格”菜单，选择该菜单内的“合并后居中”菜单命令，即可将选中的单元格合并为一个单元格。最后效果如图 8-2-9 所示。

5．插入图片

（1）切换到“插入”选项卡，单击“图片”按钮，调出如图 8-2-10 所示的“插入图片”对话框，在“查找范围”下拉列表中选择“素材”文件夹，单击选中“人物 1.jpg”图像文件。然后，单击“插入”按钮，关闭该对话框，插入选中的图片。

（2）选中插入的图片，调整它的大小，再将它移到右边的合并单元格内。

（3）如果需要裁切图像，可以单击选中插入的图片，切换到“图片工具”的“格式”选项卡，单击“大小”组内的“裁剪”按钮，进入裁切状态，此时选中图片的四周会出现如图 8-2-11 所示的 8 个控制柄，鼠标指针如▟状，拖动控制柄，可以裁切图片。裁切图片后，再单击“大小”组内的“裁剪”按钮，即可退出裁切状态。

图 8-2-10　“插入图片”对话框

图 8-2-11　“插入图片”后的效果

（4）按照上述方法，再插入“素材”文件夹内的“图标.gif”图像，调整它的大小，再将它移到第 2 行单元格内的左边。最后效果如图 8-2-12 所示。

6．设置单元格的边框和底纹

（1）取消网格线：工作表处于编辑状态时可以看见淡灰色的网格线，也可以不让这些网格线显示出来。切换到“视图”选项卡，单击“显示/隐藏”组内的“网格线”复选框，取消该项选取，如图 8-2-13 所示，即可取消网格线。

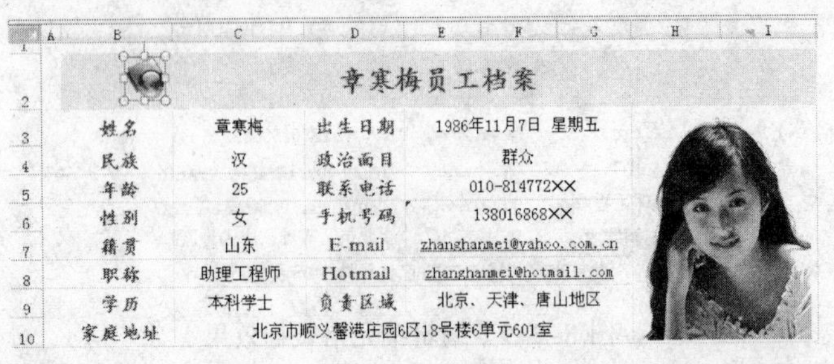

图 8-2-12　插入图片后的效果

（2）拖动选中整个表格，切换到“开始”选项卡，单击“字体”组中的“边框”按钮，调出“边框”菜单，如图 8-3-14 所示。选择该菜单内的“线条颜色”菜单命令，调出它的面板，单击该面板内的绿色色块，设置边框线条颜色为绿色。

（3）选择“边框”菜单中的“所有框线”菜单命令，给表格添加框线；选择“边框”菜单中的“粗匣框线”菜单命令，给表格添加粗的边框线。

（4）选择“边框”菜单中的“线型”菜单命令，调出它的面板，单击该面板内较粗的实线。此时鼠标指针呈铅笔状，沿着表格内第 2 行合并后的单元格的四边描绘，给第 2 行合并单元格添加较粗的绿色边框线；再沿着表格内第 12 行合并后的单元格的四边描绘，给第 12 行合并单元格添加较粗的绿色边框线.

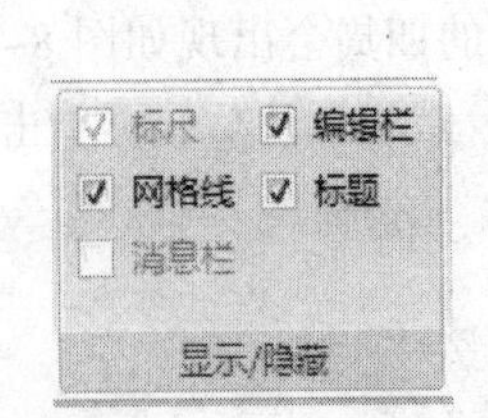

图 8-2-13　“显示/隐藏”组

图 8-2-14　“边框”菜单

（5）选择“边框”菜单中的“其他边框”菜单命令，调出“设置单元格格式”对话框的“边框”选项卡，如图 8-2-15 所示。利用该选项卡可以设置边框类型、线条样式和线条颜色。

相关知识

1. 设置数据的格式

在默认情况下，键入数值时，会查看该数值，并将该单元格适当地格式化，例如，当键入$6800 时，Excel 会将该单元格格式化成$6800，当键入 2/5 时，会显示 2 月 5 日，当键入 68%时，会认为是 0.68，并显示 68%。Excel 2007 认为适当的格式，不一定是正确的格式，例如：在单元格输入日期后，若再输入数

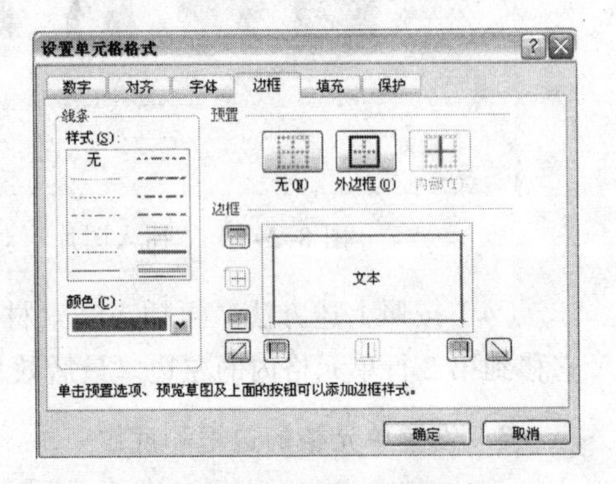

图 8-2-15　“边框”选项卡

字，Excel2007 会将数字以日期表示。设置数据格式的方法如下。

（1）使用菜单命令设置数据格式：选中要设置数据格式的单元格或一个区域，单击“数字”组、“字体”组或“对齐方式”对话框启动器按钮，均可以调出“设置单元格格式”对话框，只是切换的选项卡不同。切换到“数字”选项卡，在“分类”列表框中选中“数值”选项，如图 8-2-16 所示。在“分类”列表框中根据需要选择需要设置的选项，在其右边的列表框中进行相应的设置，然后单击“确定”按钮，即可完成单元格数据格式的设置。

（2）使用“数字”组命令按钮设置数据格式：切换到“开始”选项卡，在“数字”组上有 5 个数字格式工具按钮，分别是“货币样式”按钮、“百分比样式”按钮、“千位分隔样式”按钮、“增加小数位数”按钮和“减少小数位数”按钮。其中“货币样式”按钮和“百分比样式”按钮的作用与在“设置单元格格式”对话框中单击“货币”和“百分比”选项的作用基本相同，后 3 个按钮都是“数值”选项中的设置。

进行数字格式设置时，先选中要进行设置的单元格，再单击按下相应的按钮。

（3）负数的显示格式：在 Excel 2007 中，负数可以有多种显示格式，例如可以设置正数用黑色显示，负数用红字表示。具体操作方法如下所述。

选中要设置数据格式的区域，调出“设置单元格格式”对话框的“数字”选项卡，在“分类”列表内选中“数值”选项，如图 8-2-16 所示。在“负数”列表中选中第 3 种格式，在“小数位数”数字框内选择 2 后，单击“确定”按钮完成设置，此时在单元格内输入“-9861”后显示不变；在“负数”列表中选中第 3 种格式，在“小数位数”数字框内选择 2 后，单击“确定”按钮完成设置，此时在单元格内输入“-9861”后显示红色“(8961.00)”。

（4）设置字体格式：在 Excel 2007 中，字体的特殊效果有下画线、删除线、上标和下标 4 种。其中，下画线有多种下画线，设置下画线的方法如下所述。

选中要设置下画线的单元格，调出“设置单元格格式”对话框的“字体”选项卡，在“下画线”下拉列表框中选择一种下画线，如图 8-2-17 所示。选择下画线以后，在“预览”窗口可以显示下画线的形式。然后，单击“确定”按钮，完成字体下画线设置。另外，利用“字体”选项卡还可以设置字体、字形、字号、字颜和特殊效果等格式。

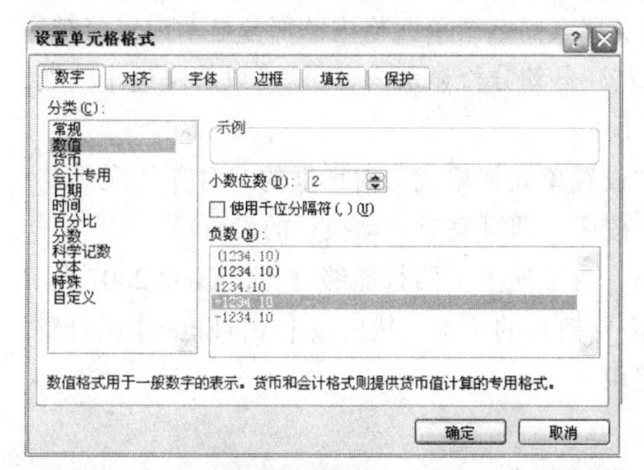

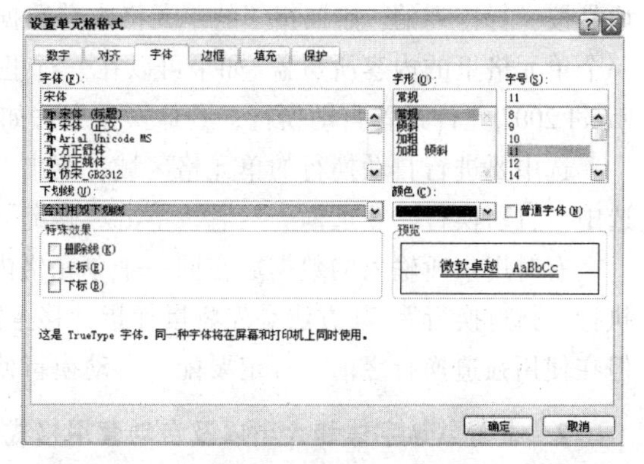

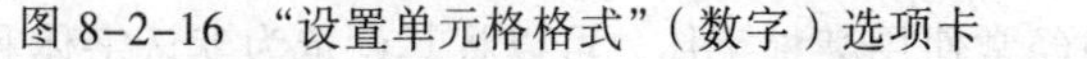
图 8-2-16 “设置单元格格式”（数字）选项卡　　图 8-2-17 “设置单元格格式”（字体）选项卡

（5）文字的旋转：可以对单元格中的内容进行任意角度的旋转。操作方法如下。

选定要旋转的文字所在的单元格区域，调出“设置单元格格式”对话框的“对齐”选项卡，在“方向”框中拖动红色控制柄到达目标角度，如图 8-2-18 所示。如果要精确设定可以在“方向”数字框中输入或选择度数。然后单击“确定”按钮，完成单元格设置。

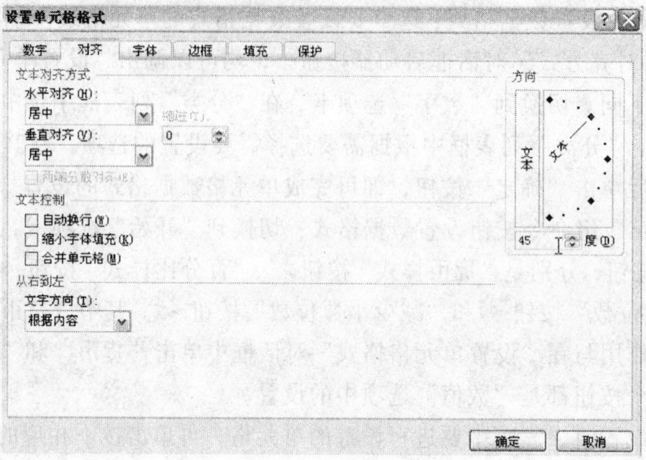

图 8-2-18 “设置单元格格式”（对齐）选项卡

注意，若单元格高度不够，则单元格数据不会全部显示，调整单元格高度即可解决此问题。

（6）设置数据的对齐方式：Excel 2007 除了提供基本的水平对齐方式和垂直对齐方式，还提供了任意角度的对齐方式。具体方法如下。

◎ 调出“设置单元格格式”对话框的“对齐”选项卡，如图 8-2-18 所示。在“水平对齐”下拉列表框中选择“居中”，可以将选中的单个单元格内的文字在该单元格内居中。

◎ 选中“合并单元格”复选框，可以将选中的多个单元格合并。如果同时在“水平对齐”下拉列表框中选择“居中”，则可以在合并的单元格内使文字居中。

◎ 在“水平对齐”列表框中选择一种对齐方式，可以使文字在水平方向按照设置对齐。

◎ 在“垂直对齐”列表框中选择一种对齐方式，可以使文字在垂直方向按照设置对齐。

设置完后，单击“确定”按钮，即可看到对其效果。

（7）文字的自动换行：一般情况下，在一个单元格中输入文字时，无论输入的数量多少，均是按一行排列的。如果相邻的单元格内有数据，那么前一个单元格内的部分显示内容将被后一个单元格里的内容所覆盖。如果可以在一行里允许自动分行显示内容，就可以解决这个问题。Excel 2007 允许设置自动换行，具体操作方法如下。

选中要进行自动换行的单元格区域，调出“设置单元格格式”对话框的“对齐”选项卡，选中“自动换行”复选框。然后，单击“确定”按钮，即可完成自动换行的设置。

有时用户所输入的数据放在同一个单元格内，为了使上下两行能够对齐，Excel 2007 允许执行“强迫换行”，其方法是先将鼠标指针移至需要换行的位置，然后按【Alt+Enter】组合键。但在使用强迫换行之前，一定要配合自动换行使用。

2. 设置默认字体和大小以及自动套用格式

（1）设置默认字体和大小：如果在工作中经常使用某种字体，可以将其设定为默认字体和大小，在以后的输入中，文本会以默认值来设置输入的文字。其具体操作步骤如下所述。

◎ 单击“Office”按钮，调出它的菜单，单击该菜单内的“Excel 选项”按钮，调出“Excel 选项”对话框，如图 8-1-17 所示。

◎ 在“新建工作薄时”栏中，在“使用的字体”下拉列表框中选择需要的字体。

◎ 在“字号”下拉列表框中字体的大小。

◎ 单击“确定”按钮，完成设置。

（2）套用表格格式：选中要格式化的单元格区域，切换到“开始”选项卡，单击“样式”组中的“套用表格格式”按钮，调出它的列表框，在该列表框内可以选择 Excel 2007 内置的表格格式，即可将选中的内置表格格式应用于选中的单元格区域。

（3）套用单元格格式：选中要格式化的单元格区域，切换到“开始”选项卡，单击“样式”组中的“套用单元格样式”按钮，调出它的列表框，在该列表框内可以选择 Excel 2007 内置的单元格样式，并将该样式应用于选中的单元格区域。

3. 条件格式化工作表

在某些工作表进行格式化操作时，希望对不同条件的数据设置不同的格式，这时就要用到条件格式化操作。

（1）条件格式化的方法：选中要进行条件格式化的所有单元格，切换到“开始”选项卡，单击“样式”组中的“条件格式”按钮，调出它的菜单，如图 8-2-7 所示。

（2）将鼠标指针移到“突出显示单元格规则”菜单命令之上，显示它的下一级菜单。选择其内的菜单命令，可以调出相应的对话框，根据规则，在相应的文本框和下拉列表框输入值，用来设置不同的条件。

选择图 8-2-7 所示菜单内的“突出显示单元格规则”→“其他规则”菜单命令，可以调出“新建格式规则”对话框，如图 8-2-19 所示，利用该对话框可以新建格式规则。在“选择规则类型”列表框内选择不同选项，“编辑规则说明”栏内显示的内容会不一样。可以用来更改每个条件的运算符、数值、公式或格式，修改完后单击“确定”按钮就可完成条件格式的设置或修改。

（3）将鼠标指针移到“项目选取规则”菜单命令之上，显示它的下一级菜单，如图 8-2-20 所示。选择其内的菜单命令，可以调出相应的对话框，用来设置不同的条件。选择“其他规则”菜单命令，也可以调出“新建格式规则”对话框，如图 8-2-19 所示。

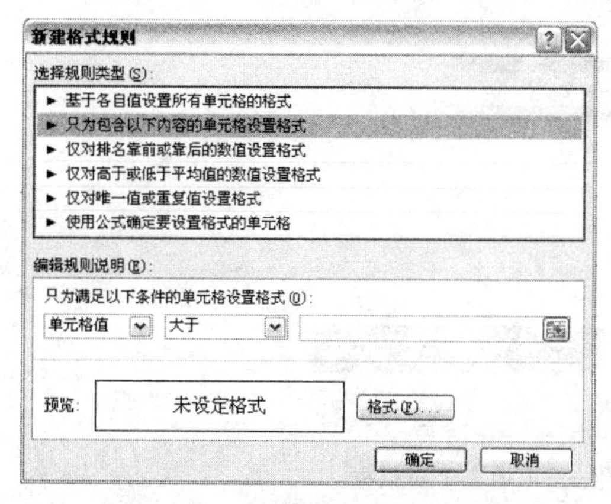

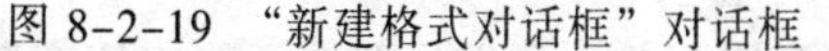
图 8-2-19　“新建格式对话框”对话框

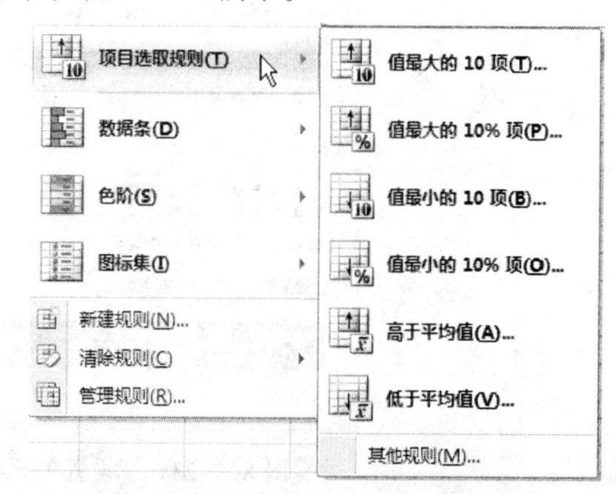

图 8-2-20　“项目选取规则”菜单

（4）选择图 8-2-20 所示“项目选取规则”菜单中的“新建规则”菜单命令，调出“新建格式规则”对话框，如图 8-2-21 所示，利用该对话框可以创建新的条件规则。

（5）修改条件格式：选择如图 8-2-20 所示“项目选取规则”菜单中的“管理规则”菜单命令，调出“条件格式规则管理器”对话框，如图 8-2-22 所示，单击该对话框内的“新建规则”按钮，也可以调出如图 8-2-21 所示的“新建格式规则”对话框。单击该对话框内的“编辑规则”按钮，可以调出“编辑格式规则”对话框，它与图 8-2-22 所示对话框基本一样。

（6）删除条件格式：选中含有要删除条件格式的单元格，选择图 8-2-20 所示“项目选取规则”菜单中的“清除规则”菜单命令，调出它的菜单，选择它的菜单命令，可删除相应条件格式。

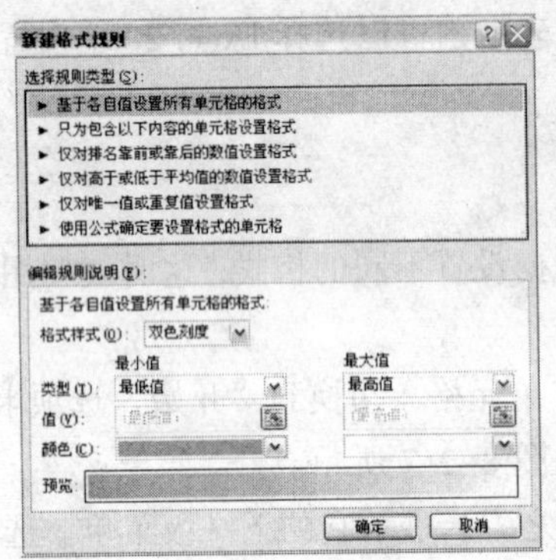

图 8-2-21 “新建格式规则”对话框

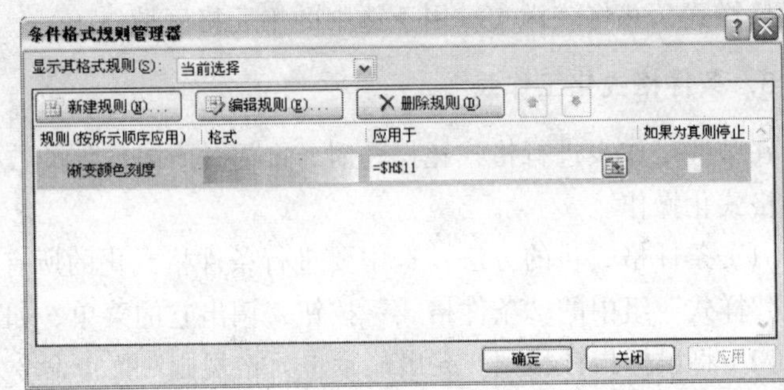

图 8-2-22 “条件格式规划管理器”对话框

4．设置单元格的边框和填充

工作表在默认情况下是没有任何表格线的，显示网格线是编辑状态下的网格线，在输出工作表时就不存在这些线，如果要让表格添加边框线，可进行下面的操作。

（1）使用“设置单元格格式”对话框：选中要添加框线的单元格区域，切换到单击“开始”选项卡，单击“字体”组中的对话框启动器按钮，调出“设置单元格格式”对话框，单击“边框”选项卡，如图 8-2-15 所示。在该对话框中可以设置单元格边框的颜色和样式等。

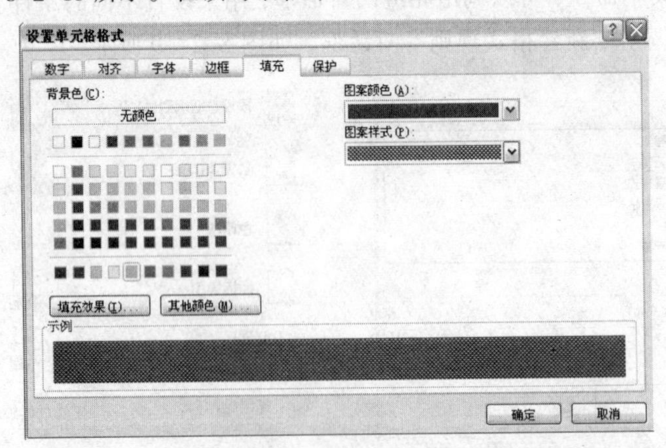

图 8-2-23 “设置单元格格式”（填充）对话框

切换到“填充”选项卡，如图 8-2-23 所示。利用该对话框，可以设置单元格内填充颜色、填充图案和图案颜色。

（2）使用“字体”组的命令按钮：选中要添加框线的单元格区域，切换到“开始”选项卡，单击“字体”组内的“边框”按钮 ▾，调出它的菜单，利用该菜单设置边框属性。

默认情况下，单元格既无颜色也无图案，可以根据需要为单元格设置不同的颜色和底纹。

单击“填充颜色”按钮 ▾旁的下拉按钮，调出“填充颜色”面板，利用该面板可以设置单元格填充颜色。单击该面板内的“无填充颜色”按钮，可恢复无填充色状态。

5．插入对象

（1）在表工作表中可以插入图像、艺术字和 SmartArt 图形，Excel 2007 还提供了一套绘图工具，可以进行一些简单图形的制作。插入和编辑图像、艺术字和 SmartArt 图形，以及绘制和编辑图形的操作方法与 Word 中的相应操作方法基本相同。

（2）可以将图片作为工作表的背景。切换到“页面布局”选项卡，单击“页面设置”组中的“背景”按钮，调出“工作表背景”对话框，利用该对话框可以选择一幅图像作为表格的背景图片。单击“页面设置”组内的“删除工作表背景”按钮，可取消背景图片。

思考练习 8-2

（1）参考本案例的制作方法和工作表特点，加工“学生档案”工作表。

（2）参考本案例的制作方法，加工“学生成绩”工作表，制作出一个“学生成绩统计”工作簿内的“章寒梅 2009 成绩统计”工作表，如图 8-2-24 所示。

章寒梅2009年成绩统计										
班级	高1-1	学年	2009		学号	0001	姓名	章寒梅	性别	女
		第1学年期成绩					第2学年期成绩			
序号	学科	平时	期中	期末	学期	补考	平时	期中	期末	学期	补考
0001	数学	80	90	90			82	81	94		
0002	语文	85	95	80			95	82	89		
0003	外语	90	80	88			86	83	78		
0004	物理	95	85	78			78	84	90		
0005	化学	70	60	98			69	85	100		
0006	体育	75	65	76			86	86	86		
0007	生物	60	85	86			66	87	89		
0008	政治	65	90	80			88	88	90		
	合计										
	平均分										
平时系数		0.3		期中系数		0.3		期末系数		0.4	
学年成绩		0.0		学年评语							

图 8-2-24　“学生档案”工作簿内的“章寒梅”工作表

8.3 【案例 28】员工档案

案例描述

“员工档案”案例是在本章前两个案例制作的“章寒梅”工作表的基础之上，完成“职工档案”工作簿的制作，该工作簿除了有“章寒梅”工作表外，还有“郝红莲”、“张伦”、“张晓蕾”和“沈昕”4 个工作表，这 5 个工作表的表格结构和格式完全一样，只是填写的内容不一样，例如，“沈昕”工作表如图 8-3-1 所示。通过本案例的学习，读者可以掌握工作表的复制，工作表和工作簿的基本操作。

沈昕员工档案

姓名	沈昕	出生日期	1977年10月11日 星期二
民族	汉	政治面目	群众
年龄	33	联系电话	010-814776××
性别	女	手机号码	138016868××
籍贯	湖北	E-mail	shenxin@yahoo.com.cn
职称	工程师	Hotmail	shenxin@hotmail.com
学历	本科学士	负责区域	上海、江浙地区
家庭地址	北京市天鹅湾2号楼1单元101		

每年业绩

序号	产品名称	2005年	2006年	2007年	2008年	2009年	2010年
1	G18-MP3	0	110	109	210	360	220
2	G85-MP4	0	0	65	89	123	260
3	M22-优盘	19	280	120	180	220	220
4	H19-移动硬盘	0	0	291	68	110	169
5	LG21-LED显示器	0	0	130	68	320	160
6	APPLE10-键盘	100	110	132	148	150	260
7	APPLE10-鼠标	90	178	200	310	250	260
8	ERR12-机箱	23	335	70	56	68	260
9	LG56-照相机	0	10	160	260	300	320
10	LH12-摄像机	0	0	67	89	120	360

图 8-3-1 “沈昕”工作表

设计过程

1. 复制工作表

（1）单击“Office”按钮，调出它的菜单，选择该菜单内的“打开”菜单命令，调出“打开”对话框，利用该对话框打开“【案例 27】美化章寒梅工作表.xltx”工作薄。再以名称“【案例 28】员工档案.xltx”保存。

（2）单击 Excel 2007 工作界面内左下角的“章寒梅”工作表标签，选中“章寒梅”工作表。

（3）切换到“开始”选项卡，单击“单元格”组内的“格式”按钮，调出“格式”菜单，如图 8-3-2 所示，选择该菜单内“组织工作表”栏中的“移动或复制工作表”菜单命令，调出“移动或复制工作表”对话框，如图 8-3-3 所示。

（4）在“工作簿”列表框中选择当前工作簿为目标工作簿，在“下列选定工作表之前”列表框中选中“章寒梅”选项，选中“建立副本”复选框，单击“确定”按钮，即可复制一份“章寒梅”工作表，名称为“章寒梅（2）”。

（5）按照相同方法，再复制 3 个“章寒梅”工作表。它们的名称分别是“章寒梅（3）”、“章寒梅（4）”和“章寒梅（5）”。

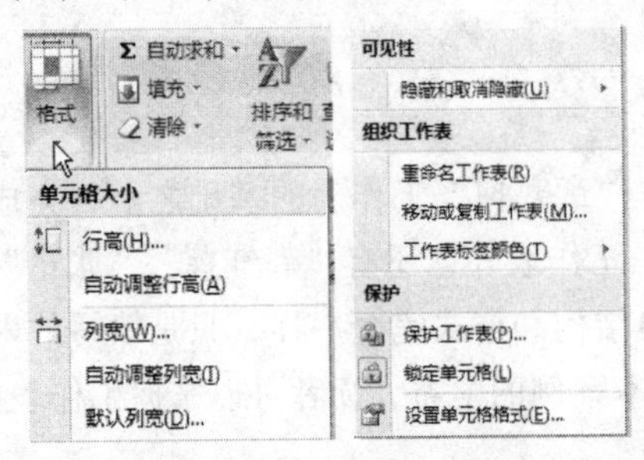

图 8-3-2 “格式”菜单

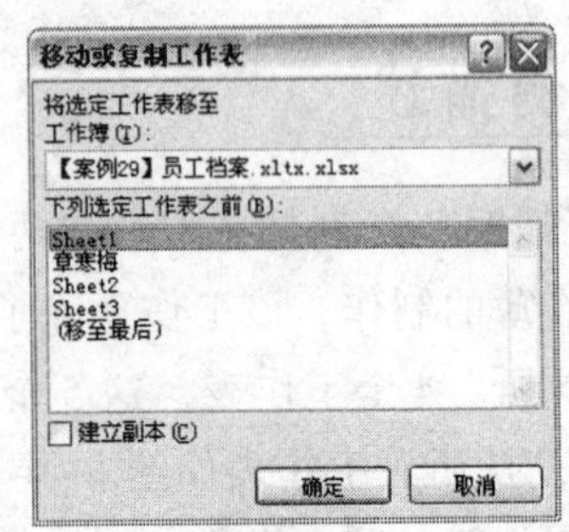

图 8-3-3 “移动或复制工作表”对话框

2. 删除工作表

常用的删除工作表的方法有以下两种。

（1）右击 Excel 2007 工作界面内左下角的“Sheet1”工作表标签，调出它的快捷菜单，选择该菜单内的“删除”菜单命令。

（2）单击选中“Sheet2”工作表标签，切换到“开始”选项卡，单击“单元格”组内的“删除”按钮，调出它的快捷菜单，单击该菜单内的“删除工作表”菜单命令。

3. 重命名工作表

（1）双击“章寒梅（2）”工作表标签，进入工作表名称的编辑状态，此时工作表标签反白显示，输入工作表的新名称“郝红莲”，按【Enter】键即可更名。

（2）选中“章寒梅（3）”工作表标签，切换到“开始”选项卡，单击“单元格”组内的“格式”按钮，调出它的快捷菜单，选择该菜单内的“重命名工作表”菜单命令，进入工作表名称的编辑状态，即可输入工作表的新名称“张伦”。

（3）采用上边任意一种方法，将其他两个工作表的名称分别改为“张晓蕾”和“沈昕”。

4. 移动工作表

（1）水平向左拖动“沈昕”工作表标签，即可移动“沈昕”工作表标签，调整它的位置。

（2）选中“张晓蕾”工作表标签，切换到“开始”选项卡，单击“单元格”组内的“格式”按钮，调出“格式”快捷菜单，选择该菜单内的“移动或复制工作表”菜单命令，调出“移动或复制工作表”对话框，如图 8-3-3 所示。

（3）在“工作簿”列表框中选择当前工作簿为目标工作簿，在“下列选定工作表之前”列表框中选择“移到最后”选项，不选中“建立副本”复选框，单击“确定”按钮，即可将“张晓蕾”工作表移到最右边。

（4）采用上边任意一种方法，将其他 3 个工作表的位置进行调整，使它们的次序从左到右为“章寒梅”、“沈昕”、“郝红莲”、“张伦”和“张晓蕾”。

5. 改变工作表标签颜色

Excel 允许为工作表标签填充颜色，为工作表标签填充颜色的操作方法如下所述。

（1）选中要更改颜色的工作表标签，例如选中“章寒梅”工作表标签。

（2）切换到“开始”选项卡，单击“单元格”组内的“格式”按钮，调出它的快捷菜单，选择该菜单内的“工作表标签颜色”菜单命令，调出它的面板，单击该面板的一种色块。

6. 修改每个工作表中的数据

（1）单击“沈昕”工作表的标签，切换到“沈昕”工作表，此时它与“章寒梅”工作表完全一样，将表中两处的“章寒梅”文字改为“沈昕”，将原“章寒梅”照片图片删除，再插入“沈昕”照片图片。

（2）修改工作表内的档案文字和每年业绩数据。在修改每年业绩数据时，单元格填充色会自动根据单元格内的数值是否大于 290 而自动调整。

（3）按照上述方法，修改“郝红莲”、“张伦”和“张晓蕾”工作表内的照片图片和相应的文字。

7. 向多个工作表中同时输入数据

当选中一个工作表时，所有的操作都是对这个工作表进行的。当需要在一个工作簿中的多个工作表中输入许多相同数据时，可以同时向多个工作表中输入数据，具体操作方法如下。

（1）按住【Ctrl】键，单击要输入相同数据的工作表标签，选中多个工作表，这些选中的工作表组成工作组，之后输入的数据会同时输入到一个工作表组中的所有工作表中。此处，按住【Ctrl】键，单击所有工作表标签，选中所有工作表。

（2）选中需要输入相同数据的单元格，输入数据或修改数据。此处，选中原表格下边一行第2列单元格“B24”，输入序号11；选中第3列单元格“C24”，输入序号“华硕LH-1890”。然后，拖动选中整个表格，切换到“开始”选项卡，单击“字体”组中的“边框”按钮，调出“边框”菜单，利用该菜单设置线条颜色为绿色，给表格添加所有框线，给表格外框添加粗的边框线。

（3）取消工作表组：不需要再组成工作组时，可以单击任意一个工作表标签，以取消多个工作表组成的工作组。取消工作表的一种方法是用右击某工作表，调出它的快捷菜单，选择该菜单内的“取消成组工作表”菜单命令。

此时，观察其他工作表，都增加了前面增添的数据和修改的内容。

8. 锁定单元格

（1）按住【Ctrl】键，单击“章寒梅”工作表标签，再单击其他工作表标签，选中所有工作表，选中的工作表自动组成一个工作表组，当前工作表是“章寒梅”工作表。以后对“章寒梅”工作表的任何修改，工作表组内其他工作表也会有相应的改变。

（2）单击选中第2行文字“章寒梅员工当案”所在的单元格。

（3）切换到“开始”选项卡，单击“单元格”组内的“格式”按钮，调出它的快捷菜单，单击按下该菜单内的“锁定单元格”菜单选项，将“章寒梅”工作表内文字“章寒梅员工档案”所在的单元格，以及其他工作表相应的单元格锁定，使其内的文字不能够被修改。但是要使它起作用，必须保护工作表。

9. 保护工作表和撤销保护工作表

（1）单击任意一个工作表标签，取消工作表组。

（2）单击“单元格”组内的“格式”按钮，调出它的快捷菜单，选择该菜单内的“保护工作表”菜单命令，调出“保护工作表”对话框，如图8-3-4所示。

（3）在文本框内输入密码“123456”，单击“确定”按钮，调出“确认密码”对话框，在其文本框内输入密码“123456”，如图8-3-5所示。单击“确定”按钮，关闭“确认密码”对话框和“保护工作表”对话框，完成保护工作表的任务。

（4）以后再试图修改锁定单元格内的数据时，会弹出一个提示框，禁止修改，提示如何撤销保护工作表。

（5）撤销保护工作表：单击“单元格”组内的“格式”按钮，调出它的快捷菜单，选择该菜单内的“撤销保护工作表”菜单命令，调出“撤销保护工作表”对话框，如图8-3-6所示。在“密码”文本框内输入密码“123456”，单击“确定”按钮，即可撤销保护工作表。此时，可以修改锁定单元格内的数据。

（6）单击“Office”按钮，调出它的菜单，选择该菜单内的“保存”菜单命令。

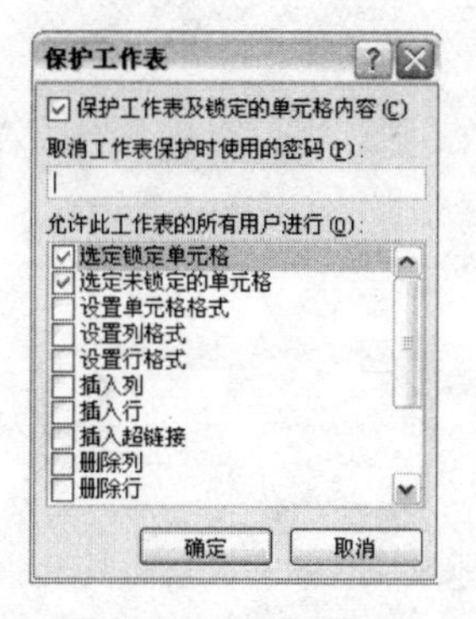

图 8-3-4 “保护工作表”对话框

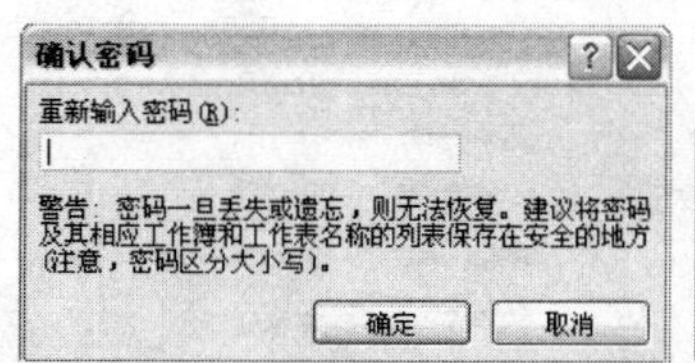

图 8-3-5 “确认密码”对话框

图 8-3-6 “确认密码”对话框

相关知识

1. 在工作表间切换

在一个工作簿中可以有多个工作表，如果一个工作簿是一本记账簿，则一个工作表就是记账簿中一张账页。Excel 2007 中的所有工作都是在工作表中进行的。默认情况下所建立的工作簿有 3 个工作表，打开时所显示的是第一张工作表“Sheet1”。如果要使用其他工作表，就要进行工作表的切换。而且在一个新的工作簿中所有的工作表都以“Sheet1”、“Sheet2” …来命名，这样使用起来可能会感到很不方便，可以通过为工作表更名，使其意义更明确。

正在使用的工作表为当前工作表，工作表标签为白底，如果切换到其他工作表，一般可以使用以下几种方法。

（1）单击要选择的工作表的工作表标签名称，即可选中该工作表。

（2）按【Ctrl+PageUp】组合键，可以切换到当前工作表的上一张工作表。

（3）按【Ctrl+PageDown】组合键，可以切换到当前工作表的下一张工作表。

（4）在工作表标签左侧有 4 个滚动按钮，单击▶切换到下一张工作表、单击◀切换到上一张工作表、单击▶|切换到最后一张工作表、单击|◀切换到第一张工作表。

（5）当一个工作薄中的工作表比较多时，可以将鼠标指针指向工作表分隔条，当光标变为⇹形状时，拖动鼠标即可改变分隔条的位置，以便显示更多的工作表标签。

2. 改变工作表的默认个数

可以通过对系统的设置，改变新建工作簿中工作表的数量，具体操作方法如下所述。

（1）单击“Office”按钮，调出它的菜单，单击该菜单内的“Excel 选项”按钮，调出“Excel 选项”对话框，选择左边列表中的“常用”选项，切换到“常用”选项卡，如图 8-3-7 所示。

（2）在“包含的工作表数”下拉列表框内输入或选择工作表的个数，例如“6”。

（3）单击“Excel 选项”对话框内的“确定”按钮，即可完成设置。

进行了修改以后，这时如果再建立新的工作簿，则新工作簿中的工作表个数就是 6 个。

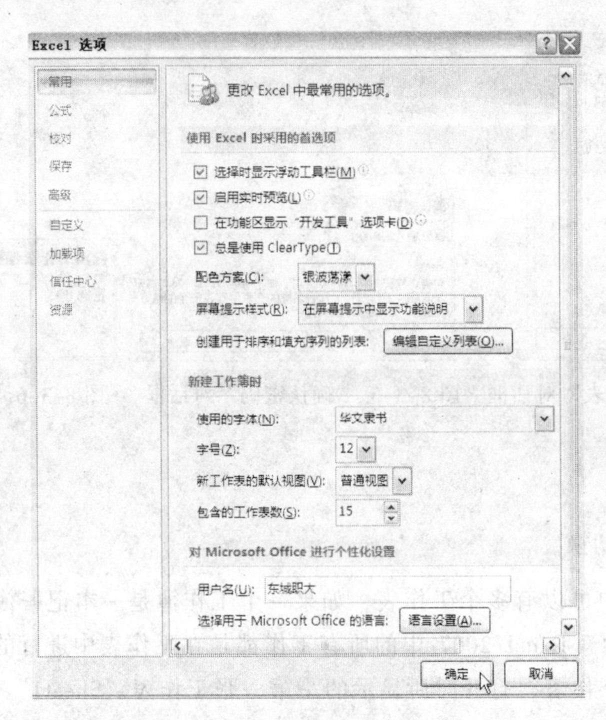

图 8-3-7 “Excel 选项”对话框

3. 插入工作表

如果当前使用的工作簿中的工作表的数量不够，则可以通过插入工作表来改变工作表的数量。方法如下所述。

（1）使用插入工作表按钮：单击工作表标签，选中该工作表，使该工作表成为当前工作表，例如“Sheet1”，如图 8-3-8 所示。单击“插入工作表”按钮，一张新工作表被插入到工作簿最后，工作表的名称序号依次排列，新插入的工作表变成了当前活动工作表，如图 8-3-9 所示。

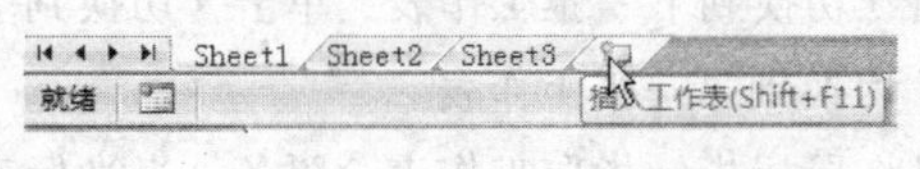

图 8-3-8 单击“插入工作表”按钮

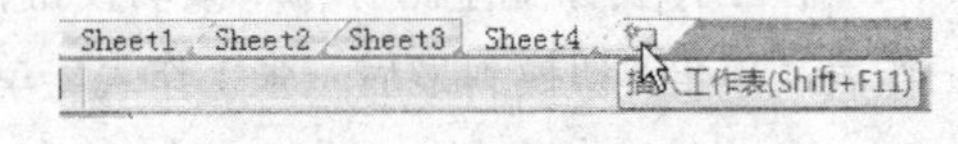

图 8-3-9 插入新的工作表

（2）使用快捷菜单命令插入工作表：单击工作表标签，选中该工作表。右击当前工作表标签，调出它的快捷菜单，如图 8-3-10 所示，选择该菜单内的“插入”菜单命令，调出“插入”对话框，如图 8-3-11 所示。选择“常用”选项卡，单击选中“工作表”图标，单击“确定”按钮，即可在工作簿中插入一个新的工作表，并为当前工作表。如果要插入多张工作表，可以在完成了一次插入工作表的操作以后，按【F4】键（重复操作）来插入多张工作表。

4. 移动和复制工作表

（1）在工作簿中移动和复制工作表：具体操作步骤如下所述。

◎ 选中要移动的工作表标签。

◎ 沿着标签行水平拖动选中的工作表到达新的位置。

◎ 松开鼠标键即可将工作表移动到新的位置。

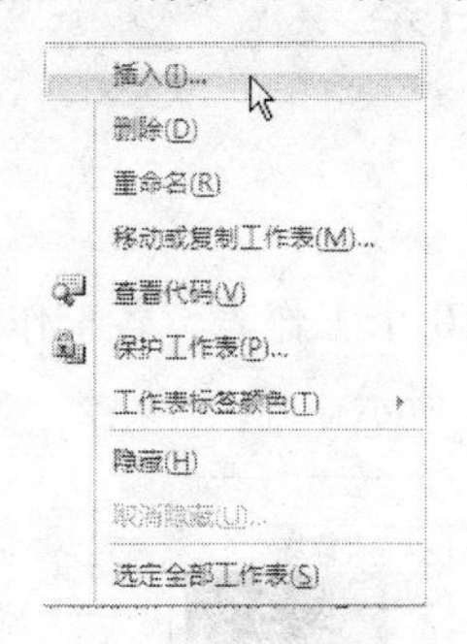

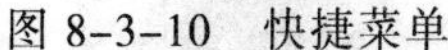

图 8-3-10　快捷菜单

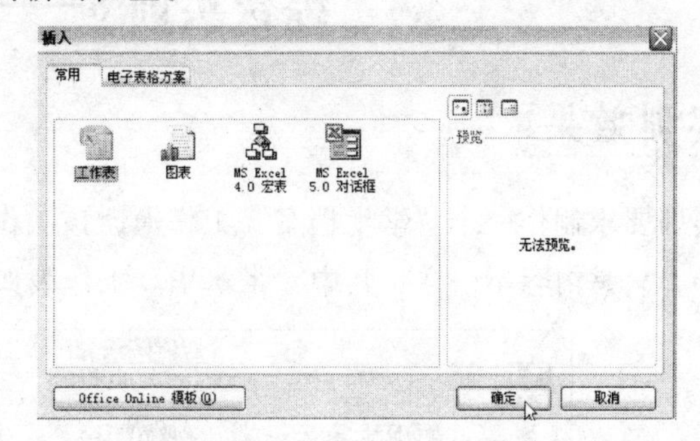

图 8-3-11　“插入”对话框

注意： 在拖动过程中的鼠标指针为形状，并且屏幕上出现了一个黑色三角形▼，用来指示工作表将要插入的位置，如图 8-3-12 的所示。

如果在拖动工作表时按下【Ctrl】键，则会复制工作表，在拖动过程中的鼠标指针为形状，屏幕上会出现一个黑色的三角形▼，来指示工作表要被插入的位置，该张工作表的名字以“原工作表的名字”加“(2)”命名，如图 8-3-13 所示。使用该方法相当于插入一张含有数据的新表。

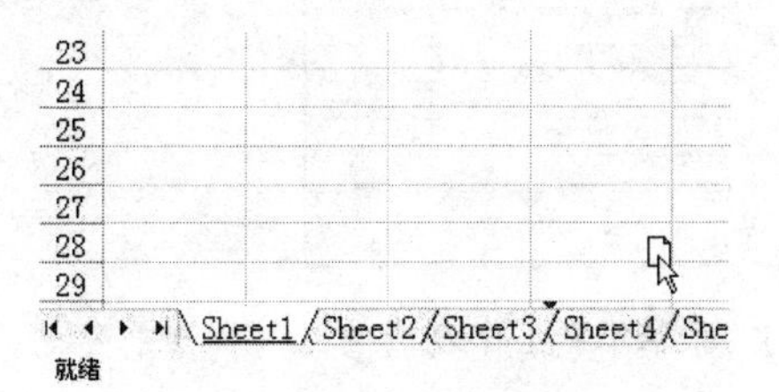

图 8-3-12　移动工作表

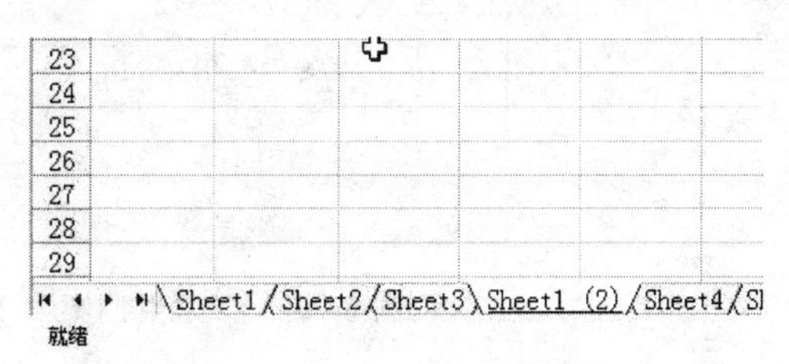

图 8-3-13　复制的工作表

(2) 将工作表移动或复制到另外一张工作簿：具体操作步骤如下所述。

◎ 在原工作簿中选定要移动的工作表标签。

◎ 在当前工作表标签上右击，调出快捷菜单，如图 8-3-9 所示，选择“移动或复制工作表”菜单命令，调出“移动或复制工作表”对话框，如图 8-3-3 所示。

◎ 在“工作簿”列表框中选择将选定工作表移至的目标工作簿。在“下列选定工作表之前”列表框中选择将选定工作表移至哪个工作表之前。

如果这一步中的目标工作簿为当前工作簿，则会在本工作簿中复制或移动。

◎ 单击“确定”按钮。

如果在移至的目标工作簿中含有相同的工作表名，则移动过去的工作表的名字会改变。

思考练习 8-3

(1) 参考本案例的制作方法和工作簿特点，加工“学生档案”工作簿。

(2) 参考本案例的制作方法和工作簿特点，加工“学生成绩”工作簿。

8.4 综合实训8——学生档案

实训效果

本实训要求制作一个“学生档案”工作簿，该工作簿内有10个工作表，各工作表的结构完全一样，只是内容不一样。其中“张翠华”工作表如图8-4-1所示。

信息工程学院成人部学生档案

姓名	性别	出生日期		民族	像片
张翠花	女	25096		汉	
身份证号		政治面目	年龄	籍贯	
110102196809151012		群众	39	上海	
家庭地址		电子邮件			
北京市朝阳门大街八号楼5-801		wangmeng2010@yahoo.com.cn			
家庭电话		手机			
010-67890235		13801265890			

各学期成绩

序号	课程名称	第1学期	第2学期	第3学期	第4学期	第5学期	第6学期
1	高等数学	98					
2	政治经济学	35					
3	计算机基础		90				
4	程序设计基础		89				
5	大学英语			93			
6	多媒体程序设计		68				
7	图像处理			70			
8	Flash动画设计				56		
9	成本管理				78		
10	大学语文			67			
11	网页设计					88	
12	数据库						90
13	毕业论文						85

图8-4-1 “学生档案”工作簿内的“张翠华”工作表

实训提示

按照本章的操作步骤依次进行操作，尽量多地使用本章介绍的有关知识。

实训测评

能力分类	能力	评分
职业能力	启动Excel 2007，了解Excel 2007界面	
	选中单元格和单元格区域，在单元格内输入和编辑数据	
	设置单元格内数据的格式，条件格式化工作表	
	单元格的基本操作，插入和编辑图像等对象，以及绘制图形	
	工作表基本操作，向多个工作表中同时输入数据	
	锁定单元格，保护工作表和撤销保护工作表，工作表基本操作	
通用能力	自学能力、总结能力、合作能力、创造能力等	
能力综合评价		

第 9 章 Excel 2007 公式和函数应用

本章通过创建和编辑“学生成绩统计表”、“职工工资表”和“职工档案”工作簿，介绍利用公式、函数和二维数组计算工作表中单元格内数据的方法，介绍自动计算的应用等。

9.1 【案例 29】学生成绩统计表

案例描述

本案例制作一个“学生成绩统计”工作簿内的“章寒梅 2009 年成绩统计”工作表，如图 9-1-1 所示。其中，学期成绩、合计成绩、平均成绩、学年成绩都是通过公式计算出来的；“合计”和“平均分”文字所在单元格右边的 4 个单元格内的数据是通过公式计算出来的；“学期成绩”和“学期评语”文字所在单元格右边单元格内的数据也是通过公式计算出了的。通过本案例的学习，读者可以掌握输入公式的方法，定义和应用单元格名称的方法，显示公式和追踪引用单元格的方法等。

章寒梅2009年成绩统计											
班级	高1-1	学年	2009		学号	0001	姓名	章寒梅	性别	女	
		第1学年期成绩					第2学年期成绩				
序号	学科	平时	期中	期末	学期	补考	平时	期中	期末	学期	补考
0001	数学	80	90	90	87.0		82	81	94	86.5	
0002	语文	85	95	80	86.0		95	82	89	88.7	
0003	外语	90	80	88	86.2		86	83	78	81.9	
0004	物理	95	85	78	85.2		78	84	90	84.6	
0005	化学	70	60	98	78.2		69	85	100	86.2	
0006	体育	75	65	76	72.4		86	86	86	86.0	
0007	生物	60	85	86	77.9		66	87	89	81.5	
0008	政治	65	90	80	78.5		88	88	90	88.8	
	合计	620	650	676	651.4		650	676	716	684.2	
	平均分	77.5	81.3	84.5	81.4		81.3	84.5	89.5	85.5	
平时系数		0.3		期中系数		0.3		期末系数		0.4	
学年成绩		83.5		学年评语		良					

图 9-1-1 “章寒梅 2009 年成绩统计”工作表

设计过程

1. 输入公式

（1）启动 Excel 2007，单击“Office”按钮，调出它的菜单，选择该菜单内的“新建”菜单命令，调出“新建工作簿”对话框，单击该对话框内的“创建”按钮，新建一个工作簿。再以名称“【案例 30】学生成绩统计表 1.xltx”保存。

（2）按照图 9-1-2 所示“章寒梅 2009 年成绩统计”工作表，输入该工作表的基本数据。工作表内的文字“学期”单元格下边的 8 个单元格内的数据是通过公式计算出来的；“合计”和“平均分”单元格右边的 4 个单元格内的数据是通过公式计算出来的；“学期成绩”和“学期评语”单元格右边单元格内的数据也是通过公式计算出来的。此处还没有进行计算。

章寒梅2009年成绩统计											
班级	高1-1	学年	2009		学号	0001	姓名	章寒梅	性别	女	
		第1学年期成绩					第2学年期成绩				
序号	学科	平时	期中	期末	学期	补考	平时	期中	期末	学期	补考
0001	数学	80	90	90			82	81	94		
0002	语文	85	95	80			95	82	89		
0003	外语	90	80	88			86	83	78		
0004	物理	95	85	78			78	84	90		
0005	化学	70	60	98			69	85	100		
0006	体育	75	65	76			86	86	86		
0007	生物	60	85	86			66	87	89		
0008	政治	65	90	80			88	88	90		
	合计										
	平均分										
平时系数		0.3		期中系数		0.3		期末系数		0.4	
学年成绩		0.0		学年评语							

图 9-1-2 “章寒梅成绩统计”工作表

（3）选中“G7”单元格，输入公式“=D7*D$18+E7*H$18+F7*L$18”，按【Enter】键。公式中的“=”是必需的，“$”表示绝对引用，“D$18”是单元格的绝对地址，它不随活动单元格发生变化。

（4）如果单元格内显示的是公式而不是公式的计算结果，则切换到“公式”选项卡，单击“公式审核”组内的“显示公式”按钮，使该按钮呈凸起状态。

（5）选中“G7”单元格，向下拖动填充柄，将公式复制到下面的 7 个单元格中，从而得到每个学科的学期成绩，效果如图 9-1-1 所示。单击选中“G8”单元格，可以看到其中复制的公式“=D8*D$18+E8*H$18+F8*L$18”。对比“G7”单元格内公式，单元格的相对地址发生了变化，“D7”变为“D8”，“E7”变为“E8”，“F7”变为“F8”；而单元格的绝对地址“D$18”、“H$18”和“L$18”没有改变。

（6）选中“L7”单元格，再输入公式“=I7*D$18+J7*H$18+K7*L$18”，然后按【Enter】键。选中“G7”单元格，向下拖动填充柄，将公式复制到下面的 7 个单元格中，从而得到每个学科的学期成绩，效果如图 9-1-1 所示。

（7）选中“D15”单元格，输入公式“D7+D8+D9+D10+D11+D12+D13+D14”，按【Enter】键。

（8）选中“D15”单元格，向右拖动填充柄，到“F15”单元格，将公式复制到右边的 2 个单元格内，从而得到各种成绩的合计，效果如图 9-1-1 所示。

（9）选中“I15”单元格，再输入公式“=SUM(I7:I14)”，然后按【Enter】键。选中“I15”单元格，向右拖动填充柄，到“K15”单元格，将公式复制到右边的 2 个单元格内，从而得到各种成绩的合计，效果如图 9-1-1 所示。

（10）选中“D16”单元格，再输入公式“D15/8”，然后按【Enter】键。

（11）选中“D16”单元格，向右拖动填充柄，到“F16”单元格，将公式复制到右边的 2 个单元格内，从而得到各种成绩的合计，效果如图 9-1-1 所示。

（12）选中“I16”单元格，再输入公式“= AVERAGE (I7:I14)”，然后按【Enter】键。选中“I16”单元格，向右拖动填充柄，到“K16”单元格，将公式复制到右边的 2 个单元格内，从而得到各种成绩的平均值，效果如图 9-1-1 所示。

（13）选中“D19”单元格，再输入公式“=(G16+L16)/2”，然后按【Enter】键。

（14）右击“G7”单元格，调出它的快捷菜单，选择该菜单内的“设置单元格格式”菜单命令，调出“设置单元格格式”对话框，切换到“数字”选项卡。在该对话框内的“小数位数”数字框内选择“1”数值，表示保留小数点后一位。

（15）选中“G7”单元格，单击按下“剪贴板”内的“格式刷”按钮 格式刷，再依次单击其内是公式的单元格，使这些单元格的格式与“G7”单元格的格式一样。

2. 定义和应用单元格名称

下面采用另一种方法计算学期成绩。具体操作方法如下。

（1）将工作簿保存，再以名称“【案例 30】学生成绩统计表 2.xltx”保存。然后，将“G7:G14”单元格区域和将“L7:L14”单元格区域内的公式删除。

（2）选中“G7:G14”单元格区域，切换到“公式”选项卡，单击“定义的名称”组中的“定义名称”按钮，调出“定义名称”菜单，如图 9-1-3 所示。选择“定义名称”菜单内的“定义名称”菜单命令，调出“新建名称”对话框，如图 9-1-4 所示。

图 9-1-3 “定义名称”菜单

（3）在“名称”文本框中，输入“学期成绩 1”，在“范围”列表框中选择“工作簿”选项，单击“确定”按钮，即可将“G7:G14”单元格区域的名称定义为“学期成绩 1”。

（4）将“D7:D14”单元格区域的名称定义为“平时 1”，将“E7:E14”单元格区域的名称定义为“期中 1”，将“F7:F14”单元格区域的名称定义为“期末 1”；将“I7:I14”单元格区域的名称定义为“平时 2”，将“J7:J14”单元格区域的名称定义为“平时 2”，将“K7:K14”单元格区域的名称定义为“期中 2”，将“L7：L14”单元格区域的名称定义为“期末 2”。

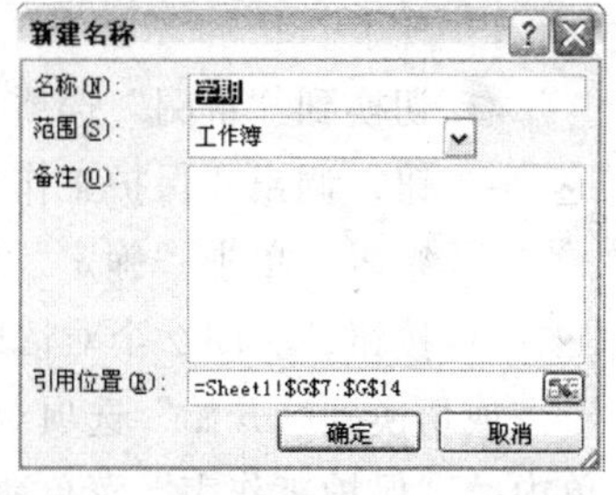

图 9-1-4 “新建名称”对话框

（5）选中“G7”单元格，切换到“公式”选项卡，单击“定义的名称”组中的“用于公式”按钮，调出“用于公式”菜单，单击该菜单内的“平时 1”菜单命令，在“G7”单元格内输入“=期中 1”。接着，输入“*D$18+期中 1 *H$18+期末 1*L$18”。此时“G7”单元格内的公式是“=平时 1*D$18+期中 1 *H$18+期末 1*L$18”。按【Enter】键，效果如图 9-1-1 所示。

（6）选中“L7”单元格，“=平时 2*D$18+期中 2 *H$18+期末 2*L$18”。按【Enter】键，效果如图 9-1-1 所示。

（7）选中“G7”单元格，向下拖动填充柄，将公式复制到下面的 7 个单元格中，选中“L7”单元格，向下拖动填充柄，将公式复制到下面的 7 个单元格中，效果如图 9-1-1 所示。

3. 显示公式和隐藏公式

（1）显示公式：图 9-1-1 所示的“章寒梅 2009 年成绩统计”工作表内的单元格中显示的

不是公式本身，而是由公式计算的结果，公式则显示在编辑栏的输入框中。如果要在单元格中显示输入的公式，如图 9-1-5 所示（部分内容），可以统一采用以下两种方法中的任一种方法。

◎ 使用命令按钮：切换到“公式”选项卡，单击按下“公式审核”组中的“显示公式”按钮，效果如图 9-1-1 所示（部分内容）。

◎ 使用键盘显示公式：按【Ctrl+`】组合键，就可以在显示结果和显示公式之间切换。

	第1学年期成绩				
序号	学科	平时	期中	期末	学期
0001	数学	80	90	90	=平时1*D$18+期中1 *H$18+期末1*L$18
0002	语文	85	95	80	=平时1*D$18+期中1 *H$18+期末1*L$18
0003	外语	90	80	88	=平时1*D$18+期中1 *H$18+期末1*L$18
0004	物理	95	85	78	=平时1*D$18+期中1 *H$18+期末1*L$18
0005	化学	70	60	98	=平时1*D$18+期中1 *H$18+期末1*L$18
0006	体育	75	65	76	=平时1*D$18+期中1 *H$18+期末1*L$18
0007	生物	60	85	86	=平时1*D$18+期中1 *H$18+期末1*L$18
0008	政治	65	90	80	=平时1*D$18+期中1 *H$18+期末1*L$18
	合计	=SUM(D7:D14)	=SUM(E7:E14)	=SUM(F7:F14)	=SUM(G7:G14)
	平均分	=AVERAGE(D7:D14)	=AVERAGE(E7:E14)	=AVERAGE(F7:F14)	=AVERAGE(G7:G14)

图 9-1-5 显示公式的效果

（2）隐藏公式：在一个工作簿文件中，有时不希望别人看到使用的计算公式。这时，可以通过将公式隐藏起来达到保密的目的。一个隐藏公式的单元格，在选中此单元格时，公式不会出现在编辑栏中。隐藏公式的具体操作步骤如下所述。

◎ 选中要隐藏公式的单元格区域，切换到“开始”选项卡，单击“单元格”组内的“格式”按钮，调出它的菜单，选择该菜单内的“设置单元格格式”菜单命令，调出“设置单元格格式”对话框中，切换到“保护”选项卡，如图 9-1-6 所示。

◎ 选中“隐藏”复选框，单击“确定”按钮。上述操作完成后公式就不会在编辑栏中出现了。

◎ 切换到“审阅”选项卡，单击“更改”组中（如图 9-1-7 所示）的“保护工作表”按钮，调出“保护工作表”对话框，在“取消工作表保护时使用的密码”文本框中输入密码，单击“确定”按钮，调出“确认密码”对话框，重新输入密码，单击“确定”按钮，关闭 2 个对话框。

或切换到“开始”选项卡，单击“单元格”组内的“格式”按钮，调出其菜单，选择该菜单内的“保护工作表”菜单命令，调出“保护工作表”对话框。以后操作与上面所述一样。

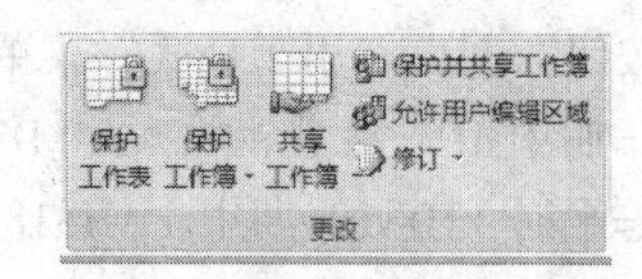

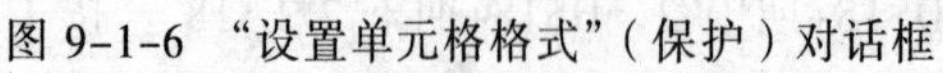

图 9-1-6 “设置单元格格式”（保护）对话框　　图 9-1-7 “更改”组内的命令按钮

（3）取消隐藏公式：切换到“开始”选项卡，单击“单元格”组内的“格式”按钮，调出它的菜单，选择该菜单内的“撤销工作表保护”菜单命令，调出“撤销工作表保护”对话框，。输入密码后，单击“确定”按钮。

或者切换到“审阅”选项卡，单击“更改”组中的“撤销工作表保护”按钮命令，调出“撤销工作表保护”对话框。输入密码后，单击“确定”按钮。

4．追踪引用单元格

追踪引用单元格就是用连线方式，显示单元格内公式引用了那些单元格数据。举例如下。

（1）选中“G7”单元格。

（2）切换到“公式”选项卡，单击“公式审核”组中的追踪引用单元格”按钮，则显示出一组箭头，指示出当前单元格内公式引用了的单元格，如图 9-1-8 所示。

章寒梅2009年成绩统计											
班级	高1-1	学年	2009		学号	0001	姓名	章寒梅	性别	女	
		第1学年期成绩					第2学年期成绩				
序号	学科	平时	期中	期末	学期	补考	平时	期中	期末	学期	补考
0001	数学	80	90	90	87.0		82	81	94	86.5	
0002	语文	85	95	80	86.0		95	82	89	88.7	
0003	外语	90	80	88	86.2		86	83	78	81.9	
0004	物理	95	85	78	85.2		78	84	90	84.6	
0005	化学	70	60	98	78.2		69	85	100	86.2	
0006	体育	75	65	76	72.4		86	86	86	86.0	
0007	生物	60	85	86	77.9		66	87	89	81.5	
0008	政治	65	90	80	78.5		88	88	90	88.8	
	合计	620	650	676	651.4		650	676	716	684.2	
	平均分	77.5	81.3	84.5	81.4		81.3	84.5	89.5	85.5	
平时系数		0.3		期中系数		0.3		期末系数		0.4	
学年成绩		83.5		学年评语							

图 9-1-8 追踪引用单元格

5．添加学年评语

（1）选中“H19”单元格。

（2）输入公式“=IF(D19>=85,"优",IF(D19>=75,"良",IF(D19>=60,"中","差")))”。

在公式中，如果“D19”单元格内的分数大于或等于 85，则在“H19”单元格内显示“优”，否则继续判断；如果“D19”单元格内的分数大于或等于 75，则在“H19”单元格内显示“良”，否则继续判断；如果“D19”单元格内的分数大于或等于 60，则在“H19”单元格内显示“中”，否则显示“差”。公式中的“IF”函数将在下一节更详细介绍。

（3）按【Enter】键，即可在“H19”单元格内显示相应的评语。

相关知识

1．给单元格命名

（1）给单元格命名的基本原则：单元格或单元格区域命名的基本原则如下所述。

◎ 有效字符：名称的第一个字符必须是字母、下画线，其他的字符可以是字母、数字、句号、下画线，名称不可以和引用位置相同。

◎ 分隔符号：在名称中不能使用空格作为分隔符号。可以使用句号“.”或下画线“_”。

◎ 长度：Excel 2007 规定每一个名称的长度不能超过 256 个字符。

◎ 大小写：名称内可以使用大小写字母，在读取公式中的名称时，并不区分大小写。

xyz_10、aq_1、abc.1、R1 等是正确的命名，而 ABC 1 则是错误的。

（2）定义单元格的操作步骤如下。

◎ 选中需要命名的单元格区域，切换到“公式”选项卡，单击“定义的名称”组中的“定义名称”按钮，调出它的菜单，选择该菜单内的“定义名称”菜单命令，调出“新建名称”对话框，如图 9–1–4 所示。

◎ 在“名称”文本框中输入定义的名称，在“范围”列表框中选择“工作薄”，在“引用位置”文本框中是单元格地址，可以修改。然后，单击“确定”按钮，完成单元格命名。

◎ 如果还有其他单元格或单元格区域要命名，单击“引用位置”文本框右侧选择区域按钮，这时“定义名称”对话框变为“定义名称–引用位置”文本框。单击要命名的单元格或单元格区域，这时所选择的区域被一虚线框所包围，如图 9–1–9 所示。

◎ 这时所选单元格的位置已经出现在“引用位置”文本框中，按【Enter】键或单击按钮，会调出“新建名称”对话框，在“在当前工作表中的名称”文本框中输入要定义的名称，单击“确定”按钮，就可以将所选的单元格命名。

（3）使用名称查找单元格或单元格区域：具体操作步骤如下所述。

◎ 单击编辑栏中“名称框”右边的向下按钮，打开名称列表框，如图 9–1–10 所示。

◎ 单击需要的名称。

◎ 选择需要的名称后，则名称所代表的单元格区域呈选中状态，如图 9–1–10。

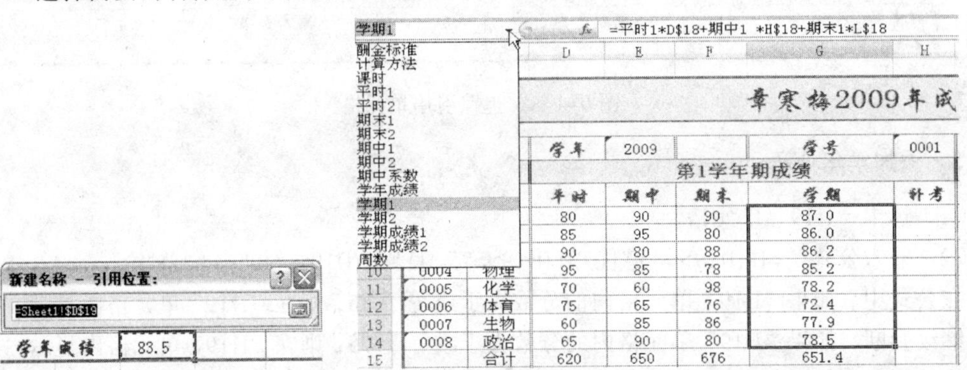

图 9–1–9 “新建名称—引用位置”文本框　　　　图 9–1–10 查找指定名称的单元格区域

2. 输入公式

公式是对单元格中的数据进行计算的等式，可以使用公式完成从最简单的计算到复杂的财务统计、工程预算等功能，还可以使用公式进行文本比较等。使用公式有助于分析工作表中的数据。公式可以用来执行各种运算，例如，加法、乘法或者比较工作表数值等。公式可以包括运算符、单元格引用位置、数值、工作表函数和名称等元素。输入公式有如下方法。

（1）直接输入公式：在单元格中直接输入公式的具体操作步骤如下所述。

◎ 选中要输入公式的单元格，如“H4”单元格，输入“=”，表示开始输入公式。

◎ 输入包含要计算的单元格地址以及相应的操作符。

◎ 按【Enter】键或单击“编辑栏”中的“输入”按钮，即可完成输入。

完成输入后，通常在单元格中显示的是公式计算的结果，其公式内容显示在编辑栏中。

（2）选择单元格地址输入公式：在直接输入公式时要输入单元格地址，这样很容易出错，可以通过选择单元格地址的方法输入公式来解决这个问题，具体的操作步骤如下所述。

◎ 选中要输入公式的单元格，输入“=”，表示开始输入公式。

◎ 单击要在公式中输入的单元格地址，“编辑栏”中会显示该单元格地址，此时单元格周围出现虚线框。然后，输入运算符和公式中的数字，再单击要在公式中输入的单元格地址。如此继续，直至输入完整个公式。

◎ 按【Enter】键或单击“编辑栏”中的“输入”按钮 ✓ 就可完成输入。

（3）公式中的运算符：公式中的数据放在单元格中，以运算符号连接各数据之间的关系，所以运算符号在公式中占有非常重要的地位，在 Excel 中除了有一般的加、减等运算符以外，还有一些其他运算符。对公式中的元素进行运算时要用到的运算符如下。

◎ 算术运算符：它们是+（加）、-（减）、*（乘）、/（除）、%（百分比）、^（乘方）

◎ 比较运算符：它们是=（等于）、>（大于）、<（小于）、>=（大于等于）、<=（小于等于）和“<>”（不等于）。按系统内部的设置比较两个数值，返回逻辑值“TRUE”或“FALSE”。

◎ 文本运算符：文本运算符只有一个“&”。它将两个或多个文本连接为一个文本。

◎ 引用运算符：引用是对工作表的一个或多个单元格进行标识，以告诉公式在运算时应该引用的单元格。引用运算符包括：区域、联合和交叉，分别以“:”、“,”和空格表示。

（4）运算顺序：当有多个运算符参加运算时，Excel 按照下面的顺序进行运算：引用运算符（区域、联合、交叉）、负号（—）、百分比（%）、乘方（^）、乘（*）和除（/）、加（+）和减（-）、连接运算符（&）、比较运算符（=、<、>、>=、<=、<>）。

如果在公式中同时包含了多个相同优先级的运算符，Excel 将按照从左到右按顺序进行计算，如果要更改运算的次序，就要使用“( )”把需要优先运算的部分括起来。

3. 其他命名和命名操作

（1）数值和公式的命名：常用到的公式和数值也可以命名，以便以后使用。方法如下。

◎ 在一个单元格内输入公式或数值，将单元格移到正式表格之外。

◎ 切换到“公式”选项卡，单击“定义的名称”组中的“定义名称”按钮，调出它的菜单，选择该菜单内的“定义名称”菜单命令，调出“新建名称”对话框。

◎ 在“名称”文本框内输入公式的名称，例如“公式 1”。然后，单击“确定”按钮。

例如，图 9-1-11 所示工作表内定义了“B3”单元格内的公式名称为“公式 1”，选中“D3”单元格，其内输入公式“=公式 1*2”。切换到“公式”选项卡，单击按下“公式审核”组中的“显示公式”按钮，效果如图 9-1-12 所示。

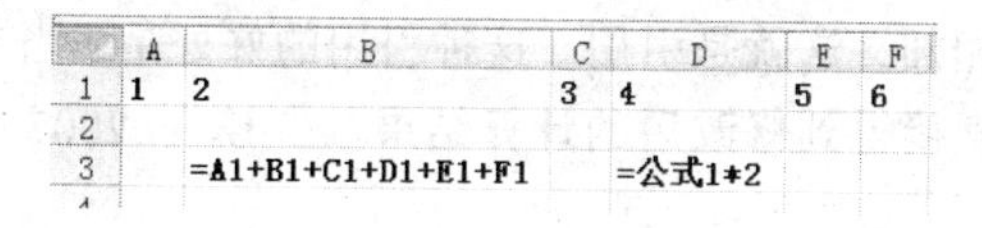

	A	B	C	D	E	F
1	1	2	3	4	5	6
2						
3		=A1+B1+C1+D1+E1+F1		=公式1*2		

图 9-1-11　显示公式

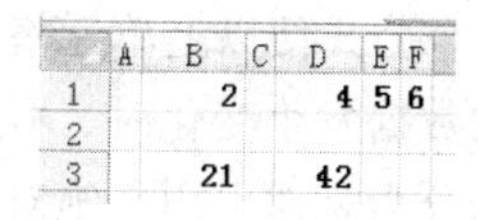

	A	B	C	D	E	F
1		2		4	5	6
2						
3		21		42		

图 9-1-12　显示计算结果

（2）自动命名：可以利用工作表上的文字标记为工作表上的单元格区域自动命名，而且一次可以为许多单元格区域命名。为单元格区域自动命名的步骤如下所述。

◎ 选中要命名的单元格区域，这个区域要包括用作区域名称的文字标记。

◎ 切换到“公式”选项卡，单击“定义的名称”组中的“根据所选内容创建”按钮，调出“已选定区域创建名称”对话框，如图 9-1-13 所示。

◎ 选择其中的复选框，以确定名称，再单击“确定”按钮。

（3）删除命名：切换到“公式”选项卡，单击“定义的名称”组中的“名称管理管理器”按钮，调出“名称管理管理器”对话框，如图 9-1-14 所示。然后，选中要删除的名称，再单击“删除”按钮，即可将选中的删除。

（4）粘贴名称：当在工作表中命名了比较多的名称，为了方便用户的使用，Excel 提供了粘贴名称的功能，操作方法如下所述。

◎ 选中一个空单元格。

以选定区域创建名称
以下列选定区域的值创建名称:
首行(T)
最左列(L)
末行(B)
最右列(R)
确定
取消

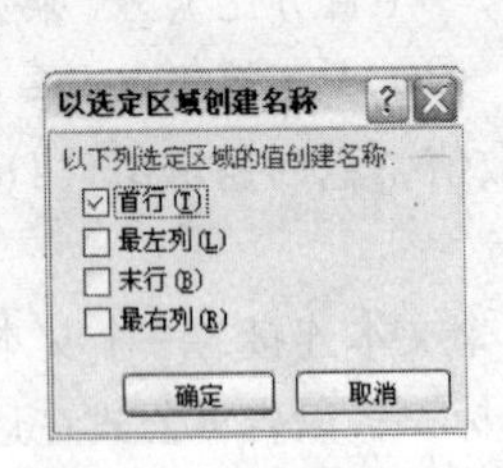

图 9-1-13 “以选定区域创建名称”对话框

名称管理器
新建(N)...
编辑(E)...
删除(D)
筛选(F)
名称
数值
引用位置
范围
备注
公式1
21
=Sheet1!$B$3
工作薄
公式2
21
=Sheet1!$B$3
工作薄
数学
{"89";"68"...
=Sheet1!$G...
工作薄
引用位置(R):
=Sheet1!$B$3
关闭

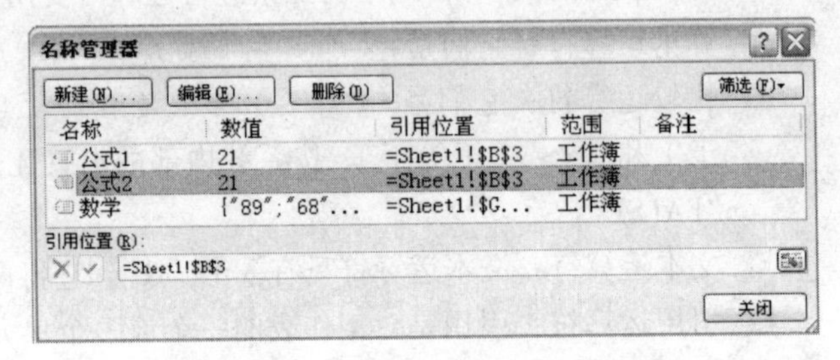

图 9-1-14 “名称管理管理器”对话框

◎ 切换到“公式”选项卡，单击“定义的名称”组中的“用于公式”按钮，调出它的菜单，选择该菜单内的“粘贴名称”菜单命令，调出“粘贴名称”对话框，如图 9-1-15 所示。

◎ 单击“粘贴列表”按钮。工作表中列出所有已命名的单元格区域清单，如图 9-1-16 所示。

粘贴名称
粘贴名称(N)
公式1
公式2
数学
粘贴列表(L)
确定
取消

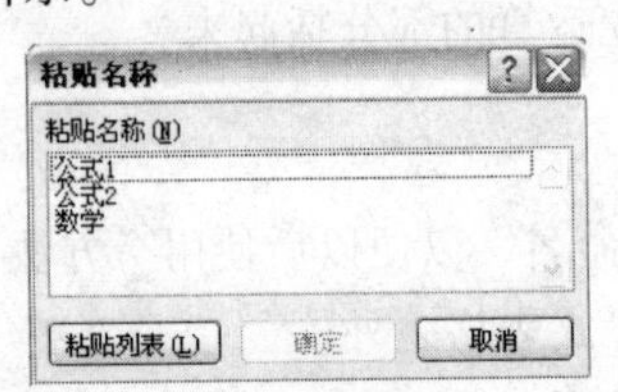

图 9-1-15 “粘贴名称”对话框

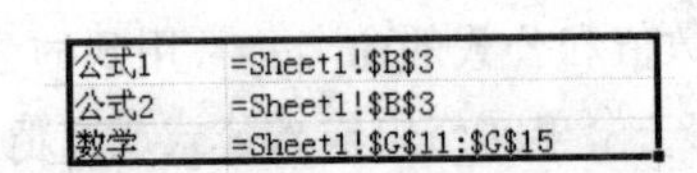

公式1
=Sheet1!$B$3
公式2
=Sheet1!$B$3
数学
=Sheet1!$G$11:$G$15

图 9-1-16 单击“粘贴列表”按钮效果

4. 单元格的引用

在本任务所介绍的计算公式中，计算学生学分时，不是直接用公式将数据相乘和相加，而是使用了“=D7*D$18+E7*H$18+F7*L$18”这样的公式，其中“D7”、“E7”和“F7”是存放学习成绩的单元格的相对地址，“D$18”、“H$18”和“L$18”是存放学习成绩的单元格的绝对地址。这个公式便以上单元格中的数据相乘后再相加，这就是引用。这种引用的好处是，当单元格中的数据发生变化时，不用修改公式就可以直接得到修改后的计算结果。在 Excel 2007 中引用可以分为相对引用、绝对引用和混合引用。

（1）相对引用：在“D15”单元格内也输入公式“=D7+D8+D9+D10+D11+D12+D13+D14”时，计算出各科平时成绩的总分。将“D16”中的公式复制到“E16”单元格中，则公式变成“=E7+E8+E9+E10+E11+E12+E13+E14”，可以看到公式中单元格地址自动发生了变化。

分析上述变化的原因，“D15”单元格中输入的公式并不特指“D7”……“D14”这几个单元格的内容。以其中的“D7”为例，它是指与公式所在单元格“D15”同一列，相差 8 行（15–7=8）的单元格。当把“D15”中的公式复制到“E15”中时，单元格的列号增加了 1，则公式中所有的列号也都增加 1，这就是公式变化的原因。

（2）绝对引用：在单元格的引用过程中，有时不希望相对引用，而是希望公式复制到别的单元格时，公式中的单元格地址不随活动单元格发生变化，这时就要用到绝对引用。在 Excel 中在行号和列号前加“$”表示绝对引用。例如，在“G7”单元格中输入公式“=D7*D$18+E7*H$18+F7*L$18，当把“G7”中的公式复制到“G8”中时，公式中的“D$18”、“H$18”和“L$18”并没有发生变化。实际上绝对引用更多的是用在数据处理时对数据的引用。

（3）混合引用：它是指在公式中用到单元格地址时，参数中行采用相对引用，列采用绝对引用，例如“$D1”；或正好相反，列采用绝对引用，行采用相对引用，例如“D$1”；或列和行均绝对引用，例如“$D$1”。当公式所在单元格因插入、复制等原因引起行、列地址变化时，公式中相对地址部分随公式发生变化，绝对地址不随公式发生变化。

例如，在“D3”单元格中输入公式“=$B1+$C3”，当把“D3”单元格中的公式复制到“E3”单元格中时，公式仍为“=$B1+$C3”。这是因为复制到“E3”单元格中时，列虽然发生了变化，但因为是绝对引用，所以公式中不发生变化；行是相对引用，因为行号没有变化，所以公式中没有发生变化。将其复制到“E4”单元格时，公式改为“=$B2+$C4”。这是因为列是绝对引用，所以没有发生变化；行是相对引用，复制时增加了 1 行，所以公式变化了。

实际上绝对引用更多的是用在数据处理时，对数据的引用。

（4）快速改变引用类型：在输入绝对引用和混合引用时，都要输入$这个字符，如果输入不熟练，会降低数据输入的效率。可以通过按【F4】键，来快速地改变引用类型的输入方式。

◎ 选择“H6”单元格，然后输入“=E6”。

◎ 按【F4】键，编辑栏中的公式为“=$E$6”，行和列均为绝对引用类型。

◎ 再按一次【F4】键，公式变为“=E$6”。引用类型变为混合引用类型，列是相对引用类型，行是绝对引用类型。

◎ 第 3 次按【F4】键，公式变为“=$E6”。将引用变为另一种混合引用类型，列是绝对引用类型，行是相对引用类型。

◎ 第 4 次按【F4】键，返回到原来的相对引用类型。

如果在一个公式中有多个引用，则这种操作只对选中和引用起作用。

（5）三维引用：在公式中允许对同一个工作簿中其他工作表中的数据进行引用，即引用同一个工作簿中其他工作表中得单元格地址。三维引用的一般格式为：“工作表名!:单元格地址”，工作表名后的“!”是系统自动加上的。例如在“Sheet2”工作表的单元格“D1”中输入公式“=Sheet1!:H1+H2”，则表明要引用工作表“Sheet1”中的单元格“H1”和工作表“Sheet2”中的单元格“H2”相加，结果放到工作表“Sheet2”中的“D2”单元格内。

（6）跨工作簿引用：可以引用其他工作簿中的单元格，例如，在单元格“D1”中引用在目录“F:\Excel1\”下的文件“wj1.xlsx”中的“Sheet1”的“G1”单元格，则引用公式为：

='F:\ Excel1 \[wj1.xlsx]Sheet1'!G1

若引用的工作簿已打开，则可以简单地输入文件名，而不必带全路径名。但在文件关闭时，必须给出全路径名。如果创建公式后，引用的工作簿名改变，则公式应相应改变。

5．“A1”引用和“R1C1”引用

在公式中引用单元格地址还有两种方式，一种叫“A1”引用方式，另一种引用方式叫“R1C1”引用方式，每一种引用方式又有前面介绍的相对引用、绝对引用和混合引用。

（1）“A1”引用方式：“A1”其实是一种表示单元格地址的方式，是以列号在前行号在后来表示单元格的地址，这种引用是 Excel 默认的引用地址的方式。在前面介绍相对引用、绝对引用和混合引用时的所有原则都是针对这种引用来说的，它使用的比较广泛。

（2）“R1C1”引用方式：“R1C1”引用方式在相对引用中则非常方便、灵活。这种方式以 R 表示当前行，C 表示当前列。

◎ 相对引用的格式是：R[数字]C[数字]

R 后面的数字表示从当前活动单元格移动的行数，正数为向下移，负数为向上移动。

C 后面的数字表示从当前活动单元格移动的列数，正数为向右移，负数为向左移动。

例如：当前单元格是“D8”，R[1]C[1]表示 D 列右移一列，8 行下移一行，这时它所表示的单元格是“E9”。

◎ 绝对引用的格式是：R 数字 C 数字。

R 后面的数字表示引用单元格所在的行数，C 后面的数字当引用单元格所在的列数。如 R1C2 表示无论活动单元格在哪里，它都要引用 B 列 1 行交叉处的单元格，即“B1”单元格，这种表示方式和$B$1 的表示方式是相同的。

（3）使用“R1C1”方式的方法：单击“Office”按钮，调出它的菜单，单击其内的“Excel 选项”按钮，调出“Excel 选项”对话框，在该对话框内左边列表框中选中“公式”选项，在右边列表框中“使用公式”栏内选中“R1C1 引用样式”复选框，如图 9-1-17 所示，再单击“确定”按钮。

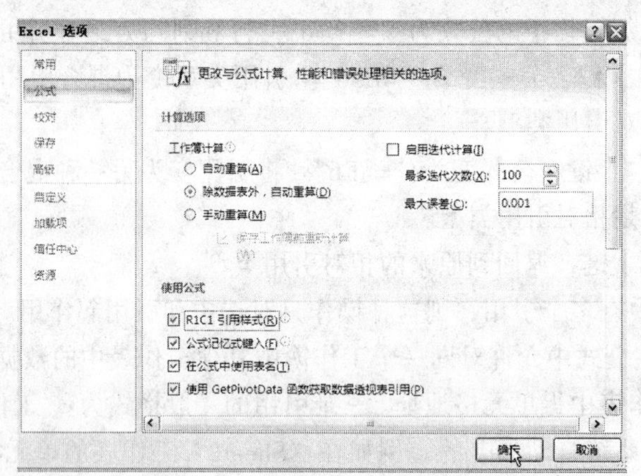

图 9-1-17　使用“R1C1 引用样式”

思考练习 9-1

（1）制作一个“外聘教师酬金表”工作表，假设一至四周处于开学初，此阶段计算教师酬金时，需要乘以系数 1.1，计算出每位教师当月的酬金，并显示出计算方法和所引用的单元格，如图 9-1-18 所示。

（2）制作一个“奥运会金牌积分榜”工作表，如图 9-1-19 所示，用来统计各国奖牌数。在观看奥运会比赛时，人们很关注参赛各国的积分排名。其中一种排列名次的方法是计非正式的前六名团体总分。所有取得前六名的运动员和运动队都有积分，第一名 7 分，第二名 5 分，第三名 4 分。要计算一个国家的团体总分，就把该国运动员在各项目取得的名次相对应的分数加总，国家排名就是按照总分多少来决定的。

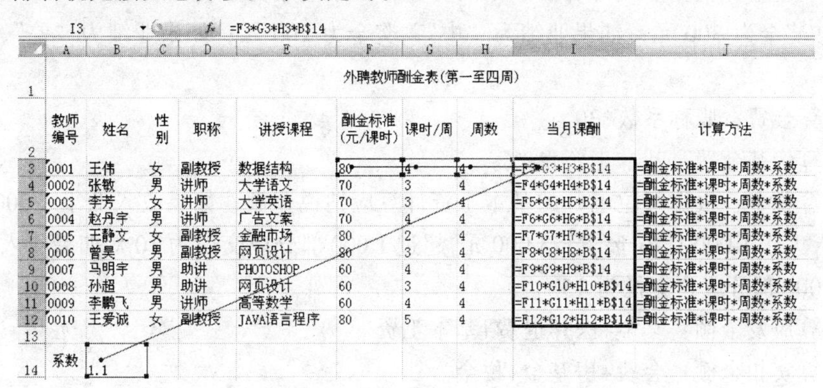

I3　=F3*G3*H3*B$14

	A	B	C	D	E	F	G	H	I	J
1	外聘教师酬金表(第一至四周)									
2	教师编号	姓名	性别	职称	讲授课程	酬金标准(元/课时)	课时/周	周数	当月课酬	计算方法
3	0001	王伟	女	副教授	数据结构	80	4	4	=F3*G3*H3*B$14	=酬金标准*课时*周数*系数
4	0002	张敏	男	讲师	大学语文	70	3	4	=F4*G4*H4*B$14	=酬金标准*课时*周数*系数
5	0003	李芳	女	讲师	大学英语	70	3	4	=F5*G5*H5*B$14	=酬金标准*课时*周数*系数
6	0004	赵丹宇	男	讲师	广告文案	70	4	4	=F6*G6*H6*B$14	=酬金标准*课时*周数*系数
7	0005	王静文	女	副教授	金融市场	80	2	4	=F7*G7*H7*B$14	=酬金标准*课时*周数*系数
8	0006	曾昊	男	副教授	网页设计	80	3	4	=F8*G8*H8*B$14	=酬金标准*课时*周数*系数
9	0007	马明宇	男	助讲	PHOTOSHOP	60	4	4	=F9*G9*H9*B$14	=酬金标准*课时*周数*系数
10	0008	孙超	男	助讲	网页设计	60	3	4	=F10*G10*H10*B$14	=酬金标准*课时*周数*系数
11	0009	李鹏飞	男	讲师	高等数学	60	4	4	=F11*G11*H11*B$14	=酬金标准*课时*周数*系数
12	0010	王爱诚	女	副教授	JAVA语言程序	80	5	4	=F12*G12*H12*B$14	=酬金标准*课时*周数*系数
13										
14	系数	1.1								

图 9-1-18　“外聘教师酬金表”工作表

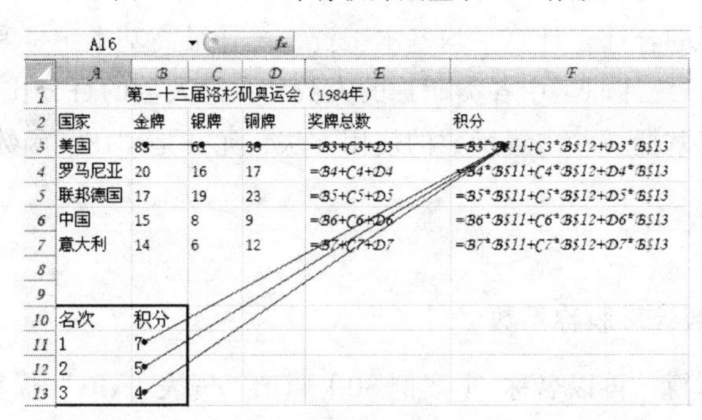

A16

	A	B	C	D	E	F
1	第二十三届洛杉矶奥运会（1984年）					
2	国家	金牌	银牌	铜牌	奖牌总数	积分
3	美国	83	61	30	=B3+C3+D3	=B3*B$11+C3*B$12+D3*B$13
4	罗马尼亚	20	16	17	=B4+C4+D4	=B4*B$11+C4*B$12+D4*B$13
5	联邦德国	17	19	23	=B5+C5+D5	=B5*B$11+C5*B$12+D5*B$13
6	中国	15	8	9	=B6+C6+D6	=B6*B$11+C6*B$12+D6*B$13
7	意大利	14	6	12	=B7+C7+D7	=B7*B$11+C7*B$12+D7*B$13
8						
9						
10	名次	积分				
11	1	7				
12	2	5				
13	3	4				

图 9-1-19　“奥运会金牌积分榜”工作表

9.2　【案例 30】职工工资表

案例描述

建立“职工工资表”工作表如图 9-2-1 所示。它需要完成以下计算。

职工工资表

编号	姓名	性别	职称	职称系数	业绩	奖金	会费	医疗退费	基本工资	房基金	税金	应发金额	实扣金额	实发金额
0001	章灿	女	高级工程师	1.5	优	500	45	500	5800.00	580	900	6800.00	1525	3600元
0002	赵明	男	助理工程师	1.1	良	300	33	230	3000.00	300	200	3530.00	533	2997.00
0003	李华	女	助理工程师	1.1	中	200	33	215	3200.00	320	250	3615.00	603	3012.00
0004	赵宏宇	男	助理工程师	1.1	优	500	33	100	3800.00	380	400	4400.00	813	3587.00
0005	王舒晖	女	高级工程师	1.5	差	-100	45	500	5800.00	580	900	6200.00	1525	4675.00
0006	贾增功	男	工程师	1.5	优	500	45	300	4200.00	420	500	5000.00	965	4035.00
0007	王世民	男	技工	1.1	中	200	33	400	2000.00	200	100	2600.00	333	2267.00
0008	孙楷硕	男	技工	1.1	差	-100	33	0	2000.00	200	100	1900.00	333	1567.00
0009	齐玉	男	技工	1.1	优	500	33	0	2000.00	200	100	2500.00	333	2167.00
0010	刘淑芬	女	工程师	1.5	优	500	45	50	4200.00	420	500	4750.00	965	3785.00
	合计					3000	378	2295	36000.00	3600	3950	41295	7928	28092

职称：　高级工程师　工程师　助理工程师　技工　业绩：　优　良　中　差

基本工资统计

平均基本工资：	3600元
最高基本工资：	5800元
最低基本工资：	2000元

职称人数统计

职称名称	人数	百分比
高级工程师	2	20.0%
工程师	2	20.0%
助理工程师	3	30.0%
技工	3	30.0%
总数	10	

图 9-2-1　“职工工资表”工作表

（1）职称系数：如果职称是“高级工程师”或“工程师”，则职称系数为1.5，否则为1.1。

（2）计算奖金：根据业绩计算出职工的奖金，如果业绩为“优”，奖金为500元；如果业绩为“良”，奖金为300元；如果业绩为“中”，奖金为200元；如果业绩为“差”，扣除金额为100元。

（3）计算会费：职称系数*30。

（4）计算房基金费：基本工资*10%。

（5）计算税金：根据每位老师的基本工资计算应纳税金额，如果收入低于1 000元，不扣税，如果收入大于1 000且小于等于3 000元，超过1 000部分应交税为10%，如果收入超过3 000元，超过3 000部分应再交税为15%。

（6）计算应发金额：奖金+医疗退费+基本工资。

（7）计算实扣金额：会费+房基金+税金。

（8）计算实发金额：应发金额-实扣金额。

（9）计算各种金额的合计，计算平均基本工资，统计最高基本工资和最低基本工资。

（10）统计总人数，统计职工中各类职称的人数和占总人数的百分比。

通过本案例，可以掌握一些内置函数的使用方法，尤其是“IF”函数的使用方法。

设计过程

1. 使用“IF”函数计算职称系数

（1）新建一个工作簿。再以名称“【案例30】职工工资表1.xltx”保存。

（2）按照图9-2-2所示“职工工资表”工作表，输入该工作表的基本数据。然后保存该工作簿，再以名称“【案例30】职工工资表.xltx”保存一份。

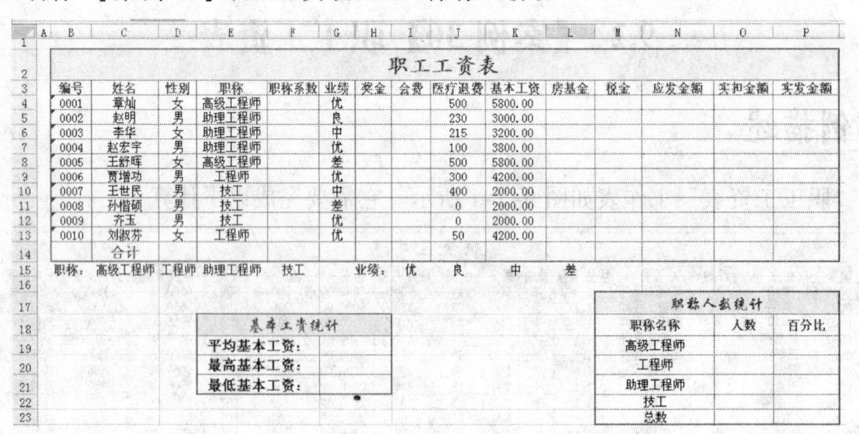

职工工资表

编号	姓名	性别	职称	职称系数	业绩	奖金	会费	医疗退费	基本工资	房基金	税金	应发金额	实扣金额	实发金额
0001	章灿	女	高级工程师		优			500	5800.00					
0002	赵明	男	助理工程师		良			230	3000.00					
0003	李华	女	助理工程师		中			215	3200.00					
0004	赵宏宇	男	助理工程师		优			100	3800.00					
0005	王舒晖	女	高级工程师		差			500	5800.00					
0006	贾增功	男	工程师		优			300	4200.00					
0007	王世民	男	技工		中			400	2000.00					
0008	孙楷硕	男	技工		差			0	2000.00					
0009	齐玉	男	技工		优			0	2000.00					
0010	刘淑芬	女	工程师		优			50	4200.00					
	合计													

职称：高级工程师 工程师 助理工程师 技工　　业绩：优 良 中 差

基本工资统计	
平均基本工资：	
最高基本工资：	
最低基本工资：	

职称人数统计		
职称名称	人数	百分比
高级工程师		
工程师		
助理工程师		
技工		
总数		

图9-2-2　计算职称前的“职工工资表”工作表

（3）选中“F4”单元格，切换到“公式”选项卡，单击“函数库”组中中的“插入函数”按钮 f_x，如图9-2-3所示，调出“插入函数”对话框，在“或选择类别”下拉列表框中选择“常用函数”，在“选择函数”列表框中选择“IF”函数，如图9-2-4所示。

（4）单击“插入函数”对话框内的“确定”按钮，关闭该对话框，调出“函数参数”对话框，如图9-2-5所示（还没有设置）。

图 9-2-3 “公式”选项卡中的“函数库”组

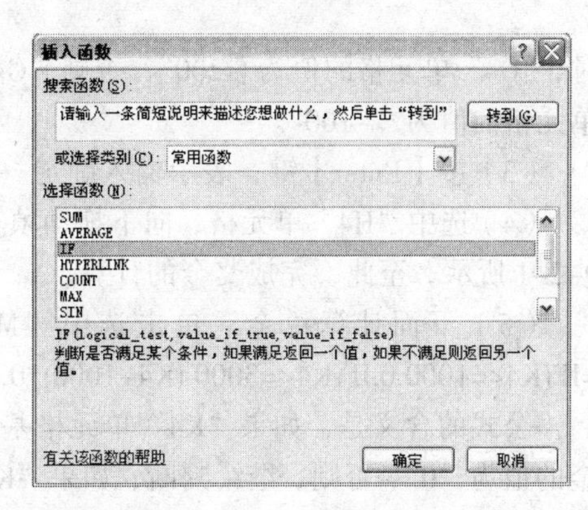

图 9-2-4 “插入函数”对话框

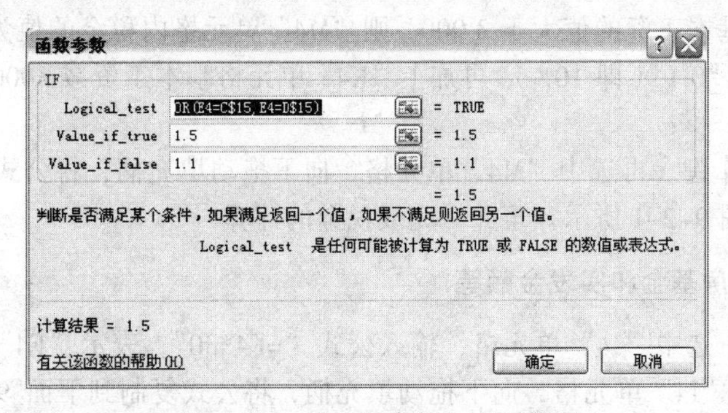

图 9-2-5 “函数参数”对话框

（5）在“Logical_test”（逻辑测试）文本框中输入逻辑判断式“OR()”（或），将光标定位在括号之间，单击其右侧的“折叠对话框”按钮，单击工作表中选择参数所在的单元格“E4”，接着输入完逻辑判断式“OR(E4=C$15,E4=D$15)”；在“Value_if_true”（如果条件为真的值）文本框中输入“1.5”，即条件满足时的返回值，在“Value_if_false”（如果条件为假的值）文本框中输入“1.1”，即条件不满足时的返回值。

（6）单击“函数参数”对话框内的“确定”按钮，关闭该对话框，在“F4”单元格内添加公式“=IF(OR(E4=C$15,E4=D$15),1.5,1.1)”。

表示：如果“E4”单元格内的数据等于“C$15”单元格内的文字“高级工程师”或者等于“D$15”单元格内的文字“工程师”，则“F4”单元格内的数值等于“1.5”，否则等于“1.1”。其中，OR 表示“或”。

（7）选中“F4”单元格，向下拖动填充柄，将公式复制到下面 9 个单元格，如图 9-2-1 所示。

2. 使用“IF”函数计算奖金和税金

（1）选中“H4”单元格。

（2）在此单元格直接输入：“=IF(G4=I$15,500,IF(G4=J$15,300,IF(G4=K$15,200,-100)))”，按【Enter】键。

说明：当“G4”单元格的值等于单元格“I$15”内的文字“优”字时，“G4”单元格的值为“500”，否则，继续判断，当“G4”单元格的文字等于“J$15”内的文字“良”时，H4 单元格的值为“300”，否则，继续判断，当“G4”单元格的文字等于“K$15”内的文字“中”

时，“G4”单元格的值为“200”，否则“G4”单元格的文字等于“L$15”内的文字“差”，“G4”单元格的值为“-100”。

（3）按【Enter】键，表示输入确定。

（4）选中“H4”单元格，向下拖动填充柄，将公式复制到下面的9个单元格中，效果如图9-2-1所示。至此，完成奖金的计算。

（5）下面计算税金。单击选中“M4”单元格，自该单元格内直接输入如下公式：=IF(K4<=1000,0,IF(K4<=3000,(K4-1000)*0.1,(K4-1000)*0.1+(K4-3000)*0.15))。

公式的含义是，如果“K4”单元格基本工资的值小于或等于1 000，则“M4”单元格内税金的值为“0”，否则，继续判断；如果“K4”单元格基本工资的值小于或等于3 000，则“M4”单元格内税金的值为“K4”单元格基本工资减1 000后乘以“0.1”（即10%），否则，继续判断；如果“K4”单元格基本工资的值大于3 000，则“M4”单元格内税金的值为“K4”单元格基本工资减1000后乘以“0.1”（即10%），再加上“K4”单元格基本工资减3000后乘以“0.15”（即15%）否则。

（6）按【Enter】键。再选中“M4”单元格，向下拖动填充柄，将公式复制到下面的9个单元格中，效果如图9-2-1所示。至此，完成税金的计算。

3．计算会费、房基金和实发金额等

（1）计算会费：选中“I4”单元格，输入公式“=F4*30”，表示“F4”单元格内的职称系数乘以“30”。选中“I4”单元格，向下拖动填充柄，将公式复制到下面9个单元格中，如图9-2-1所示。

（2）计算房基金：选中“L4”单元格，输入公式“=K4*0.1”，表示“K4”单元格内的基本工资乘以“0.1”（即10%）。选中“L4”单元格，向下拖动填充柄，将公式复制到下面9个单元格中，如图9-2-1所示。

（3）计算应发金额：选中“N4”单元格，输入公式“=H4+J4+K4”，表示“N4”单元格内的应发金额数等于“H4”单元格内的奖金数、“J4”单元格内的医疗退费数和“K4”单元格内的基本工资数相加。选中“N4”单元格，向下拖动填充柄，将公式复制到下面9个单元格中，如图9-2-1所示。

（4）计算实扣金额：选中“O4”单元格，输入公式“=I4+L4+M4”，表示“O4”单元格内的实扣金额数等于“I4”单元格内的会费数、“L4”单元格内的房基金数和“M4”单元格内的税金数相加。选中“O4”单元格，向下拖动填充柄，将公式复制到下面的9个单元格中，效果如图9-2-1所示。

（5）计算实发金额：选中“P4”单元格，输入公式“=N4-O4”，表示“P4”单元格内的实发金额数等于“N4”单元格内的应发金额数减去“O4”单元格内的实扣金额数。选中“P4”单元格，向下拖动填充柄，将公式复制到下面的9个单元格中，效果如图9-2-1所示。

（6）选中“H14”单元格，输入公式“=SUM(H4:H13)”，表示“H4:H13”单元格区域内10个单元格中的数值相加。选中“H14”单元格，向右拖动填充柄，将公式复制到右面的8个单元格中，效果如图9-2-1所示。

4．基本工资和职称人数统计

（1）计算平均基本工资：选中“G19”单元格，输入公式“=AVERAGE(K4:K13)&"元"”，按【Enter】键。公式的含义如下。

AVERAGE(K4:K13)函数是将“K4:K13”单元格区域内 10 个单元格的 10 个基本工资数求平均值；“&”是连接符号，它将 10 个基本工资数求平均值数与“元”字相连接。

（2）计算最高基本工资：选中“G20”单元格，输入公式“=MAX(K4:K13)&"元"”，按【Enter】键。公式的含义如下。

MAX(K4:K13)函数是获取“K4:K13”单元格区域内 10 个单元格的 10 个基本工资数中最大的数；“&”是连接符号，它将最大基本工资数与“元”字相连接。

（3）计算最高基本工资：选中“G21”单元格，输入公式“=MIN(K4:K13)&"元"”，按【Enter】键。公式的含义如下。

MIN(K4:K13)函数是获取“K4:K13”单元格区域内 10 个单元格的 10 个基本工资数中最小的数；“&”是连接符号，它将最小基本工资数与“元”字相连接。

（4）选中“O19”单元格，输入公式“=COUNTIF(E$4:E$13,C$15)”，按【Enter】键。公式的含义是：获取“E4:E13”单元格区域内 10 个单元格中的职称文字中有“C15”单元格内“高级工程师”文字的单元格个数。

（5）选中“O19”单元格，向下拖动填充柄，将公式复制到下面的 3 个单元格中，效果如图 9-2-1 所示。

（6）选中“O23”单元格，输入公式“=COUNTA(E$4:E$13)”，按【Enter】键。公式的含义是，获取“E4:E13”单元格区域内单元格的个数。

（7）选中“P19”单元格，输入公式“=O19/O$23”，按【Enter】键。公式的含义是“P19”单元格内的高级工程师个数除以“O23”单元格内的总数，求出高级工程师个数的百分数。

（8）选中“P19”单元格，向下拖动填充柄，将公式复制到下面 3 个单元格中，如图 9-2-1 所示。

相关知识

1. 内置函数特点

Excel 2007 中函数的概念与数学中的函数概念基本相同，是预先编写好的公式，即用于替代有固定算法的公式。Excel 2007 为用户设置了 10 类内置函数。函数由等号、函数名、参数组成，每一个函数都有其相应的语法规则，在函数的使用过程中必须遵循其规则。执行运算的数据（包括文字、数字、逻辑值）称为此函数的参数，经函数执行后传回的数据称为函数值。10 类内置函数的类别名称和功能如表 9-2-1 所示。

表 9-2-1　10 类内置函数的类别名称和功能

序号	类别名称	功　　能
1	财务	给出会计和财务管理方面的计算利息、折旧、贴现等数值
2	日期与时间	给出日期与时间信息方面的相关数值
3	数学与三角	进行数学计算与几何计算，给出计算结果
4	统计	进行日常统计工作中的数据处理和统计等，例如，排序、条件计数等
5	查找与引用	在数据清单或工作表中查找特定数值，或者查找某个单元格引用

续表

序号	类别名称	功 能
6	数据库	主要用于对数据进行分析，判断是否符合特定条件
7	文本	处理公式中的字符串， 例如，改变大小写或确定字符串长度等
8	逻辑	进行逻辑运算或复合检验，主要包括 AND（与）、OR（或）、NOT（非）、IF（逻辑检测）等
9	信息	可以确定存储在单元格中的数据类型，同时还可以使单元格在满足条件的情况下返回逻辑值
10	工程	可以对复数进行计算，还可以进行数制转换，通常用于工程分析

2. 直接输入函数

直接输入函数的方法同在单元格中输入一个公式的方法一样，但要注意其语法要求。函数的语法以函数名开始，后面是圆括号，在圆括号中是参数，如果有两个或两个以上参数，则应以逗号将它们隔开。下面以求“H2”单元格的绝对值为例，介绍其操作步骤。

（1）选中要输入函数的“L2”单元格。

（2）在编辑框中输入一个等号“=”。

（3）输入函数本身，例如“ABS(H2)”。

（4）按下【Enter】键或者单击“编辑栏”上的“确认”按钮✔。

直接输入函数，适用于一些单变量的函数，或者一些简单的函数。对于参数较多或者比较复杂的函数，建议使用插入函数来输入。

3. 使用插入函数

使用“插入函数”也是经常用到的输入方法。利用该方法，可以在系统的提示下，一步一步地输入一个复杂的函数，避免输入过程中产生错误。具体操作步骤如下所述。

（1）选中要输入函数的单元格，例如“L2”单元格。

（2）切换到“公式”选项卡，单击“函数库”组中的“插入函数”按钮 *fx*，调出“插入函数”对话框，如图 9-2-4 所示。

（3）从“或选择类别”下拉列表框中选择函数分类，例如“数学与三角函数”。

（4）从“选择函数”列表框中选择所需要的函数，例如“ABS”。

（5）单击“确定”按钮，系统显示“函数参数”对话框，按照要求输入相关参数。选择不同的函数，“函数参数”对话框的选项内容会不一样。例如，选中“ABS”函数后的“函数参数”对话框如图 9-2-6 所示。

在“Number1”（数值）文本框中可以直接输入参数，也可以单击其右侧的“折叠对话框”按钮，在工作表中选择参数所在的区域。输入第一个参数，例如“H2”。输入完第 1 个参数后，可以接着输入第 2 个参数，会看到将出现第 3 个参数输入框供输入，参数框的数量由函数决定。在输入参数的过程中，会看到对于每个必要的参数都输入数值后，该函数的计算结果就出现。注意：在输入过程中要使用【Tab】键，而不是通常的【Enter】键。

例如，“COUNT”函数可以有多个参数，它的“函数参数”对话框如图 9-2-7 所示，生成的公式为“=COUNT(J4:J28,H4:H12,K6:M9)”。

（6）输入完毕，单击“确定”按钮。

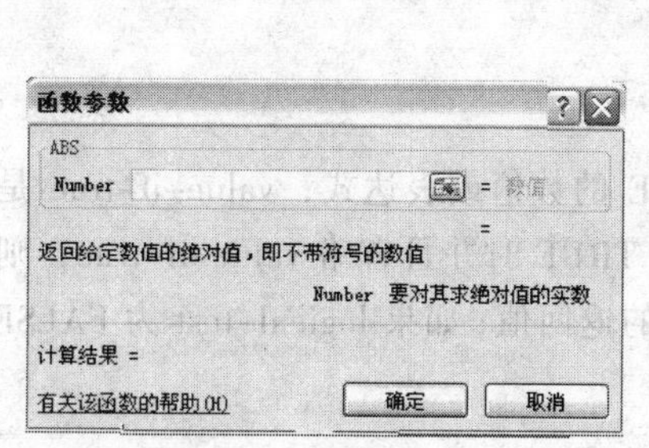

图 9-2-6 “函数参数”对话框 1

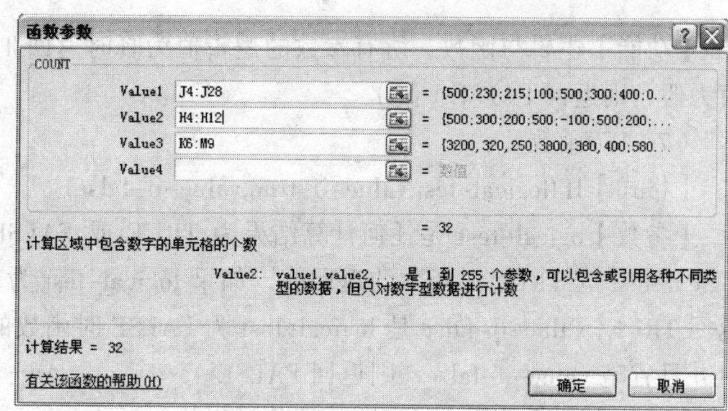

图 9-2-7 “函数参数”对话框 2

4. 常用函数的格式和功能

（1）SUM()函数。

【格式】SUM(Numberl,Number2,…Numbern)

【参数】Numberl、Number2、…、Numbern 为 1 到 n 个需要求和的参数。这些参数可以是数值，也可以使数值所在单元格的单元格地址。

【功能】求和函数，返回参数中所有数值之和。

（2）AND()函数。

【格式】AND(logical1,logical2,…)。

【参数】logical1、logical2、… 表示待检测的 1 到 30 个条件值，各条件值可为 TRUE（真）或 FALSE（假）。

【功能】逻辑与函数，所有参数的逻辑值为真时返回 TRUE（真）；只要有一个参数的逻辑值为假，则返回 FALSE（假）。

（3）AVERAGE()函数。

【格式】AVERAGE(Numberl,Number2,…,Numbern)

【参数】平均值函数，Numberl、Number2、…、Numbern 为 1 到 n 个需要求平均值的参数。

【功能】返回参数中所有数值的平均值。

（4）MAX()函数。

【格式】MAX(Numberl,Number2,…,Numbern)

【参数】Numberl、Number2、…、Numbern 为 1 到 n 个需要求最大值的参数。

【功能】最大值函数，返回参数中所有数值的最大值。

（5）MIN()函数。

【格式】MIN(Numberl,Number2,…,Numbern)

【参数】Numberl、Number2、…、Numbern 为 1 到 n 个需要求最小值的参数。

【功能】最小值函数，返回参数中所有数值的最小值。

（6）OR()函数。

【格式】OR(logical1，logical2，…)。

【参数】logical1、logical2、… 表示待检测的 1 到 30 个条件值，各条件值可为 TRUE（真）或 FALSE（假）。

【功能】逻辑与函数，所有参数的逻辑值为真时返回 TRUE（真）；只要有一个参数的逻辑值为假，则返回 FALSE（假）。

（7）IF()函数。

【格式】IF(logical-test,value-if-true,value-if-false)

【参数】ogical-test 是任何计算结果为 TRUE 或 FALSE 的数值或表达式；value-if-true 是 logical-test 为 TRUE 时函数的返回值，如果 logical-test 为 TRUE 时并且省略 value-if-true，则返回 TRUE；value-if-false 是 logical-test 为 FALSE 时函数的返回值；如果 logical-test 为 FALSE 时并且省略 value-if-false，则返回 FALSE。

【功能】判断函数，指定要执行的逻辑检验。

函数 IF 可以嵌套七层，用 value_if_false 及 value_if_true 参数可以构造复杂的检测条件。在计算参数 value_if_true 和 value_if_false 后，函数 IF 返回相应语句执行后的返回值。

（8）NOT()函数。

【格式】NOT(logical)

【参数】参数 logical 的值是逻辑值，TRUE（真）或 FALSE（假）。

【功能】对参数 logical 的逻辑值求反，参数为 TRUE 时返回 FALSE，参数为 FALSE 时返回 TURE。

（9）SUMIF()函数。

【格式】SUMIF(range,criteria,sum-range)

【参数】range 是用于条件判断的单元格区域；criteria 为单元格区域求和的条件；sum-range 是需要求和的实际单元格。

【功能】条件求和函数，将符合给定条件的若干单元格求和。

（10）COUNT()函数。

【格式】COUNT(value1, value2, ... , valuen)

【参数】value1、value2、...、valuen 是 1 到 255 个参数，是数值型数据。

【功能】计数函数，返返回包含数字的单元格的个数，返回参数列表中的数字个数。利用函数 COUNT 可以计算单元格区域或数字数组中数字字段的输入项个数。

（11）COUNTA()函数。

【格式】COUNTA(value1, value2, ... , valuen)

【参数】value1、value2、...、valuen 是 1 到 255 个参数，可以是非数值型数据。

【功能】计数函数，返回参数列表中非空值的单元格个数。利用函数 COUNTA 可以计算单元格区域或数组中包含数据的单元格个数。

（12）COUNTIF()函数。

【格式】COUNTIF (range,criteria)

【参数】range 为需要计算其中满足条件的单元格数目的单元格区域。criteria 确定哪些单元格将被计算在内的条件，其形式可以为数字、表达式或文本。

【功能】条件计数函数，计算满足给定条件的区间内的非空单元格个数。

5. 自动求和

单击“公式”选项卡中的“自动求和”按钮Σ ▾，可以对工作表中所设定的单元格自动求和，它实际上是执行了“SUM()”函数，求和的范围是根据具体情况自动选取的。利用该函数可以将一个累加公式变的简洁。例如，将单元格定义为公式“=H1+H2+H3+H4 +H5+H6+H7+H8”，通过使用“自动求和”按钮Σ ▾可以将之转换为“=SUM(H1:A8)”。

单击“公式”选项卡中的“自动求和”Σ ▾的箭头按钮，调出它的菜单，如图 9-2-8 所示，选择该菜单内的菜单命令，可以进行相应的自动计算。

（1）对行或列相邻单元格的求和：几种操作方法如下。

◎ 选中要“求和”的单元行或者列区域，如图 9-2-9 所示，然后单击“自动求和”按钮Σ ▾，则在所选中区域右侧（行）或下方（列）的单元格出现了求和结果，如图 9-2-10 所示。

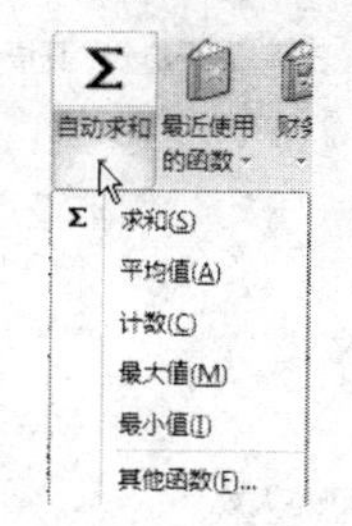

图 9-2-8　菜单

	一	二	三	四	总分
语文成绩：	80	90	86	96	
数学成绩：	78	88	98	86	
物理	88	77	98	89	
化学	98	76	67	89	

图 9-2-9　选中单元格区域

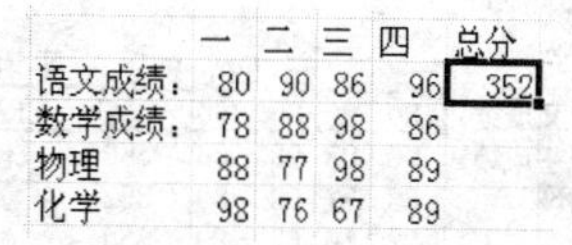

	一	二	三	四	总分
语文成绩：	80	90	86	96	352
数学成绩：	78	88	98	86	
物理	88	77	98	89	
化学	98	76	67	89	

图 9-2-10　单击“自动求和”按钮效果

◎ 选中“求和”结果所放的单元格，单击“公式”选项卡中的“自动求和”按钮Σ ▾，则在该单元格中看到求和结果，并用虚线框显示出默认的求和区域，如图 9-2-11 所示。这时如果所显示的求和区域符合要求，单击“确认”按钮✔完成求和；如果虚线所显示的区域不满足要求，可以拖动鼠标选中新的单元格区域作为求和区域。

（2）一次输入多个求和公式：在 Excel 2007 中，还能够利用“自动求和”按钮一次输入多个求和公式。例如，要对图 9-2-12 中的总分求和，其操作步骤如下所述。

◎ 选中要“求和”的“J29:J32”单元格区域。

◎ 单击“自动求和”按钮，即可，效果如图 9-2-13 所示。

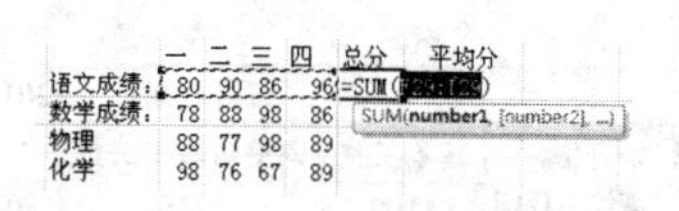

	一	二	三	四	总分	平均分
语文成绩：	80	90	86	96	=SUM(F29:I29)	
数学成绩：	78	88	98	86	SUM(number1, [number2], ...)	
物理	88	77	98	89		
化学	98	76	67	89		

图 9-2-11　自动求和”效果

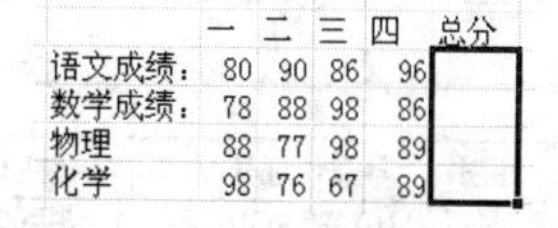

	一	二	三	四	总分
语文成绩：	80	90	86	96	
数学成绩：	78	88	98	86	
物理	88	77	98	89	
化学	98	76	67	89	

图 9-2-12　选中“J29:J32”单元格区域

（3）自动计算：单击“公式”选项卡中的“自动求和”Σ ▾的箭头按钮，调出它的菜单，如图 9-2-8 所示。利用它的菜单命令，可以快速进行“求和”、“平均值”、“计数”、“最大值”和“最小值”的计算，使用方法与上面介绍的求和运算方法基本相同。例如，计分数平均分的操作步骤如下所述。

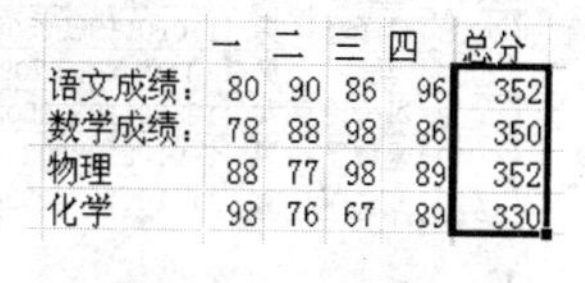

	一	二	三	四	总分
语文成绩：	80	90	86	96	352
数学成绩：	78	88	98	86	350
物理	88	77	98	89	352
化学	98	76	67	89	330

图 9-2-13　求总分

◎ 选中单元格平均分存放的“K29”单元格，单击“自动求和”按钮的向下箭头，调出它的菜单，选择该菜单内的“平均值”菜单命令，效果如图 9-2-8 所示。

◎ 拖动鼠标选中“F29:J29”单元格区域，如图 9-2-14 所示，单击“确认”按钮✔完成平均分的计算。

◎ 选中“K29”单元格，向下拖动填充柄来复制公式。

思考练习 9-2

（1）按照图 9-2-15 所示数据创建“多媒体考试成绩统计”工作簿。然后，计算总分、平均分、最高分、最低分、评语，平均分在 85 分以上（含 85 分）的评语为“优”，平均分在 85 分以下且在 75 分以上（含 75 分）的评语为“良”，平均分在 75 分以下且在 60 分以上（含 60 分）的评语为“及格”，平均分在 60 分以下的评语为“不及格”。统计优、良和不及格的人数。

	一	二	三	四	总分	平均分
语文成绩：	80	90	86	96	352	=AVERAGE(F29:I29)
数学成绩：	78	88	98	86	350	AVERAGE(number1, [number2], ...)
物理	88	77	98	89	352	
化学	98	76	67	89	330	

图 9-2-14　计算平均值

C	D	E	F	G	H	I
多媒体考试成绩统计						
姓名	平时	期中	期末	总分	平均分	评语
张喀	68	76	87			
李华	78	78	89			
赵一曼	88	89	98			
赵尚志	98	100	89			
杨靖宇	89	100	78			
黄继光	86	88	87			
总分						
平均分						
最高分						
最低分						
优人数		良人数		不及格人数		

图 9-2-15　“多媒体考试成绩统计”工作簿

（2）参考【案例 30】“职工工资表”工作簿的制作方法，进行调查，也制作一个某单位的“职工工资表”工作簿。要求显示工资各分段的人数，最高工资和最低工资等。

9.3　【案例 31】职工档案表

案例描述

“职工档案”工作簿如图 9-3-1 所示，该工作簿的计算特点如下。

职　工　档　案										
									统计日期：	2010年5月20日
编号	姓名	性别	身份证号	出生日期	参加工作时间	工龄	职称	基本工资	调整后基本工资	退休日期
0001	胡佳宁	男	1101095803162××	1958年03月16日	1978年7月1日	32	高级工程师	4100	4710	2018年3月16日
0002	张曼玉	女	1301081985061008××	1985年06月10日	2003年5月1日	7	助理工程师	2600	3060	2040年6月10日
0003	李芳林	女	3561238602160××	1986年02月16日	2008年9月1日	2	技工	1300	1630	2041年2月16日
0004	付小平	女	1101051968120910××	1968年12月09日	1990年7月1日	20	工程师	3600	4160	2023年12月9日
0005	赵宝贵	男	3701021960110300××	1960年11月03日	2000年9月1日	10	工程师	2900	3390	2020年11月3日
0006	蒋泽鑫	男	1101011959050800××	1959年05月08日	1980年9月1日	30	高级工程师	4000	4600	2019年5月8日
0007	马欣	男	1101028607090××	1986年07月09日	2006年9月1日	4	技工	1900	2290	2046年7月9日
0008	冯金玲	女	1231011983050310××	1983年05月03日	2005年1月1日	5	技工	2000	2400	2038年5月3日
0009	姬鹏飞	男	3601081975020600××	1975年02月06日	1995年8月1日	15	工程师	3100	3610	2035年2月6日
0010	张爱萍	女	1101091981092600××	1981年09月26日	2003年9月1日	7	助理工程师	2600	3060	2036年9月26日

图 9-3-1　“职工档案”工作簿

（1）在“统计日期：”文字所在单元格右边的单元格内显示当前日期。

（2）根据“身份证号”，获取职工的“性别”，放在“性别”一栏的单元格区域。

（3）根据“身份证号”，获取职工的“出生日期”，放在“出生日期”一栏单元格区域。

（4）根据“参加工作时间”和当前的“统计日期”，计算职工“工龄”，放在“工龄”一栏单元格内。

（5）根据“性别”和“出生日期”，计算职工的“退休日期”，放在“退休日期”一栏单元格区域。最终效果如图 9-3-1 所示。

（6）将每位职工的基本工资上涨 200 元加上元基本工资的 10%，放在“调整后基本工资”一栏单元格区域。

通过本案例，可以掌握数组、日期函数的使用方法，从身份证号码获取性别和出生日期的方法等。

设计过程

1. 利用二维数组批量计算职工调整后的工资

（1）新建一个工作簿。再以名称“【案例 31】职工档案表 1.xltx”保存。

（2）按照图 9-3-2 所示“职工档案表”工作表，输入该工作表的基本数据。然后保存该工作簿，再以名称“【案例 31】职工档案表.xltx”保存一份。

（3）选中“J5:J14”单元格区域，在公式编辑栏输入“=J5:J14+200+J5:J14*0.1”。表示“J5:J14”单元格区域内各单元格数据加 200，再加“J5: J14”单元格区域内相应单元格数据的 10%。

（4）按【Ctrl+Shift+Enter】组合键，在“=J5:J14+200+J5:J14*0.1”两边添加“{}”。

这时，会看到“J5:J14”单元格区域按照公式规则填充了数据，如图 9-3-1 所示。

2. 根据身份证号码获取性别

身份证号码有 15 位和 18 位两种。对于 15 位的身份证号码，第 7、8 两位是年号，9、10 两位是月号，第 11、12 两位是日期号；第 15 位（即右边第 1 位）如果是奇数，则性别为“男”；否则性别为“女”。对于 18 位的身份证号码，第 7～10 四位是年号，11、12 两位是月号，第 13、14 两位是日期号；第 17 位如果是奇数，则性别为“男”；第 17 位如果是偶数，则性别为“女”。

	A	B	C	D	E	F	G	H	I	J	K	L
1												
2		职工档案										
3											统计日期：	
4		编号	姓名	性别	身份证号	出生日期	参加工作时间	工龄	职称	基本工资	调整后基本工资	退休日期
5		0001	胡佳宁		1101095803162××		1978年7月1日		高级工程师	4100		
6		0002	张曼玉		1301081985061008××		2003年5月1日		助理工程师	2600		
7		0003	李芳林		3561238602160××		2008年9月1日		技工	1300		
8		0004	付小平		1101051968120910××		1990年7月1日		工程师	3600		
9		0005	赵宝贵		3701021960110300××		2000年9月1日		工程师	2900		
10		0006	蒋泽鑫		1101011959050800××		1980年9月1日		高级工程师	4000		
11		0007	马欣		1101028607090××		2006年9月1日		技工	1900		
12		0008	冯金玲		1231011983050310××		2005年1月1日		技工	2000		
13		0009	姬鹏飞		3601081975020600××		1995年8月1日		工程师	3100		
14		0010	张爱萍		1101091981092600××		2003年9月1日		助理工程师	2600		

图 9-3-2　“职工档案表”工作簿计算前的效果

（1）选中“D5”单元格。

（2）在编辑框中输入公式“=IF(LEN(E5)=15,IF(MOD(RIGHT(E5,1),2)=1,"男","女"),IF(MOD(MID(E5,17,1),2)=1,"男","女"))”，然后，按【Enter】键。

（3）选中“D5”单元格。向下拖动填充柄，将公式复制到下面的 9 个单元格中，效果如图 9-3-3 所示。公式解释如下。

◎ LEN(E5)=15：获取 E5 单元格数据的长度，并判断身份证号码的位数是否为 15。

◎ RIGHT(E5,1) ：获取 E5 单元格数据右边的第 1 个字符，即用于求出身份证号码中代表性别的数字。

◎ MOD(RIGHT(E5,1),2)：对身份证号码中代表性别的数字除以 2 并且取余数。

◎ IF(MOD(RIGHT(E5,1),2)=1,"男","女")：如果余数为 1，则表示身份证号码中代表性别的数字为奇数，即返回性别为“男”，否则为“女”。

◎ MID(E5,17,1)：如果身份证号码的位数不是 15 位（即 18 位）。那么获取 E5 单元格数据中从第 17 位字符开始取一位字符，即从身份证号码的第 17 位开始取值取 1 位，求出身份证号码中代表性别的数字。

D	E	F	G
		职 工 档	
性别	身份证号	出生日期	参加工作时间
男	1101095803162××	1958年03月16日	1978年7月1日
女	1301081985061008××	1985年06月10日	2003年5月1日
女	3561238602160××	1986年02月16日	2008年9月1日
女	1101051968120910××	1968年12月09日	1990年7月1日
男	3701021960110300××	1960年11月03日	2000年9月1日
男	1101011959050800××	1959年05月08日	1980年9月1日
男	1101028607090××	1986年07月09日	2006年9月1日
女	1231011983050310××	1983年05月03日	2005年1月1日
男	3601081975020600××	1975年02月06日	1995年8月1日
女	1101091981092600××	1981年09月26日	2003年9月1日

图 9-3-3 “性别”和“出生日期”栏内数据

◎ MOD(MID(E5,17,1),2) 对身份证号码中代表性别的数字除以 2 取余数。

◎ IF(MOD(MID(E5,17,1),2)=1,"男","女") 如果余数为 1，则表示身份证号码中代表性别的数字为奇数，即返回性别为“男”，否则为“女”。

◎ IF(LEN(E5)=15,IF(MOD(RIGHT(D4,1),2)=1,"男","女"),IF(MOD(MID(E5,17,1),2)=1,"男","女")) 如果身份证号码是 15 位，执行 IF(MOD(RIGHT(D4,1),2)=1,"男","女")，否则执行 IF(MOD(MID(E5,17,1),2)=1,"男","女")。

3．根据身份证号码计算出生日期

（1）选中“F5”单元格。在编辑框中输入公式“=IF(LEN(E5)=15,"19"&MID(E5,7,2)&"年"&MID(E5,9,2)&"月"&MID(E5,11,2)&"日",MID(E5,7,4)&"年"&MID(E5,11,2)&"月"&MID(E5,13,2)&"日")”，然后按【Enter】键。

（2）选中“F5”单元格，向下拖动填充柄，将公式复制到下面的 9 个单元格中，效果如图 9-3-3 所示。公式解释如下。

◎ LEN(E5)=15：获取 E5 单元格数据的长度，并判断身份证号码的位数是否为 15。

◎ MID(E5,7,2) 和 MID(E5,7,4)：分别获取 E5 单元格中从第 7 位开始取 2 位字符和从第 7 位开始取 4 位字符，即在身份证号码中获取表示年份的数字字符串。

◎ MID(E5,9,2) 和 MID(E5,11,2)：分别获取 E5 单元格中从第 9 位开始取 2 位字符和从第 11 位开始取 2 位字符，即在身份证号码中获取表示月份的数字字符串。

◎ MID(E5,11,2) 和 MID(E5,13,2)：分别获取 E5 单元格中从第 11 位开始取 2 位字符和从第 13 位开始取 2 位字符，即在身份证号码中获取表示日期的数字字符串。

◎ "19"&MID(E5,7,2)：如果身份证号码的位数为 15，在获取的两位年份数字前加“19”。

◎ MID(E5,7,4)&"年"&MID(E5,11,2)&"月"&MID(E5,13,2)&"日")：显示日期，“&”是字符串连接符号。

4．计算当前日期和工龄

（1）选中“L3”单元格。在编辑框中输入公式：“=TODAY()”，再按【Enter】键。表示在当前单元格输入系统当前日期。

（2）选中“H5”单元格。在编辑框中输入“=YEAR(L$3)-YEAR(G5)”，再按【Enter】键。

（3）选中“H5”单元格。向下拖动填充柄，将公式复制到下面的 9 个单元格中，效果如图 9-3-4 所示。

G	H	I	J	K	L
职 工 档 案					
				统计日期：	2010年5月20日
参加工作时间	工龄	职称	基本工资	调整后基本工资	退休日期
1978年7月1日	32	高级工程师	4100	4710	2018年3月16日
2003年5月1日	7	助理工程师	2600	3060	2040年6月10日
2008年9月1日	2	技工	1300	1630	2041年2月16日
1990年7月1日	20	工程师	3600	4160	2023年12月9日
2000年9月1日	10	工程师	2900	3390	2020年11月3日
1980年9月1日	30	高级工程师	4000	4600	2019年5月8日
2006年9月1日	4	技工	1900	2290	2046年7月9日
2005年1月1日	5	技工	2000	2400	2038年5月3日
1995年8月1日	15	工程师	3100	3610	2035年2月6日
2003年9月1日	7	助理工程师	2600	3060	2036年9月26日

图 9-3-4 计算“工龄”

5．计算退休日期

（1）选中“L5”单元格。在编辑框中输入以下公式。

“=IF(D5="男",YEAR(F5)+60&"年"&MONTH(F5)&"月"& DAY(F5)&"日", YEAR(F5)+55&"年"&MONTH(F5)&"月"& DAY(F5)&"日")”，然后按【Enter】键。

公式的含义是，如果性别为“男”，则 60 岁退休；如果性别为“女”，则 55 岁退休。YEAR(F5)函数可以获取“F5”单元格内出生日期数据的年份，MONTH(F5)函数可以获取“F5”单元格内出生日期数据的月份号，DAY (F5)函数可以获取“F5”单元格内日期数据的日号；“&”字符是字符串的连接字符。如果性别为“男”，则出生日期加 60；如果性别为“女”，则出生日期加 55。

（2）选中“L5”单元格。向下拖动填充柄，将公式复制到下面的 9 个单元格中，效果如图 9-3-1 所示。然后，保存工作簿，再退出。

相关知识

1．数组

数组是用于建立可以生成多个结果或可以对在行和列中排列的一组参数进行运算的单个公式。数组区域共用一个公式，在了解数组公式应用之前，首先应了解数组公式的参数。数组常量是用作参数的一组常量。

（1）数组分类：数组包括区域数组和常量数组。

◎ 区域数组是一个矩形的单元格区域，如 $D$1:$H$3。

◎ 常量数组是一组给定的常量，例如{1,2,3}或{1;2;3}或{1,2,3;1,2,3}。

其中，“,”（逗号）可分离不同列的数据，“;”（分号）可分离不同行的数据。

另外，需要说明的是数组公式中的参数必须为“矩形”，例如{1,2,3;1,2}就无法引用。

（2）常量数组：常量数组可以含有数字、文本、逻辑值（TRUE 或 FALSE），甚至诸如#N/A 的错误值。数字可以是整数型、小数型或者科学计数法形式。文本则必须用引号引起来（例如“计算机”）。可以在同一个常量数组中使用不同类型的数据。

在使用常量数组时，必须将常量用大括号括起来，并且用逗号（分离不同列的数据）和分号（分离不同行的数据）作为数据之间的间隔符。例如，可以通过列出数组的记录并用大括号括起来，从而创建一个常量数组。下面就是一个含有 6 个记录的纵向常量数组。

```
{2,4,6,8,10,12}
```

使用 SUM 函数，并使用上面的常量数组作为参数输入公式“=SUM({2,4,6,8,10,12})”，该公式将返回数组中所有记录的和（即 9）。注意，这时是公式在使用数组而不是数组公式，所以不能使用【Ctrl+Shift+Enter】组合键来结束公式的输入。

公式“=SUM({2,4,6,8,10,12})”与公式“=SUM(2,4,6,8,10,12)”是完全等效的，因此还看不出使用常量数组的优点。下面再来看一个公式，从中可以看出应用常量数组的优点。

```
=SUM({1,2,3,4}*{8,7,6,5})          ————————— ①
```

这个公式（在内存中）创建一个新的数组，这个数组由两个数组中对应元素的乘积组成。这个新的数组为：{8,14,18,20}。

这个数组又被用作 SUM 函数的参数，SUM 函数将返回结果（60）。实际上，公式①与下面的公式②的作用是相同。

```
=SUM(1*8,2*7,3*6,4*5)          ————————— ②
```

当然，公式可以同时使用常量数组和存储在区域中的数组。如公式③所示，返回“D1:D4”单元格区域中的值（分别为 1、2、3、4）与常量数组中对应元素乘积的和。

```
=SUM(D1:D4*{8,7,6,5})          ————————— ③
```

其实，公式③相当于下面的公式④的内容。

```
=SUM(D1 *8,D2*7,D3*6,D4*5)          ————————— ④
```

2．二维数组和 Row()函数

（1）二维数组：前面对于数组的讨论基本上都局限于单行或单列，但在实际应用中，往往会涉及许多行和列的数据处理，这就是二维数组。

二维数组使用“,”逗号隔开水平元素，使用“;”分号隔开纵向元素。在 Excel 中可以进行二维数组的各种运算。合理的运用二维数组的运算，可以大大提高数据处理的能力，如过需要在不同工作表之间进行数据汇总，二维数组就可以大显其功能了。

（2）Row()函数。

【格式】ROW(reference)

【参数】参数 reference 为需要得到其行号的单元格或单元格区域，不能引用多个区域。

【功能】返回引用的单元格行号，如果省略 reference，则是对函数 ROW 所在单元格的引用；如果 reference 为一个单元格区域，并且函数 ROW 作为垂直输入，则函数 ROW 将 reference 的行号以垂直数组的形式返回。

ROW()函数在数组公式中有相当大的作用，许多公式中都需要使用该函数的值来作为参数。ROW()函数通常只能引用一个参数。但是在数组公式中，该函数就能引用多个单元格作为参数，对于整个引用区域进行分别运算，从而就能返回一组数据。例如，

```
ROW(D1)=1
……
ROW(D100)=100
```

从而，ROW($D$1:$D$100)={1;2;3……100}

知道了这一点以后，就能在数组公式中利用这个功能来得到一组连续的正整数。所以可以轻松地计算出正整数列 1,2,3,…，100 这 100 个数字之和。公式如下。

公式“={SUM(ROW($A$1:$A$100))}”的值为 5050。

另外，ROW()函数也有不完美的地方，比如，{=ROW(1:12)}产生一个含有从 1～12 连续整数的数组，但是，在含有数组公式区域的上面插入一个新行时，则发现 Excel 会调整行引用，使数组公式现在读取的是“{=ROW(2:13)}”，原本生成整数 1～12 的公式现在生成的是整数 2～13。为了更好地解决这个问题，可以使用下面的公式。

```
{=ROW(INDIRECT("1:12"))}
```

这个公式使用 INDIRECT 函数，它使用字符串作为参数，Excel 并不调整包含在参数中用于 INDIRECT 函数的引用。因此，这个数组公式一直返回的是从 1～12 的整数。

这样，为了防止因删除或插入新行而引起数值的变换，最好把公式“={SUM(ROW($A$1:$A$100))}”变成“{=SUM(ROW(INDIRECT("1:100")))}”。

3．数组公式

当需要把多个对应列或行的数据相加，并得出对应的一列或一行计算出来的数据时，可以用一个数组公式来完成。数组公式最大的特征就是所引用的参数是数组参数。

（1）建立数组公式：建立数组公式可以批量处理数据，建立数组公式的方法如下。

◎ 如果希望数组公式返回一个结果，可先选中需要使用数组公式进行计算的单元格。如果希望数组公式返回多个结果，应选择需保存数组公式计算结果的多个单元格的区域。

◎ 输入公式的内容。然后，按【Ctrl+Shift+Enter】组合键结束。数组公式的外面会自动加上大括号“{}”，用来区分于普通的公式。

其中，输入公式后按【Ctrl+Shift+Enter】组合键，是很重要的，它把输入的公式视为一个数组公式。如果只按【Enter】键，则输入的只是一个普通的公式，Excel 只在选中的单元格区域的第一个单元格处（选中区域的左上角单元格）显示一个计算结果。

（2）用数组公式计算多列数据之和：例如，如图 9-3-8 所示是一个“计算机系学生成绩统计表”工作表的原表，在此基础之上，计算各个学生的“基础课平均分”、“专业课平均分”和“总评分数”。“基础课平均分”为“政治”、“数学”、“语文”单元格内的数值和除以 3；“专业课平均分”为“计算机基础”、“多媒体”、“图像处理”、“网页制作”单元格内的数值和除以 4；“总评分数”的计算方式为“基础课平均分*0.3+专业课平均分*0.6+体育*0.1”。运用数组公式进行计算。

计算机系学生成绩统计表

姓名	政治	数学	语文	计算机基础	多媒体	图像处理	网页制作	体育	基础课平均分	专业课平均分	总评分数
赵建华	80	90	89	78	82	66	68	80			
张可欣	68	81	76	92	68	82	68	77			
华玉	78	68	68	99	86	58	78	80			
沈昕	90	89	84	88	100	99	88	82			
黎明	65	86	66	68	68	68	69	69			
欧阳修	56	74	52	100	90	84	86	90			
张筱雨	77	88	80	100	80	64	92	100			

图 9-3-5　“计算机系学生成绩统计表”原始表

操作步骤如下。

◎ 选中“基础课平均分”一列的“K4:K10”单元格区域。

◎ 输入公式“=(C4:C10+D4:D10+E4:E10)/3”。

◎ 按【Ctrl+Shift+Enter】组合键。

◎ 选中“专业课平均分”一列的“L4:L10”单元格区域。

◎ 输入公式“=(F4:F10+G4:G10+H4:H10+I4:I10)/4”。

◎ 按【Ctrl+Shift+Enter】组合键。

◎ 选中“总评分数”一列的“M4:M10”单元格区域。

◎ 输入公式：“=K4:K10*0.3+L4:L10*0.6+J4:J10*0.1”。

◎ 按【Ctrl+Shift+Enter】组合键。最后得到的结果如图 9-3-6 所示。

计算机系学生成绩统计表

姓名	政治	数学	语文	计算机基础	多媒体	图像处理	网页制作	体育	基础课平均分	专业课平均分	总评分数
赵建华	80	90	89	78	82	66	68	80	86.33	73.5	78
张可欣	68	81	76	92	68	82	68	77	75.00	77.5	76.7
华玉	78	68	68	99	86	58	78	80	71.33	80.25	77.55
沈昕	90	89	84	88	100	99	88	82	87.67	93.75	90.75
黎明	65	86	66	68	68	68	69	69	72.33	68.25	69.55
欧阳修	56	74	52	100	90	84	86	90	60.67	90	81.2
张筱雨	77	88	80	100	80	64	92	100	81.67	84	84.9

图 9-3-6 “计算机系学生成绩统计表”工作表计算后的效果

（3）用数组公式计算两数据区域的乘积：采用数组公式一次性计算出所有的乘积值，并保存在另一个大小相同的矩形区域中。

例如，制作一个“学生专业教材统计表”工作簿，该工作簿在计算前如图 9-3-7 所示。需要根据每本教材的单价和各班的订数，计算出各种教材的订购数量和各种教材的金额，以及各班所有教材的总定数。这个问题可以运用数组公式来完成。具体的操作方法如下。

学生专业教材统计表

教材名称	单价	计算机1班	计算机2班	计算机3班	数量合计	教材金额
计算机基础	32.4	32	32	35		
多媒体设计	30.5	33	33	34		
图像处理案例教程	31.8	34	35	31		
网页制作案例教程	32	30	36	35		
合计						

图 9-3-7 “学生教材统计表”工作表计算前的效果

◎ 选中“数量合计”一列的“G4:G7”计算区域。

◎ 输入公式“=D4:D8+E4:E8+F4:F8”。

◎ 按【Ctrl+Shift+Enter】组合键。

◎ 选中“教材金额”一列的“H4:H7”计算区域。

◎ 输入公式“=G4:G8*C4:C8”。

◎ 按【Ctrl+Shift+Enter】组合键。

该数组的含义是：乘号“*”前后的两个单元格区域中相对应的单元格内容相乘，结果放入 H 列同行的单元格中。即先计算 G4*C4，结果放入 H3 单元格当中；再计算 G5*C5，结果放入 H5 单元格当中，依此类推。

当然，也可以用单个的公式进行计算，如在“H4”单元格中输入“＝G4*C4”按【Enter】键结束。然后，选中“H4”单元格拖动单元格右下角填充柄，向下填充 3 个单元格，也会完成相同的计算。但是，这样就会在 H4 至 H7 单元格中各产生 1 个公式，共计 4 个公式。而采用数组公式，则只需在这 7 个单元格中保存一个公式“=G4:G8*C4:C8”即可。当数组公式的范围很大时，这可以极大地节省存储空间。

◎ 再统计各班合计、总数量和总金额。最后效果如图 9-3-8 所示。

（4）数组公式的优点：使用数组公式与使用普通公式相比有如下几个优点。

◎ 可以保证区域中所有公式相同。

◎ 减少了意外覆盖公式的可能性，数组公式所涉及单元格是不能更改的。

◎ 使用数组公式可以防止初学者篡改公式。

教材名称	单价	计算机1班	计算机2班	计算机3班	数量合计	教材金额
计算机基础	32.4	32	32	35	99	3207.6
多媒体设计	30.5	33	33	34	100	3050
图像处理案例教程	31.8	34	35	31	100	3180
网页制作案例教程	32	30	36	35	101	3232
合计		129	136	135	400	12669.6

（表头：学生专业教材统计表）

图 9-3-8　“学生教材统计表”工作表计算后的效果

4．使用数组公式的规则

（1）数组公式的输入：输入数组公式时，应先选择用来保存计算结果的单元格区域。如果计算公式将产生多个计算结果，就必须选择一个与完成计算时所用区域大小和形状都相同的区域。

输入完数组公式，按【Ctrl+Shift+Enter】组合键，这时在 Excel 公式编辑栏上输入的公式自动加上了“{}”大括号。如果手动添加“{}”，Excel 将把这个输入视作文本。

（2）数组公式的编辑：数组包含数个单元格，这些单元格形成一个整体，所以在数组里的某一个单元格不能单独编辑，在编辑数组前，必须先选定整个数组。如果不慎操作，Excel 就会弹出如图 9-3-9 所示的提示。如要编辑或清除数组，需选取整个数组并激活公式编辑栏，或选取数组公式所在的任何一个单元格，然后激活公式编辑栏，这时，公式中的“{}”大括号就会自动消失，再修改或删除数组公式，最后仍然以【Ctrl+Shift+Enter】组合键结束编辑。

也可以按照下列方法选定数组公式。

选中数组中的任意单元格，选择“编辑”→“定位”菜单命令或按【F5】键，调出“定位”对话框，如图 9-3-10 所示。单击“定位条件”按钮，调出“定位条件”对话框，在其中选中“当前数组”单选按钮，如图 9-3-11 所示，单击“确定”按钮，即可看到被选定的数组了。

图 9-3-9　改动数组公式单元格的提示

图 9-3-10　“定位”对话框

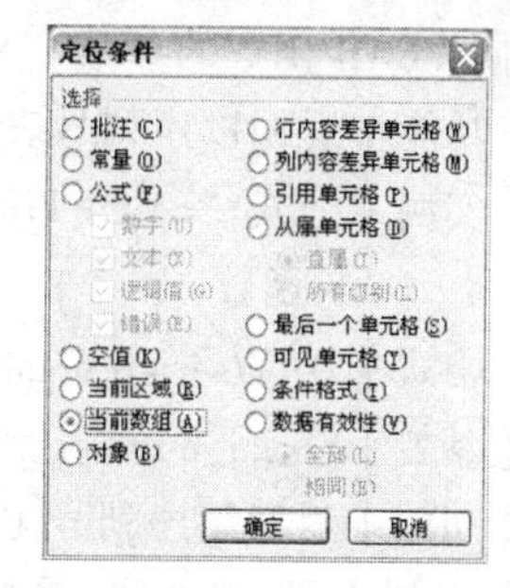

图 9-3-11　“定位条件”对话框

（3）数组公式的移动：如果要移动数组公式，需要选中整个数组公式所包括的范围，然后把整个区域拖动至目标位置，也可以通过“复制”、“粘贴”命令进行移动。

（4）数组公式的范围：输入数组公式或函数的范围，其大小及外形应该与作为输入数据的范围的大小和外形相同。如果存放结果的范围太小，就看不到所有的结果；如果范围太大，有些单元格就会出现错误信息“#N/A”。

5．日期和时间函数

下面的实例中，输入公式的单元格设置是日期型数据（多种）和设置成数值型数据或其他数据时，显示的结果会不一样，要显示序号，应设置成数值型数据。

（1）DATE 函数。

【格式】DATE(year,month,day)

【参数】参数可以有 1 个到 3 个，根据使用的日期系统解释该参数。默认情况下，Excel 使用 1900 日期系统。Month 代表每年中月份的数字。如果所输入的月份大于 12，将从指定年份的一月份执行加法运算。day 代表在该月份中第几天的数字。如果 day 大于该月份的最大天数时，将从指定月份的第一天开始往上累加。

【功能】返回代表特定日期的序列号。

注意：Excel 按顺序的序列号保存日期，这样就可以对其进行计算。如果工作簿使用的是 1900 日期系统，则 Excel 会将 1900 年 1 月 1 日保存为序列号 1。同理，Excel 可将日期存储为可用于计算的序列号。默认情况下，1900 年 1 月 1 日的序列号是 1，而 2008 年 1 月 1 日的序列号是 39 448，这是因为它距 1900 年 1 月 1 日有 39 448 天。

【实例】公式“=DATE(2010,5,10)” 返回 40 308。

（2）YEAR 函数。

【格式】YEAR(serial_number)

【参数】Serial_number 是一个日期值，其中包含要查找的年份。日期有多种输入方式：带引号的文本串（例如"2010/05/10"）、序列号（例如，39 448）或其他公式或函数的结果。

【功能】返回某日期的年份。其结果为 1900 到 9999 之间的一个整数。

【实例】公式“=YEAR ("2010/5/10")”，返回 2010。

（3）MONTH 函数。

【格式】MONTH(serial_number)

【参数】Serial_number 表示一个日期值，其中包含着要查找的月份。日期输入方式也有多种（同 YEAR 函数的参数）。

【功能】返回以序列号表示的日期中的月份，它是介于 1（月）和 12（月）之间的整数。

【实例】公式“=MONTH("2010/05/24")”返回 5。

（4）DAY 函数。

【格式】DAY(serial_number)

【参数】Serial_number 是要查天数的日期，日期输入方式有多种（同 YEAR 函数的参数）。

【功能】返回用序列号（整数 1 到 31）表示的某日期的天数，用整数 1 到 31 表示。

【实例】公式“=DAY("2010/05/20")”返回 20，公式“=DAY(38792)”返回 16，公式“=DAY(DATEVALUE("2010/5/20"))”返回 20。

（5）TODAY 函数。

【格式】TODAY()

【功能】返回系统当前日期的序列号。当重新打开文档时或重新计算时，以获取新的日期。

【实例】公式“=TODAY()”返回 2010-5-20（执行公式时的系统时间）。如昨天显示的日期是 2010-5-20，则今天再次打开该工作表时，该单元格中的时间将会是 2010-5-21。

（6）NOW 函数。

【格式】NOW()

【功能】返回当前日期和时间所对应的序列号。当重新打开文档时或工作表重新计算时，日期系统会自动转换以获取最新的系统日期和时间。

【实例】如果正在使用的是 1900 日期系统，而且计算机的内部时钟为 2010-5-20 17:45，则公式“=NOW()”返回 2010-5-20 17:45。

（7）TIME 函数。

【格式】TIME(hour,minute,second)

【参数】hour 是 0 到 23 之间的数，代表小时；minute 是 0 到 59 之间的数，代表分；second 是 0 到 59 之间的数，代表秒。

【功能】返回某一特定时间的小数值,它返回的小数值从 0 到 0.99999999 之间,代表 0:00:00（12:00:00 AM）到 23:59:59（11:59:59 PM）之间的时间。

【实例】公式“=TIME(10,12,45)”返回 10:12:45 PM。。“=TEXT(TIME(23,18,14)”的“h:mm:ss AM/PM”格式返回“11:18:14 PM”。

（8）HOUR 函数。

【格式】HOUR(serial_number)

【参数】serial_number 表示一个时间值，其中包含着要返回的小时数。它有多种输入方式：带引号的文本串（如"6:45PM"）、十进制数（如 0.78125 表示 6:45PM）或其他公式或函数的结果（如 TIMEVALUE("6:45 PM")）。

【功能】返回时间值的小时数，即介于 0（12:00 AM）到 23（11:00 PM）之间的整数。

【实例】公式“=HOUR("10:10:45 PM")”返回 22，公式“=HOUR(0.5)”返回 12 即 12:00:00 AM，公式“=HOUR(29747.7)”返回 16。

（9）MINUTE 函数。

【格式】MINUTE(serial_number)

【参数】serial_number 是一个时间值，其中包含着要查找的分钟数。关于时间的输入方式见 HOUR 函数的参数 serial_number。

【功能】返回时间值中的分钟，即介于 0～59 之间的一个整数。

【实例】公式“=MINUTE("15:30:00")”返回 30，公式“=MINUTE(0.06)”返回 26，公式“=MINUTE(TIMEVALUE("9:45 PM"))”返回 45。

（10）SECOND 函数。

【格式】SECOND(serial_number)

【参数】serial_number 表示一个时间值，其中包含要查找的秒数。关于时间的输入方式见 HOUR 函数的参数 serial_number。

【功能】返回时间值的秒数（为 0～59 之间的一个整数）。

【实例】公式“=SECOND("3:30:26 PM")”返回 26，公式“=SECOND(0.016)”返回 2。

（11）WEEKDAY 函数。

【格式】WEEKDAY(serial_number,return_type)

【参数】serial_number 代表要查找的日期，或日期的序列号，以了解该日期为星期几；Return_type 为确定返回值类型的数字，如表 9-3-1 所示。

例如：公式“=WEEKDAY("2010/5/20",2)”返回 4，即星期四。

【功能】返回某日期的星期数。在默认情况下，它的值为 1（星期天）到 7（星期六）之间的一个整数。

表 9-3-1 Return_type 返回的数字

Return_type	返回的数字
1 或省略	数字 1（星期日）到数字 7（星期六）
2	数字 1（星期一）到数字 7（星期日）
3	数字 0（星期一）到数字 6（星期日）

（12）NETWORKDAYS 函数。

【格式】NETWORKDAYS(start_date,end_date,holidays)

【参数】start_date 代表开始日期，end_date 代表终止日；holidays 是表示不在工作日历中的一个或多个日期所构成的可选区域，法定假日以及其他非法定假日。此数据清单可以是包含日期的单元格区域，也可以是由代表日期的序列号所构成的数组常量。函数中的日期有多种输入方式：带引号的文本串（如"1998/01/30"）、序列号（如使用 1900 日期系统的 35 825）或其他公式或函数的结果（如 DATEVALUE("2010/1/10")）。

【功能】返回参数 start_data 和 end_data 之间完整的工作日（不包括周末和专门指定的假期）数值。

例如：某项目从 2010 年 5 月 1 日开始，2010 年 5 月 20 日完成，但不包括 2010 年 5 月 18 日，则该项目的工作日天数可用以下公式计算。

公式“=NETWORKDAYS("2010/5/1","2010/5/20","2010/5/18")”的值为 22。

注意：该函数只有加载“分析工具库”以后方能使用，否则出现错误信息“#NAME?”。

思考练习 9-3

（1）制作一个“学生成绩表”工作簿，如图 9-3-12 所示。其中，先要计算智育成绩的平均分，再计算学生的综合测评分。智育平均分为“智育成绩的和除 4”。综合测评分为“德育*0.2+智育*0.7+体育*0.1”。

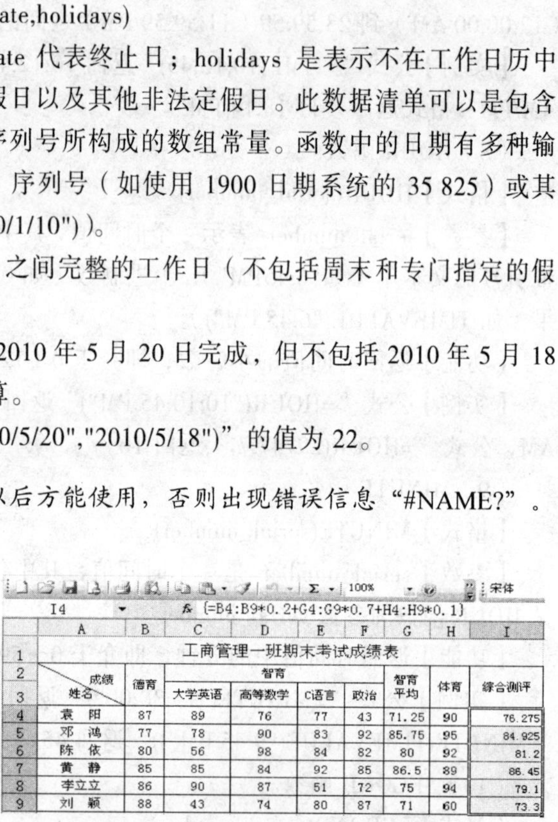

I4 {=B4:B9*0.2+G4:G9*0.7+H4:H9*0.1}

工商管理一班期末考试成绩表

姓名＼成绩	德育	智育 大学英语	智育 高等数学	智育 C语言	智育 政治	智育平均	体育	综合测评
袁 阳	87	89	76	77	43	71.25	90	76.275
邓 鸿	77	78	90	83	92	85.75	95	84.925
陈 依	80	56	98	84	82	80	92	81.2
黄 静	85	85	84	92	85	86.5	89	86.45
李立立	86	90	87	51	72	75	94	79.1
刘 颖	88	43	74	80	87	71	60	73.3

图 9-3-12 “学生成绩表”工作簿

（2）修改“职工档案表”工作薄，增加一个“年龄”列，根据身份证号码获取职工年龄，填写到“年龄”列内的各单元格中。

9.4 综合实训 9——外聘教师酬金表

实训效果

本实训要求制作一个“外聘教师酬金表”工作簿如图 9-4-1 所示。其中，“职称系数”、“酬金标准”、“应发课酬”、“奖金”等列个单元格内的数据需要计算。需要完成的计算如下所述。

◎ 职称系数：“副教授”的职称系数为：1.5，其他职称的职称系数为：1.2。

外聘教师酬金表(第一至四周)

教师编号	姓名	性别	职称	职称系数	讲授课程	学生评价	奖金	酬金标准(元/课时)	课时/周	周数	应发课酬	扣税	实发课酬
0001	王伟	女	副教授	1.5	数据结构	优	500	90	4	4	1940	228	2212
0002	张敏	男	讲师	1.2	大学语文	良	300	72	3	4	1164	72.8	1391.2
0003	李芳	女	讲师	1.2	大学英语	中	200	72	3	4	1064	52.8	1211.2
0004	赵丹宇	男	讲师	1.2	广告文案	优	500	72	4	4	1652	170.4	1981.6
0005	王静文	女	副教授	1.5	金融市场	差	-100	90	2	4	620	0	520
0006	曾昊	男	副教授	1.5	网页设计	优	500	90	3	4	1580	156	1924
0007	马明宇	男	助讲	1.2	PHOTOSHOP	中	200	72	4	4	1352	110.4	1441.6
0008	孙超	男	助讲	1.2	网页设计	差	-100	72	3	4	764	0	664
0009	李鹏飞	男	讲师	1.2	高等数学	优	500	72	4	4	1652	170.4	1981.6
0010	王爱诚	女	副教授	1.5	JAVA语言程序	优	500	90	5	4	2300	375	2425

酬金基数　60

合计　14088　1335.8　15752.2

教师平均每周课时　3.5课时

最高酬金标准　90

最低酬金标准　72

外聘教师职称统计表

类别	人数	百分比
副教授	4	40.0%
讲师	4	40.0%
助讲	2	20.0%
总人数	10	

图 9-4-1　“外聘教师酬金表”工作簿

◎ 计算酬金标准：酬金标准的计算方法=酬金基数*职称系数。

◎ 计算奖金：根据学生的评价计算出教师当月的奖金，如果评价为“优”，发放奖金：500 元；如果评价为“良”，发放奖金：300 元；如果评价为“中”，不发放奖金；如果评价为“差”，扣除工资：100 元，在相应单元格计算每位老师的奖金。

◎ 扣税：根据每位老师的应发课酬，计算应纳税，如果收入低于 800 元，不扣税，如果收入介于 800 至 2000 元之间，应交税额为超过 800 部分的 20%，如果收入超过 2000 元，应交税额为超过 800 部分的 25%。

◎ 统计教师的应发课酬、扣税、实发课酬的合计。

◎ 计算每位老师平均每周上课的课时数，统计教师的最高酬金和最低酬金。

◎ 统计外聘教师的各类职称人数及占总人数的百分比。

（2）要求制作一个“教师基本档案”工作薄，图 9-4-2 所示。需要完成以下计算。

统计日期　2008-1-15

教师编号	姓名	性别	身份证号	出生日期	参加工作时间	教龄	职称	基本工资	退休日期
0001	王伟	女	110109580921224	1958年09月21日	1978年7月	30	副教授	980	2013年9月21日
0002	张敏	女	130108197508120824	1975年08月12日	1998年5月	10	讲师	680	2030年8月12日
0003	李芳	女	356123760209004	1976年02月09日	1999年9月	9	讲师	680	2031年2月9日
0004	赵丹宇	女	110105197012091020	1970年12月09日	1994年7月	14	讲师	750	2025年12月9日
0005	王静文	男	370102196011030012	1960年11月03日	1987年9月	21	副教授	890	2020年11月3日
0006	曾昊	男	110101196905080015	1969年05月08日	1989年9月	19	副教授	900	2029年5月8日
0007	马明宇	男	110102820709003	1982年07月09日	2000年9月	8	助讲	560	2042年7月9日
0008	孙超	男	123101198005030012	1980年05月03日	1999年1月	9	助讲	580	2040年5月3日
0009	李鹏飞	男	360108197502060012	1975年02月06日	1995年8月	13	讲师	680	2035年2月6日
0010	王爱诚	女	110109197209260021	1972年09月26日	1995年9月	13	副教授	980	2027年9月26日

工资上涨调整表

姓名	调整前基本工资	调整后基本工资
王伟	980	1180
张敏	680	880
李芳	680	880
赵丹宇	750	950
王静文	890	1090
曾昊	900	1100
马明宇	560	760
孙超	580	780
李鹏飞	680	880
王爱诚	980	1180

图 9-4-2　“教师基本档案”工作簿

◎ 将每位教师的基本工资上涨 200 元，放在 D16:D25 单元格区域。

◎ 根据每位教师的“身份证号”，获取教师的“性别”，放在 C4:C13 单元格区域。

◎ 根据每位教师的“身份证号”，获取教师的“出生日期”，放在 E4:E13 单元格区域。

◎ 根据每位教师的“参加工作时间”和当前的“统计日期”，计算教师的“教龄”，放在G4:G13单元格区域。

◎ 根据每位教师的“性别”和“出生日期”，计算教师的“退休日期”。

实训提示

（1）参考【案例30】“职工工资表”工作簿的制作方法，制作“外聘教师酬金表”工作簿。

（2）参考【案例31】“职工档案表”工作簿的制作方法，制作“教师基档案表”工作簿。可以修改该工作簿的结构，进行一些创新。

实训测评

能力分类	能　　力	评　分
职业能力	输入公式，给单元格命名，应用单元格名称，其他命名和命名操作	
	显示公式和隐藏公式，单元格的引用，“A1”引用和“R1C1”引用，追踪引用单元格	
	内置函数特点，输入函数，“IF”函数和其他内置函数的使用方法	
	自动求和和自动计算	
	数组，数组分类，常量数组，二维数组，Row()函数	
	数组公式的应用，日期和时间函数	
通用能力	自学能力、总结能力、合作能力、创造能力等	
能力综合业绩		

第 10 章 Excel 2007 排序、分类和图表

本章通过对基本的“学生成绩”工作簿进行排序和筛选、分类汇总和创建数据透视表与透视图，以及相应的图表，介绍建立数据清单，数据清单排序和筛选、分类汇总、创建数据透视表与透视图、创建图标单等方法。

10.1 【案例 32】学生成绩排序和筛选

案例描述

本案例制作一个“学生成绩排序和筛选”工作簿，如图 10-1-1 所示，再对该工作表按“平均分”进行升序排序；在“平均分”相同的情况下，再按照“计算机基础”进行升序排序；在“计算机基础”相同的情况下，再按照“多媒体”进行升序排序，效果如图 10-1-2 所示。

学生成绩排序和筛选

学号	姓名	政治	数学	语文	计算机基础	多媒体	图像处理	网页制作	体育	平均分
0001	赵建华	65	86	66	68	68	68	69	69	69.9
0002	张可欣	68	81	72	96	68	82	68	77	76.5
0003	华玉	78	68	68	96	86	58	78	80	76.5
0004	沈昕	56	74	52	100	90	84	86	91	79.1
0005	黎明	80	70	87	100	82	66	67	81	79.1
0006	冯超	78	86	56	100	86	88	68	90	81.5
0007	关淩	68	66	78	88	80	78	90	80	78.5
0008	欧阳修	77	88	80	100	80	64	92	100	85.1
0009	张筱雨	90	89	84	88	100	99	88	82	90.0
0010	李玉梅	62	76	86	94	100	90	80	70	82.25

图 10-1-1 “学生成绩排序和筛选”工作簿

学生成绩排序和筛选

学号	姓名	政治	数学	语文	计算机基础	多媒体	图像处理	网页制作	体育	平均分
0001	赵建华	65	86	66	68	68	68	69	69	69.9
0002	张可欣	68	81	72	96	68	82	68	77	76.5
0003	华玉	78	68	68	96	86	58	78	80	76.5
0007	关淩	68	66	78	88	80	78	90	80	78.5
0005	黎明	80	70	87	100	82	66	67	81	79.1
0004	沈昕	56	74	52	100	90	84	86	91	79.1
0006	冯超	78	86	56	100	86	88	68	90	81.5
0010	李玉梅	62	76	86	94	100	90	80	70	82.25
0008	欧阳修	77	88	80	100	80	64	92	100	85.1
0009	张筱雨	90	89	84	88	100	99	88	82	90.0

图 10-1-2 “学生成绩排序和筛选”工作簿排序结果

另外，还筛选显示平均分小于 85 且大于等于 75 的所有记录，如图 10-1-3 所示。

通过本案例有学习，读者可以掌握建立数据库清单、排序和筛选的操作方法。

	A	B	C	D	E	F	G	H	I	J	K	L
2		学生成绩排序和筛选										
4		学号	姓名	政治	数学	语文	计算机基	多媒	图像处	网页制	体	平均分
6		0002	张可欣	68	81	72	96	68	82	68	77	76.5
7		0003	华玉	78	68	68	96	86	58	78	80	76.5
8		0004	沈昕	56	74	52	100	90	84	86	91	79.1
9		0005	黎明	80	70	87	100	82	66	67	81	79.1
10		0006	冯超	78	86	56	100	86	88	68	90	81.5
11		0007	关凌	68	66	78	88	80	78	90	80	78.5
14		0010	李玉梅	62	76	86	94	100	90	80	70	82.25

图 10-1-3 “学生成绩排序和筛选”工作簿筛选结果

设计过程

1．建立数据清单

数据清单是包含列标题的一组连续数据行的工作表，它是一种有特殊要求的表格，数据清单必须要由两个部分构成：表结构和纯数据。表结构是数据清单中的第一行列标题，Excel 将利用这些标题名进行数据的查找、排序以及筛选等。纯数据部分则是 Excel 实施管理功能的对象，不允许有非法数据出现。因此在 Excel 创建数据清单要遵守一定的规则。

数据清单的主要作用之一就是进行数据管理，正确的数据清单是进行后面工作的基础。在 Excel 2007 中对数据清单执行查询、排序等操作时，自动将数据清单视为数据库，数据清单中的列是数据库中的字段；数据清单中的列标志是数据库中的字段名称；数据清单中的每一行对应数据库中的一个记录。

（1）启动 Excel 2007，单击“Office”按钮，调出它的菜单，选择该菜单内的“新建”菜单命令，调出“新建工作簿”对话框，单击该对话框内的“创建”按钮，新建一个工作簿。再以名称“【案例 32】学生成绩排序和筛选.xltx”保存。

（2）按照图 10-1-1 所示，制作“学生成绩排序和筛选”工作簿。在建立工作表，即数据清单时，应注意要遵守以下的建立数据清单的规则。

◎ 在同一个数据清单中列标题必须是唯一的。

◎ 列标题与行数据之间不能用分隔线或空行分开，可以使用单元格边框线来分隔。

◎ 同一列数据的类型、格式等应相同，在行数据区不允许出现空行。

◎ 在一个工作表上避免建立多个数据清单。因为数据清单的某些处理功能，每次只能在一个数据清单中使用。

◎ 尽量避免将关键数据放到数据清单的左右两侧，因为在筛选时它们可能会被隐藏。

◎ 在工作表的数据清单与其他数据之间至少留出一空白行或一空白列。

（3）然后保存，再以名称“【案例 30】学生成绩排序和筛选 1. xltx”保存。

2．排序

（1）在图 10-1-1 所示表格内拖动选中除了标题文字外的所有清单数据的单元格。

（2）切换到“数据”选项卡，单击“排序和筛选”组（见图 10-1-4）中的“排序”按钮，调出“排序”对话框，如图 10-1-5 所示（还没有设置）。

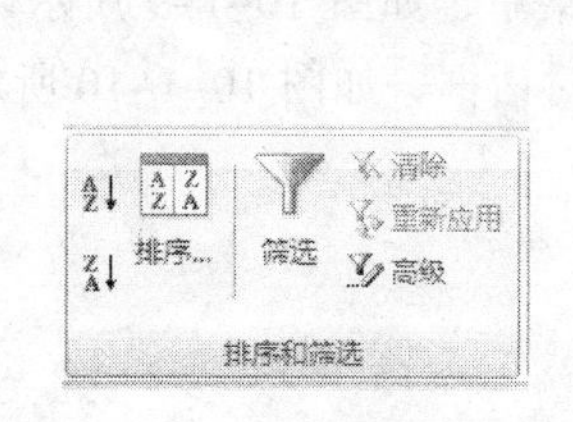

图 10-1-4 “排序和筛选”组

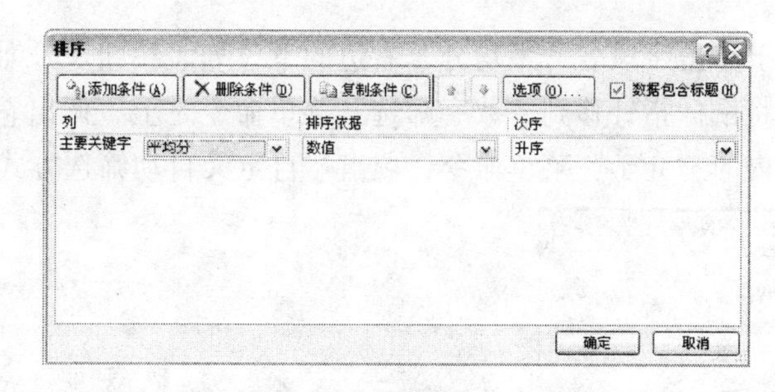

图 10-1-5 “排序”对话框

（3）在“主要关键字”下拉列表框中选择字段名“平均分”选项。

（4）在“排序依据”下拉列表框中选择一种排序依据，此处选择“数值”选项。

（5）在“次序”下拉列表框中选择“升序”排序方式，如图 10-1-5 所示。

（6）单击“添加条件”按钮，增加一行条件。在“次要关键字”下拉列表框中选择字段名“计算机基础”选项。其他两个列表框的选择保持默认选择，即和主要关键字的选择一样。

（7）再单击“添加条件”按钮，再增加一行条件。在“次要关键字”下拉列表框中选择字段名“多媒体”选项。其他两个列表框的选择保持默认选择，即和主要关键字的选择一样。

（8）为了防止数据清单的标题被加入到其余部分进行排序，选中“数据包含标题”复选框。此时的“排序”对话框设置如图 10-1-6 所示。

（9）单击“确定”按钮，效果如图 10-1-2 所示。

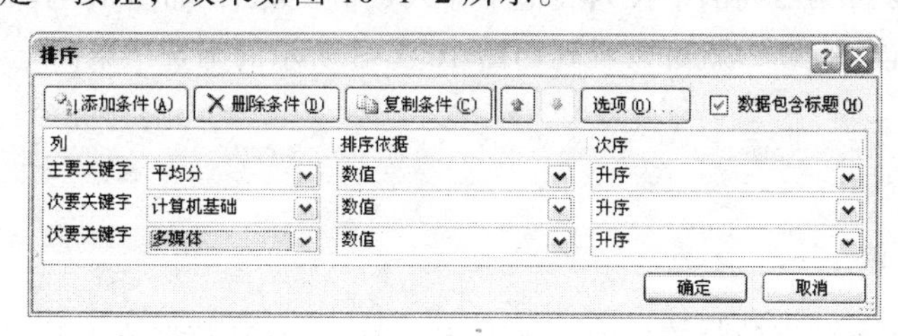

图 10-1-6 “排序”对话框设置

3. 筛选

（1）在图 10-1-1 所示表格内拖动选中除标题文字外的所有清单数据的单元格。

（2）切换到“数据”选项卡，单击“排序和筛选”组中的“筛选”按钮，在列标题的右边出现自动筛选箭头，效果如图 10-1-7 所示。

学生成绩排序和筛选

学号	姓名	政治	数学	语文	计算机基	多媒	图像处	网页制	体	平均分
0001	赵建华	65	86	66	68	68	68	69	69	69.9
0002	张可欣	68	81	72	96	68	82	68	77	76.5
0003	华玉	78	68	68	96	86	58	78	80	76.5
0004	沈昕	56	74	52	100	90	84	86	91	79.1
0005	黎明	80	70	87	100	82	66	67	81	79.1
0006	冯超	78	86	56	100	86	88	68	90	81.5
0007	关凌	68	66	78	88	80	78	90	80	78.5
0008	欧阳修	77	88	80	100	80	64	92	100	85.1
0009	张筱雨	90	89	84	88	100	99	88	82	90.0
0010	李玉梅	62	76	86	94	100	90	80	70	82.25

图 10-1-7 在列标题的右边出现自动筛选箭头

（3）单击字段名“平均分”右边的下拉列表按钮▾，如图 10-1-8 所示，调出它的下拉列表框，将鼠标指针移到“数字筛选”菜单命令之上，调出它的菜单，如图 10-1-9 所示。选择该菜单内的“介于”菜单命令，调出“自定义自动筛选方式”对话框，如图 10-1-10 所示。

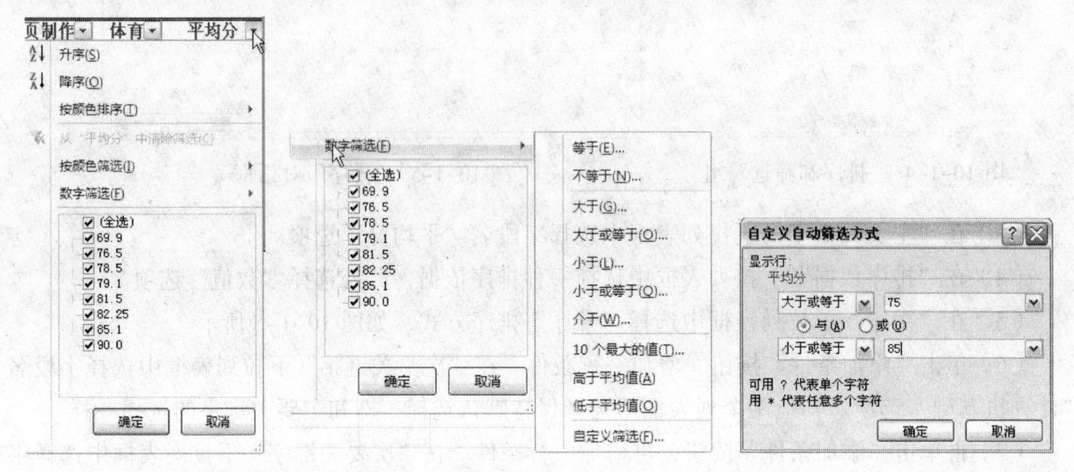

图 10-1-8 筛选效果 图 10-1-9 数字筛选”菜单 图 10-1-10 “自定义自动筛选方式”对话框

（4）在第 1 行第 1 列的下拉列表框中选择“大于或等于”选项，在第 1 行第 2 列的下拉列表框中输入数值“75”；选中“与”单选按钮；在第 2 行第 1 列的下拉列表框中选择“小于或等于”选项，在第 2 行第 2 列的下拉列表框中输入数值“85”，如图 10-1-10 所示。

（5）单击“确定”按钮，就可以看到如图 10-1-3 所示的筛选结果。

相关知识

1. 建立数据清单

直接建立工作表是建立数据清单的一种方法，另一种建立数据清单的方法是用记录单建立数据清单，这种方法的具体操作步骤如下所述。

（1）新建一个工作簿，在第 2 行第 2 列输入标题文字，再吉行合并单元格等编辑。然后，在第 4 行依次输入各个字段名称，形成数据清单各个字段的标题（即列标签），如图 10-1-11 所示。

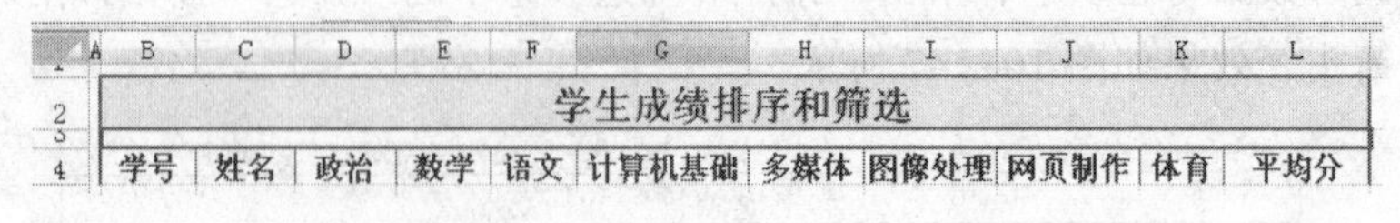

图 10-1-11 首行依次输入各个字段标题

（2）将“记录单”命令按钮添加到快速访问工具栏：切换到“数据”选项卡，右击功能区，调出它的快捷菜单，选择该菜单内的“自定义快速访问工具栏”菜单命令，调出“Excel 选项”对话框，选中“自定义”选项，在“从下列位置选择命令”下拉列表中选中“不在功能区中的命令”选项，在旗下边的列表框中选中“记录单”选项，单击“添加”按钮，如图 10-1-12 所示。单击“确定”按钮，即可到快速访问工具栏内添加“记录单”命令按钮。

（3）选中数据清单中字段标题下边一行的任意一个单元格（例如，“学号”文字所在单元格下边“B4”单元格)，选择“快速访问工具栏”中的“记录单”选项，单击“添加”按钮。

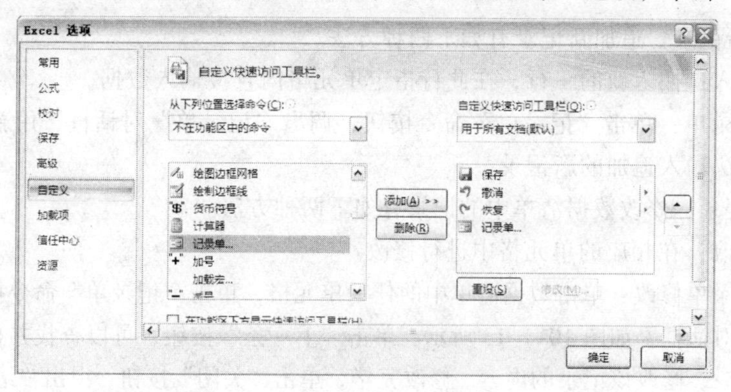

图 10-1-12　将“记录单”命令按钮添加到功能区

(4) 如果在第 1 行下面没有数据，则屏幕上会出现如图 10-1-13 所示的对话框，请用户仔细阅读对话框的内容，然后，单击“确定”按钮，调出“Sheet1”对话框，如图 10-1-14 所示。该对话框就是“记录单”对话框。

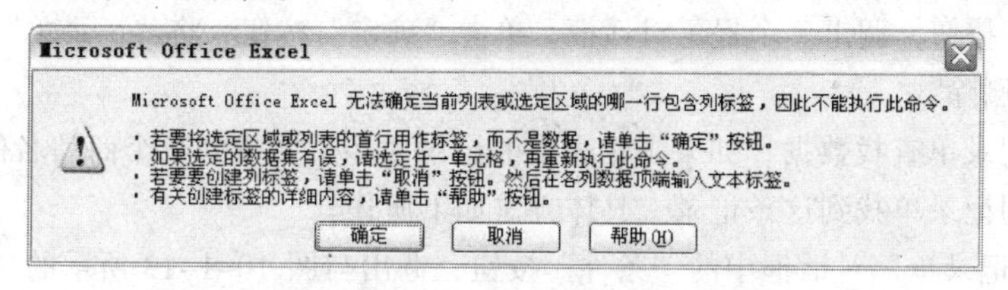

图 10-1-13　Excel 的提示对话框

(5) 在“Sheet1”对话框内各个字段文本框中分别输入新记录的值，输入后按【Tab】键，使光标移到下一字段的文本框内。输入完第 1 条记录后的“Sheet1”对话框如图 10-1-15 所示。

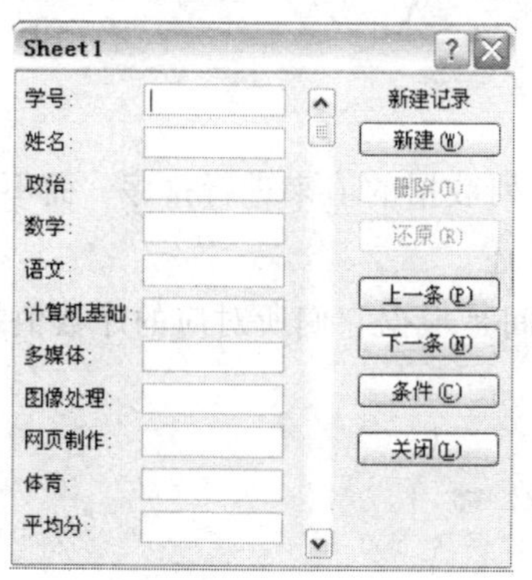

图 10-1-14　“Sheet1”对话框

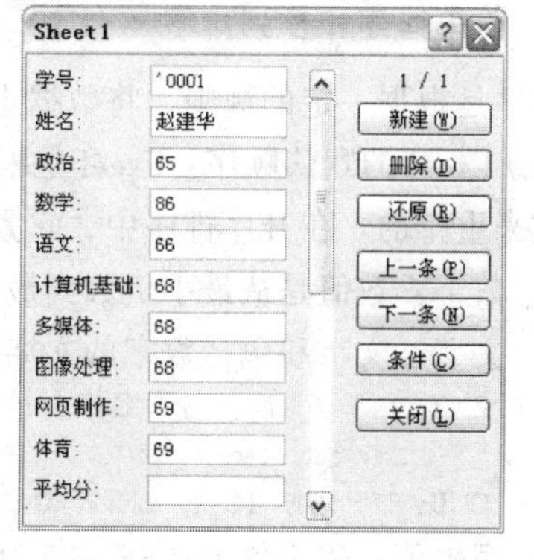

图 10-1-15　使用“记录单”修改记录

(6) 输完所有的字段的内容后，按【Enter】键或单击“新建”按钮，即可加入一条记录，同时出现等待新建下一条记录的记录单。此时的“Sheet1”对话框如图 10-1-14 所示。

(7) 重复操作以上两步，输入更多的记录。

(8) 当输入完所有记录的数据后，单击“关闭”按钮，就会看到在数据清单内字段标题行的下边添加了所有记录。接着可以进行工作表的格式设置等加工。

2．数据清单的编辑

（1）追加新记录：追加新记录有如下两种方法。

◎ 直接输入：插入新的一行，在此行指定单元格内直接输入数据。

◎ 使用记录单：单击“记录单”命令按钮，调出“记录单”对话框，用新建数据清单相同的方法输入追加的新记录。

（2）修改记录：修改数据清单中的记录有如下两种方法。

◎ 直接修改：在相应的单元格中进行修改。

◎ 使用记录单修改：单击数据清单中的任一单元格，单击“记录单”命令按钮，调出“记录单”对话框，如图 10-1-13 所示。单击“下一条”按钮，可以查找并显示出要修改数据的记录，修改该记录的内容。修改完毕，单击“关闭”按钮，退出“记录单”对话框。

（3）删除记录：删除记录有如下两种方法。

◎ 直接删除：在相应的单元格中进行删除操作。

◎ 使用记录单删除：单击数据清单中的任一单元格，单击“记录单”命令按钮，调出记录单对话框，单击“上一条”或“下一条”按钮，查找并显示出要删除的记录。单击“删除”按钮，调出一个提示对话框，单击“确定”按钮，将“记录单”对话框中显示的记录删除。

（4）使用记录单查找数据：如果工作表中的记录太多，要找到某个商品名称会比较困难，这时就可以使用记录单找到这条记录，具体方法如下所述。

◎ 单击“记录单”对话框中的“条件”按钮，调出与图 10-1-13 所示的“记录单”对话框（“条件”按钮变为“表单”按钮）相似的对话框。在文本框内输入查找条件，单击“表单”按钮，即可在“记录单”对话框内显示符合条件的记录。

◎ 单击“下一条”按钮，向下查找符合的记录，如果单击“上一条”按钮，则向上查找。

3．简单排序和多列排序

排序是根据一定的规则，将数据重新排列的过程。

（1）Excel 的默认顺序：Excel 是根据排序关键字所在列数据的值来进行排序，而不是根据其格式来重排的。在升序排序中，它默认排序顺序如下所述。

◎ 数字：数值是从最小负数到最大正数。日期和时间是根据它们所对应的序数值排序。

◎ 文字：文字和包括数字的文字排序次序为：

0 1 2 3 4 5 6 7 8 9（空格）!” # $%& ( ) *

+ , - . /: ; < : > ?@ “ \ ” ^— ‘ { → } ～

A B C D E F GH IJ K LM N O P Q R S TU V WXYZ

◎ 逻辑值：逻辑值 FALSE 在 TRUE 之前。

◎ 错误值：Error values 所有的错误值都是相等的。

◎ 空格：Blanks 总是排在最后。

降序排序中，除了总是排在最后的空白单元格之外，Excel 将顺序反过来。

（2）排序原则：当对数据排序时，Excel 2007 会遵循以下的原则。

◎ 如果对某一列排序，那么在该列上有完全相同项的行将保持它们的原始次序。

◎ 隐藏行不会被移动，除非它们是分级显示的一部分。

◎ 如果按一列以上作排序，主要列中有完全相同项的行会根据指定的第二列作排序。第二列中有完全相同项的行会根据指定的第三列作排序。

（3）简单排序的方法：在“数据”选项卡的“排序和筛选”组中，提供了两个排序按钮：“升序排序”按钮和“降序排序”按钮。具体步骤如下所述。

◎ 在数据清单中单击某一字段名选中某列。

◎ 根据需要，单击“升序排序”或“降序排序”按钮。

（4）多列排序：利用“常用”工具栏中的排序按钮，仅能对一列数据进行简单的排序，如果要对几项数据进行排序时，就需要利用菜单中的“排序”命令来进行排序。具体操作步骤如下。

◎ 选择数据清单中的任一单元格（如果想对某个区域进行排序，则选择该区域）。

◎ 切换到“数据”选项卡，选择“排序和筛选”组中的“排序”菜单命令，调出“排序”对话框，如图 10-1-5 所示。

◎ 在“主要关键字”下拉列表框中选择想排序的字段名。

◎ 选择“升序”或“降序”单选按钮，确定排序的方式。

◎ 如果要增加额外的排序序列，可以在“次要关键字”框中选择想排序的字段名。对于特别复杂的数据清单，还可以在“第三关键字”框中选择想排序的字段名。

◎ 为了防止数据清单标题被加入其余部分进行排序，可以选择“数据包含标题行”复选框。

◎ 单击“确定”按钮就可以对数据进行排序。

（5）应用自定义排序顺序：可以利用“自定义序列”作为排序依据，操作步骤如下。

◎ 选择数据清单中的任一单元格。

◎ 切换到“数据”选项卡，单击“排序和筛选”组中的“排序”按钮，调出“排序”对话框，如图 10-1-5 所示。

◎ 在“次序”栏的下拉列表框内选择“自定义序列”选项，调出“自定义序列”对话框，如图 10-1-16 所示。可以从中选择任一序列作为排序依据。单击“确定”按钮，关闭“自定义序列”对话框，返回到“排序”对话框。

◎ 单击“复制条件”按钮，可以将上一个条件复制一份，接着可以修改条件。

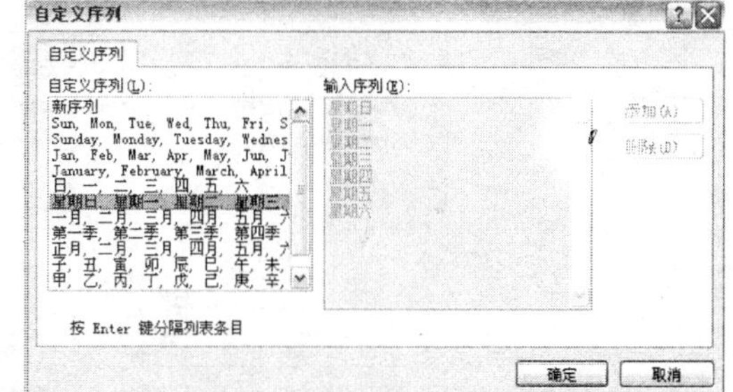

图 10-1-16 “自定义序列”对话框

◎ 其他设置可以参看本节的案例设计过程中的“排序”内容。

◎ 设置完后，单击“确定”按钮，就可以按指定的排序方式进行数据清单排序。

4．按单元格颜色、字体颜色或图标进行排序

可以按照单元格填充颜色或字体颜色进行排序。具体操作步骤如下。

（1）拖动选中除了标题文字外的所有清单数据的单元格。

（2）切换到“数据”选项卡，单击“排序和筛选”组中的“排序”按钮，调出“排序”对话框。

（3）在“列”栏内的各下拉列表框中选择需要排序的列。

（4）在“排序依据”栏内的各下拉列表框中选择排序类型。执行下列操作之一。

◎ 若要按单元格颜色排序，可以选择“单元格颜色”选项，如图 10-1-17 所示。然后，在“次序”栏内的下拉列表框中选择一种颜色。

◎ 若要按字体颜色排序，可以选择“字体颜色”选项。

◎ 若要按图标集排序，可以选择“单元格图标”选项。

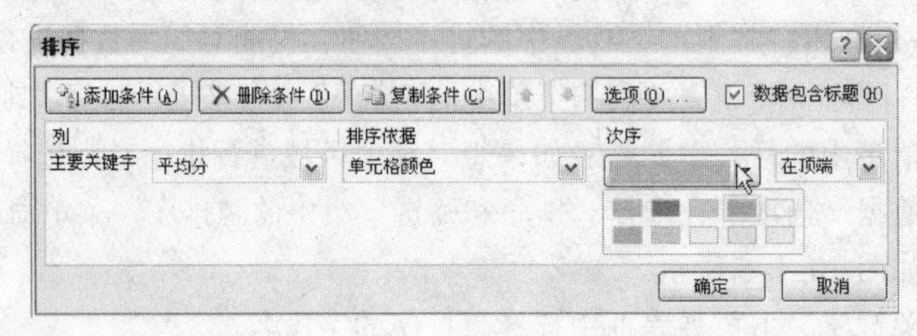

图 10-1-17　在“排序依据”下拉列表框内选择“单元格颜色”选项后选择颜色

（5）在“次序”栏内的下拉列表框中，可以根据格式的类型，选择单元格颜色、字体颜色或单元格图标。在“次序”下，选择排序方式。执行下列操作之一：

◎ 若要将单元格颜色、字体颜色或图标移到顶部或左侧，对列进行排序，可选择“在顶端”选项；对行进行排序，可以选择“在左侧”选项。

◎ 若要将单元格颜色、字体颜色或图标移到底部或右侧，对列进行排序，可选择“在底端”选项；对行进行排序，可以选择“在右侧”选项。

按照图 10-1-18 所示进行排序设置，图 10-1-1 所示的工作表排序后如图 10-1-19 所示。

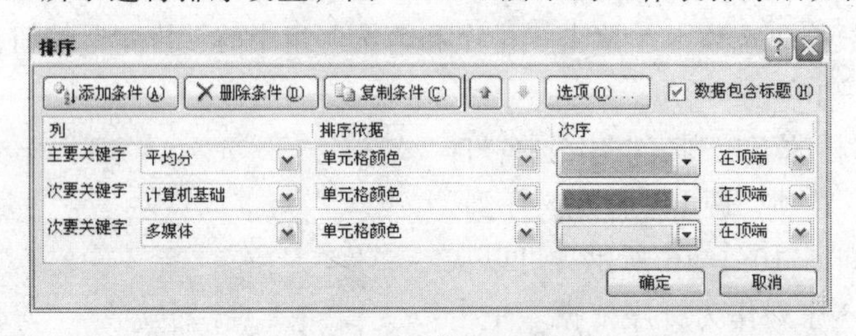

图 10-1-18　“排序”对话框

学生成绩排序和筛选

学号	姓名	政治	数学	语文	计算机基础	多媒体	图像处理	网页制作	体育	平均分
0010	李玉梅	62	76	86	94	100	90	80	70	82.25
0009	张筱雨	90	89	84	88	100	99	88	82	90.0
0001	赵建华	65	86	66	68	68	68	69	69	69.9
0002	张可欣	68	81	72	96	68	82	68	77	76.5
0003	华玉	78	68	68	96	86	58	78	80	76.5
0004	沈昕	56	74	52	100	90	84	86	91	79.1
0005	黎明	80	70	87	100	82	66	67	81	79.1
0006	冯超	78	86	56	100	86	88	68	90	81.5
0007	关凌	68	66	78	88	80	78	90	80	78.5
0008	欧阳修	77	88	80	100	80	64	92	100	85.1

图 10-1-19　按照“单元格颜色”排序效果

5．筛选

筛选的功能就是要显示出符合设定条件的某一值或符合一组条件的行，而隐藏其他行。在 Excel 中提供了“自动筛选”和“高级筛选”命令来进行筛选。

（1）自动筛选：为了能更清楚地看到筛选的结果，需要将不满足条件的数据暂时隐藏起来，但这些数据并不能删除，当不需要看筛选的结果时，将筛选条件被撤走，这些数据又重新出现。本节前面介绍的案例中的筛选就属于自动筛选。

◎ 打开要进行筛选的数据清单，然后在数据清单中选中一个单元格或整个数据清单。

◎ 切换到“数据”选项卡，单击“排序和筛选”组中的“筛选”按钮，则在列标题的右边就会出现自动筛选箭头，如图 10–1–3 所示。

◎ 单击字段名右边的下拉列表按钮，调出它的下拉菜单。在其中的列表框内选中要显示的复选框，就可以将选中的记录筛选显示出来。此时，筛选的字段名右边的下拉列表按钮变成，以标记是哪一列进行了筛选。

（2）筛选文本：

◎ 选择包含字母数据的单元格区域。单击“排序和筛选”组中“筛选”按钮。

◎ 单击字段名下拉列表按钮，调出它的下拉菜单，将鼠标指针移到“文本筛选”菜单命令之上，展开下一级菜单，如图 10–1–20 所示。选择该菜单内的菜单命令，可以调出相应的“自定义自动筛选方式”对话框，利用该对话框可以设置筛选条件。例如，选择菜单内的“自定义筛选”菜单命令，调出“自定义自动筛选方式”对话框，如图 10–1–21 所示。

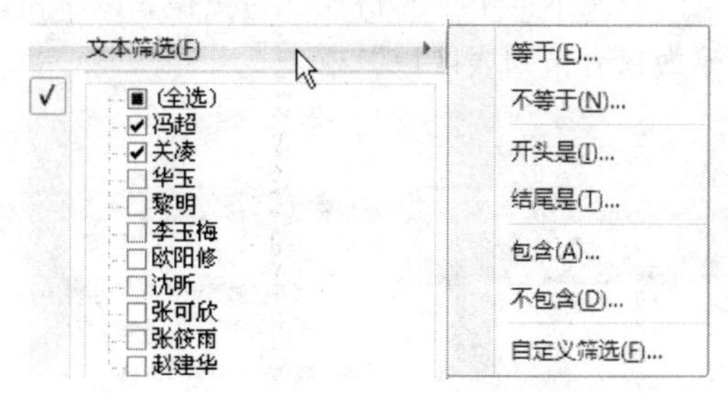

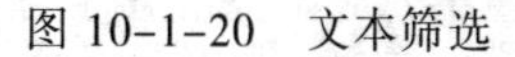
图 10–1–20　文本筛选

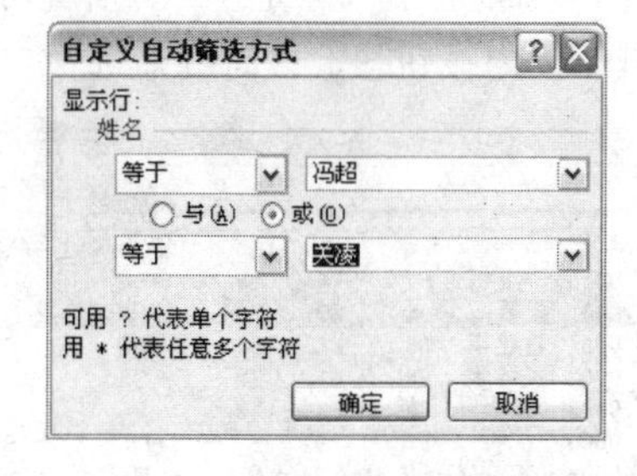

图 10–1–21　“自定义自动筛选方式”对话框

若要按以特定字符开头的文本进行筛选，可以选择“开头是”菜单命令；如果要按在文本中任意位置有特定字符的文本进行筛选，选择单击“包含”菜单命令。

如果需要查找某些字符相同但其他字符不同的文本，可以使用通配符。

?（问号）任何单个字符　　　　　　*（星号）任何数量的字符

（3）多个条件的筛选：当对多个条件进行筛选时，可以利用下述方法。

◎ 利用自动筛选按钮进行多个条件的筛选：从多个下拉列表框中选择了条件后，这些被选中的条件具有“与”的关系。

◎ 利用“自定义筛选方式”对话框：选择“自定义筛选”菜单命令，调出“自定义自动筛选方式”对话框，如图 10–1–20 所示。从中选择所需要的条件，单击“确定”按钮，就可以完成条件的设置，同时完成筛选。

（4）移去筛选：利用字段名称筛选后，只在工作表上保留了符合条件的数据，将不符合条件的数据隐藏，如果认为筛选结果不满意，要重新进行筛选，可单击设定筛选条件的字段名旁边的下拉列表按钮，调出它的下拉列表框，选择该下拉列表中单的“×××清除筛选”选项。

（5）取消自动筛选：它是要将所有自动筛选的按钮全部清除，只要单击数据清单中任意单元格，再切换到“数据”选项卡，单击“排序和筛选”组中的“筛选”按钮。

6．高级筛选

自动筛选已经能满足一般的需求，但是如果要进行一些特殊要求的筛选就要用到“高级筛选”。“高级筛选”的条件是要在工作表中写出来的。建立这个条件要求在条件区域中首行的字段名必须拼写正确，与数据清单中相应的字段名相同，在条件区域内不必包含数据清单中所有的字段名，字段名下必须至少有一行满足条件的式子。

要执行高级筛选操作，数据清单必须有列标记。执行高级筛选时，准备进行筛选的数据区域称为“数据区域”；筛选的条件所在的区域称为“条件区域”；筛选的结果所在的区域称为“复制到”。“复制到”文本框指明将筛选结果写在什么位置。进行高级筛选举例如下。

将图 10–1–1 所示“学生成绩排序和筛选”工作簿中的工作表中“平均分”大于 80 的记录的全部显示在原工作边下边第 17 行开始的区域内。操作步骤如下。

（1）在工作表筛选数据清单的区域下边建立一个“条件区域”，筛选的条件写在“B16:C16”单元格区域内。“学生成绩排序和筛选”工作表和“条件区域”如图 10–1–22 所示。

（2）拖动选中整个“B4:L14”单元格区域，即整个数据清单，或其中的任意单元格。

（3）切换到“数据”选项卡，单击“排序和筛选”组中的“高级”按钮，调出“高级筛选”对话框，如图 10–1–23 所示。如果“列表区域”栏内文本框中单元格地址需更换，则单击“列表区域”栏内按钮，“高级筛选”对话框收缩为只有“列表区域”栏。

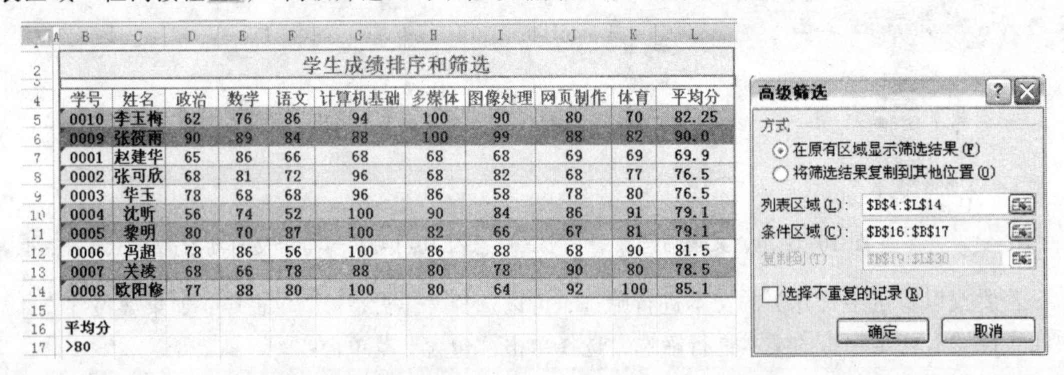

学生成绩排序和筛选

学号	姓名	政治	数学	语文	计算机基础	多媒体	图像处理	网页制作	体育	平均分
0010	李玉梅	62	76	86	94	100	90	80	70	82.25
0009	张筱雨	90	89	84	88	100	99	88	82	90.0
0001	赵建华	65	86	66	68	68	68	69	69	69.9
0002	张可欣	68	81	72	96	68	82	68	77	76.5
0003	华玉	78	68	68	96	86	58	78	80	76.5
0004	沈昕	56	74	52	100	90	84	86	91	79.1
0005	黎明	80	70	87	100	82	66	67	81	79.1
0006	冯超	78	86	56	100	86	88	68	90	81.5
0007	关凌	68	66	78	88	80	78	90	80	78.5
0008	欧阳修	77	88	80	100	80	64	92	100	85.1

平均分
>80

图 10–1–22　选择筛选区域　　图 10–1–23 “高级筛选”对话框 1

（4）拖动选中工作表筛选数据清单的区域，可将该区域的地址范围写入“列表区域”栏的文本框中“Sheet1!$B$4:$L$14”。单击按钮，展开“高级筛选”对话框。

（5）按照相同的方法，在“条件区域”文本框内填入“Sheet1!$B$16:$B$17”。

其中的“Sheet1!”没有也可以。注意，条件区域与数据区至少要有一行以上的空白行。

（6）在“方式”栏中选中“将筛选结果复制到其他位置”单选按钮。如果选中“在原有区域显示筛选结果”单选按钮，则不用指定“复制到”的区域。

（7）在“数据区域”栏内的文本框中设置“数据区域”地址范围为“$B$17:$L$28”（注意要用绝对引用指明区域）。设置完后的“高级筛选”对话框如图 10–1–24 所示。

（8）单击“确定”按钮，筛选的结果如图 10–1–25 所示。

如果要从结果中排除相同的行，可以选中“选择不重复的记录”复选框。

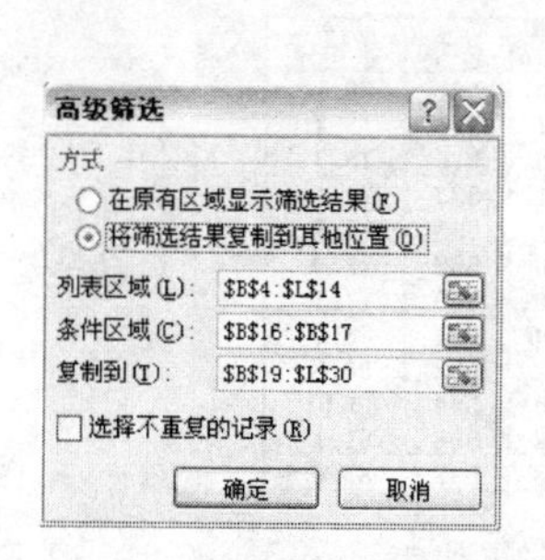

图 10-1-24　“高级筛选”对话框 2

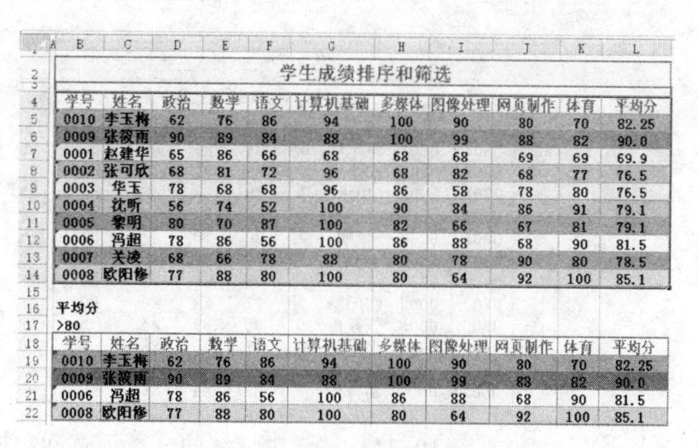

学生成绩排序和筛选

学号	姓名	政治	数学	语文	计算机基础	多媒体	图像处理	网页制作	体育	平均分
0010	李玉梅	62	76	86	94	100	90	80	70	82.25
0009	张筱雨	90	89	84	88	100	99	88	82	90.0
0001	赵建华	65	86	66	68	68	68	69	69	69.9
0002	张可欣	68	81	72	96	68	82	68	77	76.5
0003	华玉	78	68	68	96	86	58	78	80	76.5
0004	沈昕	56	74	52	100	90	84	86	91	79.1
0005	黎明	80	70	87	100	82	66	67	81	79.1
0006	冯超	78	86	56	100	86	88	68	90	81.5
0007	关凌	68	66	78	88	80	78	90	80	78.5
0008	欧阳修	77	88	80	100	80	64	92	100	85.1

平均分
>80

学号	姓名	政治	数学	语文	计算机基础	多媒体	图像处理	网页制作	体育	平均分
0010	李玉梅	62	76	86	94	100	90	80	70	82.25
0009	张筱雨	90	89	84	88	100	99	83	82	90.0
0006	冯超	78	86	56	100	86	88	68	90	81.5
0008	欧阳修	77	88	80	100	80	64	92	100	85.1

图 10-1-25　高级筛选的结果

思考练习 10-1

（1）制作“玩具销售情况表”工作簿，如图 10-1-26 所示，对该工作表按数据清单的要求进行修改，按照供应商和销售数量进行排序，筛选显示销售数量介于 100 个到 200 个之间的玩具，效果如图 10-1-27 所示。

（2）针对图 10-1-1 所示的“学生成绩排序和筛选”工作簿，按“数学”进行降序排序；在“数学”相同的情况下，再按照“语文”升序排序；在“语文”相同的情况下，再按照“政治”降序排序。

（3）使用“自动筛选”命令，筛选出“计算机基础”成绩大于 90 且小于 100 的记录。

（4）使用“高级筛选”命令，筛选出“计算机基础”成绩大于 90 且小于 100，而且“数学”成绩大于 80 的记录。

玩具公司销售情况表

供应商	产品特征		销售情况	
	品名	图片	销售数量（个）	销售金额（元）
圣象玩具	娃娃不倒翁		270	￥2,700
圣象玩具	赛车积木		120	￥9,600
圣象玩具	长毛猛犸象		40	￥1,200
圣象玩具	英国熊		210	￥3,000
黑茶玩具	猪抱枕		150	￥1,500
黑茶玩具	情侣奶牛		80	￥6,400
黑茶玩具	小玩具熊		100	￥3,000
黑茶玩具	大玩具熊		30	￥1,500

图 10-1-26　“玩具销售情况表”工作簿

供应商	品名	销售数量（个）	销售金额（元）
黑茶玩具	情侣奶牛	80	￥6,400
黑茶玩具	小玩具熊	100	￥3,000
黑茶玩具	猪抱枕	150	￥1,500
圣象玩具	赛车积木	120	￥9,600

图 10-1-27　“排序和筛选”后的效果

10.2　【案例 33】学生成绩的分类汇总和数据透视表

案例描述

针对如图 10-2-1 所示的“学生成绩的分类汇总和数据透视表”工作表，完成以下操作。

学生成绩的分类汇总和数据透视表

班级	学号	姓名	性别	政治	数学	语文	多媒体	Flash	网页制作	Java	总分	平均分
0801	0001	赵建华	男	65	86	66	68	68	69	69	491	70.1
0801	0002	张可欣	女	68	81	72	68	82	68	77	516	73.7
0801	0003	华玉	女	78	68	68	86	58	78	80	516	73.7
0801	0004	沈昕	女	56	74	52	90	84	86	91	533	76.1
0801	0005	黎明	男	80	70	87	82	66	67	81	533	76.1
0801	0006	冯超	男	78	86	56	86	88	68	90	552	78.9
0802	0001	关凌	女	68	66	78	80	78	90	80	540	77.1
0802	0002	欧阳修	男	77	88	80	80	64	92	100	581	83.0
0802	0003	张筱雨	女	90	89	84	100	99	88	82	632	90.3
0802	0004	李玉梅	女	62	76	86	100	90	80	70	564	80.57
0802	0005	赵晓红	男	76	86	96	66	87	89	68	568	81.1
0802	0006	葛青树	男	82	84	86	80	90	92	68	582	83.1

图 10-2-1 “学生成绩的分类汇总和数据透视表”工作表

（1）分类汇总：将“Sheet1”工作表复制到一份，更名为“Sheet2”。按照班级进行分类，统计各班学生各科的总分和所有学科的总分，效果如图 10-2-2 所示。

学生成绩的分类汇总和数据透视表

班级	学号	姓名	性别	政治	数学	语文	多媒体	Flash	网页制作	Java	总分	平均分
0801	0001	赵建华	男	65	86	66	68	68	69	69	491	70.1
0801	0002	张可欣	女	68	81	72	68	82	68	77	516	73.7
0801	0003	华玉	女	78	68	68	86	58	78	80	516	73.7
0801	0004	沈昕	女	56	74	52	90	84	86	91	533	76.1
0801	0005	黎明	男	80	70	87	82	66	67	81	533	76.1
0801	0006	冯超	男	78	86	56	86	88	68	90	552	78.9
0801 汇总				425	465	401	480	446	436	488	3141	
0802	0001	关凌	女	68	66	78	80	78	90	80	540	77.1
0802	0002	欧阳修	男	77	88	80	80	64	92	100	581	83.0
0802	0003	张筱雨	女	90	89	84	100	99	88	82	632	90.3
0802	0004	李玉梅	女	62	76	86	100	90	80	70	564	80.57
0802	0005	赵晓红	男	76	86	96	66	87	89	68	568	81.1
0802	0006	葛青树	男	82	84	86	80	90	92	68	582	83.1
0802 汇总				455	489	510	506	508	531	468	3467	
总计				880	954	911	986	954	967	956	6608	

图 10-2-2 学生成绩的分类汇总效果

单击行编号旁边的分级显示符号 1 2 3 中的按钮 1，隐藏第二级汇总的明细，分类汇总效果如图 10-2-3 所示，只显示全部记录各科和所有学科的总计。单击左上角的按钮 2，隐藏第三级汇总的明细，分类汇总效果如图 10-2-4 所示，显示全部记录的汇总和各班级的汇总。单击左上角的按钮 3，分类汇总效果如图 10-2-2 所示。单击按钮 -，可以收缩表格，单击按钮 +，可以展开表格。

学生成绩的分类汇总和数据透视表

班级	学号	姓名	性别	政治	数学	语文	多媒体	Flash	网页制作	Java	总分	平均分
总计				880	954	911	986	954	967	956	6608	

图 10-2-3 学生成绩的分类汇总效果 1

学生成绩的分类汇总和数据透视表

班级	学号	姓名	性别	政治	数学	语文	多媒体	Flash	网页制作	Java	总分	平均分
0801 汇总				425	465	401	480	446	436	488	3141	
0802 汇总				455	489	510	506	508	531	468	3467	
总计				880	954	911	986	954	967	956	6608	

图 10-2-4 学生成绩的分类汇总效果 2

（2）创建数据透视表：将“Sheet1”工作表复制到一份，更名为“Sheet3”。创建数据透视表，统计不同班级男生和女生的总分与平均分，效果如图 10-2-5 所示。

18		值					
19	行标签	政治总分	数学总分	语文总分	政治平均分	数学平均分	语文平均分
20	⊟0801	425	465	401	70.83333333	77.5	66.83333333
21	冯超	78	86	56	78	86	56
22	华玉	78	68	68	78	68	68
23	黎明	80	70	87	80	70	87
24	沈昕	56	74	52	56	74	52
25	张可欣	68	81	72	68	81	72
26	赵建华	65	86	66	65	86	66
27	⊟0802	455	489	510	75.83333333	81.5	85
28	葛青树	82	84	86	82	84	86
29	关凌	68	66	78	68	66	78
30	李玉梅	62	76	86	62	76	86
31	欧阳修	77	88	80	77	88	80
32	张筱雨	90	89	84	90	89	84
33	赵晓红	76	86	96	76	86	96
34	总计	880	954	911	73.33333333	79.5	75.91666667

图 10-2-5　学生成绩的数据透视表

（3）创建数据透视图：将“Sheet1”工作表复制到一份，更名为“Sheet4”。创建数据透视图，显示不同班级男生和女生的总分与平均分，效果如图 10-2-6 所示。

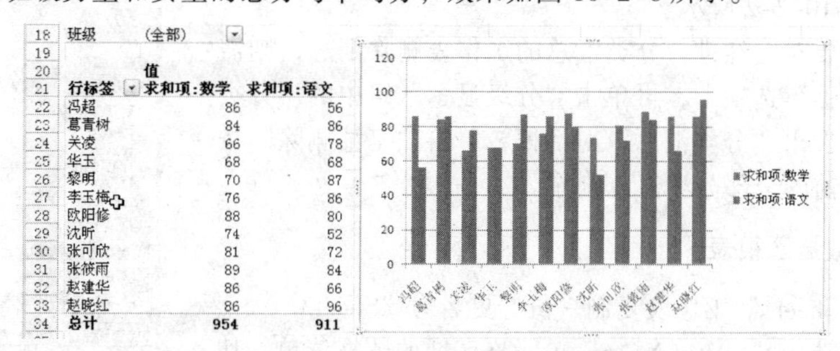

18	班级	(全部)	
19			
20		值	
21	行标签	求和项:数学	求和项:语文
22	冯超	86	56
23	葛青树	84	86
24	关凌	66	78
25	华玉	68	68
26	黎明	70	87
27	李玉梅	76	86
28	欧阳修	88	80
29	沈昕	74	52
30	张可欣	81	72
31	张筱雨	89	84
32	赵建华	86	66
33	赵晓红	86	96
34	总计	954	911

图 10-2-6　学生成绩的数据透视图

通过本案例的学习，读者可以掌握分类汇总、数据透视表和数据透视图的操作方法。

设计过程

1. 复制工作表

（1）打开“【案例 32】学生成绩排序和筛选.xltx”工作簿，再以名称“【案例 33】学生成绩的分类汇总和数据透视表.xltx”保存。然后，进行修改，效果如图 10-2-1 所示。

（2）如果工作表没有按照关键字“班级”排序，则拖动选中整个表格的数据清单。然后，切换到“开始”选项卡，单击“编辑”组内的“排序和筛选”按钮，调出它的菜单，选择该菜单内的“升序”菜单命令，将工作表按照关键字“班级”排序，效果如图 10-2-1 所示。

（3）右击“Sheet2”工作表标签，调出它的快捷菜单，选择该菜单内的“删除”菜单命令，删除“Sheet2”工作表。接着删除“Sheet3”工作表。

（4）右击“Sheet1”工作表标签，调出其菜单，选择其内的“移动或复制工作表”菜单命令，调出“移动或复制工作表”对话框，选中“建立副本”复选框，如图 10-2-7 所示。单击“确定”按钮，复制一份“Sheet1”工作表，名称为“Sheet2（2）”。

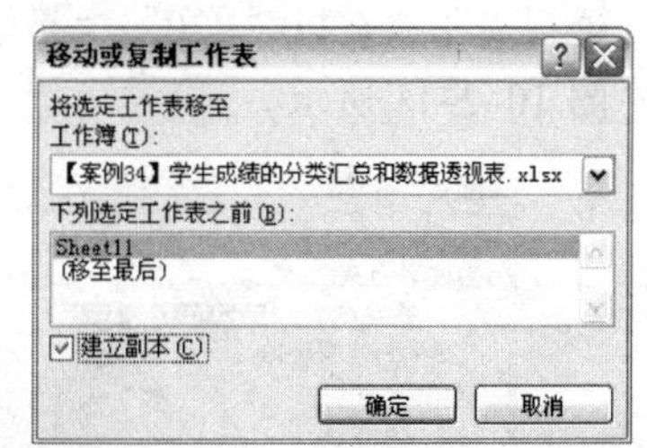

图 10-2-7　“分类汇总”对话框

（5）右击“Sheet1（2）”工作表标签，调出其菜单，选择其内的“重命名”菜单命令，进入“Sheet1（2）”工作表标签名称的编辑状态，将名称改为“Sheet2”。

上述步骤（3）、（4）和（5）的作用是复制一份“Sheet1”工作表，更名为“Sheet2”。

2．分类汇总

（1）选中“Sheet2”工作表，拖动选中工作表内的数据清单，不选中文字“学生成绩的分类汇总和数据透视表”标题行。

（2）切换到“数据”选项卡，单击“分级显示”组中的“分类汇总”按钮，调出“分类汇总”对话框，如图10-2-5所示（还没设置）。

（3）在“分类字段”下拉列表框中选择“班级”，在“汇总方式”下拉列表框中选择“求和”选项，在“选定汇总项”列表框中选中“政治”、“数学”、“语文”、“多媒体”和“总分”等复选框，只选中“汇总结果显示在数据下方”复选框，如图10-2-8所示。

（4）单击“确定”按钮，关闭“分类汇总”对话框。此时的工作表如图10-2-2所示。

（5）如果要对已经进行分类汇总的工作表删除汇总，则需要切换到“数据”选项卡，再单击“分级显示”组中的“分类汇总”按钮，调出“分类汇总”对话框，单击“全部删除”按钮，即可将当前的全部分类汇总删除。

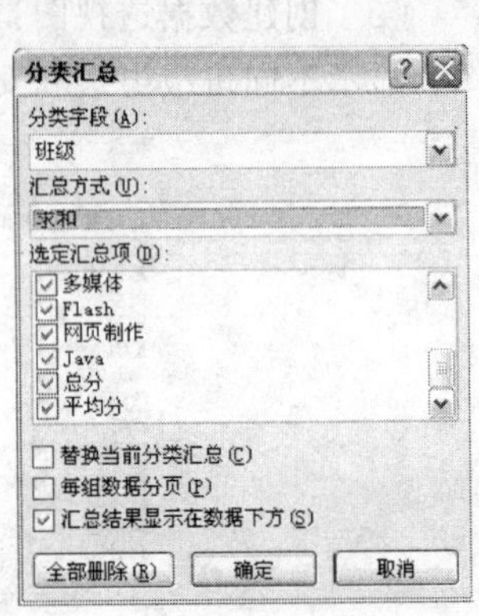

图10-2-8 “分类汇总”对话框

3．创建数据透视表

（1）将“Sheet1”工作表复制一份，更名为“Sheet3”。

（2）拖动选中“$B$4:$N$16”单元格区域的数据清单。切换到“插入”选项卡，单击“表”组中的“数据透视表”按钮，调出“数据透视表”菜单，如图10-2-9所示。

（3）选择“数据透视表”菜单内的“数据透视表”菜单命令，调出“创建数据透视表”对话框，在“请选择要分析的数据”栏，选中“选择一个表或区域”单选按钮，如图10-2-10所示。如果要更换单元格区域，可以单击“在表/区域:”文本框右侧的“折叠对话框”按钮，然后用鼠标拖动单元格区域。

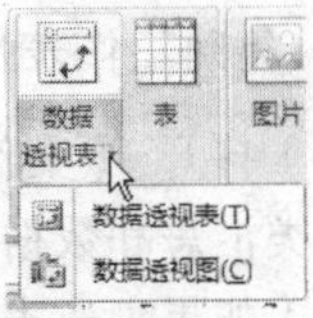

（4）在“选择放置数据透视表的位置”栏内，选中“现有工作表”单选按钮，单击“位置:”文本框右侧的“折叠对话框”按钮，然后，单击“B20”单元格，表示将“数据透视表”放在以“B20”为起始位置的单元格区域。此时的“创建数据透视表”对话框设置如图10-2-11所示。

图10-2-9 “数据透视表”菜单

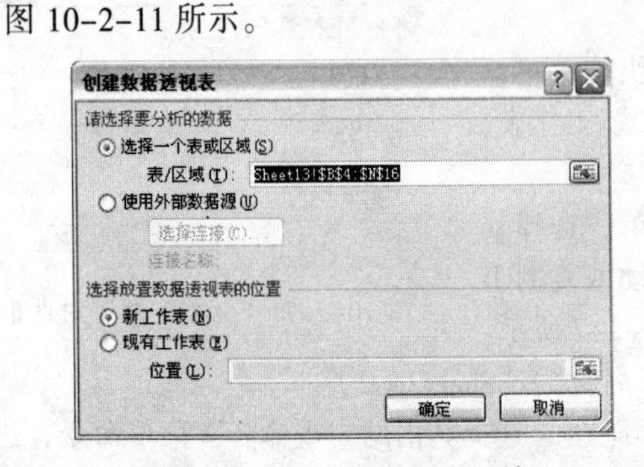

图10-2-10 选择透视表区域

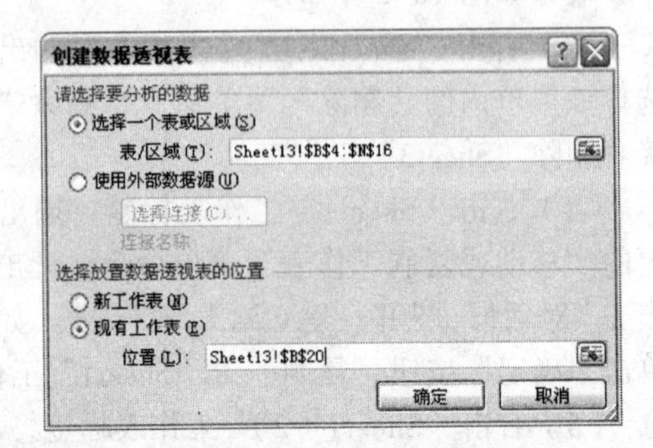

图10-2-11 选择数据表放置位置

（5）单击“创建数据透视表”对话框内的“确定”按钮，调出“数据透视表字段列表”窗格和“数据透视表”区域，如图 10-2-12 所示。

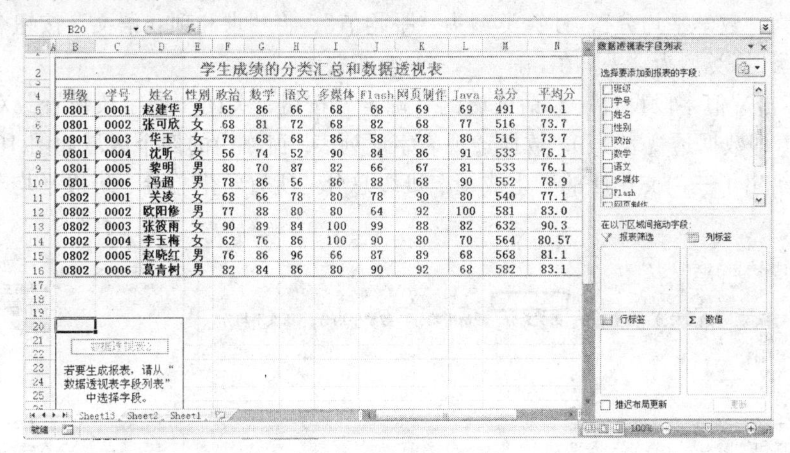

学生成绩的分类汇总和数据透视表

班级	学号	姓名	性别	政治	数学	语文	多媒体	Flash	网页制作	Java	总分	平均分
0801	0001	赵建华	男	65	86	66	68	68	69	69	491	70.1
0801	0002	张可欣	女	68	81	72	68	82	68	77	516	73.7
0801	0003	华玉	女	78	68	68	86	58	78	80	516	73.7
0801	0004	沈昕	女	56	74	52	90	84	86	91	533	76.1
0801	0005	黎明	男	80	70	87	82	66	67	81	533	76.1
0801	0006	冯超	男	78	86	56	86	88	68	90	552	78.9
0802	0001	关凌	女	68	66	78	80	78	90	80	540	77.1
0802	0002	欧阳修	男	77	88	80	80	64	92	100	581	83.0
0802	0003	张筱雨	女	90	89	84	100	99	88	82	632	90.3
0802	0004	李玉梅	女	62	76	86	100	90	80	70	564	80.57
0802	0005	赵晓红	男	76	86	96	66	87	89	68	568	81.1
0802	0006	葛青树	男	82	84	86	80	90	92	68	582	83.1

图 10-2-12　“数据透视表字段列表”窗格和数据透视表区域

（6）拖动“选择要添加到报表的字段”列表框中的“姓名”选项到“行标签”区域；拖动“班级”和“姓名”选项到“报表筛选”区域。

（7）在“选择要添加到报表的字段”列表框中，选中“政治”、“数学”和“语文”复选框，同时“政治”、“数学”和“语文”也添加到“数值”区域中，也可以将这些选项拖动到“数值”区域中。此时，“数据透视表字段列表”窗格如图 10-2-13 所示。

（8）单击“数值”区域中的“求和项：政治”按钮，调出它的下拉菜单，选择该菜单内的“值字段设置”菜单命令，调出“值字段设置”对话框，如图 10-2-14 所示（还没有设置）。在“选择用于汇总所选字段数据的计算类型”列表框中选中“求和”选项，在“自定义名称”文本框内输入“政治总分”，如图 10-2-14 所示。单击“数字格式”按钮，可以调出“设置单元格格式”对话框，利用该对话框可以设置单元格的数字格式。

（9）按照上述方法，将“数值”区域中的“求和项：数学”按钮名称改为“数学总分”，计算类型为“求和”；将“求和项：语文”按钮名称改为“语文总分”，计算类型为“求和”。

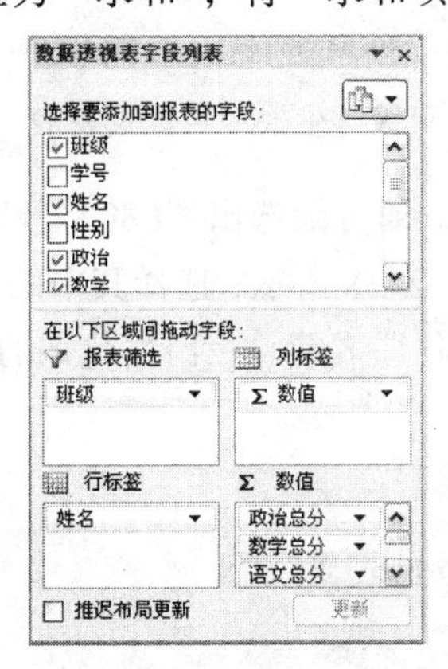

图 10-2-13　“数据透视表字段列表”窗格

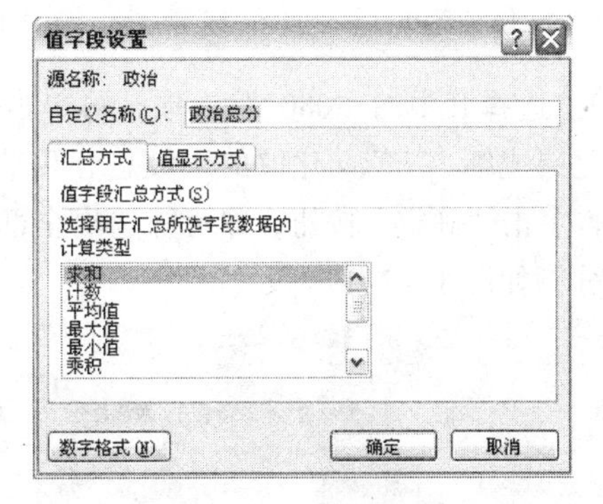

图 10-2-14　“值字段设置”对话框

（10）再依次将“选择要添加到报表的字段”列表框中的“政治”、“数学”和“语文”选项拖动到“数值”区域中。此时，“数值”区域内又增加了“求和项：政治”、“求和项：数学”

和“求和项：语文”三个按钮。利用它们各自的“值字段设置”对话框，将“数值”区域中的“求和项：政治”按钮名称改为“政治平均分”，计算类型为“平均值”；将“求和项：数学”按钮名称改为“数学平均分”，计算类型为“平均值”；将“求和项：语文”按钮名称改为“语文平均分”，计算类型为“平均值”。

（11）单击“值字段设置”对话框内的“确定”按钮，关闭“值字段设置”对话框。自动生成的报表（即数据透视表）和“数据透视表字段列表”窗格内的四个区域如图 10-2-15 所示。数据透视表给出了三门文化课的学生成绩、班级总分、所有学生总分、班级平均分、所有学生平均分。

18	班级	(全部)				
19						
20		值				
21	行标签	政治总分	数学总分	语文总分	政治平均分	数学平均分	语文平均分
22	冯超	78	86	56	78	86	56
23	葛青树	82	84	86	82	84	86
24	关凌	68	66	78	68	66	78
25	华玉	78	68	68	78	68	68
26	黎明	80	70	87	80	70	87
27	李玉梅	62	76	86	62	76	86
28	欧阳修	77	88	80	77	88	80
29	沈昕	56	74	52	56	74	52
30	张可欣	68	81	72	68	81	72
31	张筱雨	90	89	84	90	89	84
32	赵建华	65	86	66	65	86	66
33	赵晓红	76	86	96	76	86	96
34	总计	880	954	911	73.3333333	79.5	75.916667

Sheet13 Sheet2 Sheet1

在以下区域间拖动字段：
报表筛选：班级
列标签：Σ 数值
行标签：姓名
Σ 数值：政治总分、数学总分、语文总分、政治平均分、数学平均分、语文平均分
推迟布局更新　更新

图 10-2-15 全部学生成绩的数据透视表

（12）单击“全部”右侧的按钮，调出它的菜单，如图 10-2-16 所示。选择其中的“0801”选项，再单击“确定”按钮，即可筛选出“0801”班级学生的三门文化课成绩、三门文化课的班级总分和平均分，如图 10-2-17 所示。

图 10-2-16 菜单

18	班级	0801					
19							
20		值					
21	行标签	政治总分	数学总分	语文总分	政治平均分	数学平均分	语文平均分
22	冯超	78	86	56	78	86	56
23	华玉	78	68	68	78	68	68
24	黎明	80	70	87	80	70	87
25	沈昕	56	74	52	56	74	52
26	张可欣	68	81	72	68	81	72
27	赵建华	65	86	66	65	86	66
28	总计	425	465	401	70.83333333	77.5	66.83333333

图 10-2-17 “0801”班级学生成绩数据透视表

（13）选择其中的“0802”选项，再单击“确定”按钮，即可筛选出“0802”班级学生的三门文化课成绩、三门文化课的班级总分和平均分，如图 10-2-18 所示；选择其中的“(全部)”选项，再单击“确定”按钮，即可筛选出全部学生的三门文化课成绩、三门文化课的班级总分和平均分，如图 10-2-19 所示。

18	班级	0801					
19							
20		值					
21	行标签	政治总分	数学总分	语文总分	政治平均分	数学平均分	语文平均分
22	冯超	78	86	56	78	86	56
23	华玉	78	68	68	78	68	68
24	黎明	80	70	87	80	70	87
25	沈昕	56	74	52	56	74	52
26	张可欣	68	81	72	68	81	72
27	赵建华	65	86	66	65	86	66
28	总计	425	465	401	70.83333333	77.5	66.83333333

图 10-2-18 “0802”班级学生成绩数据透视表

如果将“数据透视表字段列表”窗格内“报表筛选”区域中的“班级”选项拖动到“行标签”区域内“姓名”按钮的上边，则数据透视表如图 10-2-19 所示。

行号	行标签	值 政治总分	数学总分	语文总分	政治平均分	数学平均分	语文平均分
22	⊟0801	425	465	401	70.83333333	77.5	66.83333333
23	冯超	78	86	56	78	86	56
24	华玉	78	68	68	78	68	68
25	黎明	80	70	87	80	70	87
26	沈昕	56	74	52	56	74	52
27	张可欣	68	81	72	68	81	72
28	赵建华	65	86	66	65	86	66
29	⊟0802	455	489	510	75.83333333	81.5	85
30	葛青树	82	84	86	82	84	86
31	关凌	68	66	78	68	66	78
32	李玉梅	62	76	86	62	76	86
33	欧阳修	77	88	80	77	88	80
34	张筱雨	90	89	84	90	89	84
35	赵晓红	76	86	96	76	86	96
36	总计	880	954	911	73.33333333	79.5	75.91666667

图 10-2-19　学生成绩数据透视表

4．创建数据透视图

（1）将“Sheet1”工作表复制一份，更名为“Sheet4”。

（2）拖动选中“$B$4:$N$16”单元格区域的数据清单。切换到“插入”选项卡，单击“表”组中的“数据透视表”按钮，调出“数据透视图”菜单，如图 10-2-9 所示。

（3）选择“数据透视表”菜单内的“数据透视图”菜单命令，调出“创建数据透视表及数据透视图”对话框。在“请选择要分析的数据”栏，默认选中“选择一个表或区域”单选按钮，在表/区域：”文本框内默认是选中的区域的单元格区域地址“Sheet4!$B$4:$N$16”。也可以单击“在表/区域”文本框右侧的“折叠对话框”按钮，然后拖动“$B$4:$N$16”单元格区域，来确定数据清单区域。

（4）在“选择放置数据透视表的位置”栏，选中“现有工作表”单选按钮，单击“位置：”文本框右侧的“折叠对话框”按钮，单击“B20”单元格，将“数据透视图”放在以“B20”为起始位置的单元格区域。“创建数据透视表及数据透视图”对话框，如图 10-2-20 所示。

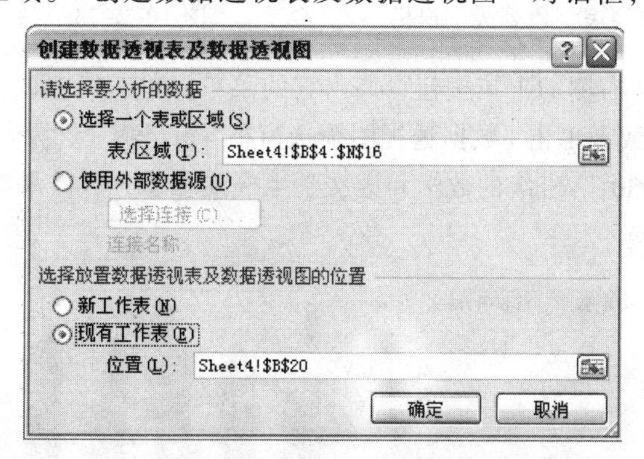

图 10-2-20　“创建数据透视表及数据透视图”对话框

（5）单击“确定”按钮，调出“数据透视表字段列表”窗格、“数据透视图筛选窗格”窗格和“数据透视表”区域，如图 10-2-21 所示。

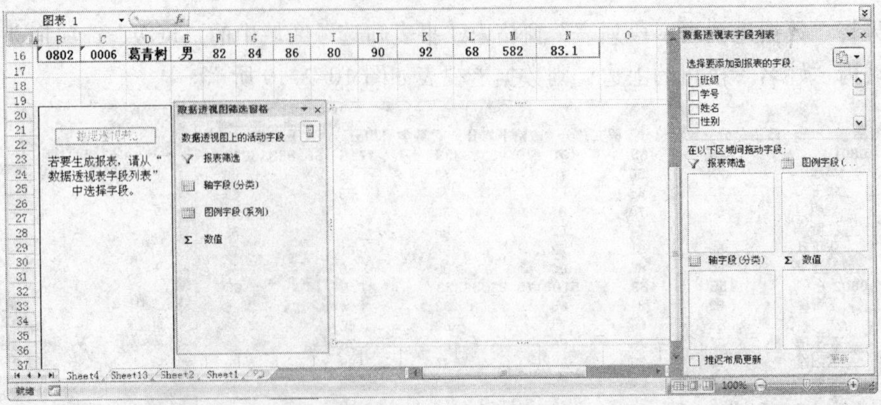

图 10-2-21 “数据透视表字段列表”窗格、“数据透视图筛选窗格”窗格和“数据透视表”区域

（6）在“数据透视表字段列表”窗格内，将列表框内的“班级”选项拖动到“报表筛选”区域内，将“姓名” 拖动到“行标签”区域，将“数学”和“语文”选项拖动到“数值”区域中，效果如图 10-2-22 所示。此时，“数据透视图筛选窗格”窗格如图 10-2-23 所示，形成的数据透视表和数据透视图如图 10-2-6 所示。

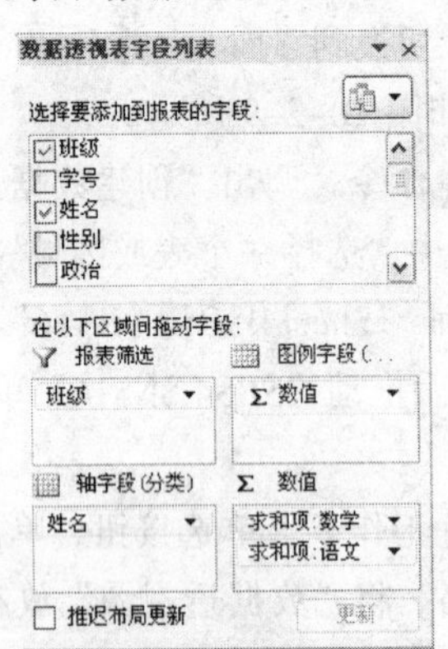

图 10-2-22 “数据透视表字段列表”窗格

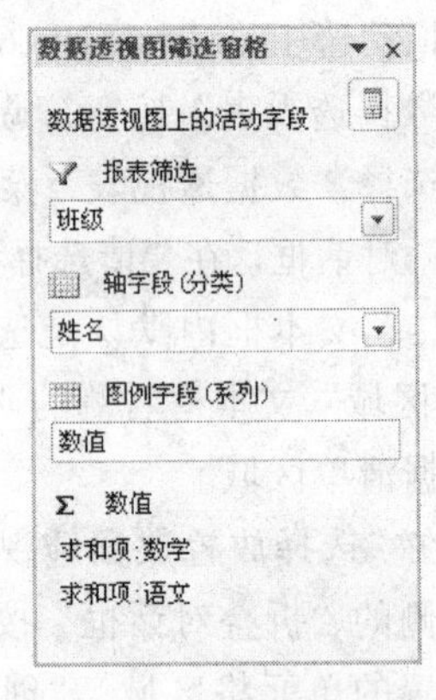

图 10-2-23 “数据透视图筛选窗格”窗格

（7）单击“全部”右侧的下拉按钮，调出它的菜单，单击选中该菜单内的“0801”选项，再单击“确定”按钮，或者单击“数据透视图筛选窗格”窗格内“班级”下拉列表框内的“0801”选项，即可筛选出“0801”班级的数学和语文学生成绩和总分，效果如图 10-2-24 所示。

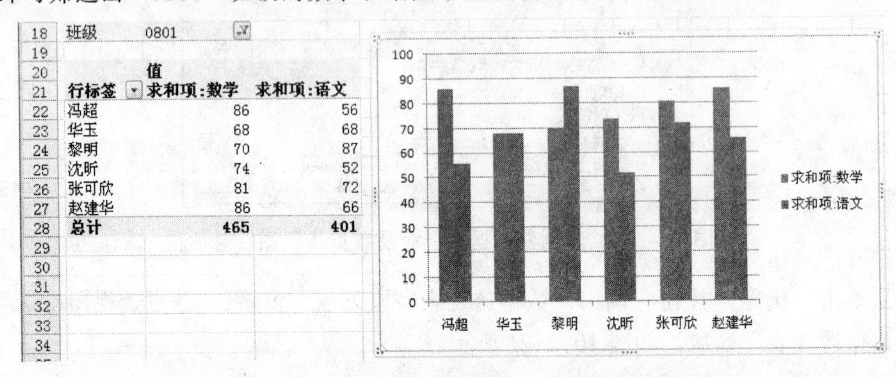

图 10-2-24 数据透视表和数据透视图

（8）单击“全部”右侧的下拉按钮，调出它的菜单，选择该菜单内的“0802”选项，再单击“确定”按钮，或者单击“数据透视图筛选窗格”窗格内“班级”下拉列表框内的“0802”选项，即可筛选出“0802”班级的数学和语文学生成绩和总分，效果如图 10-2-25 所示。

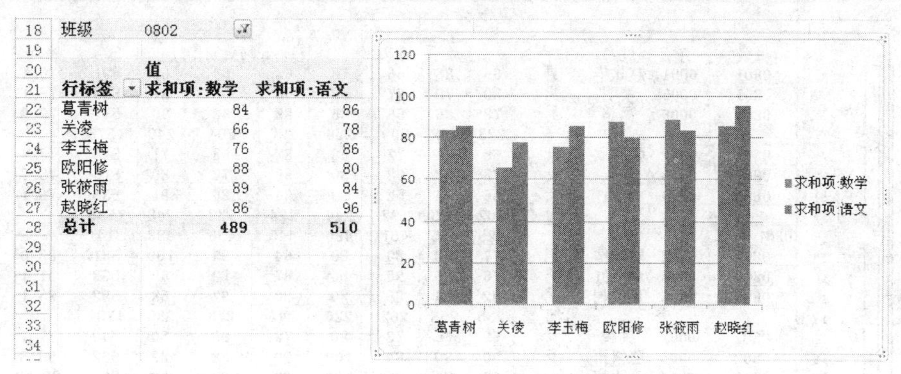

图 10-2-25 “0802”班级的数据透视表和数据透视图

相关知识

1. 分类汇总的嵌套

报表是用户最常用的形式，通过概括与摘录的方法可以得到清楚与有条理的报告。可以借助 Excel 提供的数据“分类汇总”功能完成这些操作。另外，有时要对多项指标汇总，例如，对如图 10-2-1 所示的“学生成绩的分类汇总和数据透视表”工作表，在对“班级”进行汇总后，还可以对“性别”进行汇总，具体操作步骤如下所述。

（1）打开“【案例 32】学生成绩排序和筛选.xltx”工作簿，再以名称“学生成绩的分类汇总嵌套.xltx”保存。然后，复制一份“Sheet1”。将名称改为“Sheet3”。

（2）将工作表按“班级”和“性别”升序排序。

（3）按照本节介绍的方法，对“班级”进行分类汇总：切换到“数据”选项卡，单击“分级显示”组的“分类汇总”按钮，调出“分类汇总”对话框，“分类字段”选择“班级”，“汇总方式”选择“求和”选项，“选定汇总项”选择与成绩有关的字段（不含“平均分”），“分类汇总”对话框设置如图 10-2-8 所示。然后，单击“确定”按钮，汇总效果如图 10-2-2 所示。

（4）单击数据清单中的任意一个数据单元格，切换到“数据”选项卡，单击“分级显示”组的“分类汇总”按钮，调出“分类汇总”对话框，如图 10-2-26 所示（还没有设置）。

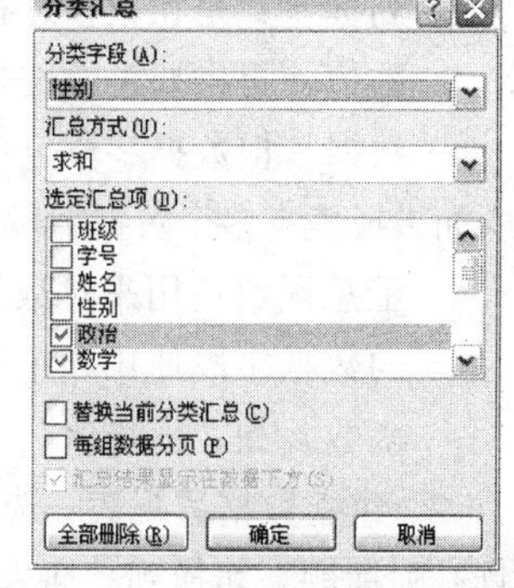

图 10-2-26 嵌套的分类汇总的设置

（5）在“分类字段”下拉列表框内选择“性别”选项，在“汇总方式”下拉列表框内选中“求和”选项，在“选定汇总项”列表框内选中与成绩有关的字段复选框（不含“平均分”），取消选取“替换当前分类汇总”复选框，单击“确定”按钮，即可得到有 2 层的分类汇总表，如图 10-2-27 所示。

注意：这一步中取消选取“替换当前分类汇总”复选框很重要，如果不取消这一项，则分类汇总不能嵌套。

学生成绩的分类汇总嵌套

班级	学号	姓名	性别	政治	数学	语文	多媒体	Flash	网页制作	Java	总分	平均分
0801	0001	赵建华	男	65	86	66	68	68	69	69	491	70.1
0801	0005	黎明	男	80	70	87	82	66	67	81	533	76.1
0801	0006	冯超	男	78	86	56	86	88	68	90	552	78.9
			男 汇总	223	242	209	236	222	204	240	1576	
0801	0002	张可欣	女	68	81	72	68	82	68	77	516	73.7
0801	0003	华玉	女	78	68	68	86	58	78	80	516	73.7
0801	0004	沈昕	女	56	74	52	90	84	86	91	533	76.1
			女 汇总	202	223	192	244	224	232	248	1565	
0801 汇总				425	465	401	480	446	436	488	3141	
0802	0002	欧阳修	男	77	88	80	80	64	92	100	581	83.0
0802	0005	赵晓红	男	76	86	96	66	87	89	68	568	81.1
0802	0006	葛青树	男	82	84	86	80	90	92	68	582	83.1
			男 汇总	235	258	262	226	241	273	236	1731	
0802	0001	关凌	女	68	66	78	80	78	90	80	540	77.1
0802	0003	张筱雨	女	90	89	84	100	99	88	82	632	90.3
0802	0004	李玉梅	女	62	76	86	100	90	80	70	564	80.57
			女 汇总	220	231	248	280	267	258	232	1736	
0802 汇总				455	489	510	506	508	531	468	3467	
总计				880	954	911	986	954	967	956	6608	

图 10-2-27　学生成绩的分类汇总嵌套效果

2. 数据透视表

数据透视表是一种对大量数据快速汇总和建立交叉列表的交互式表格，它提供了强大的操纵数据的功能。它能从一个数据清单的特定字段中概括出信息，可以对数据进行重新组织，根据有关字段去分析数据库的数值并显示最终分析结果。

（1）数据透视表的基本概念：可以从 Microsoft Excel 数据清单、外部数据库、多张 Excel 工作表或其他数据透视表创建数据透视表。数据透视表由以下几部分组成。

◎ 报表筛选：用于筛选整个数据透视表，是数据透视表中指定为页方向的源数据清单或表单中的字段。

◎ 行标签：是在数据透视表中指定为行方向的源数据清单或表单中的字段。

◎ 列标签：是在数据透视表中指定为列方向的源数据清单或表单中的字段。

◎ 数值：提供要汇总的数据值。通常，数据字段包含数字，可用 Sum 汇总函数合并这些数据。但数据字段也可包含文本，此时数据透视表使用 Count 汇总函数。

如果报表有多个数据字段，则报表中出现名为“数据”的字段按钮，用来访问所有数据字段。

◎ 汇总函数：用来对数据字段中的值进行合并的计算类型。数据透视表通常为包含数字的数据字段使用“求和”，而为包含文本的数据字段使用“计数”。也可选择其他汇总函数，如“平均值”、“最小值”、“最大值”等。

（2）建立数据透视表：选择单元格区域中的任何一个有数据的单元格，同时确保单元格区域具有列标题。切换到“插入”选项卡，单击“表”组中的“数据透视表”按钮，调出它的菜单，选择该菜单内的“数据透视表”菜单命令，调出“创建数据透视表”对话框。该对话框的设置如下。

◎ 确定数据清单的位置：选中“选择一个表或区域”单选按钮，在“表/区域”框中输入单元格区域或表名引用，如果使用外部数据，选中“使用外部数据源”单选按钮，单击

"选择连接"按钮，调出"现有链接"对话框，利用该对话框选择一个连接。

◎ 确定数据透视表的位置：如果选中"新建工作表"单选按钮，则数据透视表将放在新的工作表中，并以单元格A1为起始位置；如果选中"现有工作表"单选按钮，则需要在"位置"文本框内输入数据透视表左上角所在单元格的地址，数据透视表将放在当前工作表中，以选中单元格为起始位置的区域内。

◎ 单击"确定"按钮，可在设置的位置处新建一个空的数据透视表，并显示数据透视表字段列表。

◎ 添加字段、创建布局和自定义数据透视表。

3. 更新数据透视表中的数据

（1）刷新数据后数据清单中的数据被改变，数据透视表中的数据也可以随之改变。其具体操作步骤如下所述。

◎ 打开工作表中的源数据清单，进行数据的修改。

◎ 切换到"数据"选项卡，单击"连接"组内的"全部刷新"按钮，则数据透视表中对应的数据会被改变。

（2）在数据清单的中间增加行数据：在数据清单的数据中间增加数据以后，要对数据透视表进行修改，其具体操作步骤如下所述。

◎ 打开工作表中的源数据清单，增加一行数据。

◎ 切换到"数据"选项卡，单击"连接"组内的"全部刷新"按钮，则数据透视表中对应的数据被改变。

（3）在数据清单的中间增加列数据：具体操作步骤如下所述。

◎ 在工作表的数据清单中增加一列数据，例如增加一列"Photoshop"。

◎ 切换到"数据"选项卡，单击"连接"组内的"全部刷新"按钮。

◎ 将"数据透视表字段列表"窗格内新增的"Photoshop"字段拖到数值区域，则数据透视表中添加了"Photoshop"字段中的数据。

（4）删除数据透视表：单击选中数据透视表，切换到在"选项"选项卡，单击"操作"组内的"选择"按钮，调出它的菜单，选择该菜单内的"整个数据透视表"菜单命令。

◎ 按【Delete】键。

4. 数据透视图

数据透视图是以图形形式表现数据透视表中的数据，数据透视图通常有一个使用相应布局且相关联的数据透视表。如果更改了某一报表的某字段位置，则另一报表中相应字段位置也会改变。

（1）根据数据清单建立数据透视图：具体操作步骤如下。

◎ 选中单元格区域中的任何一个有数据的单元格，确保单元格区域具有列标题。

◎ 切换到"插入"选项卡，单击"表"组内的"数据透视表"按钮，调出它的菜单，选择该菜单内的"数据透视图"菜单命令。调出"创建数据透视表及数据透视图"对话框。

◎ 在该对话框中，系统自动将整个数据清单设置为"要分析的数据"，以此作为数据源。

◎ 选中"选择放置数据透视表及数据透视图的位置"栏内的"新工作表"或"现有工作

表”单选按钮，确定“数据透视图”的目标位置。如果选中“现有工作表”单选按钮，还需要在“位置”文本框内输入数据透视图的目标位置单元格地址。

◎ 单击“确定”按钮，即可将一个数据透视图添加到设置的目标位置，并调出一个“数据透视图筛选窗格”窗格、“数据透视表字段列表”窗格和“数据透视表”区域，用以设置和编辑数据透视图。

◎ 添加字段、创建布局和自定义数据透视图。

（2）根据数据透视表建立数据透视图：具体操作步骤如下。

◎ 选中数据透视表中的需要创建数据透视图的数据，切换到“选项”选项卡，单击“工具”组内的“数据透视图”按钮，如图 10-2-28 所示。

图 10-2-28 “选项”选项卡

◎ 调出“插入图表”对话框，根据需要，选择图表类型，例如：选择“面积图”选项，再在右侧的列表框中选择一种“面积图”，如图 10-2-29 所示。单击“确定”按钮，系统根据已创建的数据透视表自动生成数据透视图，效果 10-2-30 所示。

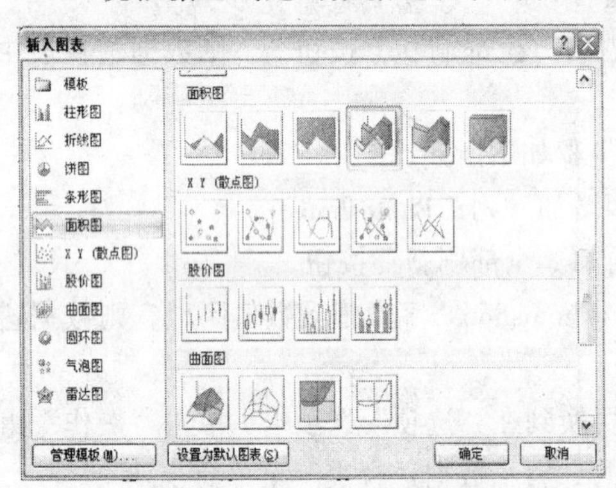

图 10-2-29 “插入图片”对话框

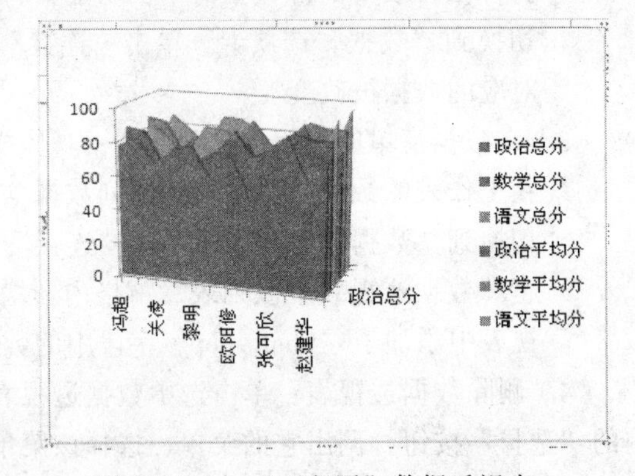

图 10-2-30 “面积图”数据透视表

（3）编辑数据透视图：编辑数据透视图与编辑数据透视表方法类似，操作步骤如下。

◎ 在“数据透视表字段列表”窗格的“选择要添加到报表的字段”列表框中选择需要在数据透视图中显示的字段名称。

◎ 在“数据透视表字段列表”窗格的“行标签”列表框中将需要设置为列字段的字段移动到“列标签”列表框，而图表区中的图表也会发生相应的变化。

◎ 在“数据透视视图筛选窗格”窗格中，对字段中的选项进行筛选。

（4）删除数据透视图：单击选中该数据透视图，按【Delete】键。

思考练习 10-2

（1）创建“学生成绩表”工作表，如图 10-2-31 所示，按照“系别”分类，统计每个系学生的各门课程的总成绩。

（2）创建“数据透视表”，显示每个系学生各门课程的总分、平均分。

（3）创建“数据透视图”，显示每个系学生“数学”课的平均分。

（4）制作一个“玩具销售情况表”工作簿，如图 10-2-32 所示。接着完成以下操作。

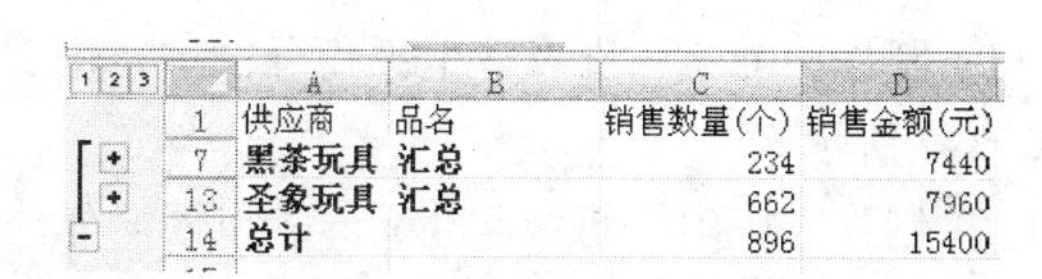

	A	B	C	D	E	F
1	姓名	系别	数学	哲学	计算机	总评
2	杨阳	经济	100	89	92	优
3	赵清清	经济	85	86	70	良
4	刘轩伟	经济	95	97	88	优
5	张红	信息	98	93	90	优
6	陈国刚	信息	96	91	100	优
7	康梅	信息	88	92	82	良
8	王茜茜	信息	86	76	90	良

图 10-2-31　“学生成绩表”工作表

① 分类汇总：对“Sheet1”工作表，按照“供应商”进行分类，统计销售数量的合计和每位供应商的销售金额的合计，效果如图 10-2-33 所示。

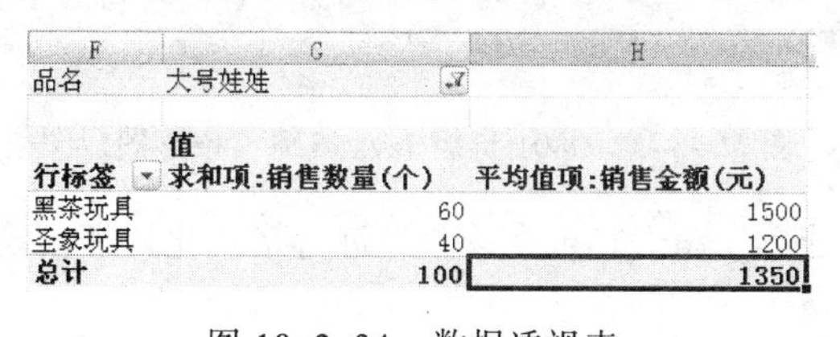

	A	B	C	D
1	供应商	品名	销售数量(个)	销售金额(元)
2	黑茶玩具	猪抱枕	10	200
3	黑茶玩具	情侣奶牛	34	340
4	圣象玩具	小玩具熊	270	2700
5	黑茶玩具	小玩具熊	30	2400
6	圣象玩具	大号娃娃	40	1200
7	黑茶玩具	赛车积木	100	3000
8	圣象玩具	赛车积木	18	720
9	圣象玩具	情侣奶牛	34	340
10	黑茶玩具	大号娃娃	60	1500
11	圣象玩具	猪抱枕	300	3000

图 10-2-32　“玩具销售情况表”数据清单

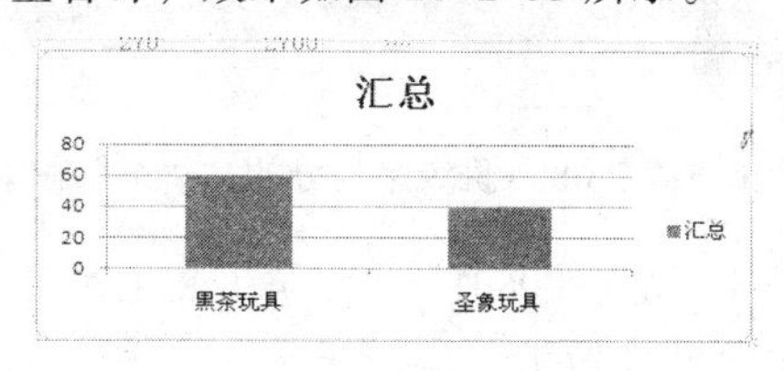

	A	B	C	D
1	供应商	品名	销售数量(个)	销售金额(元)
7	黑茶玩具	汇总	234	7440
13	圣象玩具	汇总	662	7960
14	总计		896	15400

图 10-2-33　“分类汇总”后的效果

② 创建数据透视表：将“Sheet1”工作表复制到“Sheet2”中，删除分类汇总，统计每种商品不同供应商的销售业绩，根据“品名”进行分类，统计两个供应商“大号娃娃”的“销售数量”的合计和平均“销售金额”，效果如图 10-2-34 所示。

③ 创建数据透视图：将“Sheet1”工作表复制到“Sheet3”中，删除分类汇总，创建数据透视图，用图表显示两个供应商“大号娃娃”的销售量合计，效果如图 10-2-35 所示。

F	G	H
品名	大号娃娃	
	值	
行标签	求和项:销售数量(个)	平均值项:销售金额(元)
黑茶玩具	60	1500
圣象玩具	40	1200
总计	100	1350

图 10-2-34　数据透视表

汇总
80
60
40
20
0
黑茶玩具
圣象玩具
汇总

图 10-2-35　数据透视图

10.3 【案例 34】学生成绩统计分析图

案例描述

在工作表中的数据看起来并不直观，如果能用图表来表示数据就会非常直观。Excel 2007 可以将工作表中的数据用图形表示出来，使用图表对数据进行分析，帮助用户进行一些决策。Excel 2007 有两种图表：内嵌图表和图表工作表。如果建立的图表和数据放置在一起，称为内嵌图表。这种图表的图和表结合就比较紧密、清晰、明确，更便于对数据的分析和预测，而且当数据改变后，图标也会随之改变。还有一种图表不和数据放在一起，而是单独占用一个工作表，称为图表工作表，也叫独立工作表。

“学生成绩统计分析图”工作簿如图 10-3-1 所示。针对工作表建立它的统计分析图。具体要求如下。

学生成绩统计分析图											
班级	姓名	性别	政治	数学	语文	多媒体	Flash	网页制作	Java	总分	平均分
0801	赵建华	男	65	32	31	30	35	34	46	273	39.0
0801	张可欣	女	60	81	72	60	80	50	70	473	67.6
0801	华玉	女	78	68	65	86	78	78	62	515	73.6
0801	沈昕	女	98	99	100	99	96	98	100	690	98.6
0801	黎明	男	100	88	87	78	66	88	86	593	84.7
0801	冯超	男	72	76	56	56	60	68	23	411	58.7
0802	关凌	女	68	66	78	80	78	90	80	540	77.1
0802	欧阳修	男	77	88	80	80	64	92	100	581	83.0
0802	张筱雨	女	90	89	84	100	99	88	82	632	90.3
0802	李玉梅	女	62	76	86	100	90	80	70	564	80.57
0802	赵晓红	男	76	86	96	66	87	89	68	568	81.1
0802	葛青树	男	82	84	86	80	90	92	68	582	83.1

图 10-3-1　玩具销售情况表

（1）制作“0801”班级学生平均分的“饼图”图表，再将该图表进行格式化处理，效果如图 10-3-2 所示。

（2）制作“0801”班级学生 Java 和数学分数的“柱形图”图表，再将该图表进行格式化处理，效果如图 10-3-3 所示。

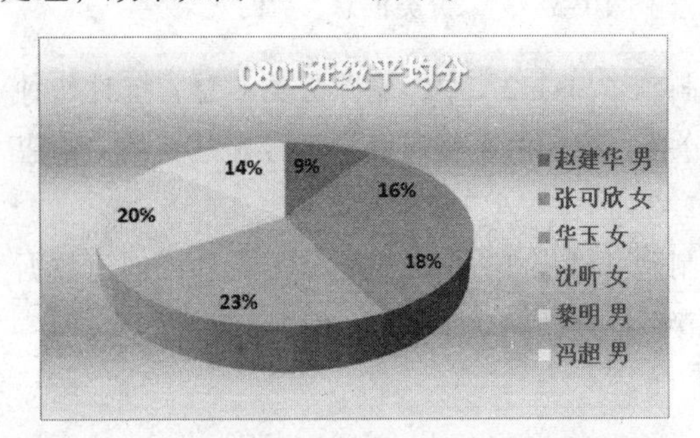

图 10-3-2　0801 班级平均分的“饼图”图表

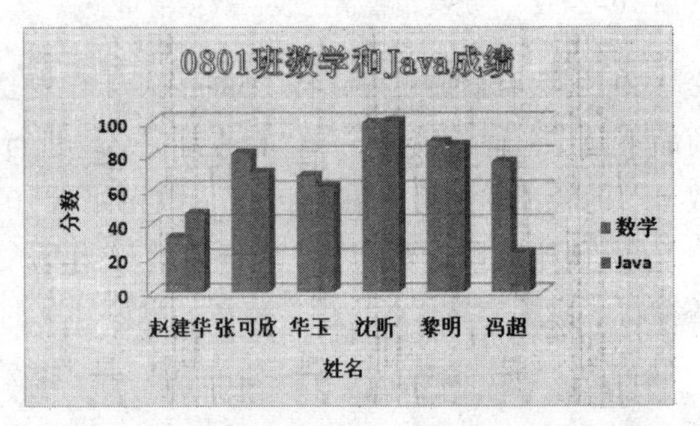

图 10-3-3　0801 班级 Java 成绩“条形图”图表

（3）制作“0801”班级学生文化课的“折线图”图表，再将该图表进行格式化处理，效果如图 10-3-4 所示。

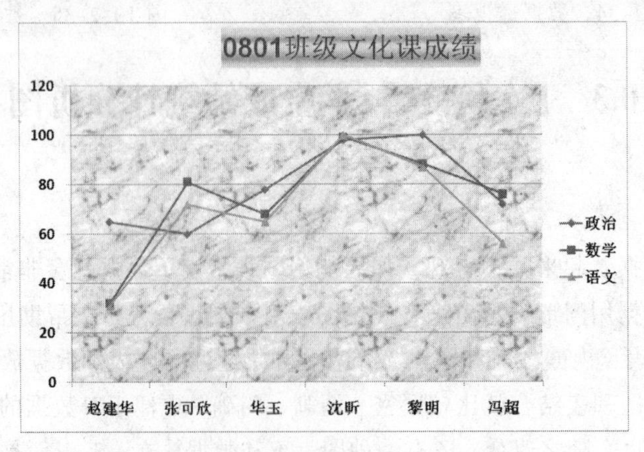

图 10-3-4　0801 班级文化课成绩“条形图”图表

通过本案例，可以掌握根据选中的数据创建图表和使用“图表工具”创建图表的方法，添加和删除图表中数据的方法，移动和调整图表的方法，改变图表类型和设置图表标题格式的方法，设置图表中坐标轴格式的方法，设置图表区和图例格式的方法等。

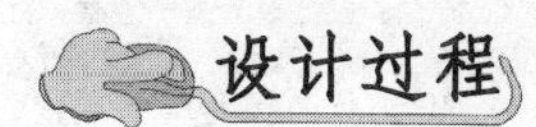

1. 创建“饼形”图表

（1）打开“【案例 33】学生成绩的分类汇总和数据透视表.xltx”工作簿，再以名称“【案例 34】学生成绩的分类汇总和数据透视表 xltx”保存。然后进行修改，如图 10-3-1 所示。

（2）复制 3 份“Sheet1”工作表，分别更名为“Sheet2”、“Sheet3”和“Sheet4”。

（3）选中“Sheet2”工作表。拖动选中“C5:C10”单元格区域，即选中 0801 班级 5 个学生的姓名字段；按住【Ctrl】键，同时拖动选中“B5:B10”单元格区域，即选中 0801 班级 5 个学生的性别字段，再同时拖动选中“M5:M10”单元格区域。

（4）切换到“插入”选项卡，单击“图表”组内的“饼图”按钮，如图 10-3-5 所示。弹出它的面板，选中“三维饼图”图案，如图 10-3-6 所示。

图 10-3-5 单击“饼图”按钮

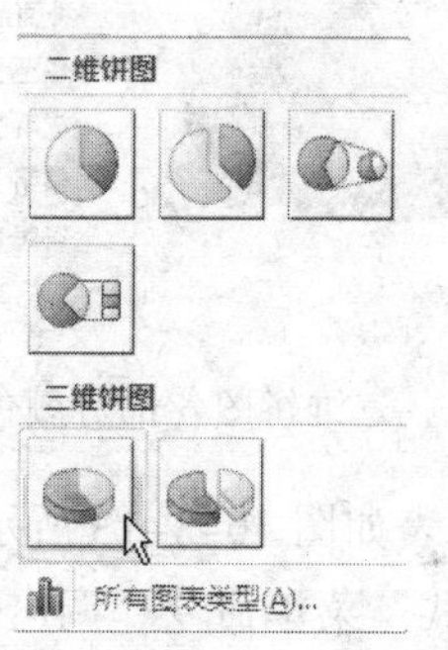

图 10-3-6 选中“三维饼图”图案

（5）此工作表中出现如图 10-3-7 所示的图表，选中该图，切换到“设计”选项卡，选择“图表布局”组中的“布局 6”选项，如图 10-3-8 所示。

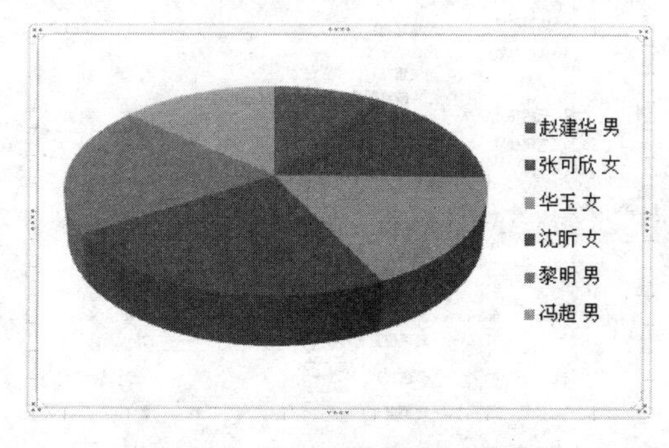

图 10-3-7 “三维饼图”图表 1

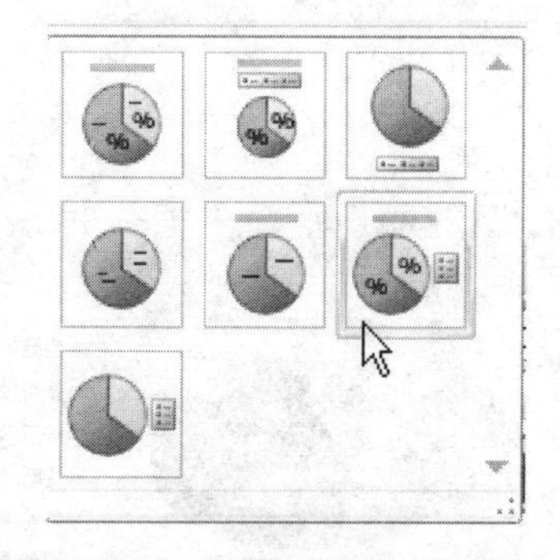

图 10-3-8 选择“布局 6”图案

（6）此时图表内添加了标题，饼图内添加了各部分的百分数，如图 10-3-9 所示。切换到“设计”选项卡，选择“图表样式”组内的“样式 2”图案，如图 10-3-10 所示。

（7）此时图表内三维饼图各部分的颜色发生了变化，如图 10-3-11 所示，选中该图表，右击图表区域内的图表标题，调出它的快捷菜单，选择该菜单内的“编辑文本”菜单命令，进入标题的编辑状态，输入“0801 班级平均分”文字。选中此标题，切换到“格式”选项卡，选择“艺术字样式”组内的第 3 个图案，如图 10-3-12 所示，给标题文字添加艺术字样式。

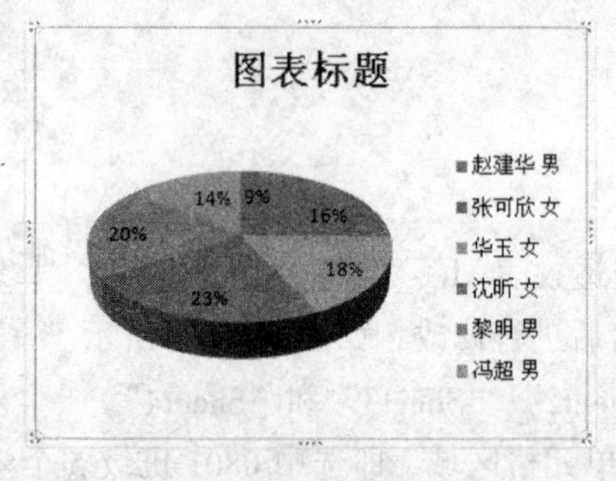

图 10-3-9 “三维饼图”图表 2

图 10-3-10 “图表样式”组中的“样式 5”图案

图 10-3-11 三维饼图各部分颜色变化

图 10-3-12 选择“彩色轮廓—强调颜色 4”外观样式

（8）此时图表如图 10-3-13 所示，右击图表区域内，调出它的快捷菜单，选择该菜单内的“设置图表区格式”菜单命令，调出“设置图表区格式”对话框，在其内左边栏中选中“填充”选项，选中“渐变填充”单选按钮，单击“预设颜色”按钮，调出它的面板，选择选中其内的“金色年华”图案，其他设置如图 10-3-14 所示。

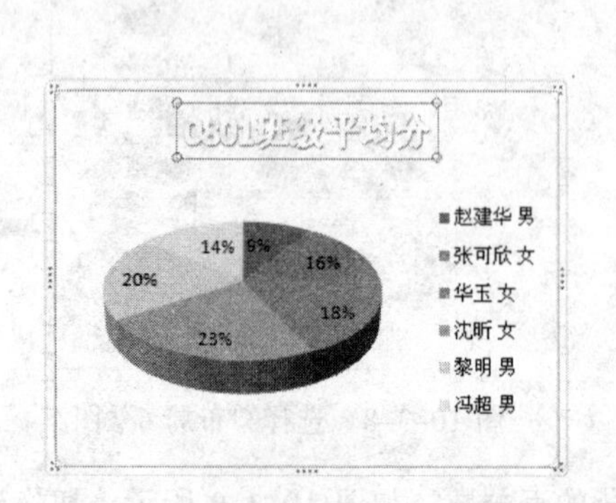

图 10-3-13 修改标题艺术字样式效果

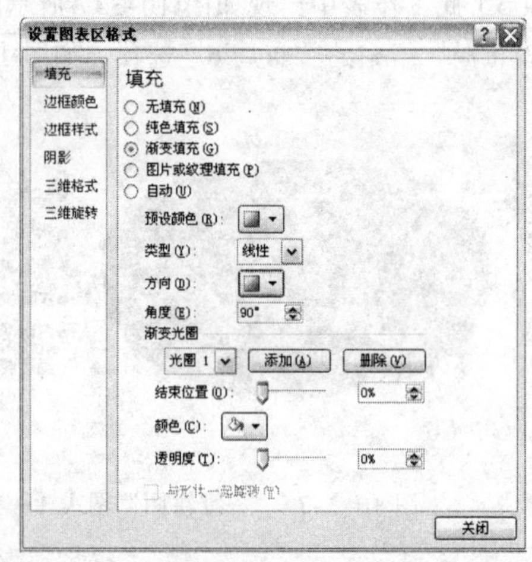

图 10-3-14 选择“渐变填充”中的预设颜色

（9）单击“关闭”按钮，关闭“设置图表区格式”对话框。单击选中三维饼图右边的文字，将文字大小调整为 12 磅、加粗和红色。此时的图表如图 10-3-2 所示。

2. 创建“条形图”图表

（1）选中“Sheet3”工作表。拖动选中“C5:C10”单元格区域，按住【Ctrl】键，同时拖动选中“F5:F10”单元格区域，即选中 0801 班级 5 个学生的数学字段，再同时拖动选中“K5:K10”单元格区域，即选中 0801 班级 5 个学生的 Java 字段。

（2）切换到“插入”选项卡，单击“图表”组的对话框启动器按钮，调出“插入图表”对话框，如图 10-3-15 所示，选中左边区域内的“柱形图”图案，单击选中其右侧列表框内的“三维簇状柱形图”图案。单击“确定”按钮，工作表内出现如图 10-3-16 所示的图表，

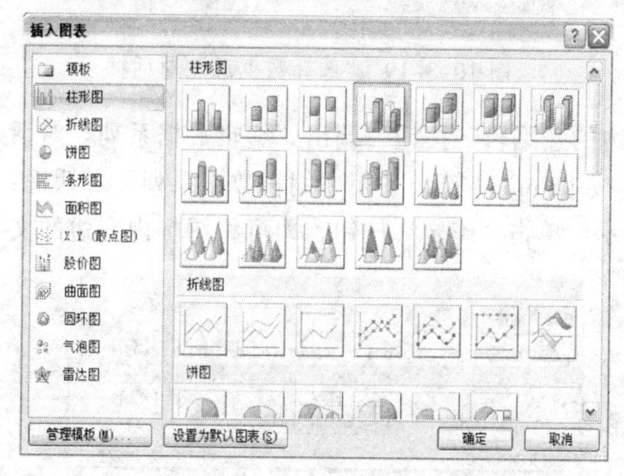

图 10-3-15　“插入图表”对话框

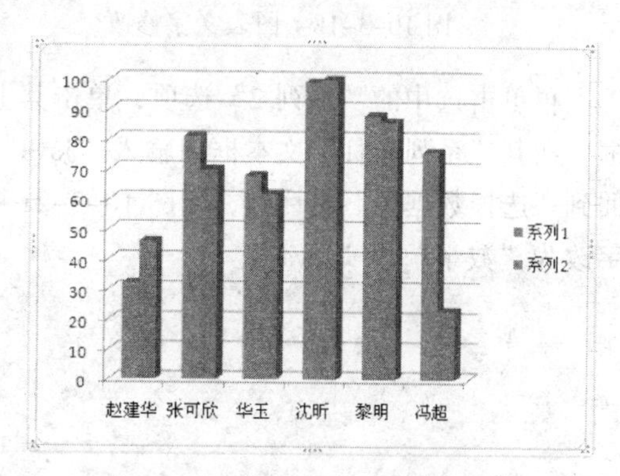

图 10-3-16　“簇状条形图”效果

（3）选中该图表，切换到“设计”选项卡，选择“图表布局”组中的“布局 9”图案；再选择“图表样式”组中的“样式 2”图案，如图 10-3-17 所示。

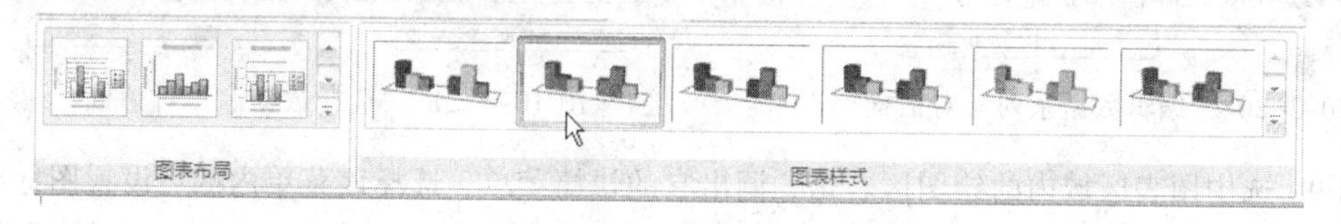

图 10-3-17　“设计”选项卡内“图表布局”组和“图表样式”组

（4）右击图表区域内的图表标题，调出它的快捷菜单，选择该菜单内的“编辑文本”菜单命令，然后输入“0801 班数学和 Java 成绩”，选中文字，设置字体为“华文行楷”、字大小为 20 磅、加粗、颜色为绿色。

（5）选中此标题，切换到“格式”选项卡，单击“艺术字样式”组内的第 1 个图案，给标题文字添加艺术字样式。此时的图表如图 10-3-18 所示。

（6）单击选中左边竖排文字，输入文字“分数”，按【Enter】键；单击选中下边横排文字，输入文字“姓名”，按【Enter】键。将原文字修改。

（7）右击右边的文字，调出它的快捷菜单，选择该菜单内的“选择数据”菜单命令，调出“选择数据源”对话框，如图 10-3-19 所示。

（8）在“图例项”列表框中单击选中的“系列 1”选项，单击其上边的“编辑”按钮，调出“编辑数据系列”对话框，在其“系列名称”文本框内输入“数学”，如图 10-3-20 所示。单击“确定”按钮，关闭“编辑数据系列”对话框，回到“选择数据源”对话框。

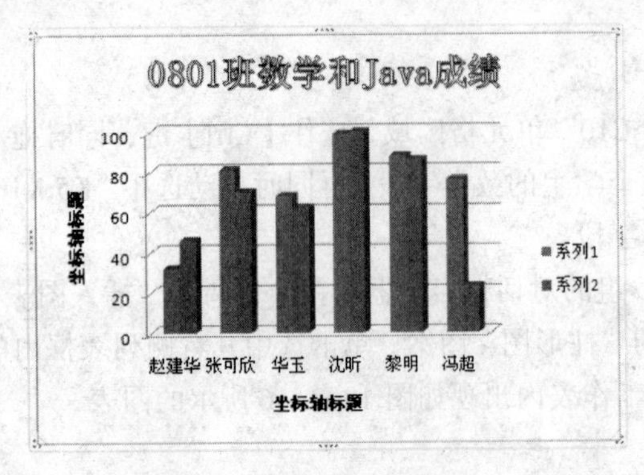

图 10-3-18　图表文字修改

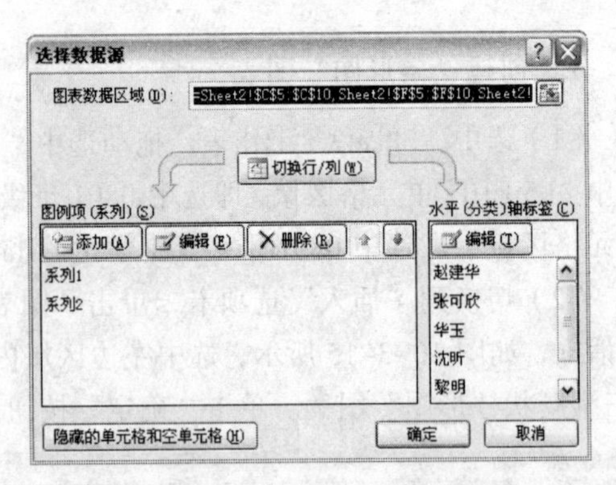

图 10-3-19　“选择数据源”对话框

再单击选中的“系列 2”选项，单击其上边的“编辑”按钮，调出“编辑数据系列”对话框，在其“系列名称”文本框内输入“Java”，按【Enter】键，关闭“编辑数据系列”对话框，回到“选择数据源”对话框，如图 10-3-21 所示。单击“确定”按钮，即可将图标内右边的文字改为“数学”和“Java”。

图 10-3-20　“编辑数据系列”对话框

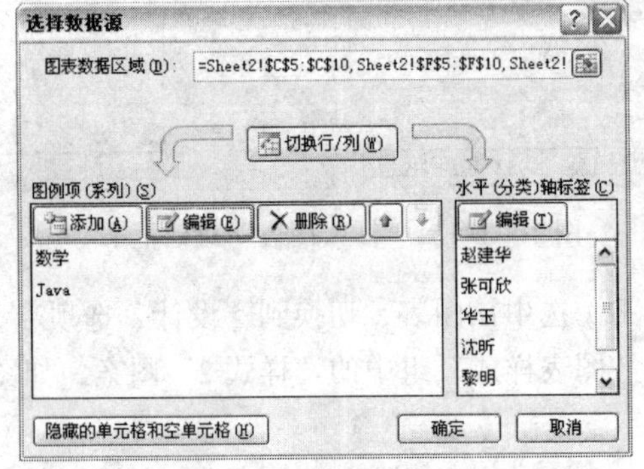

图 10-3-21　“选择数据源”对话框

（9）选中图表区域内的绘图区右击，调出它的快捷菜单，选择该菜单内的“设置图标区域格式”菜单命令，调出“设置图标区域格式”对话框，如图 10-3-22 所示，选中“填充”栏内的“图片或纹理填充”单选按钮，单击“纹理”下拉按钮，调出它的面板，单击该面板内的中选择“纸莎草纸”图案，单击“关闭”按钮。效果如图 10-3-23 所示。

图 10-3-22　“设置图标区域格式”对话框

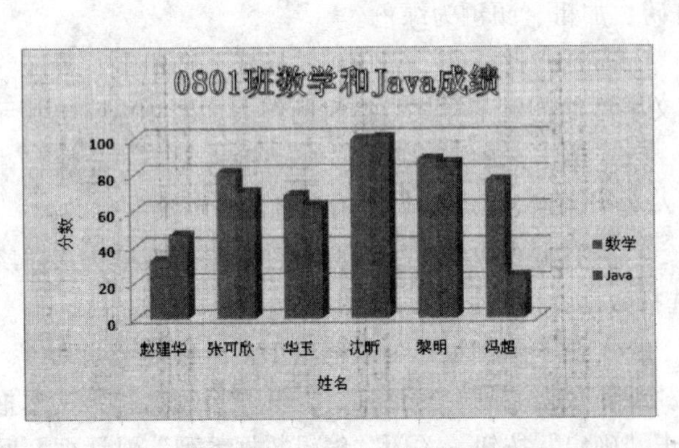

图 10-3-23　图表

（10）单击选中坐标文字，切换到“开始”选项卡，在“字体”组内设置文字为宋体、12号字、加粗。按照相同方法，调整其他注释文字的字体。

（11）选中图表区域内的水平轴坐标右击，调出它的快捷菜单，选择该菜单内的“设置坐标轴格式”菜单命令，调出“设置坐标轴格式”对话框，如图 10-3-24 所示。在“主要刻度线类型”和“次要刻度线类型”下拉列表框内分别选择“内部”选项，给水平轴坐标添加轴线内的细刻度。单击“关闭”按钮，关闭该对话框。

选中图表区域内的垂直轴坐标选择，调出它的快捷菜单，选择该菜单内的“设置坐标轴格式”菜单命令，调出“设置坐标轴格式”对话框，如图 10-3-25 所示。在“主要刻度线类型”和“次要刻度线类型”下拉列表框内分别选择“外部”选项，给垂直轴坐标添加轴线外的细刻度。单击“关闭”按钮，关闭该对话框。

图 10-3-24　添加轴线内刻度

图 10-3-25　添加轴线我刻度

可以看到，利用“设置坐标轴格式”对话框还可以给坐标轴进行其他许多设置，读者可以试试，观察其效果，进一步了解“设置坐标轴格式”对话框内各选项的作用。

3. 创建“折线图”图表

（1）选中“Sheet4”工作表。将光标定位在需要插入图表的起始位置。

（2）切换到“插入”选项卡，单击“图表”组内要选择的图表类型按钮，此处单击“折线图”按钮，调出“折线图”面板，如图 10-3-26 所示。选择其中的第 2 行第 1 个图案。也可以单击“图表”组对话框启动器按钮，或者选择图 10-3-26 所示“折线图”面板内的“所有图表类型”菜单命令，调出“插入图表”对话框，如图 10-3-15 所示。在左侧区域中选中“折线图”图表类型，在右边的列表框选择需要的“带数据标记的折线图”图案。

（3）此时，在工作表内创建一个空白的图表区，选中空白图表，切换到“设计”选项卡，单击“数据”组内的“选择数据”按钮，调出“选择数据源”对话框，如图 10-3-21 所示，只是在两个列表框中都没有选项。此对话框用于修改创建图表的数据区域，如果要更改区域，可以在“图表数据区域”文本框中输入正确的单元格引用区域，或者采用下面的方法。

（4）单击“图表数据区域”文本框右侧的“折叠对话框”按钮，折叠“选择数据源”对话框，然后用鼠标拖动“C5:C10”数据区域，按住【Ctrl】键，同时拖动选中“E5:G10”单元格区域，即选中 0801 班级 5 个学生的政治、语文和数学字段。再单击“折叠对话框”按钮，展开“选择数据源”对话框，如图 10-3-27 所示。

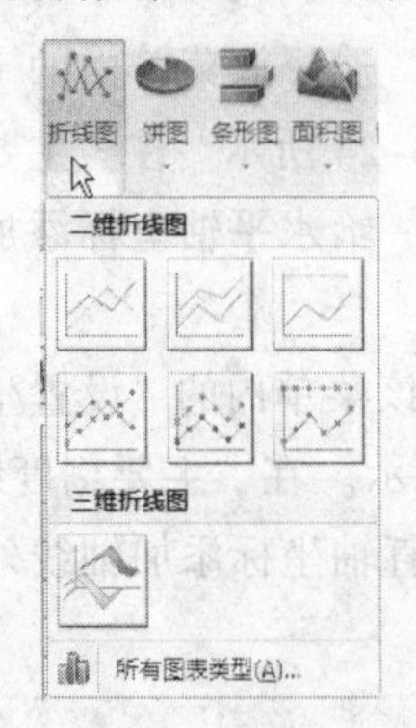

图 10-3-26 “折线图”面板

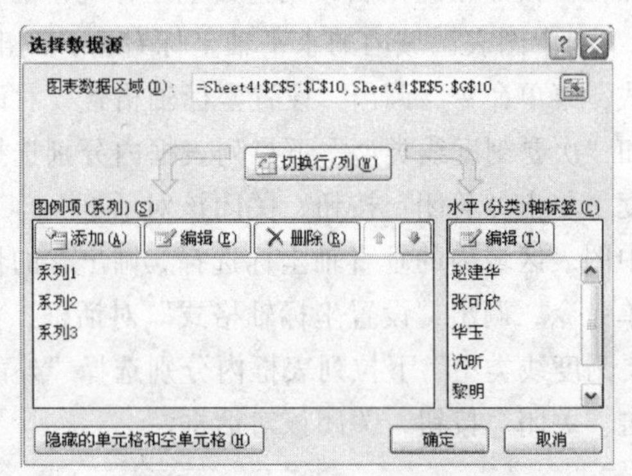

图 10-3-27 “选择数据源”对话框

（5）在“图例项”列表框中选择“系列 1”选项，单击其上边的“编辑”按钮，调出“编辑数据系列”对话框，在其“系列名称”文本框内输入“政治”，如图 10-3-28 所示。单击“确定”按钮，关闭“编辑数据系列”对话框，回到“选择数据源”对话框。

再将“系列 2”选项更名为“数学”，将“系列 3”选项更名为“语文”，如图 10-3-29 所示。

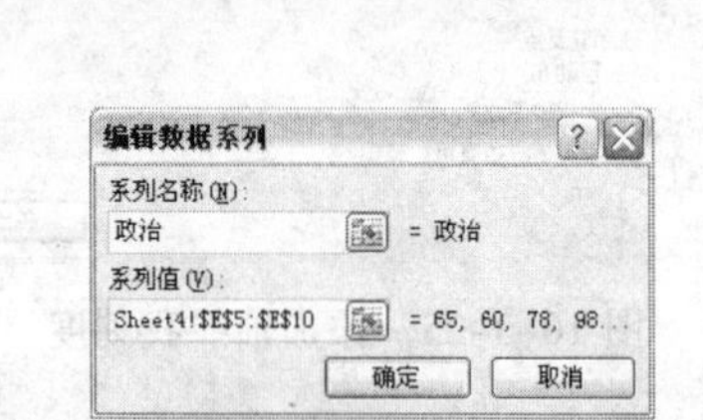

图 10-3-28 “编辑数据系列”对话框

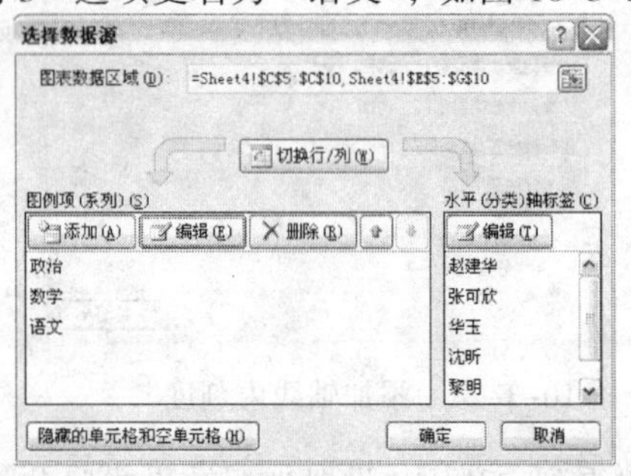

图 10-3-29 “选择数据源”对话框

（6）然后，单击“确定”按钮。如果要指定数据系列在行，单击“切换行/列”按钮，可以修改图例项系列与水平（分类）轴标签的位置。

（7）此时的图表如图 10-3-30 所示。切换到“设计”选项卡，单击“位置”组内的“移动图表”按钮，调出如图 10-3-31 所示的“移动图表”对话框，选中“新工作表”单选按钮，并在其后面的文本框中输入新工作表的名称“0801 班级文化课成绩”，单击“确定”按钮。创建了一个以“0801 班级文化课成绩”命名的独立工作表。

◎ 如果要将图表显示在图表工作表中，选中“新工作表”单选按钮。如果要替换图表的建议名称，则可以在“新工作表”框中键入新的名称。

◎ 如果要将图表显示为工作表中的嵌入图表，可以选中“对象位于”单选按钮，然后在“对象位于”框中单击工作表。

（8）切换到“设计”选项卡，在“图表布局”组中，可以更改图表的整体布局。在“图表样式”组中，可以更改图表的整体外观样式，如图 10-3-32 所示。

（9）切换到“布局”选项卡，可以对图表标题、坐标轴、网格线、图例、数据标志以及数据表中的选项进行设置，读者可以尝试修改各选项，同时观察所得到的数据图表的不同。

（10）可以调出“设置图标区域格式”对话框，设置图表背景。

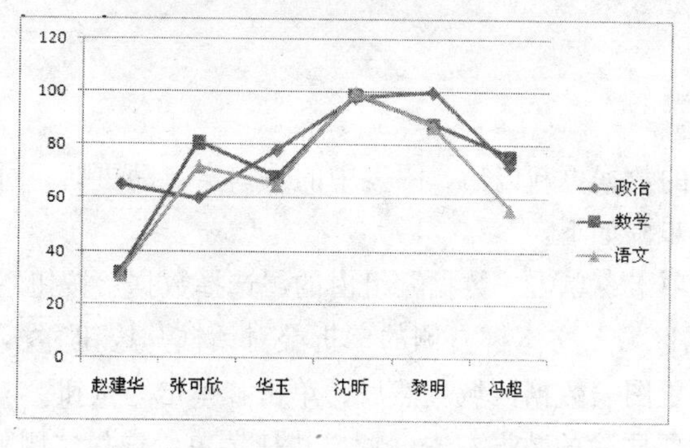

图 10-3-30　“折线图”图表

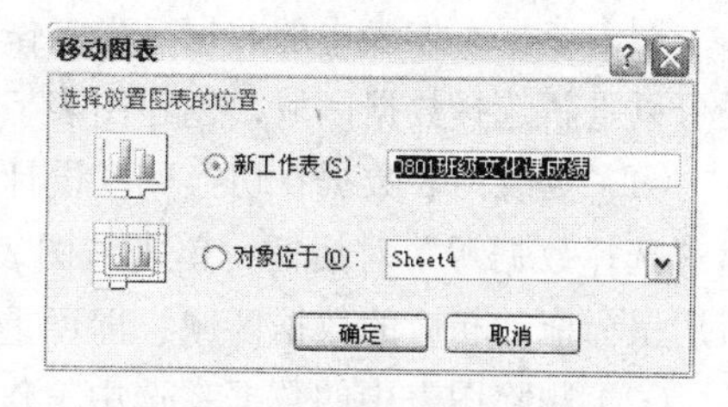

图 10-3-31　“移动图表”对话框

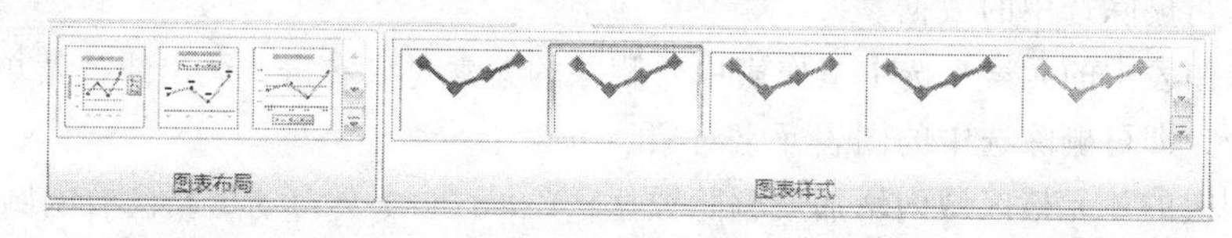

图 10-3-32　“设计”选项卡中的“图表布局”组和“图表样式”组

（11）设置图表标题格式一个图表中如果有标题可以提高图表的可阅读性，并增加美观程度。添加图表标题和设置图标标题格式的方法有如下几种。

◎ 单击选中图表，切换到“布局”选项卡，单击“标签”组内的“图表标题”按钮，调出它的面板，单击该面板内的“图表上方”图案，如图 10-3-33 所示。此时可以在图标内添加标题，然后更改标题文字为“0801 班级文化课成绩”。

◎ 切换到“布局”选项卡，单击“标签”组内的“图表标题”按钮，调出它的面板，选择该面板内的“其他标题选项”菜单命令，调出“设置图表标题格式”对话框，利用该对话框可以设置标题格式，如图 10-3-34 所示。

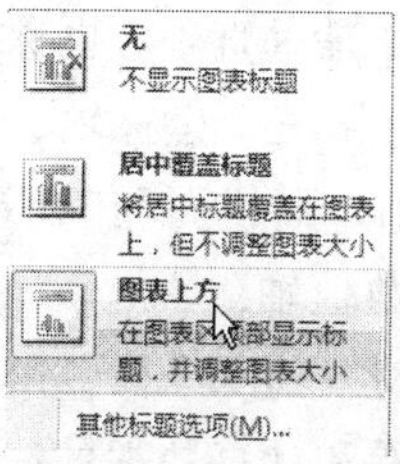

无
不显示图表标题
居中覆盖标题
将居中标题覆盖在图表上，但不调整图表大小
图表上方
在图表顶部显示标题，并调整图表大小
其他标题选项(M)...

图 10-3-33　“图表标题”下拉列表

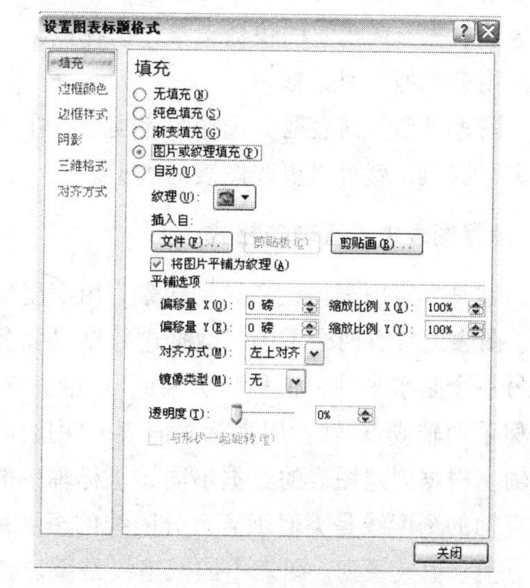

图 10-3-34　“设置图表标题格式”对话框

（12）根据需要更改所有文字的大小、字体和颜色等。最后效果如图 10-3-4 所示。

相关知识

1. 更改和删除图表中的数据

图表依据工作表中的数据，当工作表中的数据更新以后，图表中的数据会自动更新。同时还可以重新选择数据区域，创建图表。操作步骤如下。

（1）更改图表数据：切换到“设计”选项卡，单击“数据”组内的“选择数据”按钮，调出“选择数据源”对话框，单击“图表数据区域”文本框右侧的“折叠对话框”按钮，然后用鼠标拖动相应的数据区域，即可重新设置图表数据区域。然后，单击“单击”按钮。

（2）删除图表中的数据：选中工作表中要删除的数据右击，调出快捷菜单，选择“删除”菜单命令，即可删除选中的数据。

（3）删除图表中的元素：选中工作表中要删除的元素对象右击，调出快捷菜单，选择“删除”菜单命令，即可删除选中的图表元素对象。

如果在图表的单元格区域内增加或删除数据，Excel 2007 会自动更新已有的图表。

2. 移动、调整图表和改变图表类型

在工作表中创建了图表后，可以移动图表、调整图表的大小和复制图表。其中，复制图表与复制单元格中数据的方法相同。

（1）移动图表：单击选中要移动的图表，这时图表的周围出现有 8 个句柄的边框，将鼠标指针放在图表区空白的任意一个位置上，然后用鼠标拖动到新的位置。

（2）改变图表的大小：选中要改变大小的图标，将鼠标指针移到图表的控制柄上，拖动鼠标，就可以改变图表的大小。

（3）改变图表类型：切换到“设计”选项卡，单击“类型”组内的“更改图表类型”按钮，调出“更改图表类型”对话框，它与图 10-3-15 所示“插入图表”对话框基本一样。另外，选中图表区域右击，调出它的快捷菜单，选择该菜单内的“更改图表类型”菜单命令，也可以调出“更改图表类型”对话框。

在“图表类型”列表框中选择图表类型，在“子图表类型”列表框中选择图表的样式。单击“确定”按钮，就可以更改图表的类型。

3. 设置图表中垂直轴的格式

坐标轴是界定图表内绘图区的线条，用作度量的参照框架。可以设置坐标轴的单位、刻度等内容，图表通常有两个用于对数据进行度量和分类的坐标轴，一个是垂直轴，也称数值轴或 y 轴；另一个是水平轴，也称分类轴或 x 轴。在三维图表中，还有第三个坐标轴，即竖坐标轴，也称系列轴或 z 轴，用来标注图表的深度。雷达图没有水平轴，而饼图和圆环图没有任何坐标轴。根据创建图表的数据不同，坐标轴一般可分为分类轴和数值轴。

垂直轴的刻度线是类似于直尺分隔线的短度量线，与坐标轴相交。刻度线标签用于标识图表上的分类、值或系列。图表中的网格线是添加到图表中以易于查看和计算数据的线条，它是坐标轴上刻度线的延伸，并穿过绘图区。

（1）单击选中图表，切换到“格式”选项卡，单击“当前所选内容”组内的“图表区”

下拉按钮，调出“图表区”下拉菜单，如图 10-3-35 所示。选择该菜单内的不同菜单选项，可以选中图表中不同的元素对象。此处，选择该菜单内的“垂直（值）轴”菜单命令，选中垂直轴元素对象。

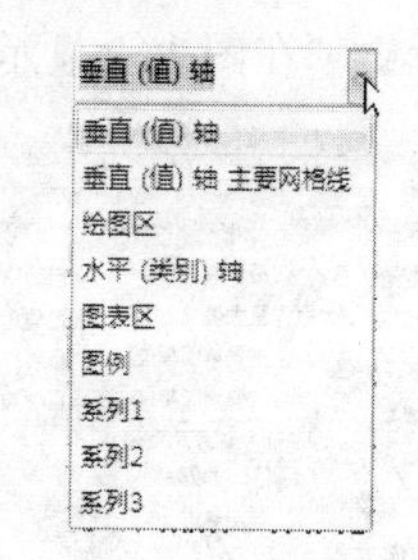

图 10-3-35　“图表区”菜单

（2）切换到“格式”选项卡，单击“当前所选内容”组中的“设置所选内容格式”按钮，如图 10-3-36 所示，调出“设置坐标轴格式”对话框，同时选择该对话框内左边栏中的“坐标轴选项”选项，如图 10-3-37 所示。然后，利用该对话框可以进行垂直坐标轴格式的设置。

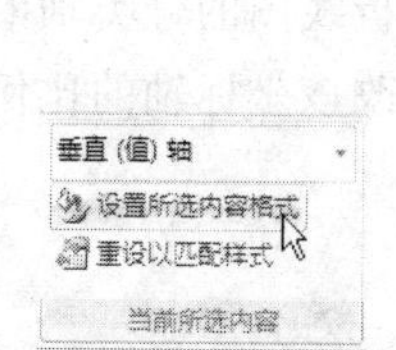

图 10-3-36　“当前所选内容”组

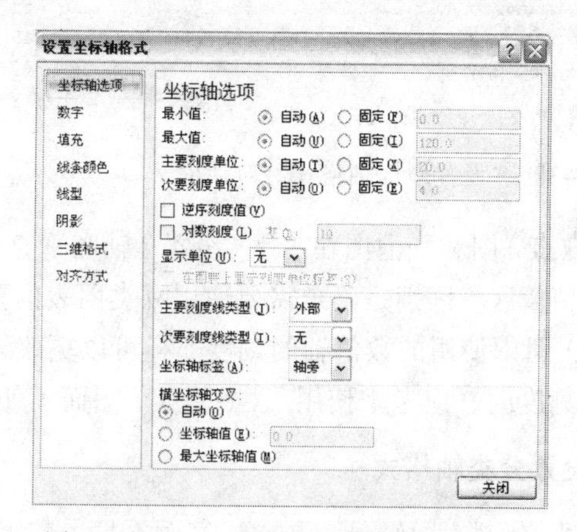

图 10-3-37　“设置坐标轴格式”对话框

◎ 更改垂直（值）轴开始和结束值：选中“最小值”和“最大值”栏内“固定”单选按钮，然后在“最小值”和“最大值”文本框中分别输入数值。例如，0 和 100。

◎ 要更改轴刻度线和标签位置：在“主要刻度线类型”、“次要刻度线类型”和“坐标轴标签”下拉列表框中选择所需的选项。例如，分别选中“外部”、“外部”和“轴旁”。

◎ 更改刻度线和网格线的间距：选中“主要刻度单位”和“次要刻度单位”栏内的 “固定”单选按钮，再在“主要刻度单位”和“次要刻度单位”文本框内分别入数值。例如，5 和 1。

◎ 更改水平（分类）轴与垂直（值）轴的交叉位置：选中在“横坐标轴交叉”栏内的“最大坐标轴值”单选按钮，可以将分类标签移到图表的另一侧。此时的“设置坐标轴格式”对话框如图 10-3-38 所示，图表如图 10-3-39 所示。

如果选中“坐标轴值”单选按钮，然后在文本框中键入所需的数字，可以调整水平（分类）轴与垂直（值）轴的交叉位置。

◎“逆序刻度值”复选框：选中该复选框后，可以颠倒数值的次序。

◎“对数刻度”复选框：选中该复选框后可以将数值轴更改为对数，它不能用于负值或 0。

◎“显示单位”下拉列表框：用来选择数值轴的显示百分、千分等单位。在选中一个单位后，“在图表上显示刻度单位标签”复选框才有效。当图表数值很大，而希望其在轴上更短且更具可读性时，可选中该复选框。

◎“在图表上显示刻度单位标签”复选框：选中该复选框后可以显示描述单位的标签。

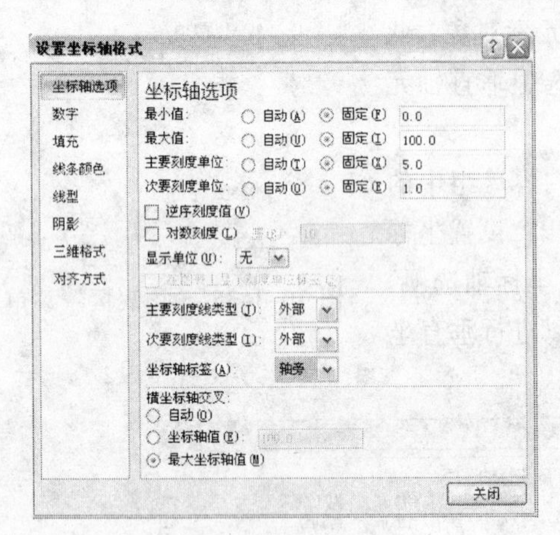

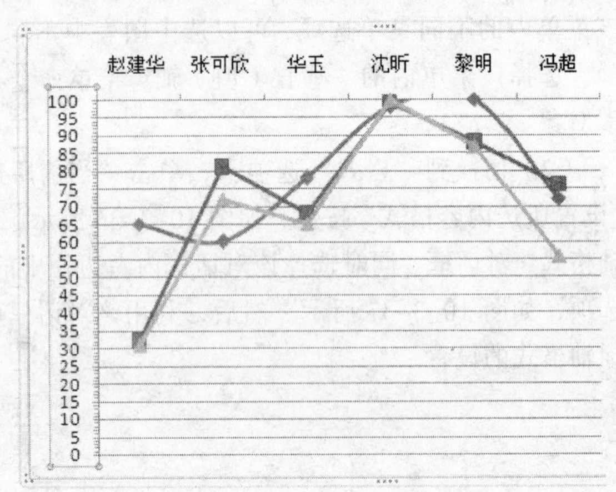

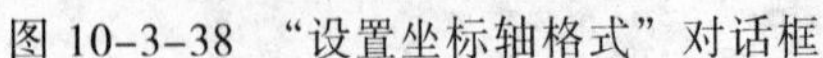

图 10-3-38 “设置坐标轴格式”对话框　　图 10-3-39 图表

xy（散点）图和气泡图在水平（分类）轴和垂直（值）轴显示数值，而折线图仅在垂直（值）轴显示数值。这一区别是确定需要使用哪类图表的重要因素。因为折线图的分类轴的刻度不像 xy（散点）图中使用的数值轴的刻度那样可以更改，所以在需要更改该坐标轴的比例或将其显示为对数刻度时，应考虑使用 xy（散点）图而不使用折线图。

4．设置分类轴格式

由于水平（类别）轴显示文本标签而不显示数字间隔，因此可以更改的刻度选项比垂直（数值）轴的选项要少。不过，可以更改要在刻度线之间显示的分类数、显示分类的次序以及两个坐标轴的交叉位置。具体操作步骤如下所述。

（1）单击选中图表，切换到“格式”选项卡，单击“当前所选内容”组内的“图表区”下拉列表框的箭头按钮，调出“图表区”下拉菜单，选择该菜单内的“水平（类别）轴”菜单命令，选中水平轴元素对象。

（2）切换到“格式”选项卡，单击“当前所选内容”组中的“设置所选内容格式”按钮，调出“设置坐标轴格式”对话框，同时选择该对话框内左边栏中的“坐标轴选项”选项，如图 10-3-40 所示。然后，利用该对话框可以进行垂直坐标轴格式的设置。

◎“刻度线间隔”文本框：输入所需的数字，可以更改刻度线之间的间隔。

◎“标签间隔”栏：选中“指定间隔单位”单选按钮，在其右边的文本框中输入所需的数字，可以更改轴标签之间的间隔。输入“1”，可以为每个分类显示一个标签；输入“2”可以每隔一个分类，显示一个标签；数入“3”可以每隔两个分类，显示一个标签，依此类推。

◎“逆序类别”复选框：选中该复选框后，图表

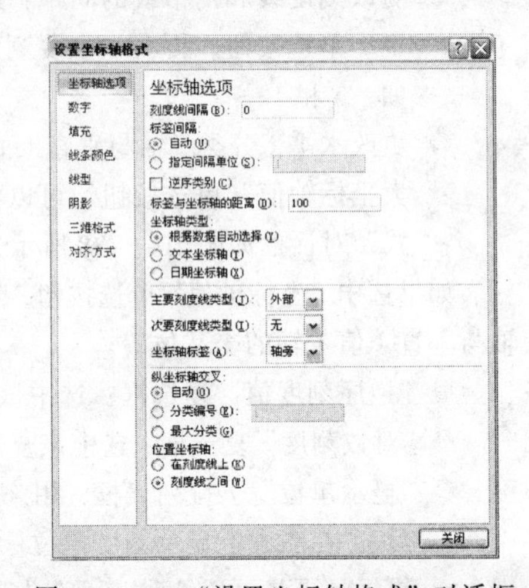

图 10-3-40 “设置坐标轴格式”对话框

内的坐标和图形水平颠倒，即颠倒水平分类的次序，如图 10-3-41 所示。

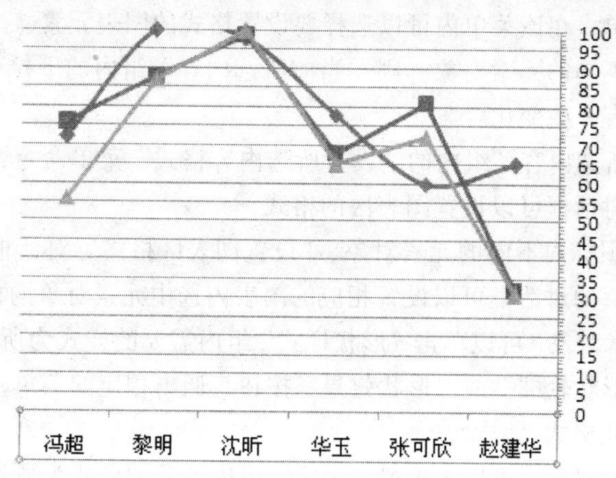

图 10-3-41 颠倒水平分类的次序

◎ “标签与坐标轴的距离”文本框：在其中输入所需的数字，可以更改轴标签的位置。当键入较小的数字时，可使标签靠近坐标轴；当键入较大的数字时，可使标签远离坐标轴。

◎ “坐标轴类型”栏：要将坐标轴类型更改为文本或日期坐标轴，可选中“文本坐标轴”或“日期坐标轴”单选按钮，再选择适当的选项。文本和数据点均匀分布在文本坐标轴上。日期坐标轴会按照时间顺序以特定的间隔或基本单位（如天、月、年数）显示日期，即使工作表上的日期没有按顺序或相同的基本单位显示。默认情况下，选择“根据数据自动选择”选项，该选项可确定最适合的数据类型的坐标轴类型。

◎ 更改轴刻度线和标签的位置：在“主要刻度线类型”、“次要刻度线类型”和“坐标轴标签”框中选择所需的选项。

◎ 更改垂直（数值）轴与水平（类别）轴的交叉位置：选中“分类编号”单选按钮，然后在文本框中输入所需的数字，或选中“最大分类”单选按钮，来指定在 x 轴上最后分类之后垂直（数值）轴与水平（类别）轴的交叉。

5. 设置图表区格式和绘图区格式

图表区是用来存放图表的矩形区域。Excel 允许修改整个图表区中的文字字体、设置填充图案以及元素对象的属性。绘图区是指图表区中两个坐标轴交汇的区域，虽然在饼图中没有坐标轴，但这个区域也存在。改变图表区格式和绘图区格式的具体操作步骤如下所述。

（1）选中图表区或图表绘图区，显示出“图表工具”栏，添加了“设计”、“布局”和“格式”选项卡。“格式”选项卡如图 10-3-42 所示。

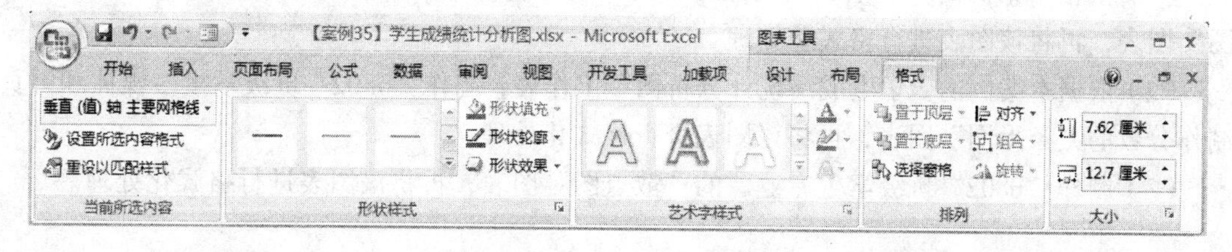

图 10-3-42 “格式”选项卡

（2）切换到“格式”选项卡，选中图表区，单击“当前所选内容”组内“图表区”下拉按钮，调出它的快捷菜单，在该菜单内可以选择要设置格式的图表元素。

如果选中图表内不同的元素对象，则“当前所选内容”组内的下拉列表框名称会有变化，其下拉菜单内容也会有一些变化。

（3）选择“当前所选内容”组内的“设置所选内容格式”菜单命令，调出“设置图表区格式”对话框，利用该对话框可以设置图表区的格式。

（4）此时，单击图标内不同的元素对象，“设置图表区格式”对话框可以自动切换到相应的对话框，利用切换后的对话框可以设置相应的图表内选中元素对象的格式。

（5）选中图表元素对象，可以单击“形状样式”组内需要的样式为所选图表元素设置格式。单击“形状填充”、“形状轮廓”或“形状效果”按钮，调出相应的菜单，利用这些菜单可以设置图表元素对象的形状格式。

（6）选中图表元素对象，可以单击“艺术字”组内需要的样式为所选图表元素中的文本设置格式。单击“文本填充”、“文本轮廓”或“文本效果”按钮，调出相应的菜单，利用这些菜单可以设置图表元素对象文字的格式。

6．设置图例格式

图例是用于标识图表中的数据系列或分类指定的图案或颜色。设置图例格式的具体操作步骤如下所述。

（1）单击选中图表中右边的“图例”，或者切换到“格式”选项卡，选中图例，单击“当前所选内容”组内“图例”下拉按钮，调出它的快捷菜单，选择该菜单内的“图例”选项，选中图表中右边的“图例”。

（2）采用下述方法可以设置图里的格式。

◎ 单击“当前所选内容”组中的“设置所选内容格式”按钮，调出“设置图例格式”对话框，利用该对话框可以设置图里的格式。

◎ 选择“形状样式”组内所需要的样式图案，或者单击“形状填充”、“形状轮廓”或“形状效果”按钮，调出相应的菜单，利用这些菜单设置图例元素的形状格式。

◎ 单击“艺术字样式”组中内需要的样式图案，或者单击“文本填充”、“文本轮廓”或“文本效果”按钮，调出相应的菜单，利用这些菜单设置艺术字”格式。

◎ 选中文本，切换到“开始”选项卡，利用“字体”组中的工具设置文字的格式。或者右击文字，弹出“字体”浮动工具栏，利用该栏内的工具设置文字的格式。

思考练习 10-3

（1）依据本案例的“学生成绩统计分析图”工作表，制作 “0802”班级学生总分的“饼图”图表，再将该图表进行格式化处理。

（2）依据本案例的“学生成绩统计分析图”工作表，制作“0802”班级学生多媒体和网页制作分数的“条形图”图表，再将该图表进行格式化处理。

（3）制作“0802”班级学生专业课的“散点图”图表，再将该图表进行格式化处理。

10.4　综合实训 10——电子产品销售表

实训效果

本实训制作一个“电子产品销售表”工作表，如图 10-4-1 所示。其中“库存数量”和“销售额（元）”是计算出来的，库存数量=进货数量-销售数量，销售额（元）=销售数量*单价。要求在该工作表的基础之上，完成下述排序、筛选、分类汇总、创建数据库透视表、创建数据透视图、创建“饼形图”图表、创建“柱形图”图表和创建“面积图”图表。具体要求如下。

（1）针对该工作表，按“销售数量”降序排序；在“销售数量”相同的情况下，再按照“销售额”降序排序；在“销售额”相同的情况下，再按照“进货量”升序排序。

（2）筛选显示 MP4 产品的所有记录。

（3）筛选显示 DVD 产品、单价在 200 元到 280 元之间的产品的记录。

（4）按照厂家进行分类，统计各厂家各类型号的产品的总销售额。

电子产品销售表

编号	厂家	产品类别	产品型号	进货数量	库存数量	销售数量	单价	销售额(元)
0101	新科电子	DVD	XKD-1	100	20	80	220	￥17,600
0102	新科电子	DVD	XKD-2	120	30	90	260	￥23,400
0103	新科电子	DVD	XKD-3	160	40	120	320	￥38,400
0104	新科电子	MP4	XK65	80	30	50	326	￥16,300
0105	新科电子	MP4	XK80	90	50	40	388	￥15,520
0106	新科电子	MP4	XK100	120	30	90	589	￥53,010
0201	金星数码	DVD	JXD-1	80	20	60	180	￥10,800
0202	金星数码	DVD	JXD-2	90	20	70	280	￥19,600
0203	金星数码	DVD	JXD-3	110	30	80	380	￥30,400
0204	金星数码	MP4	JXM50	120	30	90	310	￥27,900
0205	金星数码	MP4	JXM85	180	60	120	480	￥57,600
0206	金星数码	MP4	JXM100	220	40	180	598	￥107,640

图 10-4-1　“电子产品销售表”工作表

（5）创建数据透视表，统计不同厂家 DVD 和 MP4 产品的总销售量和总销售额。

（6）创建数据透视图，显示不同厂家 DVD 和 MP4 产品的总销售量和总销售额。

（7）制作“新科电子”厂家销售额的“饼形图”图表，再将该图表进行格式化处理。

（8）制作“新科电子”厂家的 6 种产品的进货量、销售量和库存量的“柱形图”图表，再将该图表进行格式化处理。

（9）制作“金星数码”厂家 MP4 三种产品进货量、销售量和库存量的“面积图”和“柱形图”图表，再将该图表进行格式化处理。

实训提示

（1）首先制作图 10-4-1 所示的“电子产品销售表”工作表。

（2）删除工作簿内的“Sheet2”和“Sheet3”工作表。复制 9 份“Sheet1”工作表，分别更名为“Sheet2”～“Sheet9”。

（3）选中“Sheet1”工作表，进行数据的排序；选中“Sheet2”工作表，进行筛选 1；选中“Sheet3”工作表，进行筛选 2；选中“Sheet4”工作表，进行分类显示。

（4）选中“Sheet5”工作表，创建数据透视表和数据透视图。

（5）选中其他工作表，分别制作“饼形图”等图表。

实训测评

能力分类	能　　力	评　分
职业能力	建立数据清单，数据清单的编辑，简单排序和多列排序，按单元格颜色、字体颜色或图表进行排序，筛选，高级筛选	
	分类汇总，创建数据透视表，创建数据透视图，更新数据透视表中的数据	
	创建“饼形”、“条形图”和“折线图”等类型图表，添加和删除图表中的数据，移动、调整图表和改变图表类型	
	更改图表中垂直轴的刻度，设置分类轴格式	
	设置图表区格式，设置绘图区格式，设置图例格式	
通用能力	自学能力、总结能力、合作能力、创造能力等	
能力综合评价		

第 11 章　PowerPoint 2007 幻灯片制作

本章学习制作"世界名花"演示文稿，该演示文稿可以生动地展示大量的世界名花图片和相关的说明文字。"世界名花.pptm"演示文稿由标题幻灯片、目录幻灯片和各分类幻灯片等组成，其中除了目录幻灯片和标题幻灯片外每张幻灯片都设置了返回动作按钮，单击返回动作按钮可以直接返回到目录幻灯片。目录幻灯片中设置了超链接，利用超链接可直接切换到相应幻灯片，这样就实现了目录幻灯片与各分类幻灯片之间的自由跳转。为了使幻灯片看起来更生动、有趣，本演示文稿还应用了动画方案设计，使幻灯片的内容生动，不同的幻灯片之间设置了不同的切换效果。另外，在本演示文稿的幻灯片中还插入了声音、Flash 动画和 AVI 视频，单击声音图标，可以播放背景音乐；单击 AVI 视频画面，可以播放 AVI 视频。本演示文稿可以打包成 CD，可以在 Internet 上发布。制作本演示文稿使用了 PowerPoint 2007 软件，它可以方便地将文字、图片、声音、动画等资料有机地组合成一个多媒体演示文稿。

11.1 【案例 35】制作"世界名花"标题

案例描述

本案例将制作"世界名花.ppt"演示文稿的第 1 张标题幻灯片，如图 11-1-1 所示。在标题幻灯片中，背景是彩色斑点纹理图案，上边是标题"世界名花"立体艺术字，左边有一幅鲜花图像，右边有红色文字，简要介绍了鲜花种类繁多，文字下边有一幅剪贴画。该演示文稿以名称"世界名花.pptm"保存在"【案例 35、36、37】世界名花"文件夹内。通过本案例，可以掌握在幻灯片内插入图片、剪切画和艺术字等对象的操作方法，以及 PowerPoint 2007 文稿的保存、关闭和打开的方法等。

图 11-1-1 "世界名花"演示文稿的标题幻灯片

设计过程

1. PowerPoint 2007 操作界面

单击屏幕左下方的"开始"按钮，调出它的菜单，选择该菜单内的 "所有程序"→Microsoft Office→Microsoft Office PowerPoint 2007 菜单命令。调出 PowerPoint 2007 操作界面，如图 11-1-2 所示。PowerPoint 2007 窗口与 Word 2007、

Excel 2007 的操作界面相似，PowerPoint 2007 的工作界面主要由 Office 按钮、快速访问工具栏、标题栏、功能区（由“页面设置”组、“主题”组合“背景”组等组成）、状态栏、“幻灯片”窗格、“大纲”窗格、“备注”窗格、幻灯片编辑区等元素组成。

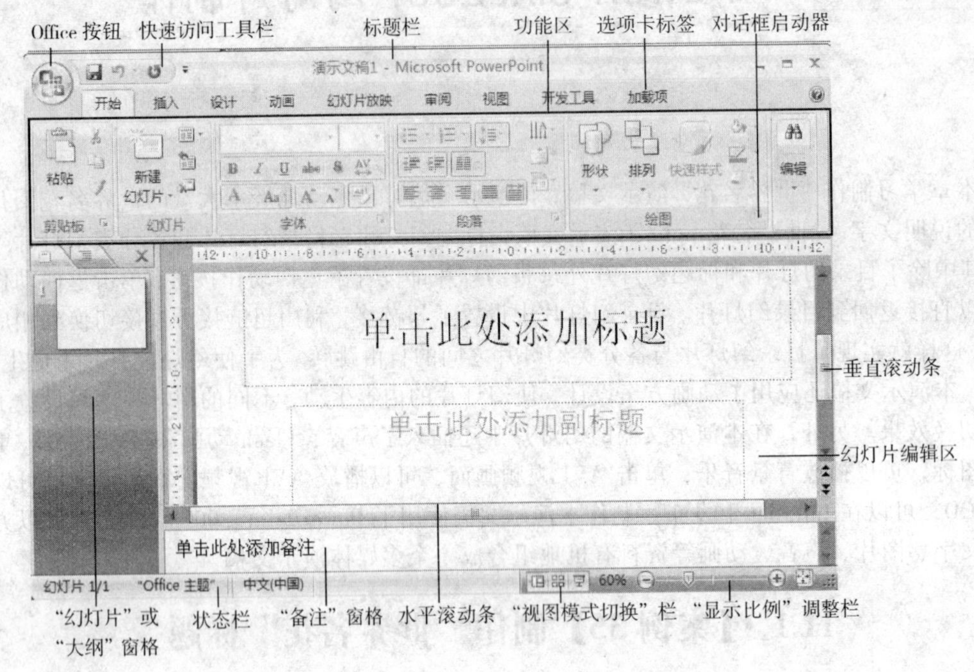

图 11-1-2 PowerPoint 2007 工作界面

（1）选项卡：单击选项卡标签，可以切换选项卡。例如，单击“插入”标签，可以切换到“插入”选项卡，如图 11-1-3 所示。选项卡的功能区内集中了 PowerPoint 最常用的功能并进行了分组。单击“对话框启动器”按钮，可以调出相应的对话框；有的命令按钮右侧有一个下拉箭头，单击它可以看到相应的下拉菜单，当将鼠标移到按钮或命令之上时，会自动显示该命令或按钮的功能提示文字，包括快捷键等。

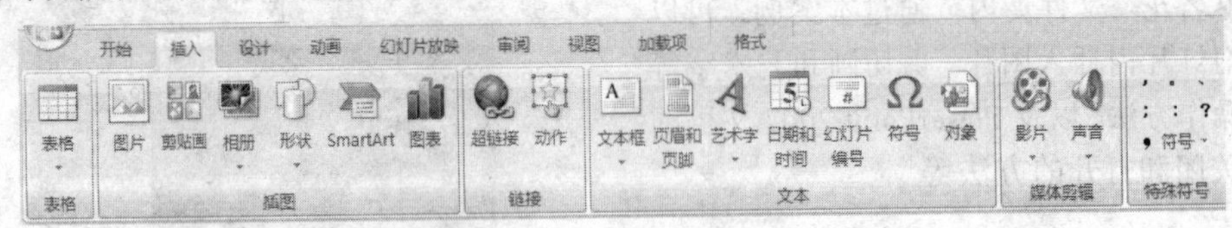

图 11-1-3 “插入”选项卡

（2）“幻灯片”和“大纲”窗格：单击“幻灯片”或“大纲”标签，可以在“大纲”和“幻灯片”窗格之间切换，在“幻灯片”窗格内可以显示所有幻灯片的缩略图，如图 11-1-2 所示；在“大纲”窗格内可以显示幻灯片文本大纲的缩略图，如图 11-1-4 所示。

（3）状态栏：显示当前的状态信息，例如：幻灯片页数和所使用的设计模板等。

（4）“视图模式切换”栏：其内有 3 个按钮，如图 11-1-5 所示，单击按钮，可以切换到相应的视图方式，对幻灯片进行查看。

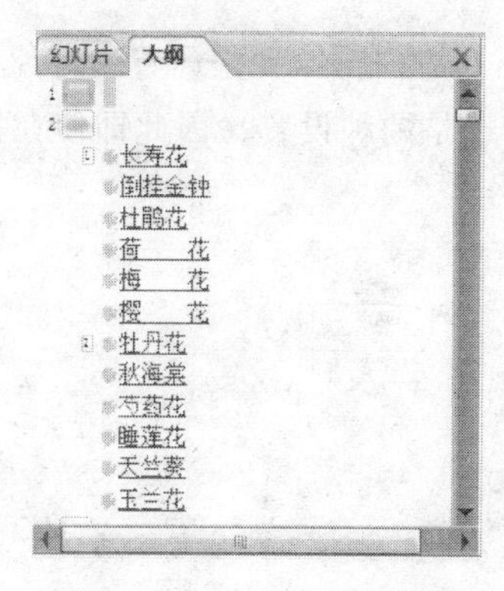

图 11-1-4　“大纲”窗格

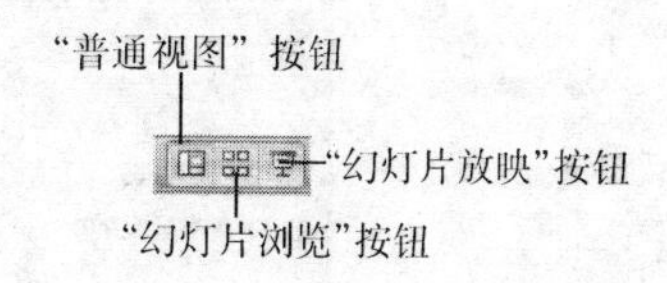

图 11-1-5　“视图模式切换”栏按钮

2. 新建演示文稿和页面设置

（1）单击“Office”按钮，调出它的菜单，选择该菜单内的“新建”菜单命令，调出“新建演示文稿”对话框，在左边“模板”列表框内选中“已安装的主题”模板类型，在中间的“已安装的主题”列表框内选中“流畅”模板，其右边会显示该“流畅”模板的图形，如图 11-1-6 所示。

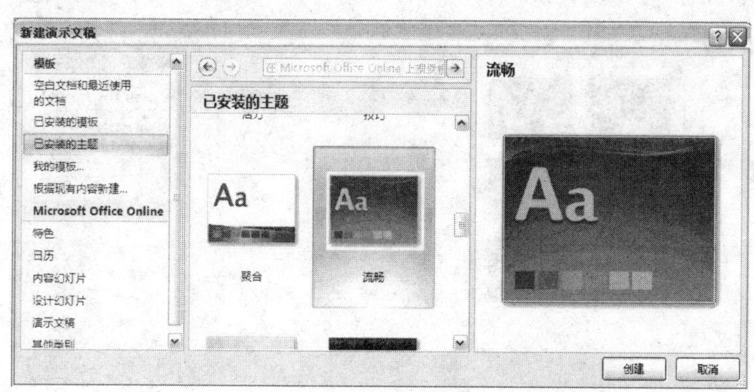

图 11-1-6　“新建演示文稿”对话框

（2）单击“新建演示文稿”对话框内的“创建”按钮，即可创建一个以“流畅”模板为新建演示文稿模板的演示文稿。

（3）切换到“设计”选项卡，如图 11-1-7 所示。单击“页面设置”组内的“页面设置”按钮，调出“页面设置”对话框，如图 11-1-8 所示。在该对话框中可以进行以下的设置。

◎“幻灯片大小”下拉列表框：在该下拉列表框中可以选择幻灯片的大小，如果选择了“自定义”选项，则可以通过下面的“宽度”和“高度”数值框设置幻灯片大小。

◎“幻灯片编号起始值”数值框：在该文本框中可设置幻灯片编号的起始值。

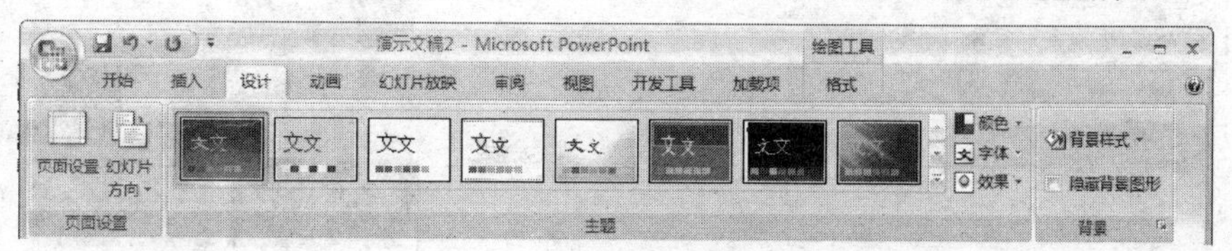

图 11-1-7　“设计”选项卡

◎ “方向”栏：在该栏中设置幻灯片打印时的两种不同方向：一种是设置幻灯片和方向，另一种是设置备注、讲义和大纲页面的方向。由于是两种设置，因此即使在横向打印幻灯片时，用户也可以纵向打印备注和讲义等。

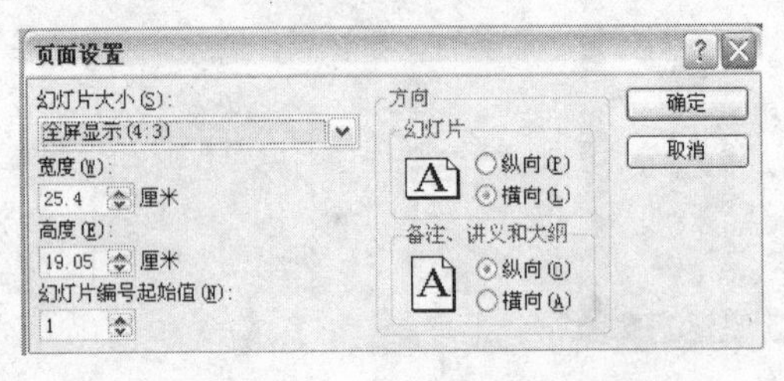

图 11-1-8 “页面设置”对话框

3. 设置文稿背景和主题

（1）切换到“设计”选项卡，单击“背景”组内的“背景样式”按钮，调出“背景样式”面板，如图 11-1-9 所示，选择该面板内的“设置背景格式”菜单命令，调出“设置背景格式”对话框，如图 11-1-10 所示。单击“背景”组对话框启动按钮，也可以调出“设置背景格式”对话框。利用该对话框可以设置演示文稿的背景。

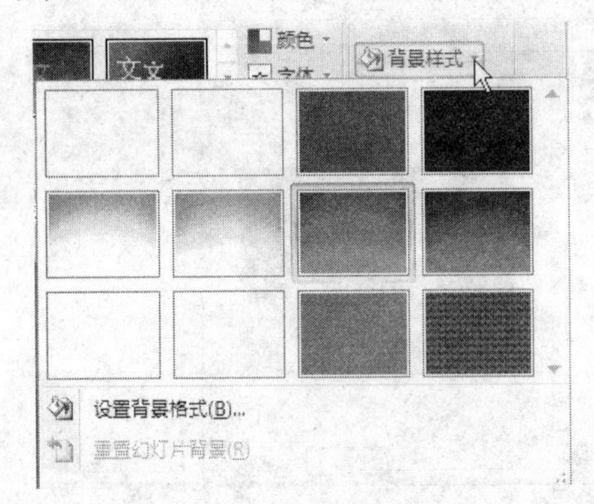

图 11-1-9 “背景样式”面板

图 11-1-10 “设置背景格式”对话框 1

（2）选中“图片或纹理填充”单选按钮，如图 11-1-11 所示。单击“纹理”列表框按钮，调出“纹理”面板，选择该面板内的“花束”图案，如图 11-1-12 所示。

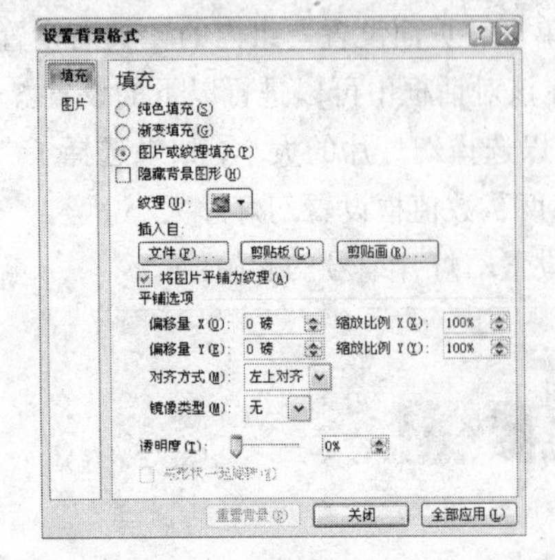

图 11-1-11 “设置背景格式”对话框 2

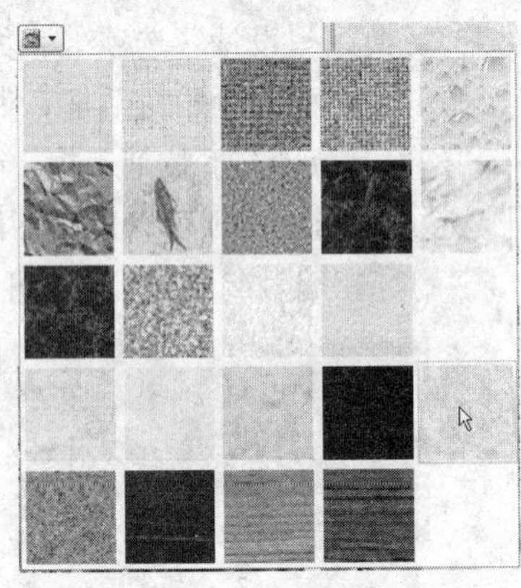

图 11-1-12 “纹理”面板

（3）单击“页面设置”对话框内的“确定”按钮，完成演示文档背景图案的设置。

（4）切换到“设计”选项卡，单击“主题”组内的“颜色”按钮，调出“主题颜色”面板，选择该面板内的“新建主题颜色”菜单命令，调出“新建主题颜色”对话框，如图 11-1-13 所示。在该对话框内设置“超链接”颜色为棕色，“已访问的超链接”颜色为紫色，在“名称”文本框内输入“自定义 3”，再单击“保存”按钮，保存主题颜色的设置，并关闭该对话框。

（5）单击“主题”组内的“字体”按钮，调出“新建主题字体”对话框，在该对话框内设置中文标题文字的字体为“华文行楷”，正文字体为“宋体”，在“名称”文本框内输入“自定义 2”，如图 11-1-14 所示。单击“保存”按钮，保存主题字体设置，并关闭该对话框。

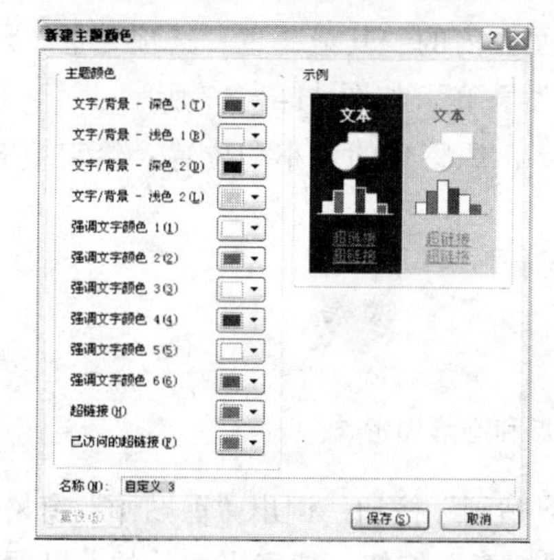

图 11-1-13　“新建主题颜色”对话框

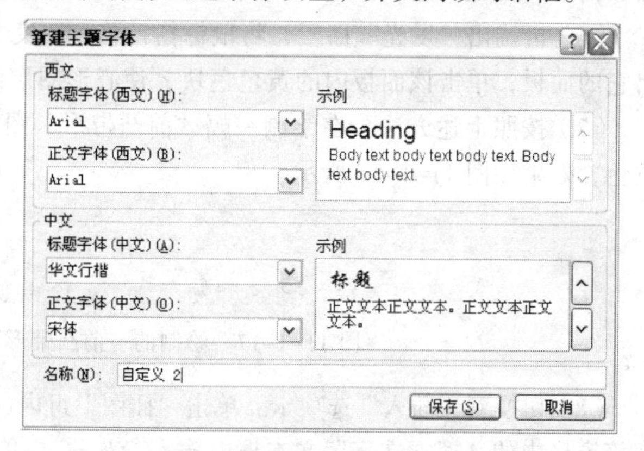

图 11-1-14　“新建主题字体”对话框

4．插入图片、图形和剪贴画对象

（1）切换到“插入”选项卡，如图 11-1-3 所示。单击“插图”组内的“图片”按钮，调出“插入图片”对话框，如图 11-1-15 所示。在“查找范围”下拉列表中选择“TU”文件夹，单击选中“鲜花 0.jpg”图像文件，单击“插入”按钮，即可在幻灯片内插入选中的图像。

（2）单击选中插入的图片，拖动图片的控制柄，可以调整它的大小；拖动图片可以移动图片在幻灯片中的位置，如图 11-1-16 所示。旋转拖动对象上方的圆形控制柄，可以旋转此图片。

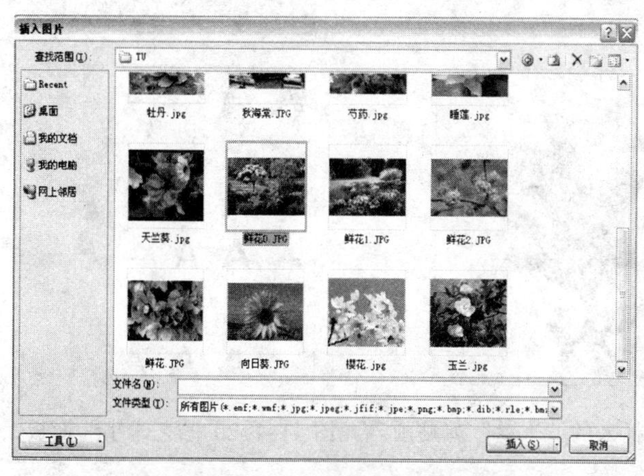

图 11-1-15　“插入图片”对话框

图 11-1-16　选中插入的图片

（3）切换到“插入”选项卡，单击“插图”组内的“形状”按钮，调出“形状”面板，选择该面板内“基本形状”的“心形”图标，在幻灯片内插入一幅心形图形。再调整心形图形的大小和位置。

（4）选中心形图形，切换到“开始”选项卡，如图 11-1-2 所示。单击“绘图”组内的“形状填充”按钮，调出“形状填充”面板，单击其内的红色块，给心形图形填充红色。单击“绘图”组内的“形状轮廓”按钮，调出“形状轮廓”面板，单击其内的“无轮廓”选项，设置选中心形图形无轮廓线。

（5）单击“绘图”组内的“形状效果”按钮，调出“形状效果”面板，将鼠标指针移到该面板内的“发光”选项，调出“发光”面板，单击该面板内的一种发光图案。

（6）再调出“发光”面板，将鼠标指针移到“发光”面板内的“其他亮色”选项之上，调出它的面板，单击该面板内的黄色色块，使心形图形四周发黄光，如图 11-1-17 所示。

（7）按照上述方法，在绘制一幅“前凸带形”图形，调整它的大小和位置，给它填充黄色，效果如图 11-1-17 所示。

图 11-1-17　绘制的“前凸带形”图形和心形图形

（8）切换到“插入”选项卡，单击“插图”组内的“剪贴画”按钮，调出“剪贴画”窗格，在该窗格内的“搜索文字”文本框内输入“花”，再单击“搜索”按钮，搜索出相关的剪贴画，在列表框内选中一幅“玉兰”剪贴画，图 11-1-18 所示。单击选中的“玉兰”剪贴画，即可在幻灯片内插入“玉兰”剪贴画，如图 11-1-19 所示。

5. 插入艺术字和输入文字

（1）切换到“插入”选项卡，单击“文本”组内的“艺术字”按钮，调出“艺术字”面板，选择该面板内第 3 行第 5 个图标，如图 11-1-20 所示，在幻灯片内插入一个文字为“请在此键入您自己的内容”的艺术字。

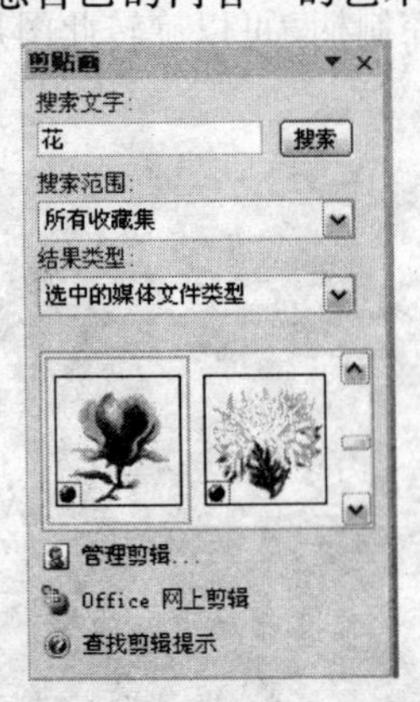

图 11-1-18　“剪贴画”窗格

图 11-1-19　插入的“玉兰”剪贴画

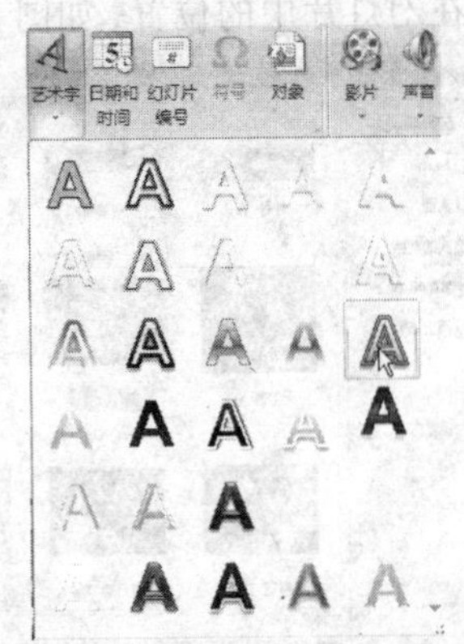

图 11-1-20　“艺术字”面板

（2）拖动选中“请在此键入您自己的内容”文字，输入“世 界 名 花”文字，替换原来的文字，如图 11-1-21 所示。然后，调整艺术字的大小，再将艺术字移到“前凸带形”图形之上，如图 11-1-1 所示。

（3）如果艺术字在“前凸带形”图形的下面，可以单击选中艺术字，切换到“绘图工具”的“格式”选项卡，单击“排列”组内的“置于顶层”按钮，将选中的艺术字置于“前凸带形”图形的上面，效果如图 11-1-1 所示。

（4）切换到“插入”选项卡，单击“文本”组内的“文本框”按钮，在幻灯片内拖动创建一个文本框。在该文本框内输入一段文字。

（5）选中输入的文字，切换到“开始”选项卡，在“字体”组内进行设置，设置文字为宋体、字大小为 18 号字、加粗，颜色为红色，如图 11-1-22 所示。

（6）也可以单击“字体”组对话框启动器按钮，调出“字体”对话框，设置如图 11-1-23 所示，再单击“确定”按钮。此时的文字如图 11-1-1 所示。

图 11-1-21　插入“世界名花”艺术字

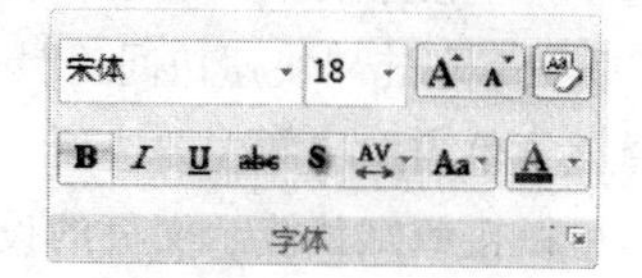

图 11-1-22　“字体”组

6. 保存、关闭和打开演示文稿

（1）保存演示文稿：单击“Office”按钮，选择“另存为”菜单命令，调出“另存为”对话框，如图 11-1-24 所示。在“保存位置”下拉列表框中选择“【案例 36、37、38】世界名花”文件夹，在“保存类型”下拉列表框内选择“启动宏的 PowerPiont 演示文稿（*.pptm）”选项，在“文件名”文本框中输入“世界名花.pptm”文字，单击“确定”按钮。

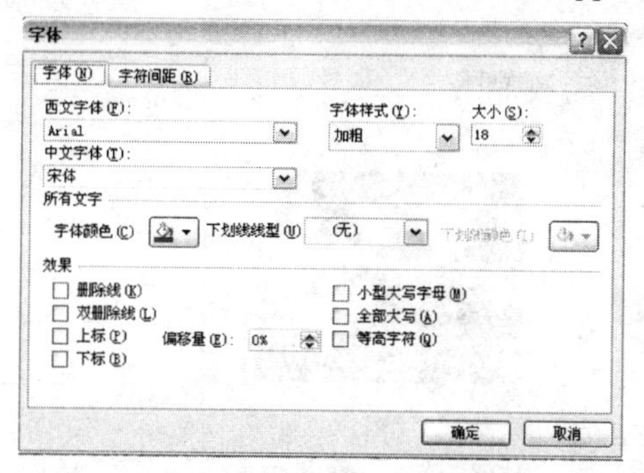

图 11-1-23　“字体”对话框

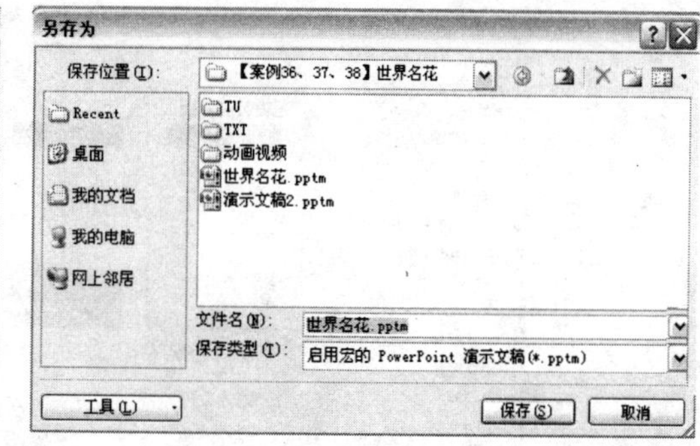

图 11-1-24　“另存为”对话框

如果已经保存了文稿，修改文档后，单击 “Office”按钮，调出它的菜单，选择该菜单内的“保存”菜单命令，即可保存修改后的文稿。

（2）关闭演示文稿：单击“Office”按钮，调出它的菜单，选择该菜单内的“关闭”菜单命令，关闭当前演示文稿。

（3）打开演示文稿：单击“Office”按钮，调出它的菜单，选择该菜单内的“打开”菜单命令，调出“打开”对话框，在“打开”对话框的“查找范围”下拉列表框中选择“【案例 36、37、38】世界名花”文件夹。在列表中选择“世界名花.pptm”演示文稿，单击“打开”按钮。

（4）退出 PowerPoint2007 程序：单击“Office”按钮，调出它的菜单，选择该菜单内的“退出 PowerPoint”按钮，关闭所有打开的演示文稿，并退出 PowerPoint 2007 程序。

相关知识

1. 创建新演示文稿

（1）创建空白演示：单击“Office”按钮，调出它的菜单，选择该菜单内的“新建”菜单命令，调出“新建演示文稿”对话框，在该对话框的“模板”列表框中有5个选项，每个选项提供了一种建立新演示文稿的方式，选中“空白文档和最近使用的文档”选项。在中间列表框中选中“空演示文稿”选项，再单击“创建”按钮，即可创建一个空白演示文稿。

另外，单击“快速访问工具栏”右边的“自定义快速访问工具栏”按钮 ，调出它的菜单，选择该菜单内的“新建”选项，在“快速访问工具栏”中创建“新建”按钮。单击“新建”按钮，可以按照默认演示文稿的设置，建立一个新的空白演示文稿。

（2）利用“设计模板”创建演示文稿：一个空的演示文稿可以提供比较大的创意空间，但因为演示文稿中使用的装饰和格式设置比较多，所以为提高工作效率，一般利用设计模板创建演示文稿。用这种方法创建的演示文稿带有模板所赋予各种信息。操作方法如下所述。

◎ 调出“新建演示文稿”对话框，选择该对话框内左边“模板”列表框中的“已安装的模板”选项，在中间的“已安装的模板”列表框中选择一种演示文稿设计模板，例如，“现代型相册”模板选项，在右侧预览区中可看到效果，如图 11-1-25 所示。

◎ 单击“创建”按钮，即可创建以“现代型相册”为模板的新演示文稿。

图 11-1-25 选择“现代型相册”模板

（3）利用“相册”创建演示文稿：如果要向演示文稿中添加一组喜爱的图片，可以使用 PowerPoint 从硬盘、扫描仪、数字照相机或网站向相册中添加多张图片，轻松地创建一篇作为相册的演示文稿。创建相册演示文稿的具体操作步骤如下所述。

◎ 切换到“插入”选项卡，单击“插图”组内的“相册”按钮，调出它的菜单，选择该菜单内的“新建相册”菜单命令，调出“相册”对话框，如图 11-1-26 所示（还没有设置）。

◎ 单击“插入图片来自：”栏中的“文件/磁盘”按钮，调出“插入新图片”对话框，如图 11-1-27 所示。

图 11-1-26　“相册”对话框

图 11-1-27　“插入新图片”对话框

◎ 在“插入新图片”对话框中找到文件存放的位置，选择一组图片或一幅图片，单击“插入”按钮，关闭该对话框，回到“相册”对话框中，这时的“相册”对话框中“相册中的图片”列表框中就显示出要插入的图片，如图 11-1-26 所示。

◎ 在“相册中的图片”列表框内选中一幅图片，单击“删除”按钮，可删除该图片。单击按钮[↑]，可使选中的图片上移一位；单击按钮[↓]，可以使选中的图片下移一位。

◎ 在“相册中的图片”列表框内单击选中一幅图片的名称，单击“新建文本框”按钮，可以在选中图片所在幻灯片下边创建一个有文本框的幻灯片。

◎ 单击“浏览”按钮，可以调出“选择主题”对话框，在该对话框内选中一个主题，单击“选择”按钮，即可将主题文件的路径和名称显示在“相册”对话框中内“主题”文本框中，如图 11-1-24 所示。

◎ 单击“创建”按钮，就可以创建一个相册演示文稿，效果如图 11-1-28 所示。

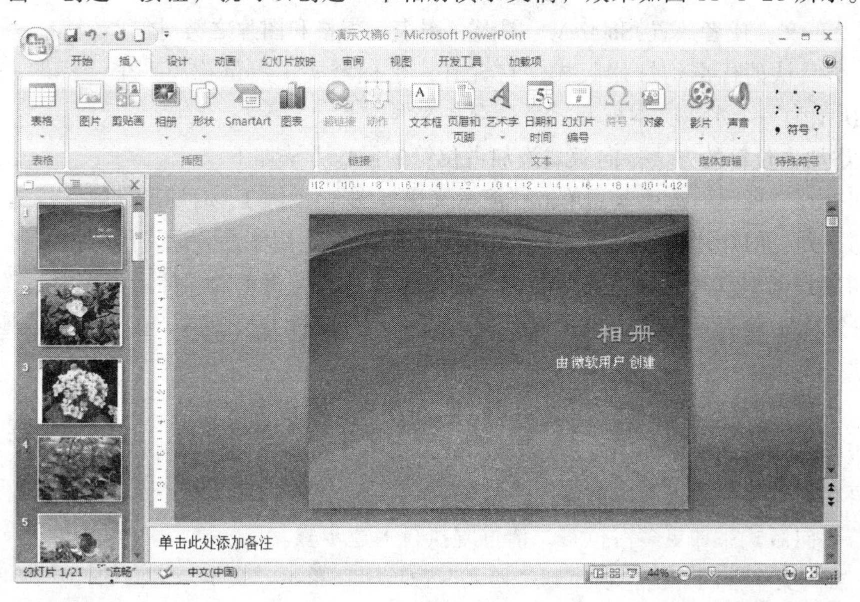

图 11-1-28　“相册”演示文稿

◎ 切换到“插入”选项卡，单击“插图”组内的“相册”按钮，调出它的菜单，选择该菜单内的“编辑相册”菜单命令，调出“编辑相册”对话框，它与图 11-1-26 所示“相册”对话框基本一样。“相册”和“编辑相册”对话框内按钮的作用如表 11-1-1 所示。

2. 输入和编辑文本

（1）输入文本的方法：在幻灯片中输入文本的方法有两种：一种是单击占位符框内，使光标定位在占位符框内，再输入文本；另一种是单击水平文本框或垂直文本框内，使光标定位在文本框内，再输入文本。输入完毕后，单击幻灯片的空白区域，即可结束文本输入并取消该占位符和文本框的虚线边框。

表 11-1-1 “相册”和“编辑相册”对话框内按钮的作用

序 号	按 钮	作 用
1	“上移”	单击该按钮，可以使所选图片的顺序向上移动一位
2	“下移”	单击该按钮，可以使所选图片的顺序向下移动一位
3	“删除” 删除(V)	单击该按钮，可以删除从列表框中选中的图片
4	“左旋”	单击此按钮，可以使选中图片逆时针旋转 90°
5	“右旋”	单击此按钮，可以使选中图片顺时针旋转 90°
6	“增加对比度”	单击该按钮可增加选中图片的对比度
7	“减小对比度”	单击该按钮可减小选中图片的对比度
8	“增加亮度”	单击该按钮可使所选择的图片的亮度增加
9	“减小亮度”	单击该按钮可使所选择的图片的亮度减小

占位符是一种带有虚线边框的方框，所有幻灯片版式中都包含占位符。在这些方框内可以放置标题及正文，或者放置 SmartArt 图形、图表、表格和图片之类对象。例如，图 11-1-27 所示为一个默认的标准幻灯片版式，它含有一个标题文本占位符和一个子标题占位符。图 11-1-30 所示为一个水平文本框和一个垂直文本框。

（2）添加占位符的方法：向版式添加占位符的操作方法如下。

◎ 切换到“视图”选项卡，单击“演示文稿视图”组中的“幻灯片母版”按钮。

◎ 切换到“幻灯片母版”选项卡，单击“编辑母版”组中的“插入版式”按钮。

◎ 切换到“幻灯片母版”选项卡，单击“母版版式”组中的“插入占位符”按钮，调出“插入占位符”面板，单击该面板内的一个占位符类型图案，在幻灯片内拖动，可创建一个占位符。

◎ 切换到“幻灯片母版”选项卡，单击“母版版式”组中的“母版版式”按钮，调出“母版版式”对话框，如图 11-1-31 所示，选中其内的复选框，再单击“确定”按钮，即可在幻灯片内插入相应类型的占位符。

◎ 若要向版式添加更多占位符，请重复执行上述步骤。

（3）插入文本框的方法：切换到“插入”选项卡，单击“文本”组内的“文本框”箭头按钮，调出它的菜单，选择该菜单内的“横排文本框”菜单命令，再在幻灯片内拖动，创建一个横排文本框；选择该菜单内的“垂直文本框”菜单命令，再在幻灯片内拖动，创建一个垂直文本框。

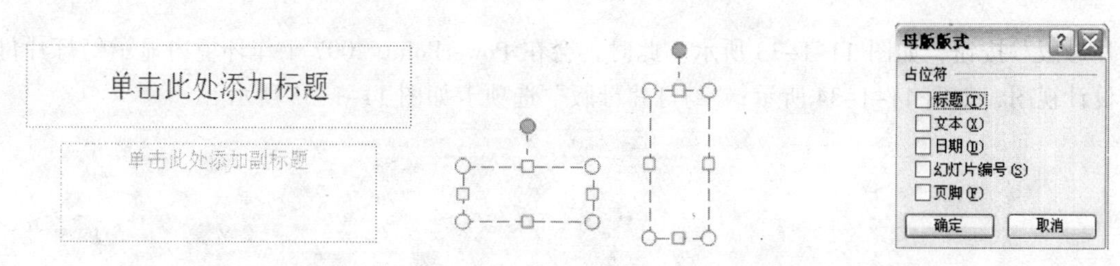

图 11-1-27 占位框　　图 11-1-30 水平和垂直文本框　图 11-1-31 “母版版式”对话框

（4）调整占位符和文本框的方法：单击选中占位符，它四周会出现 7 个控制柄（对象各角的小圆点和各边的小方点），也叫尺寸控点，拖动这些控点可以更改对象的大小。将鼠标指针移到占位符的一个边框之上，并在指针呈四向箭头状时，即可拖动占位符到新的位置。

（5）设置占位符和文本框的文本格式：单击选中占位符或文本框，切换到“开始”选项卡，利用“字体”组可以设置占位符或文本框文本的字体、字号、大小写、颜色或间距等。

另外，也可以单击“字体”组对话框启动器按钮，调出“字体”对话框，设置完后，单击“确定”按钮，即可完成文字格式的设置。

在 PowerPoint 2007 中，可以像 Word 那样修改文本的字体，字号及颜色，设置格式以及使用项目符号和编号等来美化幻灯片，操作方法与 Word 中的方法基本相同。

（6）设置文本的段落格式：选中要格式化的文本或段落，切换到“开始”选项卡，单击“段落”组对话框启动器，调出“段落”（“缩进和间距”选项卡）对话框，如图 11-1-32（a）所示。切换到“中文版式”选项卡，如图 11-1-32（b）所示。利用它可以设置文本段落格式。例如，在“对齐方式”下拉列表框中可选择一种对齐方式，在“间距”栏内的下拉列表框中可选择一种间距等。

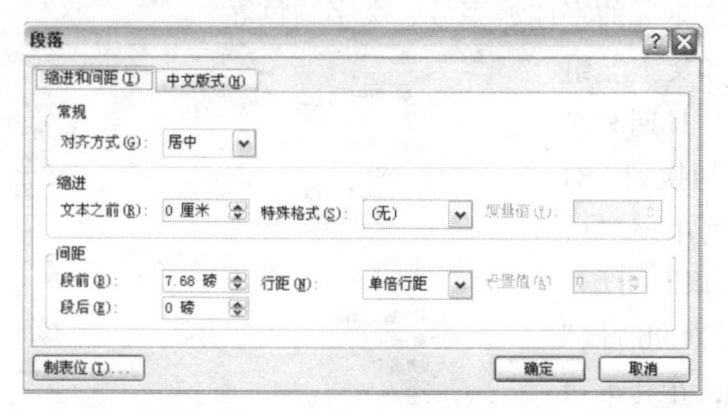

（a）

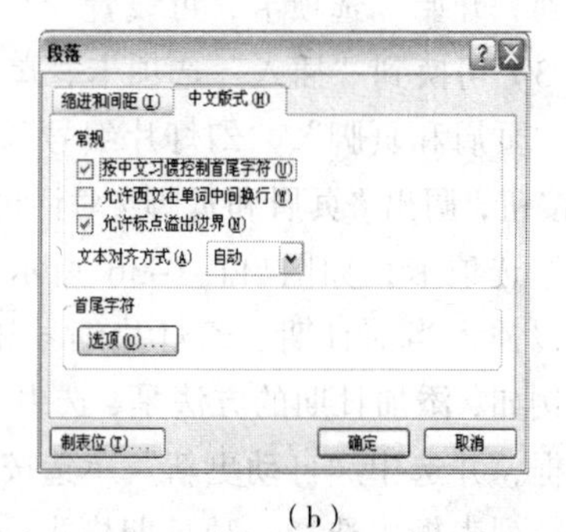

（b）

图 11-1-32 “段落”对话框

3. 母版和母版编辑

幻灯片母版是存储有关应用的设计模板信息的幻灯片，包括字形、占位符大小或位置、背景设计和配色方案。在使用幻灯片时，经常要对幻灯片对象中的一个或多个元素的外观属性进行更改，例如，更改标题样式，设置不同字体、字号、字形和改变文本样式的项目符号等内容。

要完成这些操作，不必在每个幻灯片内进行更改，只需要修改幻灯片母版内每个对象，PowerPoint 就会自动更新当前演示文稿中所有幻灯片，同时还会自动应用到新建的幻灯片上。

（1）显示幻灯片母版设计视图：切换到“视图”选项卡，单击“演示文稿视图”组内的“幻灯片母版”按钮，如图 11-1-33 所示。此时，会在 PowerPoint 2007 工作环境内显示幻灯片母版设计视图，如图 11-1-34 所示；“幻灯片母版”选项卡如图 11-1-35 所示。

图 11-1-33 “演示文稿视图”组

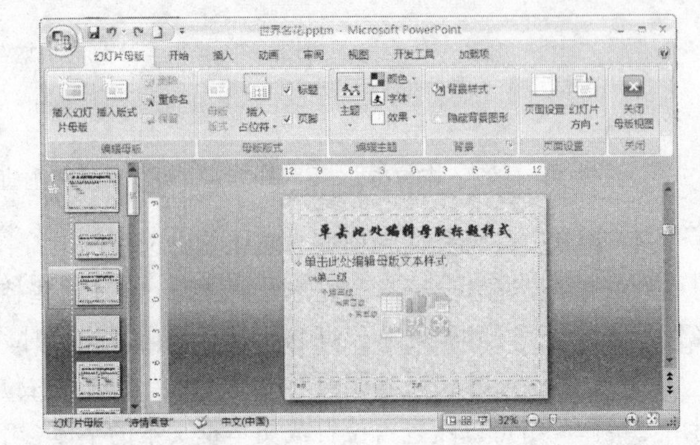

图 11-1-34 幻灯片母版设计视图

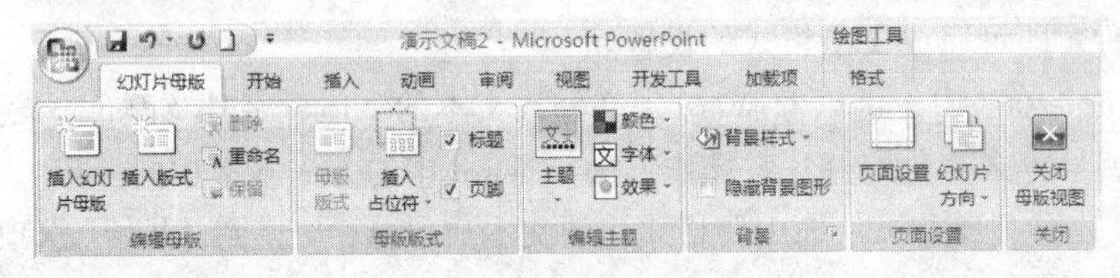

图 11-1-36 “幻灯片母版”选项卡

（2）在左侧大纲窗格选择“两栏内容”版式的幻灯片母版，拖动选中“母版标题”，切换到“开始”选项卡，可以设置“母版标题”的字体、字号、文字颜色等；拖动选中“母版文本”，切换到“开始”选项卡，可设置“母版文本”的字体、字号、文字颜色等。

（3）切换到“插入”选项卡，单击“文本”组内的“页眉和页脚”、“幻灯片编号”或“日期和时间”按钮，调出“页眉和页脚”对话框，切换到“幻灯片”选项卡，如图 11-1-36 所示。利用该对话框可以插入当前日期、幻灯片编号和页眉与页脚。

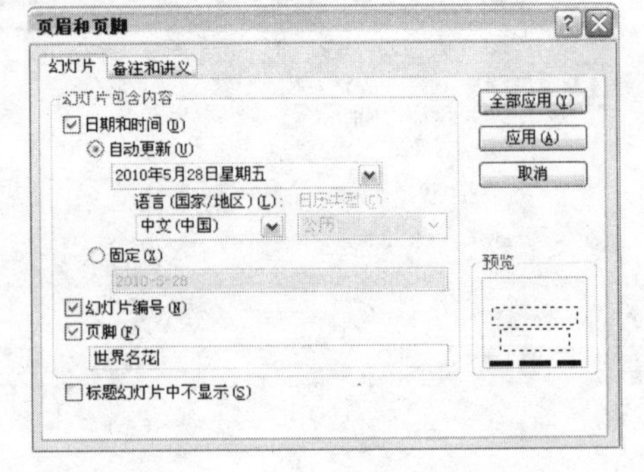

图 11-1-36 “页眉和页脚”对话框

例如，添加日期的方法是，选中“日期和时间”复选框，并选中“自动更新”单选按钮，在其下边的下拉列表框内选择一种日期格式；选中“幻灯片编号”复选框，添加幻灯片编号；选中“页脚”复选框，在文本框中输入“页脚”的内容，例如，“世界名花”，添加幻灯片页脚。

如果选中“标题幻灯片中不显示”复选框，则在标题幻灯片中不显示页眉和页脚内容。设置完后，“页眉和页脚”对话框如图 11-1-36 所示，单击“全部应用”按钮。

（4）单击“编辑主题”组内的“主题”按钮，调出它的面板，利用该面板可以更改主题，包括幻灯片的背景、主标题与副标题文字格式等。利用“编辑主题”组内其他命令按钮，也可以设置主题的颜色、文字格式和效果等。

（5）退出母版视图：在任意母版视图选项卡的“关闭”组中单击“关闭母版视图”，则所有幻灯片的风格全部统一。

4．设计主题

文稿主题是一组格式选项，包括主题颜色、标题字体、正文字体、线条和填充效果等。在创建演示文稿时如果使用设计主题，可以得到美观的格式和背景图案。

（1）应用设计主题：除了可以对整个演示文稿中的所有幻灯片应用设计主题模板外，还允许对单张幻灯片应用不同的设计主题。具体操作步骤如下所述。

◎ 切换到“设计”选项卡，单击“主题”组中的“更多”▾下拉按钮，调出“主题”面板，如图 11-1-37 所示。选择“主题”面板内“内置”栏中的一个设计主题样式图案，可以要将所选中的主题应用到所有幻灯片。

◎ 右击“主题”面板内“内置”栏中的一个设计主题样式图案，调出它的菜单，如图 11-1-38 所示。选择该菜单内的“应用于选定幻灯片”菜单命令，即可将选中的设计主题应用于选中的幻灯片。

（2）应用主题颜色：幻灯片的主题颜色是指为幻灯片内各种文字和背景设定的一组具有特定效果的颜色。一般在应用演示文稿设计主题时，同时也应用了一种主题颜色。也可以自己创建新的主题颜色。应用主题颜色的方法如下。

图 11-1-37　“主题”面板

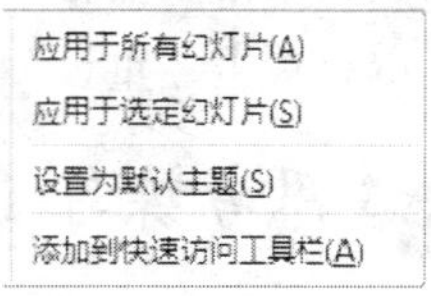

应用于所有幻灯片(A)
应用于选定幻灯片(S)
设置为默认主题(S)
添加到快速访问工具栏(A)

图 11-1-38　菜单

◎ 在普通视图中，选中要应用主题颜色的幻灯片。如果要更改所有幻灯片的主题颜色，则可以不选定幻灯片。

◎ 切换到“设计”选项卡，单击“主题”组中的“颜色”按钮，调出“主题颜色”面板，如图 11-1-39 所示。

◎ 单击“内置”列表框中的一种主题颜色，即可将所选定的主题颜色应用于所有幻灯片。

◎ 右击需要的主题颜色，调出它的菜单，选择该菜单内的“应用于选定幻灯片”菜单选项，可将选定的主题颜色应用于选中的幻灯片。

（3）编辑主题颜色：主题颜色包含四种文本和背景颜色、六种强调文字颜色和两种超链接颜色。“主题颜色”面板中，“主题颜色”名称旁边的一组颜色代表该主题的文字颜色和超链接颜色等。将鼠标指针移到这些主题颜色之上时，幻灯片内的文字、链接文字和图形等对象的颜色也会随之变化。创建一组新主题颜色的方法如下。

◎ 选择图 11-1-39 所示的“主题颜色”面板内的“新建主题颜色”菜单命令，调出在“新建主题颜色”对话框，如图 11-1-13 所示。

◎ 在“主题颜色”栏中列出了构成配色方案的 12 种元素，单击要修改颜色的按钮，调出“颜色”面板，如图 11-1-40 所示。利用它可以设置新的颜色，在“示例”栏内可以看到所做更改的效果。继续操作，可以设置其他主题颜色元素的新颜色。

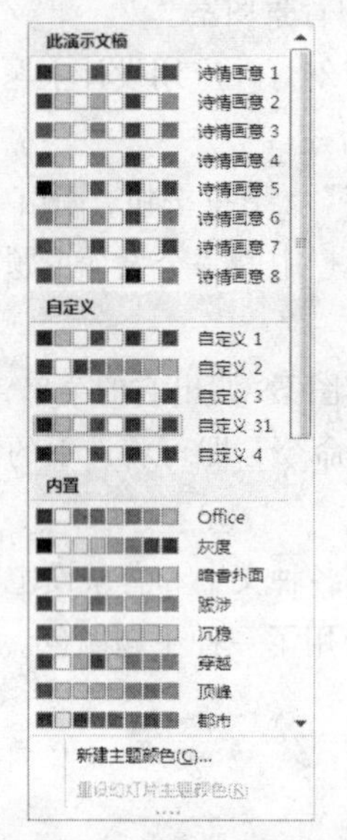

图 11-1-39 “主题颜色”面板

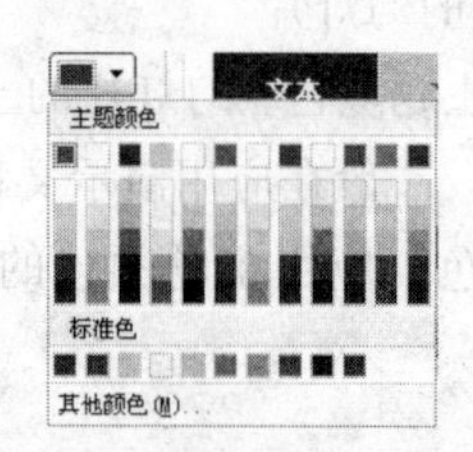

图 11-1-40 “颜色”面板

◎ 在“名称”框中输入新主题颜色的名称。
◎ 单击“保存”按钮，将新主体颜色保存。
◎ 单击“重设”按钮，可以将所有主题颜色元素还原为最初的主题颜色。

思考练习 11-1

（1）制作“宝宝摄影室”演示文稿的第 1 张幻灯片，幻灯片内有背景图像，“宝宝摄影室”标题艺术字文字，插入图片和剪贴画，并输入文字和绘制有图形。

（2）制作“国庆阅兵式”演示文稿的第 1 张幻灯片，幻灯片内有背景纹理，“国庆阅兵式”标题艺术字文字，插入图片和剪贴画，并输入文字和绘制有图形。

11.2 【案例 36】制作“世界名花”演示文稿

案例描述

本案例继续完成“世界名花”演示文稿的制作，制作第 2 张“目录”幻灯片和其后面的第 3 张到第 16 张幻灯片。16 张幻灯片效果如图 11-2-1 所示。

第 2 张“目录”幻灯片内有 12 个世界名花名称文字和“玫瑰花语”与“名花图像浏览”文字构成的目录，如图 11-2-2 所示，单击该目录内的文字，即可切换到相应的幻灯片，例如，单击“倒挂金钟”文字，调出“倒挂金钟”幻灯片页面如图 11-2-3 所示；单击花幻灯片内的按钮◄，可以回到“目录”幻灯片。

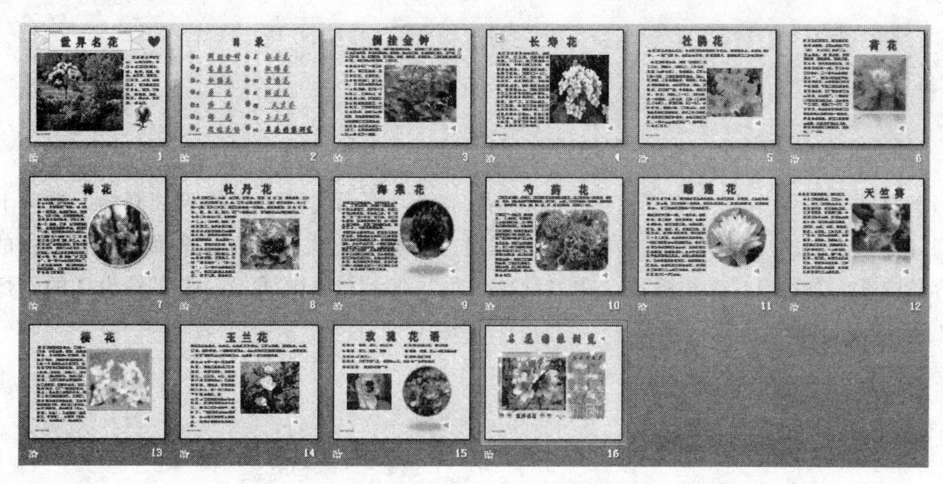

图 11-2-1 “世界名花”演示文稿全部幻灯片

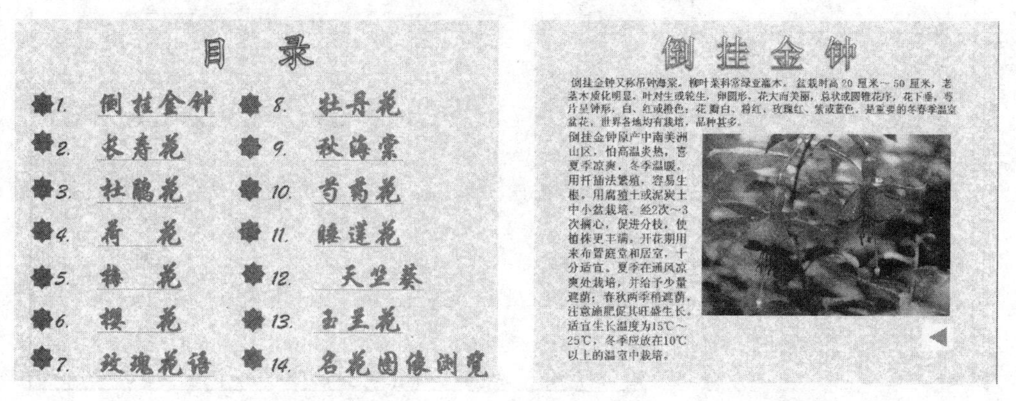

图 11-2-2 “目录”幻灯片

图 11-2-3 “倒挂金钟”幻灯片

单击第 15 页幻灯片内的图标，可播放一段音乐；单击第 15 页幻灯片内左下边 AVI 视频第 1 幅画面，即可播放该视频；第 16 页幻灯片内插入有一个具有交互功能的 Flash 动画。

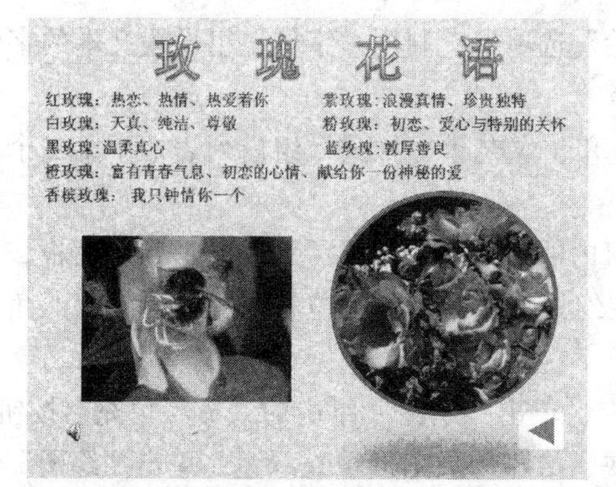

图 11-2-4 “玫瑰花语”幻灯片

图 11-2-5 “名花图像浏览”幻灯片

通过本案例的学习，读者可以掌握插入幻灯片、复制和粘贴幻灯片的方法，创建图片项目符号的方法，使用和更改母版的方法，应用三种视图模式，以及在幻灯片母版中插入日期和时间、AVI 视频、音频和 Flash 动画等对象的方法。

1．插入幻灯片和输入“目录”幻灯片目录文本

（1）打开【案例 36】中制作的“世界名花.pptm”演示文稿，切换到“开始”选项卡，单击“幻灯片”组内的“新建幻灯片”按钮，调出“新建幻灯片”面板，选择该面板版内的“两栏内容”图案，如图 11-2-6 所示。在“世界名花”演示文稿中插入一张序号为 2 的幻灯片，如图 11-2-7 所示。

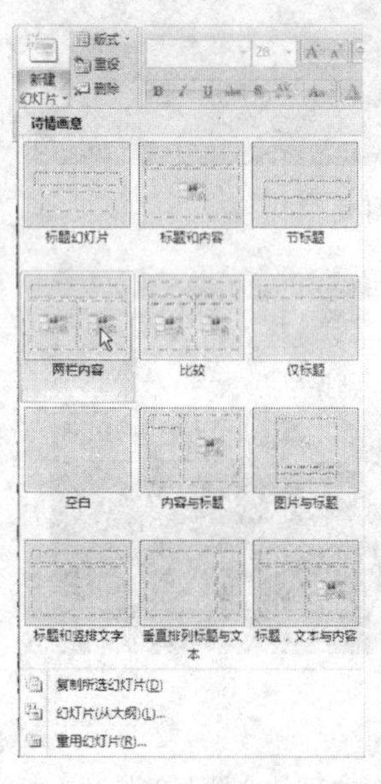

图 11-2-6 “新建幻灯片”面板

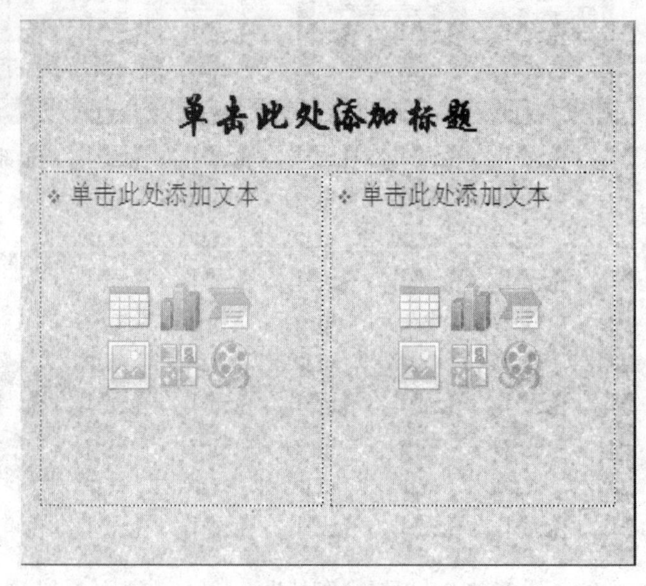

图 11-2-7 插入“两栏内容”类型幻灯片

（2）单击选中左边“幻灯片”窗格内新插入的第 2 张幻灯片，再单击上边占位符框内部，原来的文字消失，光标定位在其内。然后，输入“目　录”文字。

（3）拖动选中“目　录”文字，切换到“开始”选项卡，利用“字体”组设置文本的字体为“华文楷体”、字号为 54、加粗、颜色为蓝色等。

（4）切换到“绘图工具”的“格式”选项卡，单击“艺术字样式”组内列表框中第 2 个样式图案，使选中的文字应用该样式。

（5）切换到“插入”选项卡，单击“插图”组内的“形状”按钮，调出“形状”面板，单击该面板内“旗与旗帜”的“八角星”图标⑧，在幻灯片中左边的占位符框内插入一幅八角星图形。然后，调整八角星图形的大小和位置。

（6）选中八角星图形，切换到“开始”选项卡，单击“绘图”组内的“形状填充”按钮，调出“形状填充”面板，单击该面板内的绿色色块，给八角星图形填充绿色。单击“绘图”组内的“形状轮廓”按钮，调出“形状轮廓”面板，选择该面板内的“无轮廓”选项，设置选中的心形图形无轮廓线。

（7）按住【Ctrl】键，同时拖动绘制的八角星图形，复制一份八角星图形。然后，再复制 12 份八角星图形，再将它们移到相应的位置。

（8）在不同的位置分别输入世界名花的名称和“玫瑰花语”与“名花图像浏览”文字，再设置其中“玫瑰花语”文字的字体为华文楷体、字大小为 40 号、加粗、颜色为红色。

（9）拖动选中“玫瑰花语”文字，切换到“开始”选项卡，双击按下“剪贴板”组内的“格式刷”按钮，再依次拖动其他文字，是这些文字具有与“玫瑰花语”文字一样的格式。

2. 创建文字项目符号

（1）单击左边占位符框内第 1 行文字左边，切换到“开始”选项卡，单击“段落”组内的“编号”按钮，即可在第 1 行文字左边插入编号“1”。

（2）按照上述方法在左边占位符框内其他行分别插入 2 到 7 不同的编号。

（3）单击右边占位符框内第 1 行文字左边，切换到“开始”选项卡，单击“段落”组内的“编号”箭头按钮，调出“编号”面板，如图 11-2-8 所示。

（4）选择“编号”面板内的“项目符号和编号”菜单命令，调出“项目符号和编号”对话框，单击选中第 1 行第 2 个图案，在“起始编号”数字框内输入“8”，然后单击“确定”按钮，在右边占位符框内第 1 行文字左边插入编号“8”。

（5）按照上述方法在右边占位符框内其他行分别插入 9 到 14 不同的编号。

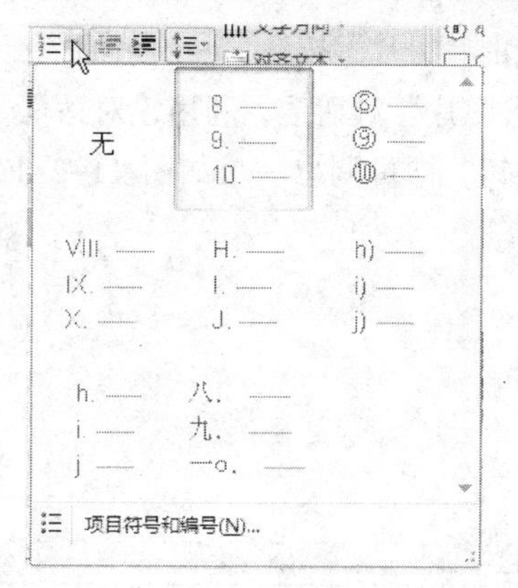

图 11-2-8 “编号”面板

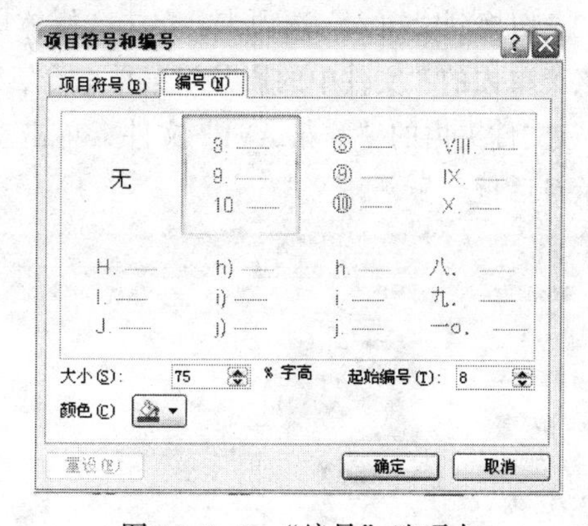

图 11-2-9 “编号”选项卡

（6）单击“项目符号和编号”对话框内的“项目符号”标签，切换到“项目符号”选项卡，如图 11-2-10 所示。利用该选项卡可以设置各种项目符号，也可以设置图片为一行文字左边的符号。

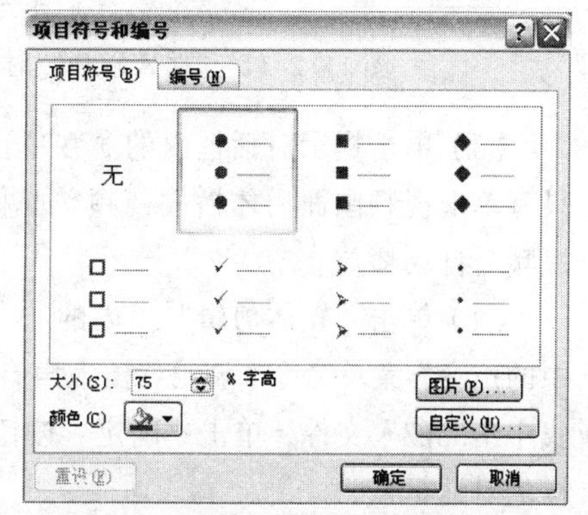

图 11-2-10 “项目符号”选项卡

3. 制作第 3 张到第 14 张幻灯片

（1）切换到“开始”选项卡，单击“幻灯片”组内的“新建幻灯片”按钮，调出“新建幻灯片”面板，选择该面板版内的“两栏内容”图案，在“世界名花”演示文稿中插入一张新的幻灯片，序号为 3。

（2）选中第 1 张幻灯片，拖动选中期内的标题艺术字，切换到“开始”选项卡，单击“剪贴板”内的“复制”按钮，将选中的标题艺术字复制到剪贴板内。选中第 3 张幻灯片，单击上边的占位符框内，将光标定位在占位符框内，单击“剪贴板”内的“粘贴”按钮，将剪贴板内的艺术字粘贴到光标处。然后将粘贴的文字改为“长寿花”。

（3）在左边的占位符框内，输入一段文字，然后设置这段文字的字体为宋体，字大小为20号，加粗，颜色为红色。

（4）在右边的占位符框内，插入一幅“长寿花”图像，调整它的大小和位置。也可以选中右边的占位符框，按【Delete】键，删除选中的占位符，再插入图像。

（5）单击选中插入的“长寿花”图像，切换到“图片工具”的“格式”选项卡，单击“图片样式”组内列表框中的一种样式图案，给选中的图像添加样式。

（6）右击左边“幻灯片”窗格内的第3张幻灯片，调出它的菜单，选择该菜单内的“复制”菜单命令，将第3张幻灯片复制到剪贴板内。再右击左边“幻灯片”窗格内，调出它的菜单，单击该菜单内的“粘贴”菜单命令，粘贴一个第3张幻灯片。接着再粘贴12张幻灯片。

（7）修改各粘贴的幻灯片。

4．插入音频、视频和 Flash 动画对象

（1）在第14张幻灯片的下边添加第15张和第16张幻灯片。在第15张幻灯片内插入一幅图像，插入“玫　瑰　花　语”艺术字，输入相关文字。

（2）切换到“插入”选项卡，单击“媒体剪辑”组内的“影片”按钮，调出它的快捷菜单，选择该菜单内的“文件中的影片”菜单命令，调出“插入影片”对话框，利用该对话框，选中“媒体”文件夹内的“鲜花.AVI”文件，单击“确定”按钮，即可调出一个如图11-2-12所示的提示对话框。

图11-2-11　“插入影片”对话框

图11-2-12　提示对话框

（3）单击提示对话框内的“在单击时”按钮，即可插入AVI格式视频，在播放幻灯片时，只有单击视频画面后才播放视频。如果单击提示对话框内的“自动”按钮，则在播放幻灯片时，视频会自动播放。

（4）单击“媒体剪辑”组内的“声音”按钮，调出它的快捷菜单，选择该菜单内的“文件中的声音”菜单命令，调出“插入声音”对话框，利用该对话框，选中“媒体”文件夹内的“爱我中华.mp3”文件，单击“确定”按钮，即可调出一个与图11-2-12所示的提示对话框基本一样的对话框。

（5）单击提示对话框内的“在单击时”按钮，即可插入MP3格式音频，在播放幻灯片时，只有在单击声音图标 🔈 后才播放音频。如果单击提示对话框内的“自动”按钮，则在播放幻灯片时，音频会自动播放。

（6）在第 16 张幻灯片内插入“名 花 图 像 浏 览”艺术字。再切换到“开发工具与”选项卡，如图 11-2-13 所示。单击“控件”组内的“其他控件”按钮，调出“”对话框，在该对话框内选中“Shockwave Flash Object”选项，如图 11-2-14 所示。

提示：能否在控件列表中找到 Shockwave Flash Object 选项要看计算机上是否安装了这个控件，但只要机器不是很老，一般来说，都安装了这个控件。

图 11-2-13 “开发工具”选项卡

图 11-2-14 “其他控件”对话框

（7）这时鼠标变成一个十字形，在幻灯片内拖动出一个与 Flash 动画画面一样大小的矩形，即创建了一个 Flash 对象，如图 11-2-15 所示。切换到“开发工具与”选项卡，单击“控件”组内的“属性”按钮，调出“属性”面板。在该面板内“Movie”参数右边输入“媒体\名花图像浏览.swf”，如图 11-2-16 所示。

右击该矩形框，调出它的快捷菜单，选择“属性”菜单命令，也可以调出“属性”面板。

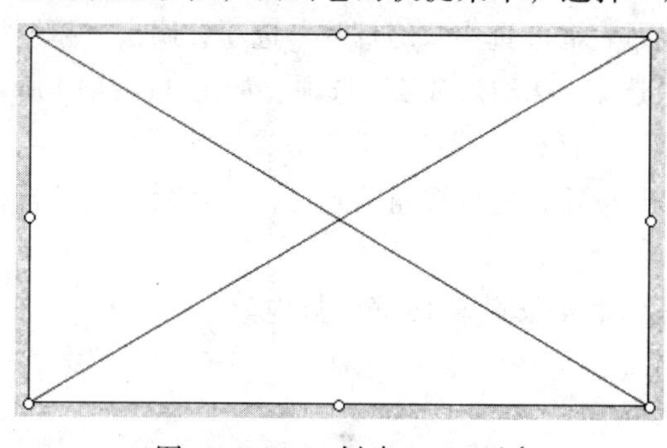

图 11-2-15 创建 Flash 对象

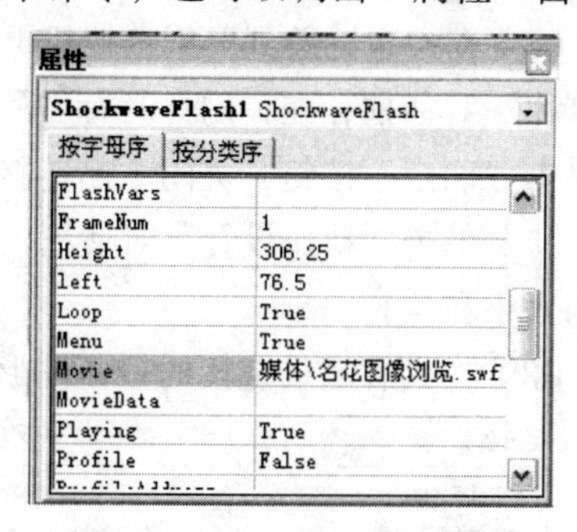

图 11-2-16 “属性”面板

5. 建立目录的超链接

（1）拖动选中第 2 张幻灯片中的文字“倒挂金钟”，切换到“插入”选项卡，单击“链接”组中的“超链接”按钮，调出“插入超链接”对话框，如图 11-2-17 所示（还没有设置）。

另外，右击选中的文字，调出它的快捷菜单，选择该菜单内的“超链接”菜单命令，也可以调出“插入超链接”对话框。

（2）单击按下“链接到”区域内的“本文档中的位置”按钮，在“请选择文档中的位置”下拉列表框中选择“3.幻灯片 3”选项。此时，右侧的“幻灯片预览”区显示第 3 张幻灯片的缩略图。单击“确定”按钮，完成“倒挂金钟”文字与第 3 张幻灯片的链接。此时，第 2 张幻灯片中的“倒挂金钟”文字颜色改变为棕色，并且文字下面添加了下画线，当放映第2张幻灯片时，单击链接文字“倒挂金钟”，则会跳转到第3张幻灯片。

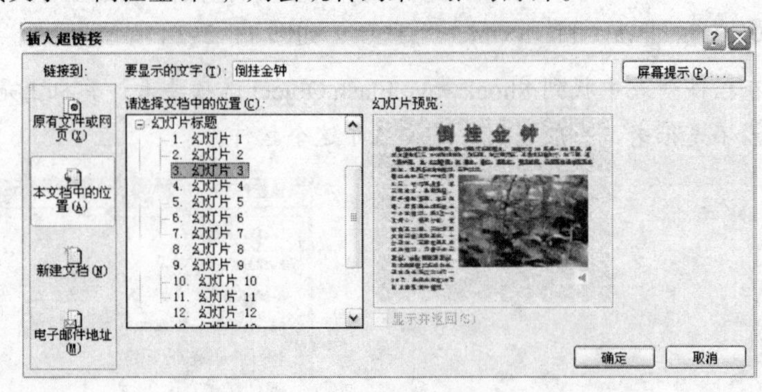

图 11-2-17 “插入超链接”对话框

（3）按照第2步的操作方法，将“目录”幻灯片中其他的文字依次和相应的幻灯片建立链接，完成后的目录幻灯片效果如图11-2-2所示。

（4）如果要修改超级链接，可以选中链接文字，单击“链接”组中的“超链接”按钮，调出“编辑超链接”对话框，它与如图11-2-16所示对话框基本一样。如果要取消超级链接，可以右击选中的文字，调出它的快捷菜单，选择该菜单内的“取消超链接”菜单命令。

（5）单击选中第3张幻灯片中的按钮图形，切换到“插入”选项卡，单击“插图”组内的“形状”按钮，调出“形状”面板，单击该面板内“动作按钮”的第1个图标，在幻灯片内右下角拖动创建一幅按钮图形。同时，调出“动作设置”对话框，选中“超链接到”单选按钮，如图11-2-18所示（还没有设置）。

（6）在“超链接到”单选按钮下边的下拉列表框内选中“幻灯片”选项，调出“超链接到幻灯片”对话框，在“幻灯片标题”列表框内选中“2.幻灯片 2”选项，如图11-2-19所示。再单击“确定”按钮，关闭“超链接到幻灯片”对话框，回到“动作设置”对话框。

（7）单击“动作设置”对话框内的“确定”按钮，完成按钮的超链接。然后，调整按钮图形的大小和位置。

（8）将具有超级链接的按钮图形复制粘贴到第4张到第16张幻灯内。

图 11-2-18 “动作设置”对话框

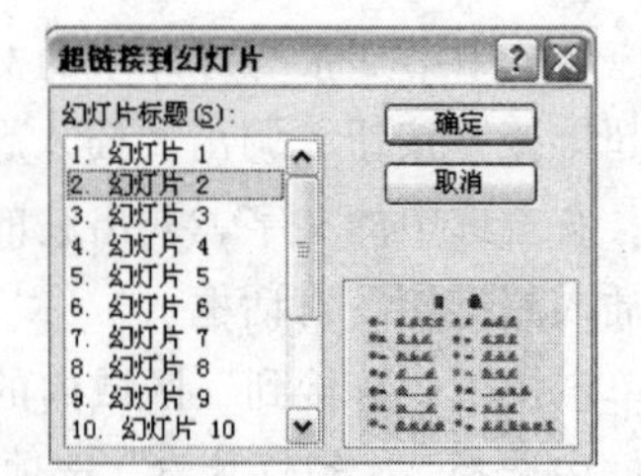

图 11-2-19 “超链接到幻灯片”对话框

相关知识

1. 三种视图模式

PowerPoint 2007 一共有三种视图：普通视图、幻灯片浏览视图和幻灯片放映视图。在刚启动 PowerPoint 2007 和新建一个文档时所见到的视图都是普通视图，在“视图模式切换”栏内有三个按钮，分别是“普通视图”按钮、“幻灯片浏览视图”按钮和“幻灯片放映视图”按钮。单击任意一个按钮将切换相应的视图。

（1）普通视图：普通视图如图 11-2-20 所示，它是默认的视图，多用于加工单张幻灯片，可以处理文本、图片、声音、动画和视频等对象以及添加特殊效果等。

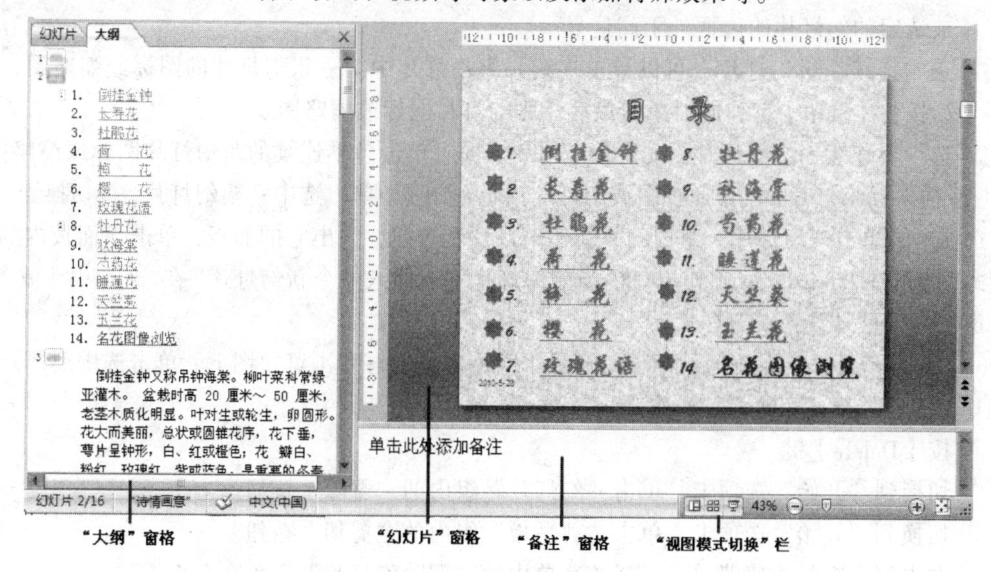

图 11-2-20　普通视图下的“大纲”、“幻灯片”和“备注”窗格

普通视图有 3 个工作区域，左边是“幻灯片”（显示缩略图）或“大纲”（显示其文本）窗格，可对幻灯片进行简单的操作，例如，选择、移动和复制幻灯片等；右边是“幻灯片”窗格，也就是幻灯片编辑区，用来显示当前幻灯片的一个大视图，可以对幻灯片进行编辑；底部是“备注”窗格，可以对幻灯片添加备注文字。

默认情况下，屏幕的左侧窗格中显示为“幻灯片”窗格，单击“大纲”标签，可以切换到“大纲”选项卡，显示出“大纲”窗格，如图 11-2-20。在“大纲”窗格中主要显示幻灯片的标题和文本信息，因此，很容易看出幻灯片的结构和主要内容。在该视图中，用户可以任意改变幻灯片的顺序和层次关系。普通视图如图 11-2-20 所示。

（2）幻灯片浏览视图：单击“视图模式切换”栏内的“幻灯片浏览视图”按钮，演示文稿会切换到幻灯片浏览视图的显示方式，如图 11-2-1 所示。幻灯片浏览视图可把所有幻灯片缩小并排放在屏幕上，通过该视图可重新排列幻灯片的显示顺序，查看整个演示文稿的整体效果。在幻灯片浏览视图中，用户可以看到整个演示文稿的内容，各幻灯片按次序排列。可以浏览各幻灯片及相对位置，也可以通过鼠标重新排列幻灯片次序，还可以插入，删除或移动幻灯片等。

（3）幻灯片放映视图：在这种视图模式下，幻灯片放映视图占据整个计算机屏幕，就像对演示文稿在进行真正的幻灯片放映。在这种视图中，用户所看到的演示文稿就是将来观众所看到的。可以看到图形、时间、影片、动画元素以及将在实际放映中的切换效果。

2．编辑幻灯片

（1）选中幻灯片：根据当前使用的视图不同，选定幻灯片的方法也各不相同。

◎ 在普通视图选中幻灯片：在“大纲”窗格中显示幻灯片标题及正文，在“幻灯片”窗格中显示幻灯片缩略图。单击幻灯片标题左边的图标或幻灯片缩略图，即可选中该幻灯片。

◎ 在幻灯片浏览视图中选中幻灯片：只需单击相应幻灯片的缩略图，即可选中该幻灯片，被选定的幻灯片的边框外于高这显示。

◎ 选中连续一组幻灯片：可以单击连续一组幻灯片中第一张幻灯片的图标或缩略图，然后按住【Shift】键，同时单击最后一张幻灯片图标或缩略图。

◎ 选中不连续一组幻灯片：按住【Ctrl】键，同时单击各不连续的张幻灯片图标或缩略图。

（2）插入新幻灯片：在普通视图或幻灯片浏览视图下，单击选中一幅幻灯片，再切换到“开始”选项卡，单击“幻灯片”组内的“新建幻灯片”按钮，调出它的面板，单击该面板内的一种版式，即可在PowerPoint工作窗口内当前幻灯片下边插入一个新幻灯片。在“幻灯片”或“大纲”窗格内也可以看到新幻灯片。

（3）删除幻灯片：在普通视图“幻灯片”窗格内或幻灯片浏览视图下，单击选中要删除的幻灯片，然后进行下面的一种操作。

◎ 按【Delete】键。

◎ 切换到“开始”选项卡，单击“幻灯片”组内的“删除”按钮。

◎ 切换到“开始”选项卡，单击“剪贴板”组内的“剪切”按钮。

◎ 右击调出它的快捷菜单，选择该菜单内的“删除幻灯片”菜单命令。

（4）复制幻灯片：复制幻灯片有多种方法，下面介绍其中的几种方法。

◎ 使用剪贴板：选中所要复制的幻灯片，切换到“开始”选项卡，单击“剪贴板”组内的“复制”按钮，再将插入点置于想要插入幻灯片的位置，单击“粘贴”按钮。

◎ 使用“幻灯片”窗格菜单命令：在“幻灯片”窗格内右击选中要复制的幻灯片缩略图，调出“幻灯片”窗格快捷菜单，选择该菜单内的“复制幻灯片”菜单命令，即可在该幻灯片的下方复制一个新的幻灯片。

◎ 使用拖动复制方法：切换到幻灯片浏览视图。选中想要复制的幻灯片。然后，按住【Ctrl】键，将幻灯片拖动到目标位置，再释放鼠标左键和【Ctrl】键，即可完成幻灯片的复制。

（5）移动幻灯片：在“幻灯片”窗格中，选中要移动的幻灯片缩略图，垂直拖动他到目标位置。此外，还可以利用剪切和粘贴功能来移动幻灯片。

3．插入Flash动画图标

（1）选中幻灯片，切换到“插入”选项卡，单击“文本”组内的“对象”按钮，调出“插入对象”对话框，如图11-2-21所示。选中“由文件创建”单选按钮，单击“浏览”按钮，调出“浏览”对话框，利用该对话框选中要插入的Flash动画文件，再选中“显示为图标”复选框。单击“确定”按钮，幻灯片中插入了一个 Flash 动画图标，如图 11-2-22 所示。

如果要更换 Flash 动画图标，可以单击“插入对象”对话框内的“更改图标”按钮，调出“更改图标”对话框，利用该对话框可以更换图标。

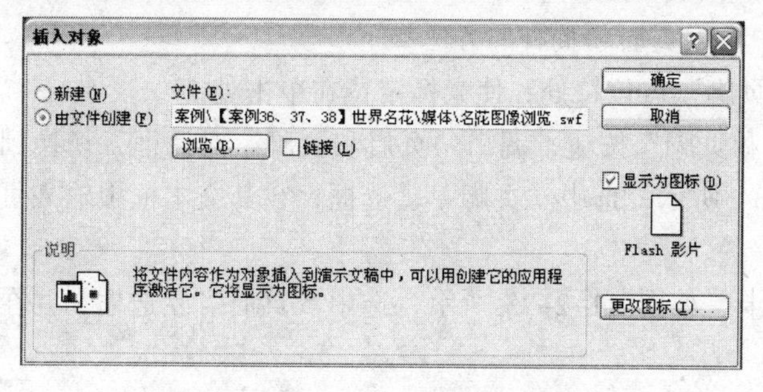

图 11-2-21 “插入对象”对话框

图 11-2-22 Flash 动画图标

（2）右击 Flash 动画图标，调出它的快捷菜单，选择该菜单内的“包对象”→“激活内容”菜单命令，即可调出相应的 Flash 动画。

（3）单击选中 Flash 动画图标，切换到“插入”选项卡，单击“链接”组内的“动作”按钮，调出“动作设置”对话框，切换到“单击鼠标”选项卡，选中“对象动作”单选按钮，在其下拉列表中选择“激活内容”选项，如图 11-2-23 所示。

（4）单击“确定”按钮，即可完成设置。在播放幻灯片的时候，单击 Flash 图标即可播放该 Flash 动画。如果在播放的时候出现宏病毒检测对话框，这是 PowerPoint 为了降低宏病毒的感染机会，在向用户发出警告，提醒防范，单击“是”按钮即可播放。

图 11-2-23 “动作设置”对话框

4. 插入编号、日期和时间与页眉和页脚

在上一节“相关知识”内介绍了添加占位符的各种方法，其中包括添加“日期与时间”、“数字”和“页脚”等占位符。在这个占位符中插入编号、日期和时间与页眉和页脚的方法如下。

（1）插入幻灯片编号：操作步骤如下。

◎ 在幻灯片内右下角的“数字”占位符中，单击代表幻灯片编号的“<#>”符号，接着就可以输入幻灯片编号。

◎ 单击占位符或文本框内部，切换到“插入”选项卡，单击“文本”组内的“幻灯片编号”按钮，就在当前光标处插入一个代表“幻灯片编号”数字的符号“<#>”或数字符号。

（2）插入日期和时间：单击“日期与时间”占位符内部，将光标定位在占位符内部。切换到“插入”选项卡，单击“文本”组内的“日期/时间”按钮，调出“日期和时间”对话框，如图 11-2-24 所示。在“可用格式”列表框中选择要插入的格式选项，然后，单击“确定”按钮，即可将选定格式的系统日期和时间插入到幻灯片中。

如果选中“自动更新”复选框后，每次打开或演示这个幻灯片时，所插入的日期和时间就会按计算机系统的时钟自动更新。如果未选中“自动更新”复选框，仅记录了插入操作时的系统日期和时间，以后也不会更新这个日期和时间。

（3）插入页眉和页脚：在母版中插入页眉和页脚的方法如下。

◎ 单击幻灯片内下边中间的“页脚”占位符处，使光标定位在单击处。

◎ 单击“文本”组内的“页眉和页脚”按钮，调出“页眉和页脚”对话框，切换到“幻灯片”选项卡，如图 11-1-34 所示，选中“页脚”复选框，在其文本框中输入页脚的内容。

◎ 切换到“备注和讲义”选项卡，如图 11-2-25 所示，选中“页眉”复选框，并在其下的文本框中输入页眉的内容。

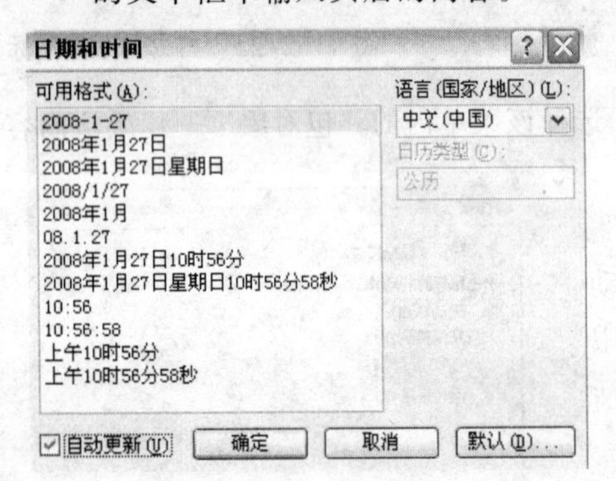

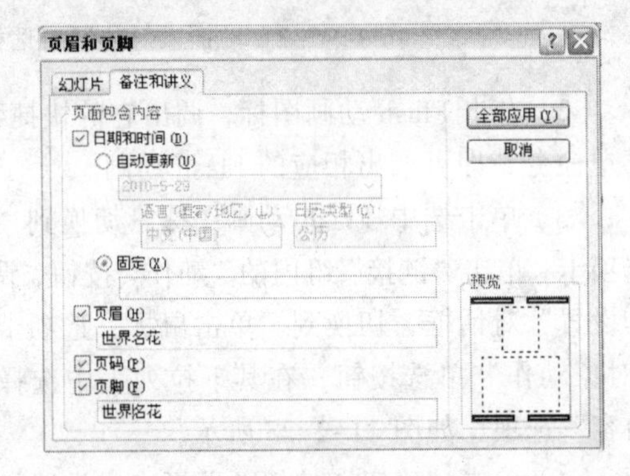

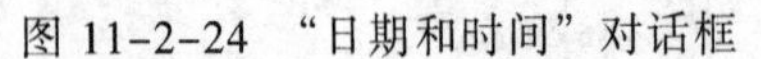
图 11-2-24 “日期和时间”对话框

图 11-2-25 “页眉和页脚”（备注和讲义）对话框

◎ 单击“全部应用”按钮，这样就在选定的幻灯片中插入了页眉和页眉内容。

所有的设置完毕后，单击“幻灯片母版视图”选项卡中的“关闭母版视图”按钮，即返回到演示文稿的编辑窗口，并将更改的属性应用到幻灯片中。

思考练习 11-2

（1）继续完成思考练习 11-1 的“宝宝摄影室”演示文稿，应用设计主题，插入文字项目符号、音频、视频和 Flash 动画对象；建立目录文字与幻灯片的链接。

（2）继续完成思考练习 11-1 的“国庆阅兵式”演示文稿，应用设计主题，插入文字项目符号、音频、视频和 Flash 动画对象；建立目录文字与幻灯片的链接。

11.3 【案例 37】给“世界名花”演示文稿添加动画

案例描述

本案例继续完成“世界名花”演示文稿的制作，设置展示每一幅幻灯片时，幻灯片内各对象或整个幻灯片的动画切换效果。例如，第 1 张幻灯片，上边的图形和标题艺术字一起从左向右水平移到中间，鲜花图片以百窗方式显示，如图 11-3-1 所示；右边的文字从下向上垂直移动展示；花朵剪贴画以菱形方式显示，如图 11-3-2 所示。

然后，定义一种“自定义放映 1”放映方式，该放映方式按照“幻灯片 1”、“幻灯片 15”、“幻灯片 16”和“幻灯片 2”的次序依次播放。采用几种不同的方式播放“世界名花”演示文稿幻灯片，在播放幻灯片中，进行一些播放幻灯片的基本操作。

通过本案例，可以掌握幻灯片动画切换展示的设置方法，定义自定义放映方式的方法，以及放映幻灯片的一些操作方法等。

图 11-3-1 鲜花图片以百窗方式显示

图 11-3-2 花朵剪贴画以菱形方式显示

设计过程

1. 第 1 张幻灯片动画效果设置

（1）按住【Ctrl】键，单击选中第 1 张幻灯片中的标题对象、旗帜图形和心形图形，单击鼠标右键，调出它的快捷菜单，选择该菜单内的“组合”→“组合”菜单命令，将选中的三个对象组成一个组合。

（2）切换到“动画”选项卡，单击“动画”组内的“自定义动画”按钮 自定义动画 ，调出“自定义动画”任务窗格，如图 11-3-3 所示。

（3）单击选中标题和图形的组合对象，单击“添加效果”按钮，调出它的菜单，选择该菜单内的“进入”→“飞入”菜单命令，如图 11-3-4 所示。

（4）接着在“自定义动画”任务窗格内，在“开始”下拉列表框中选中“单击时”选项，在“方向”下拉列表框中选择“自左侧”选项，在“速度”下拉列表框中选择“中速”选项，选中“自动预览”复选框，如图 11-3-5 所示。此时可以看到标题和图形的组合从左向右缓慢移到幻灯片的中间。

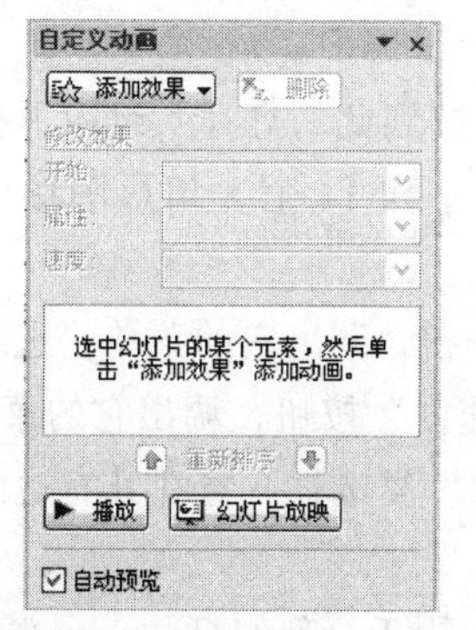

图 11-3-3 “自定义动画”任务窗格

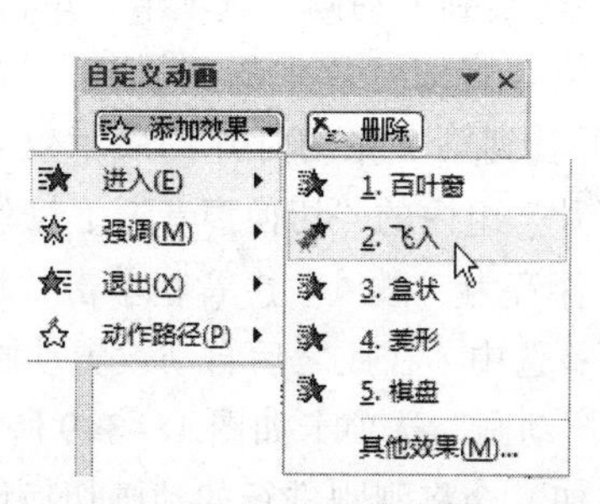

图 11-3-4 “添加效果”菜单

图 11-3-5 设置动画选项

（5）选中鲜花图片，单击“添加效果”按钮，调出它的菜单，选择该菜单内的“进入”→“百叶窗”菜单命令，在“自定义动画”任务窗格内，在“开始”下拉列表框中选中“之后”选项，在“方向”下拉列表框中选择“水平”选项，在“速度”下拉列表框中选择“慢速”选项，如图 11-3-6 所示。此时可以看到图片以水平百叶窗方式展示。

（6）单击选中右边的文字，单击“添加效果”按钮，调出它的菜单，选择该菜单内的“进入”→“飞入”菜单命令，在“自定义动画”任务窗格内，在“开始”下拉列表框中选择“之后”选项，在“方向”下拉列表框中选择“自底部”选项，在“速度”下拉列表框中选择“中速”选项，如图 11-3-7 所示。此时可以看到右边文字自底部垂直向上移动到位。

（7）单击选中右下角的剪贴画，单击“添加效果”按钮，调出它的菜单，选择该菜单内的“进入”→“菱形”菜单命令，在“自定义动画”任务窗格内，在“开始”下拉列表框中选中“之后”选项，在“方向”下拉列表框中选择“放大”选项，在“速度”下拉列表框中选择“非常慢”选项，如图 11-3-8 所示。此时可以看到剪贴画以菱形方式逐渐展开。

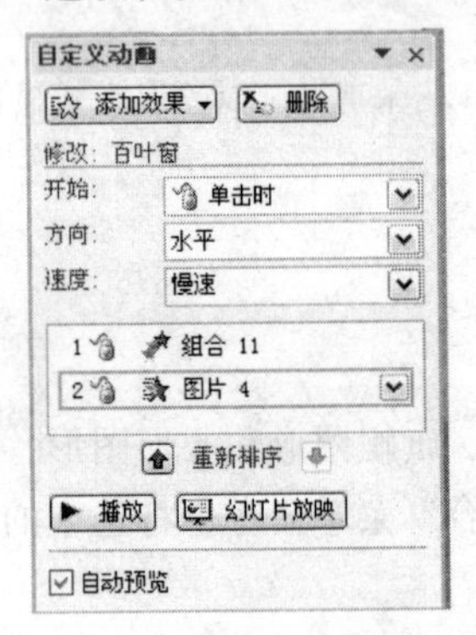

图 11-3-6 设置动画选项 1

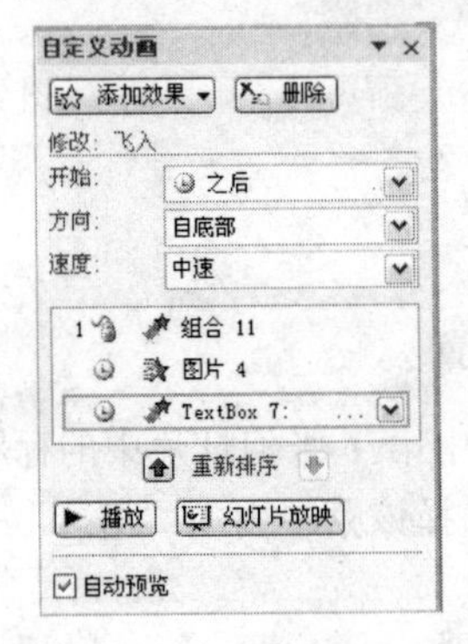

图 11-3-7 设置动画选项 2

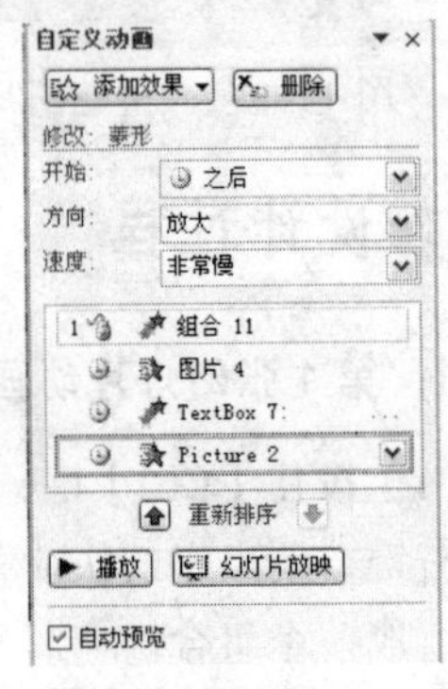

图 11-3-8 设置动画选项 3

（8）如果要删除一个动画效果，可以在“自定义动画”任务窗格内，选中该对象名称选项，再单击“删除”按钮。选中一个对象名称选项后，单击“重新排序”文字左边的按钮，可以使选中的对象名称选项向上移动一位，即动画次序提前一位；单击“重新排序”文字右边的按钮，可以使选中的对象名称选项向下移动一位，即动画次序后退一位

（9）切换到“动画”选项卡，单击“预览”组内的“预览”按钮，即可在 PowerPoint 2007 工作界面内从头放映幻灯片。

2．其他幻灯片动画效果设置

（1）选中第 2 张幻灯片，切换到“动画”选项卡，单击“切换到此幻灯片”组内下拉列表框中的“圆形”图案，设置第 2 张幻灯片中的“目录”标题文字和 14 个 8 角形图形以圆形方式逐渐展开显示，同时可看到第 2 张幻灯片的展示效果。

（2）单击“切换到此幻灯片”组内的“切换声音”下拉列表按钮，调出它的菜单，选中该菜单内的“微风”选项，设置伴音为“微风”声音；单击“切换速度”按钮，调出它的菜单，选择该菜单内的“慢速”选项；选中“在此之后自动设置动画效果”复选框，再在其右边的数字框内输入“00:05”。此时的“动画”选项卡如图 11-3-9 所示。

如果单击“全部应用”按钮，会将刚刚进行的动画切换设置应用于全部幻灯片。

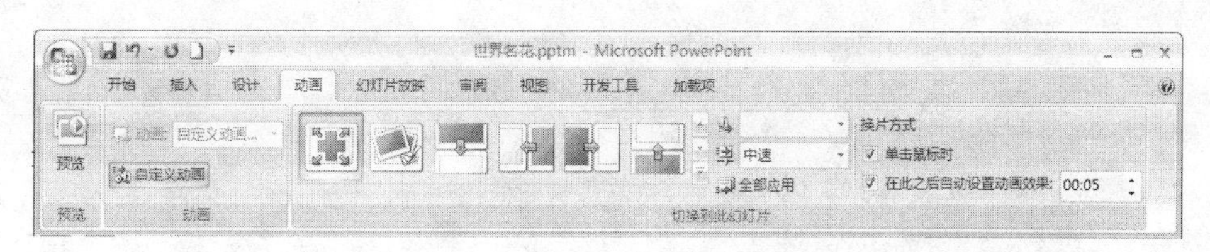

图 11-3-9 “动画”选项卡

（3）单击选中第 2 张幻灯片内左边文本框，在“自定义动画”任务窗格内，单击“添加效果”按钮，调出它的菜单，单击该菜单内的“进入”→“其他效果”菜单命令，调出“添加进入效果”对话框，选择选中“细微型”栏内的“淡出”选项，如图 11-3-10 所示。单击“确定”按钮，关闭“添加进入效果”对话框，同时设置了内左边文本框的动画切换方式。

（4）在“自定义动画”任务窗格内，“开始”下拉列表框中选择“之后”选项，在“速度”下拉列表框中选择“中速”选项，如图 11-3-11 所示。

（5）选中“自定义动画”任务窗格内列表框中的文本框对象名称选项，单击其下边的按钮 ，可以展开文本框对象内的文字和图形对象选项，如图 11-3-12 所示。单击列表框中的按钮 ，可以将文本框对象内的文字和图形对象选项收缩，如图 11-3-11 所示。

参考设置第 1、2 张幻灯片动画切换的方法，继续设置其他幻灯片动画切换。

（6）选中第 2 张幻灯片内右边文本框，在“自定义动画”任务窗格内，单击“添加效果”按钮，调出它的菜单，选择该菜单内的“进入”→“其他效果”菜单命令，调出“添加进入效果”对话框，单击选中“温和型”栏内的“伸展”选项。单击“确定”按钮，关闭“添加进入效果”对话框，同时设置了右边文本框的动画切换方式。

（7）在“自定义动画”任务窗格内，“开始”下拉列表框中选择“之后”选项，在“方向”下拉列表框中选中“跨越”选项，在“速度”下拉列表框中选中“中速”选项。

图 11-3-10 “添加进入效果”对话框

图 11-3-11 设置动画选项

图 11-3-12 设置动画选项

3. 定义幻灯片放映

（1）切换到“幻灯片放映”选项卡，单击“开始放映幻灯片”组内的“自定义幻灯片放映”按钮，调出“自定义幻灯片放映”菜单，如图 11-3-13 所示（菜单内还没有“自定义放映 1”选项）。选择该菜单内的“自定义放映”菜单命令，调出“自定义放映”对话框，如图 11-3-14 所示。

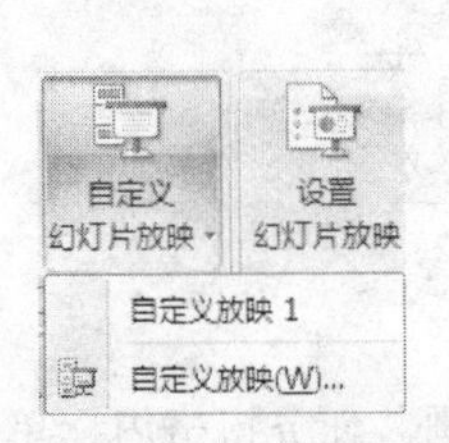

图 11-3-13 “自定义幻灯片放映”菜单

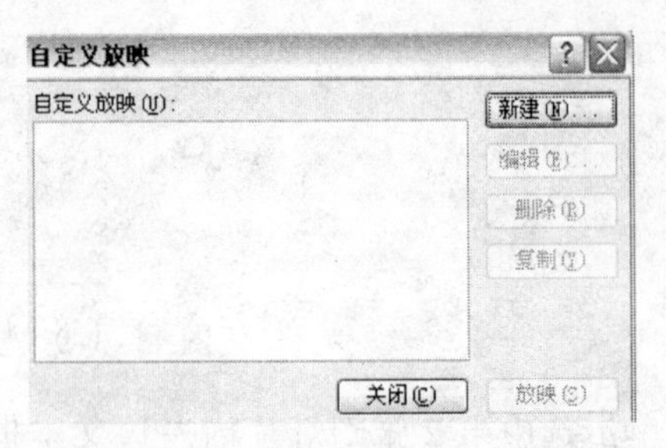

图 11-3-14 “自定义放映”对话框

（2）单击“新建”按钮，调出“定义自定义放映”对话框，在“幻灯片放映名称”文本框图输入“自定义放映 1”名称，按住【Ctrl】键，依次选中左边“在演示文稿中的幻灯片”列表框内的“幻灯片 1”、“幻灯片 15”和“幻灯片 16”选项，再单击“添加”按钮，将选中的幻灯片名称复制到右边的“在自定义放映中的幻灯片”列表框内。然后，单击选中左边“在演示文稿中的幻灯片”列表框内的“幻灯片 2” 选项，再单击“添加”按钮，将选中的幻灯片名称复制到右边的“在自定义放映中的幻灯片”列表框内，如图 11-3-15 所示。

（3）单击“确定”按钮，返回到“自定义放映”对话框，效果如图 11-3-16 所示。

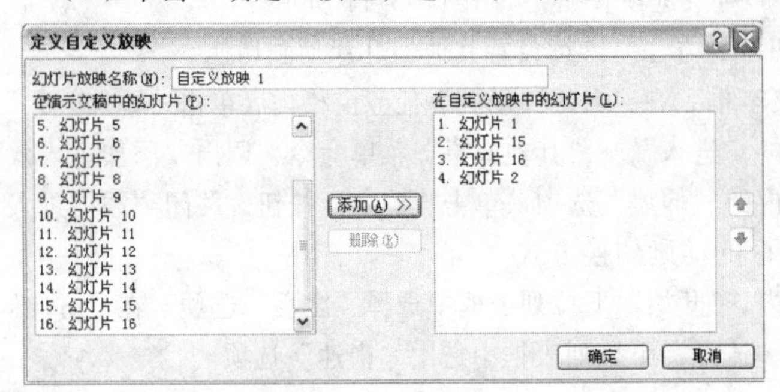

图 11-3-15 “定义自定义放映”对话框

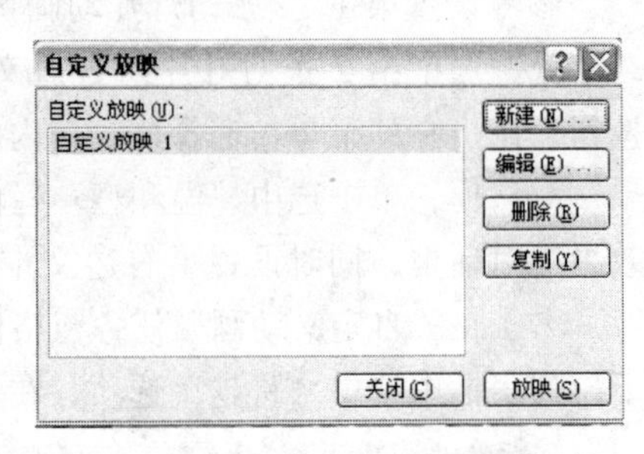

图 11-3-16 “自定义放映”对话框

如果要再对自定义的“自定义放映 1”幻灯片放映方案进行编辑，可在选中“自定义放映 1”选项后，单击“编辑”按钮，调出“定义自定义放映”对话框，进行编辑。

（4）单击“自定义放映”对话框“关闭”按钮，完成自定义放映的定义。此时，“自定义幻灯片放映”菜单内增加了“自定义放映 1”菜单选项，如图 11-3-13 所示。

（5）切换到“幻灯片放映”选项卡，单击“设置”组中的“设置幻灯片放映”按钮，调出“设置放映方式”对话框，如图 11-3-17 所示。利用该对话框可以设置幻灯片放映的类型、换片方式、放映选项和放映幻灯片方案等。

4．放映幻灯片的方法

切换到幻灯片的放映视图，放映幻灯片，这时幻灯片将占满整个屏幕，每单击一次就会切换到下一张幻灯片，直到最后一张幻灯片时，将出现黑色屏幕，在屏幕的最上方显示“放映结束，单击鼠标退出放映”的提示语。再单击鼠标，可以退出放映状态，回到编辑状态。在放映幻灯片的过程中，按【Esc】键，可以立即退出放映状态，回到编辑状态。

有以下几种方法。

（1）切换到“幻灯片放映”选项卡，单击“开始放映幻灯片”组内的“从头开始”按钮，或者按【F5】键，即可从第 1 张幻灯片开始放映幻灯片。

（2）单击“从当前幻灯片开始”按钮，或者按【Shift+F5】组合键，可以从当前幻灯片开始放映。

（3）选择“自定义幻灯片放映”菜单内的“自定义放映 1”菜单命令，可以按照前面设置的放映幻灯片方案进行幻灯片放映。

（4）切换到“视图”选项卡，单击“演示文稿视图”组中的“幻灯片放映”按钮，即可从第 1 张幻灯片开始放映幻灯片。

（5）单击屏幕右下角的“视图模式切换”栏内的“幻灯片放映视图”按钮。

5．放映幻灯片时的操作

（1）放映时转到下一张幻灯片：在幻灯片放映视图中放映幻灯片或审阅演示文稿时，使用下列任一操作，都可以从当前幻灯片导航到下一张幻灯片。

◎ 单击鼠标。

◎ 按空格键或按【Enter】键。

◎ 右击正在放映的幻灯片画面，调出它的“放映幻灯片”快捷菜单，如图 11-3-18 所示。选择该菜单内的“下一张”菜单命令。

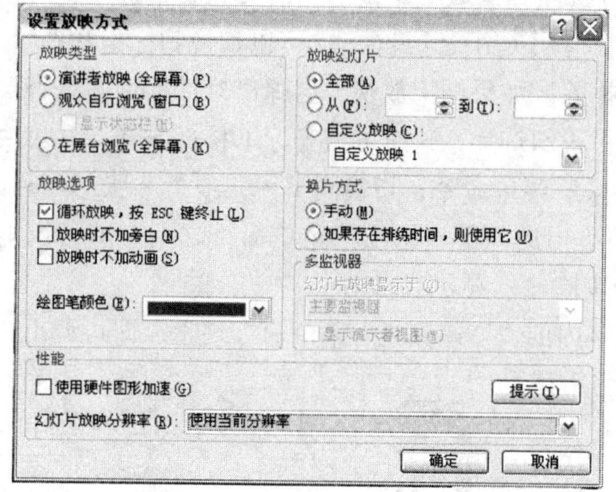

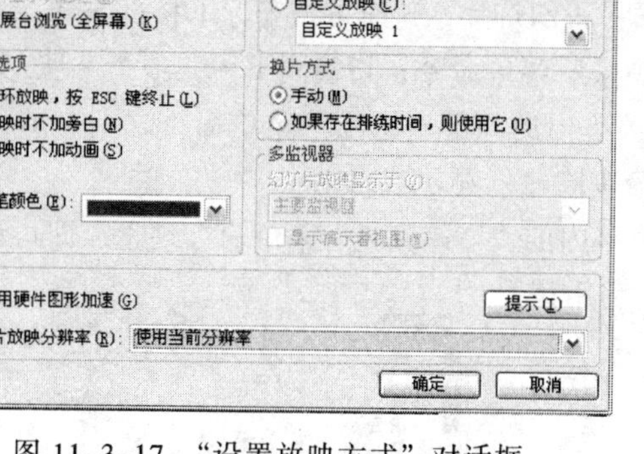

图 11-3-17　“设置放映方式”对话框

下一张(N)
上一张(P)
上次查看过的(V)
定位至幻灯片(G)
自定义放映(W)
屏幕(C)
指针选项(O)
帮助(H)
暂停(S)
结束放映(E)

图 11-3-18　“放映幻灯片”快捷菜单

（2）放映时转到上一张幻灯片：选择“放映幻灯片”快捷菜单内的“上一张”菜单命令，则会切换到上一张幻灯片。

（3）放映转到指定的幻灯片上：将鼠标指针移到“放映幻灯片”快捷菜单内的“定位至幻灯片”菜单命令之上，调出它的级联菜单，该菜单内列出了正在放映的每张幻灯片的名称，单击该菜单内所需的幻灯片名称，即可转到指定的幻灯片。

（4）观看刚查看过的幻灯片：如果要查看上一次放映时看过的幻灯片，可以在放映状态下显示的幻灯片画面，调出它的快捷菜单，选择该菜单内的“上次查看过的”菜单命令。

（5）按自定义放映：将鼠标指针移到“放映幻灯片”快捷菜单内的“自定义放映”菜单命令之上，调出它的级联菜单，选择该菜单内的自定义放映名称，即可按照该自定义放映方案放映幻灯片。

（6）使用 PowerPoint 笔在幻灯片上书写：放映演示文稿时，可以在演示时使用鼠标在幻灯片上画圈、标出下画线、画出箭头或作出其他标记，以强调要点或表明某些联系。使用 PowerPoint 笔的方法如下。

◎ 在放映幻灯片时，右击放映的幻灯片画面，调出它的“放映幻灯片”快捷菜单，如图 11-3-18 所示。将鼠标指针移到“指针选项”菜单命令之上，调出它的级联菜单。

◎ 选择该菜单内的一个选项菜单，选择一种笔选项，如图 11-3-19 所示，进入标记状态。

◎ 按住鼠标左键，在幻灯片上拖动，可以书写或绘图，如图 11-3-20 所示。

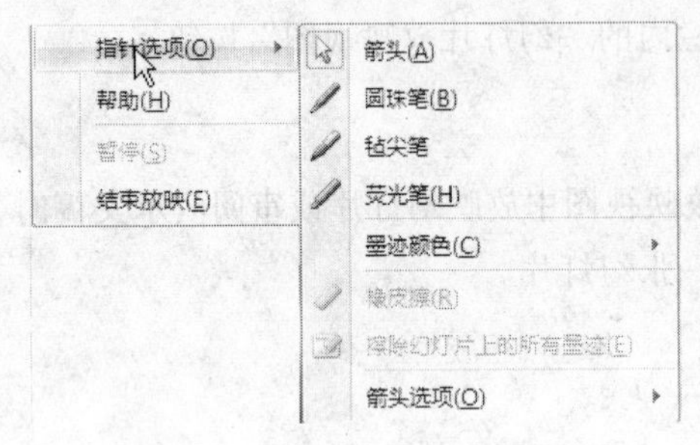

图 11-3-19 “指针选项”级联菜单

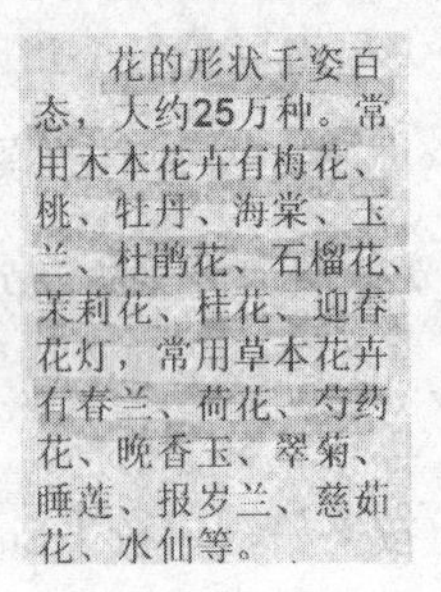

图 11-3-20 书写或绘图

◎ 按【Ctrl+U】组合键，或者选择“指针选项”级联菜单内的“箭头”菜单选项，可以结束标记状态，继续放映的下一张幻灯片。按【Ctrl+P】组合键，可以切换到标记状态状态。

◎ 标记在跳到下一页幻灯片时会被自动擦除。如果结束放映，会弹出对话框询问是否保留墨迹。在使用笔时单击不会切换到下一张幻灯片，这时可按光标下移键或选择“放映幻灯片”菜单内的“下一张”或“上一张”菜单命令，切换到下一张或上一张幻灯片。

◎ 将鼠标指针移到“指针选项”级联菜单内的“箭头选项”菜单命令之上，即可调出它的级联菜单，在该菜单内可以选择箭头隐藏、显示或自动。

◎ 将鼠标指针移到“指针选项”级联菜单内的“墨迹颜色”菜单命令之上，即可调出“墨迹颜色”面板，如图 11-3-21 所示，利用该面板可以设置笔触的颜色。

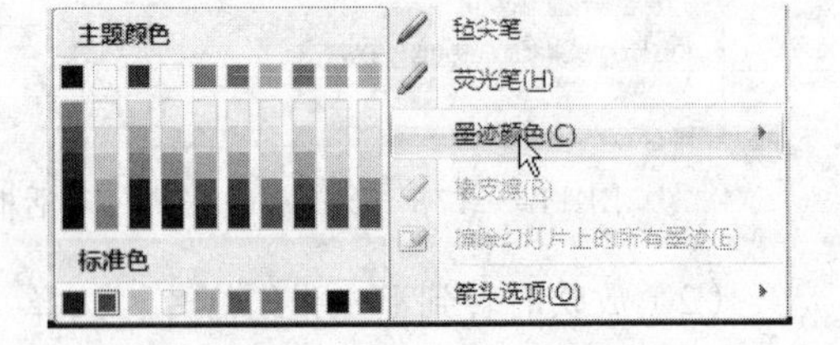

图 11-3-21 “墨迹颜色”面板

相关知识

1.“自定义动画”任务窗格

切换到“动画”选项卡，单击“动画”组内的“自定义动画”按钮 自定义动画，调出“自定义动画”任务窗格，如图 11-3-3 所示。

（1）“添加效果”菜单：单击选中标题和图形的组合对象，单击“添加效果”按钮，调出“添加效果”菜单，如图 11-3-4 所示。

可以看到，“添加效果”菜单提供了 4 类动画效果，分别为“进入”、“强调”、“退出”和“动作路径”，当将鼠标指针移到其中一个菜单命令之上时，会显示它的级联菜单，如图 11-3-22 所示（只有选中文本框内的文字时，“强调”菜单才有效）。在这些级联菜单中列出了这类效果中的不同选项，从中选择一个选项，可以设置一种动画效果。如果图 11-3-4 中所示的效果还不能满足要求，则可以选择“其他效果”菜单命令，调出“添加进入效果”对话框，对于不同种类的动画效果，所调出的“添加进入效果”对话框也不同，从中选择满意的动画效果。

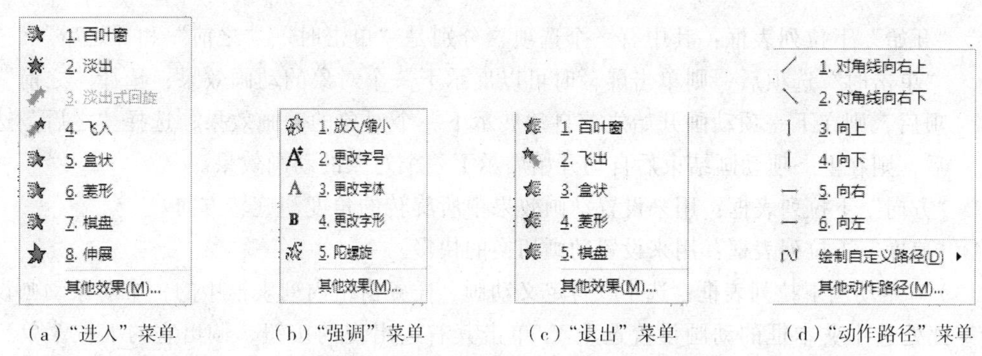

（a）“进入”菜单　（b）“强调”菜单　（c）“退出”菜单　（d）“动作路径”菜单

图 11-3-22　“进入”、“强调”、“退出”和“动作路径”菜单

例如，制作一张幻灯片，其内有一个扇动翅膀的小蜜蜂，其中的 4 幅画面如图 11-3-23 所示。单击幻灯片画面后，小蜜蜂沿着弹簧状曲线快速移动。制作该幻灯片的方法如下。

◎ 创建一个新的演示文稿，切换到“插入”选项卡，单击“插图”组内的“图片”按钮，调出“插入图片”对话框，利用该对话框插入“小蜜蜂.gif”GIF 格式动画。

◎ 选中插入的“小蜜蜂.gif”动画画面，调出图 11-3-22（d）所示的“动作路径”菜单，选择该菜单内的“其他动作路径”菜单命令，调出“更改动作路径”对话框，选择“直线和曲线”栏内的“弹簧”选项，再单击“确定”按钮，关闭该对话框，回到“自定义动画”任务窗格。此时产生的弹簧状曲线路径如图 11-2-25 所示。

图 11-3-23　扇动翅膀小蜜蜂的 4 幅画面

◎ 在“自定义动画”任务窗格内“开始”下拉列表框中选择“单击时”选项，在“速度”下拉列表框中选择“非常慢”选项，如图 11-3-26 所示。

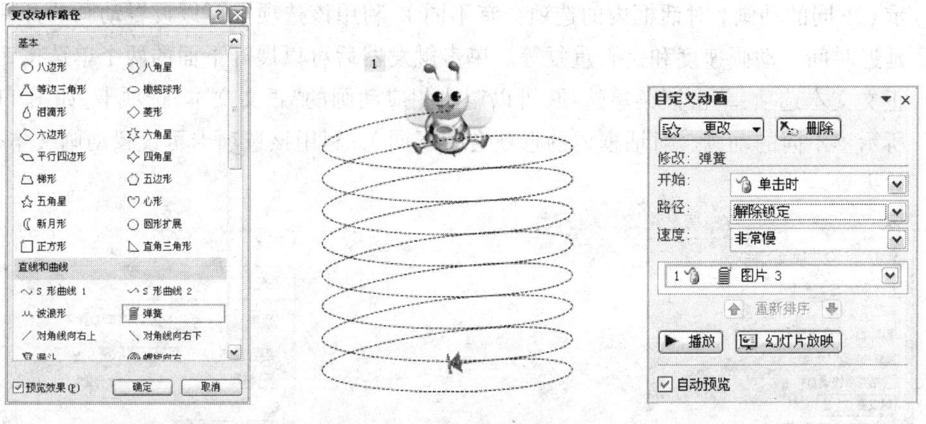

图 11-3-24　“更改动作路径”对话框　图 11-3-25　弹簧路径　图 11-3-26　“自定义动画”任务窗格

（2）三个下拉列表框：在设置了对象的动画切换效果后，“自定义动画”任务窗格如图 11-3-26 所示。其内有“开始”、“方向”和“速度”下拉列表框，它们的作用如下。

◎ “开始”下拉列表框：其中有三个选项，分别是“单击时”、“之前”和“之后”。选择“单击时”选项后，则单击屏幕时可以展示下一个对象的动画效果；选择“之前”选项后，则在下一项动画开始之前自动展示下一个对象的动画效果；选择“之后”选项后，则在上一项动画结束后自动开始展示下一个对象的动画效果。

◎ “方向”下拉列表框：用来设置动画效果中所旋转的角度和旋转方向。

◎ “速度”下拉列表框：用来设置动画切换的快慢。

（3）对象动画下拉列表框：选中“自定义动画”任务窗格内列表框中的一个对象动画设置选项（此处选中文本框的动画设置选项），单击其右边出现的按钮，调出它的下拉菜单，如图 11-3-27 所示。其中，上边三个菜单选项的作用与前面介绍的“开始”下拉列表框内的三个选项的作用一样。其他菜单选项的作用如下。

◎ 显示高级日程表：单击该菜单选项后，在对象动画设置选项右边会显示一个棕色矩形框来表示动画的时间，在列表框内的下边会显示时间刻度，如图 11-3-28 所示。同时，该菜单选项的名称改为“隐藏高级日程表”。选择“隐藏高级日程表”菜单选项，可以隐藏高级日程表，“隐藏高级日程表”菜单选项的名称可改为“显示高级日程表”。

◎ 效果选项：单击该菜单选项，可以调出相应动画的“效果”选项卡，如图 11-3-29 所示（不同的动画，对话框内的选项会有不同），利用该选项卡可以设置动画效果，添加音效等。

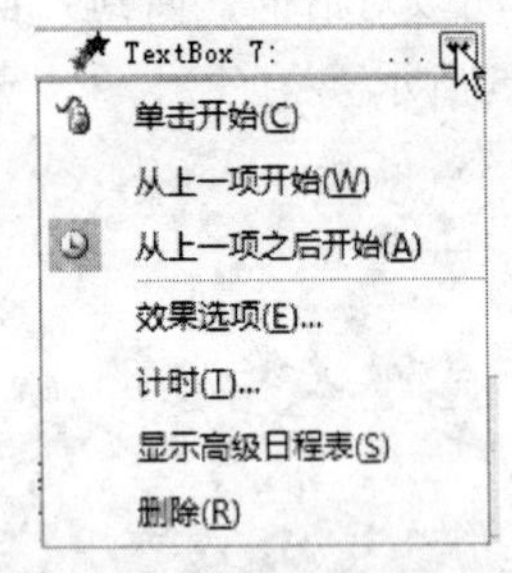

图 11-3-27　下拉列表选项

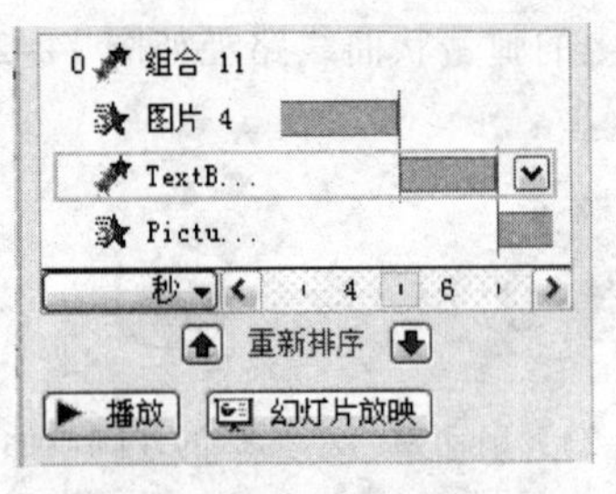

图 11-3-28　高级日程表

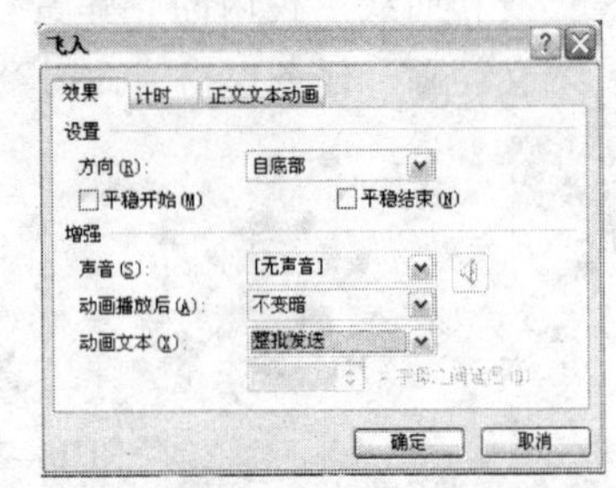

图 11-3-29　“效果”选项卡

◎ 计时选项：单击该菜单选项，可以调出相应动画的“计时”选项卡，如图 11-3-30 所示（不同的动画，对话框内的选项会有不同），利用该选项卡可以设置动画的开始方式、延迟时间、动画速度和是否重复等。单击触发器后可以展开下面的两个单选按钮。

◎ 正文文本选项：单击该菜单选项，可以调出相应动画的“正文文本”选项卡，如图 11-3-31 所示（不同的动画，对话框内的选项会有不同），利用该选项卡可设置动画文本的显示效果等。

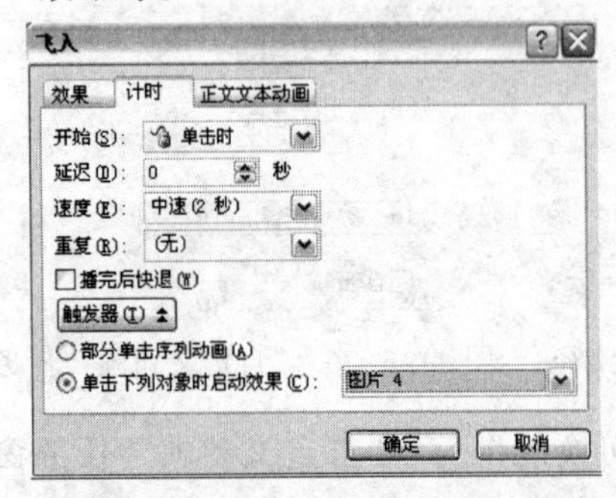

图 11-3-30　“计时”选项卡

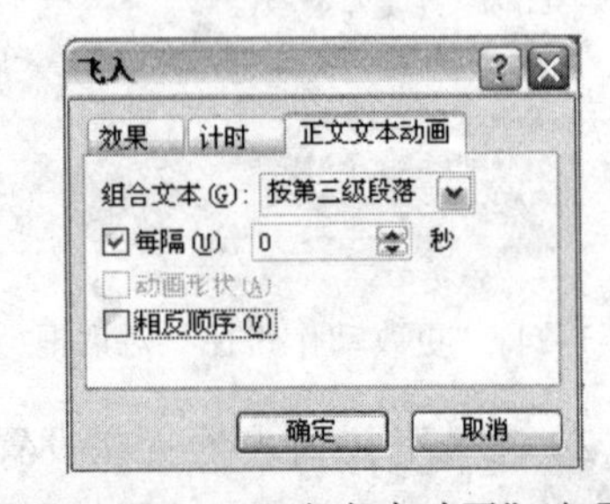

图 11-3-31　“正文文本动画”选项卡

（4）单击“自定义动画”任务窗格内的“播放”按钮［▶ 播放］，可以在 PowerPoint 2007 工作界面内播放第 1 张幻灯片的动态展示效果。

（5）单击“幻灯片放映”按钮，可以全屏播放第 1 张幻灯片的动态展示效果，按【Esc】键，可以停止播放幻灯片，回到 PowerPoint 2007 工作界面。

2．设置幻灯片的排练计时

PowerPoint 2007 允许放映时每隔一定时间自动切换幻灯片，而且可以针对每一张不同的幻灯片设置不同的切换时间，设置放映时所用时间的过程也称做“排练计时”。设置幻灯片放映的时间间隔后，放映时就会自动换片，节省演讲者的时间和精力。人工设置放映时间的方法就是在设置幻灯片切换效果的同时设置时间。设置“排练计时”的具体操作步骤如下。

（1）打开要进行排练计时的演示文稿。

（2）切换到“幻灯片放映”选项卡，单击“设置”组内的“排练计时”按钮，调出“预演”工具栏，如图 11-3-32 所示。进入放映排练状态。

（3）单击“预演”工具栏上的“下一项”按钮 ➡，可排练下一项放映的时间。单击“预演”工具栏上的“暂停”按钮 ⏸，可以暂停计时，再次单击“暂停”按钮 ⏸，则继续计时。单击“重复”按钮 ↺，可以重新为当前幻灯片计时。

（4）当进入到最后一项以后或结束幻灯片放映时均会结束排练，将出现提示用户是否保留新的幻灯片排练时间的对话框，如图 11-3-33 所示。

图 11-3-32 “预演”工具栏

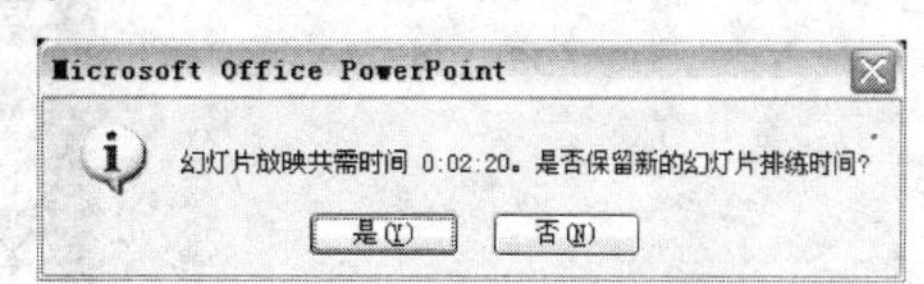

图 11-3-33 提示对话框询问是否保存排练计时

（5）单击该对话框中的“是”按钮，确认应用排练计时。这时调出幻灯片浏览视图，在每张幻灯片的左下角显示该幻灯片的放映时间，如图 11-3-34 所示。

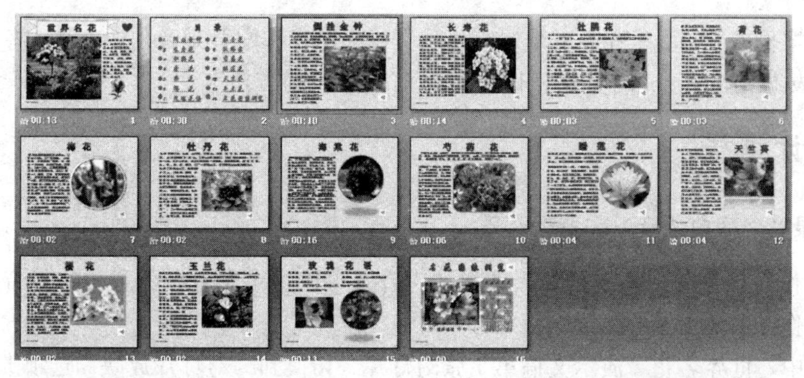

图 11-3-34 每张幻灯片的左下角显示该幻灯片的放映时间

思考练习 11-3

（1）继续完成思考练习 11-2 的“宝宝摄影室”演示文稿，设计各张幻灯片的动画切换效果，增添一个沿路径移动的动画，进行排练计时设计。

（2）继续完成思考练习 11-2 的“国庆阅兵式”演示文稿，设计各张幻灯片的动画切换效果，增添一个沿路径移动的动画，进行排练计时设计。

11.4 【案例 38】配录音和发布“世界名花”演示文稿

案例描述

本案例首先给“世界名花”演示文稿配录音（旁白录音）和配背景音乐，将“世界名花”演示文稿打包成 CD，将“世界名花”演示文稿发布到 Internet。打包后在当前文件夹内生成一个名称为“世界名花演示文稿 CD”的文件夹，其内有打包成 CD 后的所有文件，其中“PPTVIEW.EXE”是可执行文件，双击该文件图标（见图 11-4-1），可以立即执行“世界名花”演示文稿。并在网上发布“世界名花”演示文稿，其中的一张幻灯片如图 11-4-2 所示。

图 11-4-1 打包后的可执行文件图标　图 11-4-2 “世界名花”演示文稿网上发布的效果

通过本案例的学习，读者可以掌握给演示文稿配录音和配背景音乐的方法，将演示文稿打包成 CD 和发布到 Internet 的方法，以及打印演示文稿的方法等。

设计过程

1. 配录音（旁白录音）和背景音乐

如果制作幻灯片时如果需要加入解说的声音，可以用录制旁白的方法将声音录入幻灯片中。具体操作方法如下。

（1）选中“世界名花”演示文稿第 1 张幻灯片，切换到“幻灯片放映”选项卡，单击“设置”组内的“录制旁白”按钮，调出“录制旁白”对话框，如图 11-4-3 所示。

（2）单击“浏览”按钮，调出“选择目录”对话框，利用该对话框选择保存录音文件的文件夹，再单击“选择”按钮，完成设置。

（3）单击“更改质量”按钮，调出“声音选定”对话框，如图 11-4-4 所示。在“名称”

下拉列表框内选择“CD 音质”选项，在“属性”下拉列表框内选中一个属性选项。

（4）单击“确定”按钮，会调出“录制旁白”提示框，如图 11-4-5 所示。单击“第一张幻灯片”按钮，即可开始放映第 1 张幻灯片，同时在第 1 张幻灯片进行旁白录音。

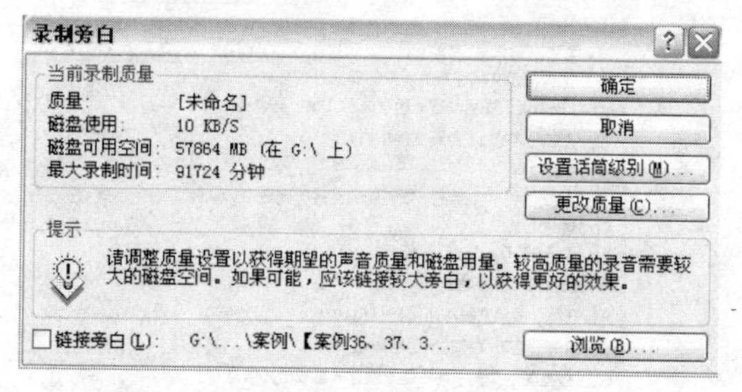

图 11-4-3　“录制旁白”对话框

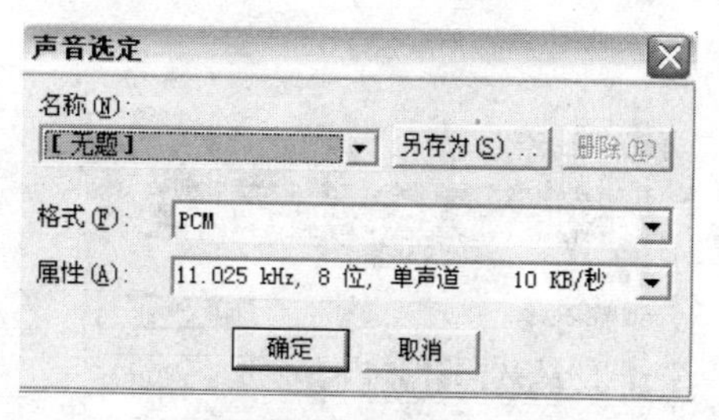

图 11-4-4　“声音选定”对话框

（5）对着话筒进行完录音后，按【Esc】键，停止幻灯片的放映，同时调出一个“Microsoft Office PowerPoint”提示框，如图 11-4-6 所示。单击“保存”按钮，在保存旁白录音的基础之上还将幻灯片新的排练时间进行保存。

录制旁白后的幻灯片，在幻灯片内的右下角会出现声音图标。

图 11-4-5　“录制旁白”提示框

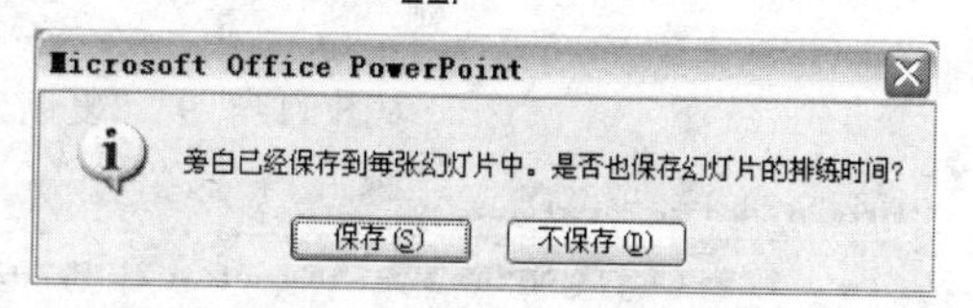

图 11-4-6　Microsoft Office PowerPoint 提示框

（6）暂停与继续：录制旁白时右击，调出它的快捷菜单。选择“暂停旁白”菜单命令，可以暂停录音，再选择快捷菜单中的“继续旁白”菜单命令，可以继续录音。

（7）更改旁白：单击选中幻灯片内右下角的声音图标，按 Delete 键，删除旁白。然后重新进行录音。如果要用其他音乐或声音文件替代旁白录音，可以用音乐或声音替换旁白录音文件，文件名称与原旁白录音文件一样。

2. 打包成 CD

（1）单击“Office”按钮，调出它的菜单，选择该菜单内的“发布”→“CD 数据包”菜单命令，调出“打包成 CD”对话框，如图 11-4-7 所示。

（2）单击“选项”按钮，调出“选项”对话框，如图 11-4-8 所示，选中“查看器程序包”单选按钮，在“选择演示文稿在播放器中的播放方式”列表框中选择“按指定顺序自动播放全部演示文稿”选项，在“包含这些文件”栏中，选中“链接的文件”复选框。

（3）单击“确定”按钮，返回到“打包成 CD”对话框，单击“复制到文件夹”按钮，调出“复制到文件夹”对话框，如图 11-4-8 所示（还没有设置）。

（4）在“文件夹名称”文本框内输入保存文件的文件夹名称“世界名花演示文稿 CD”；单击“浏览”按钮，调出“选择位置”对话框，利用该对话框选择保存文件的路径。单击“确定”按钮，返回到“复制到文件夹”对话框，如图 11-4-9 所示。

（5）单击“复制到文件夹”对话框内的“确定”按钮，调出 Microsoft Office PowerPoint 提示框，如图 11-4-10 所示。单击“是”按钮，开始将“世界名花”演示文稿打包，并在生成“世界名花演示文稿 CD”文件夹，保存打包文件。

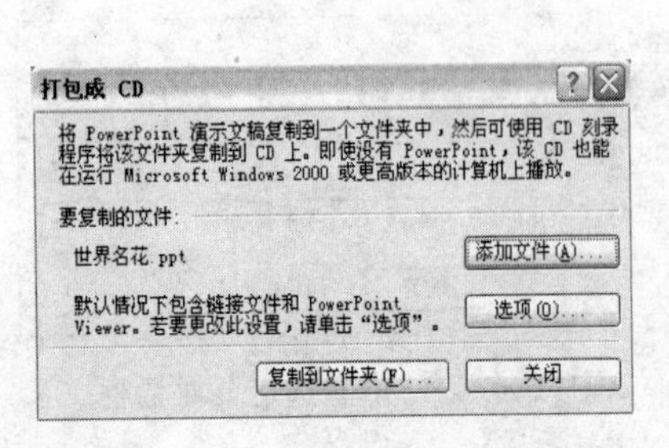

图 11-4-7 “打包成 CD”对话框

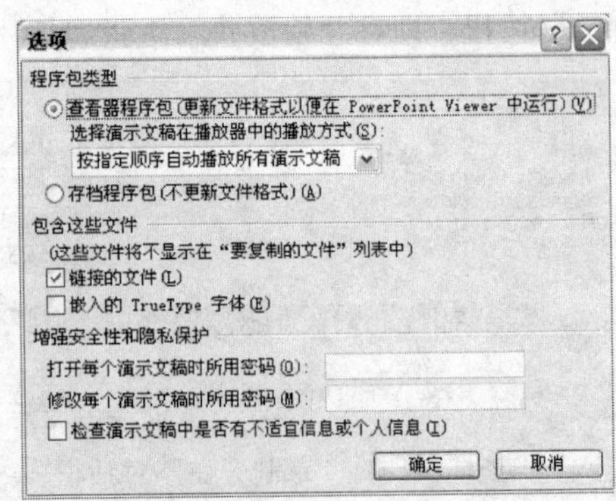

图 11-4-8 “选项”对话框

图 11-4-9 “复制到文件夹”对话框

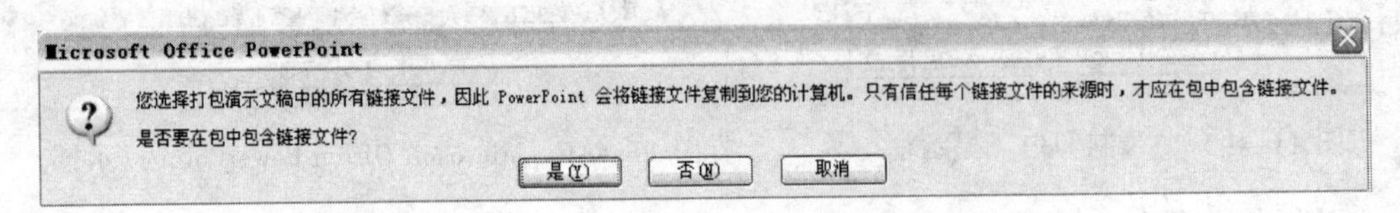

图 11-4-10 Microsoft Office PowerPoint 提示框

3. 将演示文稿发布到 Internet

（1）单击“Office”按钮，调出它的菜单，选择该菜单内的“另存为”菜单命令，或者选择“另存为”→“其他格式”菜单命令，调出“另存为”对话框，如图 11-4-11 所示。

（2）单击“工具”按钮，调出它的菜单，选择该菜单内的“Web 选项”菜单命令，调出“Web 选项”对话框，如图 11-4-12 所示。利用该对话框可以进行 Web 参数的设置，此处选中“将新建网页保存为‘单个文件网页’”复选框。

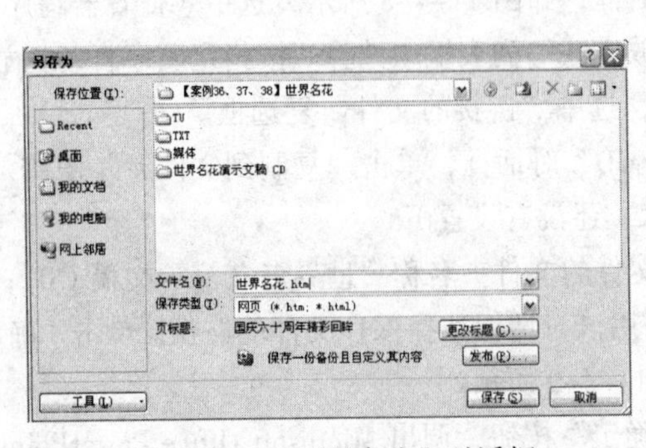

图 11-4-11 “另存为”对话框

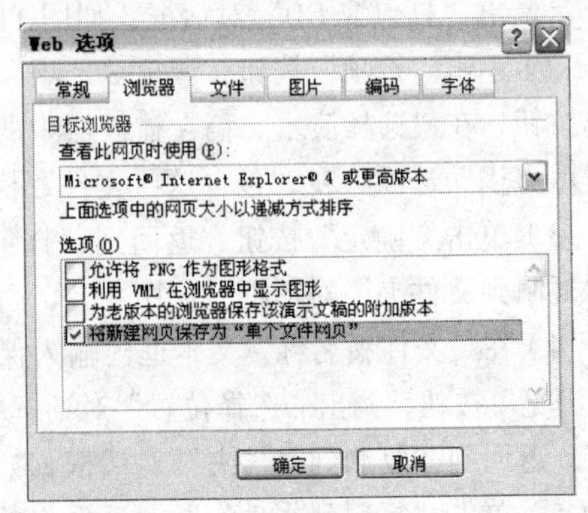

图 11-4-12 “Web 选项”对话框

（3）切换到“常规”选项卡，选中“浏览时显示幻灯片动画”复选框，如图 11-4-13 所示。然后，单击“确定”按钮，关闭该对话框，回到“另存为”对话框。

（4）在“保存位置”下拉列表选择保存文件的文件夹，在“保存类型”下拉列表选择“网页”选项，在“文件名”文本框内输入“世界名花.htm”，如图 11-4-11 所示。然后，单击“保存”按钮，将“世界名花”演示文稿以名称“世界名花.htm”保存为网页文件。

（5）再调出“另存为”对话框，单击“发布”按钮，调出“发布为网页”对话框，如图 11-4-14 所示（还没有设置）。单击“选项”按钮，也可以调出如图 11-4-12 所示的“Web 选项”对话框。

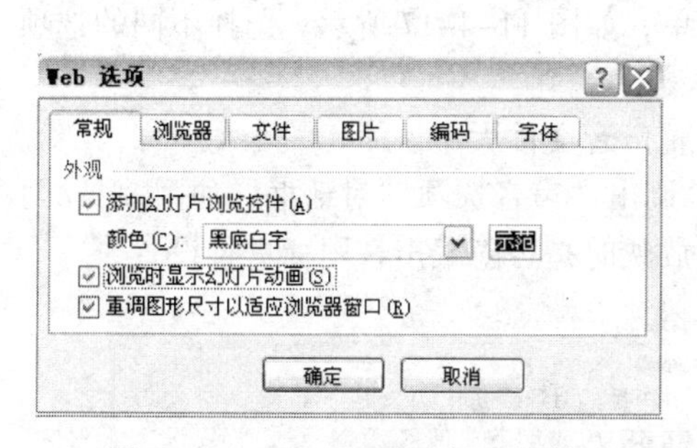

图 11-4-13 “Web 选项”对话框

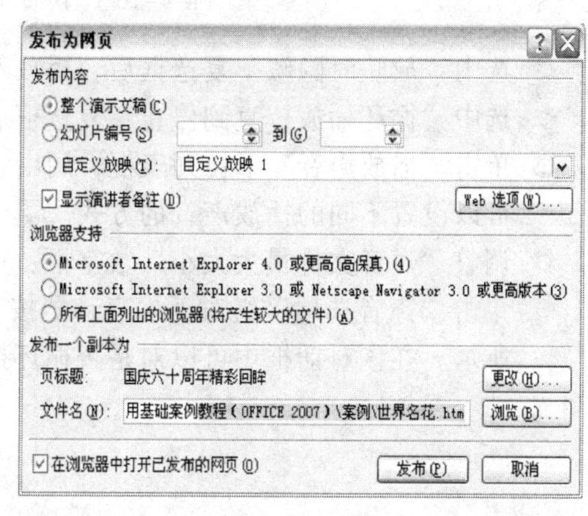

图 11-4-14 “发布为网页”对话框

（6）在“发布为网页”对话框内，选中“在浏览器中打开已发布的 Web 页”复选框，选中“整个演示文稿”单选按钮，在“浏览器支持”栏中选择“Microsoft Internet Explorer 4.0 或更高（高保真）”单选按钮。

（7）单击“页标题”右边的“更改”按钮 更改(H)...，调出“设置页标题”对话框，如图 11-4-15 所示，在文本框内输入网页标题“世界名花”，单击“确定”按钮，关闭“设置页标题”对话框，设置网页名称，返回到“发布为网页”对话框。

（8）单击“发布为网页”对话框内“浏览”按钮 浏览(B)...，调出“发布为”对话框，它与图 11-4-11 所示基本一样。单击“确定”按钮，返回到“发布为网页”对话框，如图 11-4-14 所示。

（9）单击“发布为网页”对话框内的“发布”按钮，即可发布网页文件，稍等片刻，就会在浏览器内显示发布的“世界名花.htm”网页文件，如图 11-4-2 所示。

图 11-4-15 “设置页标题”对话框

相关知识

1. 编辑声音和影片对象

插入了声音和影片对象以后，还可以进行声音和影片对象一些参数的设置，方法如下。

（1）编辑声音对象：选中幻灯片中的声音图标，切换到“声音工具”的“选项”选项卡，如图 11-4-16 所示。利用“声音工具”的“选项”选项卡可以编辑插入的声音对象。

◎ 单击“播放”组内的“预览”按钮，可以播放插入的声音。

◎ 单击“声音选项”组内的“幻灯片音量”按钮，调出“音量”菜单，选择选中该菜单内的菜单选项，可以设置声音的音量。

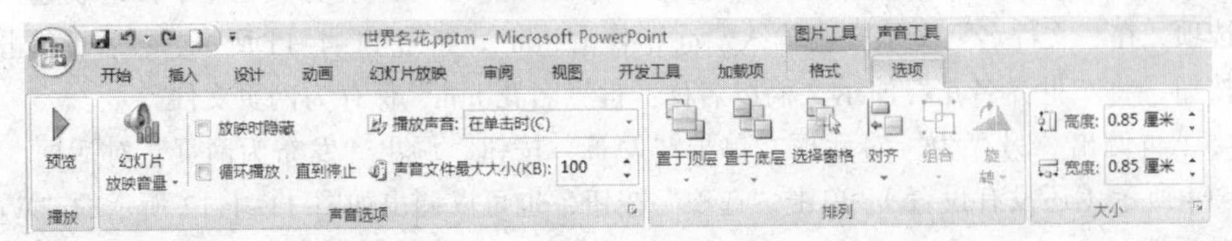

图 11-4-16 “声音工具”的“选项”选项卡

◎ 选中“放映时隐藏”复选框后，播放幻灯片时不显示声音图标。

◎ 选中“循环播放，直到停止”复选框后，播放幻灯片时循环播放插入的声音。

◎ 单击“播放声音”下拉列表框，调出它的菜单，如图 11-4-17 所示。选择不同的选项，可以设置不同的播放声音的方式。

◎ 调整“声音文件最大大小”数字框：可以调整声音文件大小。

◎ 单击“声音选项”组对话框启动器按钮，调出“声音选项”对话框，如图 11-4-18 所示。在该对话框中可以对是否循环播放和放映时是否隐藏声音图标进行设置。

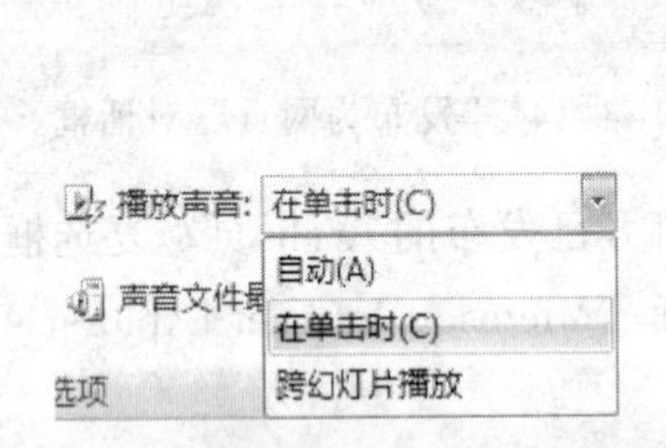

图 11-4-17 “播放声音”下拉列表框选项

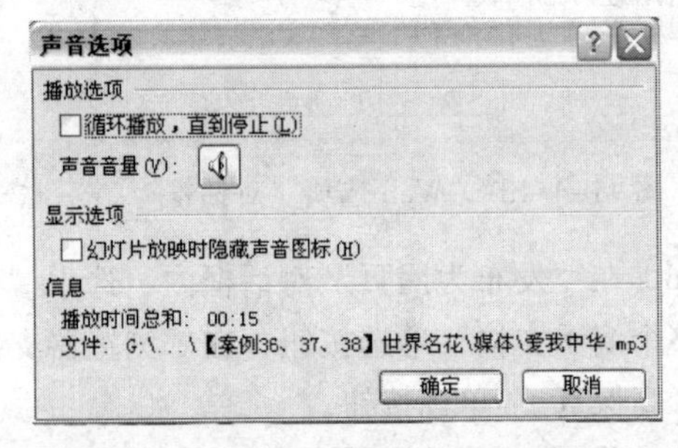

图 11-4-18 “声音选项”对话框

（2）编辑影片对象：单击选中幻灯片中的影片图标，切换到“影片工具”的“选项”选项卡，如图 11-4-19 所示。利用“影片工具”的“选项”选项卡可以编辑插入的影片对象。

◎ 单击“播放”组内的“预览”按钮，可以播放插入的影片。

◎ 单击“声音选项”组内的“幻灯片音量”按钮，调出“音量”菜单，选择该菜单内的菜单选项，可以设置声音的音量。

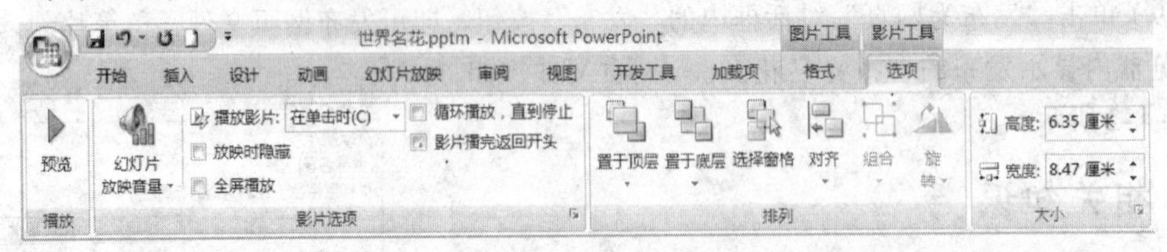

图 11-4-19 “声音工具”的“选项”选项卡

◎ 选中“放映时隐藏”复选框后，播放幻灯片时不显示声音图标。

◎ 选中“循环播放，直到停止”复选框后，播放幻灯片时循环播放插入的声音。

◎ 单击“播放声音”下拉列表框，调出它的菜单，如图 11-4-20 所示。选择不同的选项，可以设置不同的播放声音的方式。

◎ 调整“声音文件最大大小”数字框：可以调整声音文件大小。

提示：插入的声音对象将嵌入到演示文稿中，还可以用链接对象的方法将声音和影片链接到演示文稿。链接对象和嵌入对象的主要不同之处有如下两点。

◎ 链接对象：链接对象是在单独的源文件中创建并存储的，然后它被链接到目标文件。因为两个文件链接在一起，当更改一个文件时，更改会在源文件和目标文件中同时显示。

◎ 嵌入对象：嵌入对象也是在单独的源文件中创建的，但是它随后被插入目标文件，成为该文件的一部分。如果更改原来的源文件，更改不会在目标文件中显示。

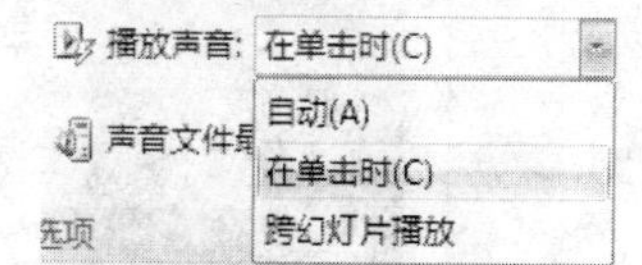

图 11-4-20 “播放声音”下拉列表框选项

一般来说，如果每个声音或音乐文件为 50 MB 或不足 50 MB，可以将此文件作为链接对象或嵌入对象插入（但请注意，大于 100 KB 的嵌入对象会使演示文稿的演示速度变慢）。

如果文件大于 50 MB，则应当链接此文件。如果嵌入此文件，它不会在演示文稿中播放。默认设置是嵌入对象的最大值为 100 KB，但可以将其更改为最大值 50 000 KB（50 MB）。

2. 打印演示文稿

（1）单击“Office”按钮，调出它的菜单，选择该菜单内的“打印”→“打印预览”菜单命令，调出“打印预览”选项卡，如图 11-4-21 所示。利用它可以预览打印效果。利用“显示比例”组内的工具，可以调整幻灯片的显示大小；单击“打印”组内的“选项”按钮，可以调出它的菜单，利用该菜单可以设置一些打印参数；利用“页面设置”组内的工具，可以设置打印幻灯片的个数和纸张方向；单击“预览”组内的“关闭打印预览”按钮，可以关闭“打印预览”选项卡，回到 PowerPoint 2007 操作界面。

（2）单击“Office 按钮”按钮，调出它的菜单，单击该菜单内的“打印”→“打印”菜单命令，调出“打印”对话框，如图 11-4-22 所示。

单击“打印预览”选项卡内“打印”组中的“打印”按钮，也可以调出图 11-4-22 所示的“打印”对话框。单击“打印”对话框内的“预览”按钮，也可以调出图 11-4-21 所示的“打印”选项卡。

（3）利用“打印”对话框可以进行打印参数的设置，简介如下。

◎“名称”下拉列表框：用来选择打印机或虚拟打印机。

◎“打印范围”栏和“份数”数字框：用来选择打印的范围和设置打印份数。

◎“打印内容”下拉列表框：可以用来设置打印内容。下面再详细介绍。

◎“颜色/灰度”下拉列表框：用来选择打印时的颜色，它有“颜色”、“灰度”和“纯黑白”3 个选项。

◎“根据纸张调整大小”复选框：选中它后，可以根据打印页面来调整幻灯片的大小。

◎“选择幻灯片加框”复选框：选中它后，可以在打印每一张幻灯片时添加一个细的边框，如果希望使用投影仪显示幻灯片，就可以使用此选项。

◎“打印批注和墨迹标记”复选框：在幻灯片内有打印批注或墨迹标记时，该复选框才有效，选中该复选框后，可以同时打印审阅者批注和墨迹标记。

图 11-4-21 “打印预览”选项卡

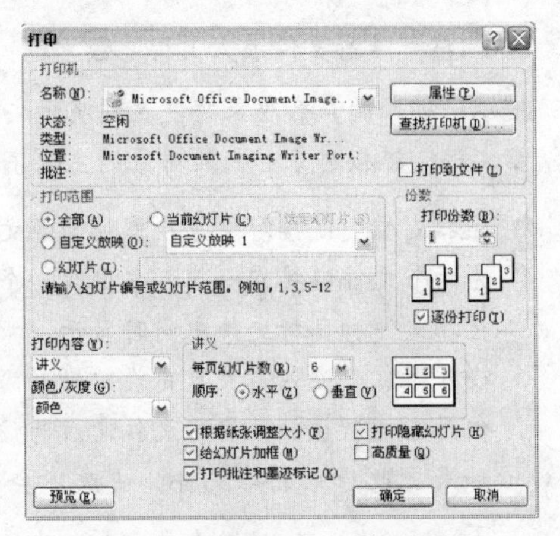

图 11-4-22 “打印”对话框

◎ “打印隐藏幻灯片”复选框：选中该复选框后，可以打印隐藏的幻灯片（单击按下“幻灯片放映”选项卡中“设置”组内的“隐藏幻灯片”按钮，即可隐藏当前幻灯片）。如果演示文稿中没有隐藏的幻灯片，则该选项无效。

（4）“打印内容”下拉列表框：在该下拉列表框中有“幻灯片”、“讲义”、“备注页”和“大纲视图”四个选项，当选择了不同的选项以后，将打印幻灯片中的不同内容。

◎ “幻灯片”选项：当选择该选项后，每一页纸都将打印幻灯片的一页，打印的结果与普通视图中所见到的基本相同。

◎ “讲义”选项：选择该选项以后，右侧的“讲义”栏将可以使用，在该栏中的“每页幻灯片数”数值框中可以设置幻灯片的数目；“顺序”区内的“水平”和“垂直”两个单选按钮将决定多张在一页纸中打印的顺序。由于使用这个选项在一页纸中可以打印多张幻灯片，而且能打印出幻灯片的所有内容，所以这是一个最常用的打印方式。

◎ “备注页”选项：选择该选项后，还打印“备注”窗格中的内容。

◎ “大纲视图”选项：选择该选项后，打印时将打印大纲视图，只打印出文字。

思考练习 11-4

（1）给思考练习 11-3 中制作的“宝宝摄影室”演示文稿添加旁白录音，将“宝宝摄影室”演示文稿打包成 CD，将“宝宝摄影室”演示文稿发布到 Internet。

（2）给思考练习 11-3 中制作的“国庆阅兵式”演示文稿添加旁白录音，将“国庆阅兵式”演示文稿打包成 CD，将“国庆阅兵式”演示文稿发布到 Internet。

（3）打印 2 份“宝宝摄影室”演示文稿的全部幻灯片，幻灯片加框。

11.5 综合实训 11——国庆六十周年精彩回眸

实训效果

本实训是建立一个“国庆六十周年精彩回眸”演示文稿，该演示文稿可以展示大量的摄影图片和说明文字，宣传了我国国庆六十周年国庆大阅兵的宏伟场面。具体要求如下。

（1）由标题页、目录幻灯片和各分类幻灯片等组成，其中除了目录幻灯片和标题幻灯片外，每张幻灯片都设置了返回动作按钮，单击返回动作按钮可以直接返回到目录幻灯片。

（2）目录幻灯片中设置了超链接，利用超链接可直接切换到相应幻灯片，这样就实现了目录幻灯片与各分类幻灯片之间的自由跳转。

（3）为了使幻灯片看起来更美观，本演示文稿应用了设计模板和母版格式，对多张幻灯片进行了格式设计，统一标题及文本的字体和字号等。

（4）为了使幻灯片看起来更生动、有趣，本演示文稿还应用了动画方案设计，使幻灯片的内容动起来，不同的幻灯片之间设置了不同的切换效果。

（5）在幻灯片中插入了背景声音和旁白录音及音乐，单击声音图标就可以播放音乐。

（6）插入了 Flash 动画，单击 Flash 动画图标，就可以播放 Flash 动画。

（7）将本演示文稿打包成 CD，在 Internet 上发布。

实训提示

（1）在网上搜集有关国庆六十周年的图像、文字、声音、动画和视频等素材。

（2）按照本章的操作过程进行逐步操作，个别步骤可以合并。

实训测评

能力分类	能　　力	评　分
职业能力	PowerPoint 2007 基本操作，新建演示文稿和页面设置，设置文稿背景和主题，插入图片、图形、艺术字和剪贴画对象，输入文字	
	母版编辑，设计主题，建立目录的超链接和按钮链接	
	插入音频、视频和 Flash 动画对象、编号、日期和时间及页眉和页脚	
	幻灯片动画效果设置，排练计时，放映幻灯片的方法	
	配录音（旁白录音）和背景音乐	
	打包成 CD，将演示文稿发布到 Internet	
通用能力	自学能力、总结能力、合作能力、创造能力等	
能力综合评价		

参考文献

[1] 恒盛杰资讯 .Office 2007 完全手册+办公实例[M] .北京：中国青年电子出版社，2007.
[2] 肖华，刘美琪.精通 Office 2007[M] .北京：清华大学出版社，2007.
[3] 乔伊斯，穆恩，Office 2007 快易通[M] .魏昱，译. 北京：电子工业出版社，2007.
[4] 卞诚君，刘亚朋.Office2007 完全应用手册[M] .北京：机械工业出版社，2007.
[5] 刘小伟，王萍，刘晓萍.Office 2007 办公套件实用教程[M] .北京：电子工业出版社，2007.
[6] 徐贤军.Office 2007 实用教程：21 世纪电脑学校（中文版）[M] .北京：清华大学出版社，2007.
[7] 北京市教育委员会.计算机应用基础[M] .北京：高等教育出版社，2000.
[8] 协同教育.Microsoft Office XP 基础标准教程[M] .北京：电子工业出版社，2002.
[9] 飞思科技研发中心.Microsoft Office XP 基础标准教程[M] .北京：电子工业出版社，2002.
[10] 丁爱萍，等.Office XP 中文版使用教程[M] .北京：电子工业出版社，2002.
[11] 代世刚，等.Office XP 办公自动化教程[M] .北京：人民邮电出版社，2004.
[12] 编委会.中文 Office XP 五合一基础培训教程[M] .北京：电子工业出版社，2004.
[13] 沈大林.Office XP 基础与案例教程[M] .北京：高等教育出版社，2004.
[14] 孙印杰，等.电脑办公应用：Applied Office Automatic[M] .北京：电子工业出版社，2004.